湿法冶金

（第2版）

杨显万　邱定蕃　著

北　京
冶　金　工　业　出　版　社
2011

内 容 提 要

本书主要介绍近代湿法冶金中出现的一些理论及目前发展较快或即将用于工业生产的湿法冶金工艺。这些新理论涉及水溶液热力学、水溶液中溶质物种的活度、水溶液模型、湿法冶金优势区图、难溶电解质的溶解度和湿法冶金过程动力学的有关内容。书中较详细地阐述了加压湿法冶金、微生物湿法冶金、选择性氯化浸出、液膜分离技术、矿浆电解和海洋冶金的工艺原理、工艺特点、生产实践或研究进展、应用情况和展望等。书中还附有大量参考文献。

本书可供从事湿法冶金或化工生产和研究的有关人员使用,也可供大专院校有关专业师生参考。

图书在版编目(CIP)数据

湿法冶金/杨显万,邱定蕃著. —2 版. —北京:冶金工业出版社,2011. 12
ISBN 978-7-5024-5529-3

Ⅰ. ①湿… Ⅱ. ①杨… ②邱… Ⅲ. ①湿法冶金 Ⅳ. ①TF111. 3

中国版本图书馆 CIP 数据核字(2011)第 231244 号

出 版 人 曹胜利
地　　址 北京北河沿大街嵩祝院北巷 39 号,邮编 100009
电　　话 (010)64027926 电子信箱 yjcbs@cnmip. com. cn
责任编辑 程志宏 美术编辑 李 新 版式设计 孙跃红
责任校对 王贺兰 责任印制 牛晓波
ISBN 978-7-5024-5529-3
北京鑫正大印刷有限公司印刷;冶金工业出版社发行;各地新华书店经销
1998 年 4 月第 1 版, 2011 年 12 月第 2 版,2011 年 12 月第 1 次印刷
169 mm × 239 mm; 33. 75 印张; 658 千字; 522 页
98. 00 元

冶金工业出版社投稿电话:(010)64027932 投稿信箱:tougao@cnmip. com. cn
冶金工业出版社发行部 电话:(010)64044283 传真:(010)64027893
冶金书店 地址:北京东四西大街 46 号(100010) 电话:(010)65289081(兼传真)
(本书如有印装质量问题,本社发行部负责退换)

第2版前言

《湿法冶金》自1998年4月出版以来，深受读者欢迎，已三次印刷仍一再售罄。为满足读者的需要，在冶金工业出版社鼎力支持下决定对其进行修订。考虑到该书自首次出版已历时12年，在这12年中我国的有色冶金工业取得了巨大的进展，不仅十种常用有色金属总产量已多年雄踞世界第一，而且在技术上有了很大的进步，涌现了一批达到国际先进水平甚至世界领先水平的成果，为了能尽量反映这些新成果，作者对原书内容做了必要的修改与补充。原书第8章、第12章由北京矿冶研究总院邱定蕃院士撰写，再版时由邱院士与北京矿冶研究总院王成彦研究员、江西理工大学徐志峰博士修改；第1~6章、第9章、第11章原书由昆明理工大学杨显万教授撰写，再版时仍由杨显万教授修改，其中第6章6.9节由昆明理工大学陶东平教授修改；原书第10章由昆明贵金属研究所刘时杰研究员撰写，再版时没作补充与修改，因2001年冶金工业出版社出版了其著作《铂族金属矿冶学》，建议有需要的读者参阅此书；原书第13章为北京矿冶研究总院尹才硚研究员撰写，再版时该部分内容仍由本人修改。删去了原书第7章“超临界流体萃取”的全部内容，代之以“离子液体冶金”，由昆明理工大学华一新教授、田国才教授撰写。

修订版增加了很多内容，字数由原版的46万字增加到约66万字，参考文献由原版的576篇增加到747篇，文献引用到2010年。在该书的修订过程中云南冶金集团提供了关于“加压湿法冶金”方面的宝贵资料，中南大学邱冠周教授等人也提供了“微生物湿法冶金”方面的资料，昆明理工大学冶金与能源工程学院沈庆峰博士、金炳界博士帮助检索并提供了很多资料，同时也承担了书稿的校对工作，沈庆峰博士还承担了大部分文字录入工作，对于以上同行们的支持表示诚挚的感谢。

由于作者水平所限，书中的错误与不足之处，敬请读者批评指正。

作　者

2010年10月

第 1 版重印说明

《湿法冶金》一书出版后受到了读者的欢迎，第一次印刷的书很快售完，各地读者仍纷纷来函来电索购。为满足读者的需要，冶金工业出版社决定重印。为了不辜负读者的厚爱，此次重印在不增加重印困难的前提下作了尽可能的修改。一是纠正了书中的一些错误（包括印刷错误与原稿的错误）；二是尽可能反映该书出版后，书中所论及的几项新技术的一些新的重大进展。借此机会也对出版社的同志们为此书付出的辛勤劳动表示衷心的感谢。

作　者

2001 年 1 月 5 日

第 1 版前言

湿法冶金和火法冶金本是两种基本的冶金过程，前者在稀有金属、贵金属以及铝、镍和钴的提取、富集和分离中占主导地位，后者则在钢铁、铜、铅等金属生产中占绝对优势。目前，由于世界可供开采矿石品位不断下降，资源的综合利用越来越迫切，各国对环境保护的要求日益严格，对产品纯度要求越来越高，溶液采矿和海洋冶金两大类技术的兴起，以及一些新技术如高温（373 K 以上）和高压技术、离子交换、溶剂萃取等的广泛应用，都促进了湿法冶金技术的发展，并使它的作用不断增大。

湿法冶金和火法冶金各有优缺点及其适用的场合，与其把湿法冶金说成是火法冶金的竞争者，倒不如把它们看作是互为补充，相辅相成的两个方面更为恰当。因此，今后的冶金方式，已经不是选择湿法和火法冶金中的哪一种的问题，而是需要把两者很好地配合，以建立能量消耗低，而又无环境污染的冶金方式。

为适应我国有色金属工业的发展，我们编写了这本《湿法冶金》，供有关读者参考。本书着重介绍近代湿法冶金中出现的一些新理论以及属于目前工业应用发展较快或即将进入实用阶段的湿法冶金新工艺，作为对国内已经出版的相关著作的补充。书中不再涉及已有著作详细论述过的溶剂萃取、离子交换等内容，也不介绍那些非常新的研究但距离实用阶段还比较遥远的工艺。本书从内容上分成两大部分，第一部分属湿法冶金的基础理论，从第 1 章到第 6 章；第二部分介绍湿法冶金新工艺，包括超临界流体萃取、加压湿法冶金、生物湿法冶金、选择性氯化浸出、液膜分离技术、矿浆电解和海洋冶金，由第 7 章到第 13 章。读者可望从中获得有关湿法冶金基础理论和工艺新成就方面的一些信息。

本书由多位专家共同撰写，其中邱定蕃教授（北京矿冶研究总院）撰写第 8、第 12 章，尹才硚教授（北京矿冶研究总院）撰写等 13 章；刘时杰研究员（昆明贵金属研究所）撰写第 10 章；第 7 章由梁维强副教授（昆明理工大学)撰写,周展云教授(华东理工大学)审改;第6章第6.8节由陶东平教授(昆明理工大学)撰写;其余部分由杨显万教授(昆明理工大学)撰写。全书由杨显万、邱定蕃总编审。本书在撰写与出版过程中得到了飞秀英副教授、王亚明教授、侯明明副教授、李向阳副教授、苏克宽、周冰毅、曹战民等人的协助,得到张文彬教授的大力支持,特向这些同志表示诚挚的谢意。此外,还要特别感谢云南珍稀与濒危植物保护基地的张建邦主任为我们提供了十分优美而宁静的环境让我们得以摆脱城市的嚣烦,静心完成全书的审改工作。

由于水平所限,书中错误与疏漏在所难免,敬请读者批评指正。

作　者
1997年6月

目　　录

1 水溶液热力学

1.1 水溶液中溶解物种的热力学性质

湿法冶金的热力学与火法冶金的热力学并无本质的区别,都遵从热力学的基本定律与法则,湿法冶金过程的重要特点在于有水溶液参加,其热力学的计算因水溶液因素而复杂化。

任何水溶液,即使是一种纯物质的水溶液也是由溶剂——水与一种溶质组成。人们把溶质在水溶液中存在的各种形态,包括离子、未离解的中性分子统称溶解物种。例如 HCl 的水溶液有两个溶解物种,即 H^+ 与 Cl^-。

1.1.1 偏摩尔量

在讨论纯物质或由纯物质组成的混合物时,人们使用了"摩尔量"这个概念。

例如混合物的自由能。当人们讨论一个化学反应时,倘若反应物与反应生成物均无溶液,则反应前与反应后的体系均可视为由纯物质组成的混合物。例如,一个普遍的化学反应

$$\sum_i \nu_i A_i = 0$$

式中 A_i——反应物与生成物;

ν_i——计量系数,生成物取"+"号,反应物取"-"号。

则反应的自由能变化

$$\Delta G = \sum \nu_i G_i$$

式中 G_i——各反应物与生成物的摩尔自由能。这是人们所熟悉的。

但是,如果在反应物或生成物中有水溶液参加,则情况就不同了。例如 ZnO 溶解于稀硫酸

$$ZnO(s) + H_2SO_4(aq) \longrightarrow ZnSO_4(aq) + H_2O(l) \tag{1-1}$$

aq 表示溶解在水中的物质,s 代表固态,l 代表液态。如果还是照上面那样用纯 ZnO、H_2SO_4、$ZnSO_4$ 与 H_2O 的摩尔自由能来计算这一反应的自由能,那就错了。这是由于水溶液(广而言之,一切溶液)的特殊性引起的。

当两个物质(或更多的物质)组成溶液时,其广延量除质量外是不具有可加性的。例如,在温度 298 K 和 0.101 MPa(1 个大气压)下,100 mL 乙醇(V_1)与100 mL

水(V_2)组成的溶液其体积不等于 $V_1+V_2=200\ \text{mL}$,而是 180 mL。其他广延量也都是这样。因此,溶液的广延量不等于其各组分在纯态时的广延量之和。

可见,摩尔量不能用于讨论有溶液参加的反应的广延量的变化。此时需要引入另一个概念——偏摩尔量。

若一溶液由若干种物质组成,各组分的摩尔数分别为 $n_1, n_2, n_3, \cdots, n_k$,溶液的热力学性质 V、G、H、S、F、U 等分别为

$$V=\sum_i n_i \overline{V}_i$$

其中

$$\overline{V}_i=\left(\frac{\partial V}{\partial n_i}\right)_{T \cdot P \cdot \sum nj}$$

式中,$\overline{V}_i$ 称为组分 i 的偏摩尔体积,下标 $\sum nj$ 表示除组元 i 外其他组分摩尔数都不变。同理,对于其他广延量也都有对应的偏摩尔量:

$$U=\sum n_i \overline{U}_i, \overline{U}_i=\left(\frac{\partial U}{\partial n_i}\right)_{T \cdot P \cdot \sum nj}$$

$$H=\sum n_i \overline{H}_i, \overline{H}_i=\left(\frac{\partial H}{\partial n_i}\right)_{T \cdot P \cdot \sum nj}$$

$$S=\sum n_i \overline{S}_i, \overline{S}_i=\left(\frac{\partial S}{\partial n_i}\right)_{T \cdot P \cdot \sum nj}$$

$$F=\sum n_i \overline{F}_i, \overline{F}_i=\left(\frac{\partial F}{\partial n_i}\right)_{T \cdot P \cdot \sum nj}$$

$$G=\sum n_i \overline{G}_i, \overline{G}_i=\left(\frac{\partial G}{\partial n_i}\right)_{T \cdot P \cdot \sum nj}$$

其中,$\overline{U}_i$、$\overline{H}_i$,…分别称组分 i 的偏摩尔内能、偏摩尔焓…。应注意的是,偏摩尔数量是在恒温恒压条件下,广延量对摩尔数的偏微商,切不可对其他条件套用。

综上可见,偏摩尔数量是强度量,它与纯物质摩尔数量的含义不同。体系中第 i 组分的某个偏摩尔数量不仅与本组分的性质有关,而且还取决于体系的平衡成分,即取决于组分 i 与其余组分的比例关系。例如,$\overline{V}_i$ 的意义是向无限大的体系中加入一摩尔组分 i 后体积的变化;或者换一种方式说,向有限的体系中加入足够小的 dn_i 摩尔的组分 i 所引起的体积变化 dv_i,则 dv_i 与 dn_i 之比值就是 $\overline{V}_i$。无论按哪种方式理解,体系的平衡成分,或者说所论溶液的总浓度实质上应均无变化。纯物质组成溶液时,其偏摩尔量是可加的。

现在再回到式 1-1:

$$G_{反应前}=G_{ZnO}(s)+G_{H_2SO_4}(aq)$$

$$G_{H_2SO_4}(aq)=\overline{G}_{H_2SO_4}(aq)+n\,\overline{G}_{H_2O}(1)$$

则

$$G_{反应前}=G_{ZnO}(s)+\overline{G}_{H_2SO_4}(aq)+n\,\overline{G}_{H_2O}(1)$$

$$G_{反应后}=\overline{G}_{ZnSO_4}(aq)+(n+1)\overline{G}_{H_2O}(l)$$

则式 1-1 的反应自由能

$$\Delta G=[\overline{G}_{ZnSO_4}(aq)+\overline{G}_{H_2O}(l)]-[G_{ZnO}(s)+\overline{G}_{H_2SO_4}(aq)]$$

可见，一个有水溶液溶解物种参加的反应，计算其反应自由能（或其他广延量时），必须使用溶解物种的偏摩尔量。

一摩尔纯物质的自由能又称为化学势 μ，同样又称多组分单相系偏摩尔自由能

$$\overline{G}_i=\left(\frac{\partial G}{\partial n_i}\right)_{T.P.\sum nj}=\mu_i$$

为组分 i 的化学势。

1.1.2　离子熵

电解质水溶液中的离子的偏摩尔熵（以下简称离子熵）有两种表示方法。例如 HCl 的水溶液，其熵

$$S=\overline{S}(aq)+\overline{S}_{HCl}(aq)$$

式中　$\overline{S}_{HCl}(aq)$——溶解在水中的 HCl 的偏摩尔熵。

$$\overline{S}_{HCl}(aq)=\overline{S}_{H^+}(aq)+\overline{S}_{Cl^-}(aq)$$

用一般的电动势法或其他方法测出的是水溶液中电解质的偏摩尔熵，它是正负两种离子的熵的“和”。依这个“和”如何“分摊”到正负两种离子上而有两种不同的离子熵。

一是离子的相对熵，用 $\overline{S}_i$ 表示。规定在任何温度下氢离子的标准熵 $\overline{S}^{\ominus}_{H^+}$ 等于零，由此出发，任何离子 i 在任何温度下的标准熵 $\overline{S}^{\ominus}_i$ 皆可求得。这样求得的离子熵不是真值，而是其相对值。例如通过测定求得 $\overline{S}^{\ominus}_{HCl}$，则因

$$\overline{S}^{\ominus}_{HCl}=\overline{S}^{\ominus}_{H^+}+\overline{S}^{\ominus}_{Cl^-}$$

又设　$\overline{S}^{\ominus}_{H^+}=0$

则可求得　$\overline{S}^{\ominus}_{Cl^-}=\overline{S}^{\ominus}_{HCl}$

又通过测定求出　$\overline{S}^{\ominus}_{NaCl}=\overline{S}^{\ominus}_{Na^+}+\overline{S}^{\ominus}_{Cl^-}$

因 $\overline{S}^{\ominus}_{Cl^-}$ 已知，故可求出　$\overline{S}^{\ominus}_{Na^+}=\overline{S}^{\ominus}_{NaCl}-\overline{S}^{\ominus}_{Cl^-}$

依次可以求出各种离子的相对熵。

二是离子的绝对熵，以 $\overline{\overline{S}}_i$ 表示。很多人都设法求氢离子或氯离子的绝对熵值。根据一些人的测定结果，确定在温度 298 K 下 H^+ 离子的绝对熵值为 $\overline{\overline{S}}^{\ominus}_{H^+,298}=$

$-20.92\,J/(K \cdot mol)$。这样,任何离子的绝对熵值与其相对熵值之间存在着下面的关系:

$$\bar{\bar{S}}^{\ominus}_{i,298} = \bar{S}^{\ominus}_{i,298} - 20.92z$$

式中 z——离子的电荷数,带正、负号。

当你使用一本手册时,你必须注意手册中的离子熵是相对熵还是绝对熵。最简单的办法是看手册中 H^+ 离子的熵是多少。

物种在 298 K 水溶液中的离子熵,通过实测已积累了不少数据。一些 XO_n^{z-} 或 $H_pXO_m^{z-}$ 型阴离子的熵值在手册中往往查不到。对于这些离子在 298 K 时的偏摩尔熵可以用 R. E. 康尼克(Connick)公式计算。

$$\bar{S}^{\ominus}_{298} = 182.0 - 194.56(z - 0.28n)$$

式中 $\bar{S}^{\ominus}_{298}$——离子的标准偏摩尔熵,J/(mol · K);

z——离子电荷数的绝对值;

n——氧原子数。

对于 $H_pXO_m^{z-}$ 型离子,$n = m - p$

对于 $MeOH^+$、$Me(OH)_2$ 型的离子,R. 洛孙(Lowson)提出了一个计算 $\bar{S}^{\ominus}_{298}$ 的公式[4]

$$\bar{S}^{\ominus}_{298} = 71.13n + \bar{S}^{\ominus}_{Me^{2+}} \tag{1-2}$$

式中 $\bar{S}^{\ominus}_{298}$——离子的标准偏摩尔熵,J/(mol · K);

n——OH^- 根的个数。

而 C. 考切尔(Couture)根据某些实测数据的规律提出一个计算 $MeO_m(OH)_n^{2-}$ 离子的 $\bar{S}^{\ominus}_{298}$ 的公式[5]

$$\bar{S}^{\ominus}_{298} = \left(40.2 + \frac{3}{2}R\ln M - \frac{27.2z^2}{0.25rm} - 5.5\,|z|\right) \times 4.184 \tag{1-3}$$

式中 $\bar{S}^{\ominus}_{298}$——离子标准偏摩尔熵,J/(mol · K);

M——分子量;

r——有效半径,为 Me 与 O 的距离加 1.40Å;

z——离子电荷。

有关温度高于 298 K 时的离子熵实测数据甚少,可以用“离子熵对应原理”计算。这个原理是 C. M. 克里斯(Criss)与 J. W. 科布尔(Cobble)[6](1964)在分析大量实测数据的基础上而得出的一个经验公式,虽无可靠的理论依据,但在 473 K 以下是准确可靠的。

离子熵对应原理表明,离子在某一温度 T 下的绝对熵 $\bar{\bar{S}}_{i,T}$ 与该离子在 298 K 时的绝对熵$\bar{\bar{S}}_{i,298}$之间呈直线关系：

$$\bar{\bar{S}}_{i,T}^{\ominus} = a_T + b_T \bar{\bar{S}}_{i,298} \tag{1-4}$$

式中，a_T 和 b_T 为系数，其值与离子的种类和温度有关，列入表 1-1。

利用离子熵对应原理和表 1-1 的系数可以求各温度下的离子的绝对熵。计算值与实测值的对比表明，在 $T = 473$ K 以下时，用离子熵对应原理计算所得的结果是准确可靠的。

表 1-1　a_T 和 b_T 值

温度 T/K	简单阳离子		简单阴离子与 OH^-	
	a_T	b_T	a_T	b_T
298	0.0	1.000	0.0	1.000
333	16.31	0.955	-21.34	0.969
373	43.10	0.876	-54.81	1.000
423	67.78	0.792	-89.12	0.989
473	97.49	0.711	-126.78	0.981
523	125.10	0.630	-161.92	0.978
573	153.13	0.548	-205.85	0.972

温度 T/K	XO_n^{m-} 型阴离子		$XO_n(OH)^{m-}$ 型阴离子		标准态 H^+(aq)的熵 S /J·(K·mol)$^{-1}$
	a_T	b_T	a_T	b_T	
298	0.0	1.000	0.0	1.000	-20.92
333	-58.78	1.217	-56.48	1.380	-10.46
373	-129.70	1.476	-126.78	1.894	8.37
423	-192.46	1.687	-210.04	2.381	27.20
473	-280.33	2.020	-292.88	2.960	46.44
523	-361.92	2.320	-376.56	3.530	67.36
573	-443.50	2.618			82.80

1.1.3　离子的偏摩尔热容

利用离子熵对应原理可以求出离子的偏摩尔定压热容。有平均热容法和线性离子热容法两种方法。

1.1.3.1　平均热容法[7]

根据熵的定义：

$$dS = \frac{\delta q}{T}$$

$$\delta q = c_p^{\ominus}\mathrm{d}T$$

$$\mathrm{d}\,\bar{S} = \frac{\bar{c}_p^{\ominus}\mathrm{d}T}{T} = \bar{c}_p^{\ominus}\mathrm{d}(\ln T)$$

$$\int_{298}^{T}\mathrm{d}\,\bar{S} = \int_{298}^{T}\bar{c}_p^{\ominus}\mathrm{d}(\ln T)$$

根据平均定压热容的定义,温度 298 K ~ T 之间的平均定压热容

$$\bar{c}_p^{\ominus}\int_{298}^{T} = \frac{\int_{298}^{T}\bar{c}_p^{\ominus}\mathrm{d}T}{\int_{298}^{T}\mathrm{d}T}$$

当 $T-298$ K 不很大时,下式近似相等:

$$\bar{c}_p^{\ominus}\int_{298}^{T} = \frac{\int_{298}^{T}\bar{c}_p^{\ominus}\mathrm{d}T}{\int_{298}^{T}\mathrm{d}T} = \frac{\int_{298}^{T}\bar{c}_p^{\ominus}\mathrm{d}(\ln T)}{\int_{298}^{T}\mathrm{d}(\ln T)}$$

$$\int_{298}^{T}\mathrm{d}\,\bar{S} = \int_{298}^{T}\bar{c}_p^{\ominus}\mathrm{d}(\ln T) = \bar{c}_p^{\ominus}\int_{298}^{T}\times\int_{298}^{T}\mathrm{d}(\ln T)$$

$$\bar{S}_T^{\ominus} - \bar{S}_{298}^{\ominus} = \bar{c}_p^{\ominus}\int_{298}^{T}\ln\frac{T}{298}$$

$$\bar{c}_p^{\ominus}\int_{298}^{T} = \frac{\bar{S}_T^{\ominus} - \bar{S}_{298}^{\ominus}}{\ln\dfrac{T}{298}}$$

将式 1–4 代入则得水溶液中溶解物种在 298 K 至 T 之间的平均定压热容

$$\bar{c}_p^{\ominus}\int_{298}^{T} = \frac{a_T + b_T\bar{\bar{S}}_{298}^{\ominus} - \bar{\bar{S}}_{298}^{\ominus}}{\ln\dfrac{T}{298}}$$

$$= \frac{a_T + (b_T - 1)\bar{\bar{S}}_{298}^{\ominus}}{\ln\dfrac{T}{298}}$$

令:

$$\frac{a_T}{\ln\dfrac{T}{298}} = \alpha_T,\ \frac{b_T - 1}{\ln\dfrac{T}{298}} = \beta_T$$

$$\bar{c}_p^{\ominus}\int_{298}^{T} = \alpha_T + \beta_T\bar{\bar{S}}_{298}^{\ominus} \tag{1–5}$$

利用表 1–1 中的 α_T 与 b_T 值可以求出各类离子在不同温度下的 α_T 和 β_T 值,

现将求得的部分值列入表1-2。

表1-2 α_T 和 β_T 值

温度 T/K	简单阳离子		简单阴离子与 OH^-	
	α_T	β_T	α_T	β_T
333	146.44	-0.41	-193.12	-0.28
373	192.00	-0.55	-244.14	0.00
423	193.49	-0.59	-254.41	-0.02
473	211.25	-0.63	-274.71	-0.04
523	222.6	-0.66	-288.11	-0.04
573	234.39	-0.69	-315.09	-0.04

温度 T/K	XO_n^{m-} 型阴离子		$XO_n(OH)^{m-}$ 型离子	
	α_T	β_T	α_T	β_T
333	-531.95	1.96	-511.13	3.44
373	-577.73	2.12	-564.72	3.98
423	-549.41	1.96	-599.60	3.94
473	-607.43	2.21	-634.63	4.25
523	-643.99	2.35	-670.04	4.50
573	-678.86	2.48		

$H^+(aq)$的部分平均偏摩尔定压热容如下：

温度 T/K	333	373	423	473
$\bar{c}_p^{\ominus}\int_{298}^{T}$/J·(mol·K)$^{-1}$	96.23	129.70	138.07	148.44

1.1.3.2 线性离子热容法[7]

此法为D. F. 泰勒(Tayler)(1978)所提出。将表1-1的数据绘成的图1-1可以看出，a_T 与 b_T 之值，除了在333 K附近处与温度呈直线关系外，这种直线关系一直保持到473 K。其数学表达式为：

$$a_T = a_1 + a_2 T \tag{1-6}$$

$$b_T = b_1 + b_2 T \tag{1-7}$$

代入式1-4得

$$\overline{\overline{S}}_T^{\ominus} = a_1 + a_2 T + (b_1 + b_2 T)\overline{\overline{S}}_{298}^{\ominus} \tag{1-8}$$

因

$$\left(\frac{\partial \bar{s}}{\partial T}\right)_p = \frac{\bar{c}_p}{T} \tag{1-9}$$

将式1-8代入式1-9得

$$\bar{c}_p^{\ominus} = (a_2 + b_2 \overline{\overline{S}}_{298}^{\ominus}) T \tag{1-10}$$

对同一类离子而言，a_2、b_2、$\overline{\overline{S}}_{298}^{\ominus}$均为常数，由图1-1可以看出，$a_2$、$b_2$是$a_T$和$b_T$与温度关系中各直线的斜率，求出各类离子之$a_2$、$b_2$值列入表1-3[11]。

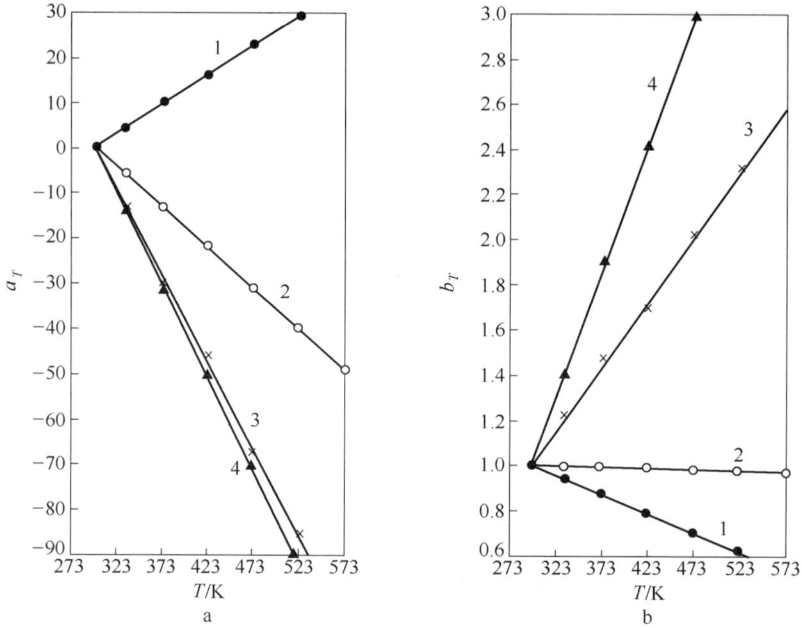

图1-1　a_T和b_T与温度的关系

a—a_T；b—b_T

1—简单阳离子；2—简单阴离子与OH^-；3—XO_n^{m-}型阴离子；4—$XO_n(OH)^{m-}$型阴离子

表1-3　a_2和b_2的值

系数	单位	离子种类				
		简单阳离子	简单阴离子与OH^-	XO_n^{m-}型阴离子	$XO_n(OH)^{m-}$型阴离子	H^+
a_2	J/(mol·K)	+0.556	−0.722	−1.607	−1.674	+0.386
b_2	1/K	-1.65×10^{-3}	-1.12×10^{-4}	5.84×10^{-3}	1.12×10^{-2}	0.00

故$a_2 + b_2\overline{\overline{S}}_{298}^{\ominus} = B$为一常数。于是得

$$\bar{c}_p^{\ominus} = BT \tag{1-11}$$

式1-11是物质的定压摩尔热容与温度的关系函数

$$\bar{c}_p^{\ominus} = A + BT + CT^{-2} + DT^2$$

的一种特殊形式，即$A=0$，$C=0$，$D=0$。

1.1.4 离子在任意温度下偏摩尔自由能的计算

$$\overline{G}_T^{\ominus} = \overline{H}_T^{\ominus} - T\overline{\overline{S}}_T^{\ominus} \tag{1-12}$$

式中的离子熵可以是相对熵,也可以是绝对熵,但必须始终用同一种,得出的$\overline{G}_T^{\ominus}$值虽各不相同,但用于计算同一个反应自由能其结果是一样的。在此统一用绝对熵。

1.1.4.1 用平均热容计算

欲计算$\overline{G}_T^{\ominus}$先计算出离子的平均等压热容$\bar{c}_p^{\ominus}\int_{298}^{T}$,因为

$$\overline{H}_T^{\ominus} = \overline{H}_{298}^{\ominus} + \int_{298}^{T}\bar{c}_p^{\ominus}\int_{298}^{T}\mathrm{d}T$$

$$\overline{S}_T^{\ominus} = \overline{S}_{298}^{\ominus} + \int_{298}^{T}\bar{c}_p^{\ominus}\int_{298}^{T}\mathrm{d}(\ln T)$$

所以,$\bar{c}_p^{\ominus}\int_{298}^{T}$为常数,最后可得到

$$\overline{G}_T^{\ominus} = \overline{H}_{298}^{\ominus} + \bar{c}_p^{\ominus}\int_{298}^{T}\left[(T-298) - T\ln\frac{T}{298}\right] - T\overline{\overline{S}}_{298}^{\ominus} \tag{1-13}$$

令$A_T = \left[(T-298) - T\ln\dfrac{T}{298}\right]$,它只与温度有关,而$\overline{H}_{298}^{\ominus} = \Delta\overline{H}_f$为标准生成热,最后得:

$$\overline{G}_T^{\ominus} = \Delta\overline{H}_f^{\ominus} + \bar{c}_p^{\ominus}\int_{298}^{T}A_T - T\overline{\overline{S}}_{298}^{\ominus} \tag{1-14}$$

A_T的值如下:

温度 T/K	298	333	373	423	473	523
A_T	0	-1.98	-8.73	-25.16	-43.5	-69.2

只要知道离子的标准生成热以及298 K时的标准偏摩尔熵即可求出离子在任意温度下的偏摩尔自由能。

1.1.4.2 用离子线性热容近似法求$\overline{G}_T^{\ominus}$

根据式1-11离子的平均定压热容$\bar{c}_p^{\ominus} = BT$,因而其偏摩尔自由能为

$$\overline{G}_T^{\ominus} = \overline{H}_{298}^{\ominus} + \int_{298}^{T}BT\mathrm{d}T - T\int_{298}^{T}B\mathrm{d}T - T\overline{\overline{S}}_{298}^{\ominus}$$

$$= \Delta\overline{H}_f^{\ominus} + \frac{1}{2}B(T^2 - 298^2) - TB(T-298) - T\overline{\overline{S}}_{298}^{\ominus} \tag{1-15}$$

在上面介绍的计算离子的高温热力学性质数据时,未考虑压力的影响。J. W. 科布尔(Cobble)认为,在573 K以下,压力影响很小,可以忽略不计。

1.1.5 未离解中性分子热力学性质的计算

水溶液中未离解的中性分子的热力学性质数据可按海尔根孙(Helgenson)[9]给出的公式计算。

假设水溶液中一未离解的中性分子 A_nC_m，其离解式为

$$A_nC_m \longrightarrow nA^{z_1^+} + mC^{z_2^-} \tag{1-16}$$

式中 z_1,z_2——正负离子的电荷数。

这一离解反应在温度为 T 时的标准反应自由能为

$$\Delta G_T^{\ominus} = -\Delta S_{298(离)}^{\ominus}[298.15 - \theta/\omega\{1 - \exp[\exp(b - aT) - c + (T - 298.15)/\theta]\}] + \Delta H_{298(离)}^{\ominus} \tag{1-17}$$

式中 $\Delta S_{298(离)}^{\ominus}$——离解反应 1-16 在 298.15 K 时的熵变；

$\Delta H_{298(离)}^{\ominus}$——离解反应 1-16 在 298.15 K 时的焓变；

$a = 0.01875$；

$b = -12.741$；

$c = \exp(b + 298.15a)$；

$\theta = 219.0$；

$\omega = 1 + ac\theta$。

离解反应 1-16 在温度 T 时的熵变为

$$\Delta S_{T(离)}^{\ominus} = \Delta S_{T(离)}^{\ominus}\{\exp[\exp(b + aT) - c + (T - 298.15)/\theta]\} \times [1 + \phi\exp(b + aT)]/\omega$$

式中 $\phi = 4.106$。

离解反应 1-16 在温度 T 时的焓变

$$\Delta H_{T(离)}^{\ominus} = \Delta G_{T(离)}^{\ominus} + T\Delta S_{T(离)}^{\ominus} \tag{1-18}$$

另一方面离解反应 1-16 的标准反应自由能又可写成

$$\Delta G_{T(离)}^{\ominus} = n\,\overline{G}_{T(A^{z_1^+})}^{\ominus} + mG_{T(C^{z_2^-})}^{\ominus} - G_{T(A_nC_m)}^{\ominus}$$

因而中性分子的自由能

$$\overline{G}_{T(A_nC_m)}^{\ominus} = n\,\overline{G}_{T(A^{z_1^+})}^{\ominus} + m\,\overline{G}_{T(C^{z_2^-})}^{\ominus} - \Delta G_{T(离)}^{\ominus}$$

同理，其偏摩尔焓

$$\overline{H}_{T(A_nC_m)}^{\ominus} = n\,\overline{H}_{T(A^{z_1^+})}^{\ominus} + m\,\overline{H}_{T(C^{z_2^-})}^{\ominus} - \Delta\overline{H}_{T(离)}^{\ominus}$$

$A^{z_1^+}$ 离子、$C^{z_2^-}$ 离子的自由能 $\overline{G}_{T(A^{z_1^+})}^{\ominus}$、$\overline{G}_{T(C^{z_2^-})}^{\ominus}$ 可按式 1-14 或式 1-15 算出，$\overline{G}_{T(离)}^{\ominus}$ 可按式 1-17 算出，于是 A_nC_m 的偏摩尔自由能 $\overline{G}_{T(A_nC_m)}^{\ominus}$ 也就可以算出了。

Helgenson 于 20 世纪 60 年代提出的这一计算方法是一个近似方法，主要适用于 200℃以下的温度，在高于 200℃的温度时有较大的误差。到了 20 世纪 80 年

代,Helgenson 及其合作者们提出了新的 HKF 模型预测水溶物种的偏摩尔性质[9~11],但公式复杂,参数多,难以普及。

1.2 湿法冶金反应的热力学计算

1.2.1 无电子参加的湿法冶金反应自由能计算

一个普遍的化学反应

$$\sum_i \nu_i A_i = 0 \tag{1-19}$$

式中 A_i——反应物与生成物;

ν_i——计量系数,生成物取"+"号,反应物取"-"号。

这一反应的标准反应自由能可用下列方法计算。

1.2.1.1 用各反应参加物的$G_T^{\ominus}$值计算

利用有关的手册[10,11]中的数据可直接计算

$$\Delta G_{T(反应)}^{\ominus} = \sum_i \nu_i G_{i,T}^{\ominus}$$

在查找$G_{i,T}^{\ominus}$时必须注意的是:若在一本手册中查找,不会有什么问题;若在几本不同的手册中查找则必须认真研究一下这些手册有什么不同之处,例如有的手册列出的是物质的标准生成自由能

$$\Delta G_f^{\ominus} = \Delta H_f^{\ominus} - T\Delta S_f^{\ominus}$$

而有的手册则列出的是标准吉布斯自由能

$$G_T^{\ominus} = H_T^{\ominus} - TS_T^{\ominus}$$

即使都是标准吉布斯自由能,也还要看一看计算离子的$\overline{G}_T^{\ominus}$时用的是相对熵还是绝对熵。这些细节都要严加注意,切不可把手册中的数据随意套用。

在无手册数据可用时,可先计算出每个参加物的 $G_T^{\ominus}$。若计算的反应较多,用电子计算机很容易完成这一工作。

1.2.1.2 用平均热容计算

$$\Delta G_{T(反应)}^{\ominus} = \sum_i \nu_i G_{i,T}^{\ominus}$$

在物质无相变时,根据式 1-13

$$G_T^{\ominus} = \Delta H_f^{\ominus} + \bar{c}_p^{\ominus}\int_{298}^{T} A_T - T\,\bar{\bar{S}}_{298}^{\ominus}$$

代入上式得反应自由能

$$\Delta G_{T(反应)}^{\ominus} = \Delta H_{298(反应)}^{\ominus} + \Delta c_p^{\ominus}\int_{298}^{T} A_T - T\Delta\,\bar{\bar{S}}_{298}^{\ominus} \tag{1-20}$$

式中 $\Delta H_{298}^{\ominus}$—— 反应在 298 K 时的热效应,$\Delta H_{298}^{\ominus} = \sum_i \nu_i H_{i,298}$;

$\Delta c_p^{\ominus}\int_{298}^{T}$—— 反应的平均定压热容的变化，$\Delta c_p^{\ominus}\int_{298}^{T} = \sum_i \nu_i c_p^{\ominus}\int_{298}^{T}$；

$\Delta\overline{\overline{S}}_{298}^{\ominus}$—— 反应在 298 K 时的熵变，$\Delta\overline{\overline{S}}_{298}^{\ominus} = \sum_i \nu_i S_{298}^{\ominus}$。

式 1-20 可改写为

$$\Delta G_{T(\text{反应})}^{\ominus} = \Delta G_{298(\text{反应})}^{\ominus} + \Delta c_p^{\ominus}\int_{298}^{T} A_T - (T - 298)\Delta S_{298}^{\ominus} \tag{1-21}$$

利用有关手册中给出的 $\Delta H_f^{\ominus}$ 或 $\Delta G_f^{\ominus}$、$S_{298}^{\ominus}$ 等值，可以计算出 $\Delta G_{T(\text{反应})}^{\ominus}$。

1.2.2 电子的热力学性质[13]

一个有电子参加的反应

$$\sum_i \nu_i A_i - ne = 0 \tag{1-22}$$

计算其反应自由能时，必须把电子"e"作为一个参加物来考虑，并把它的热力学性质一并计入，否则计算结果会出现偏差。事实上，电子作为一个物质，当然有它的热力学性质。反应 1-22 的标准反应自由能为

$$\Delta G_T^{\ominus} = \sum_i \nu_i G_{i,T}^{\ominus} - n G_{(e),T}^{\ominus} \tag{1-23}$$

式中，$G_{(e),T}^{\ominus}$为电子的标准吉布斯自由能。电子在任何温度 T 下的热力学性质，可以根据公认的规则加以确定。这些规则包括以下三方面。

（1）在任何 T 温度下，半电池反应的电极电位，是以同一温度下的标准氢电极作为参考电极而得出的相对值。

（2）氢电极的半电池反应：

$$H^+ + e - \frac{1}{2}H_2 = 0 \tag{1-24}$$

对于标准氢电极（SHE）在任意温度下都是：

$$a_{H^+} = 1$$

$$p_{H_2} = 1$$

$$\Delta G_{T(\text{SHE})}^{\ominus} = 0$$

$$E_{T(\text{SHE})}^{\ominus} = 0$$

根据吉布斯-亥姆霍兹方程：

$$\Delta H_T^{\ominus} = ZF\left(T\frac{\partial\varphi^{\ominus}}{\partial T} - \varphi^{\ominus}\right) \tag{1-25}$$

$$\Delta S_T^{\ominus} = ZF\frac{\partial\varphi^{\ominus}}{\partial T} \tag{1-26}$$

$$\Delta c_p^{\ominus} = \left(\frac{\partial H^{\ominus} T}{\partial T}\right)_T \tag{1-27}$$

便得

$$\Delta H^{\ominus}_{T(\mathrm{SHE})}=0$$

$$\Delta S^{\ominus}_{T(\mathrm{SHE})}=0$$

$$\Delta c^{\ominus}_{p(\mathrm{SHE})}=0$$

（3）于是得出电子的热力学性质（偏摩尔量）：

生成热 $\Delta H^{\ominus}_{(\mathrm{e})T}=0$

热焓 $\overline{H}^{\ominus}_{(\mathrm{e}),T}=\frac{1}{2}H^{\ominus}_{(\mathrm{H_2}),T}-\overline{H}_{(\mathrm{H^+}),T}$

生成自由能 $\Delta\overline{G}^{\ominus}_{f(\mathrm{e})}=0$

吉布斯自由能 $\overline{G}^{\ominus}_{(\mathrm{e}),T}=\frac{1}{2}G^{\ominus}_{(\mathrm{H_2}),T}-\overline{G}^{\ominus}_{(\mathrm{H^+}),T}$ （1-28）

熵 $\overline{S}^{\ominus}_{(\mathrm{e}),T}=\frac{1}{2}S^{\ominus}_{(\mathrm{H_2}),T}-\overline{S}^{\ominus}_{(\mathrm{H^+}),T}$ （1-29）

平均定压热容 $\bar{c}^{\ominus}_{p(\mathrm{e}),T}=\frac{1}{2}c^{\ominus}_{p(\mathrm{H_2}),T}-\bar{c}^{\ominus}_{p(\mathrm{H^+}),T}$ （1-30）

把$G^{\ominus}_{(\mathrm{H_2}),T}$和$\overline{G}^{\ominus}_{(\mathrm{H^+}),T}$代入式 1-28 便可以求出电子的吉布斯自由能。现将求得的部分结果举例如下：

温度 T/K	$\overline{G}^{\ominus}_{(\mathrm{e}),T}$/kJ·mol^{-1}	温度 T/K	$\overline{G}^{\ominus}_{(\mathrm{e}),T}$/kJ·mol^{-1}
298	-25.76	448	-34.70
323	-27.75	473	-35.43
348	-29.58	498	-35.92
373	-31.19	523	-34.11
398	-32.585	548	-36.242
423	-33.757	573	-35.999

电子在 298 K 时的偏摩尔绝对熵

$$\overline{S}^{\ominus}_{(\mathrm{e}),298}=\frac{1}{2}\times130.57-0=65.285\ \mathrm{J/(mol\cdot K)}$$

电子在 298 K 时的偏摩尔绝对熵

$$\overline{\overline{S}}^{\ominus}_{(\mathrm{e}),298}=\frac{1}{2}\times130.57-20.92=86.205\ \mathrm{J/(mol\cdot K)}$$

按泰勒（Taylor）[7]的计算［单位：J/(mol·K)］公式：

$$\bar{c}^{\ominus}_{p(\mathrm{H^+})}=386\times10^{-3}T$$

而

$$\bar{c}^{\ominus}_{p(\mathrm{H_2})}=27.28+3.26\times10^{-3}T+0.50\times10^{5}T^{-2}$$

代入式 1-30 得电子的平均定压热容[单位:J/(mol · K)]方程:

$$\bar{c}_{p(\mathrm{e}),T}^{\ominus}=13.64-384.37\times10^{-3}T+0.25\times10^{5}T^{-2}$$

电子的平均定压热容也就可以从中算出。

1.2.3 有电子参加的反应自由能和标准电极电位的计算

计算温度高于 298 K 的半电池反应的标准电极电位有两种方法。

1.2.3.1 用电子的热力学性质计算

对半电池反应(一律写成还原式)

$$\sum_i \nu_i A_i - ne = 0$$

其反应自由能为

$$\Delta G_T^{\ominus} = \sum_i \nu_i \overline{G}_{(i),T}^{\ominus} - n\overline{G}_{(\mathrm{e}),T}^{\ominus} \tag{1-31}$$

$$\Delta G_T^{\ominus} = -nF\varphi_T^{\ominus} \tag{1-32}$$

$$\varphi_T^{\ominus} = -\frac{\Delta G_T^{\ominus}}{nF} \tag{1-33}$$

式中 $\varphi_T^{\ominus}$——半电池反应 1-22 在温度下时的标准电极电位,V;

$\Delta G_T^{\ominus}$——半电池反应 1-22 的标准反应自由能,J/mol;

n——参加反应的电子数;

F——法拉第常数,$F=96500$ C/mol。

1.2.3.2 与标准氢电极加在一起计算

测半电池反应 1-22 与氢电极之间的电池电动势。

半电池反应 $\sum_i \nu_i A_i - ne = 0 \quad \Delta G_{(\text{半}),T}^{\ominus} \quad \varphi_{(\text{半}),T}^{\ominus}$

与 SHE $\quad -\frac{n}{2}\mathrm{H}_2 + n\mathrm{H}^+ + ne = 0 \quad n\Delta G_{(\mathrm{H}_2),T}^{\ominus} \quad n\varphi_{(\mathrm{H}_2),T}^{\ominus}$

$$\sum_i \nu_i A_i + n\mathrm{H}^+ - \frac{n}{2}\mathrm{H}_2 = 0 \quad \Delta G_T^{\ominus} \quad \varphi_T^{\ominus}$$

$$\begin{aligned}\Delta G_T^{\ominus} &= \Delta G_{(\text{半}),T}^{\ominus} + n\Delta G_{(\mathrm{H}_2),T}^{\ominus}\\ &= \sum_i \nu_i G_{(i)T}^{\ominus} + n\,\overline{G}_{(\mathrm{H}^+),T}^{\ominus} - \frac{n}{2}G_{(\mathrm{H}_2),T}^{\ominus}\end{aligned} \tag{1-34}$$

原电池电动势

$$\varphi_T^{\ominus} = \varphi_{(\text{半})T}^{\ominus} - n\varphi_{(\mathrm{H}_2),T}^{\ominus} = -\frac{\Delta G_T^{\ominus}}{nF} \tag{1-35}$$

因 $$\varphi_{(\mathrm{H}_2),T}^{\ominus}=0$$

故
$$\varphi^{\ominus}_{(\text{半}),T} = -\frac{\Delta G^{\ominus}_T}{nF}$$

例如半电池反应 $AgCl(s) + e \longrightarrow Ag(s) + Cl^-(aq)$

与 SHE
$$\frac{1}{2}H_2(g) \longrightarrow H^+(aq) + e$$

$$AgCl(s) + \frac{1}{2}H_2(g) \longrightarrow Ag(s) + H^+(aq) + Cl^-(aq)$$

先计算此全电池反应 $\Delta G^{\ominus}_T$ 值，然后计算其标准电位差，即为半电池反应的标准电极电位。

上述两种计算方法各有利弊，其结果是一致的。

1.2.4　湿法冶金反应热力学平衡常数计算

对一个普遍的化学反应

$$\sum_i \nu_i A_i = 0$$

其热力学平衡常数为

$$K_T = \prod_i a_i^{\nu_i}$$

式中　$\prod$——连乘号；

a_i——反应物和生成物的活度；

ν_i——计量系数，生成物取“+”，反应物取“-”。

反应平衡常数与反应的标准自由能变化之间有如下关系：

$$\Delta G^{\ominus}_T = -RT\lg K_T$$

$$\lg K_T = -\frac{\Delta G^{\ominus}_T}{2.303RT} = -\frac{\sum_i \nu_i G^{\ominus}_{(i)T}}{2.303RT}$$

1.2.5　高温 pH_T 值与 pH_{298} 的关系

水的离解反应

$$H_2O \rightleftharpoons H^+ + OH^-$$

其离解反应的平衡常数

$$K_w = \frac{a_{H^+} \cdot a_{OH^-}}{a_{H_2O}}$$

因
$$a_{H_2O} = 1$$

故
$$K_w = a_{H^+} \cdot a_{OH^-}$$

$$pK_w = -\lg K_w$$

pK_w 值是随温度而变化的，实验测定不同温度下的 pK_w 值列入表 1-4。

表 1-4 不同温度下水的 pK_w 值[14]

T/K	pK_w	T/K	pK_w
298	13.993 ±0.009	448	11.441 ±0.012
323	13.272 ±0.006	473	11.302 ±0.012
348	12.709 ±0.006	498	11.222 ±0.012
373	12.264 ±0.009	523	11.196 ±0.015
398	11.914 ±0.009	548	11.224 ±0.027
423	11.642 ±0.012	573	11.301 ±0.045

$pH = -\lg a_{H^+}$也随温度而变化。

在中和点有 $a_{H^+} = a_{OH^-}$时，$pH_{中} = \frac{1}{2}pK_w$，它也随温度而变化。

有关高温下的 pH_T 与 pH_{298}之间的关系，V. 阿什沃斯(Ashworth)[15]、矢沢彬[16]、钟竹前[18]等人均提出过它们的换算公式，其中以矢沢彬提出的公式

$$pK_{w(298)}/pK_{w(T)} = pH_{298}/pH_T$$

具有简明又接近实际的特点。

1.2.6 湿法冶金反应热的计算

湿法冶金反应的特点在于有溶液参加。水溶液中溶质的偏摩尔生成热指的是一个浓度为1 mol/L 的理想溶液中1 mol 溶质的生成热。如果像纯化合物之间的反应那样，用标准生成热来求反应的热效应，则所得的结果只适用于无限稀释的溶液之间，或纯化合物与无限稀溶液之间的反应，不适用于具体的、实际的冶金反应。

为了计算实际的冶金反应的热效应，需要使用各种浓度的溶液的生成热，即由在标准状态下组成溶质的各元素与一定摩尔数的水生成含 1 摩尔溶质的溶液的反应热。这样的生成热数据可以在有关文献[15]中找到。例如 100 mol 水中含 1 mol H_2SO_4这一溶液的生成热为 −887.64 kJ/mol。它是下面反应的热效应：

$$\underset{(标准状态)}{H_2 + S + 2O_2 + 100(aq)} \longrightarrow \underset{(298\,K, 0.101\,MPa)}{H_2SO_4 \cdot 100(aq)}$$

式中 (aq)——表示作为溶剂的水，其生成热指定为零。

为了正确计算实际冶金反应的热效应，采取如下计算步骤：

(1) 一律将溶液浓度换算表示为“1 mol 溶质 · $x$aq”，x 为溶剂水的摩尔数。

例如：20% HCl 写作 HCl · 8.10(aq)

2 mol/L H_2SO_4 写作 H_2SO_4 · 27.78(aq)

(2) 正确地写出反应式，如果水是反应参加物或生成物，则反应前后作为溶剂的水分子的变化必须正确地表达出来。例如用浓度 2 mol/L 的硫酸水溶液去溶解 ZnO：

$$ZnO + H_2SO_4 \cdot 27.78(aq) \longrightarrow ZnSO_4 \cdot (27.78+1)(aq) + H_2O$$

因反应生成了一个分子的水，故而溶剂的分子数由 27.78 变为 28.78。

（3）计算反应热效应时，纯化合物取其标准生成热，而溶液取相应浓度溶液的生成热。例如上面反应的热效应为

$$\Delta H_{298}^{\ominus} = \Delta H_{f,ZnSO_4 \cdot 28.78(aq)}^{\ominus} + \Delta H_{f,H_2O}^{\ominus} - \Delta H_{f,ZnO}^{\ominus} - \Delta H_{f,H_2SO_4 \cdot 27.78(aq)}^{\ominus}$$

1.2.7 热力学数据的查询

热力学计算的前提是要拥有必要的基础热力学数据，这些数据可在有关的手册或数据库中查找。

可提供湿法冶金热力学计算基础数据的手册必须包含有水溶物种的数据，这样的手册有四部可供利用：

（1）Herbert E. Barner 等编著，1978 年出版的《HANDBOOK OF THERMOCHEMICAL DATA FOR COMPOUNDS AND AQUEOUS SPECIES》[14]；

（2）杨显万等编著 1983 年出版的《高温水溶液热力学数据计算手册》[13]。这两部手册给出了物种从 25℃ 到 300℃，以 25℃ 为间隔温度下的标准热焓、自由能（吉布斯自由能）、熵值。

（3）Pourbaix M. 等编著的《Atlas of Electrochemical Equilibria in Aqueous Solutions》，1974 年版[20]，（National Association of Corrosion Engineers）。该书中提供了 90 种元素及其化合物在 25℃ 下的标准生成自由能等数据。

（4）由美国国家标准局（NBS）从 1965 年起即收集、筛选并分期公布热力学数据《NBS Technical Note》，于 1982 年集中出版了《The NBS Tables of Chemical Thermodynamic Propertie，Selected Values for Inorganic C1 and C2 Organic Substances in S1 Units》[22]，该书的数据有较高的可靠性。

国际上的热力学数据库中比较有名的是 SGTE（Scientific Group Thermodata Europe）的数据库。SGTE 是一个由法国、德国、瑞典、英国联合的专门从事无机热化学数据库及其应用的国际性组织，其成员共享同一个数据库。SGTE 数据库的主要应用范围有：火法冶金、湿法冶金、废水处理、无机化学、溶液和高温腐蚀、能量转变、合金、陶瓷、颜料、填充剂、化学气相沉积等，许多有名的冶金热力学软件系统都采用 SGTE 数据库。此外，Fact Sage 是加拿大 FACT Group（Thermfact Ltd.）与德国 ChemSage/ChemApp Group（GTT Technologies）协作推出的大型数据库系统，实现了大量数据资源和功能的共享，它由 FACT-win 和 Chemsage 两个著名的计算热力学软件包合并而成[21]。

随着数据库的日益完善，开发出了许多集成热化学数据库（Integrated Thermochemical Database，简称 ITD）应用软件包。这些软件包集成很多功能模块，共享同一数据库，可完成很多功能。比较有名的列入表 1-5。

表 1–5 热化学计算软件包

名 称	国 别	网 址
Thermo-Calc	瑞典	http://www. thermocalc. se
Thermodata	法国	http://www. cpma. u-psud. fr/therma/thermagb. html
CSIRO/Monash	澳大利亚	
F * A * C * T	加拿大	http://www. crct. polymtl. ca/fact/
HSC-Chemistry	芬兰	http://www. hsc-chemistry. net/
MTDATA	英国	http://www. npl. co. uk/advanced-materials/materials-areas/thermodynamics/mtdata
THERDAS	德国	http://gttserv. lth. rwth-aachen. de/ ~ sp/tt
ATDB	中国中科院	
CMD	中国中南大学	

这些软件包一般能完成热力学函数计算、优势区图和 φ – pH 图的绘图、相图计算、复杂化学平衡计算、反应器及过程模拟等,而且还在不断更新与完善。

参 考 文 献

[1] 夏光祥. 湿法冶金[M]. 北京:科学出版社,1978.

[2] 饶纪龙. 地球化学中的热力学[M]. 北京:科学出版社,1979.

[3] R. E. Connick and R. E. Powell, The entropy of aqueous oxy-anions[J]. J. Chem. Phys., 1953, 21:2206.

[4] R. T. Lowson. Correlations for the thermodynamic properties of hydrolysed ions[J]. Australian Journal of Chemistry, 1972, 25(9): 2035 ~ 2038.

[5] Couture, A. M. Laidler, K. J. The entropies of ions in aqueous solution: Ⅱ. An empirical equation for oxy-anions[J]. Can. J. Chem., 1957, 35:202 ~ 206.

[6] Criss C. M. and Cobble J. W. The Thermodynamic Properties of High Temperature Aqueous Solutions. Ⅳ. Entropies of the Ions up to 200℃ and the Correspondence Principle[J]. Journal of the American Chemical Society, 1964. 86: 5385 ~ 5390.

[7] Dale F. Taylor. Thermodynamic Properties of Metal-Water Systems at Elevated Temperatures [J]. J. Electrochem. Soc., 1978, 125(5):808 ~ 812.

[8] 杨显万,何蔼平,袁宝州,等. 高温水溶液的热力学计算[J]. 有色金属(冶炼部分). 1979, 6:27 ~ 37.

[9] Helgeson, H. C. Thermodynamics of hydrothermal systems at elevated temperatures and pressures[J]. American Journal of Science, 1969, 267:729 ~ 804.

[10] John C. Tanger, H. C. Helgenson. Calculation of the Thermodynamic and Transport Properties of Aqueous Species at High Pressures and Temperatures: Revised Equations of State for the Standard Partial Molal Properties of Ions and Electrolytes. American Journal of Science, 1988,

288:19 ~ 98.

[11] Everest L. Shock, H. C. Helgeson. Calculation of the Thermodynamic and Transport Properties of Aqueous Species at High Pressures and Temperatures: Creation algorithm for ionic species and equation of state predictions to 5kb and 1000℃. Geochimica et cosmochimics Acta, 1988, 52:2009 ~ 2036.

[12] Everest L. Shock, H. C. Helgeson. Calculation of the Thermodynamic and Transport Properties of Aqueous Species at High Pressures and Temperatures: Standard partial molal properties of inorganic neutral species. Geochimica et cosmochimics Acta, 1988, 52:2009 ~ 2036.

[13] 杨显万,等. 高温水溶液热力学计算数据手册. 北京:冶金工业出版社,1983.

[14] Barner Herbert E., Scheuerman, Ricard V. Handbook of Thermochemical Data for Compounds and Aqueous Species, 1978.

[15] V. Ashworth, P. J. Boden, et al. On the Cl^- breakdown of passive films on mildsteel[J]. Corrosion Science, 1970, 10(7): 481 ~ 482.

[16] 江口元德,矢沢彬. 高温水溶液に関する基礎的研究 - 2 - 25℃ - 200℃間の水酸化コバルトの沈殿反応について[J]. 日本鉱業会誌,1975, 91(1043):39 ~ 44.

[17] F. H. Sweeton, R. E. Mesmer and C. F. Baes. Acidity measurements at elevated temperatures, Ⅶ. Dissociation of water[J]. J. Solution Chem. 1974, 3(3):191 ~ 214.

[18] 钟竹前,梅光贵. 电位 - pH 图在湿法冶金中的应用[J]. 有色金属,1979(3):28.

[19] Donald D. Wagman, et al. The NBS tables of chemical thermaodynamic properties, published by the American Chemical Society and the American Institute of Physics for the National Bureau of Standards, 1982.

[20] Pourbaix M., Atlas of Electrochemical Equilibria in Aqueous Solutions, National A Sociation of Corrosion Engineers, 1974.

[21] 王达健. 相图与热力学数据库——原理与应用[M]. 昆明:云南科学技术出版社,2001,119 ~ 121.

[22] Douald D. Wagman, William H. Evans, et al. The NBS Tables of Chemical Thermodynamic Properties, Selected Values for Inorganic and C1 and C2 Organic Substance in S1 units. J. Phys Chem Ref Data(Suppl), 1982, 11(2).

2 水溶液中溶解物种的活度

本章不打算系统地阐述电解质溶液的理论，而着重介绍这方面的某些新进展，以使湿法冶金工作者能利用这些成就，进行有关的热力学计算。

2.1 单一电解质溶液

2.1.1 德拜－休克方程

早在1923年P. 德拜(Debye)和E. 休克(Hückel)就提出了强电解质溶液理论，并推出了计算活度系数的德拜－休克方程

$$\lg\gamma_{\pm} = -\frac{A|z_{+}z_{-}|\sqrt{I}}{1 + a_i^{\circ}B\sqrt{I}} \tag{2-1}$$

式中 $\gamma_{\pm}$——水溶液中电解质的平均活度系数；

I——水溶液的离子强度，$I = \frac{1}{2}\sum m_i Z_i^2$；

z_{+}——正离子的电荷数；

z_{-}——负离子的电荷数；

m_i——i 离子的质量摩尔浓度；

A,B——特定温度与压力下表示溶剂特征的常数。对于298 K时的水溶液，$A=0.5085$，$B=0.3281\times10^{-8}$；

a_i°——与离子有效直径有关的常数。

德拜－休克方程是以下列一些假定为前提的：

(1) 溶质完全离解成离子；

(2) 离子是带电的硬球，电荷不会被极化，离子电场球形对称；

(3) 离子间的相互作用只有库仑力，而其他作用力都忽略不计；

(4) 溶剂水被认为是只提供介电常数 D 的连续介质，完全忽略加入电解质后溶液介电常数的变化以及水分子与离子间的水化作用。

上述假定只符合极稀溶液的情况，故而德拜－休克方程只适用于 $I<0.01$ mol/L 的稀溶液。

2.1.2 皮泽方程

德拜－休克方程问世后的半个多世纪，许多学者先后提出过各种电解质溶液理论，但真能用于计算高浓度特别是多组分混合电解质水溶液中的溶解物种的活度系数者不多。近三十年来，由于统计力学的发展和应用，使电解质溶液理论的研究进入了一个新阶段。例如，蒙特卡罗(Monte Carlo)法的理论计算公式能较准确地求解出强电解质中物种的活度系数。然而这种方法必须借助大型电子计算机作大量次数的反复计算，因而需要花费很多时间和费用。因而这一方法只用作检验其他电解质溶液理论是否正确的手段。

1973年以来K. S. 皮泽(Pitzer)提出了半经验式的统计热力学理论[1]。这种理论既考虑了两粒子间的长程静电作用，也考虑了两粒子间的短程“硬心效应”位能(主要是排斥能)，还考虑了三个离子之间的相互作用能。到目前为止，他的理论计算公式已可用于计算280多种电解质的高浓度(1～6 mol/kg)，包括混合电解质溶液以及高温水溶液的溶液渗透系数与活度系数，计算结果和实验值能很好地符合。

单一电解质(MeX)溶液渗透系数计算公式为

$$\phi-1=-\left|Z_{Me}Z_X\right|\frac{AI^{1/2}}{(1+bI^{1/2})}+m\frac{2\nu_{Me}\nu_X}{\nu}\times$$

$$[\beta^{(0)}+\beta^{(1)}e^{-\alpha I^{1/2}}]+m^2\frac{2(\nu_{Me}\nu_X)^{3/2}}{\nu}c^{\phi} \tag{2-2}$$

式中 A——渗透函数中的德拜－休克系数，对于298 K的水溶液，$A=0.391$，$b=1.2$，$\alpha=2.0$；

I——离子强度；

m——溶液质量摩尔浓度；

ν_{Me}——MeX分子式中Me的计量系数；

ν_X——MeX分子式中X的计量系数，例如$ZnCl_2$的$\nu_{Me}=1$，$\nu_X=2$，$\nu=\nu_{Me}+\nu_X=3$；

$\beta^{(0)}$，$\beta^{(1)}$，c^{ϕ}——用实测数据回归出的系数，可在表2-1至表2-4中查找。

2:2价电解质溶液渗透系数计算公式为

$$\phi-1=-\frac{4AI^{1/2}}{(1+bI^{1/2})}+m[\beta^{(0)}+\beta^{(1)}\exp(-\alpha_1I^{1/2})+$$

$$\beta^{(2)}\exp(-\alpha_2I^{1/2})]+m^2c^{\phi} \tag{2-3}$$

式中，$\alpha_1=1.4$，$\alpha_2=12$，$\beta^{(2)}$可在表2-5中查找。有了渗透系数，便可求溶液的水活度：

$$\ln a_{H_2O} = -\frac{\nu m M_{H_2O}}{1000}\phi \tag{2-4}$$

电解质平均活度系数计算公式为

$$\ln\gamma_{\pm} = |z_{Me}z_X| f + m\frac{2\nu_{Me}\nu_X}{\nu}B + \frac{3}{2}m^2\left[\frac{2(\nu_{Me}\nu_X)^{3/2}}{\nu}\right]c^{\phi} \tag{2-5}$$

$$f = -A\left[\frac{I^{1/2}}{1+bI^{1/2}} + \frac{2}{b}\ln(1+bI^{1/2})\right] \tag{2-6}$$

$$B = 2\beta^{(0)} + \frac{2\beta^{(1)}}{\alpha^2 I}\left[1-\left(1+\alpha I^{1/2}-\frac{1}{2}\alpha^2 I\right)\exp(-\alpha I^{1/2})\right] \tag{2-7}$$

对于2:2价电解质 $\ln\gamma_{\pm} = mB + \frac{3}{2}m^2c^{\phi}$，其中：

$$B = 2\beta^{(0)} + \frac{2\beta^{(1)}}{\alpha_1^2 I}\left[1-\left(1+\alpha_1 I^{1/2}-\frac{1}{2}\alpha_1^2 I\right)\times \exp(-\alpha_1 I^{1/2})\right] + \frac{2\beta^{(2)}}{\alpha_2^2 I}\left[1-(1+\alpha_2 I^{1/2} - \frac{1}{2}\alpha_2^2 I)\exp(-\alpha_2 I^{1/2})\right] \tag{2-8}$$

式中，$\beta^{(0)}$、$\beta^{(1)}$、$\beta^{(2)}$ 与 c^{ϕ} 在表2-1至表2-7中查找。表2-1至表2-7中"最大浓度"表示这些参数适用的最大浓度。"适用"是指渗透性系数的计算值与实测值的误差≤0.01(3:1价与4:1价电解质≤0.02，5:1价电解质≤0.03)。σ 表示渗透性系数计算值与实测值(大都由等压法测得)的标准误差。a 表示高精确度，b 表示中等精确度，c 表示低精确度。

表2-1 1:1价无机酸、碱和盐的Pitzer参数(298 K)

溶　质	$\beta^{(0)}$	$\beta^{(1)}$	c^{ϕ}	最大浓度 m /mol·kg^{-1}	σ
HCl	0.1775	0.2945	0.00080	6	a
HBr	0.1960	0.3564	0.00827	3	a
HI	0.2362	0.392	0.0011	3	b
$HClO_4$	0.1747	0.2931	0.00819	5.5	0.002
HNO_3	0.1119	0.3206	0.0010	3	0.001
LiCl	0.1494	0.3074	0.00359	6	0.001
LiBr	0.1748	0.2547	0.0053	2.5	0.002
LiI	0.2104	0.373		1.4	0.006
LiOH	0.015	0.14		4	c
$LiClO_4$	0.1973	0.3996	0.0008	3.5	0.002
$LiNO_2$	0.1336	0.325	-0.0053	6	0.003
$LiNO_3$	0.1420	0.2780	-0.00551	6	0.001
NaF	0.0215	0.2107		1	0.001

续表 2-1

溶 质	$\beta^{(0)}$	$\beta^{(1)}$	c^{ϕ}	最大浓度 m /mol·kg^{-1}	σ
NaCl	0.0765	0.2664	0.00127	6	0.001
NaBr	0.0973	0.2791	0.00116	4	0.001
NaI	0.1195	0.3439	0.0018	3.5	0.001
NaOH	0.0864	0.253	0.0044	6	b
$NaClO_3$	0.0249	0.2455	0.0004	3.5	0.001
$NaClO_4$	0.0554	0.2755	-0.00118	6	0.001
$NaBrO_3$	-0.0205	0.1910	0.0059	2.5	0.001
NaCNS	0.1005	0.3582	-0.00303	4	0.001
$NaNO_2$	0.0641	0.1015	-0.0049	5	0.005
$NaNO_3$	0.0068	0.1783	-0.00072	6	0.001
NaH_2PO_4	-0.0533	0.0396	0.00795	6	0.003
NaH_2AsO_4	-0.0442	0.2895		1.5	0.001
$NaBO_2$	-0.0526	0.1104	0.0154	4.5	0.004
$NaBF_4$	-0.0252	0.1824	0.0021	6	0.006
KF	0.08089	0.2021	0.00093	2	0.001
KCl	0.04835	0.2122	-0.00084	4.8	0.0005
HBr	0.0569	0.2212	-0.00180	5.5	0.001
KI	0.0746	0.2517	-0.00414	4.5	0.001
KOH	0.1298	0.320	0.0041	5.5	b
$KClO_3$	-0.0960	0.2481		0.7	0.001
$KBrO_3$	-0.1290	0.2565		0.5	0.001
KCNS	0.0416	0.2302	-0.00252	5	0.001
KNO_2	0.0151	0.015	0.0007	5	0.003
KNO_3	-0.0816	0.0494	0.00660	3.8	0.001
KH_2PO_4	-0.0678	-0.1042		1.8	0.003
KH_2AsO_4	-0.0584	0.0626		1.2	0.003
KPF_6	-0.163	-0.282		0.5	0.001
RbF	0.1141	0.2842	-0.0105	3.5	0.002
RbCl	0.0441	0.1483	-0.00101	5	0.001
RbBr	0.0396	0.1530	-0.00144	5	-0.001
RbI	0.0397	0.1330	-0.00108	5	0.001
$RbNO_2$	0.0269	-0.1553	-0.00366	5	0.002
$RbNO_3$	-0.0789	-0.0172	0.00529	4.5	0.001
CsF	0.1306	0.2570	-0.0043	3.2	0.002
CsCl	0.0300	0.0558	0.00038	5	0.002
CsBr	0.0279	0.0139	0.0004	5	0.002
CsI	0.0244	0.0262	-0.00365	3	0.001

续表 2-1

溶　质	$\beta^{(0)}$	$\beta^{(1)}$	c^{ϕ}	最大浓度 m /mol·kg^{-1}	σ
CsOH	0.150	0.30		—	
$CsNO_2$	0.0427	0.060	−0.0051	6	0.004
$CsNO_3$	−0.0758	−0.0669		1.4	0.002
$AgNO_3$	−0.0856	0.0025	0.00591	6	0.001
$TlClO_4$	−0.087	−0.023		0.5	0.001
$TlNO_3$	−0.105	−0.378		0.4	0.001
NH_4Cl	0.0522	0.1918	−0.00301	6	0.001
NH_4Br	0.0624	0.1947	−0.00436	2.5	0.001
NH_4ClO_4	−0.0103	−0.0194		2	0.004
NH_4NO_3	−0.0154	0.1120	−0.00003	6	0.001

表 2-2　1:1 价羧酸盐的 Pitzer 参数(298 K)

溶　质	$\beta^{(0)}$	$\beta^{(1)}$	c^{ϕ}	最大浓度 m /mol·kg^{-1}	σ
CH_3COOLi	0.1124	0.2483	−0.00525	4	0.001
HCOONa	0.0820	0.2872	−0.00523	3.5	0.001
CH_3COONa	0.1426	0.3237	−0.00629	3.5	0.001
C_2H_5COONa	0.1875	0.2789	−0.01277	3	0.001
$(CH_2)(COOH)(COONa)$	0.0229	0.1600	−0.00106	5	0.002
$(CH_2)_2(COOH)(COONa)$	0.0354	0.1606	0.00040	5	0.001
$(CH_2)_4(COOH)(COONa)$	0.0472	0.3168		0.7	0.001
CH_3COOK	0.1587	0.3251	−0.00660	3.5	0.001
$(CH_2)(COOH)(COOK)$	−0.0095	0.1423	0.00167	5	0.004
$(CH_2)_2(COOH)(COOK)$	0.0111	0.1564	0.00274	4.5	0.002
$(CH_2)_4(COOH)(COOK)$	0.0419	0.2523		1	0.001
CH_3COORb	0.1622	0.3353	−0.00551	3.5	0.001
CH_3COOCs	0.1628	0.3605	−0.00555	3.5	0.001
CH_3OHOTl	0.0082	0.0131	−0.00127	6	0.001

表 2-3　卤化季铵盐的 Pitzer 参数(298 K)

溶　质	$\beta^{(0)}$	$\beta^{(1)}$	c^{ϕ}	最大浓度 m /mol·kg^{-1}	σ
Me_4NF	0.2677	0.2265	0.0013	3	0.002
Et_4NF	0.3113	0.6155	0.0349	2	0.002
Pr_4NF	0.4463	0.4090	0.0537	2	0.002
Bu_4NF	0.6092	0.402	−0.0281	1.7	0.005
Me_4NCl	0.0430	−0.029	0.0078	3.4	0.005

续表 2-3

溶质	$\beta^{(0)}$	$\beta^{(1)}$	c^{ϕ}	最大浓度 m /mol·kg^{-1}	σ
Et_4NCl	0.0617	-0.099	0.0105	3	0.002
Pr_4NCl	0.1346	-0.300	0.0119	2.5	0.002
Bu_4NCl	0.2339	-0.410	-0.0567	2.5	0.001
Me_4NBr	-0.0082	-0.147	0.0105	3.5	0.004
Et_4NBr	-0.0176	-0.394	0.0156	4	0.001
Pr_4NBr	0.0390	-0.772	0.0099	3.5	0.003
Bu_4NBr	-0.0277	-0.525	0.0011	4.5	0.007
Me_4NI	0.0345	-0.585		0.3	0.003
Et_4NI	-0.179	-0.571	0.0412	2	0.007
Pr_4NI	-0.2839	-0.863		0.5	0.005

表 2-4 2:1 价无机化合物的 Pitzer 参数(298 K)

溶质	$(4/3)\beta^{(0)}$	$(4/3)\beta^{(1)}$	$(2^{5/2}/3)c^{\phi}$	最大浓度 m /mol·kg^{-1}	σ
$MgCl_2$	0.4698	2.242	0.00979	4.5	0.003
$MgBr_2$	0.5769	2.337	0.00589	5	0.004
MgI_2	0.6536	2.4055	0.01496	5	0.003
$Mg(ClO_4)_2$	0.6615	2.678	0.01806	2	0.002
$Mg(NO_3)_2$	0.4895	2.113	-0.03889	2	0.003
$CaCl_2$	0.4212	2.152	-0.00064	2.5	0.003
$CaBr_2$	0.5088	2.151	-0.00485	2	0.002
CaI_2	0.5839	2.409	-0.00158	2	0.001
$Ca(ClO_4)_2$	0.6015	2.342	-0.00943	2	0.005
$Ca(NO_3)_2$	0.2811	1.879	-0.03798	2	0.002
$SrCl_2$	0.3810	2.223	-0.00246	4	0.003
$SrBr_2$	0.4415	2.282	0.00231	2	0.001
SrI_2	0.5350	2.480	0.00501	2	0.001
$Sr(ClO_4)_2$	0.5692	2.089	-0.02472	2.5	0.003
$Sr(NO_3)_2$	0.1795	1.840	-0.03757	2	0.002
$BaCl_2$	0.3504	1.995	-0.03654	1.8	0.001
$BaBr_2$	0.4194	2.093	-0.03009	2	0.001
BaI_2	0.5625	2.249	-0.03286	1.8	0.003
$Ba(OH)_2$	0.229	1.60		0.1	
$Ba(ClO_4)_2$	0.4819	2.101	-0.05894	2	0.003
$Ba(NO_3)_2$	-0.043	1.07		0.4	0.001
$MnCl_2$	0.4363	2.067	-0.03865	2.5	0.003
$FeCl_2$	0.4479	2.043	-0.01623	2	0.002

续表 2-4

溶　质	$(4/3)\beta^{(0)}$	$(4/3)\beta^{(1)}$	$(2^{5/2}/3)c^{\phi}$	最大浓度 m /mol · kg^{-1}	σ
$CoCl_2$	0.4857	1.967	-0.02869	3	0.004
$CoBr_2$	0.5693	2.213	-0.00127	2	0.002
CoI_2	0.695	2.23	-0.0088	2	0.01
$Co(NO_3)_2$	0.4159	2.254	-0.01436	5.5	0.003
$NiCl_2$	0.4639	2.108	-0.00702	2.5	0.002
$CuCl_2$	0.3955	1.855	-0.06792	2	0.002
$Cu(NO_3)_2$	0.4224	1.907	-0.04136	2	0.002
$ZnCl_2$	0.3469	2.190	-0.1659	1.2	0.006
$ZnBr_2$	0.6213	2.179	-0.2035	1.6	0.007
ZnI_2	0.6428	2.594	-0.0269	0.8	0.002
$Zn(ClO_4)_2$	0.6747	2.396	0.02134	2	0.003
$Zn(NO_3)_2$	0.4641	2.255	-0.02955	2	0.001
$Cd(NO_3)_2$	0.3820	2.224	-0.04836	2.5	0.002
$Pb(ClO_4)_2$	0.4443	2.296	-0.01667	6	0.004
$Pb(NO_3)_2$	-0.0482	0.380	0.01005	2	0.002
UO_2Cl_2	0.5698	2.192	-0.06951	2	0.001
$UO_2(ClO_4)_2$	0.8151	2.859	0.04089	2.5	0.003
$UO_2(NO_3)_2$	0.6143	2.151	-0.05948	2	0.002
Li_2SO_4	0.1817	1.694	-0.00753	3	0.002
Na_2SO_4	0.0261	1.484	0.01075	4	0.003
$Na_2S_2O_3$	0.0882	1.701	0.00705	3.5	0.002
Na_2CrO_4	0.1250	1.826	-0.00407	2	0.002
Na_2CO_3	0.2530	1.128	-0.09057	1.5	0.001
Na_2HPO_4	-0.0777	1.954	0.0554	1	0.002
Na_2HAsO_4	0.0407	2.173	0.034	1	0.001
K_2SO_4	0.0666	1.039		0.7	0.002
K_2CrO_4	0.1011	1.652	-0.00147	3.5	0.003
$K_2Pt(CN)_4$	0.0881	3.164	0.0247	1	0.005
K_2HPO_4	0.0330	1.699	0.0309	1	0.002
K_2HAsO_4	0.1728	2.198	-0.0336	1	0.001
Rb_2SO_4	0.0772	1.481	-0.00019	1.8	0.001
Cs_2SO_4	0.1184	1.481	-0.01131	1.8	0.001
$(NH_4)_2SO_4$	0.0545	0.878	-0.00219	5.5	0.004

表 2-5 3:1 价电解质的 Pitzer 参数(298 K)

溶 质	$(3/2)\beta^{(0)}$	$(3/2)\beta^{(1)}$	$(3^{3/2}/2)c^{\phi}$	最大浓度 m /mol·kg^{-1}	σ
$AlCl_3$	1.0490	8.767	0.0071	1.6	0.005
$SrCl_3$	1.0500	7.978	-0.0840	1.8	0.005
YCl_3	0.9367	8.40	-0.0407	3.5	0.007
$LaCl_3$	0.8834	8.40	-0.0619	3.9	0.006
$CeCl_3$	0.9072	8.40	-0.0746	1.8	0.007
$PrCl_3$	0.8838	8.40	-0.0549	3.9	0.006
$NdCl_3$	0.8784	8.40	-0.0493	3.9	0.006
$SmCl_3$	0.9000	8.40	-0.0535	3.6	0.007
$EuCl_3$	0.9115	8.40	-0.0547	3.6	0.006
$GdCl_3$	0.9139	8.40	-0.0494	3.6	0.006
$TbCl_3$	0.9229	8.40	-0.0468	3.6	0.004
$DyCl_3$	0.9290	8.40	-0.0456	3.6	0.005
$HoCl_3$	0.9376	8.40	-0.0450	3.7	0.006
$ErCl_3$	0.9285	8.40	-0.0389	3.7	0.006
$TmCl_3$	0.9262	8.40	-0.0362	3.7	0.005
$YbCl_3$	0.9235	8.40	-0.0335	3.7	0.005
$LuCl_3$	0.9228	8.40	-0.0332	4.1	0.005
$CrCl_3$	1.1046	7.883	-0.1172	1.2	0.005
$Cr(NO_3)_3$	1.0560	7.777	-0.1533	1.4	0.004
$Ga(ClO_4)_3$	1.2381	9.794	0.0904	2	0.008
$InCl_3$	-1.68	-3.85		0.01	
$La(NO_3)_3$	0.740	7.70	-0.199	1.3	0.009
$Pr(NO_3)_3$	0.737	7.70	-0.188	1.1	0.006
$Sm(NO_3)_3$	0.701	7.70	-0.131	1.5	0.007
$Gd(NO_3)_3$	0.776	7.70	-0.170	1.4	0.005
$Tb(NO_3)_3$	0.838	7.70	-0.202	1.4	0.005
$Er(NO_3)_3$	0.938	7.70	-0.226	1.5	0.006
$Tm(NO_3)_3$	0.952	7.70	-0.222	1.5	0.006
$Yb(NO_3)_3$	0.948	7.70	-0.208	1.5	0.006
$La(ClO_4)_3$	1.158	9.80	0.0016	2.0	0.009
$Pr(ClO_4)_3$	1.132	9.80	0.0163	2.0	0.006
$Nd(ClO_4)_3$	1.131	9.80	0.0194	2.0	0.007
$Sm(ClO_4)_3$	1.146	9.80	0.0140	2.0	0.005
$Gd(ClO_4)_3$	1.173	9.80	0.0140	2.0	0.007
$Tb(ClO_4)_3$	1.193	9.80	0.0123	2.0	0.006
$Dy(ClO_4)_3$	1.201	9.80	0.0142	2.0	0.006
$Ho(ClO_4)_3$	1.198	9.80	0.0132	2.0	0.004

续表 2-5

溶质	$(3/2)\beta^{(0)}$	$(3/2)\beta^{(1)}$	$(3^{3/2}/2)c^{\phi}$	最大浓度 m /mol · kg^{-1}	σ
$Er(ClO_4)_3$	1.202	9.80	0.0144	1.8	0.004
$Tm(ClO_4)_3$	1.193	9.80	0.0245	2.0	0.005
$Yb(ClO_4)_3$	1.206	9.80	0.0137	1.8	0.004
$Lu(ClO_4)_3$	1.186	9.80	0.0290	2.0	0.006
Na_3PO_4	0.2672	5.777	-0.1339	0.7	0.003
Na_3AsO_4	0.3582	5.895	-0.1240	0.7	0.001
K_3PO_4	0.5594	5.958	-0.2255	0.7	0.001
$K_3P_3O_9$	0.4867	8.349	-0.0886	0.8	0.004
K_3AsO_4	0.7491	6.511	-0.3376	0.7	0.001
$K_3Fe(CN)_6$	0.5035	7.121	-0.1176	1.4	0.003
$K_3Co(CN)_6$	0.5603	5.815	-0.1603	1.4	0.008

表 2-6 4:1 价和 5:1 价电解质的 Pitzer 参数(298 K)

溶质		$(8/5)\beta^{(0)}$	$(8/5)\beta^{(1)}$	$(16/5)c^{\phi}$	最大浓度 m /mol · kg^{-1}	σ
4:1 价电解质	$ThCl_4$	1.622	21.33	-0.3309	1	0.006
	$Th(NO_3)_4$	1.546	18.22	-0.5906	1	0.01
	$Na_4P_2O_7$	0.699	17.16		0.2	0.01
	$K_4P_2O_7$	0.977	17.88	-0.2418	0.5	0.01
	$K_4Fe(CN)_6$	1.021	16.23	-0.5579	0.9	0.008
	$K_4Mo(CN)_8$	0.854	18.53	-0.3499	0.8	0.01
	$K_4W(CN)_8$	1.032	18.49	-0.4937	1	0.005
	$Me_4NMo(CN)_8$	0.938	15.91	-0.3330	1.4	0.01
5:1 价电解质		$(5/3)\beta^{(0)}$	$(5/3)\beta^{(1)}$	$(5^{3/2}/3)c^{\phi}$		
	$Na_5P_3O_{10}$	1.869	36.10	-1.630	0.4	0.01
	$K_5P_3O_{10}$	1.939	39.64	-1.055	0.5	0.015

表 2-7 2:2 价电解质的 Pitzer 参数(298 K)

$(b=1.2, \alpha_1=1.4, \alpha_2=12.0)$

溶质	$\beta^{(0)}$	$\beta^{(1)}$	$\beta^{(2)}$	c^{ϕ}	浓度范围 m /mol · kg^{-1}	σ
$MgSO_4$	0.2210	3.343	-37.23	0.0250	0.006 ~ 3.0	0.004
$NiSO_4$	0.1702	2.907	-40.06	0.0366	0.005 ~ 2.5	0.005
$CuSO_4$	0.2340	2.527	-48.33	0.0044	0.005 ~ 1.4	0.003
$ZnSO_4$	0.1949	2.883	-32.81	0.0290	0.005 ~ 3.5	0.004
$CdSO_4$	0.2053	2.617	-48.07	0.0114	0.005 ~ 3.5	0.002
$CoSO_4$	0.20	2.70	-30.07		0.006 ~ 0.10	0.003
$CaSO_4$	0.20	2.65	-55.7		0.004 ~ 0.011	0.003
$BeSO_4$	0.317	2.914	—	0.0062	0.1 ~ 4.0	0.004
$MnSO_4$	0.201	2.980	—	0.0182	0.1 ~ 4.0	0.003
UO_2SO_4	0.322	1.827	—	-0.0176	0.1 ~ 5.0	0.003

2.1.3 布罗姆莱单参数方程

除皮泽公式外还有一个比较简易的计算活度系数的公式，即布罗姆莱（Bromley）的“单参数”方程式：

$$\lg\gamma_{\pm} = \frac{-A\,|z_+z_-|\,I^{1/2}}{1+I^{1/2}} + \frac{(0.06+0.6B)\,|z_+z_-|\,I}{\left(1+\frac{1.5I}{|z_+z_-|}\right)^2} + BI \qquad (2-9)$$

当 $T=298\text{ K}$ 时，式中的 $A=0.511$；B 可由实验数据求出，见表 2-8；也可用下列公式计算

$$B = B_+ + B_- + \delta_+\delta_-$$

式中，B_+、B_-、δ_+、δ_- 的值列入表 2-9。

用实验数据求出的 B 计算的 $\gamma_{\pm}$，一直到 $I=6$，其误差≤5%。

表 2-8 Bromley 参数（298K）

电解质		$B/\text{kg}\cdot\text{mol}^{-1}$	σ
1:2 价电解质	K_2HAsO_4	0.0296	0.015
	K_2HPO_4	−0.0096	0.006
	K_2SO_4	−0.0320	0.005
	Li_2SO_4	0.0207	0.003
	Na_2CO_3	0.0089	0.006
	Na_2CrO_4	0.0096	0.006
	Na_2HAsO_4	0.0022	0.016
	Na_2HPO_4	−0.0265	0.011
	顺丁烯二酸钠（Na_2 Maleate）	−0.0029	0.033
	Na_2SO_4	−0.0204	0.008
	$Na_2S_2O_3$	−0.0005	0.005
	$(NH_4)_2SO_4$	−0.0287	0.024
	Rb_2SO_4	−0.0091	0.005
1:3 价电解质 $I=6\text{ m}$	K_3AsO_4	0.0551	0.033
	$K_3Fe(CN)_6$	0.0195	0.003
	K_3PO_4	0.0344	0.031
	Na_3AsO_4	0.0159	0.033
	Na_3PO_4	0.0043	0.037
1:4 价电解质 $I=10\text{ m}$	$K_4Fe(CN)_6$	0.0085	0.009
	$K_4Mo(CN)_8$	0.0110	0.018

续表 2-8

电 解 质		$B/kg \cdot mol^{-1}$	σ
2:1 价电解质 $I=3\,m$	$BaAc_2$	0. 0357	0. 015
	$BaBr_2$	0. 0852	0. 004
	$BaCl_2$	0. 0638	0. 007
	$Ba(ClO_4)_2$	0. 0936	0. 012
	BaI_2	0. 0125	0. 003
	$Ba(NO_3)_2$	-0. 0545	0. 001
	$Ba(OH)_2$	-0. 0240	0. 003
	$CaBr_2$	0. 1179	0. 009
	$CaCl_2$	0. 0948	0. 005
	$Ca(ClO_4)_2$	0. 1457	0. 003
	CaI_2	0. 1440	0. 007
	$Ca(NO_3)_2$	0. 0410	0. 007
	$CdBr_2$	-0. 1701	0. 237
	$CdCl_2$	-0. 1448	0. 180
	CdI_2	-0. 2497	0. 383
	$Cd(NO_3)_2$	0. 0719	0. 017
	$CoBr_2$	0. 1361	0. 012
	$CoCl_2$	0. 1016	0. 004
	CoI_2	0. 1683	0. 013
	$Co(NO_3)_2$	0. 0912	0. 002
	$CuCl_2$	0. 0654	0. 017
	$Cu(NO_3)_2$	0. 0797	0. 005
	$FeCl_2$	0. 0961	0. 004
	$MgAc_2$	0. 0339	0. 015
	$MgBr_2$	0. 1419	0. 012
	$MgCl_2$	0. 1129	0. 010
	$Mg(ClO_4)_2$	0. 1760	0. 009
	MgI_2	0. 1695	0. 014
	$Mg(NO_3)_2$	0. 1014	0. 004
	$MnCl_2$	0. 0869	0. 005
	$NiCl_2$	0. 1039	0. 007
	$Pb(ClO_4)_2$	0. 0987	0. 003
	$Pb(NO_3)_2$	-0. 0606	0. 034
	$SrBr_2$	0. 1038	0. 005
	$SrCl_2$	0. 0847	0. 002
	$Sr(ClO_4)_2$	0. 1254	0. 008
	SrI_2	0. 1339	0. 005
	$Sr(NO_3)_2$	0. 0138	0. 012
	UO_2Cl_2	0. 1157	0. 015
	$UO_2(ClO_4)_2$	0. 2267	0. 022
	$UO_2(NO_3)_2$	0. 1296	0. 010
	$ZnBr_2$	0. 0911	0. 057
	$ZnCl_2$	0. 0364	0. 043
	$Zn(ClO_4)_2$	0. 1755	0. 0190
	ZnI_2	0. 1341	0. 060
	$Zn(NO_3)_2$	0. 1002	0. 006

续表 2-8

电 解 质		$B/kg \cdot mol^{-1}$	σ
2:2 价电解质 $I=4$ m	$BeSO_4$	-0.0301	0.110
	$CdSO_4$	-0.0371	0.064
	$CuSO_4$	-0.0364	0.066
	$MgSO_4$	-0.0153	0.051
	$NiSO_4$	-0.0296	0.052
	$ZnSO_4$	-0.0240	0.046
3:1 价电解质 $I=6$ m	$AlCl_3$	0.1089	0.018
	$CeCl_3$	0.0815	0.010
	$Co(EN)_3Cl_3$	-0.0251	0.016
	$CrCl_3$	0.1026	0.015
	$Cr(NO_3)_3$	0.0919	0.010
	$EuCl_3$	0.0867	0.009
	$Ga(ClO_4)_3$	0.1607	0.019
	$LaCl_3$	0.0818	0.011
	$La(NO_3)_3$	0.0868	0.034
	$NdCl_3$	0.0815	0.011
	$PrCl_3$	0.0805	0.009
	$ScCl_3$	0.0969	0.016
	$SmCl_3$	0.0848	0.010
	YCl_3	0.0882	0.014
3:2 价电解质 $I=15$ m	$Al_2(SO_4)_3$	-0.0044	0.041
	$Cr_2(SO_4)_3$	0.0122	0.014
4:1 价电解质 $I=10$ m	$ThCl_4$	0.1132	0.056
	$Th(NO_3)_4$	0.0894	0.079
1:1 价电解质	$AgNO_3$	-0.0828	0.027
	CsAc	0.1272	0.010
	CsBr	-0.0039	0.015
	CsCl	0.0025	0.017
	CsF	0.0906	0.004
	CsI	-0.0188	0.007
	$CsNO_3$	-0.1173	0.004
	CsOH	0.1299	0.003
	HBr	0.1734	0.004
	HCl	0.1433	0.003
	$HClO_4$	0.1639	0.019
	HI	0.2054	0.004
	HNO_3	0.0776	0.019
	KAc	0.1188	0.009
	KBr	0.0296	0.003
	$KBrO_3$	-0.0884	0.003
	KCl	0.0240	0.0005
	$KClO_3$	-0.0739	0.003
	$KClO_4$	-0.1637	0.000

续表 2-8

电 解 质		B/kg · mol^{-1}	σ
1:1 价电解质	KCNS	0.0137	0.007
	KF	0.0565	0.006
	KH_2AsO_4	−0.0798	0.003
	$K_2H_2PO_4$	−0.1124	0.008
	丙二酸氢钾 (KH Malonate)	−0.0227	0.006
	KI	0.0428	0.008
	KNO_3	−0.0862	0.013
	KOH	0.1131	0.011
	LiAc	0.0722	0.005
	LiBr	0.1527	0.017
	LiCl	0.1283	0.009
	$LiClO_3$	0.1442	0.004
	$LiClO_4$	0.1702	0.006
	LiI	0.1815	0.007
	$LiNO_3$	0.0938	0.014
	LiOH	−0.0097	0.022
	NaAc	0.1048	0.009
	NaBr	0.0749	0.0009
	$NaBrO_3$	−0.0278	0.002
	羊脂酸钠 (Na Caprylate)	−0.1419	0.060
	NaCl	0.0574	0.002
	$NaClO_3$	0.0127	0.005
	$NaClO_4$	0.0330	0.007
	NaCNS	0.0758	0.011
	NaF	0.0041	0.0006
	NaH_2AsO_4	−0.0291	0.006
	NaH_2PO_4	−0.0460	0.033
	丙二酸氢钠 (NaH Malonate)	−0.0011	0.002
	NaI	0.0994	0.002
	$NaNO_3$	−0.0128	0.002
	NaOH	0.0747	0.010
	壬酸钠 (Na Pelargonate)	−0.3040	0.080
	丙酸钠 (Na Propionate)	0.1325	0.008
	NH_4Br	−0.0066	0.013
	NH_4Cl	0.0200	0.005
	NH_4ClO_4	−0.0640	0.011
	NH_4I	0.0210	0.004
	NH_4NO_3	−0.0358	0.011

续表 2-8

电 解 质		B/kg · mol^{-1}	σ
1∶1 价电解质	RbAc	0.1239	0.008
	RbBr	0.0111	0.004
	RbCl	0.0157	0.005
	RbF	0.0650	0.006
	RbI	0.0108	0.005
	$RbNO_3$	−0.0869	0.023
	TlAc	−0.0224	0.014
	TlCl	0.0372	0.002
	$TlClO_4$	−0.1288	0.0005
	$TlNO_3$	−0.2340	0.003
1∶2 价电解质 (I=3 m)	Cs_2SO_4	−0.0012	0.004
	H_2SO_4	0.0606	0.175
	K_2CO_3	0.0372	0.015
	K_2CrO_4	−0.0003	0.003

注：1. σ 表示用 B 值按 Bromley 方程计算的活度系数的对数 $\lg\gamma_{\pm}$ 的误差；
2. 表中所给出的 I 值为适用的离子强度的上限。

表 2-9 Bromley 参数值(298)

阳离子	B_+	δ_+	阴离子	B_-	δ_-
H^+	0.0875	0.103	F^-	0.0295	−0.93
Li^+	0.0691	0.138	Cl^-	0.0643	−0.067
Na^+	0.0000	0.028	Br^-	0.0741	0.064
K^+	−0.0452	−0.079	I^-	0.0890	0.196
Rb^+	−0.0537	−0.100	ClO_3^-	0.005	0.45
Cs^+	−0.0710	−0.138	ClO_4^-	0.002	0.79
NH_4^+	−0.042	−0.02	BrO_3^-	−0.032	0.14
Tl^+	−0.135	−0.02	IO_3^-	(−0.04)	(0)
Ag^+	−0.058	(0)	NO_3^-	−0.025	0.027
Be^{2+}	(0.1)	(0.2)	$H_2PO_4^-$	−0.052	0.20
Mg^{2+}	0.0570	0.157	$H_2AsO_4^-$	−0.030	0.05
Ca^{2+}	0.0374	0.119	CNS^-	0.071	0.16
Sr^{2+}	0.0245	0.110	OH^-	0.076	−1.00
Ba^{2+}	0.0022	0.098	Formate(c_1)	0.072	(−0.7)
Mn^{2+}	0.037	(0.21)	Acetate(c_2)	0.104	−0.73
Fe^{2+}	0.046	(0.21)	Propionate(c_3)	0.152	(−0.7)
Co^{2+}	0.0490	0.210	Butyrate(c_4)	0.167	(−0.7)
Ni^{2+}	0.054	(0.21)	Valerate(c_5)	0.142	(−0.7)
Cu^{2+}	0.022	0.30	Caproate(c_6)	0.068	(−0.7)
Zn^{2+}	0.101	0.09	Heptylate(c_7)	−0.027	(−0.7)
Cd^{2+}	0.072	(0.09)	Caprylate(c_8)	−0.122	(−0.7)
Pb^{2+}	−0.104	0.25	Pelargonate(c_9)	−0.284	(−0.7)
UO_2^{2+}	0.079	0.19	Caprate(c_{10})	−0.459	(−0.7)
Cr^{3+}	0.066	0.15	H Malonate(c_3)	+0.005	−0.22

续表 2-9

阳离子	B_+	δ_+	阴离子	B_-	δ_-
Al^{3+}	0.052	0.12	H Succinate(c_4)	+0.021	-0.27
Sc^{3+}	0.046	(0.2)	H Adipate(c_5)	+0.053	-0.26
Y^{3+}	0.037	(0.2)	Toluate	-0.022	-0.16
La^{3+}	0.036	0.27	CrO_4^{2-}	0.019	-0.33
Ce^{3+}	0.035	(0.27)	SO_4^{2-}	0.000	-0.40
Pr^{3+}	0.034	(0.27)	$S_2O_3^{2-}$	0.019	(-0.7)
Nd^{3+}	0.035	(0.27)	HPO_4^{2-}	-0.010	-0.57
Sm^{3+}	0.039	(0.27)	$HAsO_4^{2-}$	0.021	-0.67
Eu^{3+}	0.041	(0.27)	CO_3^{2-}	0.028	-0.67
Ga^{3+}	0.000	(0.2)	Fumarate(transc_4)	0.056	(-0.7)
$Co(en)_3^{3+}$	-0.089	(0)	Maleat(Cisc_4)	0.017	(-0.7)
Th^{3+}	0.062	0.19	PO_4^{3-}	0.024	-0.70
			AsO_4^{3-}	0.038	-0.78
			$Fe(CN)_6^{3-}$	0.065	(0)
			$Fe(CN)_6^{3-}$	0.054	(0)
			$Mo(CN)_6^{3-}$	0.056	(0)

2.1.4 梅斯纳(Meissner)法

梅斯纳并未提出过任何有关电解质溶液理论的模型,他与泰斯特(Tester)于1972年提出了对比活度系数“$\Gamma°$”的概念。

$$\Gamma° = \gamma_{\pm}^{\frac{1}{|z_+ \cdot z_-|}} \tag{2-10}$$

梅斯纳等人用$\Gamma°$与I作图,发现不同电解质在恒温下可得到不同的曲线。1978年邱西克(Kusik)-梅斯纳又将这些曲线用经验函数关联:

$$\Gamma°_{(I,Q°)} = [1 + B(1 + 0.1I)^{Q°} - B]\Gamma^* \tag{2-11}$$

式中,$B = 0.75 - 0.06Q°$。

$$\lg\Gamma^* = -0.5107 \frac{I^{1/2}}{1 + CI^{1/2}}$$

$$C = 1 + 0.055Q°e^{-0.023I^3}$$

式中,上角标“°”表示单一电解质溶液的值。不同的电解质具有不同的$Q°$值,它由实验数据回归得出。一些电解质在298 K下的$Q°$值可在文献[3]的表4-15中找到,其他温度下的$Q°$值可由下式估算。

$$Q_t° = Q_{298}°[1 - \frac{0.0027(T - 298)}{z_+ z_-}]$$

梅斯纳法计算比较简单,但仅适用于强电解质溶液,且计算误差较大。

2.2 混合电解质溶液活度系数的计算

现有的计算混合电解质溶液中的平均活度系数的公式有皮泽精确式[3],皮泽简化式[3]，弗兰克－汤普桑（Frank-Thompson）弥散晶格理论[3]，斯托凯斯－罗宾桑（Stokes-Robinson）的水化理论[3]和格柳考夫（Glueckauf）的改进的离子水化理论[3]以及梅斯纳的半经验公式[5]。李以圭、陆久芳等曾用上述几种方法去计算过电解质溶液中离子的活度系数并对其准确性进行了比较[4]。结果表明，改进了的弗兰克－汤普桑方程，梅斯纳的半经验计算方法以及简化了的皮泽方程均可用于低离子强度的（$I<0.5\sim1$ mol/kg）混合电解质溶液。而在高的离子强度下只有带 θ 与 ψ 的皮泽方程能适用。在上述方法中，皮泽方程虽然精度最高，但计算方法复杂，而且其两个必不可少的参数 θ 与 ψ 必须由实测数据回归得出，对于多数体系，尚无数值。梅斯纳法虽然精度差一些，但因计算简便故而易于推广，得到了广泛的应用。

2.2.1 MK（Meissner-Kusik）法

设溶液中有几种阳离子，以1，3，5，7，…代表，有几种阴离子，以2，4，6，8，…代表。溶液中阳离子强度

$$I_c=\frac{1}{2}(m_1z_1^2+m_3z_3^2+m_5z_5^2+\cdots) \tag{2-12}$$

阴离子的离子强度

$$I_a=\frac{1}{2}(m_2z_2^2+m_4z_4^2+m_6z_6^2+\cdots) \tag{2-13}$$

溶液的总离子强度

$$I_T=\frac{1}{2}\sum m_iz_i^2=I_c+I_a \tag{2-14}$$

溶液中某阳离子的离子强度分数（例如阳离子1）为：

$$x_1=\frac{1}{2}(m_1z_1^2/I_c)$$

阴离子（例如阴离子2）的离子强度分数为：

$$y_2=\frac{1}{2}(m_2z_2^2/I_a)$$

令：

$$\Gamma^\circ_{12}=\gamma_\pm^{1/|z_1z_2|}$$

为对比活度系数。

$\Gamma^\circ{}_{12}$为阳离子1，阴离子2组成的电解质在纯溶液中的对比活度系数。Γ_{12}则为同一电解质在混合电解质溶液中的对比活度系数。

令：

$$F_1=\frac{1}{2}(y_2\lg\Gamma^\circ{}_{12}+y_4\lg\Gamma^\circ{}_{14}+y_6\lg\Gamma^\circ{}_{16}+\cdots)$$

$$F_2=\frac{1}{2}(x_1\lg\Gamma^\circ{}_{12}+x_3\lg\Gamma^\circ{}_{32}+x_5\lg\Gamma^\circ{}_{52}+\cdots)$$

$$F_3=\frac{1}{2}(y_2\lg\Gamma^\circ{}_{32}+y_4\lg\Gamma^\circ{}_{34}+y_6\lg\Gamma^\circ{}_{36}+\cdots)$$

$$F_4=\frac{1}{2}(x_1\lg\Gamma^\circ{}_{14}+x_3\lg\Gamma^\circ{}_{34}+x_5\lg\Gamma^\circ{}_{54}+\cdots)$$

$$F_5=\frac{1}{2}(y_2\lg\Gamma^\circ{}_{52}+y_4\lg\Gamma^\circ{}_{54}+y_6\lg\Gamma^\circ{}_{56}+\cdots)$$

$$F_6=\frac{1}{2}(x_1\lg\Gamma^\circ{}_{16}+x_3\lg\Gamma^\circ{}_{36}+x_5\lg\Gamma^\circ{}_{56}+\cdots)$$

$$\vdots$$

此时则有：

$$\lg\Gamma_{12}=F_1+F_2$$
$$\lg\Gamma_{32}=F_3+F_2$$
$$\lg\Gamma_{34}=F_3+F_4$$
$$\lg\Gamma_{14}=F_1+F_4$$
$$\lg\Gamma_{52}=F_5+F_2$$

当溶液中只有两种阳离子，编号为1、3与一种阴离子，编号为2时，

$$F_1=\frac{1}{2}y_2\lg\Gamma^\circ{}_{12}$$

$$F_2=\frac{1}{2}(x_1\lg\Gamma^\circ{}_{12}+x_3\lg\Gamma^\circ{}_{32})$$

$$\lg\Gamma_{12}=F_1+F_2$$
$$=\frac{1}{2}y_2\lg\Gamma^\circ{}_{12}+\frac{1}{2}x_1\lg\Gamma^\circ{}_{12}+\frac{1}{2}x_3\lg\Gamma^\circ{}_{32}$$

因为只有一种阴离子，故 $y_2=1$，$x_1=1-x_3$，此时则有：

$$\lg\Gamma_{12}=\lg\Gamma^\circ{}_{12}+0.5x_3\lg(\Gamma^\circ{}_{32}/\Gamma^\circ{}_{12})$$
$$\lg\Gamma_{32}=\lg\Gamma^\circ{}_{32}-0.5x_1\lg(\Gamma^\circ{}_{32}/\Gamma^\circ{}_{12})$$

这样一来，要用MK法求混合电解质溶液中某一电解质的平均活度系数，可按下列步骤进行：

（1）按给定的各电解质的浓度（质量摩尔浓度）求出 I_a、I_c、I_T 与 $x_1,x_3,x_5,\cdots$ 与 $y_2,y_4,y_6,\cdots$。

（2）欲求某电解质在给定的 I_T 时之平均活度系数，例如求1、2电解质的，则必须知道溶液中各电解质在各自的纯溶液中并离子强度等于 I_T 时之平均活度系数 $\gamma^\circ{}_\pm$ 或 Γ° 值。

（3）把 x_1、x_3、x_5、$\cdots$，y_2、y_4、y_6、$\cdots$ 及 $\Gamma^\circ{}_{12}$、$\Gamma^\circ{}_{32}\cdots$ 代入上面的公式即可求出 Γ_{12} 等。

（4）再从 Γ_{12} 求 $\gamma_{12\pm}$。

例 2-1：一溶液 $Ca(NO_3)_2$ 的质量摩尔浓度 5.27mol/kg，$NaNO_3$ 的质量摩尔浓度 5.3mol/kg，求其中 $NaNO_3$ 的 $\gamma_{\pm}$。

解：令 Na^+ 为 1，Ca^{2+} 为 3，NO_3^- 为 2：

$$I_c = \frac{1}{2}(5.27 \times 2^2 + 5.3 \times 1^2) = 13.2$$

$$I_a = \frac{1}{2}(5.3 \times 1^2 + 2 \times 5.27 \times 1^2) = 7.9$$

$$I_T = I_c + I_a = 13.2 + 7.9 = 21.1$$

已知在纯溶液中 $I = 18$ mol/kg 时，$\Gamma°_{32} = 0.77$；$I = 6$ mol/kg 时，$\Gamma°_{12} = 0.37$。

用外插法求得 $I = 21.1$ mol/kg 时，$\Gamma°_{32} = 0.85$；$\Gamma°_{12} = 0.25$。

$$x_3 = \frac{1}{2}(m_3 z_3^2 / I_c)$$

$$= \frac{1}{2}(5.2 \times 2^2 / 13.2) = 0.79$$

则

$$\lg\Gamma_{12} = \lg\Gamma°_{12} + 0.5x_3\lg(\Gamma°_{32}/\Gamma°_{12})$$

$$= \lg 0.25 + 0.5 \times 0.79\lg(0.85/0.25)$$

$$= -0.39$$

$$\Gamma_{12} = \gamma_{\pm 12} = 0.41$$

MK 法计算值与实测值的比较列于表 2-10。

表 2-10 MK 法计算值与实测值的比较

电解质		$\gamma_{\pm 12}$			
12	32	I_T	实测值	计算值	误差/%
HCl	LiCl	2	0.986	0.96	+2.6
HCl	NaCl	2	0.878	0.82	+6.6
HCl	KCl	2	0.781	0.76	+2.69
HCl	CsCl	2	0.641	0.71	-10.76
HCl	$CaCl_2$	0.3	0.578	0.58	-0.35
NaCl	$MgCl_2$	3	0.77	0.73	+5.19
NaCl	$CaCl_2$	6	0.935	0.93	+0.53
NaCl	$SrCl_2$	3	0.705	0.70	+0.71
HCl	$AlCl_3$	3	0.85	0.95	-11.76
HCl	AlCl	12	3.96	3.30	+16.67
HCl	$LaCl_3$	1	0.655	0.73	-11.45
HCl	$ThCl_4$	3	0.895	0.90	-0.56

续表 2-10

电解质		$\gamma_{\pm 12}$			
12	14	I_T	实测值	计算值	误差/%
NaCl	Na_2SO_4	6	0.62	0.62	0
NaCl	Na_2SO_4	1	0.60	0.60	0
NaCl	NaAcetate	3	0.833	0.84	-0.84
NaCl	$NaNO_3$	6	0.61	0.60	+1.64
NaCl	$NaClO_3$	6	0.815	0.82	-0.61

栗仓安博(Yasuhiro Awakura)等用梅斯纳法计算 H_2SO_4 - $CdSO_4$ 混合电解质溶液中 H_2SO_4 的平均活度系数，结果如图 2-1 所示。结果表明，当 $CdSO_4$ 浓度大于 0.3 mol/kg 时，计算值与实测值之间的误差竟达 20% 到 40%[7]。可见，梅斯纳法用于计算 $H_2SO_4 - Me_x(SO_4)_y$ 混合电解质溶液的活度系数误差较大(到 40%)。

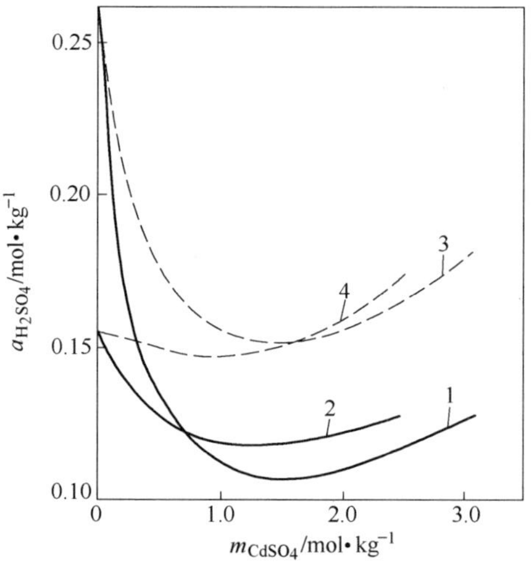

图 2-1　梅斯纳法计算结果与实测(emf)法数据的比较
(H_2SO_4 - $CdSO_4$ - H_2O 系，298 K)
1—emf 实测值，H_2SO_4 的质量摩尔浓度为 0.1 mol/kg;
2—emf 实测值，H_2SO_4 的质量摩尔浓度为 0.5 mol/kg;
3，4—Meissner 法计算值

2.2.2　Mckay - Perring(MP)法

对于含两种具有相同阴离子的混合电解质溶液(HCl(1) - $MeCl_n$(2)型与 H_2SO_4(1) - $Me_x(SO_4)_y$ 型)，其水的活度可用罗宾桑(Robinson)与博沃(Bower)法计算[8]。

$$1 - a_{H_2O} = (1 - a_{H_2O,1})m_1/m_{1,I} + (1 - a_{H_2O,2})m_2/m_{2,I} \tag{2-15}$$

式中　a_{H_2O}——混合电解质溶液离子强度为 I 时的水活度;

$a_{H_2O,1}$——含 1 的单一电解质溶液离子强度为 I 时的水活度；

$a_{H_2O,2}$——含 2 的单一电解质溶液离子强度为 I 时的水活度；

m_1——在混合电解质溶液中电解质 1 的质量摩尔浓度；

m_2——在混合电解质溶液中电解质 2 的质量摩尔浓度；

$m_{1,I}$——离子强度为 I 时的单一电解质 1 的溶液中 1 的质量摩尔浓度；

$m_{2,I}$——离子强度为 I 的单一电解质 2 的溶液中 2 的质量摩尔浓度。

用式2-15 计算 $HCl - MeCl_n$ 型[9]和 $H_2SO_4 - Me_x(SO_4)_y$ 型[7]混合电解质溶液中的水活度 a_{H_2O}与实测结果吻合较好。

在计算 $H_2SO_4 - Me_x(SO_4)_y$ 型混合电解质溶液时,假定 H_2SO_4 与 $Me_x(SO_4)_y$ 均完全离解,而当 $HCl - MeCl_n$ 型溶液有络合现象时,则需考虑络合情况。

在 $m_1 - m_2$ 坐标系中,把水的活度相等的成分点相联结的线叫等水活度线。根据兹丹诺夫斯基(Zdanovskii)法则[10],等水活度线可用下面方程求取:

$$\frac{m_1}{M_1} + \frac{m_2}{M_2} = 1 \tag{2-16}$$

式中　m_1, m_2——电解质 1 与电解质 2 在混合电解质溶液中的质量摩尔浓度；

M_1——电解质 1 在纯电解质溶液中水活度与混合电解质溶液相等时的质量摩尔浓度；

M_2——电解质 2 在纯电解质溶液中水活度与混合电解质溶液相等时的质量摩尔浓度。

图 2-2 所示为按 Zdanovskii 法则算出的 $HCl - CuCl_2 - H_2O$ 系的等水活度线。

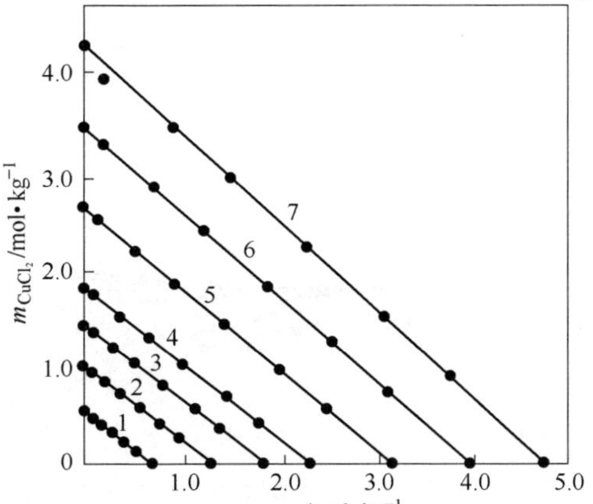

图 2-2　$HCl - CuCl_2 - H_2O$ 系等水活度线($T = 298K$)

1—$a_{H_2O} = 0.975$;2—$a_{H_2O} = 0.950$;3—$a_{H_2O} = 0.925$;4—$a_{H_2O} = 0.900$;

5—$a_{H_2O} = 0.850$;6—$a_{H_2O} = 0.800$;7—$a_{H_2O} = 0.750$

从图可以看出,Zdanovskii 法在某些情况下是正确的,而在另一些情况下(特别是水活度较大时)则有明显的偏差,此时宜用修正了的 Zdanovskii 法则

$$\frac{m_1}{M_1}+\frac{m_2}{M_2}+b\,\frac{m_1,m_2}{m}=1 \tag{2-17}$$

式中,$m=m_1+m_2$;b 可用最小二乘法由实验数据回归出。

图 2-3 和图 2-4 是用实测的数据回归得到的 b 值与 a_{H_2O} 的关系。b 与 a_{H_2O},可以用一个一元高次方程来关联:

$$b=\frac{B_0a_{H_2O}}{1+B_1a_{H_2O}}+A_0+A_1a_{H_2O}+A_2a_{H_2O}^2+A_3a_{H_2O}^3+A_4a_{H_2O}^4 \tag{2-18}$$

式中的各系数值如表 2-11 所示。

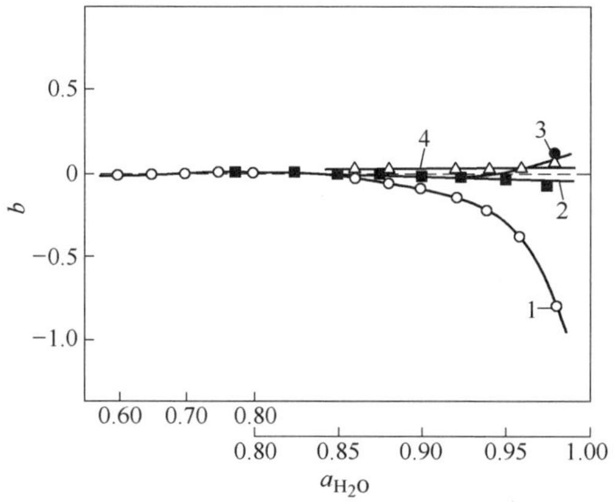

图 2-3 HCl - $MeCl_x$ - H_2O 系 b 值与 a_{H_2O} 的关系(T=298 K)

1—$FeCl_3$;2—$CuCl_2$;3—$NiCl_2$;4—NaCl

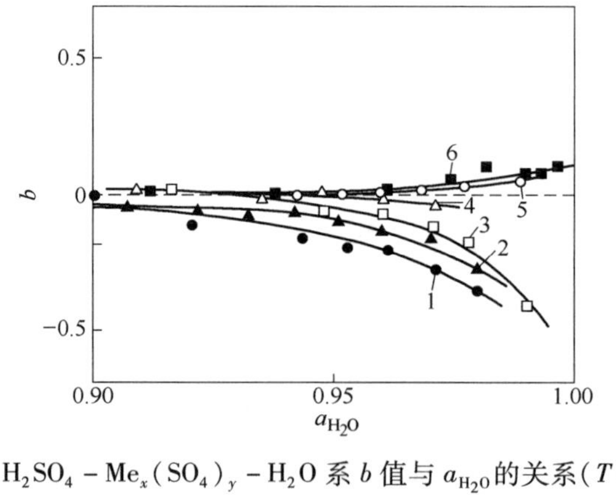

图 2-4 H_2SO_4 - $Me_x(SO_4)_y$ - H_2O 系 b 值与 a_{H_2O} 的关系(T=298 K)

1—Na_2SO_4;2—Li_2SO_4;3—UO_2SO_4;4—$Fe_2(SO_4)_3$;

5—$CoSO_4$;6—$CdSO_4$

表 2-11 $b-a_{H_2O}$方程的系数值($T=298$ K)

$Me_x(SO_4)_y$	B_0	B_1	A_0	A_1	A_2	A_3	A_4
UO_2SO_4	0.0950	-0.95	8.1654	-6.9147	-9.1436	0.7852	8.4265
$CdSO_4$	0.0001	0.90	-6.7736	18.855	-9.9108	-10.825	8.7475
Li_2SO_4	0.0662	-0.95	4.0053	-10.459	7.1360		
Na_2SO_4	0.0930	-0.93	1.6069	-3.2355	1.6761	0.0138	0.6588

门克(Mckay)和珀宁(Perring)用下面的公式计算混合电解质 1-2 溶液中溶质的平均活度系数[11]:

$$0.018\nu_{(1)}\ln\frac{\gamma_{\pm1}m^*}{\Gamma_{\pm1}M_1} = -\int_0^{\ln a_{H_2O}}\left[\frac{1}{(m^*)^2}\left(\frac{\partial m^*}{\partial \ln x}\right)_{a_{H_2O}} + \frac{1}{m^*} - \frac{1}{M_1}\right]d(\ln m_{H_2O}) \tag{2-19}$$

$$m^* = m_1 + \frac{\frac{\nu_2}{\nu_1}}{m_2} \tag{2-20}$$

$$x_2 = \frac{\nu_2}{\nu_1}\times\frac{m_2}{m^*} \tag{2-21}$$

式中 $\gamma_{\pm1}$——在混合电解质溶液(m_1+m_2)中溶质 1 的平均活度系数;

m_1——在混合电解质溶液(m_1+m_2)中溶质 1 的质量摩尔浓度;

m_2——在混合电解质溶液(m_1+m_2)中溶质 2 的质量摩尔浓度;

M_1——在 a_{H_2O}与混合电解质溶液相等的单一电解质 1 溶液中 1 的质量摩尔浓度;

$\Gamma_{\pm1}$——在 a_{H_2O}与混合电解质溶液相等的单一电解质 1 溶液中 1 的平均对比活度系数;

$\Gamma_{\pm2}$——在 a_{H_2O}与混合电解质溶液相等的单一电解质 2 溶液中 2 的平均对比活度系数;

ν_i——一个电解质分子离解产生的离子数。

若混合电解质溶液的等水活度线遵守 Zdanovskii 法则,则由方程 2-19 可得:

$$\gamma_{\pm1} = \Gamma_{\pm1}\frac{\nu_1 M_1}{m(\nu_1 y_1 + \nu_2 y_2)} \tag{2-22}$$

$$y_i = \frac{m_i}{m_1+m_2}$$

若混合电解质溶液的等水活度线与 Zdanovskii 法则存有偏差,但可用修正式 2-17 表示,此时则有

$$\gamma_{\pm 1} = \Gamma_{\pm 1} \frac{\nu_1 M_1}{m(\nu_1 y_1 + \nu_2 y_2)} e^{\Delta} \tag{2-23}$$

若 b 与 a_{H_2O} 之间呈线性关系

$$b = A + Ba_{H_2O}$$

则有

$$\Delta = \frac{y_2^2}{0.018\nu_1}[A\ln a_{H_2O} + B(a_{H_2O} - 1)] \tag{2-24}$$

如若不然,则

$$\Delta = \frac{y_2^2}{0.018\nu_1}\int_{\ln a_{H_2O}}^{0} b\,d(\ln a_{H_2O})$$

栗仓安博等用上述方法计算了 HCl - NaCl 混合电解质溶液中 HCl 的平均活度并与实测结果比较[9],吻合甚好,见图 2-5。计算出的 $H_2SO_4 - Fe_2(SO_4)_3 - H_2O$ 系的结果如图 2-6、图 2-7 所示。

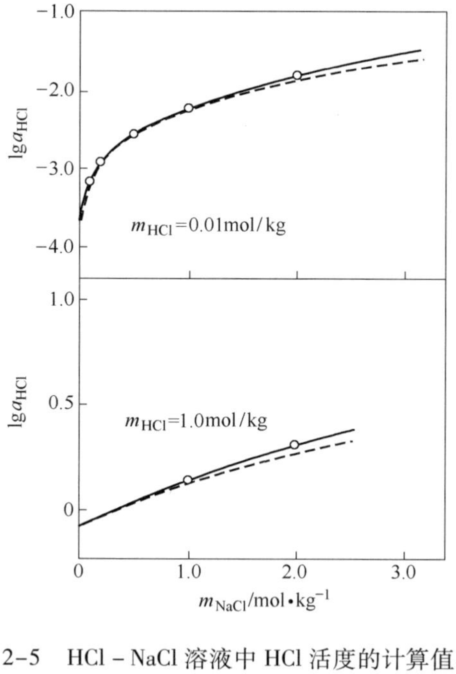

图 2-5　HCl - NaCl 溶液中 HCl 活度的计算值与实测值的对比(T = 298 K)

○—emf 法实测值;- - -—用 Zdanovskii 法则的计算值;
—— —用修正的 Zdanovskii 法则计算值

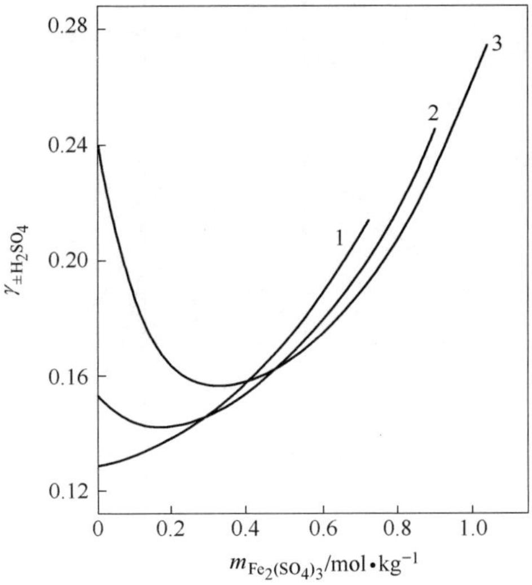

图 2-6 $H_2SO_4-Fe_2(SO_4)_3-H_2O$ 系溶液的 $\gamma_{\pm H_2SO_4}$ 值[12]（$T=298\,K$）

1—H_2SO_4 浓度 0.1 mol/kg；2—H_2SO_4 浓度 0.5 mol/kg；

3—H_2SO_4 浓度 1.0 mol/kg

用 Mckay-Perring 法计算的 $MeCl_n-HCl-H_2O$ 系 HCl 与 $MeCl_n$ 的活度与活度系数如图 2-8～图 2-11 所示。

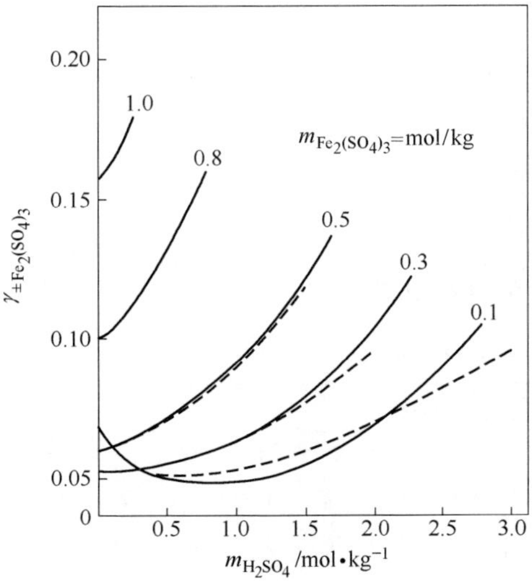

图 2-7 $H_2SO_4-Fe_2(SO_4)_3-H_2O$ 系 $\gamma_{\pm Fe_2(SO_4)_3}$ 值（$T=298\,K$）

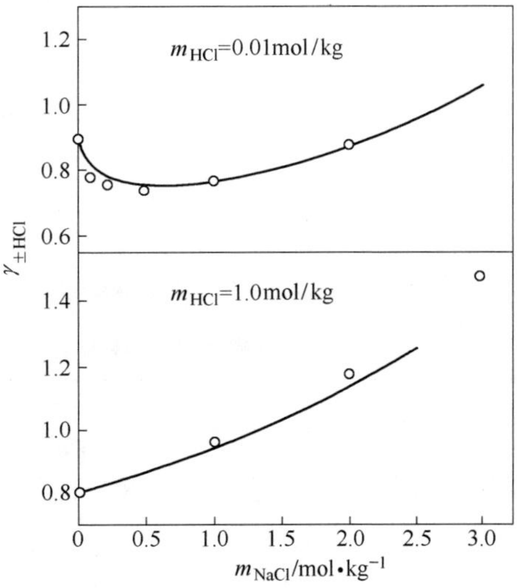

图 2-8 $NaCl-HCl-H_2O$ 系（$T=298\,K$）

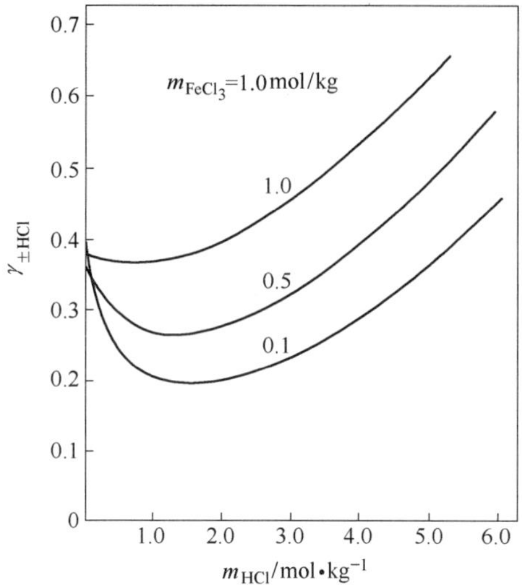

图 2-9 $FeCl_3-HCl-H_2O$ 系（$T=298$ K）

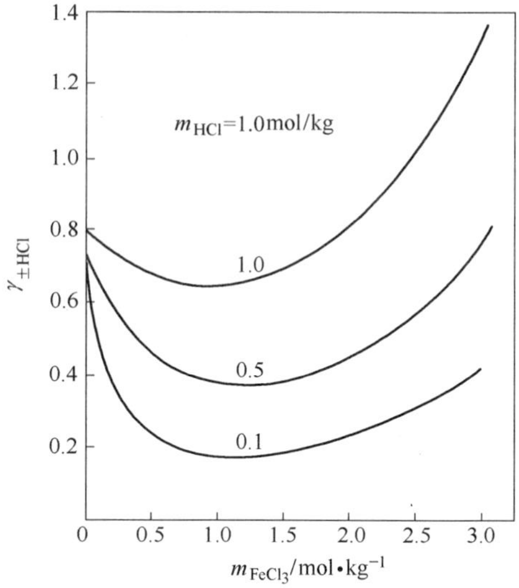

图 2-10 $FeCl_3-HCl-H_2O$ 系（$T=298$ K）

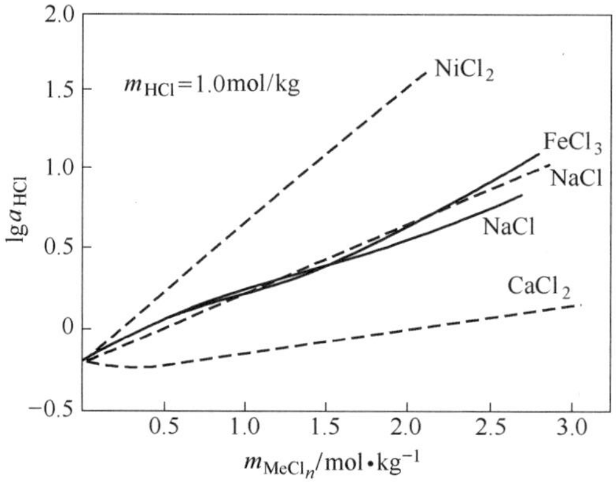

图 2-11 $MeCl_n-HCl-H_2O$ 系（$T=298$ K）

表 2-12 ~ 表 2-27 为 Mckay-Perring 法的部分计算结果。

表 2-12 $H_2SO_4-Li_2SO_4-H_2O$ 系的 $\gamma_{\pm H_2SO_4}$ [7]

$m_{Li_2SO_4}$ /mol · kg^{-1}	$m_{H_2SO_4}$/mol · kg^{-1}								
	0. 2	0. 4	0. 6	0. 8	1. 0	1. 4	1. 8	2. 2	2. 6
0. 0	0. 210	0. 166	0. 148	0. 138	0. 132	0. 128	0. 127	0. 126	0. 126
0. 1	0. 186	0. 156	0. 142	0. 133	0. 129	0. 126	0. 126	0. 130	0. 136
0. 2	0. 168	0. 147	0. 136	0. 130	0. 126	0. 125	0. 126	0. 131	0. 138
0. 3	0. 156	0. 140	0. 132	0. 127	0. 124	0. 123	0. 126	0. 132	0. 139
0. 4	0. 146	0. 137	0. 128	0. 124	0. 123	0. 123	0. 126	0. 133	0. 140

续表 2-12

$m_{Li_2SO_4}$ /mol · kg^{-1}	$m_{H_2SO_4}$/mol · kg^{-1}								
	0.2	0.4	0.6	0.8	1.0	1.4	1.8	2.2	2.6
0.5	0.138	0.129	0.125	0.122	0.122	0.122	0.127	0.134	0.141
0.6	0.132	0.125	0.122	0.120	0.121	0.122	0.127	0.135	0.143
0.7	0.126	0.122	0.120	0.119	0.120	0.122	0.128	0.136	0.145
0.8	0.122	0.119	0.118	0.118	0.120	0.122	0.129	0.137	0.147
0.9	0.118	0.117	0.116	0.118	0.118	0.123	0.130	0.138	0.148
1.0	0.115	0.115	0.115	0.118	0.117	0.123	0.131	0.139	0.150
1.2	0.111	0.112	0.115	0.115	0.117	0.124	0.133	0.142	0.152
1.4	0.108	0.111	0.112	0.115	0.117	0.125	0.135	0.144	0.153
1.6	0.107	0.109	0.112	0.115	0.118	0.125	0.137	0.146	0.154
1.8	0.105	0.108	0.112	0.115	0.119	0.128	0.138	0.147	0.155
2.0	0.105	0.108	0.112	0.116	0.120	0.130	0.140	0.148	0.155
2.5	0.104	0.109	0.114	0.119	0.123	0.134	0.142	0.149	

表 2-13　$H_2SO_4-Na_2SO_4-H_2O$ 系的 $\gamma_{\pm H_2SO_4}$[7]

$m_{Na_2SO_4}$ /mol · kg^{-1}	$m_{H_2SO_4}$/mol · kg^{-1}								
	0.2	0.4	0.6	0.8	1.0	1.4	1.8	2.2	2.6
0.0	0.210	0.165	0.145	0.135	0.129	0.126	0.124	0.124	0.124
0.1	0.182	0.153	0.138	0.131	0.126	0.123	0.124	0.127	0.134
0.2	0.161	0.141	0.130	0.124	0.121	0.119	0.121	0.125	0.133
0.3	0.146	0.131	0.123	0.119	0.117	0.115	0.118	0.123	0.132
0.4	0.134	0.123	0.117	0.114	0.113	0.112	0.115	0.121	0.131
0.5	0.124	0.116	0.112	0.110	0.109	0.110	0.113	0.120	0.130
0.6	0.116	0.111	0.107	0.106	0.106	0.107	0.112	0.119	0.129
0.7	0.109	0.105	0.103	0.103	0.103	0.104	0.110	0.118	0.128
0.8	0.104	0.101	0.0998	0.100	0.101	0.102	0.108	0.117	0.127
0.9	0.0990	0.0972	0.0967	0.0978	0.0981	0.0999	0.107	0.116	0.127
1.0	0.0947	0.0939	0.0942	0.0948	0.0954	0.0978	0.106	0.115	
1.2	0.0881	0.0885	0.0890	0.0895	0.0900	0.0945	0.104	0.114	
1.4	0.0830	0.0844	0.0849	0.0860	0.0871	0.0916	0.101	0.112	
1.6	0.0791	0.0793	0.0803	0.0803	0.0815	0.0856	0.0996	0.111	
1.8	0.0735	0.0741	0.0756	0.0774	0.0795	0.0873	0.0980	0.109	
2.0	0.0692	0.0698	0.0726	0.0746	0.0769	0.0852	0.0964		

表 2-14 $H_2SO_4-UO_2SO_4-H_2O$ 系的 $\gamma_{\pm H_2SO_4}$[7]

$m_{UO_2SO_4}$ /mol · kg^{-1}	$m_{H_2SO_4}$/mol · kg^{-1}								
	0.2	0.4	0.6	0.8	1.0	1.2	1.4	1.6	1.8
0.0	0.210	0.166	0.147	0.137	0.131	0.127	0.126	0.125	0.125
0.1	0.180	0.152	0.137	0.130	0.126	0.123	0.123	0.123	0.124
0.2	0.153	0.141	0.130	0.125	0.123	0.122	0.122	0.123	0.125
0.3	0.141	0.130	0.125	0.121	0.120	0.120	0.121	0.123	0.139
0.4	0.129	0.123	0.119	0.118	0.118	0.118	0.120	0.123	
0.5	0.119	0.117	0.116	0.115	0.116	0.117	0.120	0.123	
0.6	0.114	0.112	0.112	0.113	0.114	0.117	0.120		
0.7	0.108	0.109	0.109	0.111	0.113	0.116	0.120		
0.8	0.104	0.105	0.107	0.109	0.112	0.116	0.121		
0.9	0.101	0.103	0.105	0.108	0.112	0.116			
1.0	0.0983	0.103	0.104	0.107	0.111	0.117			
1.2	0.0946	0.0982	0.102	0.107	0.112				
1.4	0.0925	0.0962	0.101	0.107	0.113				
1.6	0.0913	0.0961	0.102	0.108					
1.8	0.0910	0.0963	0.103						
2.0	0.0913	0.0973	0.105						
2.5	0.0946								

表 2-15 $H_2SO_4-CdSO_4-H_2O$ 系的 $\gamma_{\pm H_2SO_4}$[7]

m_{CdSO_4} /mol · kg^{-1}	$m_{H_2SO_4}$/mol · kg^{-1}								
	0.2	0.4	0.6	0.8	1.0	1.2	1.4	1.6	1.8
0.0	0.210	0.166	0.148	0.138	0.132	0.128	0.127	0.126	0.126
0.1	0.185	0.156	0.141	0.134	0.129	0.127	0.126	0.126	0.126
0.2	0.164	0.147	0.136	0.131	0.128	0.126	0.125	0.126	0.126
0.3	0.153	0.138	0.132	0.128	0.126	0.125	0.125	0.125	0.127
0.4	0.142	0.133	0.128	0.126	0.125	0.124	0.125	0.126	0.127
0.5	0.133	0.129	0.126	0.124	0.124	0.124	0.125	0.126	
0.6	0.128	0.125	0.123	0.123	0.123	0.124	0.125	0.126	
0.7	0.123	0.122	0.122	0.122	0.123	0.124	0.125	0.126	
0.8	0.119	0.119	0.120	0.121	0.122	0.124	0.125		
0.9	0.116	0.118	0.120	0.121	0.122	0.124	0.125		
1.0	0.114	0.117	0.119	0.121	0.123	0.124	0.126		
1.2	0.111	0.115	0.118	0.121	0.123	0.125			
1.4	0.110	0.115	0.119	0.122	0.124				
1.6	0.110	0.115	0.120	0.123	0.126				
1.8	0.111	0.117	0.121	0.125					
2.0	0.113	0.119	0.123	0.126					
2.5	0.120								

表 2-16 $H_2SO_4-UO_2SO_4-H_2O$ 系的 $\gamma_{\pm UO_2SO_4}$[7]

$m_{H_2SO_4}$ /mol·kg^{-1}	$m_{UO_2SO_4}$/mol·kg^{-1}								
	0.2	0.4	0.6	0.8	1.0	1.4	1.8	2.2	2.6
0.0	0.102	0.0683	0.0546	0.0470	0.0420	0.0357	0.0319	0.0291	0.0268
0.1	0.0792	0.0590	0.0498	0.0439	0.0397	0.0343	0.0308	0.0282	0.0261
0.2	0.0631	0.0525	0.0456	0.0410	0.0376	0.0329	0.0298	0.0274	0.0254
0.3	0.0542	0.0471	0.0421	0.0384	0.0356	0.0316	0.0288	0.0266	
0.4	0.0474	0.0426	0.0389	0.0361	0.0337	0.0303	0.0278	0.0258	
0.5	0.0422	0.0390	0.0362	0.0340	0.0320	0.0291	0.0269	0.0250	
0.6	0.0381	0.0359	0.0339	0.0321	0.0305	0.0280	0.0260		
0.7	0.0348	0.0334	0.0318	0.0303	0.0291	0.0269	0.0252		
0.8	0.0321	0.0311	0.0299	0.0288	0.0278	0.0260			
0.9	0.0299	0.0292	0.0283	0.0274	0.0266	0.0250			
1.0	0.0279	0.0275	0.0269	0.0262	0.0255	0.0242			
1.2	0.0248	0.0247	0.0244	0.0240	0.0236				
1.4	0.0225	0.0226	0.0225	0.0223					
1.6	0.0206	0.0609							
1.8	0.0192								

表 2-17 $H_2SO_4-CdSO_4-H_2O$ 系的 $\gamma_{\pm CdSO_4}$[7]

$m_{H_2SO_4}$ /mol·kg^{-1}	m_{CdSO_4}/mol·kg^{-1}								
	0.2	0.4	0.6	0.8	1.0	1.2	1.6	2.0	2.4
0.0	0.103	0.0700	0.0552	0.0468	0.0415	0.0379	0.0338	0.0320	0.0316
0.1	0.0834	0.0614	0.0610	0.0445	0.0402	0.0373	0.0339	0.0324	0.0323
0.2	0.0691	0.0557	0.0477	0.0426	0.0391	0.0368	0.0340	0.0328	0.0329
0.3	0.0612	0.0514	0.0453	0.0412	0.0384	0.0364	0.0341	0.0332	0.0335
0.4	0.0558	0.0483	0.0434	0.0401	0.0378	0.0361	0.0342	0.0336	
0.5	0.0519	0.0460	0.0420	0.0393	0.0373	0.0359	0.0344	0.0341	
0.6	0.0490	0.0442	0.0409	0.0386	0.0370	0.0358	0.0346	0.0345	
0.7	0.0467	0.0428	0.0401	0.0381	0.0367	0.0358	0.0349	0.0349	
0.8	0.0450	0.0417	0.0394	0.0377	0.0366	0.0358	0.0351	0.0354	
0.9	0.0437	0.0409	0.0389	0.0375	0.0365	0.0359	0.0355		
1.0	0.0426	0.0402	0.0385	0.0373	0.0365	0.0361	0.0358		
1.2	0.0412	0.0394	0.0381	0.0373	0.0368	0.0365			
1.4	0.0403	0.0390	0.0381	0.0375	0.0372				
1.6	0.0400	0.0390	0.0383						
1.8	0.0400	0.0393							

表 2-18 $H_2SO_4-Li_2SO_4-H_2O$ 系的 $\gamma_{\pm Li_2SO_4}$[7]

$m_{H_2SO_4}$ /mol · kg^{-1}	$m_{Li_2SO_4}$/mol · kg^{-1}								
	0.2	0.4	0.6	0.8	1.0	1.2	1.4	1.6	2.0
0.0	0.407	0.344	0.313	0.295	0.284	0.277	0.272	0.270	0.271
0.1	0.355	0.315	0.296	0.283	0.275	0.271	0.268	0.268	0.271
0.2	0.316	0.296	0.281	0.273	0.268	0.266	0.265	0.267	0.270
0.3	0.294	0.279	0.270	0.265	0.262	0.262	0.263	0.265	0.270
0.4	0.277	0.267	0.261	0.258	0.258	0.259	0.262	0.264	0.270
0.5	0.263	0.257	0.254	0.253	0.254	0.257	0.260	0.262	0.270
0.6	0.252	0.249	0.248	0.249	0.252	0.256	0.260	0.262	0.270
0.7	0.244	0.243	0.243	0.246	0.250	0.255	0.257	0.261	0.271
0.8	0.238	0.238	0.240	0.244	0.248	0.254	0.257	0.261	0.272
0.9	0.232	0.234	0.237	0.242	0.245	0.254	0.251	0.261	0.273
1.0	0.227	0.230	0.235	0.242	0.244	0.253	0.258	0.262	0.274
1.2	0.221	0.226	0.233	0.240	0.244	0.253	0.261	0.264	0.278
1.4	0.217	0.225	0.230	0.240	0.247	0.255	0.262	0.266	0.281
1.6	0.216	0.225	0.230	0.240	0.249	0.258	0.266	0.269	0.284
1.8	0.215	0.224	0.232	0.242	0.251	0.260	0.269	0.272	0.287
2.0	0.216	0.227	0.235	0.245	0.256	0.265	0.274	0.278	0.290
2.5	0.223	0.234	0.248	0.259	0.267	0.276			
3.0	0.239	0.248	0.262	0.269	0.277				
3.5	0.254	0.261	0.273						
4.0	0.269								

表 2-19 $H_2SO_4-Na_2SO_4-H_2O$ 系的 $\gamma_{\pm Na_2SO_4}$[7]

$m_{H_2SO_4}$ /mol · kg^{-1}	$m_{Na_2SO_4}$/mol · kg^{-1}								
	0.2	0.4	0.6	0.8	1.0	1.2	1.4	1.6	2.0
0.0	0.371	0.293	0.252	0.224	0.205	0.190	0.178	0.168	0.155
0.1	0.316	0.266	0.233	0.212	0.196	0.183	0.172	0.164	0.148
0.2	0.278	0.243	0.219	0.201	0.187	0.176	0.167	0.160	0.140
0.3	0.252	0.225	0.206	0.192	0.180	0.171	0.163	0.155	0.136
0.4	0.231	0.211	0.196	0.183	0.174	0.166	0.159	0.150	0.133
0.5	0.215	0.200	0.187	0.177	0.168	0.161	0.153	0.145	0.131
0.6	0.203	0.190	0.179	0.170	0.163	0.155	0.148	0.142	0.128
0.7	0.192	0.181	0.172	0.165	0.159	0.152	0.145	0.139	0.126
0.8	0.183	0.174	0.167	0.160	0.155	0.149	0.142	0.136	0.124
0.9	0.174	0.167	0.161	0.157	0.149	0.143	0.137	0.132	0.122
1.0	0.167	0.162	0.157	0.149	0.144	0.137	0.132	0.128	0.119
1.2	0.156	0.152	0.148	0.142	0.135	0.131	0.127	0.123	0.117
1.4	0.143	0.141	0.138	0.134	0.130	0.127	0.124	0.121	0.115
1.6	0.136	0.134	0.131	0.129	0.126	0.123	0.121	0.119	0.114
1.8	0.129	0.128	0.126	0.125	0.123	0.121	0.119	0.117	0.113
2.0	0.122	0.121	0.121	0.120	0.120	0.119	0.118	0.116	0.112
2.5	0.116	0.116	0.116	0.116	0.116	0.116			
3.0	0.113	0.113	0.113	0.113					

表 2-20 $H_2SO_4-CuSO_4-H_2O$ 系的 $\gamma_{\pm H_2SO_4}$ [13]

m_{CuSO_4} /mol·kg^{-1}	$m_{H_2SO_4}$/mol·kg^{-1}								
	0.2	0.4	0.6	0.8	1.0	1.2	1.4	1.6	2.0
0.0	0.209	0.116	0.148	0.138	0.130	0.128	0.127	0.126	0.126
0.1	0.186	0.157	0.141	0.134	0.129	0.127	0.126	0.126	0.127
0.2	0.168	0.148	0.137	0.131	0.128	0.126	0.126	0.126	0.128
0.3	0.157	0.139	0.133	0.129	0.126	0.125	0.126	0.127	0.128
0.4	0.146	0.135	0.129	0.127	0.125	0.125	0.126	0.127	
0.5	0.137	0.131	0.127	0.125	0.125	0.125	0.126	0.128	
0.6	0.132	0.127	0.125	0.124	0.124	0.125	0.127	0.129	
0.7	0.127	0.125	0.124	0.123	0.124	0.126	0.128		
0.8	0.123	0.123	0.122	0.123	0.124	0.127	0.129		
0.9	0.121	0.121	0.122	0.123	0.125	0.127			
1.0	0.119	0.120	0.121	0.123	0.126	0.129			
1.2	0.117	0.119							

表 2-21 $H_2SO_4-CuSO_4-H_2O$ 系的 $\gamma_{\pm CuSO_4}$ [13]

$m_{H_2SO_4}$ /mol·kg^{-1}	m_{CuSO_4}/mol·kg^{-1}						
	0.1*	0.2	0.4	0.5*	0.6	0.8	1.0
0.0		0.104	0.0704		0.0559	0.0475	0.0423
0.1	0.0942	0.0820	0.0609	0.0606	0.0513	0.0450	0.0410
0.2	0.0820	0.0733	0.0557	0.0581	0.0482	0.0434	0.0400
0.3		0.0669	0.0522		0.0460	0.0420	0.0392
0.4	0.0609	0.0620	0.0497	0.0480	0.0443	0.0410	0.0388
0.5		0.0581	0.0480		0.0431	0.0403	0.0385
0.6	0.0513	0.0552	0.0467	0.0431	0.0423	0.0398	0.0384
0.7		0.0532	0.0454		0.0417	0.0394	0.0384
0.8	0.0450	0.0516	0.0443	0.0403	0.0412	0.0391	0.0384
0.9		0.0506	0.0433		0.0408	0.0392	0.0386
1.0	0.0409	0.0496	0.0425	0.0385	0.0407	0.0393	0.0389
1.2		0.0480	0.0413		0.0408	0.0400	0.0404
1.4		0.0468	0.0409		0.0412	0.0413	
1.6		0.0466	0.0418		0.0419		
1.8		0.0474					

表 2-22 $HCl-CuCl_2-H_2O$ 系的 $\gamma_{\pm HCl}$[17]

m_{CuCl_2} /mol · kg^{-1}	m_{HCl}/mol · kg^{-1}											
	0.2	0.4	0.6	0.8	1.0	1.4	2.0	2.4	3.0	3.4	4.0	4.4
0.0	0.768	0.755	0.761	0.782	0.808	0.876	1.010	1.119	1.316	1.473	1.764	2.009
0.1	0.732	0.741	0.758	0.783	0.813	0.887	1.027	1.140	1.342	1.505	1.808	2.066
0.2	0.716	0.735	0.758	0.787	0.820	0.899	1.044	1.161	1.370	1.538	1.854	2.127
0.3	0.710	0.734	0.762	0.794	0.830	0.912	1.063	1.183	1.399	1.573	1.904	2.192
0.4	0.710	0.737	0.768	0.802	0.840	0.927	1.083	1.206	1.429	1.610	1.956	
0.5	0.712	0.743	0.776	0.813	0.853	0.942	1.103	1.230	1.460	1.649	2.013	
0.6	0.718	0.750	0.786	0.824	0.866	0.959	1.124	1.255	1.493	1.690	2.073	
0.7	0.725	0.759	0.797	0.837	0.880	0.976	1.146	1.282	1.528	1.733		
0.8	0.733	0.770	0.809	0.851	0.895	0.994	1.169	1.309	1.564	1.778		
0.9	0.734	0.781	0.822	0.865	0.911	1.013	1.193	1.337	1.602	1.826		
1.0	0.754	0.793	0.835	0.880	0.927	1.032	1.218	1.366	1.642	1.878		
1.2	0.777	0.820	0.865	0.912	0.962	1.073	1.269	1.428	1.728	1.990		
1.4	0.804	0.849	0.896	0.946	0.999	1.116	1.325	1.496	1.825			
1.6	0.833	0.880	0.930	0.982	1.038	1.161	1.385	1.570	1.934			
1.8	0.864	0.913	0.965	1.021	1.080	1.210	1.450	1.652				
2.0	0.896	0.948	1.003	1.061	1.124	1.263	1.522	1.744				
2.5	0.985	1.044	1.107	1.174	1.247	1.414	1.738					
3.0	1.087	1.156	1.229	1.310	1.398	1.605						
3.5	1.209	1.290	1.379	1.379								
4.0	1.358	1.459										

表 2-23 $HCl-CuCl_2-H_2O$ 系的 $\gamma_{\pm CuCl_2}$[7]

m_{HCl} /mol · kg^{-1}	m_{CuCl_2}/mol · kg^{-1}										
	0.2	0.4	0.6	0.8	1.0	1.4	2.0	2.4	3.0	3.4	4.0
0.0	0.456	0.421	0.412	0.412	0.418	0.435	0.468	0.491	0.524	0.544	0.573
0.1	0.446	0.421	0.415	0.417	0.423	0.442	0.476	0.498	0.531	0.551	0.581
0.2	0.439	0.421	0.418	0.422	0.429	0.448	0.483	0.506	0.538	0.559	0.590
0.3	0.435	0.423	0.422	0.427	0.435	0.455	0.490	0.513	0.546	0.566	0.599
0.4	0.434	0.426	0.427	0.433	0.441	0.462	0.497	0.520	0.553	0.574	0.608
0.5	0.434	0.429	0.432	0.439	0.448	0.469	0.505	0.528	0.561	0.582	
0.6	0.436	0.433	0.437	0.445	0.454	0.476	0.512	0.536	0.569	0.591	
0.7	0.438	0.438	0.443	0.451	0.461	0.484	0.520	0.543	0.577	0.599	
0.8	0.441	0.443	0.449	0.458	0.468	0.491	0.527	0.551	0.585	0.608	
0.9	0.445	0.448	0.455	0.464	0.475	0.499	0.535	0.559	0.593	0.617	
1.0	0.450	0.454	0.462	0.471	0.482	0.506	0.543	0.567	0.602	0.627	
1.2	0.461	0.467	0.475	0.486	0.497	0.522	0.559	0.583	0.620		

续表 2-23

m_{HCl} /mol·kg^{-1}	m_{CuCl_2}/mol·kg^{-1}										
	0.2	0.4	0.6	0.8	1.0	1.4	2.0	2.4	3.0	3.4	4.0
1.4	0.473	0.480	0.490	0.501	0.513	0.538	0.575	0.600	0.639		
1.6	0.486	0.495	0.505	0.517	0.529	0.554	0.592	0.618			
1.8	0.500	0.510	0.521	0.533	0.546	0.571	0.610	0.637			
2.0	0.515	0.526	0.537	0.550	0.562	0.588	0.628	0.657			
2.5	0.556	0.567	0.580	0.593	0.606	0.634	0.680				
3.0	0.599	0.612	0.626	0.640	0.654	0.686					
3.5	0.646	0.660	0.675	0.691	0.709						
4.0	0.697	0.714	0.733								
4.5	0.757										

表 2-24 $H_2SO_4-(NH_4)_2SO_4-H_2O$ 系的 $\gamma_{\pm(NH_4)_2SO_4}$[14]

$m_{(NH_4)_2SO_4}$/mol·kg^{-1}	$m_{H_2SO_4}$/mol·kg^{-1}	$\gamma_{\pm(NH_4)_2SO_4}$
0.1	0	0.4209
	0.335	0.2502
	0.737	0.1766
	1.096	0.1435
	1.424	0.1238
	1.731	0.1100
	2.007	0.1003
	2.272	0.0926
	2.525	0.0865
	2.768	0.0820
	3.070	0.0780
0.5	0	0.2484
	0.427	0.1834
	0.833	0.1499
	1.197	0.1300
	1.534	0.1159
	1.838	0.1061
	2.124	0.0984
	2.394	0.0925
	2.650	0.0880
	2.889	0.0850

续表 2-24

$m_{(NH_4)_2SO_4}$/mol · kg^{-1}	$m_{H_2SO_4}$/mol · kg^{-1}	$\gamma_{\pm(NH_4)_2SO_4}$
1.0	0	0.1886
	0.252	0.1677
	0.697	0.1419
	1.089	0.1258
	1.445	0.1144
	1.776	0.1057
	2.076	0.0994
	2.363	0.0945
	2.620	0.0914
	2.851	0.0900
2.0	0	0.1436
	0.326	0.1325
	0.787	0.1199
	1.191	0.1114
	1.552	0.1054
	1.880	0.1013
	2.175	0.0989
	2.441	0.0982
	2.681	0.0990
3.0	0	0.1245
	0.205	0.1205
	0.695	0.1126
	1.112	0.1077
	1.473	0.1051
	1.790	0.1044
	1.981	0.1049
4.0	0	0.1160
	0.231	0.1136
	0.553	0.1112
	0.834	0.1100
	1.090	0.1097

表 2-25　$H_2SO_4-(NH_4)_2SO_4-H_2O$ 系的 $\gamma_{\pm H_2SO_4}$[14]

$m_{H_2SO_4}$/mol · kg^{-1}	$m_{(NH_4)_2SO_4}$/mol · kg^{-1}	$\gamma_{\pm H_2SO_4}$
0.1	0	0.2679
	0.208	0.1620
	0.676	0.1034
	1.138	0.0829
	1.593	0.0711
	2.044	0.0632
	2.492	0.0575
	2.937	0.0534
	3.378	0.0500
	3.815	0.0475
	4.428	0.0454

续表 2-25

$m_{H_2SO_4}$/mol · kg^{-1}	$m_{(NH_4)_2SO_4}$/mol · kg^{-1}	$\gamma_{\pm H_2SO_4}$
0.5	0	0.1533
	0.240	0.1248
	0.744	0.0959
	1.217	0.0814
	1.681	0.0719
	2.140	0.0651
	2.594	0.0602
	3.040	0.0562
	3.479	0.0534
	3.908	0.0510
	4.188	0.0495
1.0	0	0.1290
	0.259	0.1137
	0.784	0.0941
	1.282	0.0825
	1.760	0.0742
	2.226	0.0683
	2.680	0.0640
	3.124	0.0606
	3.551	0.0580
	3.824	0.0565
	4.099	0.0554
2.0	0	0.1225
	0.576	0.1068
	1.141	0.0945
	1.662	0.0868
	2.128	0.0815
	2.557	0.0775
	2.973	0.0749
	3.358	0.0732
	3.723	0.0722
3.0	0	0.1412
	0.373	0.1300
	1.022	0.1158
	1.528	0.1084
	1.957	0.1046
	2.332	0.1023
	2.561	0.1015

续表 2-25

$m_{H_2SO_4}$/mol · kg^{-1}	$m_{(NH_4)_2SO_4}$/mol · kg^{-1}	$\gamma_{\pm H_2SO_4}$
3.5	0	0.1540
	0.378	0.1438
	0.988	0.1320
	1.294	0.1279
	1.567	0.1253

表 2-26 HCl – $NiCl_2$ – H_2O 溶液中 HCl 的平均活度系数 $\gamma_{\pm HCl}$[17]

m_{NiCl_2} /mol · kg^{-1}	m_{HCl}/mol · kg^{-1}							
	0.1	0.2	0.3	0.4	0.5	0.6	0.7	0.8
0.1	0.7237	0.7314	0.7397	0.7493	0.7604	0.7727	0.7863	0.8010
0.2	0.7109	0.7262	0.7409	0.7557	0.7710	0.7870	0.8038	0.8215
0.3	0.7150	0.7337	0.7517	0.7697	0.7880	0.8068	0.8262	0.8463
0.4	0.7278	0.7487	0.7691	0.7895	0.8102	0.8313	0.8529	0.8751
0.5	0.7466	0.7692	0.7916	0.8140	0.8367	0.8598	0.8835	0.9078
0.6	0.7701	0.7943	0.8184	0.8426	0.8672	0.8922	0.9178	0.9441
0.7	0.7977	0.8234	0.8491	0.8751	0.9015	0.9284	0.9559	0.9841
0.8	0.8291	0.8563	0.8836	0.9113	0.9394	0.9682	0.9976	1.0278
0.9	0.8641	0.8927	0.9217	0.9511	0.9811	1.0117	1.0430	1.0752
1.0	0.9027	0.9328	0.9634	0.9946	1.0264	1.0589	1.0922	1.1264
1.5	1.1498	1.1889	1.2289	1.2700	1.3121	1.3553	1.3997	1.4453
2.0	1.5008	1.5517	1.6040	1.6577	1.7129	1.7697	1.8281	1.8883
2.5	1.9858	2.0522	2.1204	2.1907	2.2630	2.3374	2.4140	2.4929
3.0	2.6488	2.7356	2.8248	2.9167	3.0112	3.1086	3.2087	3.3119
3.5	3.5510	3.6644	3.7811	3.9012	4.0247	4.1517	4.2825	4.4170
4.0	4.7755	4.9238	5.0762	5.2329	5.3940	5.5597	5.7300	5.9051

m_{NiCl_2} /mol · kg^{-1}	m_{HCl}/mol · kg^{-1}							
	0.9	1.0	1.5	2.0	2.5	3.0	3.5	4.0
0.1	0.8168	0.8337	0.9326	1.0562	1.2065	1.3872	1.6031	1.8604
0.2	0.8399	0.8593	0.9694	1.1038	1.2655	1.4588	1.6892	1.9633
0.3	0.8671	0.8887	1.0096	1.1548	1.3283	1.5349	1.7805	2.0721
0.4	0.8981	0.9218	1.0533	1.2095	1.3952	1.6156	1.8771	2.1872
0.5	0.9328	0.9585	1.1005	1.2680	1.4664	1.7012	1.9794	2.3087
0.6	0.9711	0.9989	1.1514	1.3306	1.5421	1.7921	2.0876	2.4371
0.7	1.0131	1.0429	1.2062	1.3974	1.6227	1.8884	2.2021	2.5727
0.8	1.0588	1.0906	1.2649	1.4687	1.7082	1.9904	2.3232	2.7159
0.9	1.1082	1.1422	1.3279	1.5447	1.7991	2.0986	2.4513	2.8671
1.0	1.1616	1.1977	1.3952	1.6255	1.8956	2.2131	2.5867	3.0267
1.5	1.4923	1.5407	1.8051	2.1130	2.4728	2.8940	3.3875	3.9659
2.0	1.9503	2.0141	2.3632	2.7692	3.2424	3.7942	4.4377	5.1880
2.5	2.5742	2.6578	3.1154	3.6465	4.2631	4.9790	5.8098	
3.0	3.4180	3.5273	4.1242	4.8146	5.6128			
3.5	4.5554	4.6978	5.4736					
4.0	6.0851	6.2702						

表 2-27 HCl－$NiCl_2$－H_2O 溶液中 $NiCl_2$ 的平均活度系数 $\gamma_{\pm NiCl_2}$[17]

m_{NiCl_2} /mol · kg^{-1}	m_{HCl}/mol · kg^{-1}							
	0.1	0.2	0.3	0.4	0.5	0.6	0.7	0.8
0.1	0.5075	0.4976	0.4924	0.4906	0.4913	0.4940	0.4983	0.5040
0.2	0.4794	0.4801	0.4824	0.4860	0.4909	0.4971	0.5043	0.5126
0.3	0.4698	0.4753	0.4814	0.4884	0.4962	0.5049	0.5145	0.5248
0.4	0.4693	0.4776	0.4864	0.4958	0.5058	0.5166	0.5281	0.5403
0.5	0.4746	0.4850	0.4958	0.5071	0.5191	0.5316	0.5448	0.5587
0.6	0.4842	0.4964	0.5089	0.5219	0.5355	0.5497	0.5645	0.5801
0.7	0.4975	0.5111	0.5252	0.5397	0.5549	0.5707	0.5871	0.6042
0.8	0.5138	0.5289	0.5445	0.5605	0.5772	0.5945	0.6125	0.6313
0.9	0.5332	0.5496	0.5666	0.5842	0.6024	0.6212	0.6408	0.6612
1.0	0.5553	0.5732	0.5916	0.6107	0.6304	0.6509	0.6721	0.6941
1.5	0.7092	0.7348	0.7613	0.7887	0.8171	0.8465	0.8770	0.9086
2.0	0.9463	0.9820	1.0191	1.0574	1.0972	1.1384	1.1812	1.2255
2.5	1.2952	1.3449	1.3963	1.4496	1.5049	1.5621	1.6215	1.6831
3.0	1.8007	1.8694	1.9407	2.0145	2.0910	2.1702	2.2523	2.3374
3.5	2.5279	2.6230	2.7215	2.8235	2.9291	3.0384	3.1516	3.2687
4.0	3.5702	3.7016	3.8376	3.9782	4.1236	4.2739	4.4294	4.5902
m_{NiCl_2} /mol · kg^{-1}	m_{HCl}/mol · kg^{-1}							
	0.9	1.0	1.5	2.0	2.5	3.0	3.5	4.0
0.1	0.5109	0.5189	0.5733	0.6494	0.7479	0.8717	1.0252	1.2144
0.2	0.5218	0.5819	0.5953	0.6799	0.7875	0.9216	1.0873	1.2910
0.3	0.5360	0.5480	0.6200	0.7131	0.8302	0.9752	1.1538	1.3728
0.4	0.5532	0.5669	0.6473	0.7493	0.8762	1.0328	1.2250	1.4603
0.5	0.5733	0.5887	0.6775	0.7886	0.9258	1.0945	1.3011	1.5537
0.6	0.5963	0.6133	0.7106	0.8311	0.9792	1.1607	1.3826	1.6535
0.7	0.6221	0.6407	0.7467	0.8770	1.0366	1.2317	1.4698	1.7600
0.8	0.6508	0.6711	0.7860	0.9266	1.0983	1.3077	1.5629	1.8736
0.9	0.6824	0.7044	0.8286	0.9800	1.1645	1.3891	1.6624	1.9948
1.0	0.7170	0.7408	0.8748	1.0376	1.2356	1.4763	1.7687	2.1240
1.5	0.9415	0.9755	1.1664	1.3967	1.6751	2.0115	2.4181	2.9092
2.0	1.2715	1.3192	1.5859	1.9065	2.2923	2.7562	3.3137	3.9832
2.5	1.7469	1.8130	2.1822	2.6244	3.1537	3.7868	4.5430	
3.0	2.4255	2.5168	3.0248	3.6304	4.3513			
3.5	3.3899	3.5153	4.2113					
4.0	4.7564	4.9282						

Mckay－Perring 法准确性较高，但只适用于含两种阴离子相同的混合电解质溶液，而限制了它的应用。

2.2.3 皮泽法

Pitzer 方程计算混合电解质溶液的活度系数精度高，而且适用于高离子强度的场合。但方程中有两个重要的参数 θ 与 ψ 要由实测数据回归，对于多数体系尚无这些数值可供利用，此时可用 Pitzer 简化式。一个含若干种阳离子 c_i 与若干种阴离子 a_i 的溶液中电解质 MeX 的平均活度系数的 Pitzer 简化式为

$$\ln\nu_{\pm \mathrm{MeX}} = \frac{1}{2}|z_{\mathrm{Me}}z_{\mathrm{X}}|f'(I) + \left(\frac{2\nu_{\mathrm{Me}}}{\nu}\right)\sum_{\mathrm{a}} m_{\mathrm{a}}\Big[B_{\mathrm{Me}a} + (\sum mz)C_{\mathrm{Me}a}\Big] + \left(\frac{2\nu_x}{\nu}\right)\sum_{\mathrm{c}} m_{\mathrm{c}}\Big[B_{\mathrm{c}x} + (\sum mz)C_{\mathrm{c}x}\Big] + \sum_{\mathrm{c}}\sum_{\mathrm{a}} m_{\mathrm{c}}m_{\mathrm{a}}\left[|z_{\mathrm{Me}}z_{\mathrm{X}}|B'_{\mathrm{ca}} + \frac{2\nu_{\mathrm{Me}}z_{\mathrm{Me}}}{\nu}C_{\mathrm{ca}}\right] \tag{2-25}$$

式中 ν_{Me}——MeX 分子式中 Me 离子的个数；

ν_x——MeX 分子式中 X 离子的个数；

$\nu = \nu_{\mathrm{Me}} + \nu_{\mathrm{X}}$。

代表阳离子的 c 包括 Me，代表阴离子的 a 包括 X。

$$B_{\mathrm{ca}} = \beta_{\mathrm{ca}}^{(0)} + \frac{2\beta_{\mathrm{ca}}^{(1)}}{\alpha_1^2 I}\left[1 - (1 + \alpha I^{1/2})\exp(-\alpha I^{1/2})\right] \tag{2-26}$$

对于 2∶2 型电解质：

$$B_{\mathrm{ca}} = \beta_{\mathrm{ca}}^{(0)} + \frac{2\beta_{\mathrm{ca}}^{(1)}}{\alpha_1^2 I}\left[1 - (1 + \alpha_1 I^{1/2})\exp(-\alpha_1 I^{1/2})\right] + \frac{2\beta_{\mathrm{ca}}^{(2)}}{\alpha_2^2 I}\left[1 - (1 + \alpha_2 I^{1/2})\exp(-\alpha_2 I^{1/2})\right] \tag{2-27}$$

$$C_{\mathrm{ca}} = \frac{C_{\mathrm{ca}}^{\phi}}{2|z_{\mathrm{c}}z_{\mathrm{a}}|^{1/2}}$$

$$B' = \frac{\partial B}{\partial I}$$

对于 1∶1 型电解质：

$$B' = \frac{2\beta^{(1)}}{\alpha^2 I^2}\left[-1 + \left(1 + \alpha I^{1/2} + \frac{1}{2}\alpha^2 I\right)\exp(-\alpha I^{1/2})\right] \tag{2-28}$$

$\Sigma mz = \Sigma m_{\mathrm{a}}z_{\mathrm{a}} = \Sigma m_{\mathrm{c}}z_{\mathrm{c}}$ 为溶液中同号离子的摩尔离子总浓度。

$$f'(I) = -2A\left[\frac{I^{1/2}}{1 + bI^{1/2}} + \frac{2}{b}\ln(1 + bI^{1/2})\right] \tag{2-29}$$

若 MX－NX 为二元混合的对称性电解质溶液具有共同阴离子 X，则 Pitzer 公式为

$$\ln\gamma_{\pm \mathrm{MX}} = z^2 f^{r}(I) + m\Big\{(2-y)B_{\mathrm{MX}} + (1-y)IB'_{\mathrm{MX}} + y(B_{\mathrm{NX}} + IB'_{\mathrm{NX}}) + m\left[\left(\frac{3}{2} - y\right)C_{\mathrm{MX}}^{\phi} + yC_{\mathrm{NX}}^{\phi}\right] + y\left(\theta_{\mathrm{MN}} + \frac{m}{2}\psi_{\mathrm{MNX}}\right) +$$

$$y(1-y)\left(\frac{m}{2}\psi_{MNX}+I\theta'_{MN}\right)\Bigg\}\tag{2-30}$$

式中 $f^{r}(I)=-A\left[\frac{I^{1/2}}{1+bI^{1/2}}+\frac{2}{b}\ln(1+bI^{1/2})\right]$;

$m=m_{MX}+m_{NX}$;

$y=\frac{m_{NX}}{m}$;

$1-y=\frac{m_{MX}}{m}$。

若求 $\ln\gamma_{\pm NX}$,只需把式 2-30 中的 M 改为 N,N 改为 M,Y 改为 $1-y$,$1-y$ 改为 Y 即可。

θ 与 ψ 系数可在文献[3]的表 3-8 中查找,也可令其为 0,此时则为皮泽简化式。

2.3 单个离子的活度系数

尽管人们对"离子活度系数"一直存在不同的看法,但在多数情况下电解质在水溶液中以离子形态存在是一个确切的事实,热力学计算也常常用到它,不少学者不仅赞成用"离子活度系数"这一概念,而且提出了计算方法。

由原始的皮泽普遍方程出发,可以推导出单个离子活度系数方程,其简化式方程为

$$\ln\gamma_{Me}=\frac{1}{2}z_{Me}^{2}f'(I)+2\sum_{a}m_{a}\left[B_{Mea}+\left(\sum mz\right)C_{Mea}\right]+\sum_{c}\sum_{a}m_{c}m_{a}\left(z_{Me}^{2}B'_{ca}+z_{Me}C_{ca}\right)\tag{2-31}$$

$$\ln\gamma_{X}=\frac{1}{2}z_{x}^{2}f'(I)+2\sum_{c}m_{c}\left[B_{cX}+\left(\sum mz\right)C_{cX}\right]+\sum_{a}\sum_{c}m_{a}m_{c}\left(z_{X}^{2}B'_{ca}+z_{X}C_{ca}\right)$$

式中 c——阳离子;

a——阴离子。

式中的 Me 为待计算的阳离子,X 为待计算的阴离子。

$\sum mz=\sum_{a}m_{a}|z_{a}|=\sum m_{c}z_{c}$,为溶液中的同号离子的摩尔离子总浓度,而

$$f'(I)=-2A\left[\frac{I^{1/2}}{1+bI^{1/2}}+\frac{2}{b}\ln(1+bI^{1/2})\right]\tag{2-32}$$

$$B_{ca}=\beta_{ca}^{(0)}+\frac{2\beta_{ca}^{(1)}}{\alpha^{2}I}\left[1-(1+\alpha I^{1/2})\exp(-\alpha I^{1/2})\right]\tag{2-33}$$

对于 2∶2 电解质：

$$B_{ca}=\beta_{ca}^{(0)}+\frac{2\beta_{ca}^{(1)}}{\alpha_1^2 I}[1-(1+\alpha_1 I^{1/2})\exp(-\alpha_1 I^{1/2})]+$$

$$\frac{2\beta_{ca}^{(2)}}{\alpha_2^2 I}[1-(1+\alpha_2 I^{1/2})\exp(-\alpha_2 I^{1/2})] \tag{2-34}$$

$$C_{ca}=\frac{C_{ca}^{\phi}}{2|z_c z_a|^{1/2}}$$

$$B'=\frac{\partial B}{\partial I}$$

对于 1∶1 和 2∶1 电解质：

$$B'=\frac{\beta^{(1)}}{2I^2}[-1+(1+2I^{1/2}+2I)\exp(-2I^{1/2})] \tag{2-35}$$

对于 2∶2 电解质：

$$B'=\frac{\beta^{(1)}}{0.98I^2}[-1+(1+1.4I^{1/2}+0.98I)\exp(-1.4I^{1/2})]+$$

$$\frac{\beta^{(2)}}{72I^2}[-1+(1+12I^{1/2}+72I)\exp(-12I^{1/2})]$$

为了把弗兰克－汤普逊（Frank-Thompson）弥散晶格理论推广应用于混合电解质溶液，赵慕愚提出了 1∶1 电解质单个离子的活度系数计算公式[15]

$$\ln\gamma_{+}=a-bc^{1/3}+sc^{4/3} \tag{2-36}$$

$$\ln\gamma_{-}=a-bc^{1/3}+sc^{4/3} \tag{2-37}$$

$$\ln\gamma_{\pm}=\frac{\ln\gamma_{+}+\ln\gamma_{-}}{2}=a-bc^{1/3}+sc^{4/3} \tag{2-38}$$

滕滕和李以圭参考前述皮泽单个离子活度计算公式提出对任何价态的单个离子活度系数的公式如下[15]：

$$\ln\gamma_{+}=a-z_{+}^2(bI^{1/3}-sI^{4/3}) \tag{2-39}$$

$$\ln\gamma_{-}=a-z_{-}^2(bI^{1/3}-sI^{4/3}) \tag{2-40}$$

$$\ln\gamma_{\pm}=\frac{\gamma_{+}\ln\gamma_{+}-\gamma_{-}\ln\gamma_{-}}{\nu}=a-|z_{+}z_{-}|(bI^{1/3}-sI^{4/3}) \tag{2-41}$$

上面公式中所需系数 a,b,s 可用三个已知的 $\ln\gamma_{\pm}$ 值按式 2－41 回归求出。

李继定提出了单一－混合溶剂电解质溶液的热力学模型[18,19]。

$$\ln\gamma_s=\ln\gamma_s^{LR}+\ln\gamma_s^{MR}+\ln\gamma_s^{SR} \tag{2-42}$$

$$\ln\gamma_j=(\ln\gamma_j^{LR}+\ln\gamma_j^{MR}+\ln\gamma_j^{SR})-\ln(Me_s/Me_m+Me_s\sum_{ion}Me_{ion}) \tag{2-43}$$

$$\ln\gamma_{\pm}=(1/\nu)[\nu_{Me}\ln\gamma_{Me}+\nu_X\ln\gamma_X] \tag{2-44}$$

式中　γ_s——溶剂的活度系数；

$\gamma_{\pm}$——电解质 MeX 的平均活度系数；

γ_{Me}——阳离子的活度系数；

γ_{X}——阴离子的活度系数。

其余各种符号的含义与表达式见文献[18]。李继定等用上述公式计算了 15 种水溶液体系中电解质的平均活度系数，最高浓度范围为 8 ~ 25.95 mol/L，计算值与实测值的相对误差为 0.23% ~ 4.83%，平均为 1.83%。用皮泽公式计算的相应误差为 0.53% ~ 84.21%；用布罗姆莱公式计算相应误差为 0.23% ~ 84.69%，平均误差为 11.33%。

参 考 文 献

[1] Kenneth S. Pitzer, Janice J. Kim. Thermodynamics of electrolytes. Ⅳ. Activity and osmotic coefficients for mixed electrolytes[J]. J. Am. Chem. Soc., 1974, 96 (18):5701 ~ 5707.

[2] 黄子卿. 电解质溶液——Debg-Huckel 理论进展[J]. 化学通报，1980，5(1).

[3] 李以圭. 金属溶剂萃取热力学[M]. 北京：清华大学出版社，1988.

[4] Jiufang Lu, Yigui Li, Tiezhu Bao and Jiding Li, A Study on Ionic Activity Coefficient of Electrolyte Solution in Hydrometallurgy, Proc. 1st International Conference on Hydrometallurgy (ICHM'88), Beijing, 64 ~ 68 (1988).

[5] H. P. Meissner, C. L. Kusik. Activity coefficients of strong electrolytes in multicomponent aqueous solutions[J]. AIChE Journal, 1972, 18(2): 294 ~ 298.

[6] Leroy A. Bromley. Thermodynamic properties of strong electrolytes in aqueous solutions[J]. AIChE Journal, 1973, 19(2): 313 ~ 320.

[7] Yasuhiro Awakura. Metallurgical review of MMIJ 1989, 2:77

[8] Robinson R A, Bower V E. An additivity rule for the vapor pressure lowering of aqueous solutions [J]. J Res Natl Bur Stand, 1965, 69A: 365 ~ 367.

[9] Awakura Y., Kawasaki Y., Uno A., et al. Activities of water and HCl in Aqueous solution systems of HCl-$MeCl_n$ including $CuCl_2$, $NiCl_2$ and $FeCl_3$[J]. Hydrometallurgy, 1987, 19(2): 137 ~ 157.

[10] 杨显万，李敦钫，刘中华，等. 氯化物水溶液的水活度与溶质的活度系数[J]. 昆明理工大学学报，1993，18(5)：24 ~ 28.

[11] Mckay H. A. C. Perring J. K. Calculations of the activity coefficients of mixed aqueous electrolytes from vapor pressures[J]. Trans. Faraday Soc., 1953, 49: 163 ~ 165.

[12] Hiroshi Majima, Yasuhiro Awakura. Water and solute activities of $H_2SO_4 - Fe_2(SO_4)_3 - H_2O$ and $HCl - FeCl_3 - H_2O$ solution systems: Part Ⅱ. Activities of solutes[J]. Metallurgical and Materials Transactions B, 1986, 17(4): 621 ~ 627.

[13] Yasuhiro Awakura, Doi Toshiya, Majima Hiroshi. Determination of the diffusion coefficients of $CuSO_4$, $ZnSO_4$, and $NiSO_4$ in aqueous solution[J]. Metallurgical and Materials Transactions

B, 1988, 19(1):5 ~ 12.

[14] Sungkook Park, Yasuhiro A. Wakura, Hiroshi Majima. Water and solute activities in the aqueous H_2SO_4 - $(NH_4)_2SO_4$ solutions [J]. Metallurgical and Materials Transactions B, 1989,20(1):13 ~ 20.

[15] Teng Tenga, Li Yigui. Studies on ionic activity coefficients in mixed electrolyte solution by the extraction-distribution method[J]. Hydrometallurgy, 1983, 10(1): 69 ~ 77.

[16] Hiroshi Majima, Yasuhiro Awakura. Water and solute activities of the solution systems of H_2SO_4 - $CuSO_4$ - H_2O and HCl - $CuCl_2$ - H_2O [J]. Metallurgical and Materials Transactions B, 1988, 19(3): 347 ~ 354.

[17] 杨显万,等.氯化物水溶液的水活度与溶质的活度系数[J].昆明工学院学报,1994,18(5):24

[18] Jiding Li, Hans-Martin Polka, Jürgen Gmehling. A g^E model for single and mixed solvent electrolyte systems 1. Model and results for strong electrolytes[J]. Fluid Phase Equilibria, 1994, 94: 89 ~ 114.

[19] H. M. Polka, Jiding Li, J. Gmehling. A Model for Single and Mixed Solvent Electrolyte Systems. Ⅱ. Results and Comparison with Other Models[J]. Fluid Phase Equilibr., 1994, 94: 115 ~ 127.

3 水溶液模型

3.1 概述

水溶液中的金属并不总是以简单阳离子 Me^{z+} 的形态存在，常常与同时存在于水溶液中的配位体生成各种形式的络合物。金属在水溶液中的物种形式随溶液成分的改变而变化。研究一些湿法冶金过程，例如萃取、离子交换等，建立水溶液模型，知道水溶液中金属的物种形式以及它们的平衡浓度，有助于阐明这些过程的化学机理，并可以帮助人们选择合适的萃取剂与离子交换剂；或反之，在使用一定的萃取剂与离子交换剂时，调整溶液成分以使过程达到优化，从而取得最好的结果。

在一般的湿法冶金过程中，水溶液所含配位体有 Cl^-、NH_3、CN^-、SO_4^{2-}、HSO_4^-、CO_3^{2-}、HCO_3^-；此外，OH^- 也是一个重要的配位体，它能与很多金属离子生成络合物。

借助于电子计算机，可以用计算的方法求水溶液中各溶解物种的平衡浓度。本章介绍一种求水溶液物种平衡的通用解。

3.2 络合物的稳定性

一金属离子 Me^{z+} 与一配位体 L 生成络合物

$$Me^{z+} + jL = MeL_j$$

式中，j 为配位数，$j=1,2,3,4\cdots$。络合物的稳定性可以用其累计生成常数来表征

$$\beta_j = \frac{[MeL_j]}{[Me^{z+}][L]^j} \tag{3-1}$$

式中，括号[ ]内为溶解物种的浓度。很多金属离子能与 OH^- 生成络合物。即使水溶液中不含其他任何配位体时，也有 OH^- 这一配位体存在，其络合反应也是不可忽略的。

$$Me^{z+} + i(OH^-) \rightleftharpoons Me(OH)_i^{z-i}$$

$$\beta_i = \frac{[Me(OH)_i^{z-i}]}{[Me^{z+}][OH^-]^i}$$

又由于

$$H_2O \rightleftharpoons H^+ + OH^-$$

$$K_w = [H^+][OH^-]$$

$$[OH^-] = \frac{K_w}{[H^+]}$$

式中 K_w——水的离解常数。

则有

$$\beta_i = \frac{[Me(OH)_i^{z-i}]}{[Me^{z+}]K_w^i}[H^+]^i \tag{3-2}$$

另一种表达式为

$$Me^{z+} + iH_2O = Me(OH)_i^{z-i} + iH^+$$

$$\beta_i^* = \frac{[Me(OH)_i^{z-i}][H^+]^i}{[Me^{z+}]} \tag{3-3}$$

在计算时，采用上述两种表达式均可，应根据所掌握的数据而定。β_i 与 β_i^* 可以互换，显然，由式 3-2 和式 3-3 可以得出

$$\beta_i^* = \beta_i K_w^{-i}$$

$$\lg\beta_i^* = \lg\beta_i - i\lg K_w \tag{3-4}$$

3.3 简单的 $Me - H_2O$ 系

在简单的 $Me - H_2O$ 系溶液中，除 OH^- 外没有别的配位体。因此，在这样的水溶液中金属的物种有 Me^{z+} 与 n 种 $Me(OH)_i$ 型络合物（$i = 1, 2, 3, \cdots, n$）。各物种的平衡浓度为

$$[Me(OH)_i] = \beta_i^*[Me^{z+}][H^+]^{-i} = \beta_i^*[Me^{z+}]10^{ipH} \tag{3-5}$$

金属的物质平衡：

$$[Me]_T - [Me^{z+}] - \sum_i [Me(OH)_i] = 0 \tag{3-6}$$

或

$$[Me^{z+}] + [Me^{z+}]\sum\beta_i^* 10^{ipH} - [Me]_T = 0 \tag{3-7}$$

式中 $[Me]_T$——水溶液中金属的总浓度（分析浓度）；

$[Me^{z+}]$——水溶液中游离的 Me^{z+} 离子的浓度。

$$[Me^{z+}]\{1 + \sum\beta_i^* 10^{ipH}\} = [Me]_T \tag{3-8}$$

水溶液中某一 $Me(OH)_i$ 型物种所占分数

$$\alpha_i = \frac{[Me(OH)_i]}{[Me]_T}$$

$$\alpha_0 = \frac{[Me^{z+}]}{[Me]_T} = 1/(1 + \sum\beta_i^* 10^{ipH}) \tag{3-9}$$

为游离的 Me^{z+} 离子所占分数

$$\alpha_i = \beta^* 10^{ipH}/(1 + \sum\beta_i^* 10^{ipH}) \tag{3-10}$$

$Zn - H_2O$ 系溶液中的物种分布为：

	$\lg\beta_i$	$\lg\beta_i^*$
$Zn^{2+} + OH^- = ZnOH^+$	5.04	−9.0
$Zn^{2+} + 3OH^- = Zn(OH)_3^-$	13.9	−28.1
$Zn^{2+} + 4OH^- = Zn(OH)_4^{2-}$	15.1	−40.9

计算的结果如图 3-1。

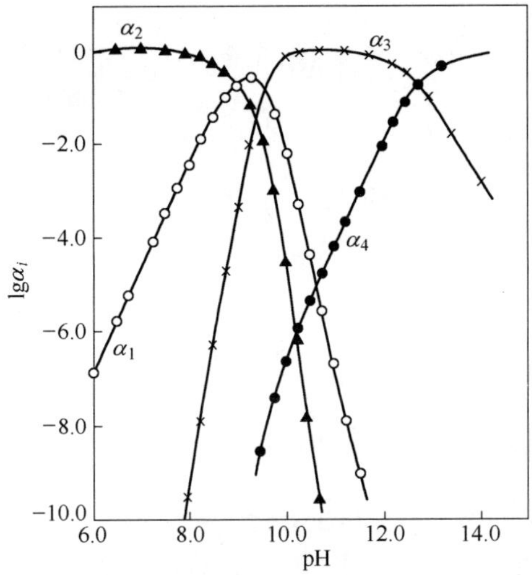

图 3-1 Zn – H_2O 系的 $\lg\alpha$ – pH 图（$T = 298K$）

As – H_2O 系与 Sb – H_2O 系的情况有所不同。

在 As(Ⅲ) – H_2O 系的水溶液中存在下列平衡：

$$HAsO_2(aq) + H^+(aq) \rightleftharpoons AsO^+(aq) + H_2O$$

$$K_1 = \frac{[AsO^+]}{[HAsO_2][H^+]}$$

$$HAsO_2(aq) \rightleftharpoons H^+(aq) + AsO_2^-(aq)$$

$$K_2 = \frac{[AsO_2^-][H^+]}{[HAsO_2]}$$

$T = 298K, I = 0$ 时，$K_1 = 10^{-0.33}$，$K_2 = 10^{-9.20}$[1]。

As(Ⅲ)的物质平衡：

$$\begin{aligned}[As(Ⅲ)]_T &= [AsO^+] + [HAsO_2] + [AsO_2^-] \\ &= K_1[H^+][HAsO_2] + [HAsO_2] + K_2[HAsO_2][H^+]^{-1} \\ &= [HAsO_2][K_1 10^{-pH} + 1 + K_2 10^{pH}] \qquad (3-11)\end{aligned}$$

令
$$\theta = 1 + K_1 10^{-pH} + K_2 10^{pH}$$

则
$$[As(Ⅲ)]_T = [HAsO_2]\theta$$
各溶解物种的分数

$$\alpha_{HAsO_2} = \frac{[HAsO_2]}{[As]_T} = \frac{1}{\theta}$$

$$\alpha_{AsO^+} = \frac{[AsO^+]}{[As]_T} = \frac{K_1 \times 10^{-pH}}{\theta}$$

$$\alpha_{AsO_2^-} = \frac{[AsO_2^-]}{[As]_T} = \frac{K_2 \times 10^{pH}}{\theta}$$

同理，对于 Sb(Ⅲ)有

$$\alpha_{HSbO_2} = \frac{1}{\theta}$$

$$\alpha_{SbO^+} = \frac{K_1 \times 10^{-pH}}{\theta}$$

$$\alpha_{SbO_2^-} = \frac{K_2 \times 10^{pH}}{\theta}$$

当 $T = 298K$，$I = 0$ 时，$K_1 = 10^{0.88}$，$K_2 = 10^{-11}$[2]。

3.4 含多种金属多种配位体的溶液模型

溶液含 n 种金属 Me_p，$p = 1,2,3,\cdots,n$。溶液含 m 种配位体 L_j，$j = 1,2,3,\cdots,m$，其中包括 OH^-。每一种配位体的加质子反应：

$$L_j + H^+ \rightleftharpoons HL_j \qquad K_j = \frac{[HL_j]}{[L_j][H^+]} \tag{3-12}$$

若每种金属仅生成单核配合物：

$$Me_p + iL_j \rightleftharpoons Me_pL_{j,i} \qquad \beta_{p,j,i} = \frac{[Me_pL_{j,i}]}{[Me_p][L_j]^i} \tag{3-13}$$

式中，$i = 1,2,3,\cdots,6$，即每种金属可生成的配合物共 6 种。n 种金属可生成的配合物共 $6nm$ 种。

已知：各金属的总浓度$[Me_p]_T$；各配合物的累计生成常数；各配位体的总浓度$[L_j]_T$；各配位体加质子反应的平衡常数。

未知：各溶解物种的平衡浓度。

对于一种金属有$[Me_p]$，$[Me_pL_{j,i}]$，共 $6m + 1$ 个物种。对所有金属则有 $6nm + n$ 个未知数。

此外，还有每种配位体的游离浓度$[L_j]$共 m 个，每种配位体的$[HL]$共 m 个，再加上 H^+浓度$[H^+]$，共有未知数 $6nm + n + 2m + 1$ 个，同时可写出 $6nm + n + 2m + 1$ 个方程式。

其中每一种金属的物质平衡方程共 n 个：

$$[\mathrm{Me}_p]_\mathrm{T} - \sum_j \sum_i [\mathrm{Me}_p\mathrm{L}_{j,i}] - [\mathrm{Me}_p] = 0 \tag{3-14}$$

每一种配位体的物质平衡方程共 m 个：

$$[\mathrm{L}_j]_\mathrm{T} - [\mathrm{L}_j] - [\mathrm{HL}_j] - \sum_i \sum_j {}_i[\mathrm{Me}_p\mathrm{L}_{j,i}] = 0 \tag{3-15}$$

对每一种配合物可写出：

$$\beta_{p,j,i} = \frac{[\mathrm{Me}_p\mathrm{L}_{j,i}]}{[\mathrm{Me}_p][\mathrm{L}_j]^i} \tag{3-16}$$

共有配合物 $6mn$ 种，则此类方程有 $6mn$ 个。

对于 m 种配位体尚有加质子反应的平衡常数方程 m 个：

$$K_j = \frac{[\mathrm{HL}_j]}{[\mathrm{H}^+][\mathrm{L}_j]} \tag{3-17}$$

溶液中的电荷平衡：

$$\sum 正离子浓度 \times 离子电荷数 - \sum 负离子浓度 \times 离子电荷数的绝对值 = 0 \tag{3-18}$$

若溶液 pH 给定，则 H^+ 浓度为已知，就可不用方程 3-18。

以上共有线性方程 $m+n+1$ 个，非线性方程 $6mn+m$ 个，总计有方程 $6mn+2m+n+1$ 个。解此联立方程组可求出每一个未知数——每一溶解物种平衡浓度。精确求解这样的联立方程组是困难的，借助计算机利用数值求解的方法则较容易实现。数值求解最典型的方法是 Newton-Raphson 法[11,24,25]。此法的最大优点是在解的附近有较快的收敛速度，缺点是对初值的要求严格，否则可能很难收敛。1992 年 Ben Q. Li[28] 提出用算术几何(Arithmetic-geometric)求解此类方程组。首先将非线性方程组线性化，而后求解这一线性化后的联立方程组。该法的优点在于求解不易受初值的影响，无论初值如何设定，只要有解，总可以收敛到真解，而且该法收敛速度很快。

今以某厂锡中矿氯化挥发湿式收尘水为例。该收尘水中含有大量的金属离子，如 Cu^{2+}、Zn^{2+}、Cd^{2+}、Pb^{2+}、Bi^{3+}、Fe^{3+}、In^{3+} 等，这些金属离子能与 Cl^- 离子形成配合物。氯化收尘水溶液成分见表 3-1。

表 3-1 氯化收尘水溶液成分

元 素	Cu	Zn	Cd	As	Pb	Bi	Si
含量(质量浓度) /$\mathrm{g \cdot L^{-1}}$	0.42	4.78	0.085	4.97	1.02	0.43	微
元 素	Al_2O_3	CaO	Mn	Fe	Cl	In	H^+ (mol/L)
含量(质量浓度) /$\mathrm{g \cdot L^{-1}}$	0.40	1.01	0.50	4.55	72.15	0.031	3.02

Cu、Fe 在溶液中均以 Cu(Ⅱ),Fe(Ⅲ)形态存在。

金属离子与 Cl^- 络合的累计生成常数见表 3-2。

表 3-2 金属离子累计生成常数表

金属离子	$\lg\beta_1$	$\lg\beta_2$	$\lg\beta_3$	$\lg\beta_4$	$\lg\beta_5$	$\lg\beta_6$	参考文献
Cu^{2+}	0.36	0.22					[7]
Zn^{2+}	-0.19	-0.40	1.9×10^{-4}	-0.70			[1]
Pb^{2+}	1.28	1.75	2.12	1.50			[24]
Bi^{3+}	2.44	3.10	3.74	3.77	5.7	6.4	[9]
Fe^{3+}	0.62	0.74	-0.66				[4]
Cd^{2+}	1.54	2.20	2.30	1.60			[1]
In^{3+}	1.0	1.5	1.55	1.35			[3]

水溶液中各物种平衡浓度以表 3-3 中所设符号代表。

表 3-3 水溶液物种平衡浓度代号

物种平衡浓度	代 号	物种平衡浓度	代 号	物种平衡浓度	代 号
$[Cl^-]$	X_1	$[PbCl_3^-]$	X_{13}	$[FeCl_3]$	X_{25}
$[Cu^{2+}]$	X_2	$[PbCl_4^{2-}]$	X_{14}	$[Cd^{2+}]$	X_{26}
$[CuCl^+]$	X_3	$[Bi^{3+}]$	X_{15}	$[CdCl^+]$	X_{27}
$[CuCl_2]$	X_4	$[BiCl^{2+}]$	X_{16}	$[CdCl_2]$	X_{28}
$[Zn^{2+}]$	X_5	$[BiCl_2^+]$	X_{17}	$[CdCl_3^-]$	X_{29}
$[ZnCl^+]$	X_6	$[BiCl_3]$	X_{18}	$[CdCl_4^{2-}]$	X_{30}
$[ZnCl_2]$	X_7	$[BiCl_4^-]$	X_{19}	$[In^{3+}]$	X_{31}
$[ZnCl_3^-]$	X_8	$[BiCl_5^{2-}]$	X_{20}	$[InCl^{2+}]$	X_{32}
$[ZnCl_4^{2-}]$	X_9	$[BiCl_6^{3-}]$	X_{21}	$[InCl_2^+]$	X_{33}
$[Pb^{2+}]$	X_{10}	$[Fe^{3+}]$	X_{22}	$[InCl_3]$	X_{34}
$[PbCl^+]$	X_{11}	$[FeCl^{2+}]$	X_{23}	$[InCl_4^-]$	X_{35}
$[PbCl_2]$	X_{12}	$[FeCl_2^+]$	X_{24}		

金属离子与 Cl^- 离子形成配合物,其配位平衡方程如下:

$CuCl_i^{2-i}$:

$$X_3-\beta_{11}X_2X_1=0 \tag{3-19}$$

$$X_4-\beta_{12}X_2X_1^2=0 \tag{3-20}$$

$ZnCl_i^{2-i}$:

$$X_6-\beta_{21}X_5X_1=0 \tag{3-21}$$

$$X_7-\beta_{22}X_5X_1^2=0 \tag{3-22}$$

$$X_8-\beta_{23}X_5X_1^3=0 \tag{3-23}$$

$$X_9-\beta_{24}X_5X_1^4=0 \tag{3-24}$$

$PbCl_i^{2-i}$:

$$X_{11}-\beta_{31}X_{10}X_1=0 \tag{3-25}$$
$$X_{12}-\beta_{32}X_{10}X_1^2=0 \tag{3-26}$$
$$X_{13}-\beta_{33}X_{10}X_1^3=0 \tag{3-27}$$
$$X_{14}-\beta_{34}X_{10}X_1^4=0 \tag{3-28}$$

$BiCl_i^{3-i}$:

$$X_{16}-\beta_{41}X_{15}X_1=0 \tag{3-29}$$
$$X_{17}-\beta_{42}X_{15}X_1^2=0 \tag{3-30}$$
$$X_{18}-\beta_{43}X_{15}X_1^3=0 \tag{3-31}$$
$$X_{19}-\beta_{44}X_{15}X_1^4=0 \tag{3-32}$$
$$X_{20}-\beta_{45}X_{15}X_1^5=0 \tag{3-33}$$
$$X_{21}-\beta_{46}X_{15}X_1^6=0 \tag{3-34}$$

$FeCl_i^{3-i}$:

$$X_{23}-\beta_{51}X_{22}X_1=0 \tag{3-35}$$
$$X_{24}-\beta_{52}X_{22}X_1^2=0 \tag{3-36}$$
$$X_{25}-\beta_{53}X_{22}X_1^3=0 \tag{3-37}$$

$CdCl_i^{2-i}$:

$$X_{27}-\beta_{61}X_{26}X_1=0 \tag{3-38}$$
$$X_{28}-\beta_{62}X_{26}X_1^2=0 \tag{3-39}$$
$$X_{29}-\beta_{63}X_{26}X_1^3=0 \tag{3-40}$$
$$X_{30}-\beta_{64}X_{26}X_1^4=0 \tag{3-41}$$

$InCl_i^{3-i}$:

$$X_{32}-\beta_{71}X_{31}X_1=0 \tag{3-42}$$
$$X_{33}-\beta_{72}X_{31}X_1^2=0 \tag{3-43}$$
$$X_{34}-\beta_{73}X_{31}X_1^3=0 \tag{3-44}$$
$$X_{35}-\beta_{74}X_{31}X_1^4=0 \tag{3-45}$$

配位体氯根的物质平衡方程:

$$X_1+X_3+X_6+X_{11}+X_{16}+X_{23}+X_{27}+X_{32}+2(X_4+X_7+X_{12}+X_{17}+X_{24}+X_{28}+X_{33})+3(X_8+X_{13}+X_{18}+X_{25}+X_{29}+X_{34})+4(X_9+X_{14}+X_{19}+X_{30}+X_{35})+5X_{20}+6X_{21}-[Cl]_T=0 \tag{3-46}$$

各金属离子的物质平衡方程:

Cu: $$X_2+X_3+X_4-[Cu]_T=0 \tag{3-47}$$

Zn: $$X_5+X_6+X_7+X_8+X_9-[Zn]_T=0 \tag{3-48}$$

Pb: $$X_{10}+X_{11}+X_{12}+X_{13}+X_{14}-[Pb]_T=0 \tag{3-49}$$

Bi: $$X_{15}+X_{16}+X_{17}+X_{18}+X_{19}+X_{20}+X_{21}-[Bi]_T=0 \tag{3-50}$$

Fe: $$X_{22}+X_{23}+X_{24}+X_{25}-[\mathrm{Fe}]_T=0 \tag{3-51}$$

Cd: $$X_{26}+X_{27}+X_{28}+X_{29}+X_{30}-[\mathrm{Cd}]_T=0 \tag{3-52}$$

In: $$X_{31}+X_{32}+X_{33}+X_{34}+X_{35}-[\mathrm{In}]_T=0 \tag{3-53}$$

至于电荷平衡，由于收尘水中成分比较复杂，有很多不与 Cl^- 配合的金属离子以及 SO_4^{2-}、NO_3^- 等可能存在的离子的成分未知，无法建立电荷平衡方程。本文由于溶液中 H^+ 浓度很大，金属离子与 OH^- 的络合情况可忽略。计算结果见表 3-4。

表 3-4 氯化收尘水各物种的平衡浓度 (mol/L)

元素	物种						
	Me^{z+} (Cl^-)	MeCl	$MeCl_2$	$MeCl_3$	$MeCl_4$	$MeCl_5$	$MeCl_6$
Cl	1.68						
Cu	6.91×10^{-4}	2.67×10^{-3}	3.25×10^{-3}				
Zn	8.18×10^{-3}	8.89×10^{-3}	9.23×10^{-3}	3.90×10^{-2}	7.79×10^{-3}		
Pb	4.57×10^{-6}	1.47×10^{-4}	7.29×10^{-4}	2.88×10^{-3}	1.16×10^{-3}		
Bi	3.22×10^{-11}	1.49×10^{-8}	1.15×10^{-7}	8.43×10^{-7}	1.52×10^{-6}	2.18×10^{-4}	1.84×10^{-3}
Fe	3.31×10^{-3}	2.32×10^{-2}	5.15×10^{-2}	3.45×10^{-3}			
Cd	3.67×10^{-7}	1.29×10^{-5}	1.72×10^{-4}	3.57×10^{-4}	2.13×10^{-4}		
In	5.91×10^{-7}	9.96×10^{-6}	5.30×10^{-5}	1.00×10^{-4}	1.06×10^{-4}		

$Cu-NH_3-H_2O$、$Ni-NH_3-H_2O$ 和 $Co-NH_3-H_2O$ 系的计算结果分别示于图 3-2、图 3-3 和图 3-4。

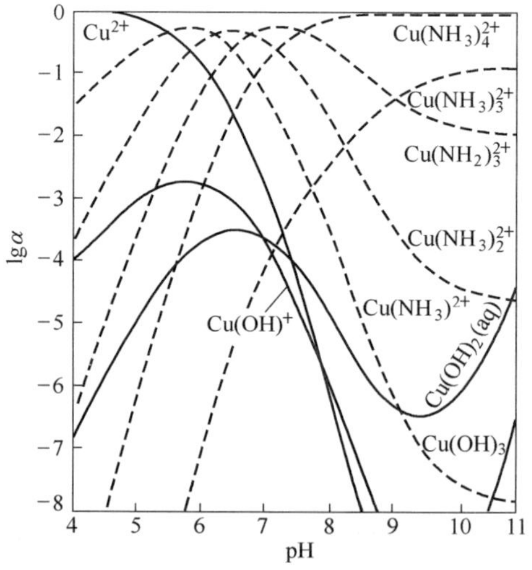

图 3-2 Cu(Ⅱ) − NH_3 − H_2O 系溶液 lgα − pH 图

(T=298K, $[\mathrm{Cu(II)}]_T=10^{-3}$ mol/L, $[NH_3]_T=0.5$ mol/L)

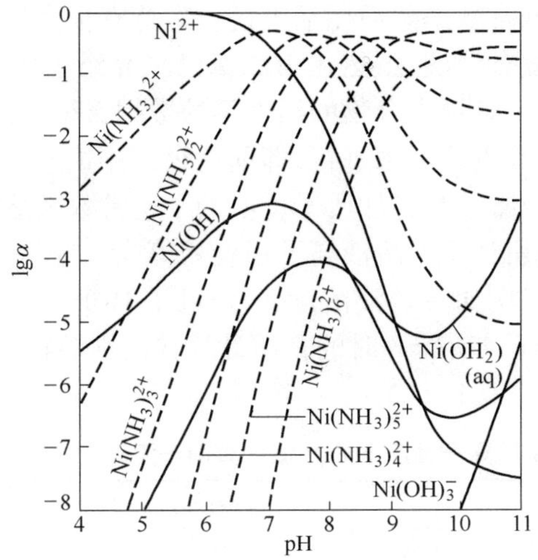

图 3-3 Ni(Ⅱ) - NH_3 - H_2O 系溶液 lgα - pH 图

(T=298K,[Ni(Ⅱ)]$_T$ = 10^{-3} mol/L,[NH_3]$_T$ = 0.5 mol/L)

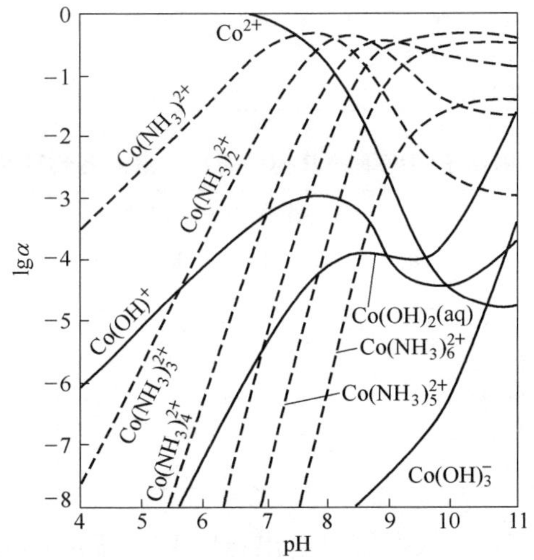

图 3-4 Co - NH_3 - H_2O 系溶液 lgα - pH 图

(T=298K,[Co(Ⅱ)]$_T$ = 10^{-3} mol/L,[NH_3]$_T$ = 0.5 mol/L)

3.5 数据的选择

为确保计算结果的正确性,必须恰当地选择各累计生成常数值和各加质子反应的平衡常数值。

如果运算以活度来进行,则上述各常数应选取离子强度 $I=0$ 时的值,即是有关各反应的热力学平衡常数。然而用活度进行运算有很大的困难。因为生产中大都是些含多种物种的复杂溶液，虽然在第二章已经介绍了各种计算复杂体系活度系数的方法，但由于缺乏各种配合物的活度系数数据，仍无法进行计算。

另一种作法是，计算以浓度来进行，即前述公式中的[　]表示各物种的浓度，但各配合物的累计生成常数与各加质子反应的平衡常数随溶液离子强度的变化而变化，所以必须取在与所计算的溶液离子强度相等或相近的条件下的值，否则计算结果会有很大的误差。例如一溶液浓度为 3mol/L HCl + 3mol/L NaCl + 0.5mol/L $ZnCl_2$，分别用 $I=0$、$I=6.47$、$I=3$ 时的 β 值计算锌的水溶物种的平衡浓度，结果见表 3-5a 和表 3-5b。

表 3-5a　用不同离子强度下的 β 值计算同一溶液的物种平衡浓度结果

物　种	平衡浓度 c/mol · L^{-1}		
	用 $I=6.47$mol/L 时之 β 值计算	用 $I=0$mol/L 时之 β 值计算	用 $I=3$mol/L 时之 β 值计算
Cl^-	5.034×10^{0}	5.21×10^{0}	5.289×10^{0}
Zn^{2+}	2.244×10^{-5}	2.82×10^{-4}	1.564×10^{-3}
$ZnCl^+$	2.767×10^{-4}	3.954×10^{-3}	5.342×10^{-3}
$ZnCl_2$	4.165×10^{-3}	3.118×10^{-2}	1.742×10^{-2}
$ZnCl_3^-$	2.474×10^{-2}	1.352×10^{-1}	2.315×10^{-1}
$ZnCl_4^{2-}$	4.708×10^{-1}	3.294×10^{-1}	2.442×10^{-1}

表 3-5b　用不同离子强度下的 β 值计算同一溶液各物种所占分数结果

物　种	各种物种所占分数 α_i/%		
	用 $I=6.47$mol/L 时之 β 计算	用 $I=0$mol/L 时之 β 值计算	用 $I=3$mol/L 时之 β 值计算
Zn^{2+}	0.0048	0.056	0.313
$ZnCl^+$	0.055	0.791	1.068
$ZnCl_2$	0.833	6.24	3.484
$ZnCl_3^-$	5.494	27.04	46.30
$ZnCl_4^{2-}$	94.16	65.88	48.84

由表 3-5a 和表 3-5b 的数据可以看出：选用不同离子强度下的 β 值进行计算所产生的误差是很大的，个别情况下大到两个数量级，最小的误差也接近 50%；水溶物种的分布也会改变。正确地选择 β 值（$I=6.47$mol/L 时之 β 值），得到的结果表明，$ZnCl_4^{2-}$ 在该条件下占绝对优势。而在另外两种条件下所得的结果则不是这样，但各物种所占分数的大小顺序保持不变。这又提供了一种可能，在没有所要求的离子强度下的 β 值时，用其他离子强度下的数据进行计算，其结果虽然误差很大，但仍能知道物种的定性分布。

经仔细研究后发现，络合物的累计生成常数不仅与介质的离子强度有关，而且与介质种类也有关。L. 米勒（Miller）[23] 对 Pb—Cl 配合物的生成常数研究的结果表示于图 3-5、图 3-6。因此,严格地说,在进行水溶液热力学平衡的计算时,配合物的生成常数必须选用在相同介质、同一离子强度下的值。

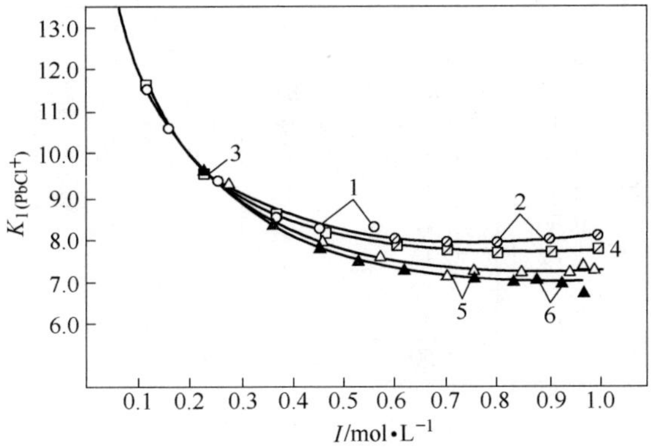

图 3-5 $PbCl^+$ 的生成常数 K_1 与介质离子强度,介质种类的关系

(T=298K)

1—HCl;2—HCl - $HClO_4$;3—NaCl;4—NaCl - $NaClO_4$;5—$MgCl_2$;6—$CaCl_2$

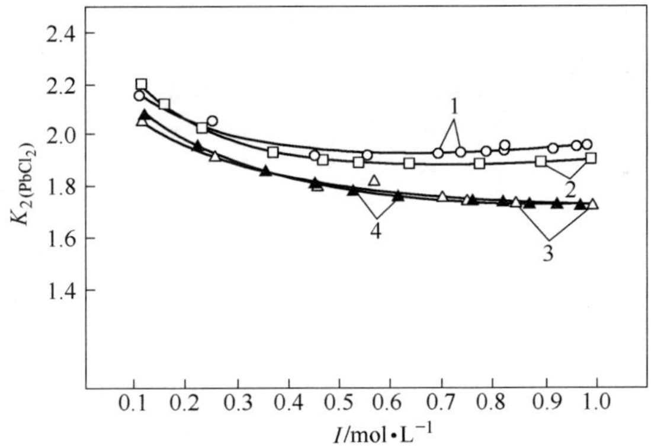

图 3-6 $PbCl_2$ 逐级生成常数 K_2 与介质离子强度、介质种类的关系

(T=298K)

1—HCl;2—NaCl;3—$MgCl_2$;4—$CaCl_2$

为使读者能进行计算,收集并整理了几种重要配位体与有色金属的配合物的累计生成常数,列入表 3-6 至表 3-10。只有少数几种数据较全,也只有几种离子强度下的β值,而其余离子强度下的β值只有用内插法或外插法求出。多数情况下,只能找到一种离子强度下的β值。按照“有一个数据总比没有好”的道理,也只能用这些唯一能找到的数据来进行计算,正如前面业已指出的,虽然误差很大,但仍能获得物种的定性分布情况。

表 3-6 氯配合物累计生成常数

金属	温度 T/K	离子强度 I/mol · L^{-1}	$\lg\beta_1$	$\lg\beta_2$	$\lg\beta_3$	$\lg\beta_4$	$\lg\beta_5$	$\lg\beta_6$	参考文献
Zn^{2+}	298	0	0. 43	0. 61	0. 53	0. 20			[3]
	298	0	0. 43	0. 90	1. 82	2. 78			[12]
	298	3	-0. 19	-0. 40	1.9×10^{-4}	-0. 70			[1]
	298	4	0. 10	0. 10	0. 30	0. 1988			[1]
	298	6	0. 36	0. 69	0. 78	1. 10			[2]
	298	8	0. 52	1. 19	1. 46	2. 28			[2]
	323	0	0. 90	1. 12	1. 14				[2]
	373	0	1. 82	2. 13	2. 23	2. 14			[2]
	423	0	2. 78	3. 19	3. 34	3. 35			[2]
	473	0	3. 00	4. 40	4. 80	5. 00			[2]
Cd^{2+}	298	0	1. 95	2. 50	2. 60	2. 80			[3]
	298	1	1. 35	1. 78					[4]
	298	3	1. 54	2. 20	2. 30	1. 60			[1]
	298	4	1. 66	2. 40	2. 80	2. 20			[1]
Ag^{+}	298	0	3. 22	5. 04	5. 04	5. 30			[10]
	298	0	3. 31	5. 25	5. 29	5. 51			[12]
	323	0	3. 17	5. 02	5. 08	5. 38			[12]
	373	0	2. 99	4. 71	4. 88	5. 26			[12]
	423	0	2. 92	4. 57	4. 85	5. 31			[12]
	473	0	2. 9	4. 6	5. 0	5. 6			[12]
	298	5	2. 60	5. 50	6. 15	5. 30			
	323	5	3. 42	5. 23	5. 87	5. 02			
	348	5	3. 29	5. 08	5. 73	4. 92			
Au^{+}	298	0		9. 00					[12]
	323	0		8. 40					[12]
	373	0		7. 50					[12]
	423	0		6. 90					[12]
	473	0		6. 40					[12]
Au^{3+}	291					21. 30			[4]
	298					26. 00			[12]
	323					24. 50			[12]
	373					22. 10			[12]
	423					21. 00			[12]
	473	0				20. 2			[12]
Bi^{3+}	298	0	2. 09	3. 90	5. 40	6. 87			
	298	2. 5					7. 68	8. 04	[13]
Cu^{+}	298	0	3. 51	5. 48	4. 81				[5]
	298	0		4. 94	5. 14				[12]
	323	0		4. 94	5. 18				[12]
	373	0		5. 06	5. 39				[12]
	423	0		5. 35	5. 77				[12]
	473	0		5. 80	6. 40				[12]
	298	1	4. 15	5. 44	5. 26				[5]
	298	5	2. 10	6. 00	6. 00				[6]
Cu_2^{2+}	298	0				10. 32			[6]
	298	1				10. 67			[6]
	298	5				13. 10			[6]

续表 3-6

金属	温度 T/K	离子强度 I/mol·L^{-1}	$\lg\beta_1$	$\lg\beta_2$	$\lg\beta_3$	$\lg\beta_4$	$\lg\beta_5$	$\lg\beta_6$	参考文献
Cu^{2+}	298	0	0.40	0.16					[6]
	298	0	0.01	-0.60	-2.29	-4.59			[12]
	323	0	0.53	-0.06	-1.48	-3.50			[12]
	373	0	1.54	1.15	0.04	-1.63			[12]
	423	0	2.57	2.36	1.52	0.18			[12]
	473	0	3.70	3.70	3.10	2.00			[12]
	298	1	0.36	0.22					[7]
Fe^{2+}	298	2	0.36	0.40					[8]
Fe^{3+}	293	2	0.76	1.06	1.00				[9]
	298	0	1.48	2.13	1.13	-0.79			[6]
	298	1	0.62	0.73					[8]
	323	0	1.96	2.62	1.76	0.05			[12]
	373	0	2.94	3.63	3.00	1.63			[12]
	423	0	3.93	4.72	4.30	3.23			[12]
	473	0	5.10	5.90	5.70	4.90			[12]
Hg^{2+}	298	0	5.25	13.25	15.85				[12]
	298	0	6.74	13.22	14.07	15.07			[3]
	323	0	5.99	12.5	14.56				[12]
	373	0	5.65	11.41	13.25				[12]
	423	0	5.50	10.71	12.46				[12]
	473	0	5.50	10.4	12.10				[12]
In^{3+}	298	1	1.42	2.23	3.23				[4]
Ir^{3+}	323	2.2						-0.93	[19]
Pb^{2+}	298	0	1.60	1.78	1.68	1.38			[12]
	298	5	1.28	1.75	2.12	1.50			[14]
	301	1	1.43	2.26	2.08	2.15			[26]
	301	3	1.20	2.12	2.48	2.26			[15]
	301	4	1.23	1.76	2.15	1.58			[27]
	313	3	1.29	2.31	2.52	2.50			[15]
	323	0	1.63	1.85	1.81	1.59			[12]
	323	5	1.44	1.91	2.26	1.65			[14]
	333	3	1.41	2.55	2.63	2.80			[15]
	348	3	1.49	2.64	2.63	2.88			[15]
	348	5	5.56	2.04	2.38	1.85	1.24		[14]
	363	3	1.602	2.85	2.63	3.13			[15]
	373	0	1.73	2.04	2.13	2.05			[12]
	373	3	1.63	2.83	2.73	3.12			[15]
	423	0	1.88	2.29	2.50	2.57			[12]
	423	3	1.90	3.03	2.74	3.37			[15]
	473	0	2.10	2.60	3.00	3.20			[12]
	473	3	2.13	3.15	2.68	3.53			[15]

续表 3-6

金属	温度 T/K	离子强度 I/mol·L^{-1}	$\lg\beta_1$	$\lg\beta_2$	$\lg\beta_3$	$\lg\beta_4$	$\lg\beta_5$	$\lg\beta_6$	参考文献
Pd^{2+}	298	0	6.10	10.70	13.10	15.70			[3]
	298	1~4				13.22			[4]
Pt^{2+}	298	0		11.50	14.50	16.00			[3]
Pt^{4+}			1.45	3.35	4.75	5.46			[18]
Sn^{2+}	298	0	1.51	2.24	2.03	1.48			[3]
	298	3	1.05	1.70	1.68				[4]
Sb^{3+}	298	4	2.30	3.50	4.20	4.70	4.70	4.10	[16]
Sb^{5+}①						−3.22	−3.48	−4.06	[17]
Tl^{+}	298	0	0.52						[3]
Tl^{3+}	298	0.1~0.2	8.10	13.60	15.80	18.40			[4]

① β_i 为反应 $SbCl_{i-1}(OH)_{7-i} + H^+ + Cl^- = SbCl_i(OH)_{6-i} + H_2O$ 的平衡常数。

必须强调的是,在不知道水溶液中各物种平衡浓度的情况下,是无法知道溶液离子强度的。以表 3-5 的例子来看,溶液所含溶质的浓度为 1mol/L HCl、3mol/L NaCl 和 0.5mol/L $ZnCl_2$,若按

$$I' = \frac{1}{2}[H^+]\times 1 + \frac{1}{2}[Na^+]\times 1 + \frac{1}{2}[Cl^-]\times 1 + \frac{1}{2}[Zn^{2+}]\times 2^2$$

计算则得:

$$I' = 0.5 + 1.5 + \frac{1}{2}\times 5 + \frac{1}{2}\times 0.5\times 4 = 5.5\text{mol/L}$$

这并不是溶液的真正的离子强度,可以称之为“表观离子强度”。溶液的真正的离子强度(mol/L)必须以各物种的平衡浓度(mol/L)来计算。已计算出的结果如下:

H^+	1	$ZnCl^+$	5.723×10^{-3}
Na^+	3	$ZnCl_2$	2.101×10^{-2}
Cl^-	3.164	$ZnCl_3^-$	1.004×10^{-1}
Zn^{2+}	1.23×10^{-3}	$ZnCl_4^{2-}$	3.716×10^{-1}

$$I = \frac{1}{2}[Na^+]\times 1 + \frac{1}{2}[Cl^-]\times 1 + \frac{1}{2}[Zn^{2+}]\times 2^2 + \frac{1}{2}[ZnCl^+]\times 1 + \frac{1}{2}[ZnCl_3^-]\times 1 + \frac{1}{2}[ZnCl_4^{2-}]\times 2^2 + \frac{1}{2}[H^+]\times 1 = 4.386$$

可见,在表观离子强度 I' 与真正的离子强度 I 之间存有明显的差别,于是便遇

到了这样一个困难：在不知道溶液中水溶物种分布的情况下，便无法得知溶液的离子强度；而不知道溶液的离子强度，便又无法正确选择数据，无法进行正确的计算。克服这一困难的办法是先求出溶液的表观离子强度 I，以此为起点，算出各物种平衡浓度，然后据此计算溶液的离子强度，再选用此离子强度下的数据进行计算。经多次运算，逐步逼近，直到前后两次运算的结果误差足够小为止。

对 Pb – Cl 配合物 H. 罗伯特（Robert）[23] 给出了一个计算逐级生成常数 K_i 的经验公式

$$\lg K_i = A + \frac{BI^{1/2}}{1 + CI^{1/2}} + DI \tag{3-54}$$

累计生成常数 $\beta_1 = K_1$，$\beta_2 = K_1K_2$，$\beta_3 = K_1K_2K_3$，式 3-54 的 A、B、C、D 值列入表 3-7。

表 3-7 式 3-54 的 *A*、*B*、*C*、*D* 值

介质	式 3-54 中的常数	K_1	K_2	K_3
$HCl - HClO_4$	A	1.327	0.432	-0.036
	B	-1.009	-0.369	-0.378
	C	0.284	0.000	0.000
	D	0.368	0.229	0.376
$NaCl - NaClO_4$	A	1.537	0.541	0.505
	B	-2.574	-1.023	-6.175
	C	2.271	1.887	7.122
	D	0.140	0.093	0.193
$MgCl_2$	A	1.371	0.401	-0.057
	B	-1.093	-0.313	-0.027
	C	0.000	0.000	0.000
	D	0.585	0.148	0.198
$CaCl_2$	A	1.376	0.433	-0.057
	B	-1.098	-0.397	-0.290
	C	0.000	0.000	0.000
	D	0.570	0.201	0.233

C. M. 安德桑（Anderson）给出了 $PbCl_i^{2-i}$ 在 301 ~ 363 K 的温度范围内，含 NaCl 3mol/L 的溶液中计算其逐级生成常数的公式[14]：

$$\lg K_1 = -14.5143 + 172.4607/T + 6.1090\lg T$$

$$\lg K_2 = 62.6737 - 3484.9265/T - 20.2451\lg T$$

$$\lg K_3 = 39.3918 - 1063.2328/T - 14.3278\lg T$$

$$\lg K_4 = 11.3024 - 1608.1408/T - 2.48924\lg T$$

费多罗夫（Fedorov）等测定了 $ZnCl_i^{2-i}$ 在含 NaCl 1、2、3mol/L 溶液中到 338K 的若干温度下的累计生成常数并回归出计算 $\lg\beta_i$ 的经验公式。在 3mol/L NaCl 溶液中的经验公式为：

$$\lg\beta_1 = 2.5825 - 776.07/T$$

$$\lg\beta_2 = 4.3534 - 1312.37/T$$

$$\lg\beta_3 = 7.0704 - 2020.12/T$$

$$\lg\beta_4 = 8.8935 - 2632.23/T$$

NH_3 配合物的累计生成常数列于表 3-8。

表 3-8 NH_3 配合物累计生成常数值

金属	温度 T/K	离子强度 I/mol·L^{-1}	$\lg\beta_1$	$\lg\beta_2$	$\lg\beta_3$	$\lg\beta_4$	$\lg\beta_5$	$\lg\beta_6$	参考文献
Cu^{2+}	298	0	4.31	7.98	11.02	13.32	12.86		[3]
	298	1.0	4.12	7.63	10.51	12.60			[9]
	298	2.0	4.24	7.83	10.80	13.00	12.43		[9]
	303	0.5~5.0	4.15	7.65	10.54	12.67			[4]
Cu^{+}	298	0	5.93	10.86					[3]
	298	1.0	5.93	10.58					[9]
	298	2.0	5.93	10.58					[9]
Ni^{2+}	298	0	2.80	5.04	6.77	7.96	8.71	8.74	[3]
	303	0.50~5.0	2.79	5.03	6.76	7.95	8.70	8.73	[4]
	293~298	0.1	3.00	5.28	6.82	7.98	8.60	8.60	[20]
	298	2	2.81	5.08	6.85	8.12	8.93	9.08	[6]
Co^{2+}	298	0	2.11	3.74	4.79	5.55	5.73	5.11	[3]
	303	0.5~5.0	2.11	3.74	4.79	5.55	5.73	5.11	[4]
	293~298	0.1	2.18	3.98	5.08	5.98	6.10	5.40	[20]
	303	2	2.10	3.67	4.78	5.53	5.75	5.14	[6]
Co^{3+}	298	0	6.7	14.0	20.1	25.7	30.8	35.2	[3]
	303	2	7.30	14.00	20.10	25.70	30.75	35.20	[6]
Ag^{+}		2	$\lg\beta_1 = -2.3446 + 1.6879\times10^3/T$ $\lg\beta_2 = -5.5883 + 3.8023\times10^3/T$						[21]
	298	0	3.24	7.05					[3]
Zn^{2+}	298	0	2.37	4.81	7.31	9.46			[3]
	303	0.5~5.0	2.37	4.81	7.31	9.46			[4]
	293~298	0.1	2.32	4.61	6.97	9.36			[20]
H^{+}	298	0	9.24						
		0.5	9.32						
		1	9.40						
		2	9.49						

若需要计算高于室温时的络合反应平衡,则需要相应温度下的累计生成常数值。目前有关这方面的数据还不多,$Ag-NH_3$ 配合物在 $I=2$mol/L 时有[21]:

$$\lg\beta_1 = -2.3446 + 1.6879\times10^3/T \tag{3-55}$$

$$\lg\beta_2 = -5.5883 + 3.8023\times10^3/T \tag{3-56}$$

$Ni-NH_3$ 配合物在含 2mol/L NH_4NO_3 介质的溶液中于不同温度下的累计生成常数值列入表 3-9。

表 3-9 Ni-NH_3 配合物在不同温度下的累计生成常数(在含 NH_4NO_3 2mol/kg 的介质中)

T/K	$\lg\beta_1$	$\lg\beta_2$	$\lg\beta_3$	$\lg\beta_4$
303	2.51	4.77	6.42	7.94
313	2.45	4.48	6.37	7.24
333	2.24	3.92	5.65	
353	1.96	3.56	4.80	
373	1.62	3.40		
393	1.36	3.00		
413	1.20	2.49		
433	0.73	2.11		
453	0.58	1.50		
A_i	-558.4	-681.70	3540	
B_i	9.70	14.60	-5.10	
C_i	-0.0175	-0.0253	0	

上述数据可回归为一公式：

$$\lg\beta_i = A_i/T + B_i + C_i T \tag{3-57}$$

式中，T 为热力学温度 K；A_i、B_i、C_i 的值也列入表 3-9。

其余氨配合物的累计生成常数可用下面的公式计算[26]：

$$\lg\beta_i(T) = \lg\beta_i(T_r) + \Delta H_i^{\ominus}(T_r) f_1(T) + \Delta b_i f_2(T)$$

式中 $\beta_i(T_r)$——某一参比温度 T_r 下的累计生成常数；

$\Delta H_i^{\ominus}(T_r)$——在参比温度 T_r 下氨配合物生成反应的标准焓变；

$\Delta b_1 = -0.081R$；

$\Delta b_2 = -0.17R$；

$\Delta b_i(i>3) = 0.0$；

$f_1(T) = \dfrac{1}{2.303R}\left(\dfrac{1}{T_r} - \dfrac{1}{T}\right)$；

$f_2(T) = \dfrac{1}{2.303}\left[(T - T_r) - \dfrac{T^2 - T_r^2}{2T}\right]$；

R——气体常数。

$Me(OH)_3$ 型配合物的累计生成常数列于表 3-10。

表 3-10 $Me(OH)_i^{z-i}$ 型配合物累计生成常数

金属	T/K	离子强度 I/mol·L^{-1}	$\lg\beta_1$	$\lg\beta_2$	$\lg\beta_3$	$\lg\beta_4$	$\lg\beta_5$	$\lg\beta_6$	参考文献
Ag^+	298		2.30						[4]
	293~298	0.1	-11.9*	-23.8*					[20]
Bi^{3+}	298	0	12.7	15.8		35.2			[3]
	293~298	0.1	-1.43*	-4.60*	-9.44*	-22.2*			[20]

续表 3-10

金属	T/K	离子强度 I/mol · L^{-1}	$\lg\beta_1$	$\lg\beta_2$	$\lg\beta_3$	$\lg\beta_4$	$\lg\beta_5$	$\lg\beta_6$	参考文献
Cd^{2+}	298	0	4.17	8.33	9.02	8.62			[3]
	293 ~ 298	0.1	-10.30 *	-20.6 *	-33.8 *	-46.9 *			[20]
Co^{2+}			-9.90 *	-18.8 *	-31.5 *				[20]
Cr^{3+}	298	0	10.1	17.8		29.90			[3]
Cu^{2+}	298	0	7.0	13.68	17.00	18.5			[3]
	293 ~ 298	0.1	-8.21 *	-17.5 *	-27.8 *	-39.1 *			[20]
Ga^{3+}	298	0	11.0	21.7		34.5	38.0	40.3	[3]
	293 ~ 298	0.1	-2.6 *	-6.1 *	-10.5 *	-17.4 *			[20]
Fe^{3+}	298	0	11.87	21.17	29.67				[3]
	293 ~ 298	0.1	-2.56 *	-6.19 *	-10 *	-21.9 *			[20]
	298	0.1	11.10	21.69					[4]
		3.0	10.95						[4]
Fe^{2+}	298	0	5.56	9.77	9.67	8.58			[3]
	293 ~ 298	0.1	-9.7 *	-20.8 *	-31 *	-46 *			[20]
In^{3+}	298	0	9.9	19.8		28.7			[3]
	293 ~ 298	0.1	-4.42 *	-8.34 *	-12.9 *	-22.4 *			[20]
Ni^{2+}	298	0	4.97	8.55	11.33				[4]
	293 ~ 298	0.1	-10.2 *	-19.2 *	-30 *	-44 *			[20]
Pb^{2+}	293 ~ 298	0.1	-7.86 *	-17.26 *	-28.0 *	-6.61 *			[20]
UO_2^{2+}	298	0	9.5	22.8		3.20			[3]
			-5.4 *	-11.2 *	-23.7 *				[20]
Zn^{2+}	298	0	4.40	11.30	14.14	17.66			[3]
	293 ~ 298	0.1	-9.17 *	-17.10 *	-28.4 *	-40.7 *			[20]

注：带 * 号者为 β^*。

参考文献

[1] Martell A. E. and Smith, R. M. 1982. Critical Stability Constants, Vol. 5; First Supplement, Plenum Press, New York, NY.

[2] Fedorov, V. A., Kuznechikhina, M. A., Kanarsh, I. V., Kirnyuk, G. M. and Chernikova, G. E., *Sov. J. Coord. Chem.*, (1978) No. 4:33.

[3] 杭州大学化学系分析化学教研室. 分析化学手册，第一分册[M]. 北京：化学工业出版社，1979.

[4] Яцимирский, К. Б., Васильев, В. П. Константы Нестойкости Комплексных Соединений, Цздательство Академни Наук СССР, Москва, 1959.

[5] Fritz, J. J. Chloride complexes of CuCl in aqueous solution. J. Phys. Chem. 1980, 84:2241 ~ 2246.

[6] R. M. Smith, A. E. Martell. Critical Stability Constants Vol. 4, Plenum Press, New York, 1979:105 ~ 106.

[7] B. Carlsson, G. Wettermark. Determination of the equilibrium constants and UV-absorption

spectra for Cu^{2+}-Cl^{-} complexes in 1M $HClO_4$. Journal of Inorganic and Nuclear Chemistry, 1976, 38, Issue(8):1525～1527.

[8] J. N. Butler. Ionic Equilibrium, a Mathematical Approach. Addison-Wesley, Reading, MA, 1964, 467～468.

[9] Sillén, LG; Martell, AE Stability Constants of Metal-ion Complexes, Special Publication No. 17; The Chemical Society: London, 1964.

[10] Ahrland, Sten, Rawsthorne, James. The Stability of Metal Halide Complexes in Aqueous Solution. Ⅶ. The Chloride Complexes of Copper(Ⅰ). Acta. Chem. Scand., 1970, 24, 157～172.

[11] 李庆扬,莫孜中,祁力群. 非线性方程组的数值解法[M]. 北京:科学出版社,1987.

[12] Harold C. Helgeson. Thermodynamics of hydrothermal systems at elevated temperatures and pressures. American Journal of Science, 1969, 267, 729～804.

[13] Sillén, LG; Martell, AE Stability Constants of Metal-ion Complexes, Special Publication No. 25; The Chemical Society: London, 1971.

[14] 郑蒂基. 铅氯络合离子生成反应的平衡常数. 中南矿冶学院学报, 1981, (4):10～14.

[15] J. O. Nriagu, G. M. Anderson. Stability of the lead (Ⅱ) chloride complexes at elevated temperatures. Chemical Geology, 1971, 7(3): 171～184.

[16] F. Pantani, P. G. Desideri, Gazzetta, 1959, 89, 1360.

[17] Фомин, В. В., Радиохмия, (1964), No. 7:171.

[18] 马光甲, 章爱油, 何振宇. 溶解度法研究铂(Ⅳ)与氯离子的络合物. 贵金属, 1984, 5(2):7～11.

[19] R. Cecil, J. S. Littler and G. Easton. Electron transfer oxidation of organic compounds. Part Ⅲ. Oxidation of cyclohexanone by the hexachloroiridate(Ⅳ) anion and by related species. J. Chem. Soc. B, 1970, 626～631.

[20] J. Kragten. Atlas of Metal-Ligand Equilibria in Aqueous Solution. Ellis Horwood Ltd, New York, 1978.

[21] Yang Xianwan, He Aiping. Proceedings of the Third International Conference on Hydrometallurgy, kunming, 1988, 487～491.

[22] Letowski F. Roczniki Chem., 1970, 44, 1665.

[23] Robert H. Byrne, William L. Miller. Medium composition dependence of lead(Ⅱ) complexation by chloride ion. American Journal of Science, 1984, 284, 79～94.

[24] Shimpo, R., *et al.*, Kellogg International Symposium on Quantitative Description of Metal Extraction Processes, Themelis N J, Duby P. F. eds; TMs, 1991:83.

[25] 陈明达, 凌永祥. 计算方法教程[M]. 西安:西安大学出版社,1992.

[26] P. Pappoff, L. Riccoboni, M. Caliumi. Comportamento polarografico delle soluzioni chloriche de Pb^{2+}. Gazz. Chim. Ital. 1955, 85, 69～102.

[27] V. E. Mironow. Russ J of Inorg Chem, 1961, 6, 205.

[28] Ben Q. Li. Computation of chemical equilibria by the arithmetic-geometric method with application to the $Ni-NH_3-H_2SO_4-H_2O$ system. Hydrometallurgy, 1993, 32(1):81～98.

4 湿法冶金优势区图

4.1 概述

热力学稳定区(优势区图,Predominance area Phasediagram)是一种包含有化学反应体系的广义相图,它可以作为一种全面的、直观的反应体系的热力学研究工具,广泛用于冶金、半导体、玻璃陶瓷工业、地质及金属腐蚀方面。在湿法冶金过程的热力学研究中,常常用到下列五种优势区图。

(1) $\varphi - \lg a_i$ 图。表示体系的平衡电位与水溶液中某一组元的活度之间的关系,最常用的有 φ - pH 图($pH = -\lg a_{H^+}$)。

$\varphi - \lg a_X$ 图,X 为水溶液中某种阴离子。

有的作者喜欢用 $p\varepsilon$ - pH 图。$p\varepsilon = -\lg a_e$,a_e 为电子活度。例如反应:

$$Cu_2O + 2H^+ = 2Cu^{2+} + H_2O + 2e$$

其平衡常数

$$K = \frac{a_{Cu^{2+}}^2 \cdot a_e^2}{a_{H^+}^2}$$

$$\lg K = 2\lg a_{Cu^{2+}} - 2p\varepsilon + 2pH$$

$$p\varepsilon = -\frac{1}{2}\lg K + \lg a_{Cu^{2+}} + pH$$

在 $p\varepsilon$ - pH 坐标系中上式为一直线。依此,可以将所有反应表示出来。

(2) $\lg a_{Me}$ - pH 图或 pM - pH 图。$pM = -\lg a_{Me}$,a_{Me}为水溶液中某种金属离子的活度。

(3) $\lg a_{Me} - \lg a_X$ 图。

(4) φ - pH - lg[L]三维空间图。L 为某种配位体。

(5) 水溶液中水溶物种分布图 a_i - pH,$a_i - \lg a_X$。a_i 为 i 物种所占分数。

这些图各有其用途,其中尤以 M. 波拜克❶(Pourbaix)提出的 φ - pH 图,因其直观易懂,概括全貌,广为湿法冶金工作者与化学工作者所采用。M. 波拜克编的 φ - pH 图集[1]收集了几乎全部元素 - 水系的 φ - pH 图。这些图把湿法冶金反应的热力学平衡关系用图解的方法表达出来,由于直观明了,已成为化学、冶金、地质

---

❶ 1945 年在其博士论文中提出,1949 年翻译成英文。

等研究的有力工具。1964 年,克里斯(Criss)与科布尔(Cobble)提出了离子熵对应原理后,很多人计算并绘制了一些元素 - 水系的高温 φ - pH 图。20 世纪 70 年代 E. 皮特斯(Peters)对硫化物体系的电位 - pH 图进行了系统研究[2],俄塞俄(Osseo-Asare)对氨浸体系及钨钼体系进行了许多研究工作,国内的学者在高温金属 - 水系的 φ - pH 图与复杂体系的 φ - pH 图方面也进行了大量的研究工作。伍兹(Woods)等提出铜 - 硫 - 水系(包括亚稳相)的 φ - pH 图,从而提高了这些图的实用性[3]。

绘制优势区图需要进行大量繁琐的计算,因此,自 20 世纪 60 年代以来,人们在用计算机计算与绘制优势区图方面做了大量的研究并取得了长足的进展,提出了若干算法并开发了相应的程序。P. B. 林克松(Linkson)[4]等将前人提出的方法分为三类:

(1) 逐点扫描法(point by point method),为 P. F. 迪尤拜(Duby)等首创[73,74];

(2) 消线法(line elimination method),为 P. A. 布鲁克(Brook)提出[75];

(3) 凸多边形法(convex polygon method),由 M. H. 佛罗宁等首创[76]。

上述三种方法中以逐点扫描法效率最差,消线法次之,凸多边形法最好。后来提出的许多绘制方法大多可归类到上述三类中,是这些方法的改进和完善。

用电子计算机计算并绘制 φ - pH 图的工作国内起步较晚。张索林[5]对已有的方法做过系统的介绍。李阳[6]提出了一种称之为三项点法的几何方法。尹爱君[84]在总结前人工作的基础上提出了以“相关活度项”作为稳定性判据的优势区裁决原理,骆如铁[7]作出了 $Cu - NH_3 - H_2O$ 系三维图。刘海霞[82]提出了组分活度项算法并扩展到多元体系 φ - pH 图的绘制,编制了通用的应用程序能够全面绘制这类图形。在组分活度项算法的基础上,提出了根据综合平衡原理绘制多元系与金属络合物体系的 φ - pH 图的思路并给出了绘制这类图形的通用程序,绘制出了 $Co - NH_3 - H_2O$ 系、$Zn - NH_3 - H_2O$ 系、$Ni - NH_3 - H_2O$ 系、$Ni - CN - H_2O$ 系的 φ - pH图。

20 世纪 80 年代以来,随着计算机科学的发展,热力学数据库的建立日益普及,大型的数据库与应用软件相连,功能大大增强,应用日益广泛。优势区图的绘制嵌入到各大型集成软件中,成为其功能模块,大大方便了用户。这些软件包(见 1.2.7 小节内容)一般能完成热力学函数计算,优势区图与 φ - pH 图的绘制、相图计算、复杂化学平衡计算、反应器及过程模型等,而且在不断更新完善。

4.2 φ - pH 图作图原理与方法

以 $Me - H_2O$ 系为例说明 φ - pH 图作图原理与方法。

(1) 列出 $Me - H_2O$ 系可能存在的物种。首先要搞清楚一个 $Me - H_2O$ 系中可能存在的物种，以 $Zn-H_2O$ 系为例：

固体物种：Zn、$Zn(OH)_2$ 或 ZnO

液体物种：H_2O

水溶物种：Zn^{2+}、$HZnO_2^-$、ZnO_2^{2-}、H^+ 及 OH^-

（2）$Me-H_2O$ 系中各种物种间可能发生的反应。一个 $Me-H_2O$ 系中各物种可能发生的反应按反应物与生成物的形态可分为两大类，按有无电子与质子参加可分为三种，如表 4-1 所示。

表 4-1　$Me-H_2O$ 系反应种类与举例

反应类型	反应物与生成物均为水溶物种	反应物与生成物至少有一种为固体
有电子参加 无质子参加	$Fe^{3+}(aq)+e = Fe^{2+}(aq)$	$Zn^{2+}(aq)+2e = Zn(s)$
有质子参加 无电子参加	$Zn^{2+}(aq)+2H_2O(l) = HZnO_2^-(aq)+3H^+(aq)$ $Zn^{2+}(aq)+2H_2O(l) = ZnO_2^{2-}(aq)+4H^+(aq)$ $HZnO_2^-(aq) = ZnO_2^{2-}(aq)+H^+(aq)$	$Zn^{2+}(aq)+2H_2O(l) = Zn(OH)_2(s)+2H^+(aq)$ $Zn(OH)_2(s) = HZnO_2^-(aq)+H^+(aq)$ $Zn(OH)_2(s) = ZnO_2^{2-}(aq)+2H^+(aq)$
有电子参加 也有质子参加		$Zn(OH)_2(s)+2H^+(aq)+2e = Zn(s)+2H_2O(l)$ $HZnO_2^-(s)+3H^+(aq)+2e = Zn(s)+2H_2O(l)$ $ZnO_2^{2-}(s)+4H^+(aq)+2e = Zn(s)+2H_2O(l)$

（3）对上述各种反应逐一进行讨论并作图。

4.2.1　反应物与生成物中至少有一种是固体的反应

4.2.1.1　有电子参加无质子参加的反应

有电子但无质子参加的反应如：

$$Zn^{2+}(aq)+2e = Zn(s) \tag{4-1}$$

为避免混乱，凡是有电子参加的反应一律写成还原式。

求出该反应的反应自由能，为此须首先设定温度。例如设定的计算温度为室温 298K。则：

$$\Delta G_{298}^{\ominus} = G_{Zn,298}^{\ominus} - G_{Zn^{2+},298}^{\ominus} - 2G_{e,298}^{\ominus}$$

在相关手册或数据库中查找上述各物种在 298 K 下的标准自由能值。这里必须注意的是，使用一本手册或一个数据库时必须搞清楚该手册或数据库列出的是物种的标准生成自由能还是标准吉式自由能，只要查看手册或数据库所列单质的自由能值即可判定。若单质的自由能为 0，则该手册或数据库所列的是物种的标准生成自由能，若单质（除 H_2 外）的自由能不为 0，则是吉式自由能。电子的标准生成自由能 $G_{e,298}^{\ominus}$ 等于 0。用两种数据的计算结果是一样的。

求出反应 4-1 的标准反应自由能：

$$\Delta G_{298}^{\ominus} = 146.718\ kJ/mol$$

求出该反应的标准电极电位：

$$\varphi_{298}^{\ominus}=-\frac{\Delta G_{298}^{\ominus}}{nF}=-0.77\ \mathrm{V}$$

式中 n——参加反应的电子个数；

F——法拉第常数，$F=96485\mathrm{C/mol}$。

写出反应 4-1 的能斯特方程

$$\varphi_{298}=\varphi_{298}^{\ominus}-\frac{2.303RT}{nF}\lg\frac{a_{Zn}}{a_{Zn^{2+}}} \tag{4-2}$$

式中 n——参加反应的电子个数；

R——摩尔气体常数，$R=8.314\ \mathrm{J/(mol\cdot K)}$；

F——法拉第常数，$F=96485\ \mathrm{C/mol}$；

a_{Zn}——单质物种 Zn 的活度，$a_{Zn}=1$。

式 4-2 转化为：

$$\varphi_{298}=\varphi_{298}^{\ominus}+\frac{2.303RT}{nF}\lg a_{Zn^{2+}} \tag{4-3}$$

温度为 298 K 时得

$$\varphi_{298}=-0.77+0.0296\lg a_{Zn^{2+}} \tag{4-4}$$

当 $a_{Zn^{2+}}$ 为某一定值时，φ_{298} 为一常数，例如 $a_{Zn^{2+}}=1$ 时，

$$\varphi_{298}=-0.77$$

在以 pH 为横坐标，φ 为纵坐标的坐标系中，$\varphi=-0.77$ 是一条平行于横轴的直线，如图 4-1 上的①线，这条直线的物理化学意义是：

①线上的任意一点，代表单质 Zn 与 Zn^{2+} 活度为 1 时的水溶液的热力学平衡状态

$$Zn(s)-2e \rightleftharpoons Zn^{2+}(aq)$$

①线上方的区域，体系电位大于其平衡电位，体系处于非平衡状态，必然会发生改变，发生单质锌的溶解，水溶液中 Zn^{2+} 的活度增大，使其平衡电位达到体系电位从而达到新的平衡。因此，在此区域内单质 Zn 不稳定，Zn^{2+} 稳定，该区域为 Zn^{2+} 的“稳定场”。

①线下方区域，体系电位小于其平衡电位，体系同样也必然会发生改变，水溶液中 Zn^{2+} 的活度减小，发生 Zn^{2+} 的还原析出

$$Zn^{2+}(aq)+2e \longrightarrow Zn(s)$$

因此，在该区域内单质 Zn 稳定，Zn^{2+} 则不稳定，该区域为单质 Zn 的“稳定场”。

4.2.1.2 有质子参加无电子参加的反应

此类反应如金属氧化物的酸溶反应或水溶液中金属离子的水解反应：

$$Zn^{2+}(aq)+2H_2O(l) = Zn(OH)_2(s)+2H^+(aq)$$

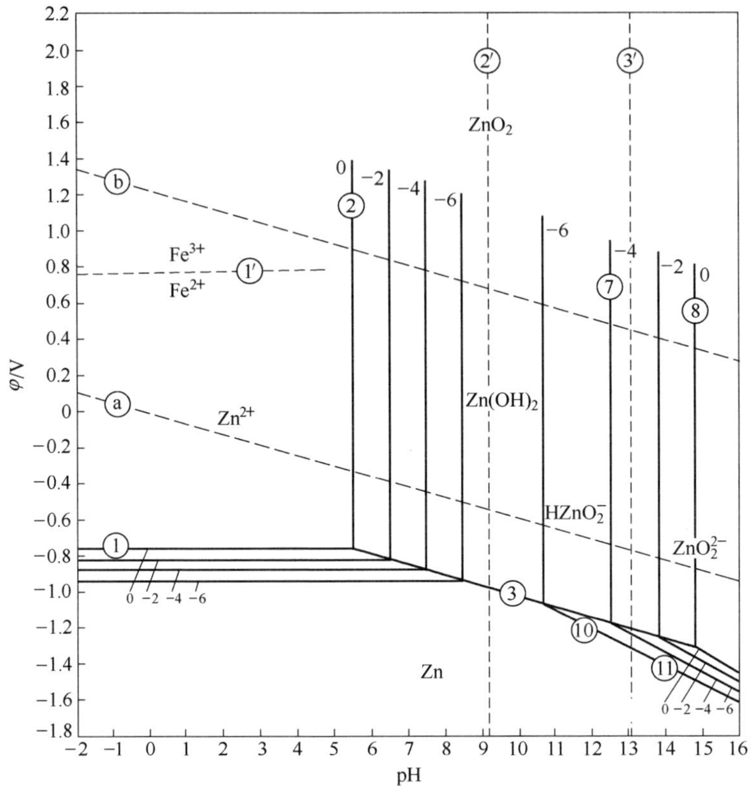

图 4-1 Zn − H_2O 系 φ − pH 图(298 K)

因反应中无电子参加,反应的热力学平衡用平衡常数表征:

$$K_T = \frac{a_{H^+}^2 \cdot a_{Zn(OH)_2}}{a_{Zn^{2+}} \cdot a_{H_2O}} \tag{4-5}$$

式中,$Zn(OH)_2$为固体,$a_{Zn(OH)_2} = 1$,在溶液浓度不太大时,a_{H_2O} 也可以认为等于 1,则有

$$K_T = \frac{a_{H^+}^2}{a_{Zn^{2+}}}$$

$$\lg K_T = -2\text{pH} - \lg a_{Zn^{2+}} \tag{4-6}$$

$$\text{pH} = -\frac{1}{2}\lg K_T - \frac{1}{2}\lg a_{Zn^{2+}} \tag{4-7}$$

求出反应 4-4 的反应自由能为 $\Delta G_{298}^{\ominus} = 70.46\ \text{kJ/mol}$

反应的平衡常数

$$\lg K_{298} = -\frac{\Delta G_{298}^{\ominus}}{2.303RT} = -12.35$$

代入式 4-7 得

$$pH = 6.17 - \frac{1}{2}\lg a_{Zn^{2+}}$$

$a_{Zn^{2+}} = 1$ 时，pH = 6.17，在 φ - pH 坐标系中为一垂直 pH 轴的直线，如图 4-1 中的②线。

②线上的任意一点表征 $Zn(OH)_2(s)$ 与 $Zn^{2+}(aq)$ 活度为 1 的水溶液的平衡状态。在其左侧，体系 pH 小于其平衡 pH，体系向 $Zn^{2+}(aq)$ 活度增大的方向变化，发生 $Zn(OH)_2(s)$ 的酸溶，直到平衡 pH 增大到等于体系 pH 从而达到新的平衡，该区域为 $Zn^{2+}(aq)$ 的稳定场。在②线的右侧，体系 pH 大于平衡 pH，体系向 $Zn^{2+}(aq)$ 活度减小的方向变化，发生 $Zn^{2+}(aq)$ 的水解，该区域为 $Zn(OH)_2(s)$ 的稳定场。

4.2.1.3　有电子同时也有质子参加的反应

有电子又有质子参加的反应如：

$$Zn(OH)_2(s) + 2H^+(aq) + 2e = Zn(s) + 2H_2O(l) \qquad (4-8)$$

该反应标准自由能　$\Delta G^{\ominus}_{298} = 2G^{\ominus}_{H_2O,298} + G^{\ominus}_{Zn,298} - G^{\ominus}_{Zn(OH)_2,298} - 2G^{\ominus}_{H^+,298} = 76.40\,kJ/mol$

该反应标准电极电位　$\varphi^{\ominus}_{298} = -\dfrac{\Delta G^{\ominus}_{298}}{2F} = -0.396\,V$

能斯特方程

$$\varphi_{298} = \varphi^{\ominus}_{298} - \frac{2.303RT}{2F}\lg\frac{a_{Zn}\cdot a^2_{H_2O}}{a_{Zn(OH)_2}\cdot a^2_{H^+}} \qquad (4-9)$$

$$\varphi_{298} = -0.396 - 0.0591\,pH$$

在 φ - pH 坐标系中，式 4-9 为一条向下倾斜的直线，如图 4-1 中的③线，直线上的点表征单质 Zn 与 $Zn(OH)_2(s)$ 在 298 K 下的平衡状态，其上方为 $Zn(OH)_2(s)$ 的稳定场，其下方为 Zn 的稳定场。

4.2.1.4　活度的表达

上述三种反应中有两种反应的平衡方程式含有一种水溶物种的活度，只有当其活度为一具体值时该方程才能在 φ - pH 坐标系中以一条直线表达出来。一种水溶物种的活度有无限多种可能值，是无法，也无必要一一加以表达的。通常的做法是设定 4 个活度值，即取活度值分别为 10^0、10^{-2}、10^{-4}、10^{-6} mol/L，因此这两种反应的平衡方程式就有 4 条互相平行的线，在图上分别标以 0、-2、-4、-6，代表四种不同活度下的反应平衡状态。也可根据所研究问题的实际情况，设水溶物种的活度为某一定值，则仅有相应的两条线。而第三种反应（电子与质子同时参加）的平衡方程式如式 4-9，不含水溶物种的活度，因而在 φ - pH 坐标系中仅有一条直线。

4.2.2 反应物与生成物均为水溶物种的反应

例如一有电子参加，无质子参加的反应：

$$Fe^{3+}(aq)+e \longrightarrow Fe^{2+}(aq) \tag{4-10}$$

其标准反应自由能

$$\Delta G_T^{\ominus}=G_{Fe^{2+},T}^{\ominus}-G_{Fe^{3+},T}^{\ominus} \tag{4-11}$$

$T=298\ K$ 时

$$\Delta G_{298}^{\ominus}=-18.8-(-1.1)\,kcal=-74.06\,kJ/mol$$

其标准电极电位

$$\varphi_{298}^{\ominus}=-\frac{\Delta G_{298}^{\ominus}}{nF}=0.768\ V$$

能斯特方程

$$\varphi_{298}=0.768-\frac{2.303RT}{nF}\lg\frac{a_{Fe^{2+}}}{a_{Fe^{3+}}} \tag{4-12}$$

当 $a_{Fe^{2+}}$ 与 $a_{Fe^{3+}}$ 为定值时，φ_{298} 为常数，在 $\varphi-pH$ 坐标系中为一平行于横轴的直线。在这种情况下，方程式有两种水溶物种，在活度的表达上更为不便。于是约定了有别于前述的活度表达方式，令 $a_{Fe^{2+}}=a_{Fe^{3+}}$，则式4-12 只有一条线，如图4-1 中的①′，为了区别于前一类反应，这类反应的平衡方程式用虚线表示。这条虚线的物理化学意义是线上的点代表反应物与生成物活度相等时的平衡状态。线上方 $a_{Fe^{3+}}>a_{Fe^{2+}}$，是 $a_{Fe^{3+}}$ 的优势场，在其下方则 $a_{Fe^{2+}}>a_{Fe^{3+}}$，是 $a_{Fe^{2+}}$ 的优势场，不再用“稳定场”这一术语，因为从热力学上不能说其上方 $a_{Fe^{3+}}$ 不稳定，事实上 $a_{Fe^{3+}}$ 与 $a_{Fe^{2+}}$ 同样稳定存在，只不过其活度小于 $a_{Fe^{3+}}$，离①′线越远，则越小，以致可以忽略不计，因此，波拜克的作图原则认定，在某一水溶物种的优势场内仅有此一种水溶物种存在，在作 $\varphi-pH$ 图时仅考虑此物种。其他种类反应以此类推，如图4-1 上的②′、③′线。②′线表征 $[HZnO_2^-]=[Zn^{2+}]$ 的平衡状态，线左为 Zn^{2+} 的优势场，线右为 $HZnO_2^-$ 的优势场。③′线表征 $[HZnO_2^-]=[ZnO_2^{2-}]$ 的平衡状态，其左为 $HZnO_2^-$ 的优势场，其右为 ZnO_2^{2-} 的优势场。

4.2.3 水的稳定场

湿法冶金反应的特点是有水溶液参加，因此，水的稳定问题是必须考虑的。在一切水溶液与纯水中均有 H^+ 与 H_2O，它们可能发生的反应为：

4.2.3.1 H^+ 还原反应

H^+ 还原反应如：

$$2H^+(aq)+2e \longrightarrow H_2(g) \tag{4-13}$$

当 $\Delta G_T^{\ominus}=0$，$\varphi_T^{\ominus}=0$

$$\varphi_{298}^{\ominus}=\varphi_{T}^{\ominus}-\frac{2.303RT}{2F}\lg\frac{p_{H_2}}{a_{H^+}^2}$$

$$\varphi_{298}^{\ominus}=0-0.0591\text{pH}-0.0296\lg p_{H_2} \tag{4-14}$$

在 φ－pH 坐标系中，当 p_{H_2} 为一定值时，式 4–14 为一斜线ⓐ，$p_{H_2}=101325\text{ Pa}$ 的条件下

$$\varphi_{H^+/H_2,298}^{\ominus}=-0.0591\text{pH} \tag{4-15}$$

该线代表在 $p_{H_2}=101325\text{ Pa}$ 与 $T=298\text{ K}$ 的条件下 H^+ 与 $H_2(g)$ 的平衡，线上的上方是 H^+ 的稳定场，下方为 $H_2(g)$ 的稳定场。若体系的电位低于ⓐ线，例如有比 H_2 更负电性的金属存在或在相应的电极表面，则水溶液中的 H^+ 被还原而释放出氢气。

4.2.3.2 水的氧化－还原反应

水氧化－还原反应如：

$$O_2(g)+4H^+(aq)+4e = 2H_2O(l) \tag{4-16}$$

标准反应自由能 $\Delta G_{298}^{\ominus}=-483.67\text{ kJ/mol}$

标准电极电位 $\varphi_{O_2/H_2O,298}^{\ominus}=1.229\text{ V}$

得出能斯特方程 $\varphi_{O_2/H_2O,298}=1.229-0.0591\text{pH}+0.0148\lg p_{O_2}$ (4–17)

当 $p_{O_2}=101325\text{ Pa}$ 时，式 4–17 简化为：

$$\varphi_{O_2/H_2O,298}=1.229-0.0591\text{pH}$$

在 φ－pH 坐标系中为一条斜线ⓑ，其下方为 H_2O 的稳定场，上方为 O_2 的稳定场，若体系处于该线上方的条件下，如有强氧化剂，例如 H_2O_2、Ag^{3+} 等存在或在相应的电极表面，则 H_2O 会被氧化放出氧气。

在每一个 φ－pH 图上最好都画出ⓐ、ⓑ两线，ⓐ、ⓑ两组线是 Me－H_2O 与金属化合物－H_2O 系 φ－pH 图的组成部分。任何一个氧化还原反应 Red－ne＝Ox，若其 φ－pH 线处于ⓑ线以下，则可在氧气的作用下向右进行，发生还原态的氧化反应，例如金属硫化物的氧化 $MeS(s)-2e = Me^{2+}(aq)+S^0(s)$。同样，如果其 φ－pH 线处于ⓐ线以下区域，向溶液通入 H_2 则发生氧化态的还原。例如水溶液中金属离子 Me^{2+} 被氢气还原成金属

$$Me^{2+}(aq)+H_2 = Me(s)+2H^+$$

4.2.4 φ－pH 图对湿法冶金的指导作用

φ－pH 图对湿法冶金的指导作用以图 4–2 所示 Zn－H_2O 系 298 K 时的 φ－pH 图来加以说明。

图上共有 7 个反应的 φ－pH 线，4 个表达反应物与生成物中有一种固体的反应（①、②、④、⑤），有一条线（线③）表达反应物与生成物均为固体，所有这些反应

均列入了表4-1。①、②、③、④、⑤线把坐标平面划分为四个区，Ⅰ、Ⅱ、Ⅲ、Ⅳ，见图4-2。

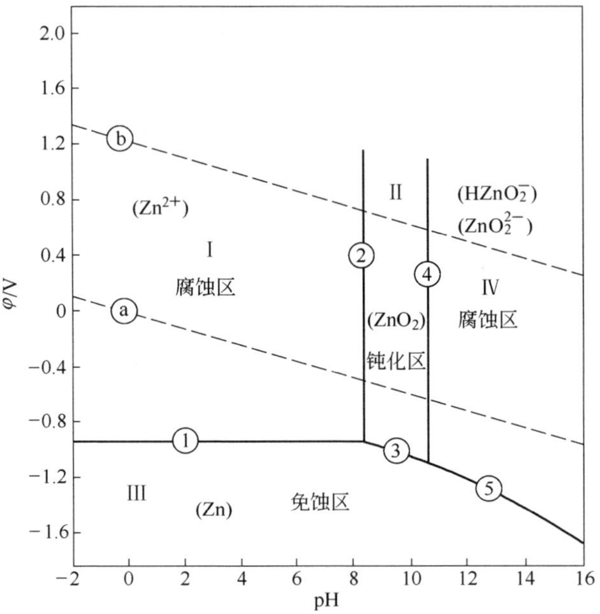

图4-2 $Zn-H_2O$ 系 298 K 时的 $\varphi-pH$ 简图

Ⅰ区为 Zn^{2+} 的稳定场，在此区域的条件下金属锌与 $Zn(OH)_2$（或 ZnO）不稳定，溶解在酸中。欲使 Zn 或 $Zn(OH)_2$（或 ZnO）溶解，体系应处在Ⅰ区的条件下，因而在该区金属锌发生腐蚀，发生 ZnO 的酸溶。

Ⅱ区为 $Zn(OH)_2$（或 ZnO）稳定场，在此区内 Zn^{2+} 转化为 $Zn(OH)_2$ 沉淀，ZnO 不被溶解，金属锌表面生成 $Zn(OH)_2$ 固体膜而被钝化。

Ⅲ区为金属锌的稳定场，在该区内金属锌不酸溶也不会产生 $Zn(OH)_2$ 固体膜。

Ⅳ区为 $HZnO_2^-$ 与 ZnO_2^{2-} 的稳定场，在该区域内会发生 $Zn(OH)_2$、ZnO 的碱溶。

对于浸出过程，浸出体系应处在Ⅰ区或Ⅳ区的条件下 ZnO 才能被浸出。

对于欲把水溶液的锌沉淀出来，体系应处于Ⅱ区的条件下，溶液中的 Zn^{2+} 以 $Zn(OH)_2$ 的形式沉淀出来。

对于电沉积过程，体系应处在Ⅲ区的条件下。

总之，$\varphi-pH$ 图对湿法冶金过程中浸出、水解沉淀以及电积等工艺条件的选择提供理论依据，对金属的腐蚀与防护条件提供判定依据，图4-3展示了一些金属的腐蚀区图。

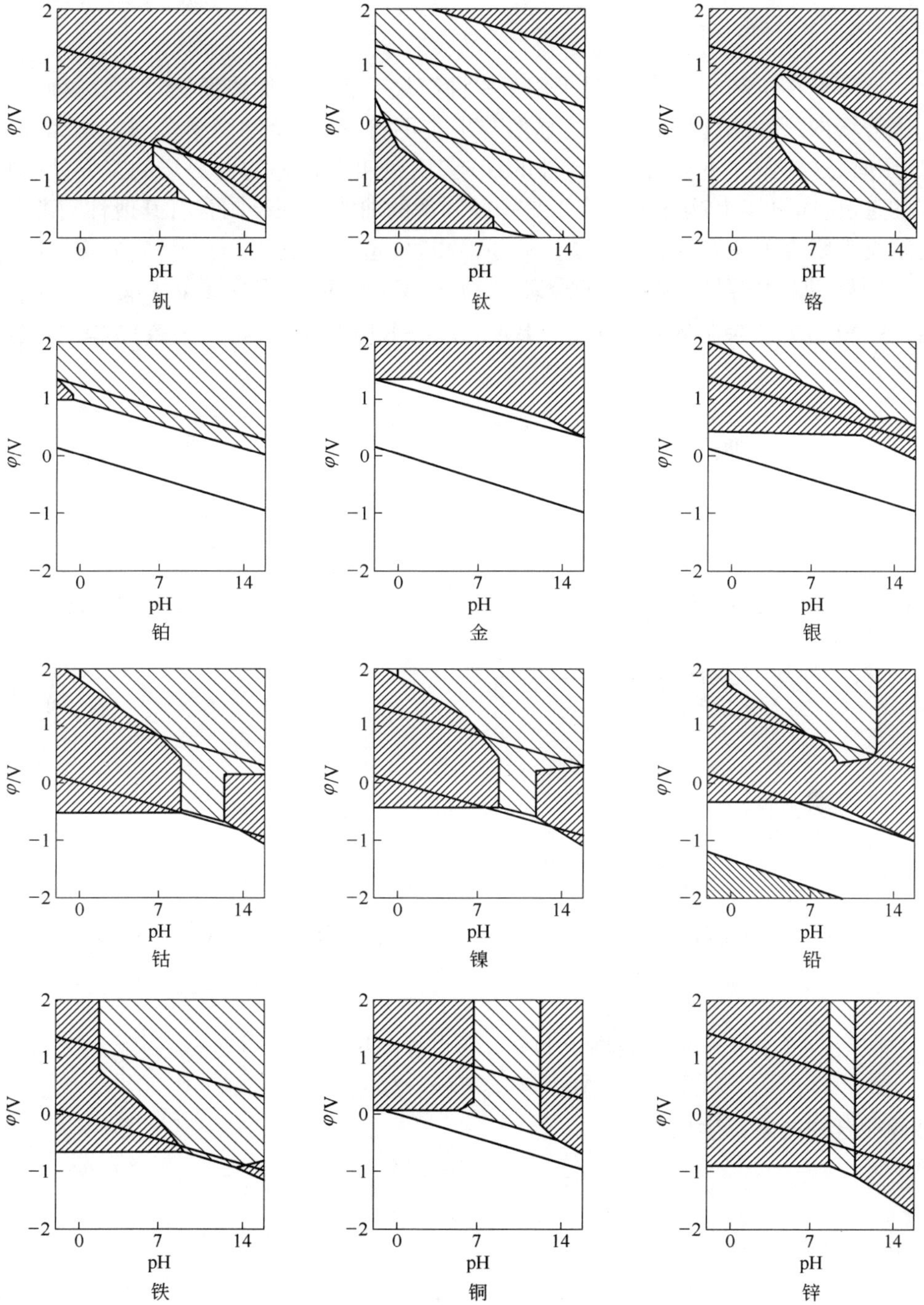

图 4-3 金属腐蚀区图[1]

□—金属区；▨—腐蚀区；▧—钝化区

4.3 综合平衡

波拜克在绘制 φ - pH 图时采用了一种简化手法——优势场法，即在一种离子的优势场内只考虑这种离子。这显然与事实不符，但在绘制简单金属 - 水系 φ - pH 图时，这样做并不会引起实质性的误差，仅在两个相邻的优势场的交界处有折线的过渡，而事实上这种过渡应当是一条圆滑的曲线。在绘制含有其他种阴离子，特别是有络合现象存在的体系的 φ - pH 图时，这种简化有时会引起实质性的误差。例如傅崇说等用“综合平衡原理”绘制的 Cu - Cl^- - H_2O 系 φ - lg[Cl^-]图[8]（图 4-5）与森冈绘制的 Cu - Cl^- - H_2O 系 φ - lg[Cl^-]图[9]（图 4-4）的差别就比较大。

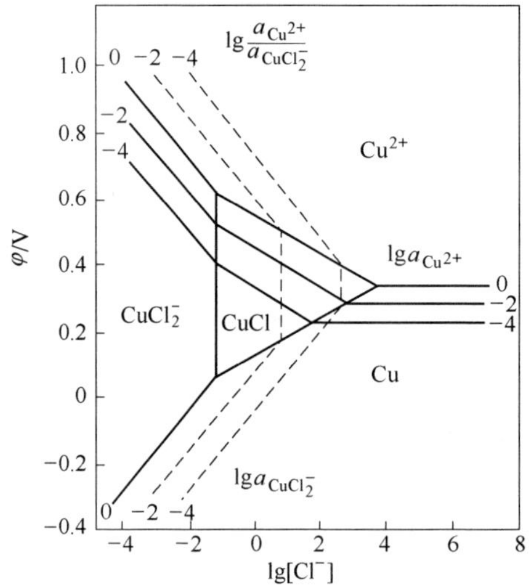

图 4-4 Cu - Cl^- - H_2O 系 φ - lg[Cl^-]（森冈）图

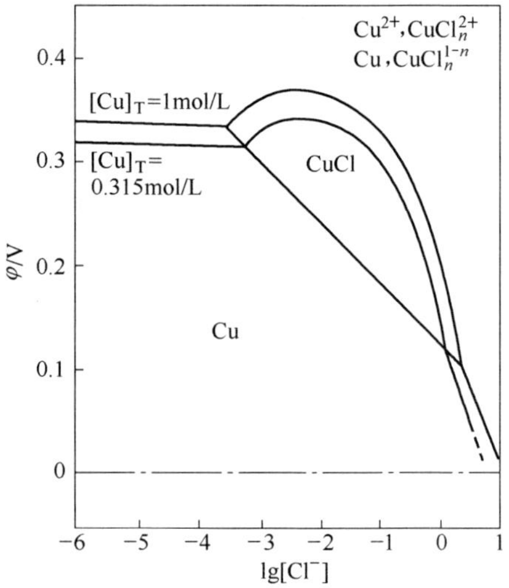

图 4-5 Cu - Cl^- - H_2O 系 φ - lg[Cl^-]（傅崇说）图

假定溶液中有一种金属离子 Me^{z+}，若干种配位体 L_i，生成一系列配合物：

$$Me^{z+} + jL_i^{z-} \rightleftharpoons MeL_{i,j}$$

每种配合物的累计生成常数

$$\beta_{i,j} = \frac{[MeL_{i,j}]}{[Me^{z+}][L_i]^j}$$

式中 [$MeL_{i,j}$]——$MeL_{i,j}$的浓度；

[Me^{z+}]——Me^{z+}的浓度；

[L_i]——L_i的浓度。

溶液中金属的物质平衡方程：

$$[Me]_T = [Me^{z+}] + \sum_i \sum_j [MeL_{i,j}] = [Me^{z+}]\left\{1 + \sum_i \sum_j \beta_{i,j}[L_i]^j\right\}$$

式中 $[Me]_T$——金属在溶液中的总浓度。

令 $$\phi = 1 + \sum_i \sum_j \beta_{i,j}[L_i]^j$$

则有 $$[Me]_T = [Me^{z+}]\phi$$

或 $$[Me^{z+}] = [Me]_T\phi^{-1} \tag{4-18}$$

用综合平衡法处理时要遵守以下几条原则：

(1) 在水溶液中各种可能的水溶物种总是同时存在的，在平衡态下，它们互相都处于平衡；

(2) 溶液与浸没在其中的金属或化合物之间只有一个平衡电位值，它是各物种同时存在、同时平衡的结果；

(3) 这一电位可以用其任一种溶解物种来表述，无论用哪一物种表述，其值均相等。

例如在 $Pb-Cl-H_2O$ 系中，L 为 Cl，Pb 以 Pb^{2+} 与 $\sum PbCl_j^{2-j}(j=1,2,3,4)$ 五种形态存在。浸没在 $Pb-Cl-H_2O$ 系溶液中的金属 Pb 与溶液之间只有一个平衡电位值，在 $T=298$ K 时，它可以表述为：

$$Pb^{2+} + 2e = Pb$$

$$\varphi_0 = \varphi^{\ominus}_{Pb^{2+}/Pb} + 0.0296\lg a_{Pb^{2+}} \tag{4-19}$$

$$PbCl^+ + 2e = Pb + Cl^-$$

$$\varphi_1 = \varphi^{\ominus}_{PbCl^+/Pb} + 0.0296\lg a_{PbCl^+} - 0.0296\lg a_{Cl^-} \tag{4-20}$$

$$PbCl_2 + 2e = Pb + 2Cl^-$$

$$\varphi_2 = \varphi^{\ominus}_{PbCl_2/Pb} + 0.0296\lg a_{PbCl_2} - 0.0592\lg a^2_{Cl^-} \tag{4-21}$$

$$PbCl_3^- + 2e = Pb + 3Cl^-$$

$$\varphi_3 = \varphi^{\ominus}_{PbCl_3^-/Pb} + 0.0296\lg a_{PbCl_3^-} - 0.0888\lg a^3_{Cl^-} \tag{4-22}$$

$$PbCl_4^{2-} + 2e = Pb + 4Cl^-$$

$$\varphi_4 = \varphi^{\ominus}_{PbCl_4^{2-}/Pb} + 0.0296\lg a_{PbCl_4^{2-}} - 0.11841\lg a^4_{Cl^-} \tag{4-23}$$

$\varphi_0=\varphi_1=\varphi_2=\varphi_3=\varphi_4=$ Pb 与其含 Cl^- 的水溶液间的平衡电位。既然如此，可以用式 4-19 至式 4-23 中任一式来表述。通常用式 4-19，只是在式 4-19 中必须用 Pb^{2+} 的浓度(未络合的游离 Pb^{2+} 离子的浓度)。由于有络合反应，Pb^{2+} 的浓度不等于溶液中 Pb 的总浓度 $[Pb]_T$。于是，综合平衡法最终是要求建立 $[Pb^{2+}]$ 与 $[Pb]_T$ 之间的数学关系。

将式 4-18 代入式 4-19 则得 $\varphi_{Pb^{2+}/Pb}$ 的平衡方程式

$$\varphi_{Pb^{2+}/Pb} = \varphi^{\ominus}_{Pb^{2+}/Pb} + 0.0296\lg[Pb]_T - 0.0296\lg\phi \tag{4-24}$$

依此类推，在简单 $Me-H_2O$ 系的各平衡方程式中，凡 $[Me^{z+}]$ 一律以 $[Me]_T\phi^{-1}$ 代

替即可得 Me - L - H_2O 系中的各平衡方程式。下面以 Tl - Cl - H_2O 系 φ - pH 图的绘制为例予以详细说明[10]。

在 Tl - Cl^- - H_2O 系中存在的物种有:铊的水溶物种,TlCl(s),金属铊 Tl(s),$Tl(OH)_3(s)$,Cl^-,H^+ 与 H_2O。

4.3.1 在 Tl - Cl^- - H_2O 系水溶液中 Tl 的水溶物种

一价铊:

Tl^+ 离子,其浓度以[Tl^+]表示。

TlCl(aq),其浓度以[TlCl]表示。

$Tl^+ + Cl^- \xlongequal{} TlCl(aq)$,其累计生成常数

$$\beta_{1.1} = \frac{[TlCl(aq)]}{[Tl^+][Cl^-]} = 10^{0.52}$$

三价铊:

Tl^{3+} 离子,其浓度以[Tl^{3+}]表示。

$TlCl^{2+}$,$Tl^{3+} + Cl^- \xlongequal{} TlCl^{2+}$,其累计生成常数

$$\beta_{3.1} = \frac{[TlCl^{2+}]}{[Tl^{3+}][Cl^-]} = 10^{8.14}$$

$TlCl_2^+$,$Tl^{3+} + 2Cl^- \xlongequal{} TlCl_2^+$,其累计生成常数

$$\beta_{3.2} = \frac{[TlCl_2^+]}{[Tl^{3+}][Cl^-]^2} = 10^{13.6}$$

$TlCl_3(aq)$,$Tl^{3+} + 3Cl^- \xlongequal{} TlCl_3(aq)$,其累计生成常数

$$\beta_{3.3} = \frac{[TlCl_3(aq)]}{[Tl^{3+}][Cl^-]^3} = 10^{15.78}$$

$TlCl_4^-$,$Tl^{3+} + 4Cl^- \xlongequal{} TlCl_4^-$,其累计生成常数

$$\beta_{3.4} = \frac{[TlCl_4^-]}{[Tl^{3+}][Cl^-]^4} = 10^{18.00}$$

4.3.2 水溶液中 Tl 的总浓度[Tl]$_T$为各含 Tl 的水溶物种浓度之和:

$$[Tl]_T = [Tl^+] + [TlCl(aq)] + [Tl^{3+}] + [TlCl^{2+}] + [TlCl_2^+] + [TlCl_3(aq)] + [TlCl_4^-]$$

由 4.3.1 小节所述各种 Tl 的氯配合物累计生成常数的表达式中求出相应的配合物的平衡浓度并代入上式,得出水溶液中 Tl 的总浓度的表达式:

$$[Tl]_T = [Tl^+]\{1 + \beta_{1.1}[Cl^-]\} + [Tl^{3+}]\sum_{i=1}^{4}\{1 + \beta_{3,i}[Cl^-]^i\}$$

令

$$\chi_1 = \{1 + \beta_{1.1}[Cl^-]\} \tag{4-25}$$

$$\chi_2 = \sum_{i=1}^{4} \{1 + \beta_{3.i}[Cl^-]^i\} \tag{4-26}$$

则有

$$[Tl]_T = [Tl^+]\chi_1 + [Tl^{3+}]\chi_2 \tag{4-27}$$

χ_1、χ_2 为 Tl^+ 与 Tl^{3+} 的配合基的加和函数。

同理，水溶液中 Cl^- 的总浓度为

$$[Cl^-]_T = [Cl^-] + [TlCl(aq)] + [TlCl^{2+}] + 2[TlCl_2^+] + 3[TlCl_3(aq)] + 4[TlCl_4^-]$$

$$= [Cl^-] + \beta_{1.1}[Cl^-][Tl^+] + [Tl^{3+}]\sum_{i=1}^{4} i\beta_{3.i}[Cl^-]^i$$

令

$$\psi_1 = \beta_{1.1}[Cl^-] \tag{4-28}$$

$$\psi_2 = \sum_{i=1}^{4} i\beta_{3.i}[Cl^-]^i \tag{4-29}$$

则有

$$[Cl^-]_T = [Cl^-] + \psi_1[Tl^+] + \psi_2[Tl^{3+}] \tag{4-30}$$

4.3.3 金属铊与 $Tl-Cl^- -H_2O$ 系水溶液之间的平衡

根据综合平衡原理，在金属铊与 $Tl - Cl^- - H_2O$ 系的水溶液之间只有一个平衡电位，这个电位是上述各种形态与金属铊同时处于平衡的结果。因此，这个电位值可以由下列方程式中的任一个来确定。

$$Tl^+ + e = Tl$$

$$\varphi_{Tl^+/Tl} = -0.3339 + 0.0591\ \lg[Tl^+] \tag{4-31}$$

$$Tl^{3+} + 3e = Tl$$

$$\varphi_{Tl^{3+}/Tl} = 0.7415 + 0.0197\ \lg[Tl^{3+}] \tag{4-32}$$

$$TlCl(aq) + e = Tl + Cl^-$$

$$\varphi_{TlCl(aq)/Tl} = \varphi^{\ominus}_{TlCl(aq)/Tl} - 0.0591\ \lg[Cl^-] + 0.0591\ \lg[TlCl(aq)] \tag{4-33}$$

$$TlCl_n^{3-n} + 3e = Tl + nCl^-$$

$$\varphi_{TlCl_n^{3-n}/Tl} = \varphi^{\ominus}_{TlCl_n^{3-n}/Tl} - \frac{2.303nRT}{3F} \cdot \lg[Cl^-] + 0.0197\ \lg[TlCl_n^{3-n}] \tag{4-34}$$

上述四种电位值在金属铊与 $Tl - Cl^- - H_2O$ 系的水溶液处于平衡时是彼此相等的。由式 4-31 与式 4-32 相等得：

$$[Tl^{3+}] = [Tl^+]^3 \times 10^{-54.59} \tag{4-35}$$

由式 4-35 可知，在与金属铊处于平衡的水溶液中，与$[Tl^+]$相比，$[Tl^{3+}]$可以忽略不计，于是式 4-27 可写成：

$$[Tl]_T = [Tl^+]\chi_1 \tag{4-36}$$

$$[Tl^+] = \frac{[Tl]_T}{\chi_1} \tag{4-37}$$

把式 4-37 代入式 4-31，计算出金属铊与溶液的电位，列于表 4-2。

表 4-2 $Tl - Cl^- - H_2O$ 系 $\varphi_{Tl^+/Tl}$ 值(298 K)

$[Cl^-]$	χ_1	$\varphi_{Tl^+/Tl}$				
		$[Tl]_T=1$	$[Tl]_T=10^{-1}$	$[Tl]_T=10^{-2}$	$[Tl]_T=10^{-3}$	$[Tl]_T=10^{-4}$
0	1	-0.3339	-0.3930	-0.4521	-0.5112	-0.5703
10^{-6}	约 1	-0.3339	-0.3930	-0.4521	-0.5112	-0.5703
10^{-4}	约 1	-0.3339	-0.3930	-0.4521	-0.5112	-0.5703
10^{-3}	1.003	-0.3340	-0.3931	-0.4522	-0.5113	-0.5704
10^{-2}	1.033	-0.3347	-0.3938	-0.4529	-0.5120	-0.5711
10^{-1}	1.331	-0.3412	-0.4003	-0.4594	-0.5185	-0.5776
10^{0}	4.311	-0.3714	-0.4305	-0.4896	-0.5487	-0.6078
$10^{0.30}$	7.607	-0.3860	-0.4451	-0.5042	-0.5633	-0.6224
$10^{0.602}$	14.243	-0.4021	-0.4612	-0.5203	-0.5794	-0.6385
$10^{0.778}$	20.861	-0.4119	-0.4710	-0.5301	-0.5892	-0.6483
$10^{0.903}$	27.485	-0.4190	-0.4781	-0.5372	-0.5963	-0.6554
10^{1}	34.113	-0.4245	-0.4836	-0.5427	-0.6018	-0.6609

在 $Tl - Cl^- - H_2O$ 系 $\varphi - lg[Cl^-]$ 图上为一组平行于横坐标轴的直线,如图 4-6 中的线①。

4.3.4 金属 Tl 与 TlCl(s)之间的平衡

金属 Tl 与 TlCl(s)之间的平衡由下面的方程式确定:

$$TlCl(s) + e = Tl + Cl^-$$

$$\varphi_{TlCl(s)/Tl} = -0.5557 - 0.0591lg[Cl^-] \qquad (4-38)$$

在 $Tl - Cl^- - H_2O$ 系 $\varphi - lg[Cl^-]$ 图中为一根直线,如图 4-6 中的线②。

4.3.5 $Tl - Cl^- - H_2O$ 系水溶液与 TlCl(s)之间的平衡

TlCl 在 25℃下的溶度积为

$$L = [Tl^+][Cl^-] = 1.7 \times 10^{-4} \qquad (4-39)$$

根据溶度积原理,在一定的$[Tl]_T$下,$[Cl^-]$达到一定值并使$[Tl^+]\cdot[Cl^-] \geq L$ 时,则体系中有 TlCl(s)稳定存在。如图 4-6 所示,点 A_i 为 TlCl(s)稳定存在区的左端点,这一点的$[Cl^-]_A$值可以计算出来。因为 A_i 点必须同时满足式 4-31、式 4-38、式 4-39 三个方程式,联立式 4-31 和式 4-38 得:

$$lg\frac{1 + \beta_{1,1}[Cl^-]}{[Cl^-]} = 3.753 + lg[Tl]_T \qquad (4-40)$$

而由式 4-39 与式 4-37 得:

$$L = [Tl^+][Cl^+] = \frac{[Tl]_T[Cl^-]}{\chi_1}$$

得出

$$\frac{[\mathrm{Tl}]_{\mathrm{T}}[\mathrm{Cl}^-]}{1+\beta_{1.1}[\mathrm{Cl}^-]}=1.7\times10^{-4} \tag{4-41}$$

所求出的各种$[\mathrm{Tl}]_{\mathrm{T}}$下的$[\mathrm{Cl}^-]_A$值列于表4-3。

表4-3 不同$[\mathrm{Tl}]_{\mathrm{T}}$下的$[\mathrm{Cl}^-]_A$值

$[\mathrm{Tl}]_{\mathrm{T}}$	1	10^{-1}	10^{-2}	10^{-3}	$10^{-3.2}$	备 注
$\lg[\mathrm{Cl}^-]_A$	-3.75 -3.77	-2.75 -2.77	-1.72 -1.74	-0.37 -0.388	0.58	按式4-40求出 按式4-41求出

在$\mathrm{Tl-Cl^--H_2O}$系$\varphi-\lg[\mathrm{Cl}^-]$图上这是一条近似平行于纵坐标轴的直线，如图4-6中线③，其右为TlCl(s)稳定场。由下往上，由于体系电位上升，$[\mathrm{Tl}^{3+}]$浓度增加，$[\mathrm{Tl}^+]$浓度减小，③线向右偏转。按式4-41求出的$[\mathrm{Cl}^-]$值，当水溶液中$[\mathrm{Cl}^-]$小于此值时，体系中无TlCl(s)存在。如果计算式正确，按式4-41计算出的$[\mathrm{Cl}^-]$值与式4-40计算出的值应该吻合，如表4-3所示。

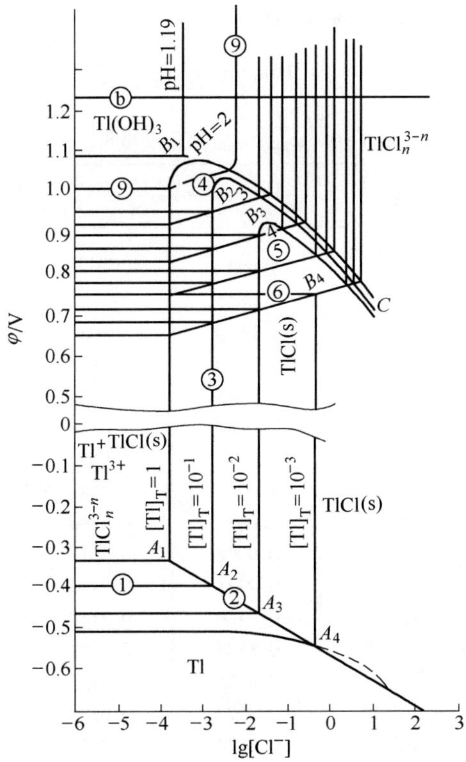

图4-6 $\mathrm{Tl-Cl^--H_2O}$系$\varphi-\lg[\mathrm{Cl}^-]$图

($T=298\ \mathrm{K}$)

根据综合平衡原理,在溶液与 TlCl 沉淀之间也只有一个平衡电位。这一电位值可以用下面任何一个方程来确定:

$$Tl^{3+} + 2e + Cl^- \longrightarrow TlCl(s)$$

$$\varphi_{Tl^{3+}/TlCl(s)} = 1.3900 + 0.02957\lg[Cl^-] + 0.02957\lg[Tl^{3+}] \tag{4-42}$$

$$TlCl_n^{3-n} + 2e \longrightarrow TlCl(s) + (n-1)Cl^-$$

$$\varphi_{TlCl_n^{3-n}/TlCl(s)} = \varphi^{\ominus}_{TlCl_n^{3-n}/TlCl(s)} - 0.02957\lg\frac{[Cl^-]}{[TlCl_n^{3-n}]} \tag{4-43}$$

在固体 TlCl 稳定存在区,水溶液中的$[Tl^+]$由式 4-39 确定,即

$$[Tl^+] = \frac{L}{[Cl^-]} \tag{4-44}$$

把式 4-44 代入式 4-27 并简化得:

$$[Tl^{3+}] = \frac{[Tl]_T[Cl^-] - L\chi_1}{\chi_2[Cl^-]} \tag{4-45}$$

将式 4-45 代入式 4-42 得:

$$\varphi_{Tl^{3+}/TlCl(s)} = 1.3900 + 0.02957\lg\frac{[Tl]_T[Cl] - L\chi_1}{\chi_2} \tag{4-46}$$

按式 4-46 计算出来的 $\varphi_{Tl^{3+}/TlCl(s)}$ 值列入表 4-4,绘出图 4-6 上的一组曲线 $B_i - C_i$,即线③。

表 4-4 $\varphi_{Tl^{3+}/TlCl(s)}$ 值(298 K)

$[Cl^-]$	χ_1	χ_2	$\varphi_{Tl^{3+}/TlCl(s)}$			
			$[Tl]_T=1$	$[Tl]_T=10^{-1}$	$[Tl]_T=10^{-2}$	$[Tl]_T=10^{-3}$
$10^{-3.76}$	1	$10^{6.08}$	1.0505	—	—	—
$10^{-3.70}$	1	$10^{6.20}$	1.0735	—	—	—
$10^{-3.50}$	1	$10^{6.60}$	1.0815	—	—	—
$10^{-3.30}$	1	$10^{7.00}$	1.0800	—	—	—
$10^{-3.00}$	1	$10^{7.60}$	1.0740	—	—	—
$10^{-2.70}$	$10^{0.003}$	$10^{8.20}$	1.0677	1.0200	—	—
$10^{-2.50}$	$10^{0.005}$	$10^{8.60}$	1.0618	1.0320	—	—
$10^{-2.30}$	$10^{0.007}$	$10^{9.00}$	1.0559	1.0260	—	—
$10^{-2.00}$	$10^{0.014}$	$10^{10.30}$	1.0263	0.9942	—	—
$10^{-1.70}$	$10^{0.028}$	$10^{11.20}$	1.0085	0.9790	0.9188	—
$10^{-1.50}$	$10^{0.043}$	$10^{12.00}$	0.9908	0.9612	0.9200	—
$10^{-1.30}$	$10^{0.067}$	$10^{12.80}$	0.9731	0.9435	0.9074	—
$10^{-1.00}$	$10^{0.124}$	$10^{14.00}$	0.9460	0.9168	0.8840	—
$10^{-0.35}$	$10^{0.394}$	$10^{16.60}$	0.8888	0.8592	—	0.7639
$10^{-0.20}$	$10^{0.490}$	$10^{17.20}$	0.8755	0.8459	—	0.7638
10^{0}	$10^{0.630}$	$10^{18.00}$	0.8577	0.8280	0.7986	0.7525
$10^{0.30}$	$10^{0.880}$	$10^{19.20}$	0.8134	0.8016	—	—
$10^{0.602}$	$10^{1.150}$	$10^{20.41}$	0.8042	0.7750	0.7450	0.7038
$10^{0.778}$	$10^{1.320}$	$10^{21.11}$	0.7890	0.7592	—	—
$10^{1.00}$	$10^{1.530}$	$10^{22.00}$	0.7690	0.7395	0.7100	0.6693

4.3.6 $Tl-Cl^{-}-H_2O$ 系水溶液与固体 $Tl(OH)_3$ 之间的平衡

在固体 $Tl(OH)_3$ 与 $Tl-Cl^{-}-H_2O$ 系水溶液之间有下列平衡：

(1) $Tl(OH)_3$ 与 Tl^{+} 的平衡：

$$Tl(OH)_3(s)+3H^{+}+2e \rightleftharpoons Tl^{+}+3H_2O$$

$$\varphi_{Tl(OH)_3(s)/Tl^{+}}=1.1876-0.02957\lg[Tl^{+}]-0.0887pH \tag{4-47}$$

(2) $Tl(OH)_3$ 与 Tl^{3+} 的平衡：

$$Tl^{3+}+3H_2O \rightleftharpoons Tl(OH)_3(s)+3H^{+}$$

$$pH=-1.03-\frac{1}{3}\lg[Tl^{3+}] \tag{4-48}$$

$$TlCl_n^{3-n}+3H_2O \rightleftharpoons Tl(OH)_3(s)+nCl^{-}+3H^{+} \tag{4-49}$$

$$Tl(OH)_3(s)+Cl^{-}+3H^{+}+2e \rightleftharpoons TlCl(s)+3H_2O \tag{4-50}$$

(3) $Tl(OH)_3$ 与 $TlCl(s)$ 的平衡：

在 $Tl(OH)_3$ 稳定存在区，水溶液中 $[Tl^{3+}]$ 由式 4-48 确定：

$$\lg[Tl^{3+}]=-3(pH+1.03) \tag{4-51}$$

从式 4-51 中求出 $[Tl^{3+}]$ 代入式 4-27，化简后得：

$$[Tl^{+}]=\frac{[Tl]_T-\chi_2[Tl^{3+}]}{\chi_1}=\frac{[Tl]_T-[\chi_2 10^{-3(pH+1.03)}]}{\chi_1} \tag{4-52}$$

把式 4-52 代入式 4-47 得：

$$\varphi_{Tl(OH)_3(s)/Tl^{+}}=1.1876-0.0887pH+0.02957\lg\chi_1-0.02957\lg\{[Tl]_T-\chi_2 10^{-3(pH+1.03)}\} \tag{4-53}$$

由式 4-53 计算 $\varphi_{Tl(OH)_3(s)/Tl^{+}}$ 时，当

$$[Tl]_T-\chi_2 10^{-3(pH+1.03)}=0 \tag{4-54}$$

$\varphi_{Tl(OH)_3(s)/Tl^{+}}=\infty$，即是说，在此种条件下，在 $\varphi-\lg[Cl^{-}]$ 坐标系中 $\varphi_{Tl(OH)_3(s)/Tl^{+}}=f([Cl^{-}])$ 函数线为一平行于纵坐标轴的直线，这一直线的位置可由式 4-54 求出。

$$\lg\chi_2=\lg[Tl]_T+3(pH+1.03) \tag{4-55}$$

所求出的 $[Cl^{-}]$ 值列入表 4-5，在按式 4-53 计算时，可以认为 $[Cl^{-}]$ 在 $10^{-6}\sim[Cl^{-}]_A$ 区间内 $\chi_2 10^{-3(pH+1.03)}\ll[Tl]_T$，可忽略不计，则：

$$\varphi_{Tl(OH)_3(s)/Tl^{+}}=1.1876-0.0887pH+0.02957\lg\chi_1-0.02957\lg[Tl]_T \tag{4-56}$$

表 4-5 $\varphi_{Tl(OH)_3(s)/Tl^{+}}\to\infty$ 时的 $\lg[Cl^{-}]$ 值

pH \ $[Tl]_T$	1	10^{-1}	10^{-2}	10^{-3}
2	-2.27	—	—	—
3	-1.47	-1.73	—	—

续表 4-5

$[Tl]_T$ / pH	1	10^{-1}	10^{-2}	10^{-3}
4	-0.71	-0.97	-1.220	—
5	0.03	-0.21	-0.475	—
6	0.77	0.52	0.270	0.020

当 pH 与$[Tl]_T$为定值而$[Cl^-]$较低时，$\chi_1 \approx 1$，$\varphi_{Tl(OH)_3(s)/Tl^+}$为一平行于横轴的直线。

在 TlCl 稳定存在的区域内有 $Tl(OH)_3(s)$ 与 TlCl(s)之间的平衡，并由以下方程表示：

$$Tl(OH)_3(s) + Cl^- + 3H^+ + 2e \longrightarrow TlCl(s) + 3H_2O$$

$$\varphi_{Tl(OH)_3(s)/TlCl(s)} = 1.2984 + 0.02957\lg[Cl^-] - 0.0887pH \qquad (4-57)$$

在指定的 pH 下，式 4-57 在 $\varphi - \lg[Cl^-]$坐标系中为一组斜直线，分别代表不同的 pH 值，如图 4-6 中的线④。其上方为 $Tl(OH)_3(s)$的稳定场，其下方为 TlCl(s)的稳定场。图中代表式 4-57 的直线与代表式 4-46 的 ABC 线有两个交点。左边的交点可将$[Cl^-]_A$代入式 4-57 确定。右边的交点 N 则应同时满足式 4-46、式 4-47 与式 4-57 三个方程。例如由式 4-46 与式 4-57 联立，即是说，在 N 点应有：

$$\varphi_{Tl^{3+}/TlCl(s)} = \varphi_{Tl(OH)_3(s)/TlCl(s)}$$

得：

$$\lg\frac{[Tl]_T[Cl] - L\chi_1}{\chi_2[Cl]} = -3.111 - 3pH \qquad (4-58)$$

由式 4-58 可求出在一定$[Tl]_T$与 pH 时的$[Cl^-]_N$值。用图解法求出的$[Cl^-]_N$列入表 4-6。

表 4-6 $\lg[Cl^-]_N$值

$[Tl]_T$ / pH	1	10^{-1}	10^{-2}	10^{-3}
1.19	-3.482	—	—	—
2.00	-2.422	—	—	—
2.25	—	-2.50	—	—
3.00	-1.4723	-1.7275	—	—
3.45	—	—	-1.674	—
4.00	-0.722	-0.9775	-1.228	—
5.00	0.0278	-0.2275	-0.480	—
5.52	—	—	—	-0.3360
6.00	0.7725	0.5225	0.2730	0.0225

从表 4-5 与表 4-6 的数据可以看出，在大多数情况下，二者是吻合的。

在每一给定的$[Tl]_T$下，在 $\varphi_{Tl^{3+}/TlCl(s)} = f([Cl])$ 函数线 A、B、C 上必定有一点 B，当水溶液的 $pH \leqslant pH_{(B)}$ 时没有 TlCl(s)存在。由式 4-57 可知，随 pH 增大

$\varphi_{Tl(OH)_3(s)/TlCl(s)}$升高，同一$[Tl]_T$下的④线向上方平移，$[Cl]_A$与$[Cl]_N$两点之间距离变小，等 pH 增大到某一数值时，两点重合，此点以 B 代表，则当 pH 为一定值时，当水溶液中$[Cl]>[Cl]_N$时，无 $Tl(OH)_3(s)$存在，$[Cl]_N$以右为 $Tl(OH)_3(s)$稳定场。因此在 $pH<pH_B$时，在指定的$[Tl]_T$和任何$[Cl^-]$下均无 $Tl(OH)_3$与 TlCl 之间的平衡。B 点的参数$[Cl^-]_B$与 pH_B可由下列方程式求出。在 B 点，$\varphi_{Tl^{3+}/TlCl}=f([Cl])$函数线 ABC 与直线 $\varphi_{Tl(OH)_3/TlCl}=F([Cl])$只有一个交点，因此，ABC 线在 B 点的切线的斜率应等于直线 $\varphi_{Tl(OH)_3/TlCl}=F([Cl])$的斜率，因而有$f([Cl^-])$（式 4-46）的一阶导数：

$$\frac{d(\varphi_{Tl^{3+}/TlCl(s)})}{d([Cl^-])}=0.01283\frac{\chi_2([Tl]_T-L\chi_1')-\chi_2'([Tl]_T[Cl^-]-L\chi_1)}{\chi_2([Tl]_T[Cl^-]-L\chi_1)}=0.02957$$

化简后得：

$$\frac{[Tl]_T-L\chi_1'}{[Tl]_T[Cl^-]-L\chi_1}-\chi_2'-2.305=0 \qquad (4-59)$$

解方程(4-59)可求出 B 点的$[Cl^-]$值，并根据已求出的$[Cl^-]_B$求出χ_1、χ_2，代入式 4-46，求出给定$[Tl]_T$值时的 $\varphi_{Tl^{3+}/TlCl}$，继而将所得出的 $\varphi_{Tl^{3+}/TlCl}$值代入公式 4-57，即可得出相应的 pH_B值，计算结果如表 4-7。

表 4-7　pH_B计算结果

$[Tl]_T$	1	10^{-1}	10^{-2}	10^{-3}
$\lg[Cl^-]_B$	-3.4820	-2.500	-1.674	-0.336
pH_B	1.29	2.17	3.45	5.52

表 4-8 是 $Tl-Cl^--H_2O$ 系各反应的平衡方程式。图 4-6 是 $Tl-Cl^--H_2O$ 系的 $\varphi-\lg[Cl^-]$图，图 4-7～图 4-9 是 $Tl-Cl^--H_2O$ 系 φ－pH 图。

表 4-8　$Tl-Cl^--H_2O$ 系各反应平衡方程式

序号	反 应 式	平衡方程式
①	$Tl^++e=Tl$	$\varphi_{Tl^+/Tl}=-0.3339+0.0591\lg\frac{[Tl]_T}{\chi_1}$
②	$TlCl(s)+e=Tl+Cl^-$	$\varphi_{TlCl(s)/Tl}=-0.5557-0.0591\lg[Cl^-]$
③	$Tl^{3+}+2e+Cl^-=TlCl(s)$	$\varphi_{Tl^{3+}/TlCl(s)}=1.3900+0.02957\lg\frac{[Tl]_T[Cl^-]-L\chi_1}{\chi_2}$
④	$Tl(OH)_3(s)+Cl^-+3H^++2e=TlCl(s)+3H_2O$	$\varphi_{Tl(OH)_3(s)/TlCl(s)}=1.2984+0.02957\lg[Cl^-]-0.0887pH$
⑤	$Tl^{3+}+3H_2O=Tl(OH)_3(s)+3H^+$	$pH=-1.03-\frac{1}{3}\lg[Tl^{3+}]$
⑥	$TlOH+e+H^+=Tl+H_2O$	$\varphi_{TlOH/Tl}=0.4850-0.0591pH$
⑦	$TlCl+H_2O=TlOH+Cl^-+H^+$	$pH=17.6+\lg[Cl^-]$
⑧	$Tl(OH)_3+2H^++2e=TlOH+2H_2O$	$\varphi_{Tl(OH)_3/TlOH}=0.7780-0.0591pH$

续表 4-8

序号	反 应 式	平衡方程式
⑨	$Tl(OH)_3(s)+3H^++2e=Tl^++3H_2O$	$\varphi_{Tl(OH)_3(s)/Tl^+}=1.1876-0.0887pH+0.02957\lg\chi_1-0.02957\lg\{[Tl]_T-\chi_2 10^{-3(pH+1.03)}\}$
⑩	$Tl^++H_2O=TlOH+H^+$	$pH=13.90-\lg\frac{[Tl]_T}{\chi_2}$

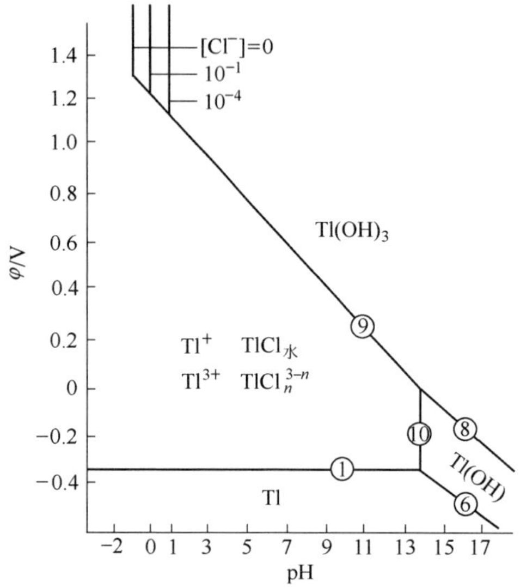

图 4-7 Tl－Cl⁻－H_2O 系 φ－pH 图

($[Tl]_T=1$, $[Cl]<10^{-3.75}$)

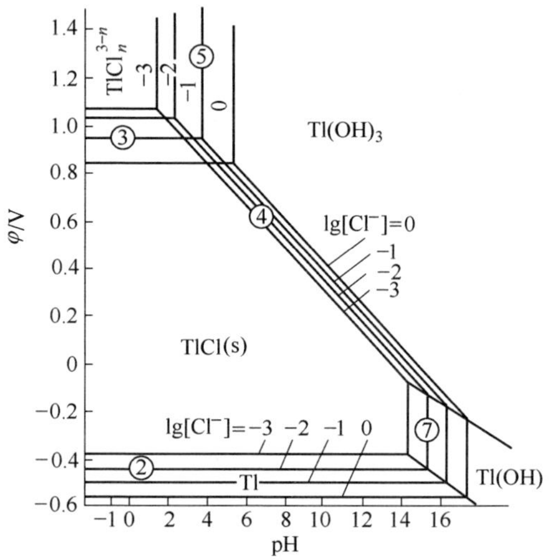

图 4-8 Tl－Cl⁻－H_2O 系 φ－pH 图

($[Tl]_T=1$, $[Cl]>10^{-3.75}$)

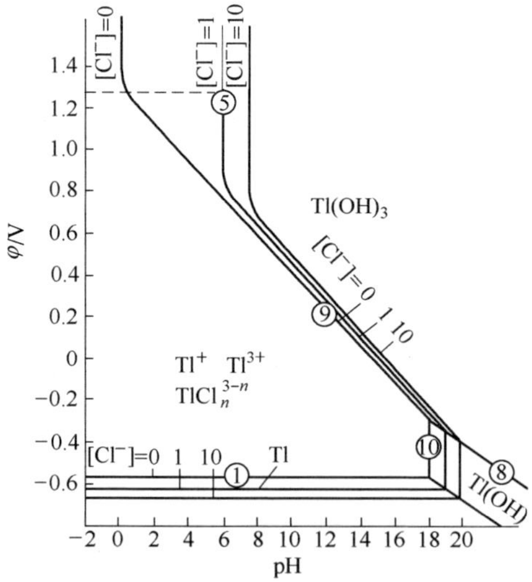

图 4-9 Tl－Cl⁻－H_2O 系 φ－pH 图

($[Tl]_T=10^{-4}$, $T=298$ K)

Tl – Cl^- – H_2O 系 φ – pH 图的绘制表明，虽然现在已有制作 Me – H_2O 系与 Me – L – H_2O 系（L 为配位体）φ – pH 图的软件，可用计算机作图，但软件制作时只可能考虑一般的规律，普遍的规律，对于一些特殊情况很难完全顾及，计算机还不能完全替代人，有些时候还需要人的思维和计算才能得出全面反应体系状况的结果，将已发表的 φ – pH 图索引录于表 4-9，供读者查阅。

表 4-9 已发表的 φ – pH 图与 φ – lg[L] 图索引

元素	体系	参考文献
Ag	Ag – H_2O	[1]
	Ag – Cl – H_2O	[20]，[45]
	Ag – NH_3 – H_2O	[11]，[67]
	Ag – CN^- – H_2O	[21]，[67]
	AgS – Cl^- – H_2O	[48]，[67]
	Ag_2S – H_2O	[45]
As	As – H_2O	[1]
	As – H_2O（高温）	[51]
	As – S – H_2O	[36]
Au	Au – H_2O	[1]
	Au – Cl^- – H_2O	[22]，[67]
	Au – CN^- – H_2O	[21]，[67]
	Au – $CS(NH_2)_2$ – H_2O	[23]，[63]
Bi	Bi – H_2O	[1]
	Bi_2S_3 – H_2O	[45]
	Bi_2S_3 – Cl – H_2O	[45]
Cd	Cd – H_2O(298K)	[1]
	Cd – H_2O（高温）	[13]
	Cd – S – H_2O	[32]
Co	Co – H_2O(298K)	[1]
	Co – H_2O（高温）	[13]
	Co – NH_3 – H_2O	[24]，[82]
	Co – NH_3 – SO_4^{2-} – Lix65	[30]
	CoS – H_2O	[32]
Cu	Cu – H_2O(298K)	[1]
	Cu – H_2O（高温）	[13]
	Cu – Cl – H_2O	[14]，[15]，[16]
	Cu – NH_3 – H_2O	[7]，[8]，[25]，[78]
	Cu – S – H_2O	[3]
	Cu – ${SO_4}^{2-}$ – H_2O(363K)	[18]
	Cu_2S – H_2O	[32]
	CuS – H_2O	[37]
	Cu – Fe – S – NH_3 – H_2O	[27]
	$CuFeS_2$ – H_2O	[31]
	$CuFeS_2$ – Cl – H_2O	[26]
	Cu – Fe – S – H_2O	[25]
	Cu – NH_3 – SO_4^{2-} – Lix65	[30]
	Cu_2S – H_2O – KeX①	[80]
	Cu – As – H_2O	[77]

续表 4-9

元　素	体　系	参考文献
Fe	$Fe-H_2O$(298K)	[1]
	$Fe-H_2O$(高温)	[42],[43]
	$Fe-NH_3-H_2O$	[28]
	$Fe-W-H_2O$	[79]
	$Fe-NH_3-SO_4^{2-}-H_2O$	[28]
	$FeS-H_2O$	[32],[47]
	FeS_2-H_2O	[33]
	$FeAsS-H_2O$	[47]
	$FeAsO_4-H_2O$	[39]
	$KFe_3[SO_4]_2(OH)_6-H_2O$	[40]
Hg	$Hg-H_2O$	[1]
	$Hg-Cl^--H_2O$	[34]
	$Hg-I^--H_2O$	[19]
	$HgS-H_2O$	[34]
	$HgS-Cl^--H_2O$	[34]
Mn	$Mn-H_2O$(298K)	[1]
	$Mn-H_2O$(高温)	[41]
	$Mn-W-H_2O$	[79]
	$Mn-NH_3-H_2O$	[29]
	$Mn-NH_3-SO_4^{2-}-H_2O$	[29]
	$Mn-NH_3-CO_3^{2-}-H_2O$	[29]
	$Mn-CO_2-H_2O$	[71]
Mo	$Mo-H_2O$	[1]
	MoS_2-H_2O	[27]
Ni	$Ni-H_2O$	[1]
	$Ni-S-H_2O$	[65],[66]
	$Ni-NH_3-H_2O$	[25]
	$Ni-NH_3-H_2SO_4-H_2O$	[80],[81],[82]
	$Ni-Co-As-H_2O$	[38]
	$Ni-CN^--H_2O$	[82]
	$NiS-Ni_3S_2-H_2O$	[32],[37]
Os	$Os-H_2O$	[1][44]
Pb	$Pb-H_2O$(273K)	[1]
	$PbS-H_2O$	[35],[45]
	$PbS-Cl^--H_2O$	[45]
	$PbS-C-H_2O$	[46]
	$Pb-Cl^--H_2O$	[17]
	$Pb-Ag-Cl^--H_2O$	[56]

续表 4-9

元素	体系	参考文献
Pd	$Pd-H_2O$ $Pd-Cl^- -H_2O$ $Pd-CN^- -H_2O$	[1],[67] [12],[67] [49],[67]
Pt	$Pt-H_2O$ $Pt-Cl^- -H_2O$ $Pt-CN^- -H_2O$	[1],[67] [67] [48],[67]
Rh	$Rh-H_2O$ $Rh-Cl^- -H_2O$	[1],[67] [50],[67]
Ru	$Ru-H_2O$	[1],[54]
Sb	$Sb-H_2O$ $Sb-S-H_2O$ $Sb-S-Na-H_2O$ $Sb_2S_3-H_2O$ $Sb_2S_3-Cl^- -H_2O$	[1] [72] [72] [45] [45]
Tl	$Tl-H_2O$ $Tl-Cl^- -H_2O$	[1] [10]
W	$W-H_2O$ $CaWO_4-H_2O$(373K) $FeWO_4-H_2O$(373K) $MnWO_4-H_2O$(373K)	[1] [54] [54] [54]
Zn	$Zn-H_2O$ $Zn-H_2O$ $Zn-CN^- -H_2O$ $ZnS-NH_3-H_2O$ $ZnS-H_2O$ $(Zn_xFe_{1-x})S$② $-H_2O$ $ZnO\cdot Fe_2O_3-H_2O$	[1] [13] [53] [55] [32] [83] [52]
其他	$Me-H_2O$	[1]

① KeX 为乙基黄原酸钾；
② $(Zn_xFe_{1-x})S$ 为 Marmatite(铁闪锌矿)。

4.4 lg[Me]-pH 图

在某些场合，lg[Me]-pH 图更为直观，使用更为方便，特别是研究那些没有电子参加的反应过程。对于有电子参加的反应，在 lg[Me]-pH 坐标系中作图，体系的电位必须给定，即 $\varphi=\text{const}$，现以 $Cu-H_2O$ 系为例说明作图与识图的原理。

4.4.1 Cu^{2+}与 Cu 之间的平衡

$$Cu^{2+} + 2e \rightleftharpoons Cu$$

由能斯特方程可以推导出

$$\lg[Cu](aq) = \lg[Cu^{2+}] = \frac{(\varphi - \varphi^{\ominus}_{Cu^{2+}/Cu})2F}{2.303RT} \tag{4-60}$$

在 lg[Cu] - pH 坐标系中,式 4-60 为一条平行于横轴的直线(图 4-10 的①线)。直线上方为 Cu 的稳定场,直线下方为 Cu^{2+}的稳定场。

4.4.2 Cu 与 Cu_2O 之间的平衡

$$Cu_2O + 2H^+ + 2e \rightleftharpoons 2Cu + H_2O$$

由上反应式的能斯特方程可以推导出平衡的 pH 值

$$pH = \frac{(\varphi - \varphi^{\ominus}_{Cu_2O/Cu})F}{2.303RT} \tag{4-61}$$

在 lg[Cu] - pH 坐标系中,式 4-61 为一条垂直于横轴的直线(图 4-10 中的②线)。直线左方为 Cu 的稳定场,直线右方为 Cu_2O 的稳定场。

4.4.3 Cu^{2+}与 Cu_2O 之间的平衡

$$2Cu^{2+} + 2e + H_2O \rightleftharpoons Cu_2O + 2H^+$$

由能斯特方程可以推导出

$$\lg[Cu^{2+}] = \frac{(\varphi - \varphi^{\ominus}_{Cu^{2+}/Cu_2O})F}{2.303RT} - pH \tag{4-62}$$

在 lg[Cu] - pH 坐标系中,式 4-62 为一条斜线(图 4-10 的③线)。斜线上方为 Cu_2O 的稳定场,线下方为 Cu^{2+}的稳定场。

4.4.4 Cu^{2+}与 CuO 之间的平衡

$$Cu^{2+} + H_2O \rightleftharpoons CuO + 2H^+$$

$$\lg K = \lg \frac{[H^+]^2}{[Cu^{2+}]}$$

$$\lg[Cu^{2+}] = -\lg K - 2pH \tag{4-63}$$

在 lg[Cu] - pH 坐标系中,式 4-63 为一条斜线(图 4-10 中的④线)。斜线上方为 CuO 的稳定区,斜线下方为 Cu^{2+}的稳定区。

4.4.5 CuO(s)与 $Cu(OH)_2$(aq)的平衡

$$CuO(s) + H_2O \rightleftharpoons Cu(OH)_2(aq)$$

$$\lg K=\lg(Cu(OH)_2(aq))=\lg[Cu](aq) \tag{4-64}$$

式4-64为一平行于横轴的直线(图4-10中的⑤线)。其上方为CuO的过饱和区,其下方为CuO的不饱和区,为液相区。

4.4.6 Cu^{2+}与$Cu(OH)_2(aq)$的平衡

$$Cu^{2+}+2H_2O \rightleftharpoons Cu(OH)_2(aq)+2H^+$$

$$K=\frac{[H^+]^2[Cu(OH)_2]}{[Cu^{2+}]}$$

$$\lg K=-2pH+\lg\frac{[Cu(OH)_2]}{[Cu^{2+}]}$$

$$pH=-\frac{1}{2}\lg K+\frac{1}{2}\lg\frac{[Cu(OH)_2]}{[Cu^{2+}]} \tag{4-65}$$

当$[Cu(OH)_2(aq)]=[Cu^{2+}]$时,式4-65为一垂直于横轴的直线(图4-10中的⑥线)。线左$[Cu^{2+}]>[Cu(OH)_2(aq)]$,为Cu^{2+}的优势场;其右$[Cu^{2+}]<[Cu(OH)_2(aq)]$,为$Cu(OH)_2(aq)$的优势场。在⑥线上$[Cu^{2+}]=[Cu(OH)_2(aq)]$。

依此类推可以研究CuO与$HCuO_2^-$,CuO与CuO_2^{2-},$Cu(OH)_2(aq)$与$HCuO_2^-$,$HCuO_2^-$与CuO_2^{2-}之间的平衡并得到如图4-10所示的相应的⑨、⑩、⑦、⑧线。图4-11所示为$Cu-NH_3-H_2O$系的lg[Cu]-pH图。

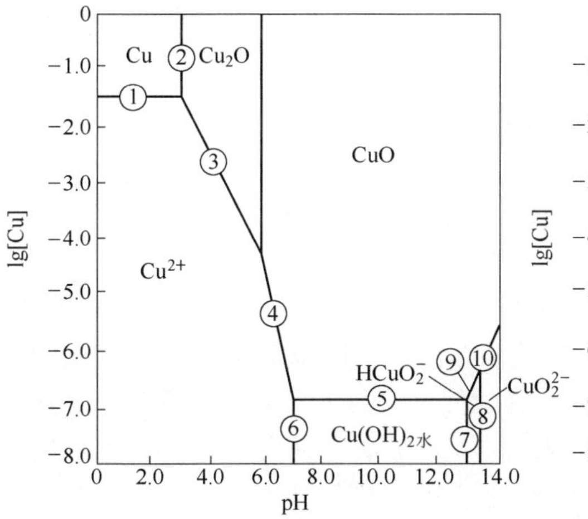

图4-10 $Cu-H_2O$系lg[Cu]-pH图
($T=298K,\varphi_n=0.3V$)

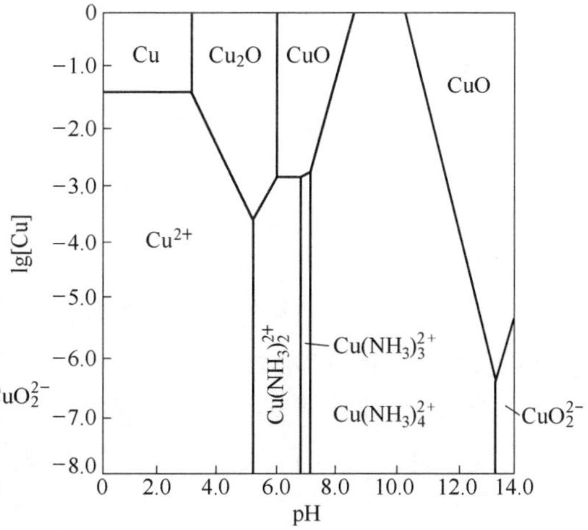

图4-11 $Cu-NH_3-H_2O$系lg[Cu]-pH图
($T=298K,\varphi_n=0.3V,[NH_4+NH_3]=1mol/L$)

R. G. 罗宾斯(Robins)与T. 西村(Nishimura)等绘制了金属$-As-H_2O$系、

金属 – As – SO_4^{2-} – H_2O 系、金属 – As – CO_3^{2-} – H_2O 系的 $[As]_T$ – pH 图[68]。J. 克拉格滕(Kragten)绘制了 45 种金属的 Me – H_2O 系和 Me – L – H_2O 系的 $lg[Me]_T$ – pH 图,L 为各种配位体[70]。

4.5 悬浮电位和实用湿法冶金体系的 φ – pH 图

对于理论研究的电位测定,当体系中有一固相存在时,需要用这一固相作成电极。例如,金属与其离子之间的平衡电位,当以金属浸没在一定成分的溶液中当作一极,判定某硫化物与金属离子之间的电位时,必须以此硫化物块浸没在一定成分的水溶液中作为一极,另一极(参比电极)则可用甘汞电极或铂金电极。但从湿法冶金的实用角度来看,"悬浮液电位"似乎更为方便。

所谓悬浮液电位是固相的细微颗粒与一定成分的溶液组成的悬浮液的电位,这电位可以将一铂电极和一甘汞电极浸没在悬浮液中测得。例如:测定 Cu – SO_4^{2-} – H_2O 系统的电位,把 0.15mm 的铜粉加入到用 H_2SO_4 或 Na_2SO_4 配制的 SO_4^{2-} 离子浓度为 1mol/L 的溶液中,在一定温度下不断搅拌,即组成所需的悬浮液。实践表明,从过滤悬浮液得到的滤液,或使悬浮液沉降后的上清液与悬浮液本身的电位没有多大的差别。当然,这一电位与用固体物质作电极而测得的电位值是有差别的,二者之间的关系现在尚未弄清。在测定悬浮液电位时,一般认为强电位容易测得,不稳定的弱电位难以测定。真溶液中的氧化还原电位一般易显出强的电位,悬浮液 CuS 则能得到明显的电位,而 S^0/H_2S 的电位弱,判定弱电位时要使用旋转铂电极。此种电极比滴汞电极的灵敏度高数百倍,必须特别注意防止铂电极表面被污染,因为它决定整个测定过程的精度。

在湿法冶金中,悬浮液电位比理论电位更加有用,其原因有下列几个方面:

(1) 矿物大多是以微粒的悬浊液来处理的,而不是以块状来处理,随矿物的粉化程度变化,其反应性也发生变化。

(2) 一种矿物往往包含其他矿物。即使是纯矿物也会由于矿物的产地不同,而存在反应性相异的不均匀性。为此,人们用电化学方法来测定块状矿物表面的化学反应时,只抓住了最容易发生的反应,这就使得有可能所测得的反应只是这种矿物的代表性反应。而从浸出的全过程来看,从最初最容易发生的反应到末期最难发生的反应都必须测定,因此有必要把颗粒完全溶解掉。

(3) 块状电极的理论电位很难用于控制浸出工艺过程,反之,悬浮电位则容易。

基于上述情况,有人研究了若干体系的悬浮电位 – pH 图,将已发表的悬浮 φ – pH图索引列入表 4–10。

表 4-10 悬浮体系 φ-pH 图索引

元 素	体 系	参考文献
Cu	$Cu-NH_3-Cl^--H_2O$ $Cu-SO_4^{2-}-H_2O$ 铜铳 $-NH_3-H_2O$ $Cu_{1.8}S/CuS-H_2SO_4-H_2O$ $Cu_2S/Cu_{1.8}S/CuS-SO_4^{2-}-H_2O$ $CuS-H_2SO_4-H_2O$	[58] [59] [57] [63] [63] [60]
Cr	$Cr-Cl^--H_2O$	[64]
S	$S-H_2O$	[37]
Fe	$Fe-SO_4^{2-}-H_2O$	[69]
As	$As-H_2O$ $As-S-H_2O$	[36] [36]
Bi	$Bi/Bi_2S_3-Cl^--H_2O$	[27]
Pb	$PbS-H_2SO_4-H_2O$ $PbS-HCl-H_2O$	[60],[61] [60],[61]
Zn	$ZnS-H_2SO_4-H_2O$ 闪锌矿 $-H_2SO_4-H_2O$	[60] [60]

参 考 文 献

[1] M. Pourbaix. Atlas of Electrochemical Equilibria in Aqueous Solutions. National Association of corrosion Engineers, 1974.

[2] E. Peters. Direct Leaching of Sulfides: Chemistry and Applications. *Metall. Trans. B* 7B (1976), 505 ~ 517.

[3] R. Woods, R. H. Roon and C. A. Young. E_h-pH diagrams for stable and metastable phases in the copper-sulfur-water system. *Int. J. Miner. Process.* 20 (1987), 109 ~ 120.

[4] P. B. Linkson, B. D. Phillips and C. D. Rowles. Computer methods for the generation of Eh - pH diagrams. Minerals Sci. Engng., 1979, 11(2): 65 ~ 79.

[5] 张索林, 梁植林. 水溶液热力学研究——高温热力学量和 E - pH 图的电算方法[J]. 有色金属(季刊),1982,34(2):65.

[6] 李阳. 用计算机绘制电位 - pH 图的一种新方法[J]. 有色金属, 1990, 42(2):48.

[7] R. T. Luo. Overall equilibrium diagrams for hydrometallurgical systems: Copper-ammonia-water system. Hydrometallurgy 17 (1987), 177 ~ 199.

[8] 傅崇说, 郑蒂基. 关于 $Cu-NH_3-H_2O$ 系的热力学研究[J]. 中南矿业学院学报, 1979, 1:27.

[9] 森岡進. 電位 - pH 平衡図の決定とその応用[J]. 日本金属学会誌, 1968, 7(9):485

~493.

[10] 杨显万，袁宝州. Tl - Cl^- - H_2O 系 E - pH 图[J]. 稀有金属，1981，5:1 ~7.

[11] Yang Xianwan, He Aiping. Solubilities of AgCl and Ag_2O in chloride solution and ammonia water. ICHM'88, international Academic Publishers, 1988,490.

[12] 何蔼平. 关于 Pd - Cl^- - H_2O 系的热力学分析. 贵金属，1982,(2):11.

[13] 杨显万,何蔼平,袁宝州,等. 高温水溶液的热力学计算[J]. 有色金属，1979,6:27.

[14] 傅崇说，郑蒂基. 关于 Cu - Cl - H_2O 系的热力学分析及电位 - pH 图[J]. 中南矿冶学院学报，1980,(3):12.

[15] 李皓月，郑蒂基，傅崇说. 关于 Cu - Cl - H_2O 系的平衡研究[J]. 中南矿冶学院学报，1982,(3):39.

[16] 亀谷博. 90℃におけるCu - Cl - H_2O 系電位 - pH 図[J]. 電気化学，1972，40(10):720 ~723.

[17] 郑蒂基，傅崇说. 关于铅 - 氯离子 - 水系在高离子强度及升温条件下的平衡研究[J]. 中南矿冶学院学报，1981,(4):1 ~9.

[18] 亀谷博. 90℃における$CuSO_4$ - H_2O 系電位 - pH 図[J]. 電気化学，1972，40(8)：583 ~588.

[19] 陈伟浦，倪旭，沙地. 用碘络合法回收制酸烟气中的汞[J]. 有色金属，1982,(3):58.

[20] 钟竹前，蔡传算，梅光贵. Ag - Cl - H_2O 系的热力学分析[J]. 有色冶炼，1982，(9):33.

[21] T. Xue, K. Osseo-Asare. Heterogeneous equilibria in the Au - CN - H_2O and Ag - CN - H_2O systems[J]. Metallurgical and Materials Transactions B, 1985, 16(3):455 ~463.

[22] 钟竹前，梅光贵，蔡传算. Au - Cl^- - H_2O 系的热力学分析[J]. 黄金，1982,(3):44.

[23] 肖景中. 硫脲溶金的热力学分析及结构探讨[J]. 昆明工学院学报，1986(2):73.

[24] K. Osseo-Asare, S. W. Asihene. Heterogeneous Equilibria In Ammonia/Laterite Leaching Systems. In proceedings of the International Laterite Symposium, New Orleans, LA, February 19 - 21. New York, NY: AIME.

[25] Ernest Peters. Direct Leaching of sulfides: Chemistry and applications. Metallurgical and Materials Transactions B, 1976,7(4): 505 ~517.

[26] 黄振谦. 黄铜矿一水系统的电位一 pH 图(25℃)[J]. 中南矿冶学院学报,1981,(2):48.

[27] 亀谷博,等. 日本鉱業会志，1977,172.

[28] K. Osseo-Asare, Application of activity-activity diagrams to ammonia hydrometallurgy: 4 — Fe - NH_3 - H_2O, Fe - NH_3 - H_2O - CO_3, and Fe - NH_3 - H_2O - SO_4 systems at 25℃. *Trans. Inst. Min. Metall. Sect. C: Mineral Process. Extr. Metall.* 90 (1981), pp. 159 ~163.

[29] K. Osseo-Asare, Application of activity-activity diagrams to ammonia hydrometallurgy: 3 — Mn - NH_3 - H_2O, Mn - NH_3 - H_2O - CO_3, and Mn - NH_3 - H_2O - SO_4 systems at 25°C. Trans. Inst. Min. Metall. Sect. C: Mineral Process. Extr. Metall. 90 (1981), pp. 152 ~158.

[30] James T. Dyke, Quintus Fernando, Harry Zeitlin. The application of potential – pH diagrams to solvent extraction systems. Hydrometallurgy, 1980, 6(1 –2):49 ~62.

[31] 钟竹前, 梅光贵. 电位—pH 图在湿法冶金中的应用[J]. 有色金属(冶炼部分), 1979, (3):28.

[32] 傅崇说. 冶金溶液热力学原理与计算[M]. 北京:冶金工业出版社, 1979:374 ~376.

[33] 加藤登季男, 沖猛雄. 黄鉄鉱および方鉛鉱の酸性溶液中におけるアノード反応[J]. 日本金属学会誌,1973,37(5):529 ~534.

[34] 钟竹前, 梅光贵, 蔡传算. Hg – Cl – H_2O 系和 HgS – Cl – H_2O 系电化平衡(25℃)[J]. 中南矿冶学院学报, 1983,3:39.

[35] 亀谷博, 小林幹彦. Pb – S – H_2O 系電位 – pH 図とPbSの半導体的性質の関係[J]. 日本鉱業会誌, 1986, 36(5):361 ~372.

[36] 户泸一光. 東北大學選鉱制錬研究所汇報, (昭和 53),6:74.

[37] 亀谷博, 青木爱子. 日本鉱業会志, 1978,60.

[38] 户泸一光. 東北大學選鉱制錬研究所汇報, (昭和 55),6:81;(昭和 55),12:141.

[39] 梅光贵, 钟竹前. 锌焙砂热酸浸出过程的理论分析[J]. 中南矿冶学院学报, 1981,(4):16 ~23.

[40] 钟竹前, 梅光贵. 电位 – pH 图在湿法冶金中的应用(续)[J]. 有色金属(冶炼部分), 1979,(4):29.

[41] D. Digby, Macdonald. The thermodynamics and theoretical corrosion behavior of manganese in aqueous systems at elevated temperatures. Corrosion Science, 1976,16(7): 461 ~482.

[42] V. Ashworth, P. J. Boden. Potential – pH diagrams at elevated temperatures. Corrosion Science, 1970, 10(10):709 ~718.

[43] R. J. Biernat, R. G. Robins. High-temperature potential/pH diagrams for the iron-water and iron-water-sulphur systems. Electrochimica Acta, 1972, 17(7): 1261 ~1283.

[44] 储建华. 提取锇的冶金热力学分析[J]. 贵金属, 1983, 2:1.

[45] 杨显万, 张英杰. 矿浆电解原理[M]. 北京:冶金工业出版社, 2000, 14 ~58.

[46] 飞秀英, 杨显万. 方铅矿碳酸盐转化法的热力学分析[J]. 昆明工学院学报, 1984, 4:61.

[47] 赵天从. 无污染有色冶金[M]. 北京:科学出版社. 1992.

[48] 储建华. 提取铂的冶金热力学分析[J]. 贵金属, 1983, 1:1.

[49] 储建华. 提取钯的冶金热力学分析[J]. 贵金属, 1984, 4:1.

[50] 储建华. 提取铑的冶金热力学分析[J]. 贵金属, 1983, 3:8.

[51] 易宪武. 高温 As – H_2O 体系电位 – pH 图以及离子 $G_T^{\ominus}$ 和 $S_{298}^{\ominus}$ 的计算[J]. 有色金属(冶炼部分), 1983,6:33.

[52] Herrn. Erzmetall, Band 29, Heft 5, 1976, 218.

[53] 梅光贵, 钟竹前. 锌焙砂热酸浸出过程的理论分析[J]. 中南矿冶学院学报, 1981,(4):16 ~23.

[54] 増子昇. 錯化合物を含む系の電位 – pH 図とその湿式ヤ金への応用[J]. 電気化学,

1959, 27(7):365 ~ 374.

[55] 杨显万, 等. 1983 年湿法冶金物理化学学术会议论文摘要汇编[G]. 长沙, 1983,40 ~ 41.

[56] 张昭, 彭少芳, 郑昌琼. 中南有色金属学会第一届全国冶金物理化学学术委员会论文集(上册)[G],长沙,1986,151 ~ 154.

[57] 王庆祥. 第一届全国冶炼理论学术会议论文集[G], 1982, 110 ~ 116.

[58] 亀谷博, 青木愛子. 銅の無電源電解に関する研究 - 1 - 銅の無電源電解[J]. 日本鉱業会誌, 1978, 94(1079):37 ~ 43.

[59] 亀谷博, 青木爱子. 銅の無電源電解に関する研究 - 2 - 白〔ヒ〕の無電源電解[J]. 日本鉱業会誌, 1978, 94(1080):97 ~ 103.

[60] 吾妻潔. 複雑硫化鉱の湿式処理に関する基礎的研究 - 3 - 硫化物懸濁液の電位 - pH 図[J]. 日本鉱業会誌, 1971, 87(1003):671 ~ 678.

[61] 亀谷博, 村山勝男. 鉛の懸濁電解[J]. 日本鉱業会誌, 1975, 91(1051):601 ~ 605.

[62] K. Osseo-Asare, Thomas H. Brown. A numerical method for computing hydrometallurgical activity-activity diagrams. Hydrometallurgy, 1979, 4(3): 217 ~ 232.

[63] Kametani Acki, Z. Erzmetall, 29(1976), 394.

[64] 亀谷博,等. 日本鉱業会志, (1977),4:174.

[65] Kametani, Yamauchi, Acki, Z. Erzmetall, 32(1979), 277.

[66] 杨显万, 李敦钫, 何蔼平,等. 高冰镍氯气浸出基础研究——浸出过程热力学[J]. 有色金属(季刊), 1994,(1):45.

[67] 黎鼎鑫,等. 贵金属的提取冶金[M]. 长沙:中南工业大学出版社, 1991, 93 ~ 97.

[68] Robins, R. G. The Solubility of Metal Arsenates. Metallurgical Trans. B, 1981, 12, 103 ~ 109.

[69] 亀谷博, 青木爱子. 90℃における電位 - pH 図 - 5 - 90℃における $Fe - SO_4 - H_2O$ 懸濁系電位 - pH 図[J]. 日本鉱業会誌, 1975,91(1053):727 ~ 732.

[70] J. Kragten. Atlas of Metal-Ligand Equilibria in Aqueous Solution. Ellis Horwood Limited, Chichester, England, 1978.

[71] 钟竹前, 梅光贵, 蔡传算,等. 铜—二氧化锰同时电解的理论分析[J]. 有色金属(冶炼部分), 1985, (1):22.

[72] 赵天从. 锑[M]. 北京:冶金工业出版社,1987, 346 ~ 350.

[73] P. F. Duby. Proceeding of International Conference on High Temperature, High Pressure Electrochemistry in Aqueous Solution. Ed. By D. Jones, J. Slator, R. W. Staehle, University of Surrey, 1973.

[74] J. S. Newton and P. F. Duby. Construction of Pourbaix Diagrams for Ternary Systems by Digital Computer and Thier Application to Stress Corrosion Cracking of Brass. Nuclear Metallurgy, 1976, 20 (2):951 ~ 963.

[75] P. A. Brook. A computer method of calculating potential - pH diagrams. Corrosion Science, 1971,11(6): 389 ~ 396.

[76] M. H. Froning, M. E. Shanley, E. D. Verink Jr. An improved method for calculation of po-

tential – pH diagrams of metal-ion-water systems by computer. Corrosion Science, 1976, 16 (6): 371 ~ 377.

[77] 李自强, 何良惠. 水溶液化学位图及其应用[M]. 成都:成都科技大学出版社, 1991, 130.

[78] Carmen Nila, Ignacio González. Thermodynamics of Cu – H_2SO_4 – Cl^- – H_2O and Cu – NH_4Cl – H_2O based on predominance-existence diagrams and Pourbaix-type diagrams. Hydrometallurgy, 1996, 42(1):63 ~ 82.

[79] K. Osseo-Asare. Solution chemistry of tungsten leaching systems. Metall. Trans. B 1982, 13 (4):555 ~ 564.

[80] C. A. Young, C. I. Basilio, R. H. Yoon. Thermodynamics of chalcocite-xanthate interactions. International Journal of Mineral Processing. 1991, 31(3 – 4): 265 ~ 279.

[81] Ben Q. Li. Computation of chemical equilibria by the arithmetic-geometric method with application to the Ni – NH_3 – H_2SO_4 – H_2O system. Hydrometallurgy, 1993, 32(1):81 ~ 98.

[82] 刘海霞. 化学位图软件系统的研究与开发[D]. 长沙:中南大学,1999.

[83] Ke-qiang XIE, Xian-wan YANG, Ji-kun WANG, et al. Kinetic study on pressure leaching of high iron sphalerite concentrate. Transactions of Nonferrous Metals Society of China, 2007, 17 (1):187 ~ 194.

[84] 尹爱君. 冶金数据库系统及其应用研究[D]. 长沙:中南工业大学,1996.

5 难溶电解质的溶解度

湿法冶金的很多工艺涉及到难溶物质,例如从水溶液中用沉淀法回收金属,溶液净化中的沉淀分离等。难溶物质的溶解度以及各种因素对溶解度的影响是这些过程的理论基础。

5.1 难溶物质在复杂溶液中的溶解度的通用计算法

应用类似于第3章介绍的求解溶液热力学平衡的方法,可以用电子计算机计算出一难溶物质在任何有限组分的溶液中的溶解度。

一难溶电解质 Me_xA_y,其溶解平衡为:

$$Me_xA_y(s) \rightleftharpoons xMe(aq) + yA(aq) \tag{5-1}$$

其活度积为

$$K_{sp} = [Me]^x[A]^y \tag{5-2}$$

式中,[ ]为活度,为简化起见,以下均视为浓度。若水溶液中含另外 m 种金属 Me_p,$p=1,2,3,\cdots,m$;n 种配位体 L_i,$i=1,2,3,\cdots,n$。每种配位体均有加质子反应

$$L_i + H^+ = HL_i$$

其平衡常数为

$$K_{L_i} = \frac{[HL_i]}{[L_i][H^+]} \tag{5-3}$$

每种金属与每种配位体均能生成络合物 $Me_pL_{i,j}$,$j=1,2,3,4,5,6$(配位数大于6者甚少)。其累计生成常数:

$$\beta_{p,i,j} = \frac{[Me_pL_{i,j}]}{[Me_p][L_i]^j} \tag{5-4}$$

难溶物 Me_xA_y 中的金属阳离子也与 L_i 生成络合物 $MeL_{i,j}$,其累计生成常数

$$\beta_{i,j} = \frac{[MeL_{i,j}]}{[Me][L_i]^j} \tag{5-5}$$

水溶液中溶解物种的个数为:

简单金属阳离子	$m+1$
络合物 $MeL_{i,j}$	$6n$
$Me_pL_{i,j}$	$6mn$

配位体游离 L_i　　　n

　　　　HL_i　　　n

总计　　　　$6mn+m+8n+1$

上述各物种的平衡浓度均为未知数，此外 Me_xA_y 溶解于此溶液中的平衡总浓度 $[Me]_T$ 也为未知数，共有未知数 $6mn+m+2n+2$ 个，可写出同样数目的方程式。

溶解物阳离子部分的物质平衡方程 1 个

$$[Me]_T = [Me] + \sum_i \sum_j [MeL_{i,j}] \tag{5-6}$$

其余各金属的物质平衡方程 m 个

$$[Me_p]_T = [Me_p] + \sum_i \sum_j [Me_pL_{i,j}] \tag{5-7}$$

各配位体的物质平衡方程 n 个

$$[L_i]_T = [L_i] + \sum_j j[MeL_{i,j}] + \sum_p \sum_j j[Me_pL_{i,j}] \tag{5-8}$$

各配位体的加质子反应平衡方程 n 个

$$L_i + H^+ = HL_i$$

$$K_{L_i} = \frac{[HL_i]}{[H^+][L_i]} \tag{5-9}$$

各络合物的累计生成常数方程 $6(m+1)n$ 个

$$\beta_{p,i,j} = \frac{[Me_pL_{i,j}]}{[Me_p][L_i]^j} \tag{5-10}$$

溶解物的活度积方程 1 个

$$K_{sp} = [Me]^x[A]^y \tag{5-11a}$$

共计有方程 $6mn+m+8n+2$，给定 $[Me_p]_T$，$[L_i]_T$ 与溶液 H^+ 浓度（10^{-pH}），用牛顿－拉弗逊（Newtm-Raphson）法求解上述联立方程组，不仅可以求出难溶电解质 Me_xA_y 在复杂溶液中的溶解度，还可以同时得出与 Me_xA_y 处于平衡状态的水溶液的模型。若难溶电解质的阴离子本身是一种配位体，例如 AgCl，$PbCl_2$ 中的 Cl，则在写出此种配位体的物质平衡时要把由于溶解带入溶液中的这种配位体的浓度考虑进去，在式 5-8 的左端应加上一项 $[Ag]_T$ 或 $2[Pb]_T$。若溶液 H^+ 浓度给定的不是溶解达到饱和后的平衡值，而是溶解前的初始值，则 H^+ 的平衡浓度也是一个未知数，再增加一个电荷平衡方程即可。

OH^- 作为一个配位体在低 pH 范围内可不必考虑，在高 pH 范围内则必须考虑。金属与 OH^- 络合物的累计生成常数有两种表达方式

$$Me + jOH = Me(OH)_j$$

$$\beta_j = \frac{[Me(OH)_j]}{[Me][OH]^j} \tag{5-11b}$$

水常数

$$[H^+][OH^-]=K_w$$

$$[OH^-]=K_w[H^+]^{-1} \tag{5-12}$$

将式 5-12 代入式 5-11*b* 得

$$\beta_i=\frac{[Me(OH)_j][H^+]^j}{[Me]K_w^j}=\frac{[Me(OH)_j]10^{-jpH}}{[Me]K_w^j} \tag{5-13}$$

另一种表达方式

$$Me+jH_2O=Me(OH)_j+jH^+ \tag{5-14}$$

$$\beta^*=\frac{[Me(OH)_j]10^{-jpH}}{[Me]} \tag{5-15}$$

用任何一种均可,但必须前后一致,不可混用。与第 3 章一样,只有用活度来进行计算时,计算结果才与实测吻合。若以浓度代替活度,只有所用的溶度积与累计生成常数是在相似条件下测得的值,计算结果才能与实测吻合。

5.2　氧化物与氢氧化物的溶解度

5.2.1　在水中的溶解度

此种情况下唯一需要考虑的配位体是 OH^-,为了便于计算,把各氢氧化物的活度积值和某些氧化物溶解的平衡常数值列入表 5-1。

表 5-1　氢氧化物和氧化物的活度积 lg K_{sp}

溶解反应	*T*/K				
	298	323	373	423	473
$\frac{1}{2}Ag_2O+\frac{1}{2}H_2O = OH^-+Ag^+$	-7.7	-7.26	-6.65	-6.21	-6.09
$\gamma-Al(OH)_3 = Al^{3+}+3OH^-$	-33.80	-32.85	-31.68	-31.23	-31.24
$\gamma-AlO(OH)+H_2O = Al^{3+}+3OH^-$	-32.67	-32.00	-31.33	-31.3	-31.6
$\frac{1}{2}Al_2O_3+\frac{3}{2}H_2O = Al^{3+}+3OH^-$	-32.06	-31.48	-30.98	-31.08	-31.56
$Ca(OH)_2 = Ca^{2+}+2OH^-$	-5.20	-5.52	-6.30	-7.32	-8.47
$CdO+H_2O = Cd^{2+}+2OH^-$	-12.80	-12.73	-12.90	-13.38	-14.04
$\frac{1}{2}Cu_2O+\frac{1}{2}H_2O = Cu^++OH^-$	-14.94	-13.99	-12.59	-11.64	-11.00
$CuO+H_2O = Cu^{2+}+2OH^-$	-20.30	-19.68	-19.0	-18.8	-18.9
$\alpha-FeO(OH)+H_2O = Fe^{3+}+3OH^-$	-41.65	-40.27	-38.5	-37.6	
$\frac{1}{2}Fe_2O_3+\frac{3}{2}H_2O = Fe^{3+}+3OH^-$	-41.55	-40.25	-38.6	-37.8	-37.6
$Li(OH) = Li^++OH^-$	1.92	1.60	0.98	0.39	-0.16
$Mg(OH)_2 = Mg^{2+}+2OH^-$	-11.17	-11.14	-11.39	-11.88	-12.49
SiO_2(石英)$+2H_2O = H_4SiO_4$	-3.68	-3.40	-2.96	-2.62	-2.36
$UO_2(OH)_2 = UO_2^{2+}+2OH^-$	-21.86	-21.21	-20.50	-20.31	-20.48

续表 5-1

溶解反应	T/K				
	298	323	373	423	473
$ZnO + H_2O = Zn^{2+} + 2OH^-$	-16.84	-11.56	-16.88	-16.56	-17.00
$Fe(OH)_3 = Fe^{3+} + 3OH^-$	-38.528	-37.450	-36.077	-35.423	-35.258
$Tl(OH)_3 = Tl^{3+} + 3OH^-$	-43.83				
$Co(OH)_3 = Co^{3+} + 3OH^-$	-43.04				
$Sb(OH)_3 = Sb^{3+} + 3OH^-$	-38.48				
$Al(OH)_3 = Al^{3+} + 3OH^-$	-32.75				
$Bi(OH)_3 = Bi^{3+} + 3OH^-$	-30.39				
$Lu(OH)_3 = Lu^{3+} + 3OH^-$	-23.72				
$Rb(OH)_3 = Rb^{3+} + 3OH^-$	-23.60				
$Er(OH)_3 = Er^{3+} + 3OH^-$	-23.39				
$Eu(OH)_3 = Eu^{3+} + 3OH^-$	-23.05				
$Gd(OH)_2 = Gd^{3+} + 3OH^-$	-22.85				
$Sm(OH)_3 = Sm^{3+} + 3OH^-$	-22.08				
$Ce(OH)_3 = Ce^{3+} + 3OH^-$	-22.00				
$Nd(OH)_3 = Nd^{3+} + 3OH^-$	-21.49				
$Pr(OH)_3 = Pr^{3+} + 3OH^-$	-21.17				
$La(OH)_3 = La^{3+} + 3OH^-$	-18.77				
$Sn(OH)_2 = Sn^{2+} + 3OH^-$	-25.31				
$Cu(OH)_2 = Cu^{2+} + 2OH^-$	-18.97				
$Ni(OH)_2 = Ni^{2+} + 2OH^-$	-15.82				
$Zn(OH)_2 = Zn^{2+} + 2OH^-$	-15.78				
$Co(OH)_2 = Co^{2+} + 2OH^-$	-15.40				
$Fe(OH)_2 = Fe^{2+} + 2OH^-$	-14.72				
$Cd(OH)_2 = Cd^{2+} + 2OH^-$	-13.62				
$Mn(OH)_2 = Mn^{2+} + 2OH^-$	-13.40				
$CuO + 2H^+ = Cu^{2+} + H_2O$(黑铜矿)	7.65				
$Cu_2(OH)_2CO_3 + 4H^+ = 2Cu^{2+} + 3H_2O + CO_2(g)$(孔雀石)	14.16				
$Cu_3(OH)_2(CO_3)_2 + 6H^+ = 3Cu^{2+} + 4H_2O + 2CO_2(g)$(蓝铜矿)	21.24				

J. 克拉格滕(Kragten)计算并绘制了各种金属氢氧化物(氧化物)的 $\lg[Me]_T$-pH 图[1]。把他得出的各种金属氢氧化物 $\lg[Me]_T$-pH 图叠加示于图 5-1。

从图可以看出这些曲线按其位置可分为 3 组,各自在不同的 pH 段发生溶解或沉淀,控制溶液的 pH 便可以实现它们的分离。U(Ⅳ)、Ga、Al、Sn、Zn 既可以溶解于酸,也可溶解于碱性溶液。

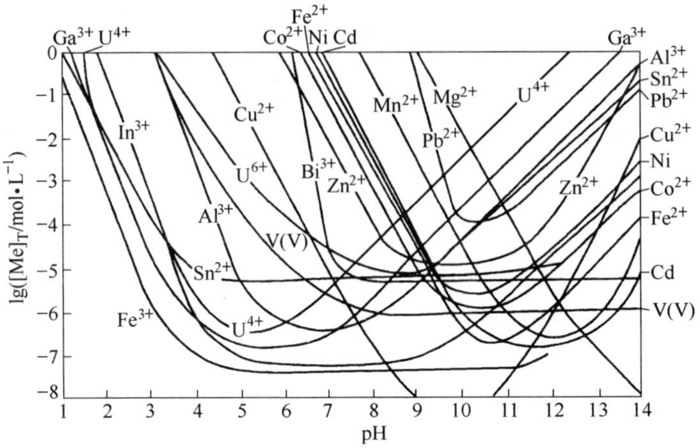

图 5-1　Me - H_2O 系 lg[Me]$_T$ - pH 图

（T = 298K）

5.2.2　在氨水中的溶解度

金属的氢氧化物与氧化物在氨水中的溶解度对研究氨浸过程有一定指导意义。J. 克拉格滕[1]计算并绘制了各种金属 - NH_3 - 水系的 lg[Me]$_T$ - pH 图，但他所给定的是游离 NH_3 的浓度。因而不便使用。作者及其合作者们计算并绘制了 $Cu(OH)_2$、$Ni(OH)_2$、$Co(OH)_2$、ZnO、Ag_2O[2] 在一定总氨浓度[NH_3]$_T$ 的氨水中的溶解度，分别表示于图 5-2 ~ 图 5-6。

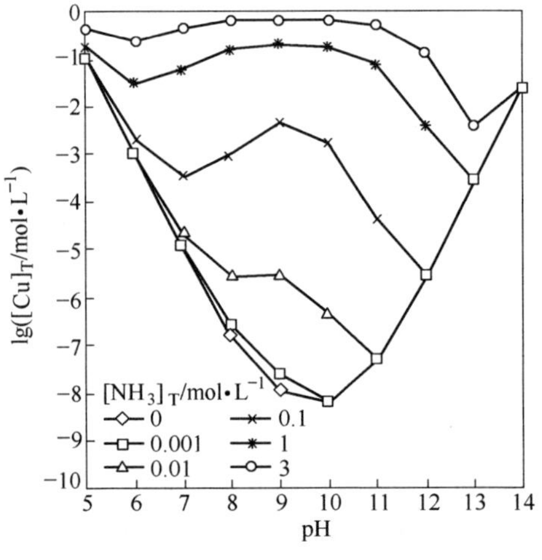

图 5-2　$Cu(OH)_2$ 在氨水中的溶解度

（T = 298K）

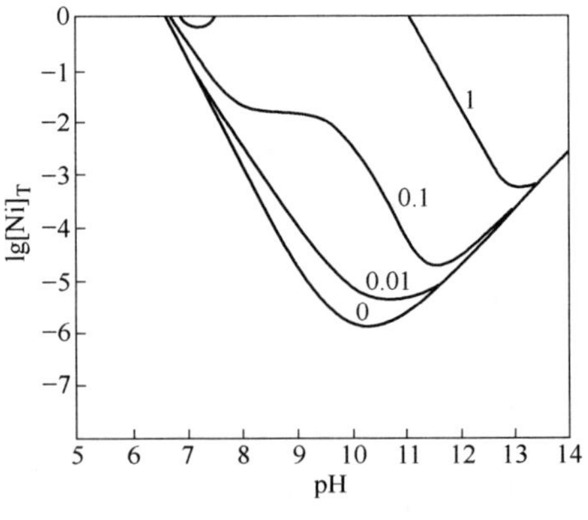

图 5-3　$Ni(OH)_2$ 在氨水中的溶解度

（T = 298K；线上数字为溶液中 NH_3 总浓度[NH_3]$_T$，单位为 mol/L）

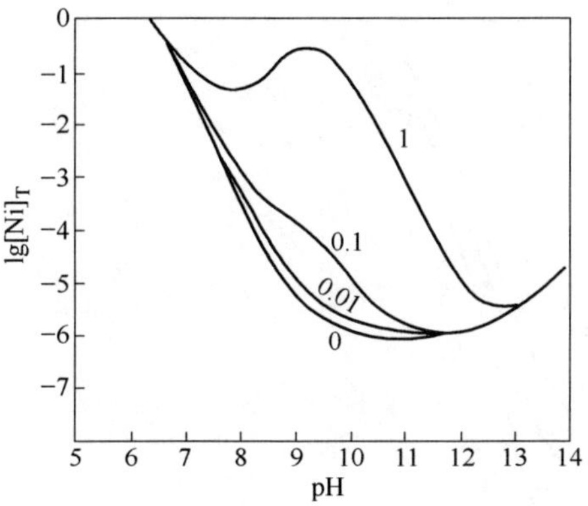

图 5-4 $Co(OH)_2$ 在氨水中的溶解度

（$T=298K$；线上数字为溶液中 NH_3 总浓度$[NH_3]_T$，单位为 mol/L）

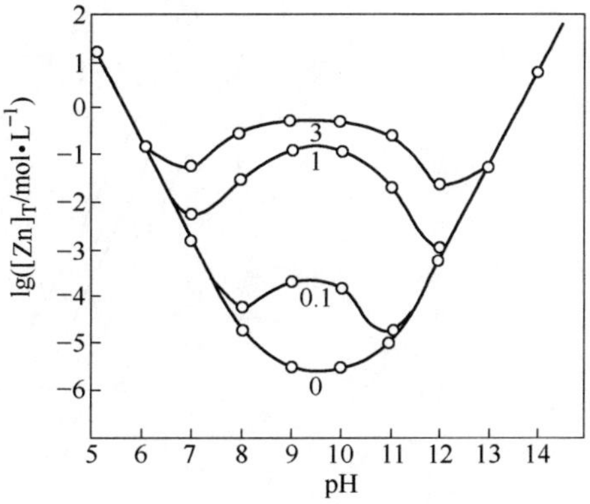

图 5-5 ZnO 在氨水中的溶解度

（$T=298K$；线上数字为溶液中 NH_3 总浓度$[NH_3]_T$，单位为 mol/L）

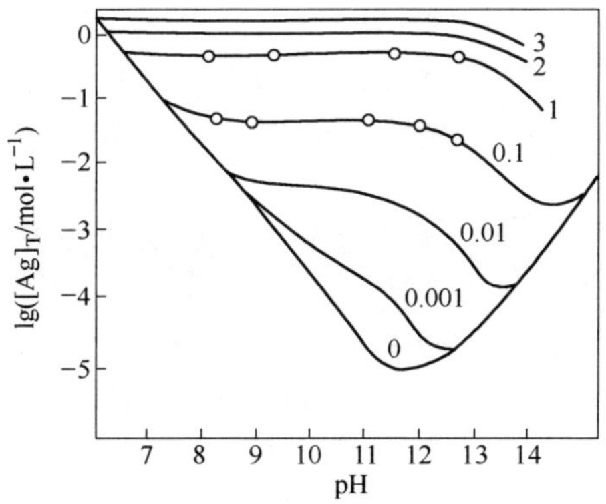

图 5-6 Ag_2O 在氨（铵）溶液中的溶解度

（$T=298K$；线上的数字为溶液中氨的总浓度，mol/L；○为实测值）

5.3 氯化物的溶解度

湿法冶金中遇到的难溶氯化物有 AgCl、$PbCl_2$、TlCl、SbOCl 与 BiOCl 等。

AgCl 在水中的溶解度与活度积的一些关系数据如下：

T/K	298	323	348	373
$\lg K_{sp}$	−9.75	−8.93	−8.23	−7.60
银溶解度（计算值）/$mg \cdot L^{-1}$	1.90	4.90		22.6
银溶解度（实测值）/$mg \cdot L^{-1}$	1.95	5.40		21.00[4]

由于 Ag^+ 与 Cl^- 的络合，AgCl 在含 Cl^- 的水溶液中的溶解度明显增加。在 $Ag-Cl^--H_2O$ 系的水溶液中银的总浓度$[Ag]_T$ 与游离 Cl^- 浓度$[Cl^-]$之关系见图 5-7[2]。

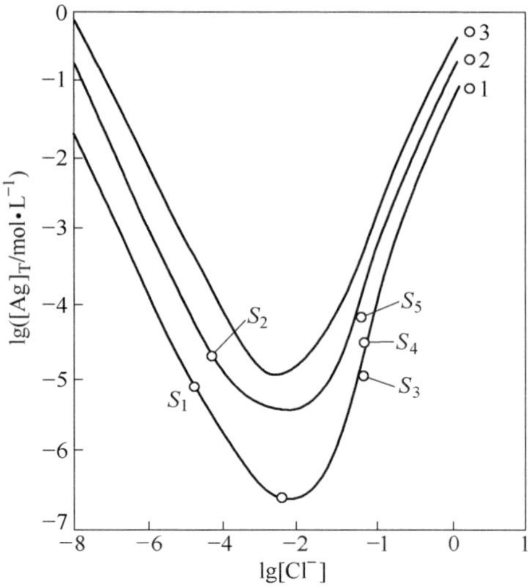

图 5-7 Ag − Cl$^-$ − H_2O 系中 lg[Ag]$_T$ 与 lg[Cl$^-$]的关系

1—T=298K,S_1、S_3 为实测值;2—T=323K,S_4 为在该温度下的实测值;

3—T=348K,S_5 为在 323K 下的实测值

由图 5-7 可以看出,欲以 AgCl 形式从溶液中沉淀银,当水溶液中[Cl$^-$]在 10^{-2} mol/L 左右时,沉淀最完全。钟竹前计算出[Cl]$_T$ 值为 $10^{-2.625}$[5] 时溶液中残留的银浓度达到最低点,在 298K 时仅为 $10^{-6.09}$ mol/L(0.088 mg/L)。反之,欲使 AgCl 溶解,则其溶解度随溶液中[Cl$^-$]或[Cl]$_T$ 之增加而增大。在实践中常用氯盐($FeCl_3$,$FeCl_2$,NaCl,$CaCl_2$),HCl 的水溶液来浸出 AgCl,但由于氯盐的阳离子与 Cl$^-$的络合能力不同以及与 H_2O 水合的能力也不同,因而,即使在同一[Cl]$_T$ 下,不同氯盐的水溶液溶解 AgCl 的能力也是不同的。O. 代纳多(Dinardo)测定了 AgCl 在各种不同的氯盐水溶液中,在各种温度下的溶解度,结果见表 5-2 与图 5-8[6]。用计算方法也能得出类似结果而且与实测结果吻合较好[4]。

表 5-2 AgCl 在 $FeCl_3$ − HCl 溶液中的溶解度

组分浓度 c/mol · L^{-1}		$S=A+Bt+Ct^2$ ①(饱和溶液)		
HCl	Fe^{3+}	A	B	C
0.3	0.0	4.502	−0.265	0.573×10^{-2}
0.3	0.1	13.506	−0.586	1.049×10^{-2}
0.3	0.3	7.765	−0.240	1.313×10^{-2}
0.3	0.5	21.650	−0.539	2.411×10^{-2}
0.3	0.6	23.701	−0.118	2.459×10^{-2}
0.3	1.0	33.048	0.939	2.407×10^{-2}

续表 5-2

组分浓度 c/mol·L^{-1}		$S=A+Bt+Ct^2$①(饱和溶液)		
HCl	Fe^{3+}	A	B	C
0.3	1.5	105.89	1.527	4.310×10^{-2}
0.3	2.0	193.10	1.960	6.363×10^{-2}
0.3	2.7	230.77	5.361	5.268×10^{-2}
0.3	3.2	364.30	10.591	1.350×10^{-2}
0.0	0.0	2.784	-0.008	0.264×10^{-2}
1.0	0.1	35.004	-1.111	2.750×10^{-2}
0.6	0.1	13.314	-0.567	1.510×10^{-2}
0.3	0.1	13.506	-0.586	1.049×10^{-2}
0.1	0.1	6.294	0.296	0.616×10^{2}

① S 为溶解度(饱和浓度),mg/L;t 为温度,℃。

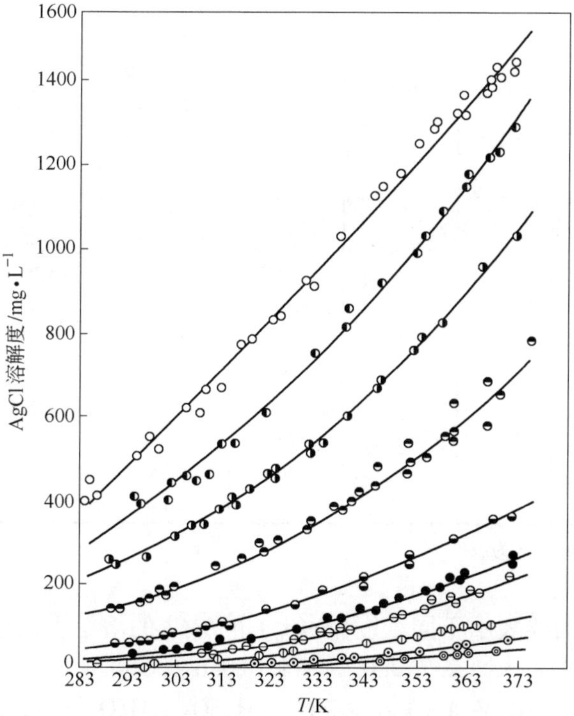

图 5-8 在浓度 0.3 mol/L HCl 介质中含有不同浓度的 $FeCl_3$ 时实验测得的 AgCl 的溶解度

O. 代纳多等测定了 AgCl 在硫酸介质中的溶解度[7],以实测结果回归出计算 AgCl 溶解度的经验公式

$$S = Ate^{Bt} + C \qquad (5-16)$$

A,B,C 值列入表 5-3。

表 5-3 AgCl 的溶解度 $S = Ate^{Bt} + C$①

溶液成分					方程参数值		
H_2SO_4 浓度 c /mol · L^{-1}	$ZnSO_4$	Cu^{2+}	$Fe_2(SO_4)_3$ 浓度 c /mol · L^{-1}	HCl 浓度 ρ /mg · L^{-1}	A	B	C
0	0	0	0	0	2.291×10^{-2}	2.172×10^{-2}	−0.573
0.3	0	0	0.3	0	6.358×10^{-2}	1.621×10^{-2}	−1.443
0.3	0	0	0.5	0	6.215×10^{-2}	2.058×10^{-2}	−1.434
0.3	0	0	0.7	0	6.283×10^{-2}	1.868×10^{-2}	−1.236
0.3	0	0	1.0	0	3.572×10^{-2}	2.461×10^{-2}	−0.410
0.3	0	0	0.3	0	61.973×10^{-3}	2.061×10^{-2}	11.232×10^{-1}
				5	27.338×10^{-3}	2.592×10^{-2}	-14.808×10^{-1}
0.3	0	0	0.3	10	8.021×10^{-3}	3.611×10^{-2}	-5.745×10^{-1}
				25	2.367×10^{-3}	4.327×10^{-2}	-1.170×10^{-1}
				100	1.219×10^{-3}	3.960×10^{-2}	-1.111×10^{-1}
				200	0.872×10^{-3}	3.877×10^{-2}	-0.497×10^{-1}
	含 Zn125 g/L，Zn 以 $ZnSO_4$ 形式存在			0	71.893×10^{-3}	2.517×10^{-2}	−1.46533
				5	22.710×10^{-3}	3.328×10^{-2}	−1.27674
				25	6.595×10^{-3}	4.220×10^{-2}	−6.91581
				50	1.833×10^{-3}	5.007×10^{-2}	-3.291×10^{-2}
				200	0.447×10^{-3}	5.450×10^{-2}	3.860×10^{-2}
150 g/L	0	含 Cu^{2+} 45 g/L	0	0	5.063×10^{-2}	2.236×10^{-2}	3.967×10^{-1}
				5	4.696×10^{-3}	4.800×10^{-2}	-1.421×10^{-1}
				10	7.593×10^{-3}	3.735×10^{-2}	-6.653×10^{-1}
				25	1.043×10^{-3}	5.274×10^{-2}	-1.025×10^{-1}
				50	1.596×10^{-3}	4.216×10^{-2}	-2.437×10^{-1}
				200	7.391×10^{-4}	4.021×10^{-2}	-1.126×10^{-1}

① 浓度 S 单位为 mg/L，t 为温度，℃。

图 5-8 中各曲线表示不同浓度（$FeCl_3$）下 AgCl 的溶解度，其 $FeCl_3$ 浓度（mol/L）值自上而下依次为 3.2、2.7、2.0、1.5、1.0、0.6、0.5、0.3、0.1、0。

图 5-9 和图 5-10 是 AgCl 在 $ZnSO_4 - H_2SO_4 - H_2O$ 与 $CuSO_4 - H_2SO_4 - H_2O$ 系溶液中的溶解度，这些溶解度规律对阐明锌焙砂浸出与铜电解精炼时银的行为是很有用的。图 5-9 的溶液含 Zn125 g/L，以 $ZnSO_4$ 形式存在。图 5-10 的溶液含 Cu45 g/L、$H_2SO_4$150 g/L。

杨显万等计算了 AgCl 在氨水中的溶解度（$T = 298K$）[2]，其结果表示如图 5-11所示。

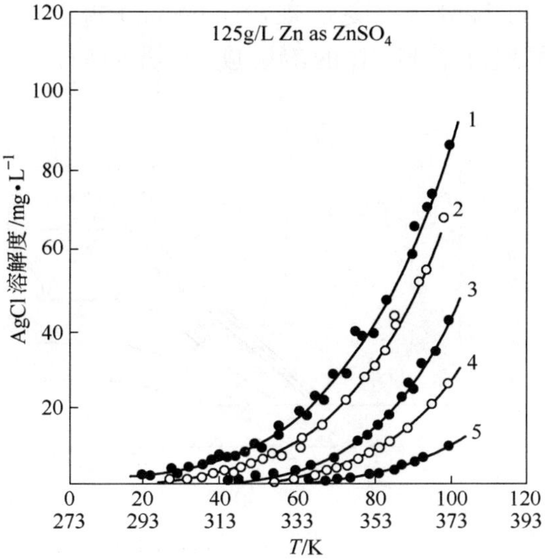

图 5-9　AgCl 在 $ZnSO_4$ + HCl 水溶液中的溶解度

1—0 mg/L HCl;2—5 mg/L HCl;3—25 mg/L HCl;

4—50 mg/L HCl;5—200 mg/L HCl

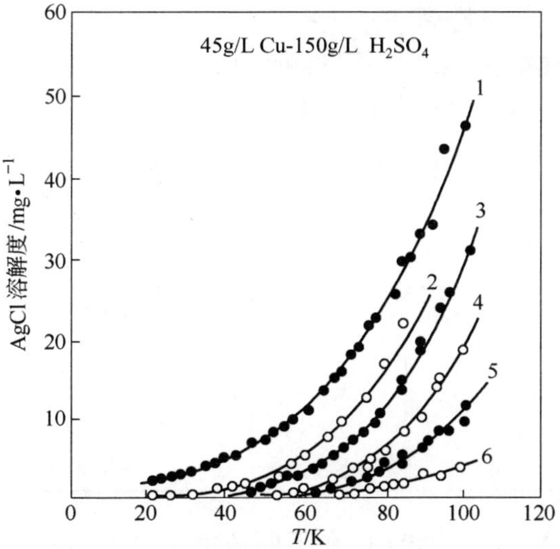

图 5-10　AgCl 在 $CuSO_4$ + H_2SO_4 + HCl 水溶液中的溶解度

1—0 mg/L HCl;2—5 mg/L HCl;3—10 mg/L HCl;

4—25 mg/L HCl;5—50 mg/L HCl;6—200 mg/L HCl

Pb^{2+}与 Cl^- 生成一系列络合物,不同的研究者测定并计算出的铅氯配合物的累计生成常数值列入表 3-6。先后有不少人测定过 $PbCl_2$ 的溶解度[29,30,31,32]。

J. O. 恩瑞古(Nriagu)与 G. M. 安德森(Anderson)测定了在 3 mol/L($NaCl + NaClO_4$)溶液中不同温度下 $PbCl_2$ 的溶解度[8],并回归出计算 $PbCl_2$ 溶解度的公式:

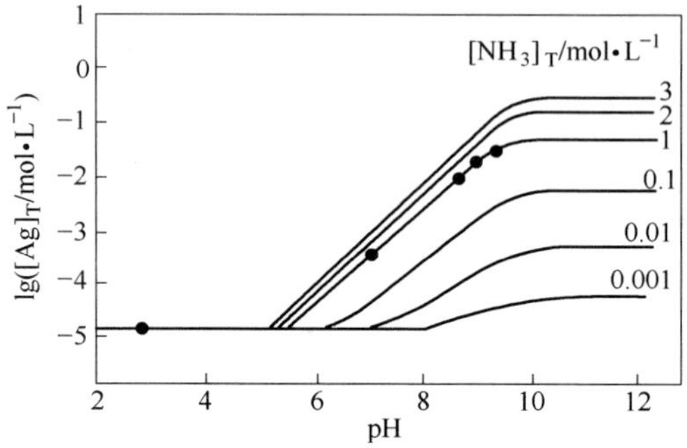

图 5-11 AgCl 在 298K 氨水中的溶解度与 pH、$[NH_3]_T$ 的关系

(●为实测值)

$$S = \frac{A}{[Cl^-]^2} + \frac{B}{[Cl^-]} + C + D[Cl^-] + E[Cl^-]^2 \qquad (5\text{-}17a)$$

式中 S——$PbCl_2$ 溶解度,mol/L;

$[Cl^-]$——溶液中游离 Cl^- 浓度,mol/L;

A,B,C,D,E——参数,其值列入表 5-4。

表 5-4 公式 5-17a 各参数值

参 数	T/K			
	301	313	333	363
A	7.0×10^{-4}	7.6×10^{-6}	9.0×10^{-6}	11.0×10^{-6}
B	1.1×10^{-4}	1.5×10^{-4}	2.3×10^{-4}	4.4×10^{-4}
C	0.91×10^{-3}	1.6×10^{-3}	3.2×10^{-3}	7.8×10^{-3}
D	2.1×10^{-3}	2.6×10^{-3}	3.8×10^{-3}	4.9×10^{-3}
E	1.3×10^{-3}	2.5×10^{-3}	5.6×10^{-3}	15.6×10^{-3}

K. G. Tan 等人[33]测量了 $PbCl_2$ 在不同浓度 HCl 与 NaCl 溶液中的溶解度,并回归出计算 $PbCl_2$ 溶解度的经验公式:

$$\lg S = A(1000/T) + B \qquad (5\text{-}17b)$$

式中 S——$PbCl_2$ 溶解度,mmol/L;

T——热力学温度。

公式 5-17b 的测量温度 t 为 20 ~ 100℃,其参数值列入表 5-5。

表 5-5 公式 5-17b 的参数值

HCl 浓度 c/mol · L^{-1}	NaCl 浓度 c/mol · L^{-1}	A	B	相关系数
0.0	0	-0.7125	3.9790	0.99998
0.1	0	-1.1510	4.0533	0.99592
0.2	0	-1.2634	4.2542	0.99761
0.3	0	-1.4589	4.7321	0.99823
0.7	0	-1.5357	4.8312	0.99677
1.0	0	-1.5948	4.9780	0.99833
1.5	0	-1.5564	4.8888	0.99001
3.0	0	-1.3764	4.4825	0.99698
0	1.0	-1.4392	4.6170	0.99447
0	2.0	-1.3487	4.4841	0.99179
0	3.0	-1.2808	4.4635	0.99540

恩瑞古测定了不同温度下 $PbCl_2$ 的活度积($I = 3$ mol/kg 时)值如下:

T/K	301	313	333	363
K'_{sp}	$(7.0 \pm 1.0) \times 10^{-6}$	$(7.6 \pm 1.0) \times 10^{-6}$	$(9.0 \pm 1.5) \times 10^{-6}$	$(11.0 \pm 2.0) \times 10^{-6}$

在用公式 5-17a 进行计算时需要有溶液中游离氯根的浓度值[Cl^-]。在不同条件下实测得的[Cl^-]值列入表 5-6。由表 5-6 看出,当氯化物起始浓度不小于 1 mol/L 时,饱和 $PbCl_2$ 后溶液中的[Cl^-]近似等于溶液中氯化物的起始浓度,误差不大。由表 5-5 看出,$PbCl_2$ 溶解度不仅与溶液中 Cl^- 浓度有关,而且还与氯盐的种类有关,这是由于 Na^+ 与 H^+ 水合程度不同所致。

表 5-6 游离氯根[Cl^-]浓度值

介质	T/K	起始氯化物浓度 c/mol · L^{-1}							
		0.1	0.2	0.3	0.7	1.0	1.5	2.0	3.0
NaCl	298	0.115	0.206	0.303	0.701	1.000	1.496	1.991	2.973
HCl	298	0.115	0.207	0.304	0.701	1.001	1.499	1.997	2.988
NaCl	301								
NaCl	313								
HCl	323	0.125	0.213	0.307	0.703	1.004	1.502	1.995	2.969
NaCl	333								
HCl	348	0.130	0.225	0.315	0.703	1.003	1.500	1.992	2.956
NaCl	363								
HCl	373	0.129	0.236	0.326	0.703	0.998	1.492	1.984	2.960

用 5.1 节所述通用计算法可以求出 $PbCl_2$ 在不同成分溶液中的溶解度，但只有选用与所计算的溶液离子强度与温度相当时的溶度积与累计生成常数值，计算结果才与实测结果相吻合。用 J. O. 恩瑞古测定的在 $I = 3$ mol/kg 条件下 $PbCl_2$ 在不同温度下的溶度积计算 $PbCl_2$ 的溶解度，计算结果与实测值的对比示于图 5-12。

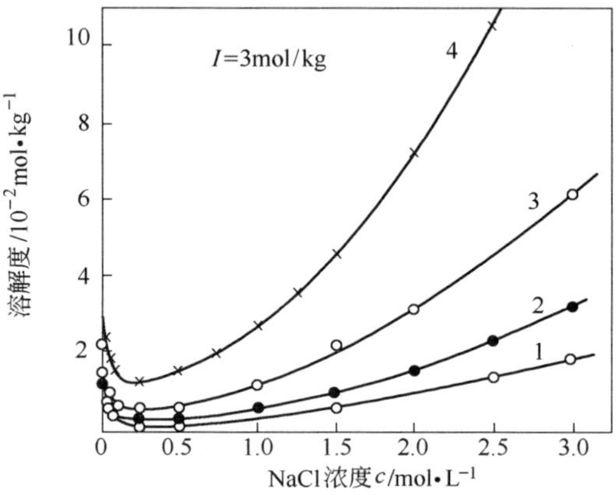

图 5-12 $PbCl_2$ 溶解度

1—301K；2—313K；3—333K；4—363K

唐谟堂计算了 SbOCl 与 BiOCl 在含 Cl^- 水溶液中的溶解度[9,10]，并回归出计算 $[Sb]_T$ 和 $[Bi]_T$ 的公式。

5.4 硫化物的溶解度

在湿法冶金中常常通过难溶硫化物沉淀作为溶液净化或提取金属的手段。硫化物的溶解度与硫化物的性质、温度与溶液成分有关。各种硫化物在不同温度下的活度积列入表 5-7。

表 5-7 各种硫化物在不同温度下的活度积（$pK = -\lg K_{sp}$）

反　应	T/K				
	298	323	373	423	473
$Ag_2S = 2Ag^+ + S^{2-}$	49.14	45.37	39.70	35.57	32.9
$Bi_2S_3 = 2Bi^{3+} + 3S^{2-}$	104.05	98.37	90.58	86.2	84.0
$CdS = Cd^{2+} + S^{2-}$	27.19	25.70	23.73	22.74	22.4
$\beta-CoS = Co^{2+} + S^{2-}$	19.74	18.94	18.1	17.9	18.1
$CuS = Cu^{2+} + S^{2-}$	35.85	33.76	30.85	29.11	28.16
$Cu_2S = 2Cu^+ + S^{2-}$	47.64	44.13	38.89	35.35	32.9

续表 5-7

反应	T/K				
	298	323	373	423	473
$FeS = Fe^{2+} + S^{2-}$	16.47	15.75	15.17	15.3	15.9
$FeS_2 = Fe^{2+} + S_2^{2-}$	26.27	24.86	22.95	22.0	21.6
$HgS = Hg^{2+} + S^{2-}$	52.7	49.1	43.9	40.4	38.1
$NiS = Ni^{2+} + S^{2-}$	21.03	20.19	19.26	19.05	19.33
$MnS = Mn^{2+} + S^{2-}$	12.95	12.59	12.4	12.8	13.5
$PbS = Pb^{2+} + S^{2-}$	28.06	26.28	23.89	22.63	22.13
$SnS = Sn^{2+} + S^{2-}$	27.53	26.04	24.08	23.08	22.73
ZnS(闪锌矿)$= Zn^{2+} + S^{2-}$	24.92	23.71	22.18	21.48	21.34
$ZnS = Zn^{2+} + S^{2-}$	23.10	22.07	20.83	20.35	20.38
$Cu_5FeS_4 = 4Cu^{+} + Cu^{2+} + Fe^{2+} + 4S^{2-}$	160.5	150.0	133.4	120.8	119.6
$CuFeS_2 = Cu^{2+} + Fe^{2+} + 2S^{2-}$	61.5	58.4	53.1	49.2	46.2

在含 S^{2-} 的水溶液有 S^{2-}、HS^- 和 H_2S 同时存在并有下列平衡：

$$H_2S \rightleftharpoons H^+ + HS^- \qquad K_1 = \frac{[H^+][HS^-]}{[H_2S]} \tag{5-18}$$

$$HS^- \rightleftharpoons H^+ + S^{2-} \qquad K_2 = \frac{[H^+][S^{2-}]}{[HS^-]} \tag{5-19}$$

不同温度下的 $\lg K_1$ 与 $\lg K_2$ 值列入表 5-8。

表 5-8 H_2S 离解反应的 $\lg K_1$ 与 $\lg K_2$ 值[11]

T/K	$\lg K_1$	$\lg K_2$	T/K	$\lg K_1$	$\lg K_2$
298	-6.99	-13.90	423	-6.72	-10.62
323	-6.77	-13.13	473	-6.96	-9.57
333	-6.72	-12.84	523	-7.35	-8.61
373	-6.63	-11.78	573	-8.06	-7.72

在计算各种硫化物于不同条件下的溶解度时，也可以用 5.1 节所介绍的通用计算法，只是增加了 4 个未知数，即 $[S]_T$（溶液中负二价 S 的总浓度）、$[H_2S]$，$[HS^-]$ 与 $[S^{2-}]$，但可写出方程 5-18、5-19 与负二价硫的物质平衡方程

$$[S]_T = [H_2S] + [HS^-] + [S^{2-}]$$

由于方程式还少一个，故而上述 4 个数值中应有一个为已知。假定溶液中在溶解硫化物之前没有任何负二价硫的物种，则溶液中负二价硫是随着硫化物的溶解而进入溶液的。如果硫化物的溶解度很小，溶液尚不能被 H_2S 饱和，则 $[S]_T$ 与硫化物的溶解度可以用简单的数学式关联。在另一种情况下，例如硫化物的

溶解度足够大或者向水溶液中加入 H_2S 或 Na_2S 使溶液中的金属离子以硫化物的形式沉淀出来，则可认为溶液为 H_2S 与饱和。H_2S 在水溶液中的溶解度受多种因素影响。

H_2S 的溶解可用下式表达

$$H_2S(g) = H_2S(aq)$$

H_2S 溶解这一过程的标准自由能变化为：

温度 T/K	298	323	348	373	423	473
$\Delta G_T^{\ominus}$/kJ · mol^{-1}	5.86	7.95	10.05	12.56	19.26	21.77
$\lg K_T$	-1.027	-1.285	-1.507	-1.758	-2.376	-2.402

平衡常数
$$K_T = \frac{a_{H_2S}}{f_{H_2S} p_{H_2S}} = \frac{[H_2S]\gamma_{H_2S}}{f_{H_2S} p_{总} x} \tag{5-20}$$

式中 a_{H_2S}——溶液中 H_2S 的活度；

f_{H_2S}——与溶液处于平衡状态的气相中 H_2S 的逸度系数；

p_{H_2S}——溶液上 H_2S 的平衡分压；

$p_{总}$——溶液上气体的总压力；

x——溶液上气相中 H_2S 所占的分数。

由式 5-20 可得

$$[H_2S] = K_T \frac{f_{H_2S} p_{总} x}{\gamma_{H_2S}} \tag{5-21}$$

从式 5-21 看出，H_2S 在溶液中的饱和浓度（溶解度）受温度、压力和溶液成分几个因素的影响。

温度：温度的影响主要反映在 K_T 上，随温度升高，K_T 减小，$[H_2S]$ 也下降。

压力：$p_{总}$ 增大，$[H_2S]$ 也增大。

溶液成分：溶液中其他溶质的种类与浓度的变化必然引起 γ_{H_2S} 与溶液水活度 a_{H_2O} 的改变。

式 5-21 中各参数，f_{H_2S} 可在牛顿图中查找[39]。$p_{总}\ x$ 可用下面的方式求得。假定溶液上的气相仅由水蒸气和 H_2S 组成，则可认为

$$p_{总} = p_{H_2O} + p_{H_2S}$$

$$p_{H_2S} = x p_{总} = p_{总} - p_{H_2O}$$

p_{H_2O} 为溶液上水蒸气的平衡分压。根据 Raoult 定律

$$p_{H_2O} = p_{H_2O}^{*} a_{H_2O}$$

式中 $p_{H_2O}^{*}$——纯水的蒸气压；

a_{H_2O}——溶液的水活度。

a_{H_2O} 可在某些文献例如文献[35]中查找，或由溶液的渗透系数计算

$$\lg a_{H_2O} = -\frac{\nu m M_{H_2O}}{1000}\phi$$

式中 ϕ——溶液的渗透系数；

m——溶液的质量摩尔浓度，mol/kg；

M_{H_2O}——水的分子量；

ν——水溶液中电解质正负离子计量系数之和。

溶液的渗透系数可用第2章介绍的皮泽尔(Pitzer)法求得。在各种盐的水溶液中，中性分子 H_2S 的活度系数可用谢琴诺夫(Setchenow)公式计算[36,37,38]

$$\lg\gamma_{H_2S} = k_s m_s$$

式中 k_s——盐系数；

m_s——盐的质量摩尔浓度，mol/kg。

恩瑞古(Nriagu)给出了计算 H_2S 在 NaCl 溶液中在 363K 时的溶解度的公式

$$S_{H_2S} = 55.5KA - 2.25KAm_{NaCl}$$

$$A = 1 - p^*_{H_2O}\exp(-2\theta m_{NaCl}/55.55)$$

式中 K——亨利(Henry)定律常数；

θ——溶液的渗透系数；

m_{NaCl}——溶液中 NaCl 的质量摩尔浓度，mol/kg；

$p^*_{H_2O}$——纯水的蒸气压(0.1 MPa)。

计算用的参数与计算结果列入表5-9。

表5-9 H_2S 在 NaCl 溶液中的溶解度($T = 363K$)

参数	NaCl 浓度 m/mol · kg^{-1}			
	0.0	1.0	2.0	3.0
渗透系数		0.941	0.994	1.05
亨利定律常数	1426	1725	2068	2496
H_2S 溶解度/mol · kg^{-1}	0.0120	0.0105	0.0089	0.0076
γ_{H_2S}	1.0	1.17	1.36	1.59

从表5-9中的数据可以得出

$$\lg\gamma_{H_2S} = 0.0666 m_{NaCl}$$

在计算硫化物的溶解度时除了要考虑溶液中各种配位体的络合作用外，还必须注意到某些硫化物能与 H_2S 和 HS^- 生成络合物，例如 PbS 有

$$PbS(s) + 2H_2S(aq) \rightleftharpoons PbS \cdot 2H_2S(aq)$$

络合反应的平衡常数值在 363K 时为 $10^{-2.1}$[20]。

$$PbS(s) + H_2S(aq) + HS^-(aq) = Pb(HS)_3^-$$

其平衡常数在 363K 时为 $\lg K = -2.54$

$$Ag^+(aq) + HS^-(aq) \rightleftharpoons AgSH(aq) \qquad \lg\beta_1 = 13.3$$ [12]

$$Ag^+(aq) + 2HS^-(aq) \rightleftharpoons Ag(SH)_2^- \qquad \lg\beta_2 = 17.17$$ [13]

$$2Ag(HS)_2^- \rightleftharpoons Ag_2S_3H_2^{2-} + H_2S(aq) \qquad \lg K = 3.2$$ [14]

Hg^{2+}也会与硫根络合

$$Hg^{2+} + 2S_2^{2-} \rightleftharpoons HgS_2^{2-} \qquad \lg\beta_2 = 51.5$$ [14]

$$Hg^{2+} + 2HS^- \rightleftharpoons Hg(HS)_2 \qquad \lg\beta_2 = 37.7$$ [14]

$$Hg(SH)_2 \rightleftharpoons HgS_2H^- + H^+ \qquad \lg K = -6.2$$ [14]

上述各常数值是在 293K、0. 1MPa 和 0. 1 mol/L NaCl 介质中测定的。

若不考虑络合作用，可计算得出 pH = 13 时 Ag_2S 的溶解度仅为 $10^{-23.85}$ mol/L。G. 施奇瓦曾巴奇（Schwarzenbach）以放射性化学法实测得 Ag_2S 的溶解度[15] 在 pH = 13 时约为 10^{-8} mol/L，比计算值大出 14 个数量级。由此可以看出，络合作用对溶解度影响之巨大，实测结果示于图 5-13*a*。图 5-13 溶液所含 S 总浓度为 $S_T = [H_2S] + [HS^-] + [S^-] = 0.02$ mol/L、离子强度为 $I = 0.1$ mol/kg（$NaClO_4$）、293K。

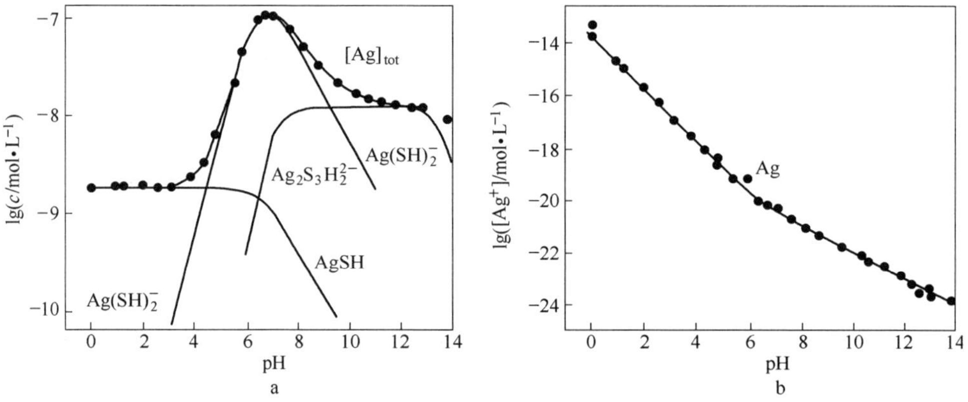

图 5-13 Ag_2S 的溶解度

a—可溶的银络合物和总的 Ag（Ⅰ）随 pH 值的变化曲线；

b—游离[Ag^+]随 pH 值的变化曲线

国内外很多研究者都实测和计算了金属硫化物在被 H_2S 饱和的含 Cl^- 的水溶液中的溶解度。N. W. 希勒尔斯（Hinners）[16]，H. D. 荷朗德（Holland）[17] 实测了 ZnS 于 353K 下在为 H_2S 饱和了的 1 和 3 mol/L NaCl 水溶液中的溶解度。B. N. 梅伦特耶夫（Melent'yev）等人在 1969 年[18] 研究了 ZnS、Ag_2S 和 Cu_2S 在 373 ~ 453K 下在稀的盐酸溶液中的溶解度。

G. M. 安德森（Anderson）（1962）研究并实测了 PbS 在 H_2S 水溶液中的溶解

度[19]，恩瑞古研究并实测了 PbS 的 363K、饱和了 H_2S 的 NaCl 水溶液中的溶解度[20]，以及 PbS 在 3 mol/L NaCl – HCl – H_2O 溶液中于 301、333、363、393、473K 下的溶解度，其测定结果如图 5–14 所示。

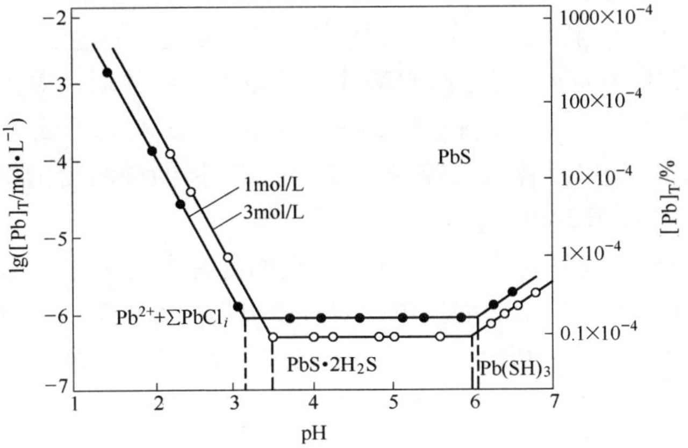

图 5–14 PbS 在饱和 H_2S 的 NaCl 溶液中的溶解度

（363K、0.1 MPa）

Sb_2S_3 能显著地溶解于盐酸溶液。谢祥林、杨天足计算了 Sb_2S_3 在盐酸中的溶解度[21]，其计算结果如图 5–15、图 5–16 所示。

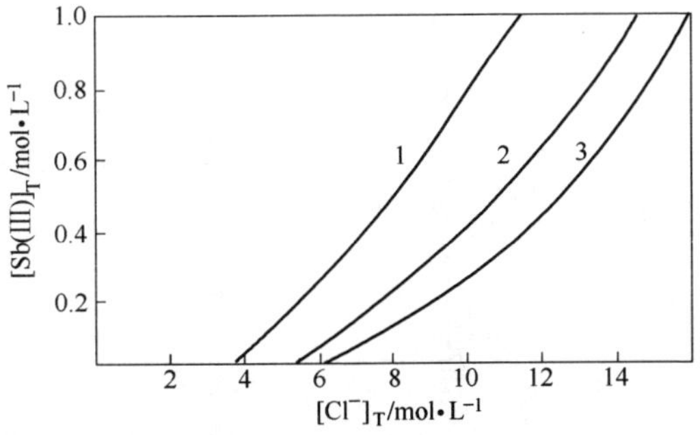

图 5–15 $[Sb^{3+}]_T$ 与 $[Cl^-]_T$ 的关系（$[H^+]=10$）

1—$[H_2S]=0.1$ mol/L；2—$[H_2S]=0.05$ mol/L；3—$[H_2S]=0.01$ mol/L

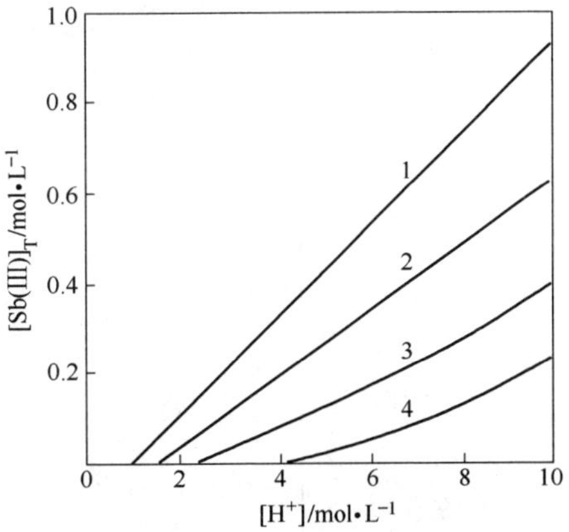

图 5–16 $[Sb^{3+}]_T$ 与 $[H^+]$ 的关系（$[H_2S]=0.05$）

1—$[Cl^-]_T=14$ mol/L；2—$[Cl^-]_T=12$ mol/L；3—$[Cl^-]_T=10$ mol/L；4—$[Cl^-]_T=8$ mol/L

5.5 砷酸盐的溶解度

许多有色金属矿含砷，因此，湿法冶金过程常常遇到砷的问题。砷酸盐的溶解度以及各种因素的影响有助于说明在湿法冶金过程中砷的行为。

5.5.1 砷酸盐在水中的溶解度

不少研究者测定过砷酸盐在水中的溶解度。B. Г. 楚克兰采夫(Чукланцев)于1956年和1957年测定了17种砷酸盐与6种亚砷酸盐的溶度积和生成自由能。后来R. G. 罗宾斯(Robins)在他们的基础上又测了一些数据并对一些有争议的数据重新进行了测定[25]。T. 西村尼欣(Nishimura)等后来又系统地测定了锌、铜、钙、锶、钡的亚砷酸盐以及锌、铜、镍、钴、镁、钙、锶、钡的砷酸盐的溶解度[26],其部分结果如图5-17和图5-18所示。

如果水溶液中尚有其他金属和配位体,它们的种类与浓度会影响到砷酸盐的溶解度。砷酸盐在成分复杂的溶液中的溶解度可以用5.1节所述方法计算出。为便于读者自行计算,表5-10给出了各种砷化物与水溶物种的标准生成自由能值。R. G. 罗宾斯[27]与T. 西村尼欣[26]等计算并绘制了多种砷酸盐 $\lg[Me]_T - pH$ 图,其中一部分如图5-19所示。

表5-10 砷化物与水溶物种标准生成自由能值[27]

物种		状态	$\Delta G^{\ominus}_{298}$/kJ · mol^{-1}
As(Ⅲ)和As(Ⅴ)离子	AsO_3^{3-}	aq	-447.69
	$HAsO_3^{2-}$	aq	-524.26
	$H_2AsO_3^-$	aq	-587.14
	H_3AsO_3	aq	-639.82
	AsO^+	aq	-163.80
	AsO_4^{3-}	aq	-648.52
	$HAsO_4^{2-}$	aq	-714.71
	$H_2AsO_4^-$	aq	-753.29
	H_3AsO_4	aq	-766.01
	Arsine AsH_3	g	+68.91
As(Ⅲ)硫根络离子	AsS_2^-	aq	-23.39
	$HAs_2S_4^-$	aq	-101.71
	$H_2As_2S_4$	aq	-131.80
砷的氧化物	As_2O_3(八面体的)	c	-576.22
	As_2O_5	c	-782.28
砷的硫化物	As_2S_3	c	-90.37
	As_4S_4	c	-131.50
	FeAsS	c	-109.62
金属砷酸盐	$SbAsO_4$	c	-737.22
	$BiAsO_4$	c	-619.23
	$Pb_3(AsO_4)_2$	c	-1572.35
	$AlAsO_4$	c	-1224.24
	$ZnHAsO_4$	c	-898.72

续表 5-10

物种		状态	$\Delta G_{298}^{\ominus}$/kJ · mol^{-1}
金属砷酸盐	$Zn_5H_2(AsO_4)_4$	c	-3709.12
	$Zn_3(AsO_4)_2$	c	-1904.56
	Zn_2AsO_4OH	c	-1246.41
	$Cd_3(AsO_4)_2$	c	-1716.28
	$CuHAsO_4$	c	-689.52
	$Cu_5H_2(AsO_4)_4$	c	-2664.79
	$Cu_3(AsO_4)_2$	c	-1300.81
	Cu_2AsO_4OH	c	-842.24
	$AgAsO_4$	c	-542.67
	$NiHAsO_4$	c	-788.27
	$Ni_3(AsO_4)_2$	c	-1586.57
	$CoHAsO_4$	c	-804.17
	$Zn(AsO_2)_2$	c	-918.81
	$3ZnO \cdot As_2O_3$	c	-1572.35
	$Cu(AsO_2)_2$	c	-701.66
	$Ca(AsO_2)_2$	c	-1292.02
	$CaAsO_2OH$	c	-1112.94
	$Sr(AsO_2)_2$	c	-1286.58
	$SrAsO_2OH$	c	-1097.88
	$BaH(AsO_2)_3$	c	-1701.21
	$Ba(AsO_2)_2$	c	-1285.32
	$Ba_2(AsO_2)_3OH$	c	-2385.72
	$Ba_5(AsO_2)_6(OH)_4$	c	-5668.07
	$Co_3(AsO_4)_2$	c	-1624.65
	$FeAsO_4$	c	-768.60
	$Mn_3(AsO_4)_2$	c	-2145.14
	$CrAsO_4$	c	-978.64
	$MgHAsO_4$	c	-1187.42
	$Mg_3(AsO_4)_2$	c	-2775.25
	$Ca(H_2AsO_4)_2$	c	-2053.93
	$CaHAsO_4$	c	-1287.42
	$Ca_5H_2(AsO_4)_4$	c	-5636.69
	$Ca_3(AsO_4)_2$	c	-3060.60
	Ca_2AsO_4OH	c	-1987.82
	$SrHAsO_4$	c	-1292.02
	$Sr_3(AsO_4)_2$	c	-3063.94
	$Sr_7(AsO_4)_4(OH)_2$	c	-7062.17
	$Ba(H_2AsO_4)_2$	c	-2069.83
	$BaHAsO_4$	c	-1304.57
	$Ba_3(AsO_4)_2$	c	-3076.91

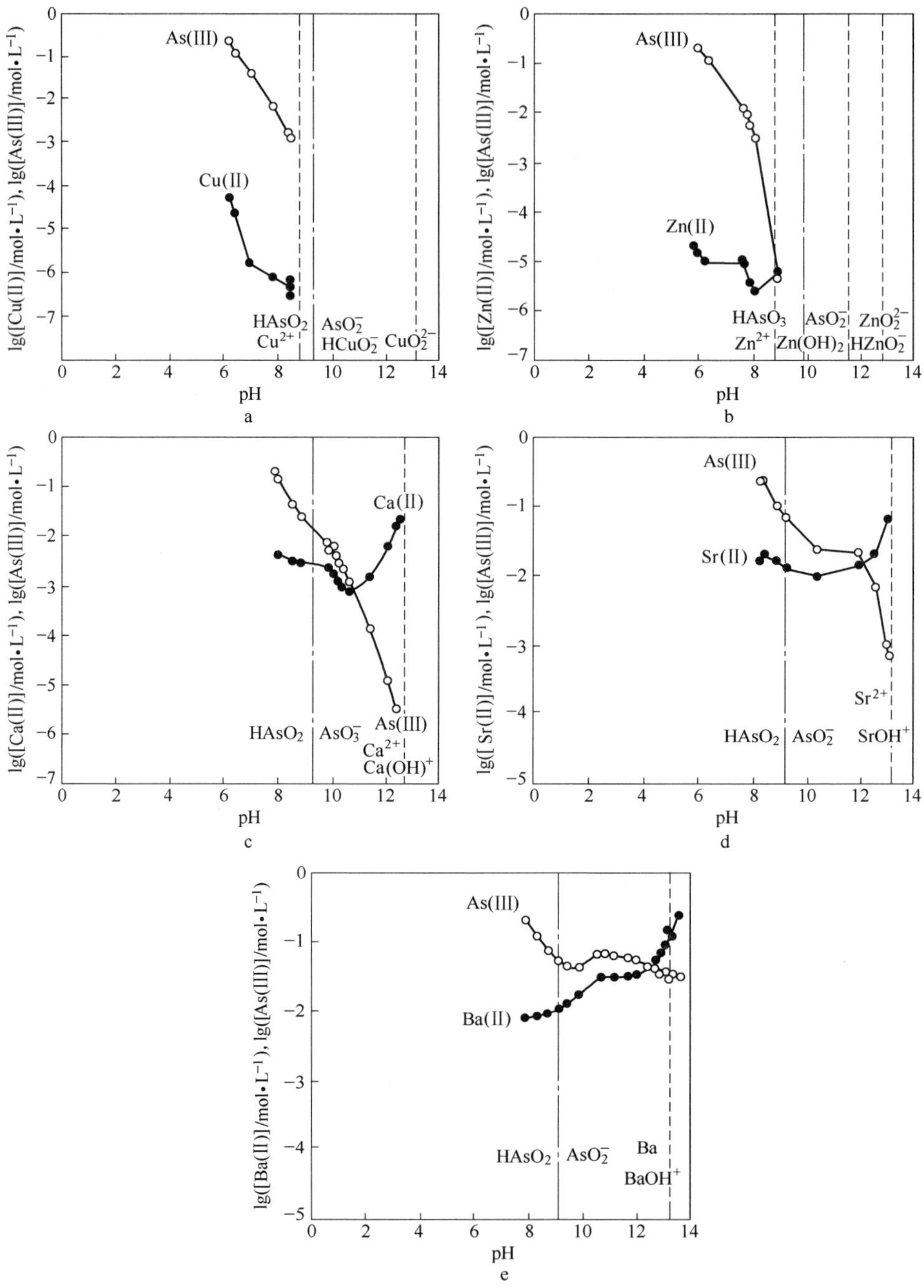

图 5-17 As(Ⅲ)酸盐溶解度的实测值

a—Cu - As(Ⅲ) - H_2O 系；b—Zn - As(Ⅲ) - H_2O 系；c—Ca - As(Ⅲ) - H_2O 系；d—Sr - As(Ⅲ) - H_2O 系；e—Ba - As(Ⅲ) - H_2O 系

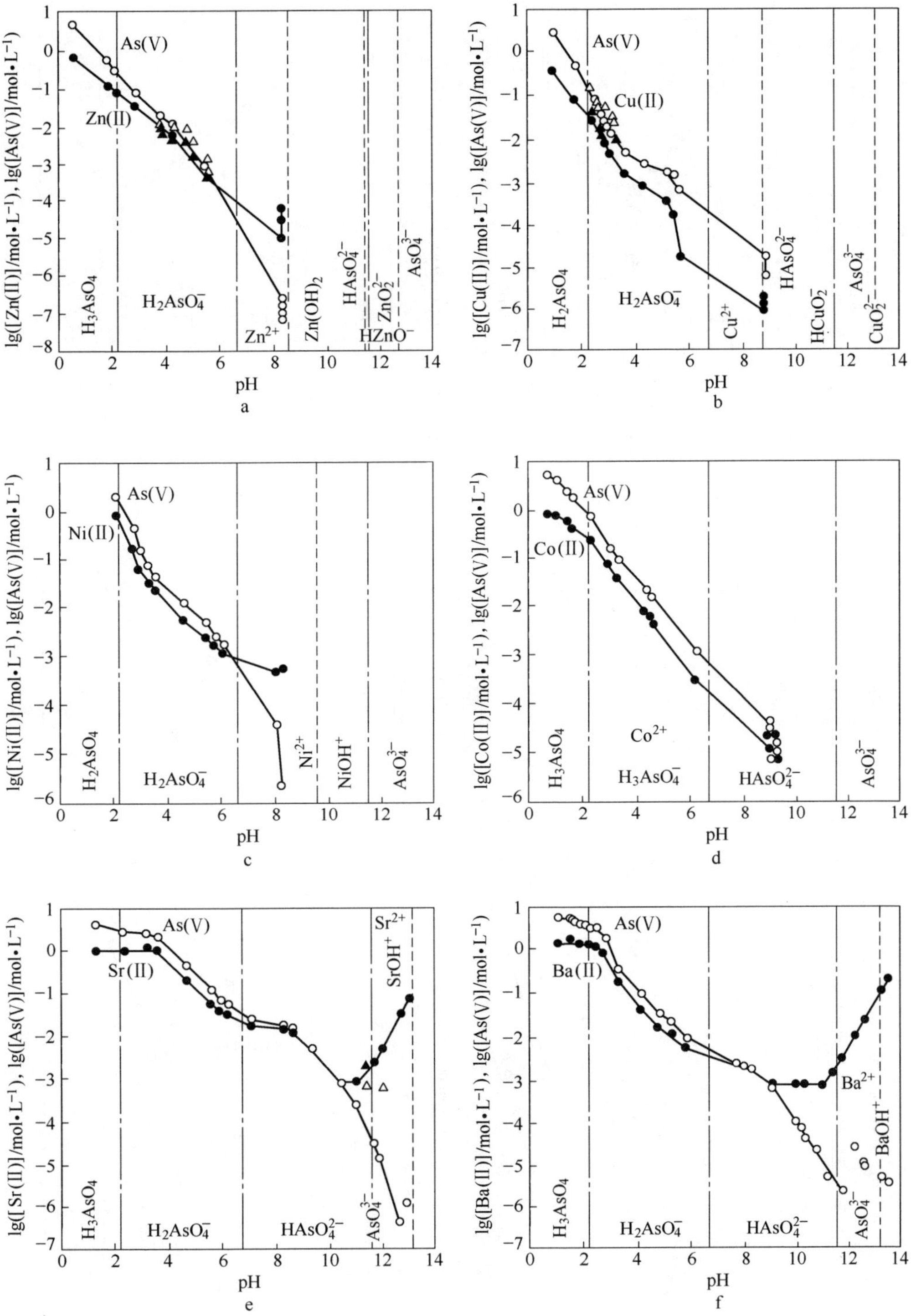
lg([Zn(II)]/mol·L^{-1}), lg([As(V)]/mol·L^{-1})
As(V)
Zn(II)
H_3AsO_4
$H_2AsO_4^-$
Zn^{2+}
$Zn(OH)_2$
$HAsO_4^{2-}$
ZnO_2^{2-}
$HZnO^-$
AsO_4^{3-}
pH
a
lg([Cu(II)]/mol·L^{-1}), lg([As(V)]/mol·L^{-1})
As(V)
Cu(II)
H_2AsO_4
$H_2AsO_4^-$
Cu^{2+}
$HAsO_4^{2-}$
$HCuO_2^-$
AsO_4^{3-}
CuO_2^{2-}
pH
b
lg([Ni(II)]/mol·L^{-1}), lg([As(V)]/mol·L^{-1})
As(V)
Ni(II)
H_2AsO_4
$H_2AsO_4^-$
Ni^{2+}
$NiOH^+$
AsO_4^{3-}
pH
c
lg([Co(II)]/mol·L^{-1}), lg([As(V)]/mol·L^{-1})
As(V)
Co(II)
Co^{2+}
H_3AsO_4
$H_3AsO_4^-$
$HAsO_4^{2-}$
AsO_4^{3-}
pH
d
lg([Sr(II)]/mol·L^{-1}), lg([As(V)]/mol·L^{-1})
As(V)
Sr(II)
Sr^{2+}
$SrOH^+$
H_3AsO_4
$H_2AsO_4^-$
$HAsO_4^{2-}$
AsO_4^{3-}
pH
e
lg([Ba(II)]/mol·L^{-1}), lg([As(V)]/mol·L^{-1})
As(V)
Ba(II)
Ba^{2+}
$BaOH^+$
H_3AsO_4
$H_2AsO_4^-$
$HAsO_4^{2-}$
AsO_4^{3-}
pH
f

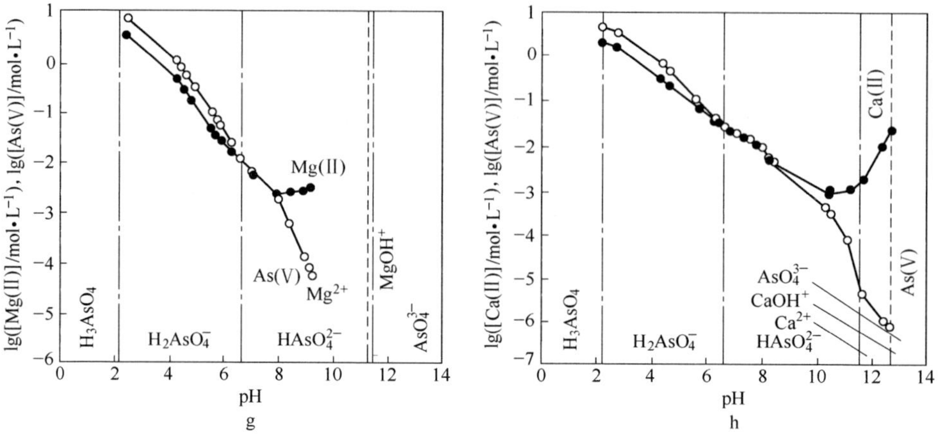

图 5-18　As(Ⅴ)酸盐溶解度实测值

a—Zn－As(Ⅴ)－H_2O 系；b—Cu－As(Ⅴ)－H_2O 系；c—Ni－As(Ⅴ)－H_2O 系；d—Co－As(Ⅴ)－H_2O 系；e—Sr－As(Ⅴ)－H_2O 系；f—Ba－As(Ⅴ)－H_2O 系；g—Mg－As(Ⅴ)－H_2O 系；h—Ca－As(Ⅴ)－H_2O 系

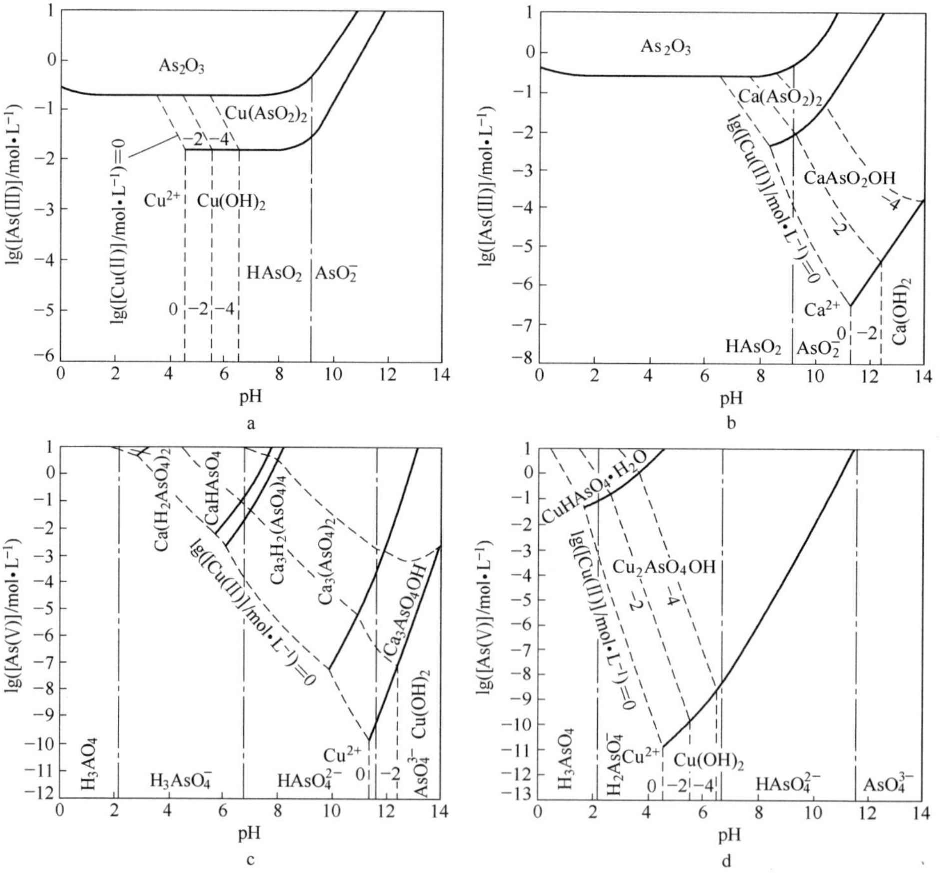

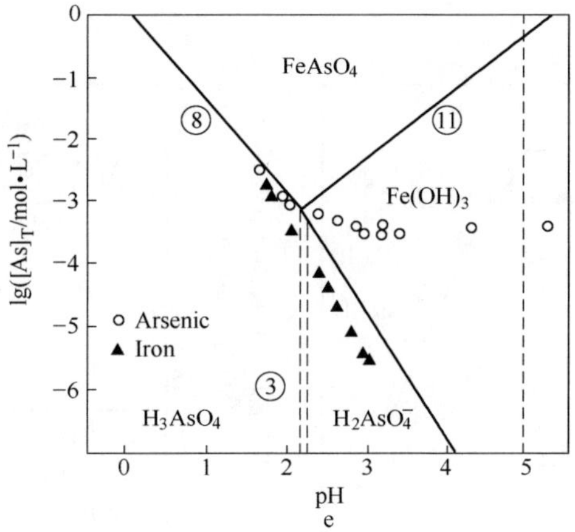

图 5-19 砷酸盐 $\lg[Me]_T$ - pH 图(○和▲为实测值)

a—Cu - As(Ⅲ) - H_2O 系;b—Ca - As(Ⅲ) - H_2O 系;c—Ca - As(Ⅴ) - H_2O 系;

d—Cu - As(Ⅴ) - H_2O 系;e—As(Ⅴ) - Fe - H_2O 系

需要指出的是,尽管热力学计算的结果在一定范围内能与实测结果吻合,但实际情况要复杂得多。以 $FeAsO_4$ 为例,图 5-19e 是罗宾斯[28]所绘制的 Fe - As(Ⅴ) - H_2O 系溶解度图,图上标出了一些实测数据,从图上可以看出在 $FeAsO_4$ 转化为 $Fe(OH)_3$ 的 pH 范围内,实测$[As]_T$ 大大低于⑪线所表示的计算值。这是因为在热力学计算过程中并未能把诸如吸附与共沉淀等作用对 As(Ⅴ)浓度的影响考虑进去。

5.5.2 硫酸根对砷酸盐溶解度的影响

钙、锶和钡能与硫酸根生成难溶物,其砷酸盐在有硫酸根存在的溶液中的溶解度同时受硫酸盐溶解度的制约。例如在 As(Ⅴ) - Ca - SO_4^{2-} - H_2O 系溶液中,其 Ca^{2+} 的平衡浓度受硫酸钙溶解平衡的制约:

$$CaSO_4 \cdot 2H_2O(s) \xlongequal{} Ca^{2+} + SO_4^{2-} + 2H_2O$$

$$K_1 = [Ca^{2+}][SO_4^{2-}] \qquad K_1 = 10^{-4.37}$$

$$[Ca^{2+}] = K_1[SO_4^{2-}]^{-1}$$

$$Ca(AsO_2)_2(s) \xlongequal{} Ca^{2+} + 2AsO_2^-$$

$$K_2 = [Ca^{2+}][AsO_2^-]^2 \qquad K_2 = 10^{-6.76}$$

$$[AsO_2^-] = K_2^{\frac{1}{2}}[Ca^{2+}]^{-\frac{1}{2}} = K_1^{-\frac{1}{2}}K_2^{\frac{1}{2}}[SO_4^{2-}]^{\frac{1}{2}} \tag{5-22}$$

由式 5-22 可见,水溶液中砷浓度受 SO_4^{2-} 浓度的影响。用 5.1 节所述的方法可以计算出在 SO_4^{2-} 介质中砷酸钙等的溶解度。T. 西村等计算并测定了这些溶解度值,结果如图 5-20 所示。计算结果以线表示,测定结果以点表示,二者吻合较好。

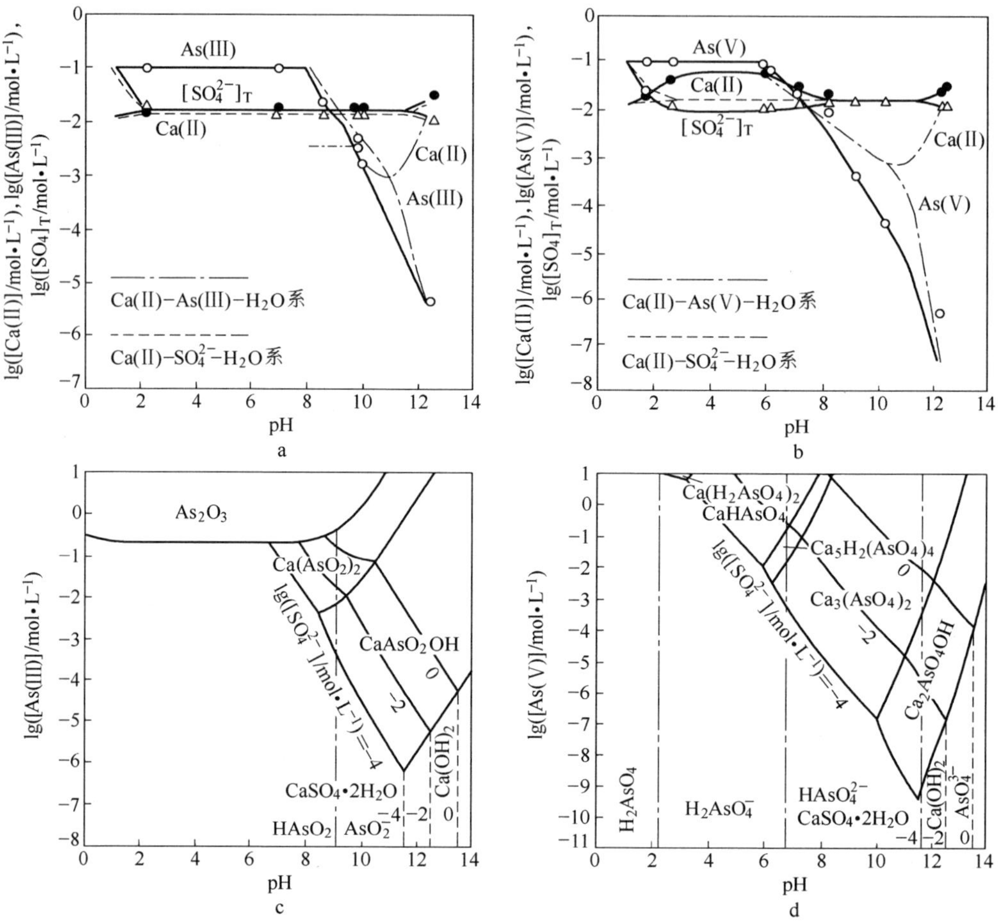

图 5-20 Ca－As－SO_4－H_2O 系溶解度

a—Ca－As(Ⅲ)－SO_4^{2-}－H_2O 系(实测);b—Ca－As(Ⅴ)－SO_4^{2-}－H_2O 系(实测);

c—Ca－As(Ⅲ)－SO_4^{2-}－H_2O 系;d—Ca－As(Ⅴ)－SO_4^{2-}－H_2O 系

5.5.3 碳酸根对砷酸盐溶解度的影响

空气中的 CO_2 不可避免地溶解于水溶液中,CO_2 的溶解能明显地改变砷酸盐的溶解度。在高 pH 范围内有些金属的砷酸盐会转化为碳酸盐,例如 $Co_3(AsO_4)_2$、$Pb_3(AsO_4)_2$、$Mn_3(AsO_4)_2$、$Sr_3(AsO_4)_2$、$Ba_3(AsO_4)_2$、$Cd_3(AsO_4)_2$、$Ca_3(AsO_4)_2$ 转化为 $MeCO_3$ 与 AsO_4^{3-};Ag_3AsO_4,Hg_3AsO_4 等转化为 Me_2CO_3 与 AsO_4^{3-};$Mg_3(AsO_4)_2$ 转化为 $4MgCO_3 \cdot Mg(OH)_2 \cdot 4H_2O$;$Zn_3(AsO_4)_2$ 转化为 $2ZnCO_3 \cdot 3Zn(OH)_2$。

以二价金属的砷酸盐为例，讨论 CO_2 对其溶解度的影响：

$$Me_3(AsO_4)_2(s) + 3CO_3^{2-}(aq) \rightleftharpoons 3MeCO_3(s) + 2AsO_4^{3-}(aq) \quad (5-23)$$

例如：

$$Ca_3(AsO_4)_2(s) + 3CO_3^{2-}(aq) \rightleftharpoons 3CaCO_3(s) + 2AsO_4^{3-}(aq)$$

$$\lg K_{A,C} = 2\lg[AsO_4^{3-}] - 3\lg[CO_3^{2-}] \quad (5-24)$$

可以推导出

$$[As]_T = [AsO_4^{3-}](1 + K_1 \times 10^{-pH} + K_2 \times 10^{-2pH} + K_3 \times 10^{-3pH})$$

令：
$$\theta_A = (1 + K_1 \times 10^{-pH} + K_2 \times 10^{-2pH} + K_3 \times 10^{-3pH})$$

式中，K_1、K_2、K_3 分别为

$$AsO_4^{3-} + H^+ = HAsO_4^{2-}$$

$$AsO_4^{3-} + 2H^+ = H_2AsO_4^-$$

$$AsO_4^{3-} + 3H^+ = H_3AsO_4$$

三式的平衡常数。此时便有

$$[AsO_4^{3-}] = [As]_T\theta_A^{-1} \quad (5-25)$$

则有：
$$\lg[As]_T = \frac{1}{2}\lg K_{A,C} + \lg\theta_A + \frac{3}{2}\lg[CO_3^{2-}] \quad (5-26)$$

在含碳酸根的水溶液中有下列平衡

$$H_2CO_3 \rightleftharpoons HCO_3^- + H^+ \qquad K_{C,1} = 10^{-6.37}(T = 298K)$$

$$HCO_3^- \rightleftharpoons CO_3^{2-} + H^+ \qquad K'_{C,2} = 10^{-10.34}(T = 298K)$$

$$H_2CO_3 \rightleftharpoons CO_3^{2-} + 2H^+ \qquad K_{C,2} = 10^{-16.71}(T = 298K)$$

水溶液中碳酸总浓度

$$[C]_T = [CO_3^{2-}] + [HCO_3^-] + [H_2CO_3]$$

由此可以推导出

$$[C]_T = [CO_3^{2-}]\{1 + K'^{-1}_{C,1} \times 10^{-pH} + K^{-1}_{C,2} \times 10^{-2pH}\} \quad (5-27)$$

令：
$$\theta_C = 1 + K'^{-1}_{C,2} \times 10^{-pH} + K^{-1}_{C,2} \times 10^{-2pH} \quad (5-28)$$

将式 5-28 代入式 5-27 得：

$$[CO_3^{2-}] = [C]_T\theta_C^{-1} \quad (5-29)$$

$T = 298K$ 时

$$\theta_C = 1 + 10^{10.34 - pH} + 10^{16.71 - 2pH} \quad (5-30)$$

将式 5-29 代入式 5-26 化简后得：

$$\lg[As(V)]_T = \frac{1}{2}\lg K_{A,C} + \lg\theta_A + \frac{3}{2}\lg[C]_T - \frac{3}{2}\lg\theta_C \quad (5-31)$$

$[C]_T$ 可按下面的方法求出：

$$CO_2(g) + H_2O(l) = H_2CO_3(aq)$$

$$\Delta G_{298}^{\ominus}=7.8659\,\text{kJ}$$

$$\lg K=10^{-1.38}$$

$$\lg K=\lg[H_2CO_3]-\lg p_{CO_2} \tag{5-32}$$

在与大气接触时，$p_{CO_2}=10^{-3.52}$

由式 5-32 得

$$\lg K=3.52+\lg[H_2CO_3]=-1.38 \tag{5-33}$$

$$\begin{aligned}[C]_T&=[H_2CO_3]+[HCO_3^-]+[CO_3^{2-}]\\&=[H_2CO_3]\{1+K_{C,1}[H^+]^{-1}+K_{C,2}[H^+]^{-2}\}\end{aligned}$$

$T=298\text{K}$ 时，$[C]_T=[H_2CO_3]\{1+10^{pH-6.37}+10^{2pH-16.71}\}$

$$[H_2CO_3]=[C]_T(1+10^{pH-6.37}+10^{2pH-16.71})^{-1} \tag{5-34}$$

代入式 5-33 化简后得

$$\begin{aligned}\lg[C]_T&=-1.38-3.52+\lg(1+10^{pH-6.37}+10^{2pH-16.71})\\&=-4.9+\lg(1+10^{pH-6.37}+10^{2pH-16.71})\end{aligned} \tag{5-35}$$

由式 5-35 可以看出，pH 对 CO_2 溶解度有影响，当 pH >7 时，这种影响是不能忽略的。把式 5-35 代入式 5-31，得二价金属砷酸盐转化成碳酸盐时 As(Ⅴ)的平衡浓度。

$$\lg[As(V)]=\frac{1}{2}\lg K_{A,C}-7.35+\lg\theta_A+\frac{3}{2}\lg(1+10^{pH-6.37}+10^{2pH-16.71})-\frac{3}{2}\lg\theta_C \tag{5-36}$$

图 5-21 所示为 Ca – As – CO_2 – H_2O 的平衡图。

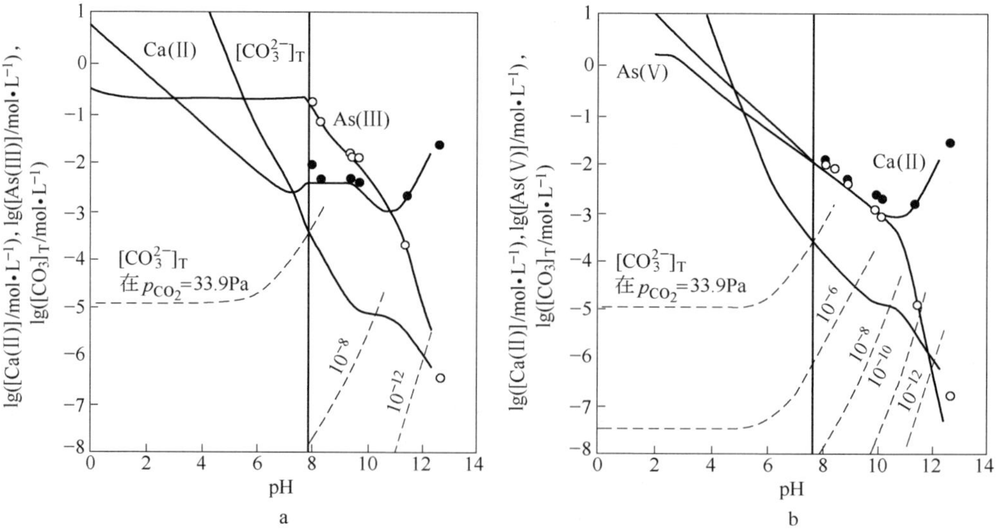

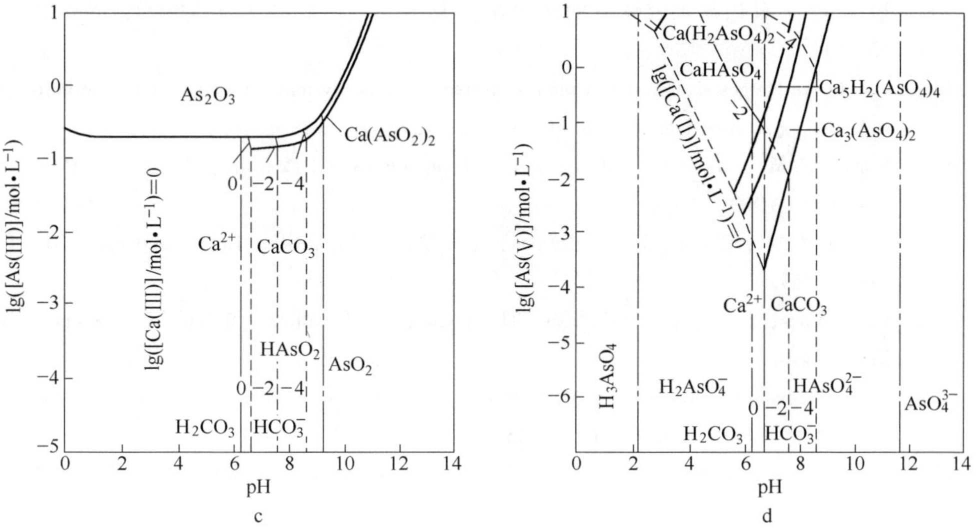

图 5-21　Ca - As - CO_2 - H_2O 系平衡

a—Ca - As(Ⅲ) - CO_3 - H_2O 系；b—Ca - As(Ⅴ) - CO_3 - H_2O 系；

c—Ca - As(Ⅲ) - H_2O - CO_2(在空气中)系；d—Ca - As(Ⅴ) - H_2O - CO_2(在空气中)系

参考文献

[1] Kragten J. , Atlas of Metal-Ligand Equilibria in Aquous Solution, Ellis Horwood Limited, New York, 1978.

[2] Yang Xianwan et al. , Proceeding of the First International Conference on Hydrometallurgy, Beijing, 1988:487.

[3] 杭州大学化学系分析化学教研室. 分析化学手册. 第一分册[M]. 北京:化学工业出版社, 1979.

[4] Коган В. Б. , Фридман В. М. , Кафаров, В. В. , Справочник растворимости, Издательсмво Академии Наук СССР, Москва, 1961.

[5] 钟竹前, 梅光贵. 化学位图在湿法冶金和废水净化中的应用[M]. 北京:中南工业大学出版社, 1986:154.

[6] O. Dinardo, J. E. Dutrizac. The Solubility of Silver Chloride in Ferric Chloride Media[J]. Hydrometallurgy, 1985, 13(3):345 ~ 363.

[7] O. Dinardo, J. E. Dutrizac. The Solubility of Silver Chloride in Sulphate Media[J]. Hydrometallurgy, 1991, 26(1):47 ~ 59.

[8] J. O. Nriagu, G. M. Anderson. Stability of the Lead (Ⅱ) Chloride Complexes at Elevated Temperatures[J]. Chemical Geology, 1971, 7(3): 171 ~ 184.

[9] Tang Motang, Zhao Tiancong. Proceeding of the First International Conference on the Metallurgy and Material Science of W, Ti, Re and Sb, Changsha, 1988:1452.

[10] 唐谟堂. 三氯化铋水解体系的热力学研究[J]. 中南矿冶学院热能学,1993,24(1):45~51.

[11] Harold C. Helgeson. Thermodynamics of Hydrothermal Systems at Elevated Temperatures and Pressures[J]. American Journal of Science, 1969, 267: 729~804.

[12] Garrels R. M. , Mineral Equilibria at Low Temperature and Pressure: Harper and Row, Inc. New York, 1960.

[13] Garrels R. M. , Christ, C. L. Solutions, Minerals and Equilibria. Harper and Row, Inc. New York, 1965.

[14] C. F. Baes, J. r. , R. E. Mesmer. The Hydrolysis of Cations. Wiley – Interscience, New York, 1976.

[15] Schwarzenbach G. and Widmer M. (1966) Die Löslichkeit von Metallsulfiden Ⅱ. Silbersulfid [J]. Helv. Chim. Acta 49: 111~123.

[16] NW Hinners, The Solubility of Sphalerite in Aqueous Solutions at 80℃, Ph D Thesis, Princeton Univ. , Princeton, NJ, 1963:111.

[17] Heinrich D. Holland. Some Applications of Thermochemical Data to Problems of Ore Deposits; [Part] 2, Mineral assemblages and the composition of ore forming fluids[J]. Economic Geology; 1965, 60(6):1101~1166.

[18] BN Melent'yev, V V Ivanenko and LA Pamfilova. Solubility of Some Ore – forming Sulfides under Hydrothermal Conditions[J]. Geochem. Int. 1969, 6: 416~460.

[19] Gregor M. Anderson. The Solubility of PbS in H_2S – water Solutions[J]. Economic Geology, 1962,57(5): 809~828.

[20] J. O. Nriagu, G. M. Anderson. Stability of the Lead (II) Chloride Complexes at Elevated Temperatures[J]. Chemical Geology, 1971, 7(3):171~184.

[21] 谢祥林,杨天足. 有色金属科学技术进展[M]. 长沙:中南工业大学出版社,1994:455~458.

[22] Чукхланцев,В. Г. Журнал неоргонической химии,(1956)No. 1:1975.

[23] Чукхланцев,В. Г. Журнал аналитическои химии,(1956)No. 11:529.

[24] Чукхланцев,В. Г. *ibid*,(1957),No. 2:1190.

[25] R. G. Robins. The Solubility of Barium Arsenate: Sherritt's Barium Arsenate Process[J]. Metallurgical and Materials Transactions B, 1985, 16,(2): 404~406.

[26] T. Nishimura, Itoh CT, Tozawa K. Stabilities and Solubilities of Metal Arsenites and Arsenates in Water and Effect of Sulfate and Carbonate Ions on Their Solubilities[J]. In: RG Reddy, JL Hendrix and PB Queneau, Editors, Arsenic Metallurgy Fundamentals and Applications, TMS, Warrendale, PA 1988: 77~98.

[27] R. G. Robins. The Stabilities of Arsenic (Ⅴ) and Arsenic (Ⅲ) Compounds in Aqueous Metal Extraction Systems[J]. Hydrometallurgy Research, Development and Plant Practice; Atlanta; Ga ; 1983: 291~310.

[28] R. G. Robins. The Solubility of Metal arsenates[J]. Metallurgical and Materials Transactions

B, 1981, 12(1):103 ~ 109.

[29] D. M. Muir. The Application of Thermodynamics to Extractive Metallurgy with Chloride Solutions – A Review. Warren Spring Laboratory Report LR 425 (ME), Stevenage, UK (1984).

[30] Carl L. Von Ende. Über das Verhalten der Bleisalze in Lösungen[J]. Zeitschrift für anorganische Chemie, 1901, 26(1):129 ~ 166.

[31] J. Kendall, CH Sloan. [J]. The Solubility of Slightly Soluble Chlorides in Concentrated Chloride Solutions J. Amer. Chem. Soc. 1925, 47(9): 2306 ~ 2317.

[32] Peters, E. Applications of Chloride Hydrometallurgy to Treatment of Sulfide Minerals. In: Chloride Hydrometallurgy Proceedings, An International Symposium organized by Benelux Metallurgie, Brussels, 1977: 1 ~ 36.

[33] K. G. Tan, K. Bartels, P. L. Bedard. Lead Chloride Solubility and Density Data in Binary Aqueous Solutions[J]. Hydrometallurgy, 1987, 17(3): 335 ~ 356.

[34] E. R. Gardner. Osmotic Coefficients of Some Aqueous Sodium Chloride Solutions at High Temperature[J]. Trans. Faraday Soc., 1969, 65: 91 ~ 97.

[35] R. A. Robinson, R. H. Stokes. Electrolyte Solutions. 2nd ed, Butterworth and Co., Ltd., London:1965.

[36] B. E. Conway, J. E. Desnoyers, A. C. Smith. On the hydration of simple ions and polyions [J]. Philosophical Transactions of the Royal Society of London. Series A, Mathematical and Physical Sciences, 1964, 256(1074):389 ~ 437.

[37] A. J. Ellis, R. M. Golding. The solubility of carbon dioxide above 100 degrees C in water and in sodium chloride solutions[J]. American Journal of Science, 1963, 261: 47 ~ 60.

[38] H. Lawrence. Clever, Charles J. Holland. Solubility of argon gas in aqueous alkali halide solutions. Temperature coefficient of the salting out parameter[J]. J. Chem. Eng. Data, 1968, 13 (3): 411 ~ 414.

[39] 饶纪龙. 地球化学中的热力学[M]. 北京:科学出版社,1979.

6 湿法冶金过程动力学

对一湿法冶金过程而言,虽然过程进行的方向和产物的最大可能产出量(假定产物不从反应体系中单独分离出去)是非常重要的,这是属经典热力学解决的问题;从生产实践的需要来看,过程进行得快慢则显得更为重要,因为只有进行得足够快的那些过程才有实用价值。为此,湿法冶金工作者的一个很重要的任务就是借助于对过程动力学的研究来促使过程快速进行。

化学反应动力学研究的任务,一般地说,就是研究化学反应的速率与弄清楚反应的机理,其内容大致可以分为三个方面:(1) 研究化学反应的内因与外因对于反应方向与速率的影响;(2) 揭示过程的宏观与微观(直到分子水平上)机理;(3) 定量地研究总包反应(overall reaction)与各个基元反应(elementary reaction),基元化学物理反应。

本书由于篇幅所限,不可能全面而系统地论述化学动力学,而只是试图把反应动力学的有关理论与湿法冶金的某些生产实践联系起来,以期对生产能起到一定的指导作用。有鉴于此,本章在内容上有两个限定:(1) 基本上只从总包反应动力学的行为出发来研究化学反应与流动、传质、传热等物理过程相互作用的结果,习惯上常称为“宏观动力学”;(2) 着重在介绍湿法冶金中最常见的液—固反应动力学,而其余湿法冶金过程如萃取(液—液反应)因已有专著论及,在此不重复。

6.1 概述

反应过程的快慢需要用一个定量的科学概念来表述,为此引入“反应速率”。

对一个普遍的基元反应

$$\Sigma\nu_i R_i = \Sigma\sigma_i P_i \tag{6-1}$$

式中 R_i——反应物;

ν_i——每种反应物的化学计量系数;

P_i——反应生成物;

σ_i——每种生成物的化学计量系数。

若反应开始前反应物与生成物的粒子数分别为 $N^0_{R_i}$ 与 $N^0_{P_i}$,反应进行到 t 时刻这一基元反应已进行了 ξ 次,则在 t 时刻 R_i 与 P_i 的粒子数分别为

$$N_{R_i} = N^0_{R_i} - \nu_i\xi \tag{6-2}$$

$$N_{P_i}=N_{P_i}^0+\sigma_i\xi \tag{6-3}$$

式中 ξ——基元反应式6-1的进展度(degree of advancement)反应式6-1的速率定义为

$$v=\frac{1}{V}\frac{d\xi}{dt}=\frac{1}{V}\dot{\xi} \tag{6-4}$$

式中,$\dot{\xi}$为ξ对时间求导;V为反应体系的体积。式6-4是反应式6-1速率的严谨的定义。根据式6-4,速率定义为:在单位反应体积,单位时间内一基元反应进行的次数。反应次数与反应物的量的减少、产物的量的增加之间的关系,可用阿伏加德罗常数N^0除式6-2和6-3则得反应物与生成物在时间t时的量(mol数)

$$m_{R_i}=m_{R_i}^0-\nu_i\frac{\xi}{N^0} \tag{6-5}$$

$$m_{P_i}=m_{P_i}^0+\sigma_i\frac{\xi}{N^0} \tag{6-6}$$

式中,N^0次基元反应为一摩尔反应。

由式6-5和式6-6可以得出

$$\xi=\frac{N^0}{\nu_i}m_{R_i}^0-\frac{N^0}{\nu_i}m_{R_i}=\frac{N^0}{\sigma_i}m_{P_i}-\frac{N^0}{\sigma_i}m_{P_i}^0$$

$$\dot{\xi}=-\frac{1}{V}\left(\frac{N^0}{\nu_i}\frac{dm_{R_i}}{dt}\right)=\frac{1}{V}\left(\frac{N^0}{\sigma_i}\frac{dm_{P_i}}{dt}\right)=v \tag{6-7}$$

既然各参数存在式6-7这样的关系,为便利于实验研究,反应速率也可以用单位(无限小)时间内反应物R_i摩尔数的减少或生成物P_i摩尔数的增加来表述:

$$v=-\frac{1}{V}\left(\frac{1}{\nu_i}\dot{m}_{R_i}\right)=\left(\frac{1}{\sigma_i}\dot{m}_{P_i}\right)\frac{1}{V} \tag{6-8}$$

式6-8表明速率是一恒等于正值的代数量(标量)而非几何量(向量),故而衡量化学反应过程快慢不用"速度"这一概念。

如果反应物与生成物是水溶液中的溶解物种,在衡容条件下反应速率可表述为

$$v=-\frac{1}{\nu_i}\frac{dc_{R_i}}{dt}=\frac{1}{\sigma_i}\frac{dc_{P_i}}{dt} \tag{6-9}$$

由式6-8和式6-9所表述的速率是瞬时速率,它是无法直接测得的。实验中常测出的是反应的平均速率

$$\bar{v}=-\frac{1}{\nu_i}\frac{\Delta c_{R_i}}{\Delta t}=\frac{1}{\sigma_i}\frac{\Delta c_{P_i}}{\Delta t}$$

在动力学的实验研究中,通常测定的是m或c与反应时间t的函数关系。即$m=F(t)$或$c=f(t)$,如图6-1所示。反应在t时的瞬时速率$v=\frac{df(t)}{dt}$为$f(t)-t$线

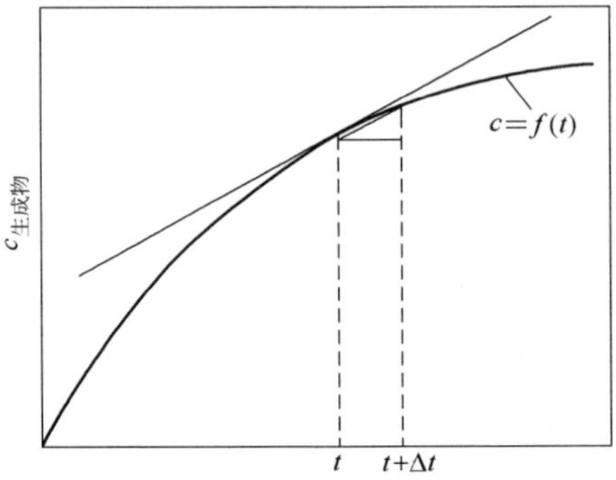

图 6-1 反应速率示意图

在 t 时的切线的斜率。而反应在 t 与 $t+\Delta t$ 时间内的平均速率

$$\bar{v}=\frac{f(t+\Delta t)-f(t)}{\Delta t}$$

化学反应速率与反应物浓度的关系可表示为

$$v=k\pi c_{\mathrm{R_i}}^{\nu_i} \tag{6-10}$$

式中,k 为速率常数,表示各反应物的浓度 $C_{\mathrm{R_i}}$ 均为 1 时的反应速率。k 的大小与反应物的性质、反应温度、介质等有关,而与反应物浓度无关,其单位因次是 $[c]^{1-\sum\nu_i}\cdot[t]^{-1}$($c$ 为浓度,t 为时间)。

必须注意的是反应速率与反应物浓度的关系不能简单地根据总包反应式而写出,各浓度上的指数也不一定等于反应式中的计量系数,而是必须靠实验来测定。总包反应式是表明反应的总面貌,而反应一般由若干基元反应组成。总包反应的速率等于最慢的基元反应的速率。总包反应速率与反应物浓度的关系转化为其最慢的基元反应的反应速率与其反应物浓度的关系。设一反应,其反应物为 A、B、$C\cdots M$,实验测得的反应速率与反应物浓度的关系为

$$v=kc_A^a c_B^b\cdots c_M^m \tag{6-11}$$

则各指数和 $a+b+\cdots+m$ 为该反应的级数。若指数和为 0 或 1、2、3,则反应分别称为 0 级,一级、二级,三级反应,反应级数也可为分数,甚至负数。

反应速率与温度有关。阿仑尼乌斯公式表达了恒浓度下基元反应的速率与反应体系温度的关系:

$$k=A\exp(-W/RT) \tag{6-12}$$

式中 A——指前因子;

R——摩尔气体常数;

W——反应活化能,J/mol。

对式 6-12 取对数得:

$$\lg k = \lg A - \frac{W}{2.303R} \cdot \frac{1}{T} \tag{6-13}$$

以 $\lg k$ 对 $\frac{1}{T}$ 作图常常可得一直线,由此直线的斜率可求出反应活化能 W。

从以上讨论看出,反应速率与浓度接近幂函数关系,而与温度则具有指数函数的关系。显然温度对反应速率的影响要比浓度大得多,而温度影响的大小又取决于活化能的大小,所以求反应活化能是反应动力学研究的重要内容。

必须指出的是,在阿仑尼乌斯公式中指前因子 A 被假定为是一个与温度无关的常数。这与事实不完全符合,这就导致了阿仑尼乌斯方程的不精确性。虽然如此,当温度范围不很大时,在实验精度范围内以 $\lg k$ 对 $\frac{1}{T}$ 作图仍然可以得到一条直线,基本上可以满足应用基础研究的需要。若要了解这方面的详细情况,可参阅有关文献[3]。

并不是所有的总包反应都遵守阿仑尼乌斯定律的,例如有的反应当温度升高到某一临界值时,反应速率骤增并趋向无穷大而发生爆炸。在酶化学反应中常有一种高温阻化反应,反应速率随温度升高而增大,经过一峰值后又下降。把遵守阿仑尼乌斯定律的反应称为"阿仑尼乌斯型",不遵守的则称为"反阿仑尼乌斯型"。经长期大量的实践表明,湿法冶金反应绝大多数均属于前者。

6.2 浸出过程的类型

浸出过程是一种液固反应,有些浸出过程有气体参加,似乎是气 - 液 - 固反应,但事实上是气体先溶解于液中(这个过程很快),然后是溶解在溶液中的气体与固体作用,所以实质上仍然是一个液 - 固反应。作为浸出的液—固反应有三种情况,一种情况如

$$A(s) + B(aq) \longrightarrow P(aq) \tag{6-14}$$

生成物可溶于水,固相的外形尺寸随反应的进行而减小直至完全消失,此种反应称为"未反应核减缩型",例如:

$$2H^+(aq) + CuO(s) \longrightarrow Cu^{2+}(aq) + H_2O(l) \tag{6-15}$$

$$3H_2O + 2OH^-(aq) + Al_2O_3(s) \longrightarrow 2Al(OH)_4^-(l) \tag{6-16}$$

这种过程由下列各步骤组成:

(1) 反应物 B 的水溶物种(离子或分子)由溶液本体扩散穿过边界层进入到固体反应物的表面上,此过程称为外扩散,它有别于通过固体反应物 A 的孔穴、裂缝向 A 内部的扩散(称为内扩散)。此处假定固体反应物 A 是致密的,从而在讨论中不考虑内扩散。这一外扩散过程可表示为

$$B(aq) \longrightarrow B(s) \tag{6-17}$$

式中，B_s 代表经扩散进达到固体反应物 A 表面上的 B。

（2）B_s 在 A 表面上被吸附

$$B(s) \longrightarrow B(ad) \tag{6-18}$$

式中，B(ad)表示被 A 表面吸附的 B。

（3）在 A 表面发生化学反应

$$B(ad) + A \longrightarrow P(ad) \tag{6-19}$$

式中，P(ad)表示化学反应产物 P(被吸附在 A 表面上)。

（4）生成物 P 从 B 表面脱附

$$P(ad) \longrightarrow P(s) \tag{6-20}$$

（5）生成物从 A 表面反扩散到溶液本体。

$$P(s) \longrightarrow P(aq) \tag{6-21}$$

整个反应的总包过程可视为一连续反应

$$B(aq) \longrightarrow B(s) \longrightarrow B(ad) + A \longrightarrow P(ad) \longrightarrow P(s) \longrightarrow P(aq) \tag{6-22}$$

第二种情况是生成物为固态并附着在未反应核上，可表示为

$$A(s) + B(aq) \longrightarrow P(s) \tag{6-23}$$

例如白钨矿的酸法分解反应

$$CaWO_4(s) + 2H^+(aq) \longrightarrow H_2WO_4(s) + Ca^{2+}(aq) \tag{6-24}$$

以及固体反应物中只是某一组分被选择性地浸溶，例如钛铁矿的酸浸出反应

$$FeO \cdot TiO_2(s) + 2H^+(aq) \longrightarrow TiO_2(s) + Fe^{2+}(aq) + H_2O(l) \tag{6-25}$$

这类反应的总包过程由若干步骤组成，如图 6-2 所示。图中 δ' 为固体产物层的厚度。

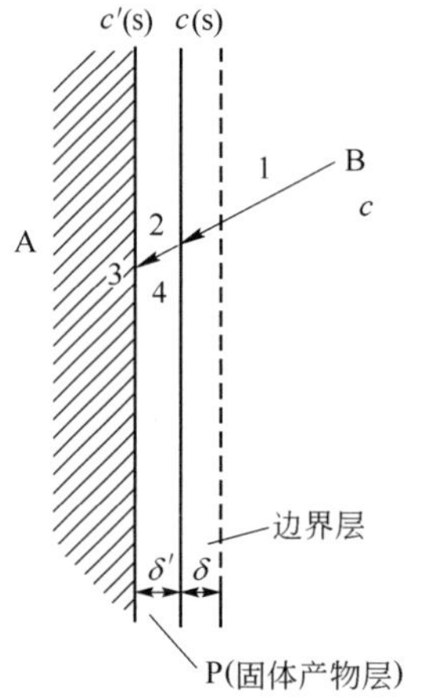

图 6-2 生成固体产物层的反应示意图

1—外扩散；2—内扩散；3—进行化学反应；4—反应后续过程

（1）外扩散过程，反应物 B(aq)从溶液本体扩散到固体产物层 P 表面

$$B(aq) \longrightarrow B(s,1) \tag{6-26}$$

（2）内扩散过程，B 穿过固体产物层扩散到未反应核 A 的表面

$$B(s,1) \longrightarrow B(s,2) \tag{6-27}$$

（3）在 A 表面进行化学反应

$$B(s,2) + A \longrightarrow P(s) \tag{6-28}$$

此后还有若干后续步骤，如生成物 P(s)晶格的组建等。若生成物除 P(s)外尚有水溶物种（例如钛铁矿酸溶时与 TiO_2 同时生成了水溶物种 Ca^{2+}），经内外反扩散进入溶液本体。上述总包过程也可视为由若干步骤组成的连续过程。

第三种情况是固态反应物 A(s)分散嵌

布在不反应的脉石基体中，如块矿的浸出。脉石基体一般说来都有孔穴和裂缝，在此种情况下由内外扩散导致的在矿块表面与内部的反应可能同时进行，如

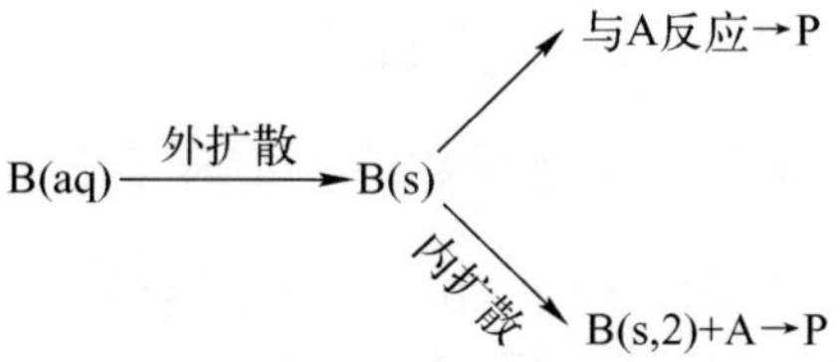

6.3　固液界面处的传质

在水溶液中的某溶解物种，若其浓度 c 呈不均匀状态，便会发生溶质由浓度高的地方向浓度低的地方的扩散迁移。在稳定态下这种迁移的规律可用菲克第一扩散定律描述。

$$J = -D\frac{\mathrm{d}c}{\mathrm{d}x} \tag{6-29}$$

D 为扩散系数，等号右端取负号是因为扩散方向与浓度增加方向相反。J 为扩散通量，是物质在单位时间内沿着与单位截面的参考平面垂直的方向扩散的量，其量纲为 mol/(s · m^2)。x 是垂直于参考平面的位置坐标。

在液固反应

$$A(s) + B(aq) \longrightarrow P(aq)$$

中，由于化学反应的消耗，在与固体表面毗连的溶液边界层中发生 B 的浓度降低，产生了浓度梯度，B 由溶液本体经过边界层向固体表面扩散。达到稳定态后 B 的浓度分布如图 6-3 所示。

c_s 为反应物 B 在固体反应物 A 界面处的浓度，c 为 B 的本体浓度，Δx 为边界层厚度，虚线是简化处理。在稳定态下，按菲克(Fick)第一定律扩散通量

$$J = -D\frac{\mathrm{d}c}{\mathrm{d}x}$$

若固体表面积为 A，则针对 A 的总扩散速度为

$$\frac{\mathrm{d}n}{\mathrm{d}t} = AJ = -AD\frac{\mathrm{d}c}{\mathrm{d}x} \tag{6-30}$$

式中，n 为针对面积 A 扩散的 B 的摩尔量。在稳定态下(J = 常数)，对式 6-30 积分得

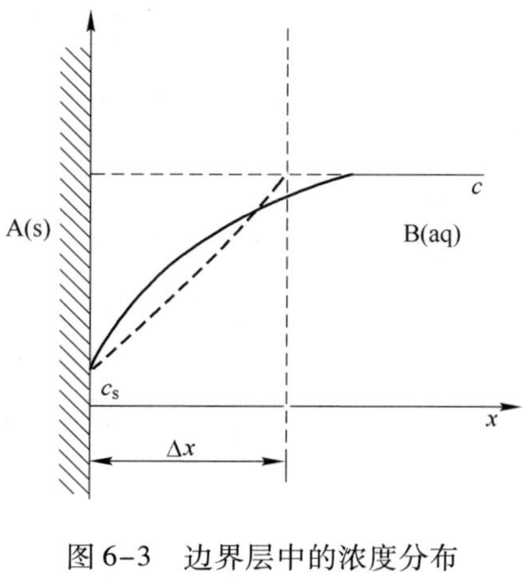

图 6-3　边界层中的浓度分布

$$\frac{dn}{dt} = -AD\frac{\Delta c}{\Delta x} \tag{6-31}$$

图 6-3 所表示的扩散边界层其扩散速率为

$$\frac{dn}{dt} = -A\frac{D}{\Delta x}(c - c_s) \tag{6-32}$$

令$\frac{D}{\Delta x} = k_d$，称为扩散速率常数。扩散系数 D 与物质本性、溶液温度、浓度、溶剂性质等有关。表 6-1、表 6-2、表 6-3 给出了三种重要的冶金溶液中溶质的扩散系数[1]。从表可以看出，D 值虽然随浓度而变化，但变化不大，在室温下大约从 $0.3 \times 10^{-5}\ cm^2/s$ 变化到 $3.5 \times 10^{-5}\ cm^2/s$。对大多数湿法冶金溶液，视 D 为与浓度无关的常数，由此计算引起的误差是很小的。

表 6-1 在 298 K 的 $CuSO_4$-H_2SO_4-H_2O 系溶液中 $CuSO_4$ 的扩散系数 D

c_{CuSO_4} /mol · L^{-1}	$c_{H_2SO_4}$/mol · L^{-1}				
	0.0	0.1	0.5	1.0	2.0
	$D/10^{-6}$ · cm^2 · s^{-1}				
0.0	8.54	6.96	6.73	6.15	5.98
0.05	6.21	6.76	6.53	5.99	5.86
0.1	5.68	6.51	6.32	5.83	5.75
0.2	5.12	6.17	6.04	5.65	5.58
0.3	4.81	5.83	5.82	5.55	5.44
0.4	4.61	5.50	5.64	5.48	5.30
0.5	4.47	5.18	5.47	5.38	5.21
0.6	4.36	4.85	5.32	5.32	
0.7	4.27	4.53	5.18	5.30	
0.8	4.20	4.20	5.05	5.29	
0.9	4.12	3.88	4.93	5.28	
1.0	4.05	3.56	4.81	5.27	

表 6-2 在 298 K 的 $ZnSO_4$-H_2SO_4-H_2O 系溶液中 $ZnSO_4$ 的扩散系数 D

c_{ZnSO_4}/mol · L^{-1}	$c_{H_2SO_4}$/mol · L^{-1}				
	0	0.1	0.5	1.0	2.0
	$D/10^{-6}$ · cm^2 · s^{-1}				
0.0	8.47	6.90	6.56	6.19	5.74
0.05	6.15	6.66	6.42	6.18	5.63
0.1	5.69	6.44	6.27	5.95	5.54
0.2	5.20	6.02	5.99	5.71	5.34
0.3	4.87	5.65	5.74	5.49	5.16
0.4	4.63	5.32	5.50	5.29	4.99
0.5	4.44	5.03	5.28	5.11	4.83
0.6	4.28	4.78	5.07	4.93	4.68
0.7	4.15	4.54	4.88	4.78	4.54
0.8	4.05	4.33	4.72	4.64	4.41

续表 6-2

c_{ZnSO_4}/mol · L^{-1}	cH_2SO_4/mol · L^{-1}				
	0	0.1	0.5	1.0	2.0
	$D/10^{-6}$ · cm^2 · s^{-1}				
0.9	3.98	4.17	4.56	4.52	4.28
1.0	3.93	4.03	4.41	4.39	4.18
1.1	3.87	3.87	4.27	4.28	4.05
1.2	3.83	3.77	4.14	4.18	3.95
1.3	3.80	3.71	4.03	4.08	3.86
1.4	3.80	3.67	3.94	4.01	3.78
1.5	3.79	3.65	3.84	3.95	3.70
1.6	3.78	3.63	3.78	3.90	3.63
1.7	3.78	3.62	3.72	3.85	3.57
1.8	3.78	3.62	3.66	3.80	3.51
1.9	3.79	3.62	3.60	3.75	3.46
2.0	3.80	3.62	3.53	3.73	3.38

表 6-3　在 298 K 的 $NiSO_4$-H_2SO_4-H_2O 系中 $NiSO_4$ 的扩散系数 *D*

c_{NiSO_4}/mol · L^{-1}	$c_{H_2SO_4}$/mol · L^{-1}				
	0	0.1	0.5	1.0	2.0
	$D/10^{-6}$ · cm^2 · s^{-1}				
0.0	8.53	6.89	6.56	5.90	5.20
0.05	5.81	6.69	6.38	5.77	5.06
0.1	5.32	6.43	6.18	5.64	4.93
0.2	4.77	5.93	5.81	5.40	4.69
0.3	4.46	5.48	5.48	5.19	4.49
0.4	4.26	5.07	5.18	5.01	4.31
0.5	4.11	4.71	4.91	4.84	4.15
0.6	4.00	4.39	4.68	4.70	4.01
0.7	3.91	4.11	4.46	4.57	3.88
0.8	3.84	3.87	4.28	4.46	3.76
0.9	3.78	3.65	4.11	4.36	3.66
1.0	3.73	3.47	3.97	4.29	3.58
1.1	3.68	3.32	3.84		
1.2	3.62	3.20	3.74		
1.3	3.57	3.11	3.65		
1.4	3.52	3.04	3.59		
1.5	3.46	3.00	3.54		

6.4　液－固反应的决定速率步骤

6.3 节中业已说明,液－固反应的总包过程可视为一连续反应。其一般表达式可写成

$$A_1 \xrightarrow{k_1} A_2 \xrightarrow{k_2} A_3 \cdots \xrightarrow{k_{j-1}} A_j \xrightarrow{k_j} A_{j+1} \cdots \longrightarrow A_n$$

式中，$j=1,2\cdots n$，$k_1\cdots$为每相应反应的速率常数。

在化学反应动力学上业已证明[3]，连续反应的表观速率决定于反应速率常数最小的那一步骤——最难进行的步骤，该步骤被称为整个连续反应的决定速率步骤。

下面讨论 6.2 节中介绍过的第一类反应

$$A(s)+B(aq)\longrightarrow P(aq)$$

讨论扩散作用下的反应的表观动力学行为有微分方程法、相似理论法与表面均等可达法等。后者比较简便，下面用此法讨论。假定溶液中各组分经扩散到外表面的各部位具有相同的几率，且各组分在固体外表面的浓度是稳定的。令 B(aq)的本体浓度为 c，B(s)的浓度为 c_s。如果只考虑固体 A 单位面积上的扩散与化学反应，根据 6.3 节中的分析，B 外扩散速率

$$v_B=k_d(c-c_s) \tag{6-33}$$

在 A 表面的化学反应速率，对一级反应

$$v_B=kc_s \tag{6-34}$$

联立式 6-33 与式 6-34 可得：

$$c_s=\frac{k_d}{k_d+k}c \tag{6-35}$$

将式 6-35 代入式 6-34 得：

$$v_B=\frac{k\ k_d}{k_d+k}c \tag{6-36}$$

令

$$\frac{k\ k_d}{k_d+k}=k' \tag{6-37}$$

称 k'为表观速率常数，此时可将式 6-36 转变为

$$v_B=k'c \tag{6-38}$$

由式 6-37 可得：

$$\frac{1}{k'}=\frac{1}{k}+\frac{1}{k_d} \tag{6-39}$$

可把$\frac{1}{k'}$视为反应的总表观阻力，$\frac{1}{k}$为化学反应动力学阻力，$\frac{1}{k_d}$为扩散阻力。总表观阻力为化学反应阻力与扩散阻力之和。若 $k \ll k_d$，由式 6-37 得出：

$$k'\approx k$$

将式 6-38 转化为

$$v_B=kc \tag{6-40}$$

过程的决定速率步骤为表面化学反应，称这类反应为“过程在外动力学区进行”，

也有称为“过程受表面化学反应控制”的。过程的表观活化能与化学反应活化能相等。

若 $k_d \ll k$，则 $k' \approx k_d$，此时，

$$v_B = k_d c \tag{6-41}$$

过程的决定速率步骤为外扩散，称这类反应为“过程在外扩散区进行”或“过程受外扩散控制”。过程的表观活化能等于扩散活化能。

从式 6-40 和式 6-41 看出，外扩散与一级化学反应连续进行的过程，无论其决定速率步骤是哪一步，总包过程均为一级。当化学反应不是一级，则可证明：若过程受扩散控制，则恒为一级；若过程受化学反应控制，则总包过程具有化学反应的级数。下面以二级化学反应为例予以说明。对于 B(aq) 的外扩散式 6-33 依然成立，而在固体反应物表面的化学反应速率则应为

$$v_B = kc_s^2 \tag{6-42}$$

同样，在稳定态下应有：

$$kc_s^2 = k_d(c - c_s) \tag{6-43}$$

解此 c_s 的二次方程式可得：

$$c_s = \frac{1}{2k}[(k_d^2 + 4kck_d)^{\frac{1}{2}} - k_d] \tag{6-44}$$

将式 6-44 代入式 6-42 并整理后得：

$$\begin{aligned} v &= -v_B = kc_s^2 \\ &= k\frac{1}{4k^2}[(k_d^2 + 4kck_d)^{\frac{1}{2}} - k_d]^2 \\ &= \frac{1}{2k}[k_d^2 + 2kck_d - k_d(k_d^2 + 4kck_d)^{\frac{1}{2}}] \end{aligned} \tag{6-45}$$

当 $k_d \gg kc$ 时，过程受化学反应控制，将式 6-45( ) 中 k_d^2 抽出，然后依 Taylor 级数展开并化简得表观速率公式：

$$v = kc^2$$

过程仍为二级。当 $k_d \ll kc$ 时，过程受外扩散控制，式 6-45 中最大项为 $2kck_d$，余项可忽略不计，于是便得：

$$v = k_d c$$

过程为一级。

对于生成固体产物过程的反应，在外扩散与表面化学反应之间还有一个内扩散步骤：

$$B(aq) \xrightarrow{\text{外扩散}} B(s) \xrightarrow{\text{内扩散}} B_{in} + A \xrightarrow{\text{化学反应}} P(s)$$

式中，B_{in} 表示已穿过内固体产物层进入达到未反应的 A 表面的 B 物种。对于这种过程可能有下列几种情况：(1) 决定速率步骤为外扩散，称过程在外扩散区进行，

过程受外扩散控制;(2) 决定速率步骤为内扩散,称过程在内扩散区进行或过程受固体产物层扩散控制;(3) 决定速率步骤为化学反应,称过程在动力学区进行或受化学反应控制;(4) 上述三个步骤的阻力相近,任何一步骤均是决定速率步骤,则这种过程的动力学被称为“混合动力学”(mixed kinetics)。

一过程的决定速率步骤并非是固定不变的,在一定条件下可以转化。式 6–22 表明,由于 k 与 $k_d=\dfrac{D}{\Delta x}$值的相对大小导致决定速率步骤的两种可能。由于 k 与$\dfrac{D}{\Delta x}$均受外因的影响,而受影响的程度不一样,因而同一液固反应在一些条件下是外扩散控制,而在另一些条件下则转化为化学反应控制。影响最明显的外因是温度与搅拌强度。

搅拌强度对化学反应速率常数没有影响,因此对化学反应控制的过程的速率也无影响。反之,搅拌强度对扩散速率常数$\dfrac{D}{\Delta x}$则有明显的影响。在固体表面处的边界层厚度 Δx 随搅拌强度的增大而减小。G. F. 科特姆(Kortum)与 J. O. 波克里斯(Bockris)利用 Stokes-Einstein 扩散方程求出在不搅拌的溶液中的扩散边界层厚度 Δx 约为 0. 05 cm。随搅拌强度的增大 Δx 减小并趋于一最小极限厚度 δ。科特姆算出在充分搅拌下 δ 约为 0. 001 cm。C. L. 瓦格勒(Wagner)等得出 δ 值介于 0. 002 cm 与 0. 012 cm 之间。当 Δx 达到最小极限值 δ 后,不再随搅拌强度的增大而减小。扩散速率常数$\dfrac{D}{\Delta x}$会随搅拌强度的增加而增大,当 Δx 达到 δ 后趋向于一定值$\dfrac{D}{\delta}$。过程的速率也是如此变化,见图 6–4。在低搅拌强度时,搅拌强度对过程速率有明显的影响,此时过程受扩散控制,搅拌强度大到一定值后对过程速率无影响,此时决定速率步骤可能是化学反应,但并不能排除扩散是过程的决定速率步骤的可能性,因为仍然有可能$\dfrac{D}{\delta} \ll k$。

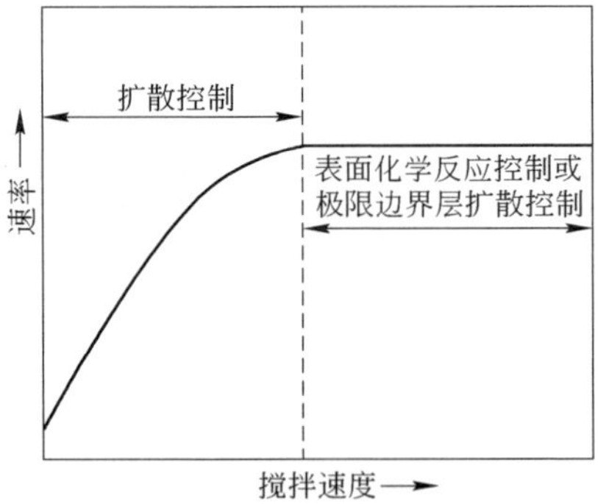

图 6–4 反应速率与搅拌强度关系示意图

温度对扩散速率常数$\frac{D}{\Delta x}$与化学反应速率常数 k 均有影响。扩散系数 D 与温度呈线性关系

$$D=\frac{RT}{N_A}\frac{1}{2\pi r\eta} \tag{6-46}$$

式中 R——摩尔气体常数；

N_A——阿伏加德罗常数；

r——扩散质点的半径；

η——流体的黏度。

对于阿仑尼乌斯型反应，化学反应速率常数与温度呈指数函数关系，如式6-12。这就意味着化学反应速率常数随温度的增长比扩散速率常数的增加快得多。所以一个在充分搅拌条件下的液固反应，在低温下 $k\ll\frac{D}{\Delta x}$，属化学反应控制；而在高温下则可能变为 $k\gg\frac{D}{\Delta x}$，转化为扩散控制。

6.5 固相面积恒定的液固反应

一液固反应

$$aA(s)+bB(aq)=pP(aq)$$

其反应速率不仅与 B(aq)的浓度有关，还必然与 A 的面积有关。A 的面积不仅与固体几何形状等有关，而且在大多数情况下还是反应过程中的时间函数。所以反应速率与面积之间的关系是复杂的。首先讨论一种最简单的情况——固相表面积恒定。在湿法冶金中这种情况不多，例如用金属板从水溶液中置换另一种金属，用旋转圆盘法研究过程动力学均属此种情况。

反应的表观速率（对一级反应）

$$v=-\frac{1}{a}\frac{dn}{dt}=A_0k'c \tag{6-47}$$

式中 n——固体反应物的摩尔数；

c——水溶液中 B 的质量浓度；

k'——表观速率常数；

A_0——固体反应物的表面积，恒定。

在固体反应物与水溶物种反应物质量的变化之间有下列关系：

$$V_s\frac{1}{b}\frac{dc}{dt}=\frac{1}{a}\frac{dn}{dt} \tag{6-48}$$

式中，V_s 为反应体系中溶液的体积，L。

联立式6-47与式6-48可得：

$$v = -V_s \frac{1}{b} \frac{dc}{dt}$$

$$-\frac{dc}{dt} = \frac{A_0 b}{V_s} k' c \tag{6-49}$$

以 $t=0, c=c_0$ 为边界条件对式 6-49 积分得：

$$\lg \frac{c}{c_0} = -\frac{A_0 b k'}{2.303 V_s} t \tag{6-50}$$

以 $\lg \frac{c}{c_0}$ 对 t 作图得一直线。这也是固相表面积恒定条件下一级反应的特征在 6.4 节中已经论及，所有外扩散控制的过程恒为一级，所以式 6-50 适用于所有固相面积恒定的扩散控制过程。

6.6 单个颗粒液固反应的动力学方程

通常在研究湿法冶金过程的速率时，反应率是一个直观而又可测定的数值，反应率与时间的函数关系更便于实际应用。反应

$$A(s) + bB(aq) \longrightarrow P(aq)$$

其速率方程可用一通式表示：

$$v = -\frac{dn}{b dt} = A k' c^n$$

令 m_A 为 A 的质量，反应率定义为

$$\alpha_t = \frac{m_{A,0} - m_{A,t}}{m_{A,0}} \tag{6-51}$$

式中 α_t——t 时的反应率；

$m_{A,0}$——A 在反应前的质量；

$m_{A,t}$——A 在时间 t 时的质量。

对于单个颗粒可推导出反应率与时间的关系式为

$$1 - (1 - \alpha_t)^{1/F} = \frac{M k' c^n}{b d_0 \rho} t \tag{6-52}$$

式中 M——A 的相对原(分)子质量，g；

c——溶液中 B 的浓度，mol/L；

b——反应物 B 的化学计量系数；

d_0——球形颗粒的初始直径，cm；

ρ——A 的密度，g/cm³；

F——几何形状的函数；

k'——表观速率常数，当过程为扩散控制时 $k' = \frac{D}{\Delta x}$，为化学控制时 $k' = k$(速

率常数)。

式6-52被称为"减缩核模型动力学方程",其推导步骤见文献[2]和文献[3]。

球形颗粒的 $F=3$,针状或棒状颗粒的 $F=2$,d_0 为其初始直径,h 为其长(基本不变)。而在 $h \ll d_0$ 的极端情况下,颗粒相当于板或盘状,$F=1$,此时式变为

$$\alpha_t = \frac{2Mk'c}{b\rho h_0}t \tag{6-53}$$

必须强调的是,式6-52是对单个颗粒推导出的,在推导时有一个明确的限定,即反应物 B(aq)的浓度 c 恒定,不随反应时间而改变。

对于产物为水溶物种的液-固反应,无论过程是扩散控制还是化学反应控制,式6-52均适用。通常以 $1-(1-\alpha)^{1/F}$ 对反应时间 t 作图的方法来研究这类反应的共同特征。要判定这类过程的决定速率步骤还需要结合其他的判据,一是搅拌强度对反应速率的影响,二是活化能的大小。

扩散控制过程活化能小于13 kJ/mol,而化学控制过程活化能大于42 kJ/mol,介于二者之间的混合控制活化能为20~34 kJ/mol。

生成固体产物的反应

$$A(s) + bB(aq) = P(s)$$

固体产物包裹着未反应核形成固体产物层。如果固体产物层是疏松多孔的,反应粒子进入达到反应界面所受阻力小,穿过此固体产物层的扩散不是速度控制步骤,此时只剩下两种可能,即要么是化学反应控制,遵守式6-52;要么是边界层扩散控制,而其动力学有别于式6-52,因为对于生成水溶物的反应,未反应核不断缩小,边界层的面积也随之而缩小。生成固体产物的反应,尽管未反应核随时间而缩小,但扩散边界层的面积大体保持不变,如图6-5所示。

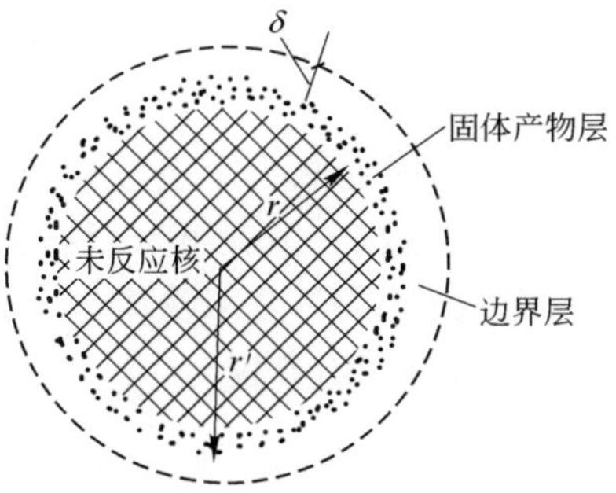

图6-5 生成固体产物的反应模型

若 $r'=r_0$ 即颗粒的初始直径相同时(对某些情况这种假设成立,对另一些情况可视为一种简化处理),则可推导出其反应动力学方程为

$$\alpha = \frac{3MDc}{b\delta\rho r_0}t \tag{6-54}$$

若固体产物层不是很疏松的，则反应粒子穿过固体产物层的扩散成为过程的速率控制步骤。对于起始半径为 r_0 的球状颗粒有克兰克－金斯特林－布劳希特因简化数学模型：

$$1 - \frac{2}{3}\alpha - (1-\alpha)^{2/3} = \frac{2MD'c}{b\rho r_0^2}t \tag{6-55}$$

式中 D'——反应粒子穿过固体产物层的扩散系数（内扩散系数），cm^2/s。

推导方程6-55也有一个前提，即 c 不随时间而变化。在这一前提的条件下，$1-\frac{2}{3}\alpha-(1-\alpha)^{2/3}$ 对 t 作图为一直线。在 $\alpha \leqslant 90\%$ 时，这种线性关系与实测结果吻合甚好。$\alpha > 90\%$ 时，则实验数据偏离直线。这是因为在推导方程6-55时假定固体产物层外径 d_2 与颗粒的原始直径 d_0 相同，事实上二者并不相等，其差距随反应率的增加而增大。更为精确的反应动力学方程是范伦希方程，它把 d_0 与 d_2 的差别的因素也考虑进去了。

$$z + \alpha(1-z)\frac{MDc}{\nu\rho r_0^2}t = [1+(z-1)\alpha]^{2/3} + (z-1)(1-\alpha)^{2/3} \tag{6-56}$$

式中 $z = \frac{r_2^3 - r_1^3}{r_0^3 - r_1^3}$；

r_1——未反应核的半径。

在 $\alpha = 0\% \sim 100\%$ 的范围内，用范伦希方程计算的结果都与实测相符。

湿法冶金的某些过程，其边界层扩散，固体产物层扩散及固液界面处的化学反应速率相近，三个环节同时控制整个过程的速率，即所谓的“混合动力学”控制过程。

若反应面积随时间而改变，可用近似稳定态法（Steady-stat appro-ximation）处理。矿粒浸出时，在有固体产物层存在的情况下，过程的步骤有：(1) 穿过附面层的扩散；(2) 穿过固体产物层的扩散；(3) 在未反应核表面上的化学反应等。在反应物B(aq)浓度 c 不变的前提下，可导出方程

$$\frac{b\delta}{D_s}\alpha + \frac{3br_0}{2D'}\left[1-\frac{2}{3}\alpha-(1-\alpha)^{2/3}\right] + \frac{1}{k}[1-(1-\alpha)^{1/3}] = \frac{3cM}{\rho r_0}t \tag{6-57}$$

式中 δ——边界层厚度；

D_s——经过液相的扩散系数；

D'——经过固体产物层的扩散系数；

k——表面化学反应速率常数；
b——反应 $A(s)+bB(aq)\longrightarrow P(s)$ 中 B 的计量系数；
c——反应物 B 在溶液中的本体浓度；
ρ——反应物 A 的密度；
M——反应物 A 的相对分子质量或相对原子质量；
r_0——颗粒的初始半径。

方程左边三项分别代表了边界层扩散，固体产物层扩散与表面化学反应，方程 6-57 是三方面速率表达式的总和，是一个概括了四种情况的通式。当 $\frac{b\delta}{D_s}\gg\frac{3br_0}{2D'}$ 和 $\frac{b\delta}{D_s}\gg\frac{1}{k}$ 时，第 2、3 项可忽略不计，方程转化为方程 6-54，即为边界层扩散控制（表面积不变时的情况）。当 $\frac{3br_0}{2D'}\gg\frac{b\delta}{D_s}$ 和 $\frac{3br_0}{2D'}\gg\frac{1}{k}$ 时，方程转化为方程 6-55，属固体产物层扩散控制。当 $\frac{1}{k}\gg\frac{b\delta}{D_s}$ 和 $\frac{1}{k}\gg\frac{3br_0}{2D'}$ 时，方程转化为方程 6-52，属表面化学反应控制。若 $\frac{1}{k}$，$\frac{b\delta}{D_s}$，$\frac{3br_0}{2D'}$ 相当，则属于混合动力学控制。

综合上述，可归纳判断单个颗粒与下面将要论及的单粒级颗粒体系固液反应速率控制类型的方法（见表 6-4）。以上的动力学方程的推导条件是恒浓度、恒温。A. W. 罗茨（Loats）等给出了非恒温过程的动力学方程[26]。

表 6-4 液—固反应决定速率步骤的判据

反应类别	速率控制类型	主要判据（动力学方程）	辅助判据	
			活化能	搅拌的影响
生成物为水溶物种	边界层扩散控制	$1-(1-\alpha)^{1/3}=\frac{Mkc}{br_0\rho}t$ $1-(1-\alpha)^{1/3}$ 与 t 呈线性关系	<13 kJ/mol	明显或无
	化学控制		>42 kJ/mol	无
	混合控制		介于二者之间	
生成固体产物层	边界层扩散控制	$\alpha=\frac{3MDc}{b\delta\rho r_0}t$		
	化学控制	$1-(1-\alpha)^{1/3}=\frac{Mkc}{b\rho r_0}t$		
	固体产物层扩散控制	$1-\frac{2}{3}\alpha-(1-\alpha)^{1/3}$ 与 t 呈线性关系		
	混合动力学控制	符合方程 6-57		

6.7 多颗粒体系的液固反应动力学方程

单颗粒仅适用于数学推导研究，实用意义不大。具体的液固反应大多是多颗粒体系。

首先讨论单粒级多颗粒体系，这是一种最简单的情况，组成体系的颗粒直径一样大。实际中不会存在这种颗粒体系，只是为便于研究而进行近似处理。用网目尽可能接近的两个分样筛筛分出两筛之间的样品，粒级很窄，可以把这种窄粒级颗粒体系近似看成单粒级颗粒体系。

很容易证明，在假设反应物 B 的浓度不随时间改变的前提下，单个颗粒反应的速率方程也适用于单粒级颗粒体系。

令单粒级颗粒体系由 n 个颗粒组成，每个颗粒的起始质量为 $m_{i,0}$，在反应时间 t 时的质量为 $m_{i,t}$。每个颗粒的反应率

$$\alpha_{i,t} = \frac{m_{i,0} - m_{i,t}}{m_{i,0}}$$

整个多颗粒体系的反应率

$$\alpha_t = \frac{m_0 - m_t}{m_0}$$

$$m_0 = nm_{i,0}$$

$$m_t = nm_{i,t}$$

$$\alpha_t = \frac{nm_{i,0} - nm_{i,t}}{nm_{i,0}} = \alpha_{i,t}$$

因为窄粒级料的反应动力学规律与单个颗粒的规律一样，所以粒状物料液固反应的动力学试验研究均以窄粒级料作试样。这种研究还必须以反应物 B(aq) 的浓度不随时间而改变为前提条件。当液固比是足够大的极稀的悬浮液时，反应消耗掉的 B(aq) 可忽略不计，而且在试验技术上要采取措施防止水的蒸发，使 B(aq) 浓度保持近似不变。在生产实践中的某些例子也接近于达到这一状态。如果 B(aq) 是溶解于水中的某种气体，液固反应在密闭容器中进行（例如压煮器），保持气体恒定的压力也可以使 B(aq) 的浓度保持不变。

当 c 随时间而改变，而这种改变仅仅是由于反应消耗引起的（排除了水的蒸发），则时间 t 时的浓度 c_t

$$c_t = c_0 - \frac{n_0 \alpha b}{V_s} = c_0 \left(1 - \frac{n_0 b}{c_0 V_s} \alpha\right) \tag{6-58}$$

式中 c_0——溶液中反应物 B 的起始浓度；

n_0——体系中固体反应物质的初始总量，mol；

α——t 时的反应率；

b——反应式中 B 的计量系数；

V_s——溶液体积，不随时间而改变。

令 $\varepsilon = \dfrac{n_0}{c_0 V_s}$，便有

$$c = c_0(1 - b\varepsilon\alpha)$$

对表面化学反应控制与扩散控制的过程可推导出

$$\frac{d\alpha}{dt} = \frac{3Mk}{\rho r_0}(1-\alpha)^{2/3} c_0 (1 - b\varepsilon\alpha) \tag{6-59}$$

对固体产物层扩散控制过程可推导出

$$\frac{d\alpha}{dt} = \frac{2MDc_0}{\rho b r_0^2} \times \frac{(1-\alpha)^{1/3}(1-b\varepsilon\alpha)}{1-(1-\alpha)^{1/3}} \tag{6-60}$$

用数值积分很容易求出以上两式的近似解。

生产实践中常遇到的是由磨矿产出的多颗粒体系，它们绝不可能是单粒级的，而是由最大与最小之间的各种粒度的颗粒组成的。其粒度分布取决于物料的性质及磨碎的方法与条件。应该指出，适用于单个颗粒或单粒级物料的动力学方程不适用于多颗粒体系。例如 G. N. 萨特菲尔德(Satterfield)[4] 对在高温与氧压下浸出黄铜矿：

$$CuFeS_2 + \frac{17}{4}O_2 + H^+ \longrightarrow Cu^{2+} + Fe^{3+} + 2SO_4^{2-} + \frac{1}{2}H_2O$$

研究表明，这一反应属表面化学反应控制。在稀悬浮液中(可以认为 H^+ 与 O_2 浓度不随时间而改变)单粒级料的浸出反应动力学方程遵从方程 6-52，如图 6-6a 所示；而在同一条件下的粒度广泛分布的料的浸出反应动力学方程则完全偏离方程 6-52(图 6-6b)。矿物的浸出还受到矿物物相组成的影响，例如锌矿中的氧化锌可能以 ZnO、菱锌矿与异极矿等形态存在，硫化铜矿中铜也可能以若干种矿物形态同时存在。当含同一种金属的不同矿物同时浸出时，即令每一种都是单粒级料，其共同浸出的综合浸出率也不遵从单一矿物的浸出反应动力学方程，如图 6-7 所示。H. M. 哈尔伯特(Hulburt)与 A. D. 兰多尔夫(Randolph)等[4,5,6] 于 1964 年即指出，许多有关颗粒体系的动力学反应问题，不能用通常的连续质量与速率公式去解决。他们提出了一种叫“总体平衡”的颗粒专门计算程序处理粒度广泛分布的多颗粒体系。这里仅介绍这种体系经简化处理后的结果，如欲了解详情，请阅读原作。

若一物料经粒度分析已知由 $i = 1, 2 \cdots N$ 种窄粒级料组成，f_i 为每一种窄粒级料所占分数，$r_{i,0}^*$ 为每一种窄粒级料的平均初始半径，若 c_B 为恒定，则其总反应率可近似地表示为

$$\alpha_{总} = \sum_{i=1}^{N} \alpha_i(r_{i,0}^*, c_B, t) f_i \tag{6-61}$$

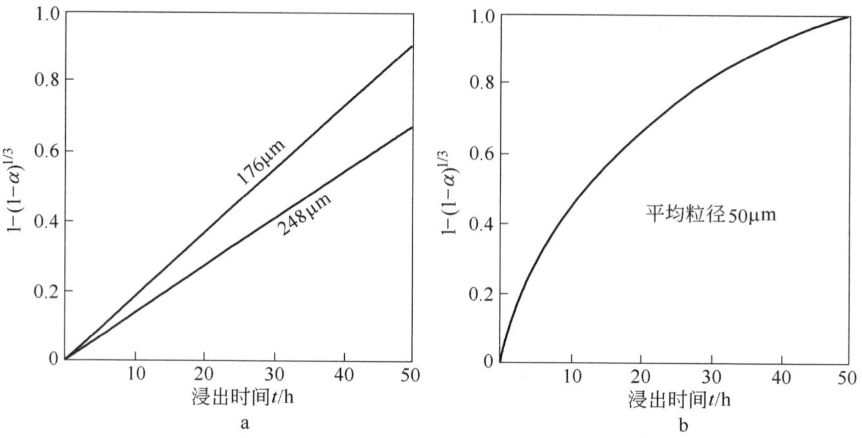

图 6-6 不同粒度的多颗粒体系浸出速度曲线的比较

a—黄铜矿单粒级料；b—黄铜矿粒度分布广泛的料

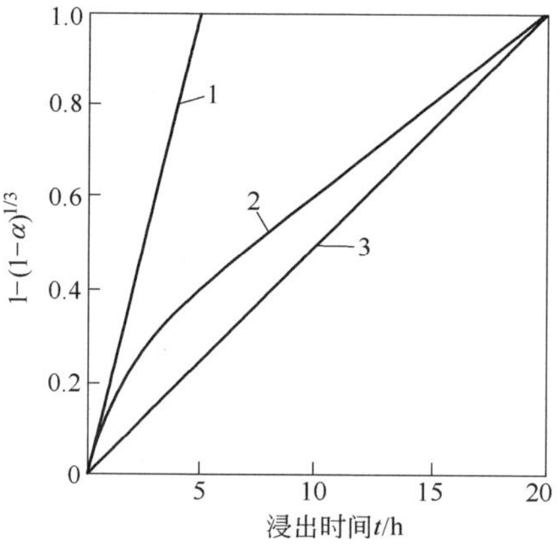

图 6-7 不同矿浸出的对比

1—单粒级，50 μm，第二种硫化物；2—单粒级，50 μm，两种矿混合；
3—单粒级，50 μm，黄铜矿

L. W. 贝克斯蒂德（Beckstead）等[7]用上述方程预测用酸性硫酸高铁浸出黄铜精矿。窄粒级物料浸出过程受固体产物层扩散控制，如图 6-8a 所示；所预测的精矿浸出率曲线与实验值（黑点）吻合甚好，如图 6-8b 所示。

若 B 的浓度 c 随时间而改变，则有

$$c_t V = c_0 V - \frac{b}{a}[\alpha_t n_0] \tag{6-62}$$

式中 V——溶液体积；

a, b——计量系数；

α_t——t 时的总反应率；

n_0——固体反应物 A 的初始摩尔数。

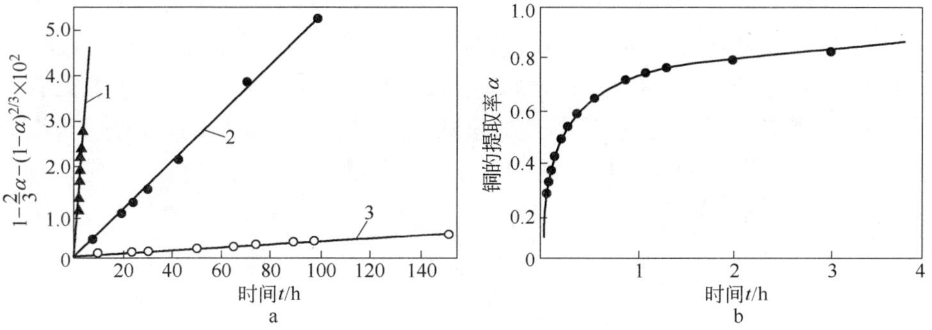

图 6-8 黄铜矿浸出曲线

a—单粒级黄铜矿硫酸高铁浸出；b—碾磨机中磨细的黄铜矿（50% 小于 0.5 μm）

1—4 μm；2—12 μm；3—47 μm

$$c_t/c_0 = 1 - \frac{b}{a}\alpha_t n_0 \frac{1}{c_0 V}$$

$$n_0 = \frac{m_0}{\rho M}$$

$$c_t/c_0 = 1 - \frac{b}{a} \times \frac{m_0}{\rho M c_0 V}\alpha_t \tag{6-63}$$

用下列步骤求反应率：

（1）在小的时间间隔（在此间隔内 c_t 可视为不变）内对每种粒级的$\frac{d\alpha}{dt}(d,c,t)$表达式进行数值积分，求出各粒度的 $\alpha_{i,t}$；

（2）计算 $\alpha_{总} = \Sigma\alpha_i f_i$；

（3）按方程 6-63 计算 c_t。

计算反复进行，直至所需的总反应时间。

6.8 矿块的浸出

堆浸与就地浸出时，浸出对象是矿块，其特点是需浸溶的矿物颗粒嵌布在块状脉石中。要实现矿物的溶浸，浸出剂的分子或离子首先必须扩散穿过脉石层而进达到待浸矿物的表面。脉石必须具有一定的孔隙度，否则浸出无法实现。

20 世纪 70 年代发展了一些矿块浸出动力学的数学模型，A. F. 刘易斯（Lewis）和 R. L. 布朗（Braun）[8]（1973）提出了建立在实测的化学反应速率常数与扩散控制机理基础上的动力学模型。R. W. 巴特利特（Bartlett）[9]（1972）将连续方程用于含浸染黄铜矿的矿块的浸出，并提出了这一过程的动力学模型。R. L. 布朗等[10](1974)提出“反应区域模型”。上述三种模型,以第三种更为实用,故下面仅对其介绍。

反应区域模型认为在矿块中存在着已反应区,反应区与未反应区,如图 6-9 所示。三个区域之间有明确的界限,反应区的厚度很小,而且不断向矿块中心移动。浸出剂的分子(或离子)经过已反应区的孔隙扩散到反应区。这景象有些类似于生成固体产物层的反应,只不过那里的反应是在未反应核的表面进行,而矿块浸出反应是在包裹着未反应核周围的一个厚度不大的壳层中进行。反应在反应区内部的速率可表示为

$$-\frac{\mathrm{d}n}{\mathrm{d}t}=Akc_{\mathrm{s}} \tag{6-64}$$

式中 n——可浸出的矿物的摩尔数;

k——矿物浸出反应的速率常数;

c_{s}——浸出剂分子(或离子)在反应区内的平均浓度;

A——反应区内所有矿粒面积的总和:

$$A=\frac{4\pi r^2\delta n_{\mathrm{p}}A_{\mathrm{p}}}{\phi}$$

δ——反应区厚度;

n_{p}——每单位岩石体积中矿物颗粒的数目;

A_{p}——反应区内每个颗粒的平均面积;

ϕ——对矿块与反应区形状偏离球体与球面进行校正的几何因素。

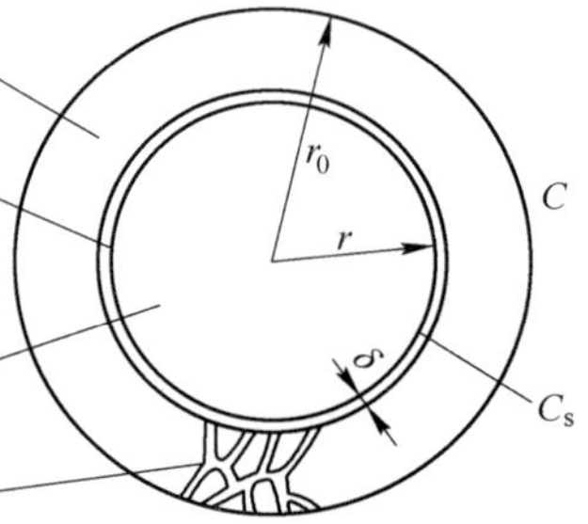

图 6-9 矿块浸出示意图

可以认为,随着反应区向中心推移 n_{p} 与 A_{p} 均保持不变,因为每种粒级的新颗粒将在反应区前端开始发生浸出作用,而在反应区后部被完全浸出。浸出剂分子(或离子)穿过孔隙扩散通过已反应区而进入到反应区内的扩散速度可表示为

$$\frac{\mathrm{d}n}{\mathrm{d}t}=\left(\frac{4\pi r^2}{\phi}\right)\left(\frac{D'f}{b}\right)\left(\frac{\mathrm{d}c}{\mathrm{d}r}\right) \tag{6-65}$$

式中 D'——浸出剂在已反应区内的有效扩散系数;

b——浸出反应 $A(s)+bB(aq)\longrightarrow P(aq)$ 中的计量系数；

f——岩石的孔隙度。

对稳定态迁移而言，亦即在给定的一种几何形状下$\frac{dn}{dt}$对 r_0 至 r 间所有 r 值均为恒定，便可对式 6-65 积分：

$$\frac{dn}{dt}\int_{r_0}^{r}\frac{dr}{r^2}=\frac{4\pi}{\phi}\times\frac{D'f}{b}\int_{c}^{c_s}dc -$$

$$\frac{dn}{dt}\left(\frac{1}{r}-\frac{1}{r_0}\right)=\frac{4\pi}{\phi}\times\frac{D'f}{b}(c-c_s) -$$

$$\frac{dn}{dt}=\frac{4\pi rr_0}{\phi}\times\frac{D'f}{b}\times\frac{(c-c_s)}{(r_0-r)} \tag{6-66}$$

联立方程 6-64 与 6-66 得：

$$c_s=c\left[1+\frac{\delta n_p A_p bk}{D'f}\times\frac{r}{r_0}(r_0-r)\right]^{-1} \tag{6-67}$$

将方程 6-67 代入方程 6-64 得：

$$\frac{dn}{dt}=-\frac{4\pi r^2\delta n_p A_p k}{\phi}c\left[1+\frac{\delta n_p A_p bk}{D'f}\times\frac{r}{r_0}(r_0-r)\right]^{-1}$$

$$=-\frac{4\pi r^2}{\phi}c\left[\frac{1}{\delta n_p A_p k}+\frac{b}{D'f}\times\frac{r}{r_0}(r_0-r)\right]^{-1}$$

$$=-\frac{4\pi r^2}{\phi}c\left[\frac{1}{GB}+\left(\frac{b}{D'f}\right)\left(\frac{r}{r_0}\right)(r_0-r)\right]^{-1} \tag{6-68}$$

令 $G=\frac{\delta n_p r_p \rho_p}{3\rho_r}$为矿块的品位（硫化铜矿物的重量分率）。

$$B=\frac{3\rho_r\delta k}{r_p\rho_p}$$

式中 r_p——矿物颗粒的平均半径；

ρ_p——矿物颗粒的密度；

ρ_r——主体岩石的密度。

式 6-68 中 n 为可浸出的矿物的摩尔数，对于一个矿块

$$n=\frac{4}{3M}\pi r^3\rho_r G \tag{6-69}$$

式中 M——被浸物质的相对分子量（原子量）

$$\frac{dn}{dt}=\frac{4\pi r^2}{M}\rho_r G\frac{dr}{dt} \tag{6-70}$$

代入式 6-68 得：

$$\frac{dr}{dt}=-\frac{MC}{\phi\rho_r G}\left[\frac{1}{GB}+\frac{b}{D'f}\frac{r}{r_0}(r_0-r)\right]^{-1} \tag{6-71}$$

由浸出率

$$\alpha = 1 - \frac{r^3}{r_0^3}$$

可导出：

$$r = r_0(1-\alpha)^{1/3}$$

$$\frac{\mathrm{d}r}{\mathrm{d}t} = -r_0\frac{1}{3}(1-\alpha)^{-2/3}\frac{\mathrm{d}\alpha}{\mathrm{d}t} \tag{6-72}$$

把式 6-72 代入式 6-71 得：

$$\frac{\mathrm{d}\alpha}{\mathrm{d}t} = \frac{3MC}{\phi\rho_r r_0 G}\frac{(1-\alpha)^{2/3}}{\left\{\frac{1}{GB} + \frac{b}{D'f}r_0(1-\alpha)^{1/3}\left[1-(1-\alpha)^{1/3}\right]\right\}} \tag{6-73}$$

在 C 为常数的条件下，对式 6-73 积分得：

$$1 - \frac{2}{3}\alpha - (1-\alpha)^{2/3} + \frac{\beta'}{Gr_0}\left[1-(1-\alpha)^{1/3}\right] = \frac{\gamma}{\phi G r_0^2}t \tag{6-74}$$

$$\beta' = \frac{2Dfr_p\rho_p}{3b\rho_r\delta k} \times \frac{2Df}{bB}(\mathrm{cm})$$

$$\gamma = \frac{2MDfc}{\rho_r b}(\mathrm{cm^2/s})$$

式 6-74 为一个表示矿块浸出率与时间的关系式，同样适用于同粒径的矿块群。对于宽粒级物料仍按式 6-61 处理。曾用式 6-74 预测过含黄铜矿的块矿中铜的浸出率，所用矿样产自美国的亚利桑那州，结果如图 6-10 所示。对窄粒级料 L3（$-1.9+1.27\,\mathrm{cm}$）、L4（$-1.9+1.27\,\mathrm{cm}$）和 L5（$-0.4+0.14\,\mathrm{cm}$）预测结果与实测

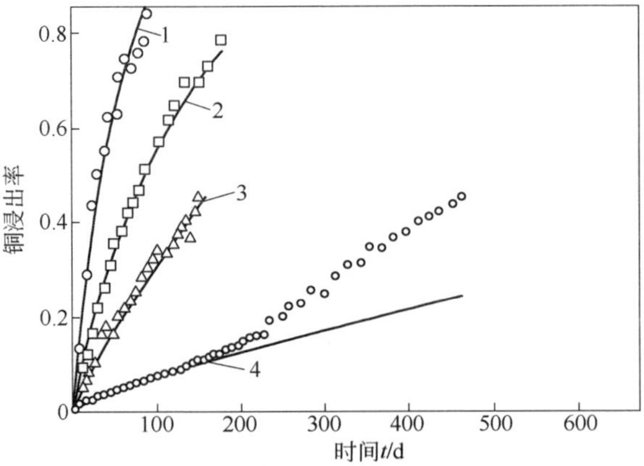

图 6-10　计算的铜浸出率与实测值的对比（363 K，2.76 MPa）

1—L5（$\bar{r}_{j,o}=0.15\,\mathrm{cm}$，$\phi_{j,o}=0.66$）；2—L4（$\bar{r}_{j,o}=0.8\,\mathrm{cm}$），$\phi_{j,o}=0.24$）；3—L3（$\bar{r}_{j,o}=0.8\,\mathrm{cm}$，$\phi_{j,o}=0.52$）；4—L2（$\bar{r}_{j,o}=3.0\,\mathrm{cm}$，$\phi_{j,o}=0.68$）

结果吻合甚好,而对 L2(-7.5 +3.8 cm)则吻合较差,浸出时间愈长,差别愈大。这说明式 6-74 只适用于窄粒级料的情况。对于粒度分布广泛的料仍然需用数值积分求解。

处理自然粒级分布的物料时,用式 6-68 取时间间隔 Δt(小时)进行数值积分。为了提高数学模型的精确性,需考虑一些重要因素,并对式 6-68 进行适当的修正。

式 6-68 中用"矿石平均品位"G,并认为整个矿块 G 为一定值。事实上矿物在矿块中的分布是不均匀的。由于岩石有优先沿矿物含量高的平面破裂的倾向,因而矿块的表面层金属的品位比内部高。这一层的厚度

$$\Delta r_0 = \mu r_0$$

在此表面层中金属品位

$$G = \frac{2G_0}{\left[2 - \left(1 - \frac{\Delta r_0}{r_0}\right)^3\right]};r > r_0 - \Delta r_0 \tag{6-75}$$

在此表面层内部矿块的其余部分

$$G = \frac{G_0}{\left[2 - \left(1 - \frac{\Delta r_0}{r_0}\right)^3\right]};r \leqslant r_0 - \Delta r_0 \tag{6-76}$$

式中 G_0——矿块中金属的平均品位。

B. L. 布劳恩(Braun)等在计算 $CuFeS_2$ 氧压浸出时取 $\mu = 0.004$。

式 6-68 只考虑了矿块的孔隙度,事实上除了孔隙度还有一定数量的裂缝,从而使反应面增加。随浸出过程进行,裂缝向矿块中心延伸发展,而且这种延伸是非直线的。综合考虑这些因素对浸出速率的影响并反映在数学模型中是极为复杂而困难的。这些因素对大矿块的影响比小矿块要显著,这是因为前者具有更多的缺陷。此外,为达到同样的浸出率,大矿块的浸泡时间比小的长得多,在浸出后期这些因素的影响更为显著。图 6-9 中的 L2 为宽粒级,其平均直径为 3.0 cm,比其他试样大,浸出 200 d 后,实测浸出率比按式 6-74 计算值明显偏高,浸出的时间愈长其差别愈大。为了考虑上述影响因素,对式 6-65 进行第二项修正,式 6-65 中的 ϕ 代之以

$$\phi = \left[\phi_0^2 - \frac{2}{3}\lambda(r_0^3 - r^3)\right]^{\frac{1}{2}} \tag{6-77}$$

式中 ϕ_0——起始几何因素;

ϕ——半径为 r 时之几何因素;

λ——后期强化参数。

式 6-77 表明随未反应区半径 r 的减小,几何因素 ϕ 减小,浸出速率增加。

R. L. 布劳恩在计算氧压浸出黄铜矿时取 $\lambda=0.15$,按修正后的微分方程用数值积分处理的结果,计算值与实测值吻合很好,这种结果也包括宽粒级料 L2 与自然粒度分布料 L1(最大粒径 15 cm),如图 6-11、图 6-12 所示。

图 6-11 与图 6-12 上的 B 与 C 取 $\lambda=0,\mu=0$,即前两个因素均忽略不计,未加任何修正,吻合最差;而 B 取 $\mu=0$,仅在浸出前期吻合较好。

综观前述,欲准确预测矿块群的浸出速率,不仅要考虑一般的动力学影响因素,还要认真考虑矿物与基体岩石的各种物理的、几何的因素以及它们在长时间浸泡中的变化。上面所介绍的不应视为此类问题的终极解,而应作为解决问题的一个有益的思路。

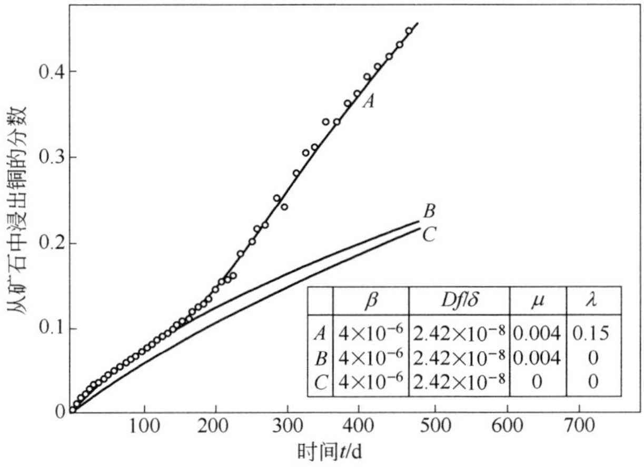

图 6-11 L2 浸出率的计算值与实测值的对比

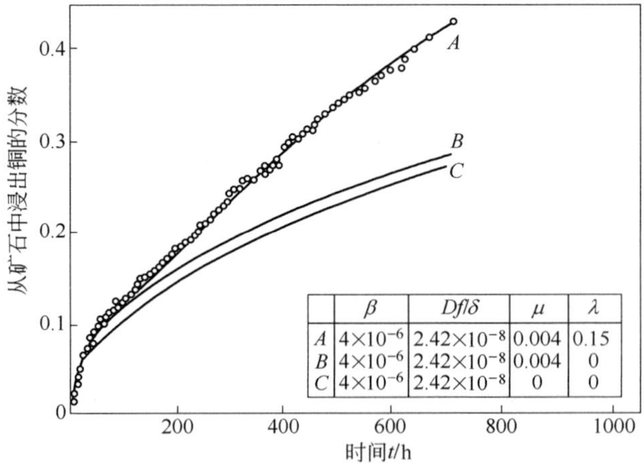

图 6-12 L1 浸出率计算值与实测值的比较

6.9 液固界面化学反应的分形模型

在前述推导液固反应速率的数学模型时,均把固体反应物视为球体(除了少数指明为平板的情况外)。对于经过磨矿处理的物料而言,这种假定与实际的偏离所造成的误差尚不至于影响推导出的各种数学模型的实用性,很多实验表明,计算值与实测值的吻合是好的。但是对于仅经过破碎的块状矿物,情形就要复杂得多了,这是因为存在着如下的影响因素:

(1) 块矿远不是球状,是不规则的;

(2) 矿块表面也绝不是光滑的平面或曲面,而是粗糙有皱褶的;

(3) 矿块中有长短深浅不一的裂缝、孔穴等。

这些因素对反应速率都有影响。若不考虑这些影响,则用任何数学模型计算的结果都会与实测值有明显的偏差。前面介绍的 R. L. 布劳恩反应区域模型,先是用一几何因素 ϕ 来反映矿块几何形状的不规则性。这并不能包含上述因素(2)和因素(3)的影响,因而与实际有明显的偏离。后来提出修正,用 ϕ 代替 ϕ_0(式 6-77),取得了较好的结果。这种处理可以作为解决问题的一种方法。

本节介绍解决几何形体不规则性的另一种方法是采用分形几何法,即用分形数维的概念去研究流 - 固反应动力学。这种研究现仅仅是开始,还在不断发展之中。

我们知道,多相反应的显著特征就是在整个反应过程中都存在着反应界面,而界面的结构性质对反应的速率过程有着重要的影响。因此,在建立多相反应动力学模型时,不得不将其作为一个主要的参变量来考虑,并在简单情况下视之为平面,在较复杂情况下视之为曲面,即总是习惯于把表面视为二维面。然而,这种处理与实际情况并不相符,例如金属断裂面、化学活性物质表面、岩石及地球表面等,都呈现出众多的皱褶、缺陷、凹凸和孔隙等极其复杂、极不规则、连续但不可微的几何特征,传统的规则几何学对此已显得无能为力,并把这类无法处理或描述的复杂形貌归入“病态几何”。

由 Mandelbrot[11] 创立并发展起来的分形几何给人们解决诸多“病态”的实际问题提供了新的方法和理论。多孔介质的内部孔隙表面极其广大,流体与固体间的化学反应主要是在这些表面上进行,固体的可视外表面与之相比是微不足道的,例如煤的内表面积一般在 10 ~200 m^2/g 之间波动,焦炭为 1 ~45 m^2/g ,而其外表面积一般为0.001 ~0.1 m^2/g[12,13]。大量事实表明,分形是在自然界中广泛存在的现象,它所涉及的领域已遍及数学、物理、化学、材料科学、表面科学、生物和医学、地质和地理学、地震和天文科学以及计算机科学等。分形几何研究的对象是在标度变换下具有不变性的体系,旨在揭示宏观无规则现象内部所隐藏着的规则性、层次性和确定性,其中可能存在着新的物理和化学规律及特征[14,15]。因此,流体在多孔介质中反应与扩散的动力学方程的建立取决于对固体表面形貌和孔道结构的客观真实地描述,应用分形几何学重新研究流-固界面化学反应的动力学特征是很有必要的。

6.9.1 表面的分形数维概念[16]

首先来考察一个光滑的二维的单位平面,取若干半径为 r 的小圆去覆盖该平面,则所需小圆的最少数为 $N(r)$。显然,r 越小,$N(r)$越大,即单位平面上的小圆数 $N(r)$与小圆的截面积 πr^2 有如下关系:

$$N(r) = 1/(\pi r^2) \tag{6-78}$$

两边取对数,得:

$$-\ln N(r)/\ln r = \ln\pi/\ln r + 2 \tag{6-79}$$

当 $r\to 0$ 时,$\ln\pi/\ln r\to 0$,此时式 6-79 变为

$$\lim_{r\to 0}\frac{\ln N(r)}{\ln(1/r)} = 2 \tag{6-80}$$

同理,若考察一个三维的单位体积,用若干半径为 r 的小球去填充,则有:

$$N(r) = 1/\left(\frac{4}{3}\pi r^3\right) \tag{6-81}$$

当 $r\to 0$ 时,式 6-81 变为

$$\lim_{r\to 0}\frac{\ln N(r)}{\ln(1/r)} = 3 \tag{6-82}$$

以此类推,对于一个 D 维容体,若用半径为 r 的 D 维小球去填充,则所需小球数 $N(r)$应与$(1/r^D)$成正比:

$$N(r) = cr^{-D} \tag{6-83}$$

式中,c 为分形常数或形状系数。当 $r\to 0$ 时,称 $\ln N(r)$与 $\ln(1/r)$之比为该容体的容量分形数维 D,即

$$D = \lim_{r\to 0}\frac{\ln N(r)}{\ln(1/r)} \tag{6-84}$$

现来考察一个极粗糙的表面,表面上大量的凹凸皱褶会使 $N(r)$变大。这类表面随着 r 的减小,其 $N(r)$的增加会比光滑表面更加迅速。如果这种表面的粗糙程度能保持到接近 $r\to 0$ 的范围,那么式 6-80 左边的 $\ln N(r)$与 $\ln(1/r)$之比就会大于 2。因此,粗糙表面的分形维数应在 2 ~ 3 之间。

6.9.2 流-固界面化学反应的分形模型[17,18]

对于一个半径为 r_0' 的吸附剂颗粒,首先用半径为 r_0 的吸附质分子进行吸附,

这相当于用 r_0 对吸附剂颗粒进行测量。然后，再用 r_0 的倍数（r/r_0）去测量该颗粒，其半径应为 $r' = r'_0/(r/r_0) = r_0 r'_0/r$，将 $r = r_0 r'_0/r'$ 代入式 6-83，得[19~21]：

$$N = c(r_0 r'_0)^{-D} r'^{D} \tag{6-85}$$

式 6-85 表明为覆盖一个吸附剂颗粒表面所需吸附质分子数 N 与该颗粒半径 r' 之间的关系。设有一组吸附剂试样，各试样的体积相同，但所含吸附剂的颗粒大小不同，则试样的颗粒数 P 应与颗粒体积成反比。因此，为覆盖一个试样所有颗粒表面所需的吸附质分子数 m 为

$$m = PN = Pc(r_0 r'_0)^{-D} r'^{D} \tag{6-86}$$

这样，就以一种吸附质分子对一组粒度不同但属同一种吸附剂试样进行测量而言，若取该吸附质分子的截面积为 πr_0^2，则试样颗粒的表面积 S 为

$$S = \pi r_0^2 m = \pi Pc(r_0^{2-D} {r'_0}^{-D}) r'^{D} \tag{6-87}$$

从式 6-87 可以看出，颗粒的粗糙表面积 S 与其半径 r' 的 D 次方成正比。

现来考察流－固反应简单的情况，即流体 A(f) 与固体 B(s) 生成流体 C(f) 和固体 D(s) 的不可逆界面化学反应为

$$A_{(f)} + bB(s) \longrightarrow cC(f) + dD(s)$$

其反应速率为

$$v = kS_B c_A^n \tag{6-88}$$

式中 k——反应速率常数；

n——反应级数；

S_B——B 的表面积；

c_A——A 在 B 表面的浓度。

设固体 B 由 P 个球形颗粒组成，其半径为 r'，则由界面化学反应速率等于 B 的消耗速率，得：

$$v = -\frac{dN_B}{b dt} = -\frac{4\pi P \rho_B r'^2}{bM_B} \times \frac{dr'}{dt} \tag{6-89}$$

式中 N_B——B 在 t 时刻的摩尔数；

ρ_B——B 的密度；

M_B——B 的分子量。

将式 6-87、式 6-88 代入式 6-89 整理，得：

$$-\int_{r'_0}^{r'} r^{2-D} dr = \frac{bcM_B k c_A^n}{4\rho_B r_0^{D-2} {r'_0}^{D}} \int_0^t dt \tag{6-90}$$

积分式 6-90，并因为 B 的转化率 $\alpha = 1 - (r'/r'_0)^3$ 或 $r' = r'_0(1-\alpha)^{1/3}$，此式可变为

$$1 - (1-\alpha)^{(3-D)/3} = \frac{bcM_B k c_A^n (3-D)}{4\rho_B r_0^{D-2} {r'_0}^{3}} t \tag{6-91}$$

或
$$t = \frac{4\rho_B r_0^{D-2} r'^3_0}{bcM_B kc_A^n (3-D)}[1-(1-\alpha)^{(3-D)/3}] \tag{6-92}$$

当固体 B 消失时，即 $r'=0$，则完全反应时间为

$$t_0 = \frac{4\rho_B r_0^{D-2} r_0'^3}{bcM_B kc_A^n (3-D)} \tag{6-93}$$

由式 6-92 和式 6-93 相比，可得界面化学反应的相对时间

$$\frac{t}{t_0} = 1-(1-\alpha)^{(3-D)/3} \tag{6-94}$$

另一方面，根据曼德尔布罗特[1]给出的固体表面积 S 与体积 V 的关系 $S^{1/D} \infty V^{1/3}$，有[18]：

$$S^{1/D} = K_0 \delta^{(2-D)/D} V^{1/3} \tag{6-95}$$

式中 K_0——比例常数；

δ——测量码尺（相当于 r_0），由式 6-88 和式 6-89 联立得：

$$-\frac{dW_B}{dt} = bM_B kS_B c_A^n \tag{6-96}$$

式中 W_B——B 的重量。

由于 $V_B = W_B/\rho_B$，当将式 6-95 代入式 6-96 时，可得：

$$-\int_{W_{B_0}}^{W_B} W_B^{-D/3} dW_B = \frac{bk_0^D M_B kc_A^n}{\rho_B^{D/3} \delta^{D-2}} \int_0^t dt \tag{6-97}$$

式中，W_{B_0}、W_B分别为 B 在 $t=0$ 和 $t=t$ 时刻的重量。积分式 6-97，并因为 $\alpha = 1 - W_B/W_{B_0}$或 $W_B/W_{B_0} = 1-\alpha$，式 6-98 便变为

$$1-(1-\alpha)^{(3-D)/3} = \frac{bk_0^D M_B kc_A^n (3-D)}{3\rho_B^{D/3} W_{B_0}^{(3-D)/3}} t \tag{6-98}$$

同理，由式 6-98 可以得式 6-94，只不过式 6-98 与式 6-91 相比前者更具代表性。

根据式 6-94，在 D 值一定时，可得（t/t_0）对 α 的关系曲线如图 6-13 所示。从图看出，当反应的相对时间一定时，表面分形数维越高，转化率越大；当转化率一定时，表面分形数维越高，反应的相对时间越小。这表明固体表面的分形维数对反应速率有较明显的影响，即粗糙的表面更容易进行化学反应。固体表面的分形数维 D 是其粗糙程度的定量指标，由固体的本性决定，其值应在 2 ~3 之间，并且在反应过程中为常量。

马文会等人和马兴华[24]也先后由式 6-87 导出了式 6-94，所不同的是前者采用黄暹等[25]的实验数据对后者提出的二维模型作了检验，但两者所得到的灰层（产物层）扩散分维模型和混合分维模型值得商榷，因为多孔介质表面的分形维数与其孔结构（扩散路径）的分形维数是两种不同的基本概念，应加以区别，不可混用，这是界面反应与灰层扩散的不同速率过程所要求的。

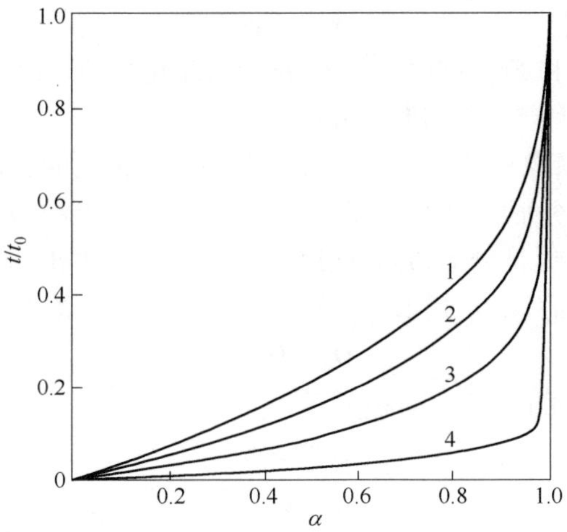

图 6-13　D 与(t/t_0)和 α 的关系曲线

1—$D=2.0$;2—$D=2.3$;3—$D=2.6$;4—$D=2.9$

6.9.3　流体在多孔介质中扩散的分形模型[25]

流体在多孔介质中单位时间的扩散量通常可表示为

$$J_A = 4\pi r^2 D_e \frac{dC_A}{dr} \tag{6-99}$$

式中　r——扩散距离;

D_e——有效扩散系数,其形式通常为

$$D_e = \frac{\varepsilon D_A}{\tau} \tag{6-100}$$

式 6-100 表明了多孔介质孔道的弯曲、收缩等特征对流体分子扩散的影响,其中 ε 为固体的孔隙率,τ 为孔道结构的曲折因子或称弯曲因子、曲节因子等,其倒数为迷宫系数,D_A 为流体 A 的分子扩散系数。自 1975 年以来,人们提出了很多有关多孔介质的结构模型,以预测和计算曲折因子,根据不同模型计算出来的曲折因子在 1.7 ~9 范围内[26]。而在实验结果的处理上,却常常将曲折因子作为模型参数拟合实验数据,不同气体混合物在同一多孔介质颗粒内扩散时,拟合出来的曲折因子值往往相差较大,对于不同的颗粒情况更是如此,从实验结果拟合出来的曲折因子在 1.5 ~15.0 范围内[27]。因此,曲折因子只是对多孔介质内扩散过程的一种经验上的校正,而不是多孔介质的结构参数,其本身缺乏明确的物理意义。或者说曲折因子把太多的信息归并在一块,以至于使其不能成为恰当的结构参数,因而不宜推荐其在今后的工作中使用[28]。

事实上,流体分子在多孔介质内是沿着蜿蜒曲折的孔道路径在扩散的,其实际扩散距离远大于直线扩散距离,孔道网络中任意两节点间的连接都不是直的,而是扭曲的。因而 Coppens 和 Froment[28-31]认为孔道表面的分形扭曲会导致孔道轴向的相似扭曲,分形表面形貌会导致相似的分形孔道弯曲,Katz 和 Thompson[32]对多孔岩石的 SEM(扫描电镜)图像分析表明孔隙与其表面具有相同的分形维数,Mandelbrot 的研究表明[11]:孔道的分形维数 D_p 可以从孔道表面分形维数 D_p^S 导出,通常各向同性的分形孔道的横截面也是分形,并且孔道的分形维数只比孔道表面的分形维数少 1,即 $D_p = D_p^S - 1$。如果假设 D_p^S 近似等于孔道表面的吸附分维 D_S,则有[28,29]:

$$D_p \approx D_S - 1 \tag{6-101}$$

根据 Mandelbrot 的周长 - 面积关系[1]:

$$L_E^{1/D_p} \propto S^{1/2} \tag{6-102}$$

由量纲分析,得:

$$L_E = K\delta^{1-D_p} S^{D_p/2} \tag{6-103}$$

式中,K 为与测量码尺 δ 无关的几何因子。对于多孔介质的不规则颗粒体系,如果单个颗粒等价于与其体积相同的球体,那么该球体的截面积等价于颗粒平均半径 r 的圆面积。于是,式 6-103 可表达为

$$L_E = 2\pi r_p = K\delta^{1-D_p}(\pi r^2)^{D_p/2} \tag{6-104}$$

$$r_p = (K/2)\delta^{1-D_p}\pi^{D_p/2-1} r^{D_p} = K_p r^{D_p} \tag{6-105}$$

$$K_p = (K/2)\delta^{1-D_p}\pi^{D_p/2-1} \tag{6-106}$$

式中,r_p 表示等价截面积的分形半径,K_p 为该半径的几何因子。可见,流体在多孔介质中是沿着分形半径扩散的,即式 6-99 应修改为

$$J_A = 4\pi r^2 D_A \varepsilon \frac{dC_A}{dr_p} \tag{6-107}$$

将式 6-105 代入式 6-107,得:

$$J_A = \frac{4\pi r^2 D_A \varepsilon}{K_p D_p r^{D_p-1}} \frac{dC_A}{dr} \tag{6-108}$$

比较式 6-108 与式 6-99,可获得曲折因子的表达式:

$$\tau = K_p D_p r^{D_p-1} = D_p(r_p/r) \tag{6-109}$$

可以看出,多孔介质的曲折因子与其分形半径和平均半径的比值成正比,并且是平均半径的非线性函数。仅当多孔介质的平均半径为常数时(例如催化剂的情形),曲折因子则成为与孔道分形维数有关的孔结构参数。

一般来说,可认为从多孔的分形介质中形成的多孔产物通常也是分形介质,并且两者的分形维数相等,因为它们在表面形貌和孔道结构上都是相似的。因此,当流 - 固反应达到准稳态时,则式 6-107 可积分为

$$\frac{J_A(r^{D_p-2} - r_0^{D_p-2})}{D_p - 2} = \frac{4\pi D_A \varepsilon (C_A - C_{Ab})}{K_p D_p} \tag{6-110}$$

另一方面，固体 B 的消耗速率等于流体 A 的扩散量，即

$$J_A = -(4\pi r^2 \rho / bM)(\mathrm{d}r/\mathrm{d}t) \tag{6-111}$$

将式 6-111 代入式 6-110，并在$[0,t]$和$[r,r_0]$区间积分，可获得流体在多孔介质中扩散的分形模型：

$$1-\frac{D_p+1}{3}x-(1-x)^{\frac{D_p+1}{3}}=k_d t \tag{6-112}$$

其中表观扩散系数 k_d 为

$$k_d=\frac{(D_p+1)(2-D_p)bMD_A\varepsilon}{K_p D_p \rho r_0^{D_p+1}}(C_{Ab}-C_A) \tag{6-113}$$

当 $x=1$ 时，则完全反应时间 t_1 为

$$(2-D_p)/3=k_d t_1 \tag{6-114}$$

于是，由式 6-112 和式 6-114 相比，可获得流体在多孔介质中扩散的无量纲分形模型：

$$\frac{2-D_p}{3}\left[1-\frac{D_p+1}{3}x-(1-x)^{\frac{D_p+1}{3}}\right]=\frac{t}{t_1} \tag{6-115}$$

当 $D_p=1$ 时，式 6-112 可简化为

$$1-\frac{2}{3}x-(1-x)^{2/3}=\frac{2bMD_A\varepsilon}{K_p\rho r_0^2}(C_{Ab}-C_A)t \tag{6-116}$$

与传统的收缩核模型：

$$1-\frac{2}{3}x-(1-x)^{2/3}=\frac{2bMD_A\varepsilon}{\rho r_0^2\tau}(C_{Ab}-C_A)t \tag{6-117}$$

比较，得 $\tau=K_p=1$，因为根据式 6-105，当 $D_p=1$，则 $K=2\sqrt{\pi}$。因此，这些结果表明式 6-117 只是式 6-112 的特例。

根据式 6-108 和式 6-109，定义分形孔扩散阻力 R_p 为

$$R_p=\int_r^{r_0}K_p D_p r^{D_p-1}\mathrm{d}r=K_p(r_0^{D_p}-r^{D_p}) \tag{6-118}$$

将 $r=r_0(1-x)^{1/3}$代入式 6-118，有：

$$R_p=K_p r_0^{D_p}[1-(1-x)^{D_p/3}] \tag{6-119}$$

由式 6-119 和式 6-105，可作出不同 D_p 下的 R_p-x 曲线，如图 6-14 所示。可以看出，分形孔扩散阻力随分形孔道维数和转化率的增加而增大，尤其在 $x=0.7\sim1$ 的范围内显著增大。

这些模型与焦炭气化反应的实验数据符合很好，与传统的收缩核模型相比，分形模型具有更清晰的物理意义，并且传统的收缩核模型只是分形模型在规则几何条件下的特殊形式[18,25]。

在流固反应过程中，固体物料总是存在着一定的粒度分布范围，而这种分布具

有分形的特征。黄暹和柯家俊[33]提出了分形粒度分布(FSD, fractal size distribution)的定标函数或颗粒数密度 $n(d)$ 与粒度 d 的幂律：

$$n(d) = K_0 D d^{-(D+1)} \qquad (d_f \leqslant d \leqslant d_c) \tag{6-120}$$

式中 $K_0 = n(d_0) d_0^{D+1}/D = n(1)/D$；

d_0——参考粒度；

d_f——最小粒度；

d_c——最大粒度；

D——称为分布分数维，它是分形粒度分布复杂程度或不均匀程度的量度。

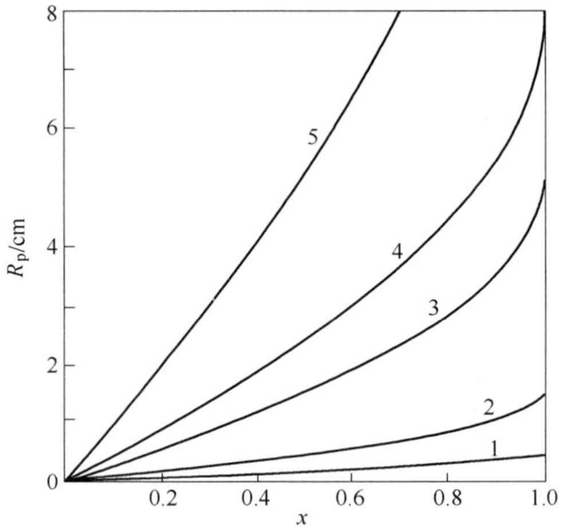

图 6-14 在不同 D_p 下 R_p 与 x 的关系曲线

1—$D_p = 1.3$；2—$D_p = 1.4$；3—$D_p = 1.5$；4—$D_p = 1.55$；5—$D_p = 1.6$

$D = 0$ 意味着体系中多有颗粒具有同一粒度，不存在粒度分布问题；$D > 0$ 意味着在一定粒度范围内存在着自相似粒度分布。D 值越大，$n(d)$ 随 d 减小而增大的速度越快。$n(d)$ 定义为

$$n(d) = \lim_{\Delta d \to 0} \frac{-\Delta N(>d)}{\Delta d} = \lim_{\Delta d \to 0} -\frac{N_k - N_{k+1}}{d_k - d_{k+1}} \tag{6-121}$$

式中，N_k 为粒度大于 d_k 的颗粒数，按照表 6-5 所列的谢尔宾斯基(Sierpinski)垫片中的空隙尺度分布取值。

表 6-5 有限谢尔宾斯基垫片中的空隙尺度分布

K	0	1	2	3	4	$\cdots k \cdots$
d_k	d_c	$2^{-1}d_c$	$2^{-2}d_c$	$2^{-3}d_c$	$2^{-4}d_c$	$\cdots 2^{-k}d_c \cdots$
$N_k(>d_k)$	0	1	4	13	40	$\cdots(3^k-1)/2\cdots$

将式 6-104 取对数可得：

$$\lg n(d) = \lg K_0 D - (D+1)\lg d \tag{6-122}$$

以 $\lg n(d)$ 对 $\lg d$ 作图即可求出分布分数维 D。图 6-15 所示为粉碎产物的分形粒度分布的例子，1 号 $CaCO_3$ 颗粒粒度的分布维 $D=2.66$，1 号 $CaCO_3$ 的 $D=3.51$。这表明当破碎方式一定时，由大颗粒破碎而生成的小颗粒有可能与大颗粒本身在几何上统计地相似。溶液中的结晶过程更是如此，生成的大大小小的单个晶粒都具有统计相似的形状，如表 6-6 所示。

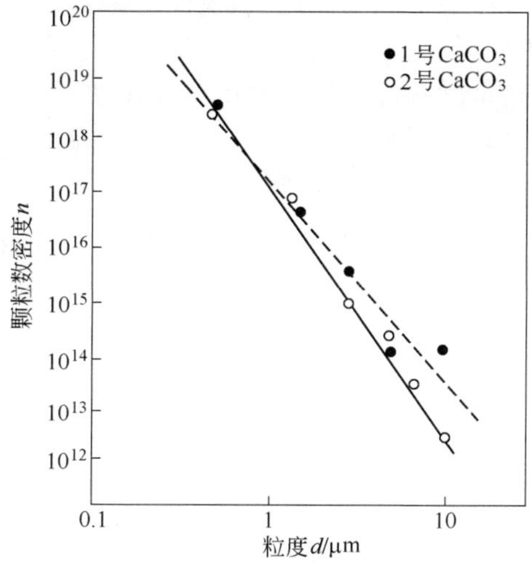

图 6-15 重质碳酸钙颗粒体系的分形粒度分布

表 6-6 操作条件对 $Na_2B_4O_7 \cdot 10H_2O$ 间歇结晶产物 FSD 的影响①

饱和温度 T/K	$Na_2B_4O_7 \cdot 10H_2O$ 在 100 g 水中的饱和浓度/g	搅拌转速 $v/r \cdot min^{-1}$	分布分数维 D
343	61.3	400	3.22
328	32.8	400	2.43
313	12.9	400	1.68
328	32.8	600	3.65
328	32.8	200	1.22

① 一律冷却至室温 293 K，此时的 $Na_2B_4O_7 \cdot 10H_2O$ 在 100 g 水中的饱和浓度为 5.0 g。

在同一搅拌转速下，初始过饱和度(结晶推动力)越大，D 值越高；当初始过饱和度相同时，搅拌转速增加，D 值升高。研究表明，在分形结晶操作过程中，有可能通过控制分形维数 D 值来达到控制产品质量的目的。

6.10 湿法冶金中的电化学过程

6.10.1 概述

湿法冶金过程有很多是伴随有电子转移的，诸如金属在酸中的溶解，溶液中金属的置换沉淀，金属的电沉积，水溶液中金属的气体还原，三价铁盐的水溶液浸出金属的硫化物及金属的腐蚀（电极锌的返溶）等。例如用锌从溶液中置换铜时至少同时发生两个平行的过程。

第一个过程是： $Zn \longrightarrow Zn^{2+} + 2e$

第二个过程是： $Cu^{2+} + 2e \longrightarrow Cu$

前者是一个氧化过程，习惯上叫阳极过程，把发生氧化过程的电极称为阳极；而后者是一个还原过程，习惯上叫阴极过程，发生还原过程的电极称为阴极。电化学反应与一般的氧化还原反应不同，其区别在于在电化学反应中电荷传递不是在同一物理位置上进行，而是在分隔一定距离的两个电极上进行反应，电子在电极之间传递是经过参与反应的一个固相（它必须是导体或半导体）。电化学反应是在各种化学电池或电解池中实现的。如果实现反应所需的能量是由外部电源供给的，称为电解池中的电化学反应，如从水溶液中电解沉积金属。如果体系自发地将本身的化学能转变成电能，就称为化学电池中的电化学反应，如原电池中的放电过程。有两种类型的电池，一种是腐蚀电池，例如金属在酸性溶液中的溶解。这种类型的电池只有一个固相即金属，在它表面上的某些区域为阳极，发生氧化反应：

$$Me \longrightarrow Me^{n+} + ne$$

各个阳极区域的面积为 A_{a_i}，另一些区域为阴极，在其表面上发生还原反应：

$$2H^{+} + 2e \longrightarrow H_2$$

各个阴极区域的面积为 A_{c_j}，固相的总面积为 $A = \sum A_{a_i} + A_{c_j}$，阳极区与阴极区靠金属本体联结起来，组成大量的微电池。

第二类电池是原电池。两种（或两种以上）的固相（它们是导体或半导体）相互接触并同时浸没在电解质的溶液中，其中一为阳极，一为阴极。例如 FeS_2 与 PbS 颗粒相互接触组成一个原电池（见图 6-16），PbS 为负极，其表面发生阳极反应：

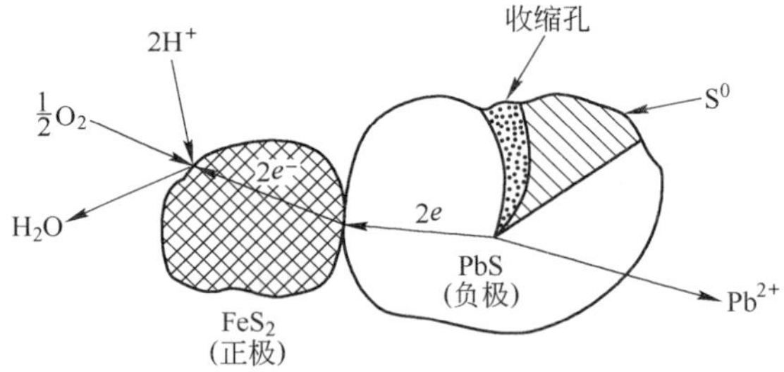

图 6-16 原电池浸出反应示意图

$$PbS = Pb^{2+} + S + 2e$$

FeS_2 为正极，在其表面发生阴极反应：

$$\frac{1}{2}O_2 + 2H^{+} + 2e = H_2O$$

由此可见,一切电化学过程都包含着两个平行的过程,即阳极过程和阴极过程。因而阳极电化学过程的动力学归结于电极过程的动力学。电极反应(无论是阴极或阳极)是由下列步骤串联组成的:

(1) 反应粒子向电极表面传输——液相中的传质步骤;

(2) 反应粒子在电极表面上或表面附近的液层中进行“反应前的转化过程”,例如反应粒子在表面上吸附或发生化学变化——“前置的”表面转化步骤;

(3) 在电极表面上得到或失去电子,生成反应产物——电化学步骤;

(4) 反应产物在电极表面上或表面附近的液层中进行“反应后的转化过程”,例如反应产物自表面上脱附,反应产物的复合、分解、歧化或其他的化学变化等——“随后的表面转化步骤”;

(5) 一种情况是反应产物生成新相,例如生成气泡或固相沉积层——生成新相步骤;另一种情况是反应产物自电极表面向溶液中或液态电极内部传递——液相中的传质步骤。

实际的电极反应过程比上面描述的复杂得多,除了连续反应外,还可能有平行反应。与前面讨论的一般化学反应过程一样,电极过程的速率由上述诸步骤中最慢的那个步骤来决定,全过程所表现的动力学规律就表现为这个最慢步骤的动力学规律,而其余的步骤可能比最慢步骤快得多的速率进行,可以认为各个步骤处于平衡状态,因而可以用热力学方法去进行研究,而其进行的限度从热力学上由平衡常数来决定。从实验研究和生产实践中知道,对大多数涉及金属离子的电极反应,电化学步骤及其他表面转化步骤往往都进行得比较快,而液相传质则常常是决定整个电极反应速率的步骤。在许多情况下,只是电极电位接近平衡电位时电化学步骤才进行得比较慢,但增大电极电位,一般来说可以使这一步骤大大加快,而最终剩下的最慢步骤往往还是液相中的传质步骤(见图6-17)。

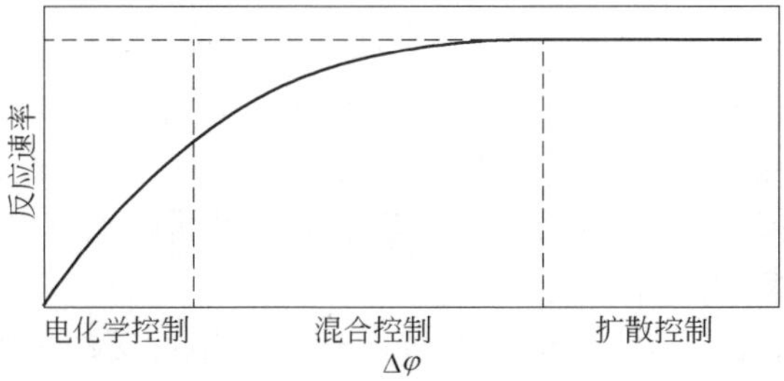

图6-17 电极电位对反应速率影响示意图

6.10.2 电极/溶液界面处的双电层与电极电位

把一金属插入含这种金属离子的水溶液中,金属便会同时发生向两个方向相反的迁移。其一是氧化过程，又称阳极过程，此时金属失去电子，变成离子进入溶液，其迁移速率（度）可用阳极反应的电流密度 i_a 表示；其二是还原过程，又称阴极过程，此时溶液中的金属离子迁移到金属表面，获得电子，并在其上沉积，其迁移的速率（度）可用阴极电流密度 i_c 表示（见图 6-18）。

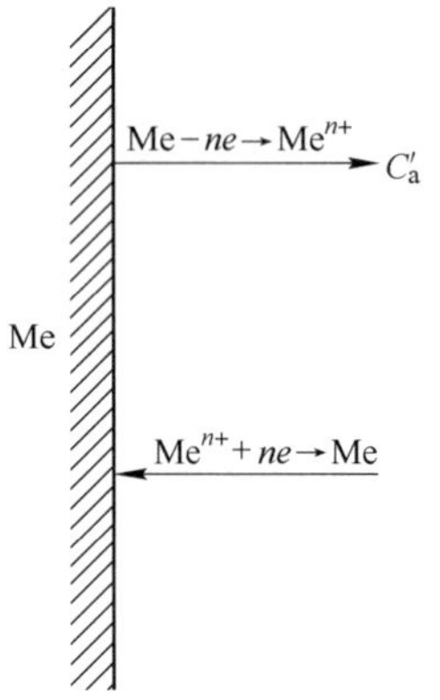

图 6-18　电极表面的电荷迁移过程示意

在最初 $i_a \neq i_c$，$i = i_a - i_c \neq 0$，称此时金属上的电流 i 为净电流。由于 $i \neq 0$，从宏观上看，在界面处有物质的变化，同时带来电荷的迁移，这种迁移的结果使金属与溶液的界面处形成离子双电层。电极/溶液界面便出现电位差。除了离子双电层外还有固体界面上因离子的吸附而产生的吸附双电层以及由于极性分子（例如水分子）的定向排列而产生的偶极双电层，所谓电极电位实质上就是这三种双电层产生电位差的总和，而离子双电层的电位差是电极电位的主体。

当金属刚放入溶液时 i_a 与 i_c 之间的差值最大，也立即产生双电层。由于双电层的出现，净电流逐渐减小，最后导致 $i_a = i_c$，$i = i_a - i_c = 0$，体系达到动态平衡。从宏观上看，此时没有物质的变化，双电层的电位差保持不变。此时，双电层处的电位差被称为“可逆电极电位”或“平衡电极电位” φ_{eq}。应该指出的是，即使在此种情况下，i_a 与 i_c 均不等于零，只不过 $i_a = i_c$，称这种电流密度为“交换电流密度”。因此，微观上的物质迁移与电荷迁移总是在不断地进行着。

有关双电层的结构先后提出了多种模型[40]如图 6-19 所示。当金属置于电解液中，便在这两个体相之间形成新的三维区域，即所谓的界面区（interfacial region）。界面区的性质不同于原有两个体相的性质，可视为独立相，因此也称为界面相（interphase）。IUPAC 建议：术语“界面（interface）”与“界面区”必须分开使用，不应将二者视为同义词。在电化学表面科学中，界面是指标志两相之间边界的理想平面。界面区与体相之间没有明显的边界，界面区厚度的定义取决于描述这个区域所用的理论模型。热力学测定只提供整个界面区的宏观参数，而这些参数需由界面区结构模型加以合理地解释。

金属/溶液界面区的最早模型是 19 世纪末 Helmholtz 提出的平行板电容器模型（也称紧密层模型），他认为金属上的剩余电荷须被溶液相中贴近电极表面的、电荷符号相反的离子层所中和。由符号相反的两个电荷层构成界面区的这种概念，便是“双电层”（electrical double layer）一词的起源。双电层理论的发展首先基于热力学和静电学的理论，Gouy 和 Chapman、Stern 以及 Grahame 等人为金属/电解液界面区模型的发展作出历史阶段性的贡献，Bockris 及其合作者提出的 BDM 模型目前已普遍地被接受(图6-19e)。当前一般认为,金属/电解液界面区由分散层(diffuse layer)和紧密层(或内层,compact 或 inner layer)两部分组成,其边界是最接近金属表面的溶剂化离子的中心所在平面,即图6-19e中的OHP(outer Helmholtz plane)。如果溶液中存在特性吸附离子,它们将取代金属表面的溶剂化分子而直接与电极表面接触,其中心所在的平面即IHP(inner Helmholtz plane)。经典的双电层理论建立在热力学和静电学的基础上,金属被视为理想导体。20世纪80年代,双电层理论出现了突破性进展,中心议题是整个界面相的分子模型,理论基于金属"冻胶(jellium)模型"和硬球组装,采用了积分方程等方法进行处理。这些方法为进行广泛的计算机模拟开辟了道路,为双电层理论的不断发展奠定了基础。

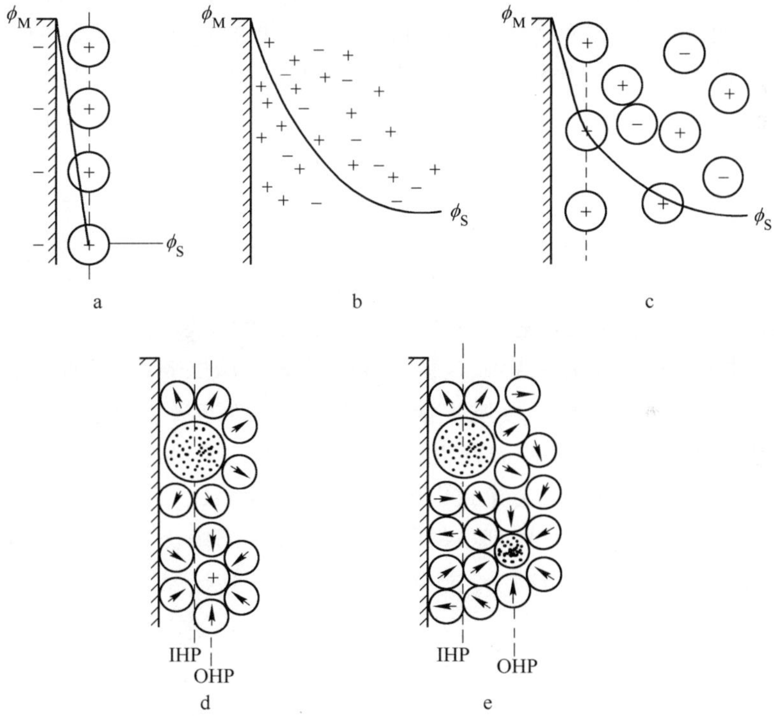

图6-19 双电层模型

a—Helmholtz 模型;b—Gouy-Chapman 模型;c—Stern 模型;
d—Grahame 模型;e—BDM(Bockris-Devanathan-Muller)模型

在电极/溶液界面处的双电层以及由此产生的电极电位的存在,对固液界面上发生的电化学反应产生很大的影响,这种影响是电极反应的一个基本特点。双电层中符号相反的两个电荷层之间距离很小,因而造成巨大的场强,如双电层电位差仅为1 V,两个电荷层间距为10^{-8} cm时,其电场强度可达10^8 V/cm。如此巨大的场强必然对电荷产生巨大的加速力,促使电子跃过相界面实现电子的转移,从而使电极反应过程速率发生极大的变化。

前面已经述及，处在平衡状态的电极，流过电极的净电流为 0，此时的电位为平衡电位，其值可用 Nernst 方程求出，如电极 Me/Me^{n+} 的平衡电位为

$$\varphi_{eq} = \varphi^{\ominus} + \frac{RT}{nF}\ln c \tag{6-123}$$

式中 $\varphi^{\ominus}$——电极的标准电极电位，V；

n——参与电极反应的电子数；

F——法拉第常数；

c——水溶液中 Me^{n+} 离子的浓度，mol/L。

当流过电极的净电流不等于 0 时(例如把两个电位不同的电极用外电路相连接时，则无论在电极上还是外电路均有电流流过)，此时的电极电位即偏离平衡电位，产生“电极的极化”。如果电极过程的决定速率步骤是离子在固液界面的扩散时，在电极/溶液界面处离子的浓度与其本体浓度不同，用 c_s 表示离子在电极界面处的浓度，此时电位仍可用 Nernst 方程表述：

$$\varphi = \varphi^{\ominus} + \frac{RT}{nF}\ln c_s \tag{6-124}$$

在阴极的 $c_s < c$、$\varphi < \varphi_{eq}$的情况下，电极电位相对于平衡电位发生负偏离；而在阳极的 $c_s > c$、$\varphi > \varphi_{eq}$时，电极电位相对于平衡电位发生正偏离。这种在有限电流通过时，因扩散是决定速率步骤而导致电极表面附近离子浓度 c_s 与其本体浓度 c 不同而使电极电位 φ 与平衡电位 φ_{eq}发生偏离的现象叫“浓差极化或浓度极化”。

若电极过程的决定速率步骤是电极表面交界处的电极反应，则会使电极上的带电程度与可逆情况不同也会导致电极电位 φ 相对于 φ_{eq}的偏离，“活化极化”或“电化学极化”。与浓差极化相似，在阴极，$\varphi < \varphi_{eq}$；在阳极，$\varphi > \varphi_{eq}$。在有限电流通过时电极电位 φ 与其平衡电位 φ_{eq}之差叫“超电位”，以 η 表示。习惯上把超电位恒为正值。

在阴极 $$\eta_c = \varphi_{eq} - \varphi$$

在阳极 $$\eta_a = \varphi - \varphi_{eq}$$

对一普遍的电极反应：

$$O + ne \rightleftharpoons R \tag{6-125}$$

式中，O 代表氧化态，R 代表还原态，令电极上反应的物质的量为 N(无论是反应物还是产物)，此反应的速率可表示为

$$v = \frac{1}{A}\frac{dN}{dt} \tag{6-126}$$

A 为电极的面积。根据 Faraday 定律，电极反应的速率可用电流密度表征，因为 1 mol 物质的氧化或还原，需要通过 nF 的电量，则电流密度为

$$v = \frac{1}{A}\frac{dN}{dt} = \frac{1}{AnF}\frac{dQ}{dt} = \frac{i}{nF} \tag{6-127}$$

$$i = nFv = nF\frac{1}{A}\frac{dN}{dt} \tag{6-127a}$$

当电流达到稳态时,外电流便会全部用于电极反应,因此实测的外电流密度就代表电极反应的速率。

应用特定的装置可以测定出通过电极的电流密度与其相应的电极电位的值,表示这种对应关系的图叫极化曲线。它直观地反映出电极反应的速率与超电位的关系。极化曲线可以用不同的坐标系来表示,如图 6-20 所示。在 $i-\varphi$ 坐标系中,纵坐标表示电流密度,横坐标表示电极电位。在 O 点电流密度 $i=0$,此时的电极电位 φ_{eq}为电极的平衡电位。沿 OA 方向 $\eta>0$,电极电位值大于平衡电位值,有净电流通过,其净反应为氧化反应(阳极反应):

$$Me - nF \longrightarrow Me^{n+}$$

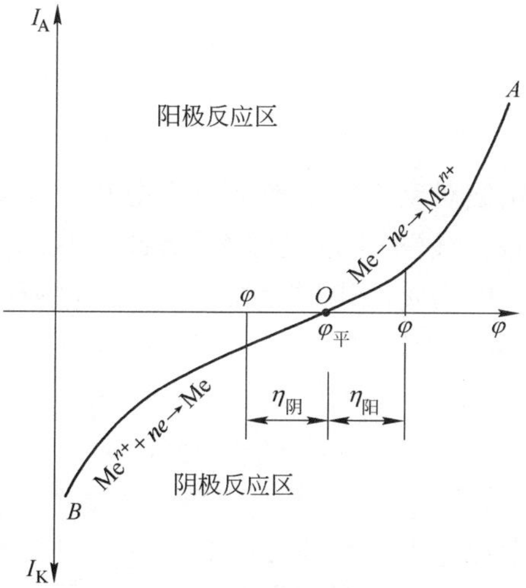

图 6-20 极化曲线示意图

沿 OB 方向电极电位小于平衡电位值,也有电流通过电极,但电流方向与 OA 段相反,电化学反应也向相反的方向进行,即净反应为还原反应(阴极反应)。

$$Me^{n+} + ne \longrightarrow Me$$

在 $\varphi-\lg i$ 坐标系中的极化曲线叫依万斯(Evans)图。图 6-21 是某种金属的阴极与阳极极化曲线。从曲线看出,当电流密度很低时,电极电位不变并等于电极的平衡电位 φ_{eq},$\varphi>\varphi_{eq}$时发生阳极反应,$\varphi<\varphi_{eq}$时发生阴极反应。在阴极和阳极极化曲线上都有一直线段,此时 φ 与 $\lg i$ 成正比,符合塔菲尔(Tafel)方程。当 $\lg i$ 大到一定值时,阴极极化曲线与水平坐标垂直,表明阴极电流不再随电极电位的减

少而变化，此时的电流密度被称为“极限电流密度”。出现极限电流密度是由于过程由电化学反应控制转化为扩散控制。

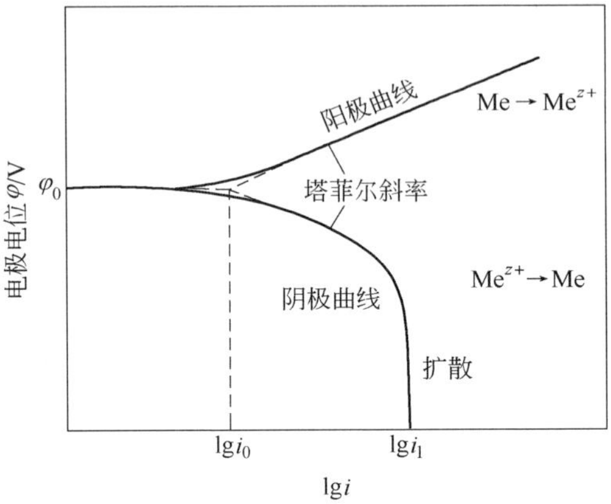

图 6-21 Evans 图

6.10.3 电极反应的活化能

对于单个电极，可用绝对反应速率理论进行分析。绝对反应速率理论认为由反应物转变成产物中间要经过一个过渡状态（或高能状态），这个过渡状态是指活化状态，处于这个状态下的物质活化配合物，活化配合物极不稳定，它能分解为产物又能变成原来的反应物。现以银电极为例，进行分析。

当银电极与 $AgNO_3$ 水溶液相接触时，电极反应为

$$Ag^+(aq) + e \rightleftharpoons Ag(s)$$

该反应可以看作是溶液中的 Ag^+ 转移至银晶格上及其逆过程。Ag^+ 在两相间转移时，涉及的活化能及电极电位对活化能的影响可用图 6-22 示意加以说明。

设电极电位为某一定值时，可用图中曲线 1 来表示当 Ag^+ 在两相之间转移时位能的变化情况。这一曲线是由曲线 1a 和 1b 合并而成的，其中曲线 1a 表示 Ag^+ 自晶格中逸出时位能变化情况，曲线 1b 则表示 Ag^+ 自水溶液中脱出时的位能变化情况。在曲线 1 的最高点 H，Ag^+ 具有最大的位能。这时，阳极反应与阴极反应的活化能分别为图中的 W_1 和 W_2。

如果用外电流将电极电位改变 $\Delta\varphi$，并假设 ψ_1 电位没有变化，则紧密层中的电位变化如图中曲线 3 所示。由此引起附加的 Ag^+ 的位能变化应如曲线 4 所示。与改变电极电位前比较，电极上 Ag^+ 的位能提高了 $F\Delta\varphi$。将曲线 1 与曲线 4 相加得到曲线 2，它表示改变电极电位后 Ag^+ 在两相间转移时位能的变化情况。从曲线 4 上不难看出，电极电位改变了 $\Delta\varphi$ 后，阳极反应的活化能变成：

$$W_1' = W_1 + \alpha F\Delta\varphi - F\Delta\varphi = W_1 - (1-\alpha)F\Delta\varphi = W_1 - \beta F\Delta\varphi$$

$$W_1' = W_1 - \beta F\Delta\varphi \tag{6-128}$$

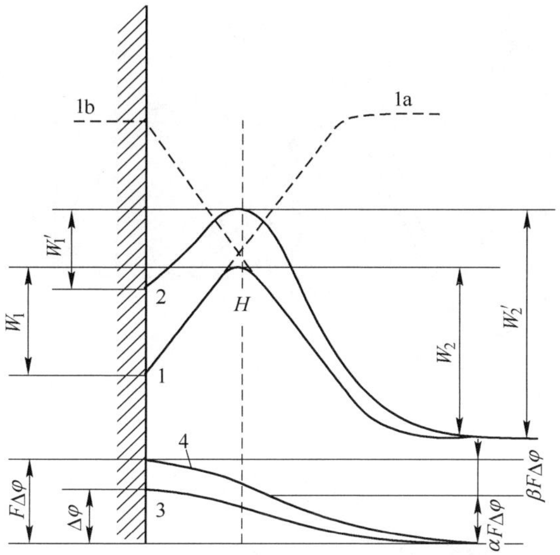

图 6-22 电极电位对 Ag^+ 势能曲线的影响

阴极反应的活化能变化：

$$W_2' = W_2 + \alpha F\Delta\varphi \tag{6-129}$$

由此可见，改变电极电位后，阳极反应的活化能降低了，因此阳极反应速度会相应地增大；同理，阴极反应的活化能增大了，阴极反应速度将减慢。从图中还可以看到，$\alpha F\Delta\varphi + \beta F\Delta\varphi = F\Delta\varphi$，因此 $\alpha + \beta = 1$，α、β 分别表示电极电位对阴极和阳极反应活化能的影响程度，称为阴极反应和阳极反应的“传递系数”（或称对称系数或迁移系数）。

用同样的方法可以证明惰性电极上的氧化还原反应，例如：

$$Fe^{3+} + e \rightleftharpoons Fe^{2+}$$

反应也有上述相同的特点。

尽管上面的讨论所采用的图像与实际情况不完全相符，但得到的结论是正确可信的。因为无论反应的具体情况如何，当还原反应按 $O + ne \rightarrow R$ 进行时，伴随着每 1mol 物质的变化总有数值为 nF 的正电荷由溶液中迁移到电极上。若电极电位增加 $\Delta\varphi$，则反应产物（终态）的总势能必然也增大 $nF\Delta\varphi$。因此反应过程中反应体系的势能曲线由图 6-23 中的曲线 1 升为曲线 2。对 1 mol 物质而言，电极电位改变 $\Delta\varphi$ 后，阳极反应的活化能为

$$W_1' = W_1 - \beta nF\Delta\varphi \tag{6-130}$$

而阴极反应的活化能为

$$W_2' = W_2 + \alpha nF\Delta\varphi \tag{6-131}$$

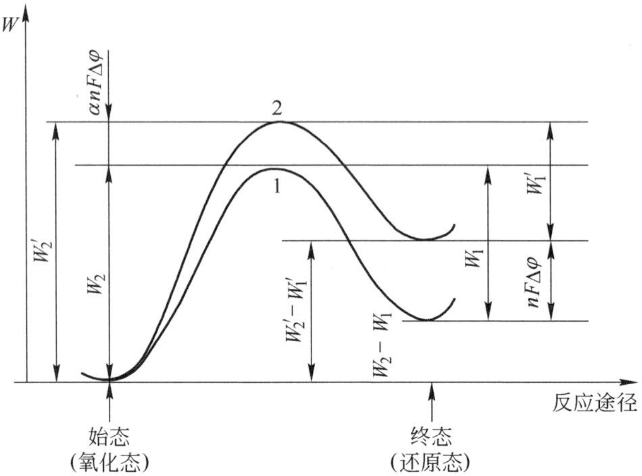

图 6-23 改变电极电位对电极反应活化能的影响

6.10.4 电极电位对电化学反应速率的影响

通过以上讨论，$\Delta\varphi$ 对 W 影响的基本关系式已经获得，可进一步讨论电极电位改变对电极反应速率的影响，由此推得电化学步骤的基本动力学方程[2]。

设电极反应为
$$Q + ne \underset{\overleftarrow{k}}{\overset{\overrightarrow{k}}{\rightleftharpoons}} R$$

又设 W_1^0 和 W_2^0 表示极化电极电位（超电位）为零时的阳极反应和阴极反应的活化能，根据反应速度的基本理论，此时阳极反应速度为

$$V_a^0 = \overleftarrow{k} c_R \exp\left(-\frac{W_1^0}{RT}\right) = \overleftarrow{K} c_R \tag{6-132}$$

阴极反应速度为

$$V_c^0 = \overrightarrow{k} c_O \exp\left(-\frac{W_2^0}{RT}\right) = \overrightarrow{K} c_O \tag{6-133}$$

式 6-132 和式 6-133 中，$\overleftarrow{k}$、$\overrightarrow{k}$ 为“频率因子”（又称“指前因子”），$\overleftarrow{K}$、$\overrightarrow{K}$ 为极化电位为零（$\Delta\varphi = 0$）时的反应速率常数[$K = ke^{-\frac{W}{RT}}$]。

若将反应速度用电流密度表示，则有：

$$i = nFv \tag{6-134}$$

$$\overleftarrow{i}^0 = nF\overleftarrow{k} c_R \tag{6-135}$$

$$\overrightarrow{i}^0 = nF\overrightarrow{k} c_O \tag{6-136}$$

$\overleftarrow{i}^0$、$\overrightarrow{i}^0$ 为 $\Delta\varphi=0$ 时相应于单向绝对反应速率的电流密度，总具有正值。

如果将电极电位改变至 $\Delta\varphi$，则根据式 6-130、式 6-131、式 6-135 及式 6-136，应有对阳极反应电流密度为

$$\begin{aligned}\overleftarrow{i} &= nF\overleftarrow{k}c_R\exp\left(-\frac{W_1}{RT}\right)\\ &= nF\overleftarrow{k}c_R\exp\left(-\frac{W_1^0-\beta nF\Delta\varphi}{RT}\right)\\ &= nF\overleftarrow{K}c_R\exp\left(\frac{\beta nF\Delta\varphi}{RT}\right)\end{aligned} \tag{6-137}$$

阴极反应的电流密度为

$$\begin{aligned}\overrightarrow{i} &= nF\overrightarrow{k}c_O\exp\left(-\frac{W_2}{RT}\right)\\ &= nF\overrightarrow{k}c_O\exp\left(-\frac{W_2^0+\alpha nF\Delta\varphi}{RT}\right)\\ &= nF\overrightarrow{K}c_O\exp\left(-\frac{\alpha nF\Delta\varphi}{RT}\right)\end{aligned} \tag{6-138}$$

将式 6-119 代入式 6-121，式 6-120 代入式 6-122 得阳极电流密度为

$$\overleftarrow{i}=\overleftarrow{i}^0\exp\left(\frac{\beta nF\Delta\varphi}{RT}\right) \tag{6-139}$$

阴极电流密度为

$$\overrightarrow{i}=\overrightarrow{i}^0\exp\left(-\frac{\alpha nF\Delta\varphi}{RT}\right) \tag{6-140}$$

将式 6-139 和式 6-140 改写成对数形式得：

$$\Delta\varphi=-\frac{2.303RT}{\beta nF}\lg\overleftarrow{i}^0+\frac{2.303RT}{\beta nF}\lg\overleftarrow{i} \tag{6-141}$$

及

$$\Delta\varphi=\frac{2.303RT}{\alpha nF}\lg\overrightarrow{i}^0-\frac{2.303RT}{\alpha nF}\lg\overrightarrow{i} \tag{6-142}$$

式中，$\Delta\varphi$ 为极化电极电位与平衡电极电位的差值，这个差值称超电位 η。为了使超电位 η 具有正值，习惯上对阳极反应和阴极反应采用不同的超电位定义，并分别称为阳极超电位 η_a 与阴极超电位 η_c，即

$$\eta_a=\varphi_a-\varphi_{eq,a}=-\frac{2.303RT}{\beta nF}\lg\overleftarrow{i}^0+\frac{2.303RT}{\beta nF}\lg\overleftarrow{i} \tag{6-143}$$

$$\eta_c=\varphi_{eq,c}-\varphi_c=-\frac{2.303RT}{\beta nF}\lg\overrightarrow{i}^0+\frac{2.303RT}{\beta nF}\lg\overrightarrow{i} \tag{6-144}$$

式 6-143 和式 6-144 中的 $\overleftarrow{i}^0$ 和 $\overrightarrow{i}^0$ 代表 $\varphi=\varphi_{eq}$（或 $\eta=0$）时的阳极反应和阳极反应的电流密度，即 $\overleftarrow{i}^0=\overrightarrow{i}^0=i^0$，称此电流密度为交换电流密度，因此

$$\eta_a = -\frac{2.303RT}{\beta nF}\lg i^0 + \frac{2.303RT}{\beta nF}\lg \overleftarrow{i} \tag{6-145}$$

$$\eta_c = -\frac{2.303RT}{\beta nF}\lg i^0 + \frac{2.303RT}{\beta nF}\lg \overrightarrow{i} \tag{6-146}$$

交换电流密度是电极过程的基本参数之一，它的大小取决于电极材料、表面状态、温度及溶液的组成等因素。在电极材料、表面状态，溶液浓度和温度都不变的情况下，i^0是一个常数。电极体系不同，i^0也不同，而且数值可以相差很大，见表6-7。

表6-7 某些电极反应的交换电流密度

电极体系	交换电流密度 i^0/A · cm^{-2}
Fe/1 M $FeSO_4$	1×10^{-8}
Ni/1 M $NiSO_4$	2×10^{-9}
Ag/0.03 M Ag^+	1.7
Cu/1 M $CuSO_4$	9
Zn/1 M $ZnSO_4$	2×10^{-5}
Cd/0.01 NCd^{2+} +0.8NK_2SO_4	1.5×10^{-3}
Pt 电极 H_2/1NHCl	1.6×10^{-3}
Hg 电极 H_2/1NH_2SO_4	7.6×10^{-13}
Pb 电极 H_2/1NH_2SO_4	6.5×10^{-15}
Zn 电极 H_2/1NH_2SO_4	3×10^{-11}

由式6-145和式6-146可以看出，i^0大的电极，通过较大的电流时，电极电位改变也很小。因此，交换电流密度可以作为判别电极过程可逆性的特征参数。

施加的电极电位$\Delta\varphi$为正值时，电极表现为阳极极化；反之，施加的电极电位$\Delta\varphi$为负值时，电极表现为阴极极化，势能的变化则有所不同，此时，

$$W_2 = W_2^0 - \alpha nF\eta_c \tag{6-147}$$

$$W_1 = W_2^0 + \beta nF\eta_c \tag{6-148}$$

$$\overleftarrow{i} = i^0\exp\left(-\frac{\beta nF\eta_c}{RT}\right) \tag{6-149}$$

$$\overrightarrow{i} = i^0\exp\left(\frac{\alpha nF\eta_c}{RT}\right) \tag{6-150}$$

当有电流通过电极时，阳极的净电流密度为

$$i_a = \overleftarrow{i} - \overrightarrow{i} = i^0\left[\exp\left(\frac{\beta nF}{RT}\eta_a\right) - \exp\left(-\frac{\alpha nF}{RT}\eta_a\right)\right] \tag{6-151}$$

而净阴极电流密度为

$$i_c = \overrightarrow{i} - \overleftarrow{i} = i^0\left[\exp\left(\frac{\alpha nF}{RT}\eta_c\right) - \exp\left(-\frac{\beta nF}{RT}\eta_c\right)\right] \tag{6-152}$$

式6-151和式6-152称为Bulter-Volmer方程。下面分两种情况进行讨论：

(1) 当 $i \leqslant i^0$,电化学极化程度很低即 $\eta \ll \frac{25}{n}$mV 时,式 6–151 可转变为

$$i_a = i^0 \frac{nF}{RT}\eta_a$$

同理可得

$$i_c = i^0 \frac{nF}{RT}\eta_c$$

由此可见,当 $i \leqslant i^0$ 时,超电位与净电流密度之间呈线性关系。i^0 越大的电极体系,即使通过很大的净电流,引起的电极电位变化也很小,这种电极被称为"难极化电极"或"可逆性大的电极"。

(2) 如果电化学极化程度很大即 $\eta > \frac{100}{n}$mV 时,则式 6–151 和式 6–152 中的第二项可以忽略不计,简化为

阳极净电流密度为:

$$i_a = i^0 \exp\left(\frac{\beta nF}{RT}\eta_a\right)$$

$$\eta_a = -\frac{2.303RT}{\beta nF}\lg i^0 + \frac{2.303RT}{\beta nF}\lg i_a \tag{6–153}$$

阴极净电流密度为:

$$i_c = i^0 \exp\left(\frac{\alpha nF}{RT}\eta_c\right)$$

$$\eta_c = -\frac{2.303RT}{\alpha nF}\lg i^0 + \frac{2.303RT}{\alpha nF}\lg i_c \tag{6–154}$$

式 6–153 和式 6–154 称为 Tafel 方程。它表明,当 η 足够大时,η 与 $\lg i$ 之间呈线性关系,以一通式表示为

$$\eta = a + b\lg i \tag{6–155}$$

以 η 对 $\lg i$ 作图,可得一直线,由直线的斜率和截距可分别求出 αn、βn 及交换电流密度 i^0 等电化学动力学参数。

6.10.5 混合电位

每一个电极过程必定包含至少两个同时发生的反应。电解必定有阴极过程和阳极过程;置换反应必定有一种金属被还原的同时另一种金属被氧化。用 Fe^{3+} 去氧化某些矿物,在发生矿物的氧化时必定同时发生 Fe^{3+} 被还原为 Fe^{2+} 的反应。应该把这同时发生的两个反应结合起来考察。以铀矿的浸出为例予以说明。

用 Fe^{3+} 作为氧化剂浸出铀矿物的 UO_2 时,UO_2 发生氧化

$$UO_2 \xlongequal{} UO_2^{2+}(aq) + 2e$$

其极化曲线如图 6–24 所示的 a 线。同时 Fe^{3+} 被还原

$$Fe^{3+} + e = Fe^{2+}$$

其极化曲线为图 6–24 所示的 b 线。

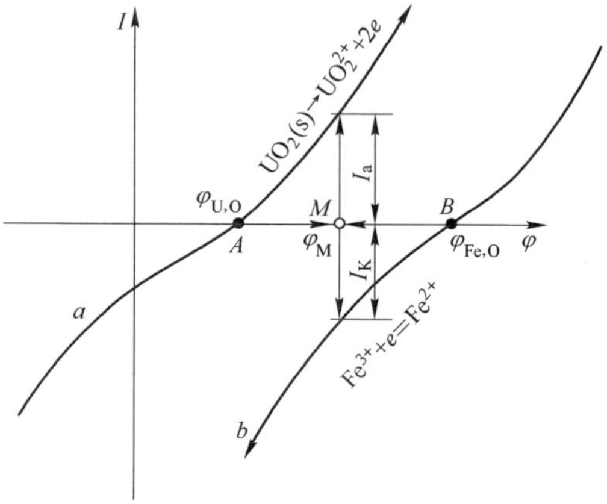

图 6–24 混合电位的极化曲线示意图

当 UO_2 粒子的表面浸入含 Fe^{3+} 的溶液中时，其表面的一部分称为阳极区，另一部分称为阴极区（腐蚀电池）。阳极区和阴极区各自有其相应的电位 $\varphi_{U,O}$ 与 $\varphi_{Fe,O}$，显然 $\varphi_{U,O} \neq \varphi_{Fe,O}$。而这些区域又联成一体，$UO_2$ 本身有导电性，故发生电子的流动并产生电流。如图 6–25 所示，随着电流的产生，φ_U 与 φ_{Fe} 都偏离其平衡电位，并沿着 AM 与 BM 箭头所指的方向变化。当变化到 $\varphi_U = \varphi_{Fe} = \varphi_M$ 时 $i_c = i_a$，此时的电位 φ_M 被称为“混合电位”。显然，此时体系达到稳态。混合电位并非平衡电位，它是介于阴极反应和阳极反应平衡电位之间的一个电位值。它是两个（或更多）同时发生的电极过程达到稳定后的结果。体系达到 φ_M 时并不意味着过程停止，因为 φ_M 对两个电极反应都不是平衡电位，处于非平衡电位下的两个电极自然要发生各自的电极反应，所以无论是阴极反应还是阳极反应都要继续发生下去，UO_2 的浸出也得以一直进行下去。

6.10.6 扩散控制的电极过程

很多电极过程都属于扩散控制。此类过程有下列特征：

（1）和所有的扩散控制的过程连续过程一样恒为一级反应过程。当固相反应物表面积恒定时式 6–50 依然适用。

（2）当电流通过此类电极时产生“浓差极化”，对于阴极都有一个极限电流密度。

对一个普通的阴极过程

$$O + ne \rightleftharpoons R$$

O 与 R 分别代表氧化态和还原态物质，此还原反应的速率为：

$$v = nFi_c = \frac{D_O}{\Delta x}([O] - [O]_s) \tag{6-156}$$

式中 i_c——阴极电流密度，A/cm^2；

D_O——反应物 O 扩散系数，cm^2/s；

Δx——扩散边界层厚度，cm；

$[O]$——O 的本体浓度，mol/L；

$[O]_s$——O 在电极表面的浓度，mol/L。

由式 6-156 得出阴极电流密度 i_c 的表达式：

$$i_c = \frac{1}{nF}\frac{D_O}{\Delta x}([O] - [O]_s) \tag{6-157}$$

当搅拌强度足够大时，$\Delta x \to \delta$（极限边界层厚度），若电极上的电化学反应足够快以至通过扩散达到电极表面上的反应物 O 立即因反应而消耗掉，$[O]_s = 0$，此时扩散电流密度达到最大值：

$$i_d = \frac{1}{nF}\frac{D_O}{\delta}[O] \tag{6-158}$$

扩散控制的电极过程，当有电流通过电极时产生浓差极化和浓差极化超电位 $\eta_{浓差}$。$\eta_{浓差}$与电流密度之间存在着函数关系。

对于生成物 R 为独立相（气泡或固相）的电极反应，经典的浓差极化方程式为

$$\eta_{浓差} = \varphi_{eq} - \varphi = \frac{RT}{nF}\ln\frac{i_d}{i_d - i_c} \tag{6-159}$$

式 6-159 表明，当 $i_c = 0$，$\eta_{浓差} = 0$。当 i_c 增加时，$\eta_{浓差}$也随之而增大；当 $i_c \to i_d$ 时，$\eta_{浓差} \to +\infty$ 即当 i_c 达到 i_d 后就不再随 $\eta_{浓差}$的增加而增大，故 i_d 为极限电流密度。式 6-159 还表明，以 $\eta_{浓差}$或 φ 对 $\lg\frac{i_d}{i_d - i_c}$作图为一直线，直线的斜率为$\frac{2.303RT}{nF}$，由此可求出参加阴极反应的电子的个数 n。

对于反应产物为水溶物种的阴极过程：

$$O(aq) + ne \rightleftharpoons R(aq)$$

经典的电极过程的浓差极化方程式为

$$\varphi = \varphi_{1/2} + \frac{RT}{nF}\ln\frac{i_d - i_c}{i_c} \tag{6-160}$$

式中，$\varphi_{1/2}$为电极过程的半波电位，是一个与浓度无关而决定于离子本性的常数。

$$\varphi_{1/2} = \varphi^{\ominus} + \frac{RT}{nF}\ln\frac{\delta_O D_R}{\delta_R D_O} \tag{6-161}$$

式中 δ_O, δ_R——分别为 O 和 R 的扩散层厚度，cm；

D_O, D_R——分别为 O 和 R 的扩散系数，cm^2/s。

式 6-160 表明，(1) 当 $\varphi = \varphi_{1/2}$时，$i_c = \frac{1}{2} i_d$；(2) 当 $i_c \to i_d$ 时，$\varphi \to -\infty$，i_d 不再随 φ 的增加而增大，i_d 也是极限电流密度；(3) 以 φ 对 $\lg \frac{i_d - i_c}{i_c}$作图为一直线，直线的斜率为$\frac{2.303RT}{nF}$，由此可求出 n。

由上述可知，扩散控制的阴极过程均存在一极限电流密度，这是此类过程的共同特点。扩散控制的阳极过程则没有极限电流密度，这也是此类过程的共同特点，以上这两点在 Evans 图上都得到了反映。

20 世纪 50 年代以后，特别是 60 年代以来，电化学科学得到了迅速的发展。在非稳态传质过程动力学、表面转化步骤及复杂电极过程动力学等理论方面和界面交流阻抗法、暂态测试方法、线性电位扫描法、旋转圆盘电极系统等实验技术方面都有了突破性的进展，使电化学科学日趋成熟。

(1) 旋转圆盘电极是用于研究电极过程动力学的有效手段。里迪福德(Riddiford)推导出沿圆盘轴向向圆盘界面上的传质通量方程为

$$J_{y=0} = -D\left(\frac{dc}{dy}\right)_{y=0} = 0.62D^{1/2}\nu^{-1/6}\omega^{1/2}(c - c_s) \tag{6-162}$$

与扩散电流密度方程：

$$i_{扩} = 0.62nFD^{1/2}\nu^{-1/6}\omega^{1/2}(c - c_s) \tag{6-163}$$

式中 J——传质通量，$mol/(cm^2 \cdot s)$；

y——垂直于圆盘的坐标，圆盘表面处的 $y = 0$；

D——扩散系数，cm^2/s；

c——扩散物种的本体量浓度，mol/L；

c_s——扩散物种在电极表面的量的本体浓度，mol/L；

ν——流体动黏度，cm^2/s；

ω——圆盘转动的角速度，rad/s。

令 $$k = 0.62D^{1/2}\nu^{-1/6}\omega^{1/2}$$

为速率常数，则扩散控制的动力学特征是 k 与 $\omega^{1/2}$ 呈线性关系。或电流密度与 $\omega^{1/2}$ 呈线性关系。

(2) 通过电化学实验测定阴阳极极化曲线，根据极化曲线可探讨各种因素对电化学反应过程的影响，求出一些电化学动力学参数。图 6-25 为在有机表面活性添加剂存在下锡电沉积的阴极极化曲线[41]。实验表明，在电沉积过程中，加入少量有机表面活性添加剂，可得到细密的沉积物。由图 6-25 可以看出，在添加不

同的有机表面活性添加剂时，其极化曲线的形状发生了变化，由曲线1～5表明，阴极极化不断增大，使得沉积物晶粒的成核及生长速率下降，有利于获得细小而致密的沉积层。

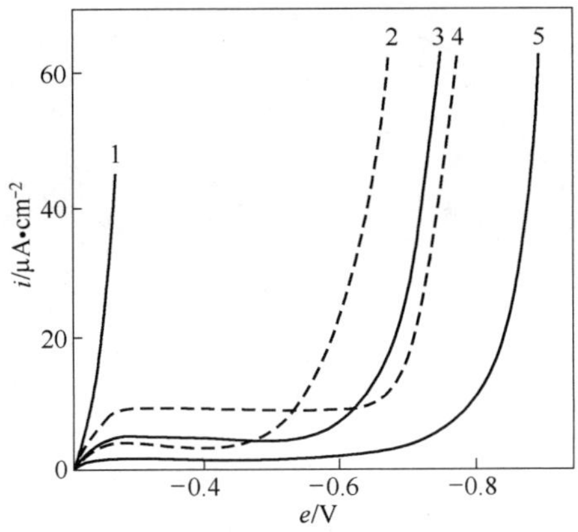

图6-25　在有机表面活性添加剂存在下锡电沉积的极化曲线

1—0.5 mol/dm^3 $SnSO_4$溶液（无添加剂）；2—添加0.05 mol/dm^3二苯胺；
3—添加10 g/dm^3甲苯酚磺酸和1 g/dm^3明胶；4—添加0.005 mol/dm^3萘酚；
5—添加0.005 mol/dm^3 α－萘酚和1 g/dm^3明胶

（3）电化学阻抗测量方法：控制研究电极的电位（或极化电流）按小幅度（$|\Delta\varphi| < 10$ mV）正弦波规律变化，同时测量极化电流（或极化电位）的变化，通过测定电位、电流的振幅、相位经比较求出电极的电化学阻抗，进而求电化学参数的方法。通过电化学阻抗谱的测量，不仅可以计算相关的电化学动力学参数，而且还可以推断电化学反应的机理，图6-26为在30℃下，测得Q235钢在5% H_2SO_4溶液中和添加不同浓度的邻磺酰苯甲酰亚胺的电化学阻抗Nyquist图谱[42]。

由图6-25可以看出，不同体系下的Nyquist图在第Ⅰ象限高频端都出现了比较规则的压扁的半圆容抗弧，半圆直径即反应电阻随邻磺酰苯甲酰亚胺浓度的增加而增大，表明邻磺酰苯甲酰亚胺的加入减缓了腐蚀的发生，缓蚀效率随着缓蚀剂浓度的增大而显著增大。

当邻磺酰苯甲酰亚胺浓度为0.5×10^{-4} mol/L时在第Ⅰ象限低频端出现了感抗弧，这与Fe的溶解有关。随着邻磺酰苯甲酰亚胺浓度的增大，相继在第四象限低频端出现了感抗弧，且弧度逐渐增大，说明邻磺酰苯甲酰亚胺分子在Q235钢电极表面发生了吸附。通过计算得知，邻磺酰苯甲酰亚胺在Q235钢电极表面上的吸附以化学吸附为主，吸附是一个吸热过程。

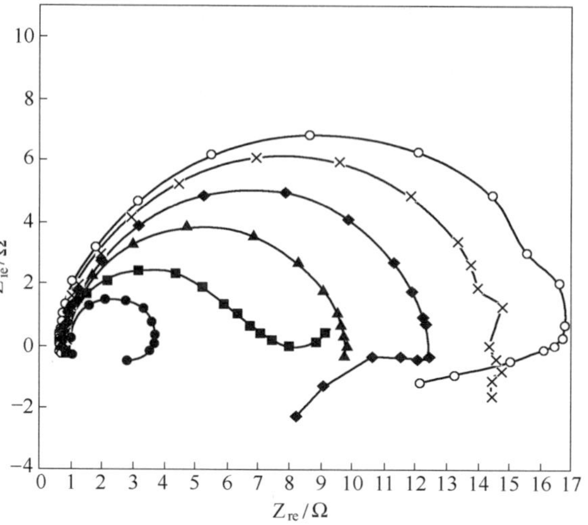

图 6-26 30℃时 Q235 钢在含不同浓度的邻磺酰苯甲酰亚胺的 5% H_2SO_4 中的 Nyquist 图

●—5% H_2SO_4；■—5% H_2SO_4 + 0.5×10^{-4} mol/L；▲—5% H_2SO_4 + 1.0×10^{-4} mol/L；◆—5% H_2SO_4 + 1.5×10^{-4} mol/L；×—5% H_2SO_4 + 2.0×10^{-4} mol/L；○—5% H_2SO_4 + 2.5×10^{-4} mol/L

6.10.7 置换反应

置换反应是典型的电化学过程。用金属 Me_2 去置换 Me_1 时发生如下反应：

$$Me_1^{2+} + Me_2 \longrightarrow Me_2^{2+} + Me_1$$

这一反应是由阴极反应和阳极反应两个电极反应组成的

阴极反应 $$Me_1^{2+} + 2e \longrightarrow Me_1$$

阳极反应 $$Me_2 - 2e \longrightarrow Me_2^{2+}$$

这两个电极靠 Me_2 短路，使反应不断进行。迄今为止所进行的大量研究表明，多数置换过程属边界扩散控制，只有少数属电化学反应控制。

判定置换反应属何种速率控制类型，可用 Evans 图，把两种金属的极化曲线叠加，被置换的金属取其阴极极化曲线，作为置换剂的金属则取其阳极极化曲线。若二者在前者的扩散控制段相交，则此置换过程属扩散控制，如图 6-27。若相交于 Tafel 段则过程属于电化学反应控制，如图 6-28 所示。从几何角度看 Evans 图，两种金属其电位差值愈小，其极化曲线相交于 Tafel 区的可能性愈大，反之则相交于扩散区的可能性大。通过对 Evans 图的分析可以得出一个判定置换过程属于何种控制的经验法则：

如果 $\Delta\varphi^{\ominus} < 0.06$ V，属电化学控制；

如果 $\Delta\varphi^{\ominus} > 0.36$ V，属扩散控制。

$\Delta\varphi^{\ominus}$为两个电极的标准电极电位差，当其值介于 0.06 ~ 0.36 V 时，还必须辅以其余判据,才能判定反应过程的速率控制步骤。

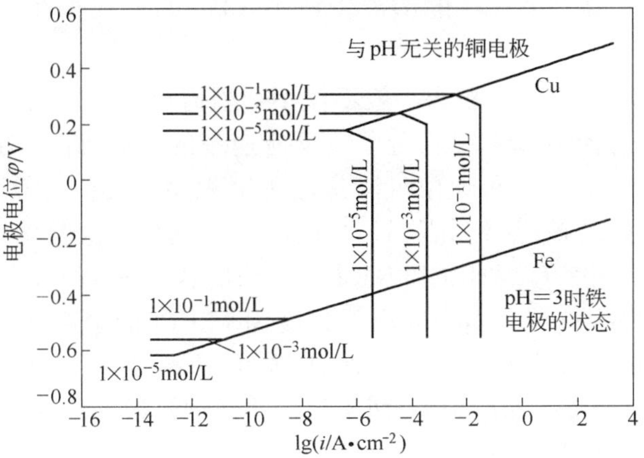

图 6-27　扩散控制的 Cu^{2+}/Fe 体系的 Evans 图

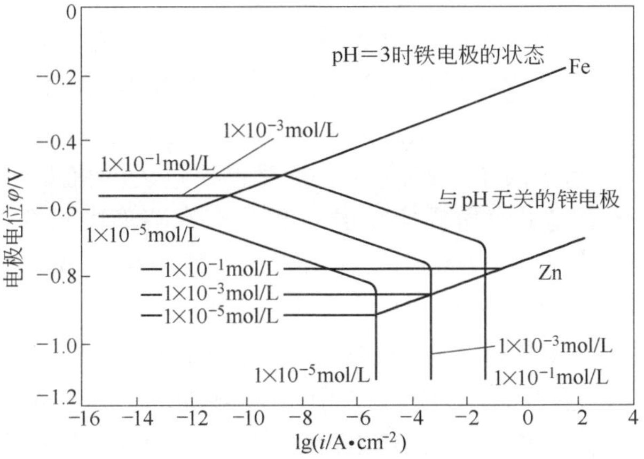

图 6-28　受电化学反应控制的 Cu^{2+}/Fe 体系的 Evans 图

汇集前人的研究结果可以得出一个重要结论:大多数置换反应均属扩散控制,由表 6-8 所列结果可以看出,Ni^{2+}/Fe 与 Pb^{2+}/Fe,$RhCl_6^{3-}$/Cu 的 $\Delta\varphi^{\ominus}<0.36$ V,但大于 0.06 V,为了判定其速率控制类型还需别的判据,并为实验所证实。用这一经验法则进行判别时还需注意以下几点:

(1) 这一法则没有考虑超电位这一重要事实,例如从硫酸介质中锌置换钴时,即令溶液中 Co^{2+} 的质量浓度仅 1 mg/dm^3,按理 CO^{2+}/Zn 的电位差仍使反应过程处于扩散控制状态,但是钴在锌上析出有较大的超电位,使置换过程变为电化学控制[38]。

(2) 在含配位体的溶液中用 $\Delta\varphi^{\ominus}$,即用两种金属的标准电极电位差作判据是不稳妥的。例如用铜还原含 Cl^- 的水溶液中的铑，两种金属的标准电极电位差为 0.416 V，而事实上铑在含 Cl^- 的溶液中以 $RhCl_6^{3-}$ 的形式存在，而 $RhCl_6^{3-}/Cu$ 的 $\Delta\varphi^{\ominus}$ 为 0.0891 V。

（3）实践证明置换的沉积物一般不仅不会阻碍反应的进行（当然穿过沉积物层的扩散不会成为控制步骤），还会导致反应速率的增高，即所谓的“表面沉积物效应”。M. E 沃茨认为，这种现象可能是由于沉积物使反应有效表面积增大引起的。也有个别例外的情况，例如陈景[37]在研究用铜从铝酸盐溶液中置换铑时发现，当介质的离子强度为2（HCl 和 NaCl 的量浓度各为 1 mol/dm³）时，反应属电化学控制，沉积物发生龟裂。当介质离子强度为1（HCl 的量浓度为 1 mol/dm³），以 $\lg c_0/c_t$ 对 t 作图的直线在约 60 min 处发生转折，速率变慢，表明置换机理发生变化，但反应速率不受搅拌速率影响，故不属于边界层扩散控制，$\lg c_t$ 与 t 之间呈线性关系，符合固体产物层扩散控制。

（4）作为判据的 $\Delta\varphi^{\ominus}$ 属于热力学范畴。实践表明，热力学理论并不能完全解释动力学现象。一个典型的例子是铜不能从含 Cl^- 的介质中置换铱，尽管 $\varphi^{\ominus}_{IrCl^{3-}/Ir}=0.77\ V$，$\varphi^{\ominus}_{Cu^{2+}/Cu}=0.19\ V$，$\Delta\varphi^{\ominus}=0.58\ V$。从热力学的角度看，置换反应能够进行。但事实表明，即使在沸腾温度下铜也不能置换出铱，这只能从动力学上去解释，陈景认为这是由于 Ir(Ⅲ)的还原需要大的活化能的缘故。

（5）实验表明，水溶液中某些成分也会对置换过程的机理产生影响。杨显万等用旋转圆盘电极研究了锌粉置换钴的过程。当水溶液中只含 Co^{2+} 离子而不含 Zn^{2+} 时，在圆盘转速为 1100 r/min 下，置换属化学反应控制，钴的反应的活化能为 41.2 kJ/mol。用锌粉从含锌 137 g/L 的溶液（相当于电锌生产中性浸出液）中置换钴时，置换过程属扩散控制，钴的反应活化能为 18 kJ/mol。这是因为锌粉置换 Co^{2+} 的同时发生氢的置换，使锌粉颗粒周围 H^+ 减少，局部 pH 值上升，生成锌的碱式盐或 $Zn(OH)_2$ 沉淀包裹了锌粉颗粒，此时水溶液中 Co^{2+} 离子必须扩散穿过此固体产物层才能到达锌粉表面进行还原。

（6）置换过程的动力学机理还与搅拌强度有关，为此，在判断反应过程属何种控制步骤时，必须考虑搅拌强度这一因素。

表 6-8 选出的置换体系在 298 K 时的数据[35]

体　系	$\Delta\varphi^{\ominus}$/V	活化能 W/kJ · mol⁻¹	速率常数 k/cm · s⁻¹
Ag^+/Cu	0.46	8.37 ~ 20.9	$(2.5 \sim 6.0)\times10^{-2}$
$Ag^+/(CuCN^-)$	1.83	15.48 ~ 24.28	1.5×10^{-2}
$Ag^+/Fe(Cl^-)$	1.29	12.55	2.2×10^{-2}
$Ag^+/Zn(CN^-)$	0.96	23.01	5.5×10^{-2}
Ag^+/Zn	1.56	8.37 ~ 25.01	$(2.6 \sim 5.2)\times10^{-2}$

续表 6-8

体 系	$\Delta\varphi^{\ominus}$/V	活化能 W/kJ · mol^{-1}	速率常数 k/cm · s^{-1}
Bi^{3+}/Fe	0.76	18.83 ~ 31.80	2.9×10^{-2}
Cd^{2+}/Zn	0.36	16.74 ~ 19.66	$(0.54\sim1.1)\times10^{-2}$
Cu^{2+}/Fe	0.75	12.97 ~ 21.34	$(0.60\sim0.90)\times10^{-2}$
Cu^{2+}/In	0.83	9.62	5.9×10^{-2}
Cu^{2+}/Ni	0.57	11.30 ~ 15.48	$(0.25\sim1.0)\times10^{-2}$
Cu^{2+}/Zn	1.10	12.97	$(1.6\sim2.1)\times10^{-2}$
Ni^{2+}/Fe	0.21	29.29	约 1×10^{-4}
Pb^{2+}/Fe	0.31	50.20	
Pb^{2+}/Zn	0.64		0.64×10^{-2}
Pd^{2+}/Cu	0.49	39.75 ~ 30.96	$(0.36\sim2.3)\times10^{-2}$
$RhCl_6^{3-}/Cu$	0.0891	62.59	
$RhCl_6^{3-}/H_2$	0.77	17.5	$(0.39\sim9.1)\times10^{-2}$

参考文献

[1] Yasuhiro Awakura, Toshiya Doi, Hiroshi Majima. Determination of the diffusion coefficients of $CuSO_4$, $ZnSO_4$, and $NiSO_4$ in aqueous solution. Metallurgical and Materials Transactions B, 1988, 9(1): 5 ~ 12.

[2] F. 哈伯斯著. 昆明工学院有色金属冶炼教研组译. 冶金原理——提取冶金原理(第一卷)[M]. 北京:冶金工业出版社,1978.

[3] 赵学庄. 化学反应动力学原理[M]. 北京:高等教育出版社, 1984.

[4] Hulburt H. M. and Katz S. (1964). Some Problems in Particle Technology; A Statistical Mechanical Formulation, Chem. Eng. Sci. 19:555.

[5] Randolph A D, Larson M A. A population balance for countable entities. Can J Chem Eng. 1964;42:280 ~ 281.

[6] Randolph A. D. and Larson M. A. Theory of Particulate Processes. Academic Press, New York, 1971.

[7] Beckstead L. W., Munoz P. B., Sepulveda J. L., et al. Acid ferric sulphate leaching of attritor-ground chalcopyrite concentrates. Extractive Metallurgy of Copper, vol. II. Metallurgical Society of AIME, New York, 1976, 611 ~ 632.

[8] Lewis A. E. and Braun R. L.. Nuclear chemical mining of primary copper sulphides. Trans. Soc. Min. Eng. AIME, 1973, 254: 217 ~ 254.

[9] R. W. Bartlett. A combined pore diffusion and chalcopyrite dissolution kinetics model for in-situ leaching of a fragmented copper porphyry. Int. Symp. on hydrometall., AIME, New York, 1972, 331 ~ 367.

[10] R. L. Braun, A. E. Lewis and M. E. Wadsworth. In-place leaching of primary sulfide ores:

Laboratory leaching and kinetics model. Met. trans. , 1974, 5:1717 ~ 1726.

[11] Mandelbrot B. B. The Fractal Geometry of Nature. San Francisco: W. H. Freeman, 1982.

[12] 炼焦化工卷编委会. 中国冶金百科全书:炼焦化工[M]. 北京:冶金工业出版社, 1992:234.

[13] 傅永宁. 高炉焦炭[M]. 北京:冶金工业出版社,1995:13.

[14] 辛厚文. 分形理论及其应用[M]. 合肥:中国科学技术大学出版社,1993.

[15] 辛厚文. 分形介质反应动力学[M]. 上海:上海科技教育出版社,1997.

[16] 李后强,程光钺. 分形与分维[M]. 成都:四川教育出版社,1990.

[17] 陶东平. 流-固界面化学反应的分维模型[J]. 有色金属(季刊),46 (1994):51 ~ 54.

[18] 陶东平. 粗糙表面化学反应动力学模型[J]. 金属学报,(2001),37(10):1073 ~ 1078.

[19] Avnir D. , Farin D. and Pfeifer P. Chemistry in noninteger dimensions between two and three. Ⅱ. Fractal surfaces of adsorbents. J. Chem. Phys. , 1983,(79):3566 ~ 3571.

[20] Avnir D. , Farin D. and Pfeifer P. Molecular fractal surfaces. P. , Nature, 1984,(308): 261 ~ 264.

[21] Avnir D. , Farin D. and Pfeifer P. Surface geometric irregularity of particulate materials: The fractal approach. J. Colloid Interface Sci. , 1985 ,103(1): 112 ~ 123.

[22] Ma, et al. ,W. , In: Proc. 3rd. Inter. Conf. Hydrometall. , ed. X. Yang, et al. , Kunming, China: Inter. Acad. Publish. , Nov. 3 - 5, 1998, 165.

[23] 马兴华. 颗粒/流体反应的分数维模型[J]. 化工学报,1999, 50(2):222.

[24] 黄暹, 柯家骏, 陈念贻. 金属铝酸溶蚀过程表面分形变化规律的研究[J]. 化学通报, 1992,(6):36.

[25] Tao, D. P. , Fractal pore diffusion model of fluids in porous media, Acta Metall. Sinica, (2000), 13(3), 877.

[26] Hollewand M P. , Gladden, L. F. Modeling of diffusion and reaction in porous catalysts using a random three-dimensional network model. Chem. Eng. Sci. 1992, 47(7), 1761 ~ 1770.

[27] Satterfield C. N. , Mass Transfer in Heterrogeneous Catalysis. Cambridge, Massachusettes: MIT Press, 1970, 33.

[28] Coppens M. O. , Froment G. F. Diffusion and Reaction in A Fractal Catalyst Pore. 1. Geometrical Aspects. Chemical Engineering Science, 1995, 50 (6) : 1013 ~ 1026.

[29] Coppens M. O. , Froment G. F. Diffusion and Reaction in A Fractal Catalyst Pore. 2. Diffusion and First-order Reaction. Chemical Engineering Science, 1995, 50 (6) : 1027 ~ 1039.

[30] Coppens M. O. , Froment G. F. Diffusion and reaction in a fractal catalyst pores Ⅲ. Application to the simulation of vinyl acetate production from ethylene. Chem. Eng. Sci. 1994, 49 (24):4897 ~ 4907.

[31] Coppens M. O. , Froment G. F. , Fractal aspects in the catalytic reforming of naphta. Chem. Eng. Sci. 1996 , 51(1):2283 ~ 2292.

[32] D. A. Aderibigbe, J. Szekely. Studies in coke reactivity: Part 1. Reaction of conventionally produced coke with $CO - CO_2$ mixtures over temperature range 850 - 1000℃. Ironmaking and

Steelmaking. 1981, 8(1):11 ~ 19.

[33] 辛厚文,黄暹,柯家骏. 分形理论及其应用[M]. 合肥:中国科学技术大学出版社, 1993:294.

[34] 查全性. 电极过程动力学导论[M]. 北京:科学出版社,2002:129 ~ 141.

[35] H. Y. Sohn, M. E. Wadsworth,等. 提取冶金速率过程[M]. 郑蒂基译. 北京:冶金工业出版社, 1984, 211 ~ 215.

[36] Chen Jing, et al. , Proceeding of The First Int. Conf. on Hytrometall. Int. Academic Publishers, 1988, 637 ~ 640.

[37] 陈景. 铂族金属化学冶金:理论与实践[M]. 昆明:云南科技出版社, 1995: 146 ~ 150.

[38] F. Lawson and L. Thi Nhan. Kinetics of removal of cobalt from zinc sulphate electrolytes by cementation. Hydrometallurgy 81, Proceeding of Society of Chemical Industry, London,1981, G4/1 - G4/10.

[39] A. W. Coats and J. P. Redfern. Kinetics parameters from thermogravimetric data, Nature, 1964, 201:68 ~ 69.

[40] 吴辉煌. 电化学[M]. 北京: 化学工业出版社,2004:1 ~ 2.

[41] 蒋汉赢. 冶金电化学[M]. 北京: 冶金工业出版社,1983:129.

[42] 聂金燕, 司云森, 余强,等. H_2SO_4 介质中邻磺酰苯甲酰亚胺对 A3 钢的缓蚀作用[J]. 材料导报, 2009, 23(专辑):14:466 ~ 468.

7 离子液体冶金

7.1 概述

浸出和电沉积是湿法冶金中两个非常重要的步骤，其通常在酸性介质或碱性介质的水溶液或有机溶剂中进行。然而，很多金属化合物（尤其是氧化物）在水溶液中的溶解有限，往往需要使用强酸溶液或者高温熔盐进行溶解。溶解过程中存在酸耗大、酸性废水难循环利用、环境负担重、能耗高、腐蚀性强等问题。此外，对于铝、镁、钛等活泼金属，由于其电极电位小于氢的析出电位，在水溶液中阴极上会析出氢气而得不到金属，故不能采用水溶液电解而通常采用有机电解液或高温熔盐来电解。有机电解质电解存在着导电性差、容易挥发、易燃烧等缺点，而高温熔盐电解过程存在着电解温度高、耗能大、腐蚀严重、对设备要求高、成本高、环境污染严重等缺点。因此，研发高效 - 清洁节能的湿法冶金新技术非常必要，离子液体冶金的出现提供了一种新可能。

离子液体是由特定有机阳离子和阴离子构成的在室温或近于室温下呈液态的熔盐体系，它具有一系列独特的物化性能，是一种真正的“绿色”溶剂。离子液体作为一种溶剂，提供了与传统分子溶剂完全不同的环境，一些化学反应（包括电化学反应）在离子液体中进行则可能取得与传统化学不同的令人惊异的结果。在金属的电解精炼方面，离子液体是一种理想的室温液态电解质，它融合了高温熔盐和水溶液的优点：具有较宽的电化学窗口，在室温下即可得到在高温熔盐中才能电沉积得到的金属和合金，但没有高温熔盐那样的强腐蚀性；同时，在离子液体中还可电沉积得到大多数能在水溶液中得到的金属，且无副反应，因而得到的金属质量更好，特别是对铝、钛、硅和锗等很难在水溶液中电沉积得到的金属更是如此。离子液体的上述特性及其良好的电导率使之成为电沉积研究的崭新的电解质。在金属化合物和矿物中有价元素提取分离等方面，离子液体具有不易挥发和燃烧、可溶解许多无机物和有机物、易通过物理方法再生等优点，是一种新型“绿色”溶剂。目前离子液体已广泛和成功地用于材料制备、催化、金属电沉积、燃料电池等领域。本章介绍离子液体及其在有色金属提取与分离领域应用研究热点、进展和发展趋势。

7.2 离子液体定义和分类

离子液体（Ionic Liquid），又称室温离子液体（Room of Ambient Temperature

Ionic Liquid)或室温熔融盐(Room Temperature Molten Salt or Fused Salt),也称非水离子液体(Nonagueous Ionic Liquid),液态有机盐(Liquid Orgamic Salt)等,国内多使用“离子液体”。离子液体是指完全由特定阳离子和阴离子构成的在室温或近于室温下呈液态的离子体系[1~3]。其结构的主要特点是阳离子较大且不对称,阴离子较小,表7-1给出了部分组成离子液体的阴阳离子。常用的阳离子主要有咪唑、吡啶、季铵、季膦和锍等阳离子。常用的阴离子有多核阴离子(如 $Al_2Cl_7^-$、$Al_3Cl_{10}^-$、$Au_2Cl_7^-$ 等)和单核阴离子(如 BF_4^-、PF_6^-、NO_3^-、NO_2^-、SO_4^{2-}、CH_3COO^-、$N(CF_3SO_2)^-$、$N(C_2F_5SO_2)^-$、$CF_3SO_3^-$ 等)。多核阴离子是由相应的酸制成的,一般对水和空气不稳定,单核阴离子是碱性的或中性的。在这种液体中只存在阴离子和阳离子,没有任何中性离子。室温下可能成为液态,即室温离子液体。我们所知的普通离子化合物在室温下一般是固体,强大的离子键使阴阳离子在晶格上只能做振动,不能做转动或平动,阴阳离子之间的作用(即离子键)较强,一般具有较高的熔、沸点和硬度,如 NaCl,阴阳离子半径相似,在晶体中做最有效的紧密堆积,每个离子只能在晶格点阵中做振动或有限的摆动,熔点为804℃。由此看来,离子液体通常应该在高温下存在。然而,通过选择合适材料可以控制在室温下形成离子液体。如果把阴阳离子做得很大且又极不对称,由于空间阻碍,强大的静电力也无法使阴、阳离子在微观上做紧密堆积。使得在室温下,阴、阳离子不仅可以振动,甚至可以转动、平动,使整个有序的晶体结构遭到彻底破坏,离子之间作用力也将减小,晶格能降低,从而使这种离子化合物的熔点下降,在室温下呈液态。

表7-1 部分组成离子液体的阴阳离子

阳离子			
 N,N′-二烷基取代咪唑离子 $[R_1R_2im]^+$	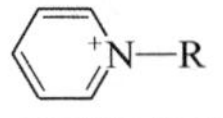 N-烷基取代吡啶离子 $[R_1Py]^+$	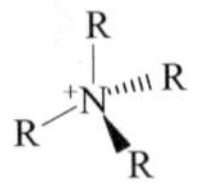 季铵离子 $[R_1R_2R_3R_4N]^+$	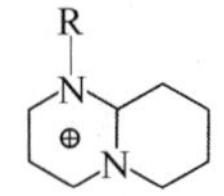 8-烷基-1,8二氮二环[5,4,0]-7-十一烯离子
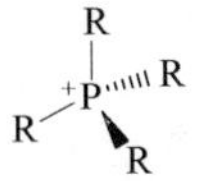 季膦离子 $[R_1R_2R_3R_4P]^+$	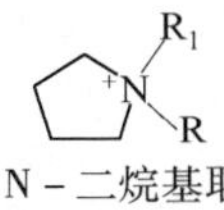 N,N-二烷基取代氢化吡咯离子	 N-烷基取代基噻唑离子	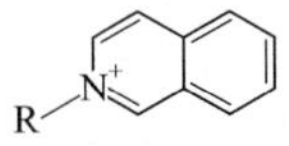 N-烷基取代异喹啉离子
阴离子			
Cl^-, Br^-, I^-, BF_4^-, PF_6^-, NO_3^-, NO_2^-, SO_4^{2-}, CH_3COO^-, SbF_6^-, $ZnCl_3^-$, $SnCl_3^-$, $N(CF_3SO_2)^-$, $N(C_2F_5SO_2)^-$, $N(CF_3SO_2)_2^-$, $C(CF_3SO_2)_3^-$, $CF_3CO_2^-$, $CF_3SO_3^-$, $CH_3SO_3^-$, $Al_2Cl_7^-$, $Al_3Cl_{10}^-$, $Au_2Cl_7^-$, $Fe_2Cl_7^-$, $Sb_2F_{11}^-$, $Cu_2Cl_3^-$, $Cu_3Cl_4^-$			

现有的阴、阳离子自由组合,可形成约 10^{18} 种离子液体。离子液体的分类方法

也有很多种，可根据阴阳离子的种类、亲水性、发现的先后，酸碱性、性质和用途等进行分类。

(1) 按构成离子液体的阴、阳离子进行分类。按阳离子来划分，可以将离子液体分为咪唑类、吡啶类、季铵盐类、季膦盐类、噻唑类、三氮唑类、吡咯啉类、噻唑啉类、苯并三氮类等离子液体，其中最稳定的是烷基取代的咪唑阳离子。按阴离子通常可以将离子液体分为组成可调的 $AlCl_3$ 型离子液体和组成固定的其他阴离子型离子液体。$AlCl_3$型离子液体中阴阳离子的比例可调节，从而表现出一系列有意义的化学性质。通常离子液体中 Cl^- 过量（如三氯化铝的摩尔分数 $x(AlCl_3) < 0.5$）则称该离子液体为碱性，当 $[Al_2Cl_7]^-$ 过量（$x(AlCl_3) > 0.5$）则称该离子液体为酸性，当 $x(AlCl_3) = 0.5$ 时，则称该离子液体为中性。该类离子液体的缺点是热稳定性和化学稳定性较差，对水敏感，要在真空或惰性气氛下进行处理，使用较为不便。此外，因 $AlCl_3$ 遇水会放出 HCl，而具有腐蚀作用。组成固定的其他阴离子型离子液体的阴离子多为 BF_4^-、PF_6^-、OTf^-、NTf_2^- 和 CTf_3^- 以及 CF_3COO^-、$C_3F_7COO^-$、$C_4F_9SO_3^-$ 和 $N(C_2F_5SO_2)_2^-$ 等，与 $AlCl_3$ 型相比，它具有对水、空气稳定和组成固定等优点，更适于做反应介质。

(2) 根据离子液体发展的先后顺序和年代分类。1) 第一代离子液体主要是 $AlCl_3$ 型离子液体，最早是在 1948 年合成出来的，如前所述其主要缺点是热稳定性和化学稳定性较差，对水和空气敏感。2) 第二代离子液体是 20 世纪 90 年代开发出来的稳定性更好的离子液体，如由二烷基咪唑阳离子和四氟硼酸、六氟磷酸阴离子构成的。后来又相继出现了以双三氟甲烷磺酰亚胺（NTf_2^-）、三氟甲磺酸（$CF_3SO_3^-$）、二腈酰胺（$(CN)_2N^-$）等一系列阴离子的二烷基咪唑类离子液体。这类离子液体具有黏度更小、电化学窗口更宽、化学性能更稳定等特点。3) 第三代离子液体是功能化离子液体，该类离子液体是为了使其具有某种特殊性质、用途或功能，而对构成它的阴阳离子进行功能化修饰而成的，如手性离子液体。

(3) 根据离子液体在水中的溶解性不同分类。大体上可以将其分为亲水性离子液体和憎水性离子液体。前者如 $[Bmim]BF_4$、$[Emim]BF_4$、$[Emim]Cl$ 等，后者如 $[Bmim]PF_6$、$[Omim]PF_6$、$[Bmim]SbF_6$ 等。此外，还可以根据酸碱性把离子液体分为 Lewis 酸性、Lewis 碱性和中性离子液体。

7.3 离子液体的特性

离子液体的独特结构使其与其他溶剂相比，具有一系列独特的物理和化学性质：

(1) 具有较宽的稳定温度范围和液态温度范围。通过阴阳离子的调节，可使离子液体在 183.15 ~ 673.15K 范围内为液态。而且大多数离子液体都能在 573.15K 左右保持稳定，这使人们有更多的机会通过控制温度来控制反应的进行，表现出有良好的热稳定性和化学稳定性。一些常见离子液体的物理性质见表7-2。

表7-2 部分常见离子液体的液态温度范围

离子液体	液态温度范围/K	
	最低	最高
1-丁基-3-甲基咪唑四氟硼酸离子液体([Bmim]BF_4)	224.19	672.35
1-丁基-3-甲基咪唑六氟磷酸离子液体([Bmim]PF_6)	272.74	661.49
氯化-1-丁基-3-甲基咪唑三氯化铝离子液体([Bmim]Cl/$AlCl_3$)	184.46	536.25
氯化-1-乙基-3-甲基咪唑三氯化铝离子液体([Emim]Br/$AlCl_3$)	286.76	545.66
1-乙基-3-甲基咪唑六氟磷酸离子液体([Emim]PF_6)	283.83	577.8
氯化-1-丁基-吡啶-三氯化铝离子液体([BP]Cl/$AlCl_3$)	291.95	513.15
氯化-1,1-二甲基铵三氯化铝离子液体([$(CH_3)_2NH$]Cl/$AlCl_3$)	205.25	353.4

(2)具有良好的溶解性能。离子液体能溶解许多有机、无机、金属有机化合物和高分子材料,而且离子液体对 H_2、O_2、CO_2 和 SO_2 等具有很好的溶解性。表7-3列出了部分常用离子液体与一些常用溶剂的互溶情况。

表7-3 常用离子液体与常用溶剂的相溶性[1,3]

溶剂	[Bmim]BF_4	[Bmim]PF_6	[Bmim]Cl/$AlCl_3$(碱性)	[Bmim]Cl/$AlCl_3$(酸性)
水	溶解	不溶	反应	反应
丙烯碳酸酯	溶解	溶解	溶解	溶解
甲醇	溶解	溶解	反应	反应
乙腈	溶解	溶解	溶解	溶解
丙酮	溶解	溶解	溶解	反应
二氯甲烷	溶解	溶解	溶解	溶解
四氢呋喃	溶解	溶解	溶解	反应
二甲基苯	溶解	溶解	溶解	反应
三氯乙烯	溶解	不溶	不溶	不溶
二硫化碳	溶解	不溶	不溶	不溶
甲苯	溶解	不溶	溶解	反应
己烷	溶解	不溶	不溶	不溶

(3)有良好的导电性和很宽的电化学窗口。离子液体导电性的大小与其黏度、相对分子质量、密度以及离子大小密切相关。其中黏度的影响最为明显,黏度越大离子导电性越差。相反,密度越大导电性越好。在室温条件下离子电导率一般在 10^{-1} S/m 数量级左右,其中离子大小和重量对其导电性有影响。电化学窗口是指电解液不被电化学降解所能承受的最大电压范围。原则上,离子液体阳离子

部分决定了还原电位高低，阴离子部分决定了氧化电位的高低，两者绝对值之和构成了电化学窗口。大多数离子液体的电化学窗口都很宽，有的高达 4 ~ 6 V（见表 7-4）。故可作为许多物质电化学研究的电解液，实现室温条件下电解。

表 7-4 部分室温离子液体的电化学窗口和电导率[3]

离子液体	工作电极	电化学窗口/V	电导率/mS · cm^{-1}	温度/K
[Emim]BF_4	Pt	4.5	14	298
[Emim]$F_{2.3}$HF	Pt	3.2	120	298
[Emim]CF_3COO	Pt	3.8	9.6	293
[Emim]CF_3SO_3	Pt	4.1	8.6	293
[Emim]NTf_2	GC	4.1	8.8	293
[Bmim]BF_4	Pt(RDE)	4.1	—	—
[Bmim]BF_4	GC(RDE)	5.45	—	295
[Bmim]PF_6	W	7.1	—	—
[Bmim]PF_6	GC(RDE)	6.35	—	295
[Pmmim]PF_6	GC	4.3	0.5	308
[Pmmim] NTf_2	GC	4.3	3.0	299

注:GC 为玻璃碳;RDE 为旋转蝶形电极。

（4）离子液体具有非挥发特性，几乎没有蒸汽压。因此它们可用在高真空体系中，同时可减少挥发而产生的环境污染问题。

（5）具有可设计性。不同的阴、阳离子进行组合可以形成不同的离子液体。理论上，目前已知的阴离子和阳离子进行组合可以得到 10^{18} 种离子液体。通过选择合适的阴、阳离子组合或嫁接适当的官能团，可以调节离子液体性质，设计出具有各种功能的离子液体，被称为“可设计溶剂”。

（6）高的热稳定性和化学稳定性，不易燃烧和爆炸，且热容量相对较大。

（7）易于与其他物质分离，可以通过简单的物理方法进行再生和循环利用。

上述这些特性，使离子液体成为一种非常有前途的“绿色”溶剂和电解质，目前已广泛和成功地用于材料制备、催化、金属电沉积、燃料电池等领域。本章下面几节主要介绍离子液体在有色金属提取与分离领域的应用。

7.4 离子液体在金属化合物和矿物浸出中的应用

7.4.1 氧化物

金属氧化物在大多数分子溶剂中都不溶解，往往需要使用强酸溶液或者高温熔盐进行溶解。溶解过程中存在酸耗大、酸性废水难循环利用、环境负担重、能耗高、腐蚀性强等问题。寻找一种节能、环保、选择性高和溶解性好的溶剂来溶解金属氧化物对金属的提取和分离具有重要意义。

离子液体是一种“绿色”溶剂，可溶解有机物、无机物、有机金属、聚合物等不同物质，是许多化学反应的良好溶剂且溶解度相对较大。1997 年，Dai 等人[4]用咪唑三氯化铝型离子液体来溶解铀的氧化物 UO_3，发现 65 ℃时其溶解度可达 24.58 mmol。随后，Bell 等人[5]研究了 V_2O_5在氯化-1-乙基-3-甲基咪唑三氯化铝[Emim]Cl/$AlCl_3$离子液体的溶解情况，发现该氧化物可以溶解在中性离子液体（离子液体中三氯化铝的摩尔分数 $x(AlCl_3)=0.5$）中，极易溶解于碱性离子液体（$x(AlCl_3)<0.5$）中，每克离子液体中可以溶解 0.15 g 的 V_2O_5。在酸性离子液体（$x(AlCl_3)>0.5$）中，V_2O_5会与离子液体中的离子发生反应生成挥发性物质 $VOCl_3$。

英国的 Abbott 等人[6~9]发现 LiCl、AgCl、芳香酸、氨基酸、CuO、ZnO 和 Fe_3O_4等在氯化胆碱（$[HOC_2H_4N(CH_3)_3]Cl$，ChCl）和尿素形成的低共熔混合物中具有很高的溶解度。同时分析了从铝到钛的 17 种金属氧化物在 ChCl/丙二酸(1∶1)、ChCl/尿素(1∶2)和 ChCl/乙二醇(1∶2)形成的低共熔混合物中的溶解情况（如表 7-5所示）。其溶解情况为 HCl > ChCl/丙二酸(1∶1) > ChCl/尿素(1∶2) > NaCl > ChCl/乙二醇(1∶2)，且离子型化合物倾向于溶于酸性溶液中，而共价型的化合物如 TiO_2几乎不溶。

表 7-5 50℃时金属氧化物在氯化胆碱 ChCl 分别与丙二酸(1∶1)、尿素(1∶2)和乙二醇(1∶2)形成的低共熔混合物中的溶解度及其在 0.181 mol/L NaCl 和 3.14 mol/L HCl 水溶液中的溶解度

氧化物	ChCl/丙二酸(1∶1)	ChCl/尿素(1∶2)	ChCl/乙二醇(1∶2)	NaCl	HCl	尿素(70℃)
TiO_2	4	0.5	0.8	0.8	36	
V_2O_3	365	148	142	3616	4686	
V_2O_5	5809	4593	131	479	10995	
Cr_2O_3	4	3	2	13	17	
CrO_3	6415	10840	7	12069	2658	
MnO	6816	0	12	0	28124	
Mn_2O_3	5380	0	7.5	0	25962	
MnO_2	114	0.6	0.6	0	4445	
FeO	5010	0.3	2	2.8	27053	
Fe_2O_3	376	0	0.7	11.7	10523	3.7
Fe_3O_4	2314	6.7	15	4.5	22403	
CoO	3626	13.6	16	22	166260	
Co_3O_4	5992	30	18.6	4	142865	
NiO	151	5	9	3.3	6109	21
Cu_2O	18337	219	394	0.1	53942	22888
CuO	14008	4.8	4.6	0.1	52047	234
ZnO	16217	1894	469	5.9	63896	90019

随后,他们应用氯化胆碱和尿素形成的低共熔混合物体系处理 Zn、Pb、Cd、Cu、Fe、Mn 和 Al 等氧化物的电弧炉烟尘,发现 ZnO,Cu_2O 和 PbO_2 的溶解性很好,而且该混合体系对锌和铅具有良好的选择性溶解,其溶解度可以满足从该体系中直接电积金属锌的要求,并开发出了采用氯化胆碱和尿素形成的低共熔混合物处理电弧炉烟尘(5kg 级)提取铅和锌的工业装置如图 7-1 所示。其主要过程包括铅和锌的浸出、置换沉积($Pb^{2+} + Zn(s) \rightarrow Pb(s) + Zn^{2+}$)、锌电积三个部分。目前处理吨级电弧炉烟尘的设备已经研制成功。

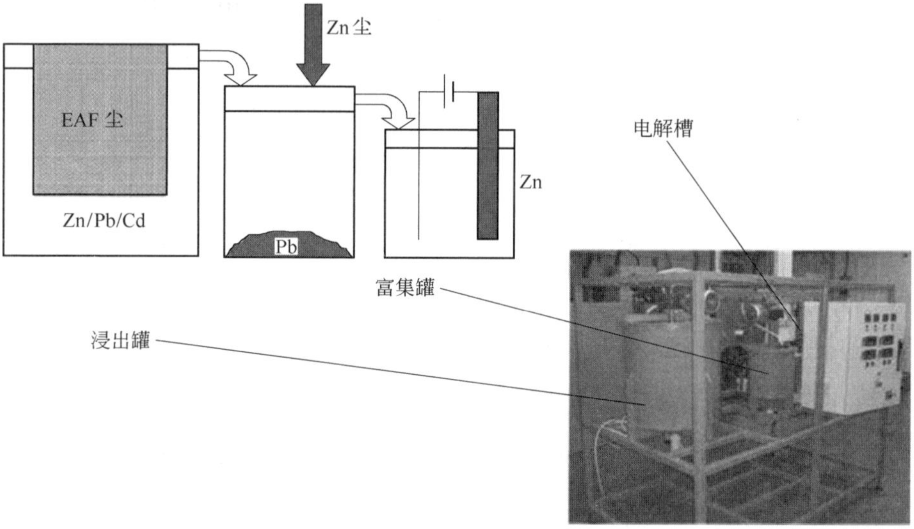

图 7-1 采用氯化胆碱和尿素形成的低共熔混合物体系处理电弧炉烟尘(5kg 级)提取铅和锌的装置

昆明理工大学华一新教授课题组进一步研究发现,许多氧化物如 Al_2O_3、TiO_2、PbO_2、ZnO、Fe_2O_3 和 MnO_2 等可以溶解在[Bmim]HSO_4 和[Bmim]HCO_3 等离子液体中,具体结果见表 7-6,其溶解度能够满足直接电沉积的要求。

表 7-6 氧化物在[Bmim]HSO_4 和[Bmim]HCO_3 离子液体中的溶解度

离子液体	不同氧化物的溶解度/$g \cdot L^{-1}$					
	Al_2O_3	TiO_2	PbO_2	MnO_2	ZnO	Fe_2O_3
[Bmim]HSO_4	11.6	6.85	9.65	2.19	1.378	2.516
[Bmim]HCO_3	14.8	25.2	16.18	21.37	24.13	16.22

7.4.2 硫化矿

黄铜矿是一种最常见的硫化铜矿,同时也是最难浸出的硫化铜矿,黄铜矿的浸出是铜硫化矿湿法冶金的核心。多年来,人们一直致力于各种黄铜矿湿法冶金工艺,如黄铜矿浸直接浸出法(物料不经过预热处理,直接加入较强的氧化剂,破坏黄铜矿晶格,使铜易于浸出)和焙烧-浸出法,虽然这些方法取得了很大进展,但结果并不十分满意。探索高效清洁的黄铜矿湿法冶金方法是冶金工作者一直努力的课题之一。离子液体可以溶解很多无机物,尤其是对金属氧化物有选择性溶解能力,在湿法冶金方面有很好的应用前景。

最早在离子液体中开展湿法冶金研究的是澳大利亚纽卡斯尔大学的 McCluskey 等人[10],他们用[Bmim]BF_4离子液体与 $Fe(BF_4)_3$来浸出黄铜矿,所用黄铜矿含铜 24%,主要不纯物为 FeS_2。100℃下当 H_2O:[Bmim]BF_4 + $Fe(BF_4)_3$为 1:1 时,浸出 8h 后可获得很高的铜浸出率(>90%)。随后,他们用[Bmim]HSO_4 + $Fe_2(SO_4)_3$ + 硫脲体系从黄铜矿、黄铁矿、磁铁矿、闪锌矿的伴生金矿中浸出金和银[11],发现低值金属的浸出率很低,金的浸出率与 H_2SO_4 + $Fe_2(SO_4)_3$ + 硫脲体系中的浸出率相近,而银的浸出率则很高(如图 7-2 和图 7-3 所示)。进一步的研究

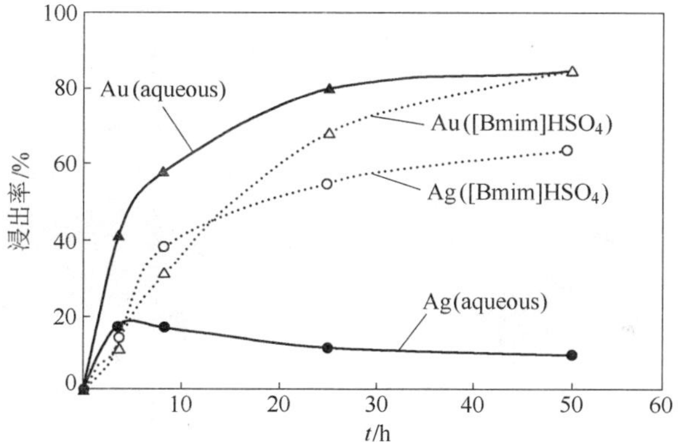

图 7-2 硫酸溶液和[Bmim]HSO_4 + $Fe_2(SO_4)_3$ + 硫脲体系中金和银的浸出率

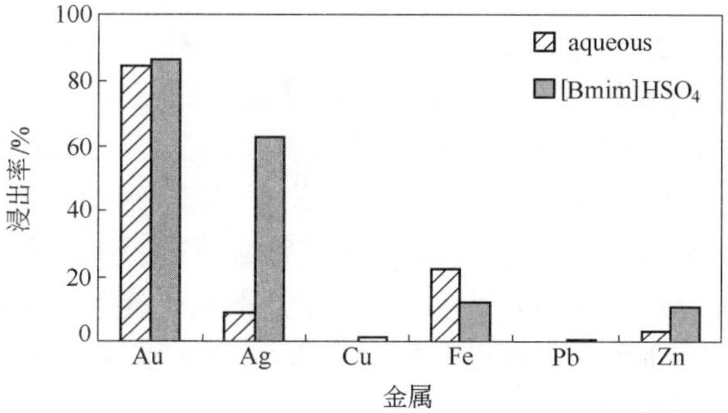

图 7-3 20℃时硫酸溶液和[Bmim]HSO_4 + $Fe_2(SO_4)_3$ + 硫脲体系中浸出 50h 不同金属的浸出率

表明浸出后的离子液体经活性炭处理后可返回浸出过程循环使用而不影响 Au 和 Ag 的浸出率。最近,Whitehead 等人[12]报道了在水溶液中加入[Bmim]HSO_4 + 硫脲体系 + Fe(Ⅲ)浸出铜的硫化矿、金矿与银矿,发现浸出温度为 70℃时 Cu 浸出率比 Fe 高很多,而且当水中离子液体含量由 10%(质量分数)增加到 100%(质量分数)时,Cu 的浸出率由 55% 增加为 87%,明显高于相同条件下直接用 1 mol/L H_2SO_4浸出的情况,20 ~ 50℃时人造氧化矿和天然硫化矿 Cu 浸出率都大于 80%,Ag 的浸出率大于 60%(大于酸溶液)。通过对不同离子液体的研究发现最有效的离子液体是[Bmim]HSO_4(如图 7-4 所示)。

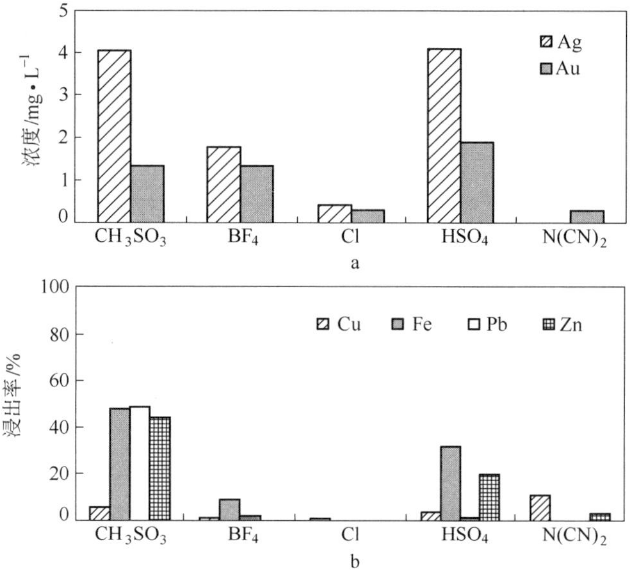

图 7-4 50℃时在[Bmim]$^+$与不同阴离子形成的离子液体/硫脲体系中浸出48 h 后金银图 7-4(a)和铜铁铅锌图 7-4(b)的浸出率

昆明理工大学华一新课题组[13]以纯 1 - 丁基 - 3 - 甲基咪唑硫酸氢盐[Bmim]HSO_4为浸出体系,在 90℃、81 kPa 氧分压,搅拌速度 800 r/min,矿物粒度为 74/65 μm,矿浆浓度为 100 g/L,浸出时间 24 h 条件下,铜的浸出率达到 95%(图 7-5)。相比传统 H_2SO_4 - $Fe_2(SO_4)_3$体系浸出黄铜矿,铜的浸出率提高了近 3 ~ 4 倍。用[Bmim]HSO_4、1 - 己基 - 3 - 甲基咪唑硫酸氢盐[Hmim]HSO_4和 1 - 辛基 - 3 - 甲基咪唑硫酸氢盐[Omim]HSO_4三种离子液体对黄铜矿的浸出做了比较,发现都能有效地浸出黄铜矿,在相同浓度的条件下,浸出效果顺序为:[Bmim]HSO_4 > [Omim]HSO_4 > [Hmim] HSO_4。

上述研究工作可以看出在离子液体中浸出黄铜矿 Cu 的浸出率很高,尤其对金和银具有较好的选择性。由于离子液体几乎没有蒸汽压,不会挥发,实验已证实使用后的离子液体经简单处理后循环使用不影响有价元素的浸出效果，而且浸出的 Cu 可以在离子液体中直接电沉积出来。这一研究成果有望开发成一套黄铜矿零排放的绿色湿法冶金新技术，同时可解决当前贵金属提取分离中存在的环境污染严重的问题。

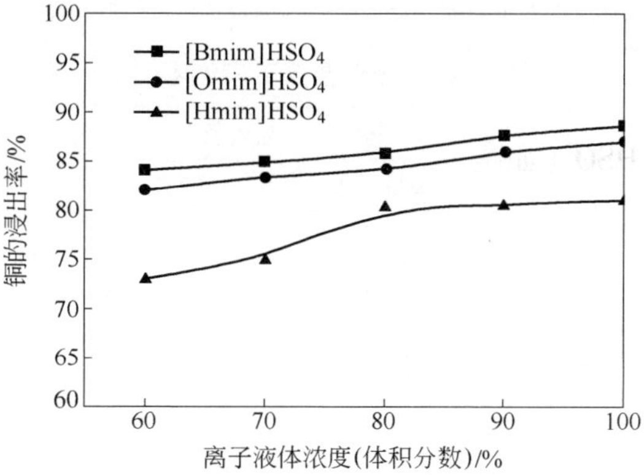

图 7-5 三种离子液体对黄铜矿浸出率影响

（实验条件：70 ℃；24 h，100 g/L；通氧气搅拌）

7.5 离子液体在铝镁钛电沉积中的应用

电沉积是指金属或合金从其化合物的水溶液、非水溶液或熔盐中电化学沉积的过程。电沉积是金属电解冶炼、电解精炼、电镀等过程的基础，是获得金属和合金普遍使用的方法。作为电化学沉积中的电解质，水溶液受水的电化学窗口的限制，熔盐则一般温度较高。而离子液体作为一种新兴的绿色溶剂，它是完全由离子组成的室温熔盐体系，具有良好的导电性和较宽的电化学窗口（一般导电性大于 4 V），是金属电沉积的一种非常有前途的"绿色"电解质。从 20 世纪 80 年代开始，科学家们陆续开展了离子液体中金属的电沉积研究并取得了一定进展，已在 $AlCl_3$ 离子液体中电沉积出了 Cu、Ag、Ni、Co、Pd、Au、Zn、Sn、Na、Ti、Ge 等金属[14~17]，在咪唑的氟硼酸盐、氟磷酸盐、三氟甲基磺酸盐、三氟甲基磺酸亚酰胺盐等体系中电沉积出了 Sb、Cd、Ag、Ce、Mn、Mg 和 Ti 金属[15~17]。研究发现大多数金属都能在离子液体中电沉积出来，表 7-6 给出了文献报道的不同金属与合金在离子液体中的电沉积情况[16]，根据不同阴离子形成离子液体的性能差异将其分为两大类：不连续阴离子型[如 BF_4^-、PF_6^- 和 $N(CF_3SO_2)_2^-$ 等]离子液体和复杂阴离子型离子液体。复杂阴离子型离子液体可以用通式 $R_1R_2R_3R_4N^+XnY$ 来描述，其中 $R_1R_2R_3R_4N^+$ 是季铵阳离子，X 通常是卤素离子，Y 是 Lewis 或 Brϕnsted 酸，而 n 是 Y 分子的个数。这类离子液体中通常由于含有的 X 和 Y 不同会表现出 Lewis 或 Brϕnsted 酸碱性，即其酸碱性可以通过调节 X 和 Y 的比例来实现。这类离子液体根据实际应用情况又可分为 3 类:I 类 Y 为 MCl_m,其中 M 为 Zn、Sn、Fe、Al 和 Ga;II 类 Y 为 $MCl_m \cdot iH_2O$,其中 M 为 Cr、Co、Cu 和 Ni;III 类 Y 为 RZ,其中 R 是烷基,Z 为 $CONH_2$、COOH 和 OH。有关离子液体中金属电沉积的研究工作请参考相关专著(参考文献 17)。这里主要介绍离子液体在有色金属铝、镁和钛电沉积中的应用情况(参见表 7–7)。

表 7–7 不同金属与合金在离子液体中的电沉积[14]

离子液体类型		金属及合金的电沉积
不连续阴离子型	BF_4^-	Cd、Cu、Sb、In、Sn、Pd – In、Pd、Au、Ag、Pd – Au、In – Sb、Cd – Te、Pd – Ag
	PF_6^-	Cu、Ag、Ge
	$N(CF_3SO_2)_2^-$	Li、Mg、Ti、Al、Si、Ta、La、Sm、Cu、Co、Eu、Ag、Cs、Ga、Ga – As、In – Sb、Sn、Nb – Sn
I 类	$AlCl_3$	Al、Fe、Co、Ni、Cu、Zn、Ga、Pd、Au、Ag、Cd、In、Sn、Sb、Te、Ti、Cr、Hg、Na、Li、Tl、La、Ga、As、Pb、Bi、Al(Ag、Fe、Mg、Mn、Ni、Cu、Co、Sr、Ti、Cr、Nb、Nd、La)
	$ZnCl_2$	Zn、Sn、Zn – Fe、Zn – Pt、Zn – Co、Zn – Sn、Cd、Zn – Cd、Zn – Cu、Zn – Te
Ⅱ类	$CrCl_2 \cdot 6H_2O$	Cr
Ⅲ类	Urea	Zn、Zn – Sn、Sn、Cu、Zn – Pb、Ag
	Ethylene glycol	Zn、Sn、Zn – Sn

活泼金属(如铝、镁)的电极电位小于氢的析出电位,在水溶液中阴极上会析出氢气而得不到金属,故不能采用水溶液电解,而要采用高温熔盐电解。该方法存在着电解温度高、耗能大、腐蚀严重、对设备要求高、成本高、环境污染严重等缺点。因此,研发高效 – 清洁节能的制备新技术非常必要。离子液体不仅可以避免某些金属与水的反应,还可以避免许多金属水溶液电沉积中的析氢反应,减少副反应,降低能耗。与有机电解液相比,离子液体基本无蒸汽压,不会挥发、不易燃烧,操作更加环保和安全。与高温熔盐相比,它是一种低温熔盐,对设备的腐蚀相对较小,且大大减少了能耗。将离子液体作为电解质用于活泼金属(如铝、镁和钛等)的电沉积,在室温下即可得到在高温熔盐中才能电沉积得到的金属或合金,却没有高温熔盐那样的强腐蚀性,且可以克服水溶液电解无法获得活泼金属的难题,并能提高电解过程的电流效率、降低能耗,同时副反应少,可得到无氢无氧的金属,减少设备腐蚀和环境污染,实现冶金过程的绿色生产,使传统的电化冶金技术发生革命性变化。低温离子液体电沉积技术制备金属铝、镁、钛及其合金是当今电化学冶金的研究前沿。

7.5.1 离子液体中电解制备铝

金属铝的密度小,可塑性强,延展性好,易形成多种合金,是工程中十分重要的材料。现代铝工业生产铝主要采用 Hall – Héroult 法,即冰晶石 – 氧化铝熔融盐电解法,电解过程在电解槽内进行,直流电经过电解质使氧化铝分解,依靠电流的焦耳热维持电解温度在 1223 ~ 1243 K，电解产物在阴极上是液体铝，在阳极上是氧，使碳阳极氧化而析出气体 CO_2 和 CO。铝液用真空抬包抽出，经净化澄清后，浇注成商品铝锭，Al 纯度一般达到 99.5% ~ 99.7%，以供给用户重新熔化后进行各种方式的深加工，制成各种铝制品。此法经过 100 多年的发展已经相当成熟，但仍存在电解温度高、能耗巨大、污染严重等问题。因此，研发高效、清洁、节能的铝电解新技术对铝工业的协调可持续发展具有重要战略意义，离子液体的出现提供了可能。

离子液体中电解铝最早是由 Carlin 等[18] 1994 年报道的在氯化二烷基咪唑三氯化铝离子液体体系中电解铝的研究。随后，Zhao 等[19]研究了在 2∶1 的氯化-3-甲基苯胺三氯化铝（[TMPA]Cl/$AlCl_3$）离子液体中电沉积铝，发现在该离子液体中，阴极电极反应是一个半球扩散控制的三维瞬时成核长大过程，铝沉积是欠电位沉积。Liao 等[20]研究了在氯化-1-乙基-3-甲基咪唑三氯化铝（[Emim]Cl/$AlCl_3$）离子液体中电沉积铝，以苯作添加剂，在摩尔比 1∶2 的[Emim]Cl/$AlCl_3$离子液体中电沉积得到了光亮、致密的沉积层，厚度为 27 μm，电流密度为 56.4 A/m²。

美国阿拉巴马大学 Reddy 教授课题组[21~23]进行了[Bmim]Cl/$AlCl_3$离子液体体系中铝还原的研究，并成功地实现了铝废料的回收及铝合金中铝的精炼。在酸性范围内不纯物作阳极、纯铜片作阴极，电解精炼过程中铝通过电化学溶解，不纯物（杂质元素）留在阳极上，在铜阴极上得到纯度为 99.9% 的电解铝，且电解过程的槽电压仅 1 V，实验温度为 100 ~ 140℃，电流密度为 200 ~ 400 A/m²，电流效率为 99%，沉积厚度为 0.1 ~ 0.2 mm，接着在 1∶1 和 1∶2 的[C_6mim]Cl/$AlCl_3$离子液体中电解出了铝，温度范围为 90 ~ 140℃，槽电压为 2.5 ~ 3.4 V，发现电流密度、电流效率随温度和槽电压的增加而增加，实验条件下的最优电冶金参数为温度 110℃，槽电压 3.5 V，电解液的摩尔比为 1∶1.7。表 7-8 列出了他们用 $AlCl_3$ 型离子液体电解铝和电解精炼铝的经济技术指标及其与现有的工业电解和精炼技术指标的比较。从表可以看出，离子液体电解冶炼和精炼过程可以在低温下进行，且没有 CO_2

表 7-8　离子液体与当前电解铝和铝精炼技术经济指标的比较

参数 \ 电解方法	铝电解		铝电解精炼	
	离子液体	熔　盐	离子液体	熔　盐
槽电压/V	1.5 ~ 3.5	4.2 ~ 5.0	1.0	5.0 ~ 6.0
能耗/kW · kg^{-1}	3.0 ~ 4.0	13.2 ~ 18.7	2.5 ~ 3.0	15 ~ 18
电流密度/A · m^{-2}	200 ~ 700	—	300	—
极间距/mm	5 ~ 20	100	—	—
温度/℃	25 ~ 150	850 ~ 1000	25 ~ 100	850 ~ 1000
吨铝 CO 排放/kg	0	340	—	—
吨铝 CF_4 排放/kg	0	1.5 ~ 2.5	—	—

和 CO、碳的氟化物产生，各项技术经济指标均优于传统的高温熔盐电解冶炼和电解精炼过程。因此在离子液体中进行铝的电解或电解精炼具有反应条件温和、能耗低、无污染等特点，可大幅度降低能耗和生产成本，减少环境污染。

昆明理工大学华一新教授课题组[24,25]以酸性[Bmim]Cl/$AlCl_3$离子液体为电解质，用铝合金作阳极，分别在铜、低碳钢和不锈钢基底上成功地电解出了金属铝。每千克铝电耗为 2.3～3.1 kW · h，电流效率大于 92%，致密层厚度为 70 μm，能谱分析沉积层中铝含量（质量分数）超过了 99.9%（见图 7-6）；同时考察了不同添加剂对沉积层的影响。图 7-7 为 373.15 K 时[Bmim]Cl/$AlCl_3$离子液体中加入不同添加剂电解 6 h 后铝沉积层正面形貌电镜扫描照片。从图可以看出加入 C_7H_8 和 NH_4Cl 后得到的铝沉积层表面晶粒都有所细化，添加 NH_4Cl 后电解得到的铝沉积层表面晶粒枝晶细化非常明显，沉积层变得光亮，而添加 C_7H_8 后电解得到的铝沉积层颜色变暗。

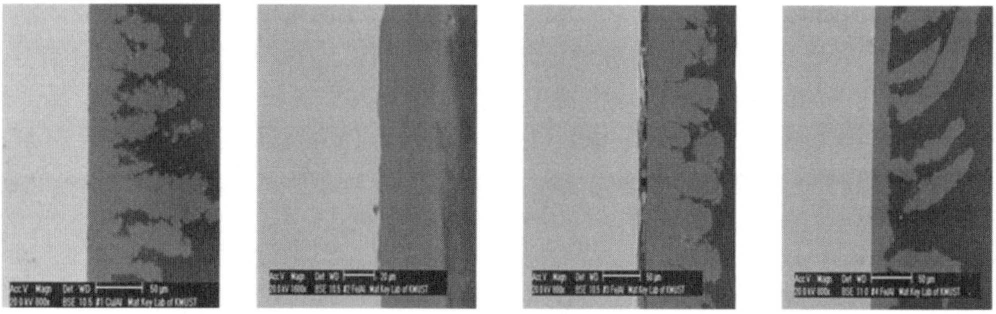

铜基体(4h)　　低碳钢基体(4h)　　低碳钢基体(6h)　　不锈钢基体(6h)

图 7-6　不同基体上电沉积不同时间的 Al 沉积层的实物照片

随后 Reddy 等人报道了在容积为 5L 的电解质循环电解槽中离子液体铝冶金的装置[26]，如图 7-8(a)所示。他们在原来电解槽的基础上（图 7-8(a)中右半部分）增加了 1 个陶瓷活塞泵和 1 个电解液存储罐（图 7-8(a)中左半部分），电解液从电解槽的底部流出后通过泵传输到存储罐，随后又从存储罐中返回电解槽，实现电解质的循环流动。他们在该装置中进行了铝的电解实验研究，发现电流密度和电流效率随电解液循环速率和初始电解液浓度的增加而增加，电流密度 160～200 A/m^2，电流效率为 70%～80%，电解过程中铝电沉积速率直接正比于流体速率。在循环速率 0.005～0.100 m/s 范围的循环操作中，槽电压在 3.0～3.5 V 时，铝沉积速率与应用槽电压无关，但正比于电解液的浓度和寿命。在上述研究的基础上，他们提出了一种新的铝分离流程，如图 7-8(b)所示，即在氯气气氛中将 Al_2O_3 用 C 还原并氯化形成 $AlCl_3$，于离子液体中进行电解制备金属铝，电解产生的 Cl_2 返回 $AlCl_3$ 制备流程循环使用。

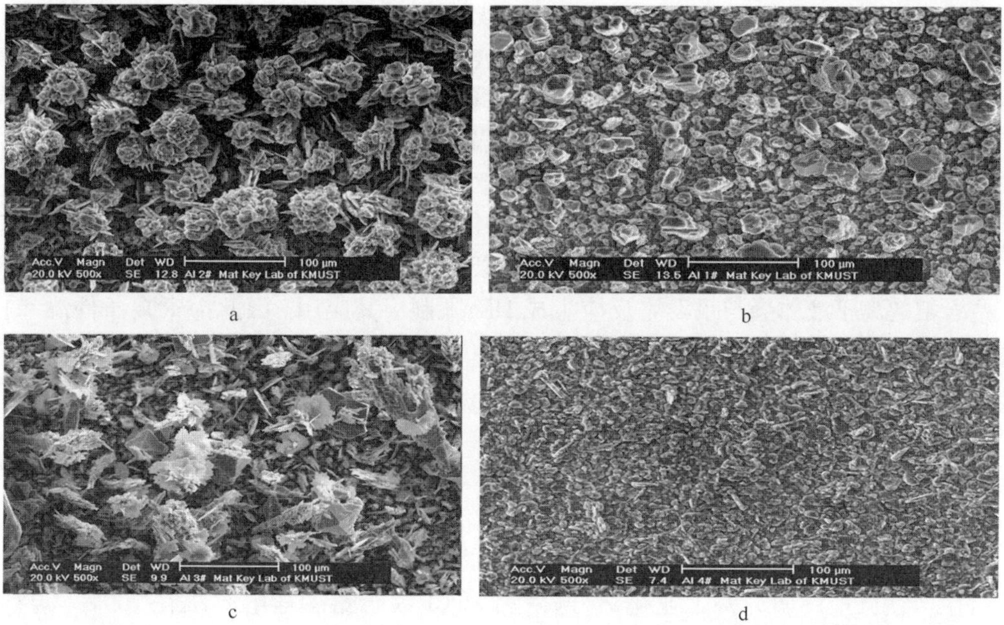

图 7-7　373.15 K 温度下加入不同添加剂电解 6 h 后铝沉积层的 SEM 图

a—[Bmim]Cl/$AlCl_3$(100%),i=130 A/m^2;b—[Bmim]Cl/$AlCl_3$ +C_7H_8(0.942 mol/L),i=130 A/m^2;
c—[Bmim]Cl/$AlCl_3$(100%),i=45.45 A/m^2;d—[Bmim]Cl/$AlCl_3$ +NH_4Cl(0.04 mol/L),i=45.45 A/m^2

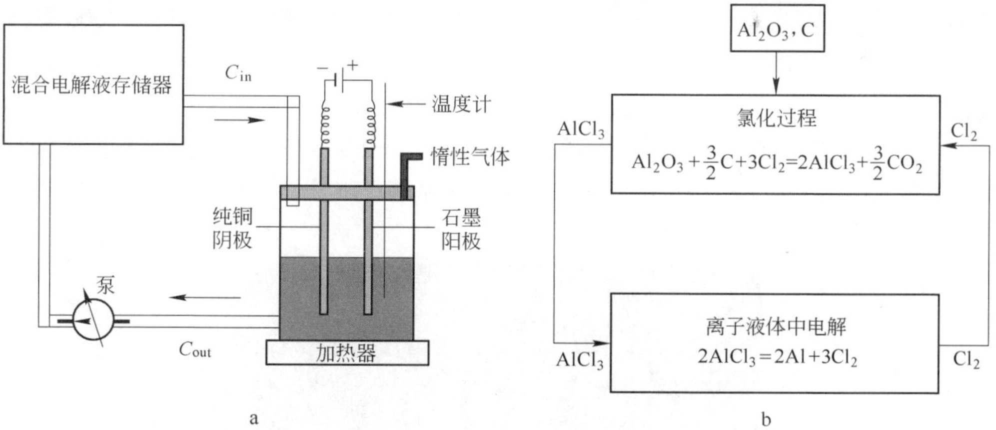

图 7-8　电解液循环电解实验装置(a)和 Al 分离流程(b)

由此可以看出,在离子液体中电解制取活泼金属只需在室温或接近室温下进行,具有反应条件温和、能耗低、无污染等特点,能耗低,可大幅度降低能耗和生产成本,具有巨大潜力,是一种非常有发展前途的电化冶金新技术。澳大利亚 CSIRO 轻金属公司报道,使用离子液体可将炼铝用电节省 20% ~30%。目前旗舰、CSIRO

矿业及 Rio Tinto 矿业正在共同开发离子液体炼铝的工业技术。此外美国阿拉巴马大学、美国奥尔巴尼研究中心、世纪铝业、Secat Inc. 公司及肯塔基大学联合起来将离子液体电解制备金属铝作为工业技术项目强力支持。随着研究的深入,一个新的离子液体冶金时代即将来临。虽然目前离子液体中铝的电解冶炼和精炼的研究取得了很大进展,但电沉积过程枝晶严重、沉积层厚度较小等问题有待进一步研究。此外,目前报道的用于铝电解的离子液体都是 $AlCl_3$型或含氟的离子液体,由于 $AlCl_3$型离子液体性质不稳定,对水敏感,需要在真空或惰性气氛下制备和使用,而一些含氟的离子液体会与水发生反应生成 HF,限制了其应用。因此探索在条件温和、成本较低的离子液体中直接电解 $AlCl_3$或 Al_2O_3的新方法也是一个非常重要的方向。

7.5.2 离子液体中电沉积镁

镁被称为 21 世纪的"绿色"工程材料,从原料中分离提取镁一直吸引着广大研究者。多年来,人们一直试图从非水溶液中还原镁,但由于镁非常负的电极电势、高电荷密度和反应活性,要求镁电沉积的电解液应为非质子型。用高温熔盐电解生产镁已广泛研究并工业化,普遍采用 $MgCl_2$混合熔融盐电解法在 700 ~ 800℃下获得镁,其能耗约为 10 ~ 13 kW · h/kg。低温下简单从溶液中沉积镁一直是广大科学家的最大愿望,离子液体的出现为低温下沉积镁提供了可能。

2004 年 Yazaki 等[27]研究了 Mg 合金(AZ31)阳极在离子液体中的电化学行为和界面形态。随后,上海交通大学的 Nuli Y 等[28]在[PMP]$(CF_3SO_3)_2N$ 和 $Mg(CF_3SO_3)_2$体系中电沉积出了镁,但所得镁的光滑性、致密性不好。2006 年他们[29]研究了在[Bmim]BF_4和 $Mg(CF_3SO_3)_2$中在 Pt、Ni、Ag 和不锈钢基底上电沉积镁,发现镁只能在 Ag 基底上形成镁膜(如图 7-9 所示),且沉积过程是一个可逆过程。随后,他们在有机电解质体系 $Mg(AlCl_2EtBu)_2$/四氢呋喃和离子液体体系 $Mg(CF_3SO_3)_2$/[Bmim]BF_4中在 Ni、Ag 和 Cu 基底上电沉积镁,发现镁只能在 Ag 基底上形成 Mg – Ag 合金[30]。

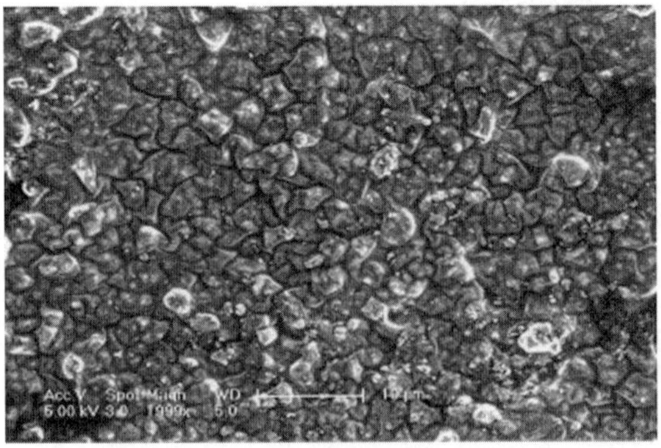

图 7-9 离子液体中 Ag 基底上沉积的镁膜的 SEM 图

最近，Cheek 等[31]研究了 Mg 在[Emim]BF_4、[BMP]$(CF_3SO_2)_2N$ 和[BMP]NTf_2离子液体中的电沉积，发现由于电化学窗口的原因，咪唑型离子液体适合还原 $Mg(NTf_2)_2$ 和 BMP 体系，可以用来还原其他镁盐，有机电解质中加入适当的[BMP]NTf_2或离子液体中加入格氏试剂可以提高 Mg 的沉积效率。从这些工作中可以看出，金属镁可以在离子液体中电沉积出来，但相关研究工作刚刚起步，很多问题有待进一步研究。

7.5.3　离子液体中电沉积钛

钛被称为第三金属，有高强度、高延展、耐高温、耐腐蚀性等特点，它的密度比铁小，强度高于铝，具有轻质结构，防腐效果比铝好得多，是一种非常有效的防腐材料和非常重要的工业材料。目前工业化生产钛的方法为镁热还原法（Kroll 法）和钠热还原法（Hunter 法），但生产成本高，目前工业中广泛应用的只有 Kroll 法。钛及其合金的低温电沉积极为有趣，然而钛有 Ti^{2+}、Ti^{3+}、Ti^{4+}。因此，其电沉积的电化学机理比铝和镁复杂得多。

早在 1990 年，Carlin 等[32]就研究了 $TiCl_4$ 在[Emim]Cl/$AlCl_3$离子液体中的电化学性质，Ti^{4+}离子通过两步单电子过程被还原成 Ti^{3+} 和 Ti^{2+} 离子，Ti^{3+} 离子则以 $\beta-TiCl_3$形式在电极上形成棕色的沉积层，但不能电沉积得到金属钛。2003 年 Mukhopadhyay 等[33]报道了室温下离子液体[Bmim]$(CF_3SO_2)_2N$ 中 Ti 的电沉积，并首次利用电化学扫描隧道显微镜在室温下观察二维和三维原位相的形成。实验采用三电极体系，工作电极为高导热解石墨电极，Pt 环和 Pt 线分别作为对电极和参考电极，99.999% 的 $TiCl_4$充分溶解在离子液体中作为电解液，$TiCl_4$的还原过程是先还原成 $TiCl_2$，之后再还原成金属 Ti。Tsuda 等[34]的研究表明，50.2℃下在路易斯酸性[Emim]Cl/$AlCl_3$离子液体中 $TiCl_4$被还原为 Ti，且以 Al－Ti 合金的状态沉积。

2004 年以来，美国的海军研究所一直从事离子液体中 TiO_2电解制备金属钛的研究。O'Grady 等[35]把长 10 cm、宽 2 mm、厚 0.25 mm 的钛箔于空气中在 550℃处理 140 h，将表面先氧化出一层 TiO_2，然后在[Emim]Cl 离子液体中电解还原，循环伏安曲线有变化，表明可能有金属钛还原出来。

2005 年，Mukhopadhyay 等[36]报道室温下在离子液体[Bmim]$(CF_3SO_2)_2N$ 中沉积纳米级钛金属丝，实验装置和电解液组成与 2003 年的工作类似，不同的是采用的工作电极为 Au(111)。研究发现沉积开始时金基体上首先沉积一层厚度大约为 0.25 nm 的二维 $\beta-TiCl_3$，这一过程中为欠电位沉积，随着扫描的进行，沉积由欠电位沉积转变为过电位沉积，生长也由二维转变为三维，－1.8 V 的条件下逐渐形成一层 1 ~ 2 nm 的钛沉积层。Kayayana 等[37]研究了 $TiCl_4$在[BMP]TFSI 离子液体中的还原，$TiBr_4$可以溶解在 Lewis 碱性[BMP]Br 中，还原步骤为 $Ti^{4+} \rightarrow Ti^{3+}$

(Ti^{2+})，[BMP]TFSI 中含 $TiBr_4$ 而不含[BMP]Br、沉积温度为 180℃时，在 −2.3 V 下还原 Ti^{4+} 产生了部分 Ti 与 $TFSI^-$ 阴离子的复合物，在低于 −3.0 V 以下可以得到没有 $TFSI^-$ 的 Ti。

2007 年，Andriyko 等[38]研究了 60℃时 $TiCl_4$ 在[Bmim]BF_4 和[Bmmim]$_3$N 离子液体中的电化学行为，发现 $TiCl_4$ 的还原过程是单电子过程，在[Bmmim]$_3$N 离子液体中 Ti(Ⅳ)仅还原到 Ti(Ⅲ)，这一过程是不可逆的，而且 Ti(Ⅳ)与 6 个咪唑环形成了 1 个很大的配合物。

最近，昆明理工大学华一新教授课题组研究了 $TiCl_4$ 在酸性[Bmim]Cl/$AlCl_3$ 离子液体中的电沉积，在 Ti 或 Cu 基体上分别沉积出 Ti − Al 合金(如图 7-10 所示)，电流效率为 27%，沉积层厚度约 14 μm。同时研究了 TiO_2 在碱性[Bmim]Cl/$AlCl_3$ 离子液体中的电化学还原，金属钛表面 4 ~ 5 μm 厚的氧化层可以全部还原为金属钛(如图 7-11 所示)。二氧化钛烧制的电极，经过 48 h 的电化学还原，有金属钛被还原出来。研究表明，在离子液体中钛易以合金的形式沉积出来，但纯金属钛沉积相对困难，沉积层厚度只有 1 ~ 2 nm；二氧化钛直接还原为金属的速率慢、电流效率低、金属钛含量较低，且钛在离子液体中的还原过程较为复杂，还原机理尚不清楚。

a

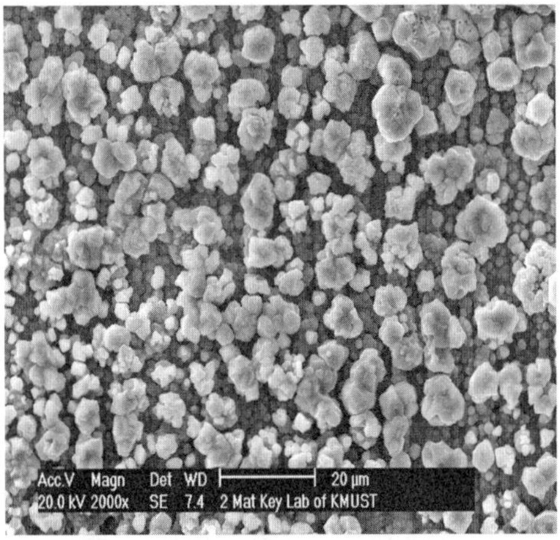

b

图 7-10 Ti 基底(a)和 Cu 基底(b)上 Ti − Al 沉积层的 SEM 图

上述这些研究工作表明，金属 Ti 可以在离子液体中电沉积出来，但研究工作还刚开始，而且钛的还原过程和机理非常复杂，因此弄清离子液体中钛的存在形式、还原机理等问题对开发离子液体低温制备金属钛的新工艺具有非常重要的意义，筛选和开发新的离子液体进行 $TiCl_4$ 或 TiO_2 直接电解制备金属钛也是一个重要的研究方向。

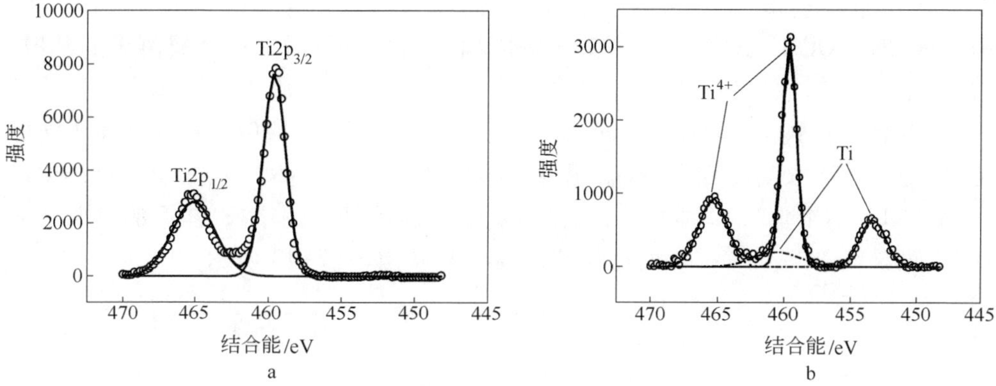

图 7-11 二氧化钛电极(a)及其被二氧化钛电极还原 30 h 后(b)的 XPS 图

7.6 离子液体在金属离子萃取分离中的应用

金属离子的萃取分离是基于不同金属离子所形成的化合物在互不相溶的两相中分配比的差异,使有金属离子从水相进入有机相而达到与其他金属子分离的目的,是湿法冶金中一个较为成熟的分离方法。与其他溶剂相比,离子液体具有无毒、无显著蒸气压、对环境友好、无可燃性、导电性好且电化学窗口宽、熔点低且液态区间宽、热稳定性好、可溶解多种有机物及无机物,因而被誉为绿色溶剂。以离子液体代替有毒、易燃、易挥发的有机溶剂用于金属离子的萃取分离,不但可以得到较高的萃取分离效率,而且绿色环保,这无疑是绿色冶金研究的热点之一。迄今为止,目前采用离子液体萃取分离金属离子的大部分工作集中于对碱金属和碱土金属离子、过渡金属离子、稀土金属离子和锕系金属离子的萃取分离。

1999 年,Dai 等[39]以离子液体[Bmim]NTf_2为溶剂,以二环己基 18 冠 6 (DCH18C6)为萃取剂,从 $Sr(NO_3)_2$水溶液中萃取 Sr^{2+},发现 Sr^{2+}在两相的分配比 D(Sr)高达 1.1×10^4,比同条件下以甲苯作溶剂的分配比大了近 4 个数量级。Visser 等人[40]使用离子液体[$C_n$mim]PF_6($n=4,6,8$)作溶剂,研究了 18 冠6(18C6)、DCH18C6、4,4'-(5')-二-(叔丁基环己基) 18 冠 6 (Dtb18C6) 3 种不同的冠醚作萃取剂,对金属离子 Sr^{2+}、Na^+及 Cs^+的萃取。3 种冠醚中,Dtb18C6 的萃取能力最强,Dtb18C6 萃取 3 种离子的选择性为 $Sr^{2+}>Cs^+>Na^+$,$D(Sr)=105$。随后他们用离子液体[$C_n$mim]PF_6($n=4,6$)作为溶剂,以 1-(吡啶偶氮)-2-萘酚(PAN)与 1-(噻唑偶氮)-2-萘酚(TAN)两种萃取剂对 Hg^{2+}、Cd^{2+}、Ni^{2+}及 Fe^{2+}等离子进行萃取[41,42]。研究发现,随着水溶液 pH 值的增大,金属离子分配比逐渐增大。因为在 pH 较大时,两种萃取剂都去质子化而变成阴离子,与金属阳离子结合成疏水性的配合物。此时,萃取的离子选择性顺序为 $Co^{2+}>Fe^{2+}>Cd^{2+}>$

Ni^{2+},萃取剂与金属离子间的结合计量关系都是2:1。Visser A. 等人[43]还研究了用含有 CN^-、OCN^-、SCN^-,及卤离子等阴离子的萃取剂对上述金属离子的萃取。这些阴离子能够取代与金属离子结合的水分子,然后与金属离子形成疏水配位离子,这样增加了萃取分配比。Chun 等人[44]采用[$C_n$mim]PF_6($n=4\sim9$)离子液体及 DCH18C6 萃取剂研究发现,金属离子的选择性顺序为:$K^+ > Rb^+ > Sr^{2+} > Cs^+ > Na^+ > Li^+$,如图 7-12 所示,并且随着离子液体烷基链的增长,体系的萃取率会降低,而 K^+/Rb^+、K^+/Cs^+ 的选择性则逐渐增强,如图 7-13 所示。

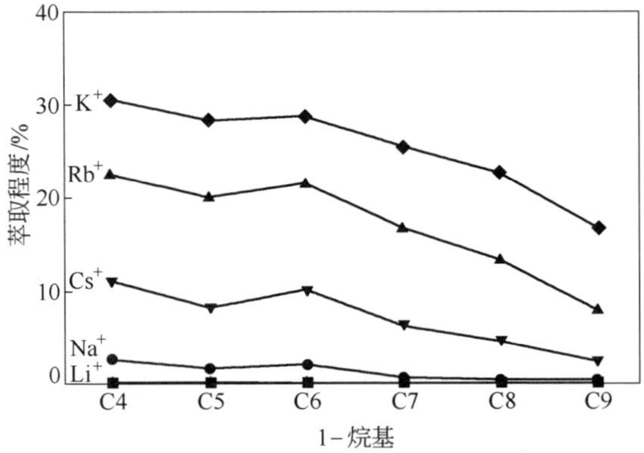

图 7-12 碱金属阳离子从水溶液中被萃取到含有 DC18C6 的[$C_n$mim]PF_6中烷基链的改变对萃取效率的影响

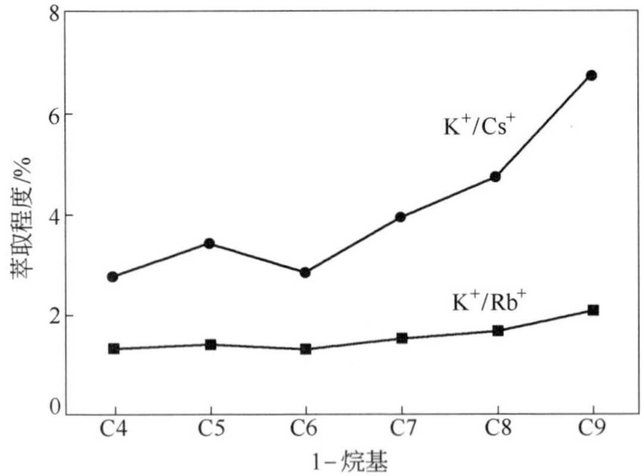

图 7-13 烷基链的改变对含有 DC18C6 的[$C_n$mim]PF_6萃取 K^+/Rb^+ 和 K^+/Cs^+ 的影响

Wei 等人[45]用[Bmim]PF_6作溶剂与双硫磺腙(dithizone)为萃取剂萃取 Pb^{2+}、Zn^{2+}、Cd^{2+}、Cu^{2+}、Ag^+ 和 Hg^{2+} 离子。当 pH 值较低时,双硫腙以分子状态存在,萃

取的效率很低，当 pH 值升高时，双硫腙变成阴离子状态，与金属离子形成亲离子液体相的中性配合物而有效的进入离子液体相。例如在 pH = 1.9 时，萃取相同浓度 Ag^+ 和 Pb^{2+} 的混合物，92% 的 Ag^+ 被萃取，而 Pb^{2+} 基本上没有被萃取。

稀土金属与锕系金属是核燃料的重要来源。稀土金属与锕系金属的提取是近期各国研究的热点。Visser 等人[46]用[C_4mim]PF_6作为溶剂，以磷酸三丁酯（TBP）和氨基甲酰基甲基氧膦（CMPO）为作萃取剂，从酸性溶液中萃取镅（Am^{3+}）、钍（Th^{4+}）、（铀酰离子）UO_2^{2+}、Pu^{4+} 等离子，在相同条件下，4 种金属离子的分配比要比使用传统有机溶剂正十二烷为溶剂大 1 个数量级，且分配比随着水相 HNO_3 浓度的增加而增大。但 HNO_3 的浓度不能太高，否则 PF_6^- 会被氧化成 PO_4^{2-}。Nakashima 等人[47]也研究了以[Bmim]NTf_2、[Bmim]PF_6为溶剂，以 CMPO 为萃取剂，从硝酸盐溶液中萃取稀土金属离子。研究发现，金属离子的萃取率要比正十二烷为溶剂体系高得多。例如，用正十二烷作溶剂，从 0.1 mol/L Ce^{3+} 的溶液中萃取 90 % 的 Ce^{3+}，需要使用 50 mmol/L CMPO，而用离子液体作溶剂，只要 3 mmol/L CMPO 就能够达到相同的萃取效率，而且对金属离子的选择性也优于正十二烷溶剂体系。此外，研究还发现[Bmim]NTf_2溶剂的萃取效果要比[Bmim]PF_6好。目前，不同离子液体和萃取剂中碱土和稀土金属的研究工作大量涌现，并取得了较大进展[48~73]。中国科学院应用化学研究所陈继研究员课题组系统地开展了离子液体中稀土金属离子的萃取方面的研究工作，并取得了很大进展[60~71]，表 7-9 中列出相关金属离子萃取的研究情况。

表 7-9 离子液体中金属离子的萃取分离情况表

物 质	金属离子	离子液体	萃取剂、配体、螯合剂	参考文献
碱金属	Li^+、Na^+、K^+、Rb^+、Cs^+	[$C_n$mim]PF_6（n = 4 ~ 9）	DC18C6	[48,52]
	Cs^+	[$C_n$mim]NTf_2（n = 2,3,4,6,8）	BOBCalixC6	[49]
	Na^+、Cs^+	[$C_n$mim]PF_6（n = 4,6,8）	18C6，DC18C6，Dtb18C6	[43]
	Na^+、K^+、Cs^+	[$C_n$mim]NTf_2（n = 2,4,6,8）	DC18C6, N-alkyl aza-18-crown-6ethers	[53]
碱土金属	Mg^{2+}、Ca^{2+}、Sr^{2+}、Ba^{2+}	[$C_n$mim]PF_6（n = 4 ~ 9）	DC18C6	[52]
	Sr^{2+}	[$C_n$mim]PF_6（n = 4,6,8）	18C6，DC18C6，Dtb18C6	[43]
	Sr^{2+}	[R_1R_2mim]PF_6[R_1R_2mim]NTf_2	DC18C6	[39]
	Sr^{2+}	[$C_n$mim]NTf_2（n = 2,4,6,8）	DC18C6, N-alkyl aza-18-crown-6 ethers	[53]
	Sr^{2+}、Cs^+	[Bu_3MeN]TFSI	DCH18C6，BOBCalixC6	[54]
重金属和放射元素	Pb^{2+}	[$C_n$mim]PF_6（n = 4 ~ 9）	DC18C6	[42]
	Cu^{2+}、Ag^+、Pb^{2+}、Zn^{2+}、Cd^{2+}、Hg^{2+}	[C_4mim]PF_6	Dithizone	[44]
	Cd^{2+}、Co^{2+}、Ni^{2+}、Fe^{3+}、Hg^{2+}	[C_4mim]PF_6，[C_6mim]PF_6	PAN，TAN	[45]
	Ag^+	[$C_n$mim][PF_6]（n = 4,6,8）	Calyx [4] arene-bearing pyridine	[55]

续表 7-9

物 质	金属离子	离子液体	萃取剂、配体、螯合剂	参考文献
重金属和放射元素	Cu^{2+}、Cr^{6+}、Zn^{2+}	[$C_n$mim]BF_4(n=1,3,6,8,10) [$C_n$mim]PF_6(n=6,10)	—	[56]
	Hg^{2+}、Cd^{2+}	TSILs	—	[41,42]
	Nd^{3+}、La^{3+}、Er^{3+}、Ce^{3+}、Sm^{3+}、Eu^{3+}、Gd^{3+}、Ho^{3+}	[C_4mim]PF_6	CMPO	[47]
	Th^{4+}、U^{2+}、Pu^{4+}	[C_4mim]PF_6,[C_4mim]NO_3	Dtb18C6,CMPO,TBP	[40,57]
	Zn^{2+}、Cd^{2+}、Hg^{2+}、Pb^{2+}	[Omim]BF_4,[3MOPYR]BF_4,[4MOPYR]BF_4	—	[59]
	Cu^{2+}、Tl^{+}、Hg^{2+}	[4MOPYR]NTf_2,[4MOPYR]TfO,[4MOPYR]NfO	—	
	Mg^{2+}、Fe^{3+}、Co^{2+}、Ni^{2+}、Cu^{2+}、Zn^{2+}、Cd^{2+}、Hg^{2+}、Tl^{+}、Pb^{2+}、Sn^{4+}、Ag^{+}、Pd^{2+}	[4MPYRCN]NTf_2,[MPIPCN]NTf_2	—	
	Mg^{2+}、Fe^{3+}、Co^{2+}、Ni^{2+}、Cu^{2+}、Zn^{2+}、Cd^{2+}、Hg^{2+}、Tl^{+}、Pb^{2+}、Sn^{4+}、Ba^{2+}	[$MPYRROS_2$]NTf_2,[$MPIPS_2$]NTf_2	—	
	Ni^{2+}、Cu^{2+}、Co^{2+}	di-tert-butyl ester		
稀土金属	Sc^{3+}、La^{3+}、Y^{3+}、Yb^{3+}	[C_8mim]PF_6	Cyanex925	[60]
	Y^{3+}、Sc^{3+}、Ho^{3+}、Er^{3+}、Yb^{3+}	[C_8mim]PF_6	Cyanex923	[61]
	Yb^{3+}	[$C_n$mim]PF_6(n=4,6,8)	Cyanex923	[62]
	Y^{3+}、Er^{3+}、Tm^{3+}、Yb^{3+}	[C_8mim]PF_6	Cyanex923,EDTA	[63]
	Ce^{4+}、Th^{4+}、Ce^{3+}	[$C_n$mim]PF_6(n=4,6,8)	DEHEHP P503	[64]
	Th^{4+}、La^{3+}、Ce^{3+}、Nd^{3+}、Gd^{3+}、Er^{3+}	[C_8mim]PF_6	N1923	[65]
	Sc^{3+}	[A336]NO_3,[C_8mim]PF_6	TBP,Cyanex923	[66]
	Y^{3+}	[BAAZM]PF_6,[C_8mim]PF_6	—	[67]
	Y^{3+}、Tb^{3+}、Yb^{3+}、Ho^{3+}、Er^{3+}、Sc^{3+}	[C_8mim]PF_6	Cyanex923	[68]
	Y^{3+}、Sc^{3+}、Ho^{3+}、Er^{3+}、Yb^{3+}	[C_8mim]PF_6 [$C_n$mim]PF_6/NTf_2(n=4,6,8)	Cyanex923/EDTA	[69]
	Ce^{4+}、Th^{4+}、Ce^{3+}、La^{3+}、Pr^{3+}、Nd^{3+}、Sm^{3+}、Eu^{3+}、Tb^{3+}、Dy^{3+}、Ho^{3+}、Er^{3+}、Tm^{3+}、Yb^{3+},	[C_8mim]PF_6	DEHEHP	[70]
	Ce^{4+}、Th^{4+}、Ce^{3+}、Gd^{3+}、Yb^{3+}	[C_8mim]PF_6	—	[71]
其 他	Al^{3+}	[C_4mim]NTf_2,[C_6mim]PF_6,[C_8mim]PF_6	n/a	[72,73]

注：$C_n$mim：1－烷基－3－甲基－咪唑；DC18C6：二环已基18－冠－6；18C6：18－冠－6；Dtb18C6：4，4'2(5')2 二2（叔丁基环已基）18－冠6，BOBCalixC6 ＝杯[4]－双叔辛基苯并冠－6；R_1R_2mim：1－R_1－2－R_2－3－甲基－咪唑（R_1：丁基、乙基或丙基；R2：氢或甲基）；PAN：1－（吡啶偶氮）－2－萘酚；TAN ＝ 1－（噻唑偶氮）－2－萘酚；CMPO：氨基甲酰基甲基氧膦；TBP 磷酸三丁酯。

7.7 前景展望及存在的问题

离子液体作为一种新型的反应介质，同时具有有机溶剂和高温熔盐的优点而成为非常有前途的低温“绿色”溶剂，将其用于有色金属提取分离只需在室温或接近室温下进行，具有反应条件温和、能耗低、无污染等特点，能耗低，可大幅度降低能耗和生产成本，具有巨大潜力。近年来随着研究的深入和创造性成果的不断涌现，离子液体在有色金属提取分离领域的应用取得了可喜成绩。然而离子液体是一种新的物质，总体上对其研究与发展还处于初级阶段，其未知的方面还很多，离子液体的一些性质还不清楚，在有色金属提取与分离方面还有如下问题需要进行大量的工作。(1)离子液体结构与性质的基础问题，包含离子液体结构、离子的存在形式等对其性质的影响。不同的阴阳离子组合可以形成不同的离子液体。理论上，现有的阴阳离子可以组合形成 10^{18} 种不同的离子液体，实验上对如此众多的离子液体进行研究几乎是不可能的，即使对少数离子液体进行研究也将耗费大量人力和物力。物质的结构决定其性质，加强结构与性质的关系研究，从而根据特定需求设计出所需离子液体，减少实验的盲目性和局限性是一个非常重要的研究方向；(2)离子液体中金属及其氧化物溶解与腐蚀，金属电沉积的机理，以及如何改善提取分离所得金属的质量等问题。很多金属及其氧化物可以溶解在离子液体中，而且几乎所有金属都可以从离子液体中电沉积出来，但是为何他们可以溶解并电沉积出来，受哪些因素影响和控制，离子液体究竟在这些方面扮演了什么角色，金属离子如何存在、移动等微观机理方面的研究是离子液体金属提取与分离研究中一个难点和热点问题；(3)离子液体的抗水化、抗氧化以及离子液体合成的大规模集成系统，循环利用等问题。当前很多研究都是在[Emim]Cl、BPC 和 $AlCl_3$、PF_6、$ZnCl_2$型的离子液体中开展的，而他们都极易吸水或与水反应，故操作必须在惰性气体保护下的手套箱中进行。而且目前离子液体的合成成本较高，循环使用率不高。因此探索条件温和，技术路线简单的大规模集成系统，循环利用综合技术，降低离子液体成本的是离子液体大规模工业面临的瓶颈问题；(4)离子液体中有色金属提取分离的新工艺新技术。相信随着研究的日益深入，在有色金属提取分离领域离子液体将发挥越来越重要的作用，真正形成一个新兴的离子液体冶金领域。

参考文献

[1] 李汝雄．绿色溶剂－离子液体的合成与应用[M]．北京：化学工业出版社，2004.
[2] 张锁江，吕兴梅．离子液体——从基础研究到工业利用[M]．北京：科学出版社，2006.
[3] 邓友全．离子液体——性质、制备与应用[M]．北京：中国石化出版社，2006.
[4] Dai S, Shin Y S, Toth L M, Barnes C E. Inorg Chem. 1997, 36: 4900 ~ 4902.
[5] Bell R C, Castleman A W, Thorn D L. Inorg Chem. 1999, 38: 5709 ~ 5715.
[6] Abbott A P, Capper G, Davies D L, Rasheed R K, Tamb H V. Chem Commun [J], 2003: 70 ~ 77.
[7] Abbott A, Boothby D, Capper G, Davies D L, Rasheed R K. J Am Chem Soc[J], 2004, 126: 9142 ~ 9147.

[8] Abbott A P, Capper G, Davies D L, Mckenzie S O. J Chem Eng. 51: 1280 ~ 1282.

[9] Abbott A P, Capper G, Davies D L, Shikotr A P. Trans Inst Min Metall [C]. 2006, 115: 115 ~ 119.

[10] McCluskey A, Lawrance G A, Leitch S K., et al. Ionic Liquids: Industrial Applications to Green Chemsitry[C], Washington DC: American Chemical Society. 2002. 199 ~ 204.

[11] Whitehead J A, Lawrance G A, McCluskey A. Green Chem[J]. 2004, 6: 313 ~ 315.

[12] Whitehead J A, Zhang J, Pereira N. Hydrometallurgy[J], 2007, 88: 109 ~ 112.

[13] Tieguang Dong, Yixin Hua, Qibo Zhang, Dangui Zhou. Hydrometallurgy [J], 2009, 99: 33 ~ 38.

[14] Abbott A P, Katy J. McKenzie. Application of Ionic Liquids to the Electrodeposition of Metals [J]. Phys. Chem. Chem. Phys., 2006, 8: 4265 ~ 4279.

[15] 田国才,李坚,华一新. 过程工程学报[J]. 2009, 9 (1): 200 ~ 208.

[16] Guocai Tian, Jian Li, Yixin Hua, Trans. Nonferrous Met. Soc. China [J], 2010, 20(3): 513 ~ 520.

[17] Frank Endres, Douglas Mac Farlane, Andrew Abbott. Electrodeposition from Ionic Liquids[M]. Wiley-VCH, 2008.

[18] Carlin R T, Wilkes J S. The Chemistry of Nonaqueous Solutions [C]. Aufl. Weinheim/Bergst: Verlag Chemie, 1994. 297 ~ 303.

[19] Zhao Y G, Vandernoot T J. Electrochim. Acta[J]. 1997, 42(11): 1639 ~ 1643.

[20] Liao Q, Pitner W R. J. Electrochem. Soc. [J]. 1997, 144: 936 ~ 942.

[21] Wu B, Reddy R G, Rodgers R D. Light Metals[J]. 2001, (1): 237 ~ 243.

[22] Zhang M, Kamavaram V, Reddy R G. New Electrolytes for Aluminum Production: Ionic Liquids[J]. JOM, 2003, 55(9): 54 ~ 57.

[23] Zhang M, Kamavaram V, Reddy R G. JOM, 2004, 56(11): 334 ~ 339, Light Metals, 2005, (1): 583 ~ 588.

[24] 王喜然. BMIC – $AlCl_3$离子液体电解精炼铝的研究 [D]. 昆明:昆明理工大学, 2006.

[25] 赵秋凝. 在 BMIC – $AlCl_3$ – R 离子液体中电解精炼铝的研究 [D]. 昆明:昆明理工大学, 2007.

[26] Zhang M, Reddy R G. Electrochem. Soc. Trans[J]. 2006, 1(16): 47 ~ 60.

[27] Yazaki T, Horiuchi M. Joint International Meeting-206th Meeting of the Electrochenical Society [C]. Tokyo: The Electrochemical Society of Japan, 2004: 2242 ~ 2244.

[28] Nuli Y, Yang J, Wu R. Electrochem. Commun[J]. 2005, 7: 1105 ~ 1110.

[29] Nuli Y, Yang J, Wang P. Appl. Surf. Sci[J]. 2006, 252(23): 8086 ~ 8090.

[30] Feng Z Z, Nuli Y, Wang J L. J. Electrochem. Soc[J]. 2006, 153: C689 ~ C693.

[31] Cheek G T, O'Grady W E, Abedin S Z El, J. Electrochem. Soc[J]. 2008, 155: D91 ~ D95.

[32] Carlin R T, Osteryoung R A, Wilkes J S, et al. Inorg. Chem[J]. 1990, 29: 3003 ~ 3006.

[33] Mukhopadhyay I, Freyland W. Langmuir[J]. 2003, 19(6): 1951 ~ 1953.

[34] Tsuda T, Hussey C L, Stafford G R. J. Electrochem. Soc[J]. 2003, 150: C234 ~ C243.

[35] O' Grady W. E. , Cheek G. T. . US Pat. : 2004/0262166, WO Pat. : 2005/010238. WO Pat. : 2006/009700, US Pat. : 2007/7169285, US Pat. : 2007/0034521.

[36] Mukhopadhyay I. , Aravinda C. L. , Borissov D. . Electrochim. Acta [J], 2005, 50: 1275 ~ 1281.

[37] Kayayana Y. , Ogawa K. , Miura T. . Electrochemistry[J]. 2005, 73 (8): 556 ~ 578.

[38] Andriyko Y. , Nauer G. E. . Electrochim. Acta[J]. 2007, 53: 957 ~ 962.

[39] Dai S. , Ju Y. H. , Bbarnes C. E. , J. Chem. Soc. . Dalton Trans[J]. 1999, 1201 ~ 1202.

[40] Visser A. E. , Rogers, R. D. J. Solid State Chem[J]. 2003, 171: 109 ~ 113.

[41] Visser A. , Swatlowski R. P. , Reichert R. M. , Mayton R, Sheff S, Wierzbicki A, Davis J. H, Rogers R. D. Chem. Commun[J]. 2001: 135 ~ 136.

[42] Visser A, Swatlowski R P, Rogers, R. D. Environ. Sci. Technol[J]. 2002, 36: 2523 ~ 2529.

[43] Visser A, Swatlowski R P, Reichert W M, Griffin S T and Rogers R D. Industrial & Engineering Chemistry Research[J]. 2000, 39: 3596 ~ 3604.

[44] Chun S, Dzyuba S. V, Bartsch R. A. Anal. Chem, 2001, 73: 3737 ~ 3741.

[45] Wei G. T. , Yang Z, Chen C. J. Anal. Chim. Acta, 2003, 488: 183 ~ 192.

[46] Visser A. E. , Swatloski R. P. , Griffin S. T. , Hartman D. H. and Rogers R. D. . Separation Science and Technology, 2001, 36: 785 ~ 804 .

[47] Nakashima K. , Kubota F. , Maruyama T. and Goto M. . Analytical Sciences, 2003, 19: 1097 ~ 1098.

[48] Chun S. , Dzyuba S. V. , Bartsch R. A. , Anal. Chem, 2001, 73: 3737 ~ 3741.

[49] Luo H. , Dai S. , Bonnesen P. V. , Buchanan A. C, Holbrey J. D, Bridges N, Rogers R. D. Anal. Chem, 2004, 76, 3078 ~ 3083.

[50] Kozonoi N. , Ikeda Y. Monatsh. Chem. , 2007 138: 1145 ~ 1151.

[51] Zhao H, Xia S Q , Ma P. J Chem. Technol Biotechnol, 2005, 80: 1089 ~ 1096.

[52] Bartsch R. A. , Chun S. and Dzyuba S. V. . Ionic Liquids: Industrial Applications for Green Chemistry, ed by Rogers Rdand Reddon , Washington, DC: American Chemical Society, 2002: 58 ~ 68.

[53] Luo H. , Dai S. and Bonnesen P. V. . Analytical Chemistry, 2004, 76: 2773 ~ 2779.

[54] Chen P. Y. . Electrochimica Acta , 2007, 52 (17) : 5484 ~ 5492.

[55] Shimojo K. and Goto M. . Analytical Chemistry, 2004, 76: 5039 ~ 5044.

[56] Vidal S. , Neiva Correia M. J. , Marques M. M. , Ismael M. R. and Angelino Reis M. T. . Separation Science and Technology, 2004, 39: 2155 ~ 2169 .

[57] Rogers R. D. and Seddon K. R. . Ionic Liquids Industrial Applications for Green Chemistry, Washington. , American Chemical Society, DC: 2002: 162 ~ 177.

[58] Papaiconomou. N. , Lee J. M. , Salminen J, Stosch M, and Prausnitz J M. Ind. Eng. Chem. Res. 2008, 47: 5080 ~ 5086.

[59] Jitendra R. , Harjani A. , Singer R. D. . Dalton Trans. , 2008, 4595 ~ 4601.

[60] Sun X. Q. , Wu D. B. , Chen J. , Li D. Q. . J Chem Technol Biotechnol , 2007, 82: 267 ~ 272.

[61] Sun X. Q. ,Peng B. ,Ji Y. ,Chen J. ,Li D. Q. . Separation and Purification Technology,2008, 63:61 ~68.
[62] Feng B. ,Sun X. ,Chen J. . Journal of Rare Earth,2007,25(Z1):153 ~156.
[63] Sun X . Q. ,Peng B. ,Ji Y. ,Chen J,Li D. Q. . Talanta,2008,74(4): 1071 ~1074.
[64] Zuo Y. ,Chen J. ,Bai Y. and Li D. Q. . International Solvent and Extraction Conference, 2008,Tuscon: America,2008: 320 ~325.
[65] Zuo Y. ,Chen J,Li D. Q. . Separation and Purification Technology,2008,63:684 ~690.
[66] Sun X. Q. ,Peng B. ,Chen J. ,Li D. Q. . Journal of The Chinese Rare Earth Society,2007,25 (4):417 ~421.
[67] Chen J. ,Li D. Q. . Acta Chemical Process,2008,(Z1): 54 ~59.
[68] Liu Y. H. , Sun X. Q. ,Luo F. , Chen J. . Chinese Journal of Rare Metals,2007,31(3): 395 ~398.
[69] Sun X. Q. , Peng B. , Chen J. , Li D. Q. , Luo F. . J. . Phys. Chem. C 2008, 112: 10083 ~10088.
[70] Zuo Y. , Liu Y. , Chen J. , Li D. Q. , J. Chem. Technol Biotechnol, 2009, In press, DOI 10. 1002/jctb:2116.
[71] Zuo Y. ,Liu Y. ,Chen J. and Li D. Q. . Ind. Eng. Chem. Res. ,2008,47 (7):2349 ~2355.
[72] Zhang M. ,Kamavaram V. and Reddy R. G. . Light Metals,ed by Tabereaux A T. Warrendale USA: TMS,2004: 315 ~319.
[73] Wu B. ,Reddy R. G. and Rogers R. D. . United States,No. 6881321[P],2008.

8 加压湿法冶金

8.1 加压湿法冶金的发展过程[1~34]

加压湿法冶金起源于1859年，当时俄国化学家贝克托夫(Nikolai Nikolayevitch Beketoff,1827～1911年)在巴黎索邦(Sorbonne)大学杜马(Jean-Baptiste Dumas,1800～1884年)教授指导下学习。贝克托夫在实验中采用一密封的玻璃试管(作用同加压釜)，内盛硝酸银溶液，在溶液加热条件下导入氢气后，可以从溶液中沉淀出金属银。贝克托夫进一步发现，在氢还原实验终止时，硝酸银溶液已由最初的中性转变为酸性，化学反应式可由下式描述：

$$2Ag^{+} + H_2 \longrightarrow 2Ag + 2H^{+} \tag{8-1}$$

在贝克托夫的工作基础上，圣·彼得堡的皇家军事学院(Imperial Military College in Saint Petersburg)化学家伊帕蒂夫(Vladimir Nikolayevitch Ipatieff,1867～1952年)教授于1900年开展了一系列加压水热反应的实验研究，其中就有氢还原沉淀金属及其化合物的相关研究。为方便实验开展，伊帕蒂夫还花费几年时间设计了一种安全可靠的高压釜。也就在同一时期，也在圣·彼得堡，奥地利化学家拜耳(Karl Josef Bayer,1847～1904年)采用高压釜进行NaOH浸出铝土矿，三水铝石型铝土矿在NaOH浓度130～200g/L、温度120～140℃条件下即可顺利浸出，而一水铝石型铝土矿浸出则需NaOH浓度260～450g/L和温度180～250℃条件。铝土矿溶出的化学反应式如下：

$$Al_2O_3 \cdot xH_2O + NaOH \longrightarrow 2NaAlO_2 + (x+1)H_2O \tag{8-2}$$

铝土矿高压溶出所得铝酸钠溶液进而通过晶种分解方法制取纯$Al(OH)_3$，该工艺流程即为拜耳法。之前，氧化铝生产广泛采用火法冶金工艺，又称萨特里法。萨特里法是由法国化学家萨特里(Le Chatelier)于1858年提出，即碳酸钠和铝土矿烧结得到含固体铝酸钠的熟料，经稀碱溶出得到铝酸钠溶液，经CO_2沉淀析出$Al(OH)_3$。由于萨特里法所得成品质量差而且耗热量大，所以拜耳法一经问世便迅速取代萨特里法并成为氧化铝生产的主导工艺。铝土矿溶出已成为加压湿法冶金技术最大的工业应用领域。

20世纪初，化学家们开始将高压容器广泛应用于化学反应研究之中。1907年，能斯特(Walther Nernst)发现在约7000 kPa压力条件下有可能通过氮与氢的反应制取氨。该设想于1913年为哈伯(Fritz Haber)所实现,为此哈伯建造了实验用高压设备。氮氢反应合成氨技术,这已成为近代化学工业最为突出的成果之一。在同一时期,加压湿法冶金技术研究开始拓展至重有色金属领域,具体如1903年,法国取得了一项铜、镍、钴硫化矿高温氧压氨浸的专利技术。通过该项技术,可以实现铜、镍、钴的硫化矿顺利溶出;同年,美国取得一项自含铜浸出液中在170℃条件下SO_2加压还原沉淀金属铜的专利技术;1909年,美国提出了另一项加压还原沉淀金属铜的技术,即采用硫酸铵与氨的混合物取代SO_2用作还原剂并在接近中性的介质中还原沉淀金属铜,这使得金属铜在非酸性环境中还原沉淀成为可能;1927年,亨林(Friedrich August Henglein,1893～1968年)在处理焦炉烟气净化脱除H_2S所得ZnS悬浊液时,在2000 kPa氧压和180℃温度条件下在6h内即将ZnS全部溶解并制得硫酸锌溶液。

自20世纪40年代以来,加压湿法冶金在重有色金属领域取得了突破性的进展。加拿大英属哥伦比亚大学福瓦德(Forward)于1947年研究开发出一种硫化镍精矿加压浸出新工艺,该工艺无需矿石预先还原焙烧而实现直接浸出。加拿大舍利特·高尔登矿业公司(Sherritt Gordon Mines Ltd.)于1948～1954年期间发展了舍利特氨浸法(Sherritt Ammonia Leach Process),并于1954年在萨斯喀切温(Fort Saskatchewan)建立了第一个生产厂用以处理硫化镍精矿,年产金属镍15000 t。1969年,澳大利亚西部矿业公司克温那那厂(Western Mining at Kwinana, Western Austraila)也采用了加压氨浸法。

在加压氨浸法发展的同一时期,加压酸浸法也得以迅速发展。

1959年,美国自由港镍冶炼厂(Freeport Nickle Co.)在温度230℃、压力3.5 MPa条件下采用硫酸介质浸出产自古巴毛阿湾(Moa Bay in Cuba)含镍1.36%、钴0.13%的红土镍矿,所用立式高压釜高15 m,内径为2.75 m,钢制高压釜内衬铅和耐酸砖及碳质砖。红土镍矿加压浸出后,经6级逆流倾析洗涤分离液固,调整浸出液pH值至2.5后,再在温度105～125℃、H_2S压力0.35 MPa条件下硫化沉淀镍、钴。所得硫化沉淀物再运至位于美国路易斯安那州镍港的精炼厂(Port Nickel Refinery, Louisiana),该厂在温度175℃、空气压力3.5 MPa条件下在4 m直径的球形高压釜中浸出镍钴硫化物。所得浸出液经通氨调整pH值至5.5以除去铁、铝后,再用硫酸调整pH值至1.5并在管式反应器中H_2S沉淀除去铜、铅、锌。净化液再在温度190℃、氢气压力4.5 MPa条件下优先还原沉镍,在反应过程中通入液氨控制pH值2.0,最终镍沉淀率可达95%。后来该厂由于没有原料供应而停产。1974年,美国阿麦克斯(Amax)公司将其改作为熔炼含钴镍锍的精炼厂。

1962年,舍利特·高尔登矿业公司应用常压浸出与加压酸浸相联合的工艺处理含镍20%、含钴14%的镍钴还原焙烧料,经第一级常压浸出后,在温度125℃、总压0.7 MPa条件下进行第二级加压浸出,进而由溶液分步回收铜和镍、钴。1972

年,英帕拉镍铜精炼厂(Inpala Nickle-copper Refinery)采用“加压酸浸-加压还原”工艺生产金属镍,年产量约1800t。位于南非勒斯滕堡的铜锍冶炼厂(Matte Smelter at Rustenburg)也采用加压酸浸工艺处理镍铜锍。加拿大因科公司Coppercliff冶炼厂对羰基镍生产渣进行加压酸浸以分别回收镍、钴及单质硫。1954年至1960年期间,位于美国密苏里州弗雷德里克(Fredericktown,Missouri)的国立铅业公司(National Lead Company)在温度230℃和空气压力4.5MPa条件下,在卧式高压釜中硫酸浸出镍钴铜混合精矿,所得浸出液经石灰调整pH值至3.5后,进而在160℃和总压4.0MPa条件下还原沉铜,铜收率可达85%。另有15%的铜采用铁屑置换方法回收,在沉铁之后再通过加压氢还原方法回收钴、镍。由于原料短缺,该厂于1960年关闭。此外,前苏联的诺里尔斯克镍联合企业也采用加压酸浸工艺从磁黄铁矿精矿中回收镍、钴和铜。

加压湿法冶金工艺同样适用于金属钴的提取。20世纪50年代,美国建立了两座钴精矿加压浸出工厂。其中,卡来拉矿业公司(Calera Mining Co.)建于犹他州加菲尔德(Garfield,Utah),该厂采用氧压酸浸工艺处理爱达荷州黑鸟矿(Blackbird,Idaho)产出的含砷钴铁矿,加压浸出温度为200℃,进而由浸出液中加压氢还原回收金属钴;另一座工厂建于密苏里州弗雷德里克(Fredericktown,Missouri),该厂主要处理钴镍铜硫化物精矿。20世纪60年代,由于钴价下跌,上述两座工厂均因亏本被迫关闭。虽然上述两家工厂运行时间不长,但是他们采用了钛内衬、钛和陶瓷阀门、碳化硅旋塞及其他当时非常新型的材料,首次比较全面地解决了加压浸出的众多技术难题,为加压湿法冶金发展积累了经验、树立了信心。20世纪70年代,位于芬兰科科拉的奥托昆普冶炼厂(Outokumpu Plant at Kokkola in Finland)采用加压浸出与加压氢还原相联合的工艺处理含镍、铜、锌的黄铁矿型钴精矿,浸出终点pH值为1.5,浸出液含钴约20g/L、铜8g/L、锌10~12g/L、镍6~8g/L,此外还含少量杂质铁、铝、镁、钙等,通入H_2S进行选择性硫化沉淀以净化溶液,首先沉铜,进而两级沉锌,最后沉淀镍、钴。镍钴沉淀物再在温度140℃和总压1.0MPa条件下浸出,所得浸出液含钴90g/L,镍也同时浸出进入溶液,而铁则水解入渣。浸出液经通氨沉淀残余镍、铁后,在温度180℃和总压4.0MPa条件下加压氢还原生产金属。该厂年产金属钴12000t,占当时世界钴总产量的7%。

进入20世纪60年代,“加压浸出-加压还原”工艺在硫化铜矿、铜锍以及含铜废料回收铜方面也有所研究,如舍利特·高尔登矿业公司就在全世界率先采用加压氨浸工艺处理黄铜矿并自浸出液中加压氢还原回收铜。此外,舍利特·高尔登矿业公司还于1961年会同凯密科公司(Chemetals Corporation)和马林都克铁矿石代理联合公司(Marinduque Iron Mines Agents Incorporated)采用加压氨浸工艺成功处理产自菲律宾的复杂铜精矿并分别回收铜、锌,即铜精矿在温度85℃和空气压力0.7MPa条件下,在氨-硫酸铵溶液于304L不锈钢高压釜中浸出9h,铜、锌浸出率分别达到96%和80%，所得浸出液中铜、锌浓度分别为65 g/L和18 g/L，进而在温度250℃和空气压力4.0 MPa条件下将浸出液中的硫代硫酸盐、连多硫酸盐、氨基磺酸盐等硫的中间氧化产物进一步氧化，采用硫酸部分中和游离氨后，再在温度200℃和氢气压力4.2 MPa条件下选择性还原并生产铜粉，但当时限于原料供应问题，上述工艺未进行大规模工业实验。当时，舍利特·高尔登矿业公司还开展了硫化铜精矿氧压酸浸研究：-325目的辉铜矿精矿在温度105℃和氧分压0.15~0.35 MPa条件下浸出2 h，铜浸出率高达97%，而杂质铁浸出率仅9%，经电积或加压氢还原方法自浸出液中回收铜，废电解液或还原后液可返回浸出工序；对于黄铜矿含量25%~50%的浸出矿浆，在温度110~120℃和氧分压3.5 MPa条件下浸出2.5 h，可以获得较优浸出结果。而美国矿务局（U. S. Bureau of Mines）于1963年研究了在温度200℃和氧分压0.8 MPa条件下用水直接浸出黄铜矿，铜浸出率达到97%~99%。1969年，英国沃林·斯普林实验室（Warren Spring Laboratory）也在温度160~220℃和氧分压0.35~0.95 MPa条件下用水直接浸出复杂砷铜矿。

20世纪70年代，加压酸浸的最大进展是在锌精矿处理方面。舍利特·高尔登矿业公司的研究表明，采用“加压酸浸-电积”工艺比传统的“焙烧-浸出-电积”工艺更经济。加压浸出的突出优点是能将精矿中的硫转换成单质硫，从而使锌的生产摆脱了硫酸生产的束缚。特别是1975年，人们研究发现，添加表面活性剂可以有效解决高温浸出时因熔融硫包覆未反应硫化矿颗粒而导致的闪锌矿分解不完全（锌浸出率仅50%~70%）、浸出渣易团聚并阻塞管道和容器的问题，并使锌浸出率提高至95%甚至98%以上。单质硫问题的有效解决可以说是加压浸出工艺发展中最显著的进步。

1977年，舍利特·高尔登矿业公司与科明科（Cominco）公司联合进行了加压浸出和回收单质硫的半工业试验，并导致了在特雷尔（Trail）建立了世界上第一个锌精矿氧压酸浸工厂。1981年初，该厂仅有一个高压釜，设计日处理精矿188 t，锌浸出率97%，每日产出88 t硫酸锌和54 t单质硫。经对锌精矿分级系统调整、料酸预热处理、单质硫回收区改造后，锌浸出率和单质硫的收率进一步提高，产率远远超过了设计标准。至1995年，该厂经加压浸出工艺生产的锌已占总锌产量20%。

位于加拿大蒂明斯（Timins）的基得克里克（Kidd Creek）锌厂（现名为Falconbridge Timins锌厂），其加压浸出工厂于1983年投产。自20世纪90年代初起，该厂为延长高压釜的在线工作时间，提高其运转率，对高压釜操作进行了大量卓有成效的改进，主要包括：改进高压釜内衬，显著降低了铅衬腐蚀速率；通过更换排料管材料，安装备用排料管，改变操作工艺参数等方式解决了排料管阻塞的问题；解决了泵的腐蚀问题，延长了泵的使用寿命；更换垫圈材料，从根本上解决了漏气问题；此外还采取了定期检修维护的措施等。

世界上第三个采用舍利特加压浸出工艺的工厂是德国鲁尔(Ruhr Zink)锌厂。该厂于1989年完成加压浸出工业设计,在克服了试运行阶段来自于原料与设备方面的主要问题后,于1991年中期实现了稳定生产。1993年该厂经加压浸出工艺生产的锌占了总锌产量的1/3以上。后由于锌市场问题,该厂的高压釜及部分焙烧炉关闭。

在上述三个工厂中,加压浸出工艺与传统的"焙烧-浸出-电积"工艺并存。而加拿大哈得逊湾矿冶公司HBMS工厂是世界上首家完全采用加压浸出工艺处理锌精矿的工厂,该厂位于加拿大弗林弗仑(Flin Flon)。该厂于1993年7月2日起开始启用两级逆流加压浸出工艺,该工艺仅在启动10周时间内就取得了额定设计的产率。自完全采用加压浸出工艺以来,该厂减少SO_2排放约89kt/a,锌浸出率一直大于99%。

在20世纪80年代,加压浸出最引人注目的进展是难处理金矿加压氧化预处理技术。对于金以次显微形态存在或被包裹于黄铁矿或砷黄铁矿晶格中,一般方法难以有效解离矿石颗粒中的金,对此,加压氧化预处理技术尤为有效,不仅可以大大改善难处理金矿的氰化浸金效果,而且加压氧化预处理取代传统的氧化焙烧法后还可以消除焙烧烟气污染的问题。加压氧化预处理技术为难处理金矿的开发利用提供了新的有效途径,在20世纪80年代得到迅速发展。当年至少有4个采用加压酸浸或碱浸的工厂投产。位于美国加利福尼亚州的麦克劳林(McLaughlin)金矿是世界上第一个应用加压预氧化处理金矿的工业生产厂,该厂隶属于霍梅斯特克矿业公司(Homestake Mining Co.)。该厂高压釜为四隔室卧式高压釜,长16.2m,内径4.2m,钢制外壳并内衬耐酸砖和铅板,每个隔室的搅拌桨由钛轴和陶瓷叶片制成,高压釜于1985年7月开始运转,9月投产,日处理矿石2700t。在酸性介质中复杂金矿加压氧化预处理的条件为:温度160~180℃,氧分压0.14~0.28MPa,矿浆在高压釜内停留时间约为1.5h。生产实践表明,相对于直接氰化浸出而言,采用加压氧化预处理后每吨矿可多回收1g金。麦克劳林金矿"加压氧化预处理-氰化提金"工厂的设计经验和多年生产操作数据,为此后一系列新厂的建设和投产具有重要的指导意义。加压湿法冶金技术在复杂难处理金矿中的应用实例见表8-1。

表8-1 加压湿法冶金技术在复杂难处理金矿中的应用

起始时间	地 点	公 司	原料	浸出介质	处理能力/$t \cdot d^{-1}$	高压釜数量/个
1985年	McLaughlin, USA	Homestake, USA	原矿	酸性	2700	3
1986年	San Bento, Brazil	Genmin, S. Africa	精矿	酸性	240	2
1988年	Mercur, Utah, USA	American Barrick, Canada	原矿	碱性	680	1
1989年	Getchell, USA	First Miss Gold	原矿	酸性	2730	3

续表 8-1

起始时间	地　点	公　司	原料	浸出介质	处理能力 /t · d^{-1}	高压釜数量/个
1990 年	Goldstrike, Nevada, USA	American Barrick, Canada	原矿	酸性	1360	1
1991 年	Goldstrike, Nevada, USA	American Barrick, Canada	原矿	酸性	5450	3
1991 年	Porgera, Papua, New Guinea	Placer Dome, Canada	精矿	酸性	1350	3
1991 年	Campbell	Placer Dome, Canada	精矿	酸性	70	1
1992 年	Con Lihir	Nerco Minerals	精矿	—	90	1
1993 年	Goldstrike, Nevada, USA	American Barrick, Canada	原矿	酸性	11580	6
1994 年	Porgera, Papua, New Guinea	Placer Dome, Canada	精矿	酸性	2700	6
1996 年	USA	Twin Creeks	原矿		7260	
1997 年	Papua, New Guinea	Lihir	原矿		9500	
1999 年	New Zealand	Macraes	精矿		528	5

近十年来,国外又有一些加压湿法冶金工厂宣布开工或投产。在锌精矿加压浸出领域,2003 年 12 月,哈萨克斯坦铜业公司引进加拿大科明科公司技术建成并投产年产 11.5 万吨电锌的加压浸出工厂,该厂也是国外第五家锌精矿加压浸出工厂;在铜精矿加压浸出领域,澳大利亚高尔峒山矿业公司(Mt. Gordon)于 1998 年实现铜精矿直接加压浸出的工业化,年所处理铜精矿含铜 7.5%,其中 2/3 为辉铜矿,另有 1/3 为黄铜矿,在温度 95℃和总压 80 kPa 条件下,铜浸出率达到 92% 以上,年产电铜 5 万吨,阴极铜质量达到 99.999%。此外,2004 年美国菲尔普斯 · 道治公司(Phelps Dodge, USA)建成日处理铜精矿 136t 的加压浸出工厂,年产阴极铜 1.6 万吨。

我国在加压湿法冶金领域虽然起步较晚,但也作了大量的卓有成效的工作。

在铜精矿加压浸出领域,中国科学院化工冶金研究所(中科院过程工程研究所)于 1958 年起针对东川汤丹难选氧化铜开展了加压氨浸 - 浸出液蒸氨制取氧化铜工艺,并于 1978 ~ 1979 年进行了 100 t/d 规模的中间厂试验,氧化铜实际收率为 72.2%。1970 年起开展氨浸 - 硫化 - 浮选工艺研究,1981 年进行了 3.5 t/d 的试验,浮选精矿品位 18.2%,铜的总回收率 85.6%;北京矿冶研究总院于 2001 年开发了低温低压浸出技术,用于处理含铜 10% 的铜锌砷低品位混合精矿,在温度 110℃和氧分压 0.5 MPa 条件下,使黄铜矿分解率高达 99%,同时抑制了黄铁矿的大量氧化(氧化率低于 10%),砷则以稳定的砷酸铁形态固化入渣,实现了砷的无害化。

在镍钴加压浸出领域,1989 年,北京矿冶研究总院会同新疆有色金属公司及北京有色冶金设计研究总院针对喀拉通克铜镍矿所产高镍锍开展了选择性浸出 -

加压酸浸试验研究,1992 年在北京建成日产电镍 150 kg 的半工业试验装置,1993 年 5 月完成了半工业联动试验,1993 年 10 月投入生产。1993 年,我国第一家采用加压浸出处理高镍锍的工厂——新疆阜康冶炼厂建成投产。新疆阜康冶炼厂采用了"水淬金属化高镍锍球磨 - 两段逆流选择性浸出(一段常压、一段加压) - 黑镍除钴 - 镍电积"工艺流程,该工艺在较低浸出温度(150 ~ 160℃)与压力(0. 8 MPa)下即获得令人满意的选择性浸出结果,实现了铜镍的深度分离,省去了电积脱铜工序,镍锍中的铜、铁、硫及贵金属全部保留在含镍低于 3% 的终渣中。而且,制备黑镍的电氧化槽的电流效率与国外同类工厂相比提高了 10% ~ 20%。新疆阜康冶炼厂的建成与投产为我国加压酸浸技术的产业化奠定了坚实的基础。除新疆阜康冶炼厂外,吉林镍业公司与金川集团公司也都采用加压浸出工艺生产金属镍。

在锌精矿加压浸出领域,我国自 20 世纪 80 年代中期以来开展了大量研究。北京矿冶研究总院就先后进行了 2 L、10 L 和 300 L 高压釜加压浸出锌精矿的实验,还在低温低压浸出镍钴硫化矿、复杂硫化铜矿的基础上,提出了锌精矿低温低压浸出技术,即在温度低于 135℃,氧压低于 0. 5 MPa 条件下,锌浸出率达到 97% 以上,90% 的硫转化为单质硫。1987 年,中国科学院化工冶金研究所提出了加压催化氧化法,即以硝酸为催化剂,在温度 110℃ 和氧分压 0. 2 ~ 0. 4 MPa 条件下浸出 3 h,锌浸出率达到 97% ~ 98% 左右。中国科学院化工冶金研究所还会同云南冶金集团公司进行了半工业试验,但该工艺存在浸出液脱硝困难,电解过程中易出现 NO_3^- 严重腐蚀阳极且产生大量 N_xO_y 毒性气体的问题。为简化硝酸回收和再生流程,云南冶金集团公司于 2002 年重新进行了不加硝酸的锌精矿直接加压酸浸小型试验和半工业试验,2003 年初完成了 3. 24 m^3 高压釜的半工业连续加压浸出实验,并于 2004 年 12 月在其下属的云南永昌铅锌股份有限公司建成投产年产 10000 t 电锌的一段加压浸出 - 电积工厂,这也是国内第一家锌精矿加压浸出工业生产厂。此外,中金岭南集团丹霞冶炼厂目前也正在建设年产 50 万吨电锌的氧压浸出生产线,2009 年完成一期建设,年产锌锭 10 万吨,硫磺 5000 t,电镓 30 t,粗二氧化锗 25 t,硫酸 36000 t,二期、三期将分别扩产 20 万吨电锌。呼伦贝尔驰宏矿业有限公司年产电锌 14 万吨,将于 2011 年建成,共有 10 台 100 m^3 加压釜。

在其他领域,具有代表性的工作主要有:北京矿冶研究总院在 20 世纪 90 年代针对黄铁矿型、毒砂型等难处理金矿开展了大量的加压氧化预处理试验研究,成功地使金从包裹体中解离出来,氰化金浸出高达 98% 以上;20 世纪 70 年代中期株洲硬质合金厂开始研究辉钼矿加压浸出工艺,80 年代中期投入工业生产,目前工业生产中在 3 m^3 容积衬钛高压釜中钼分解率达到 95% ~ 99%,铼浸出率 100%。此外,株洲钼钨材料还开发了辉钼矿 NaOH 溶液加压浸出技术。

总体而言,加压湿法冶金已有 150 余年发展历史,其最成功的应用还是在于重有色金属冶金领域，典型性的重金属加压湿法冶金工厂主要如表 8-2 所示。可以预料，随着全球环境的不断恶化和矿产资源的不断枯竭，清洁、高效、节能的加压湿法冶金技术将进一步受到冶金行业和各国政府的高度重视，其应用范围将会越来越广，加压湿法冶金将进入一个崭新的时代。

表 8-2 重金属加压湿法冶金工厂

序号	公司或厂名	原料种类	设计能力	投产日期
1	加拿大的萨斯喀切温(Fort Saskatchewan)	硫化镍精矿镍锍	产镍 24900 t/a	1954 年
2	美国的加菲尔德(Garfield, Utah)	钴精矿		已关闭
3	美国的弗雷德里克(Fredericktown)	铜镍钴的硫化物		已关闭
4	美国的阿马克斯镍港精炼厂(Amax Nickel Refining Co. Port Nickel Refinery)	古巴毛阿的镍钴硫化物，含钴镍锍		1954 年投产， 1974 年改建
5	古巴的毛阿镍厂(Moa Bay Nickel Plant)	含镍红土矿		1959 年
6	芬兰的奥托昆普公司哈贾瓦尔塔(Outokunpu Harjavalta Refineny)	镍 锍	产镍 17000 t/a	1960 年投产， 1981 年改建
7	澳大利亚的西部矿业公司克温那那厂(Western Mining at Kwinnna)	镍 锍	产镍粉 3000 t/a	1969 年
8	南非的英帕拉铂公司(Impala Platinum Ltd.)	含铜镍锍		1969 年
9	南非的吕斯滕堡精炼厂(Rustenbury Refinery)	含铜镍锍	125 t/d	1981 年
10	加拿大的科明科公司特雷尔厂(Trail Cominco)	锌精矿	处理精矿 188 t/d	1981 年
11	加拿大的蒂明斯厂(Kidd Creek, Timmins)	锌精矿	处理精矿 100 t/d	1983 年
12	南非的西部铂厂(Western Platinum)	含铜镍锍	12 t/d 60 t/d	1985 年 1991 年
13	美国的麦克劳林(McLaughlin Gold Mine)	金 矿	2700t/d	1985 年
14	巴西的桑本托(San Bento Mineracao)	金精矿	240 t/d	1986 年
15	美国的巴瑞克梅库金矿(Barrick Mercur Gold Mines)	金 矿	680 t/d	1988 年
16	美国的格切尔金矿(Getchell Gold Mine)	金 矿	2730 t/d	1989 年
17	南非的巴普勒兹铂厂(Barplats Platinum)	含铜镍锍	3 t/d	1989 年
18	美国的巴瑞克哥兹采克(American Barricks Goldstrike Mill)	金 矿	1360t/d	1990 年
19	南非的诺森铂厂(Northan Platinum)	含铜镍锍	20 t/d	1991 年
20	德国的鲁尔锌厂(Ruhr-Zink)	锌精矿	300 t/d	1991 年
21	加拿大的坎贝尔金矿(Campbell)	金精矿	70 t/d	1991 年
22	巴布亚新几内亚的波格拉金矿(Porgera Gold)	含金黄铁矿精矿	2700 t/d	1992 年

续表 8-2

序号	公司或厂名	原料种类	设计能力	投产日期
23	中国新疆的阜康冶炼厂	含铜镍锍	产镍 2000 t/a	1993 年
24	希腊的奥林匹亚斯金矿(Olympias Gold Mine)	含金砷矿,铁矿金矿	315 t/d	建设中
25	巴布亚新几内亚的里尔厂(Lihir)	金矿	13250 t/d	建设中
26	加拿大的哈得逊湾矿冶公司(Hudson Bay Mining and Smelting Co.)	锌精矿,铅锌精矿	处理精矿 21.6 t/d	1993 年
27	哈萨克斯坦,巴尔哈什	锌精矿	产锌 115000 t/a	2003 年
28	中国云南冶金集团总公司永昌铅锌股份有限公司	锌精矿	10000 t/a	2004 年
29	中国云南澜沧铅矿有限公司	锌精矿	20000 t/a	2007 年
30	中国云南建水合兴矿冶有限公司	锌精矿	10000 t/a	2007 年
31	中国中金岭南丹霞冶炼厂	锌精矿	100000 t/a	2009 年
32	中国呼伦贝尔驰宏矿业有限公司	锌精矿	140000 t/a	2011 年

8.2 铜、镍、钴硫化物加压浸出及铂族金属回收[5,6,9,11,12,35~48]

加压浸出工艺处理铜镍硫化矿、硫钴精矿或镍锍可分为氨浸和酸浸两类。20世纪50年代,这两种方法几乎是平行发展的,但70年代后,所建工厂大多采用酸性加压浸出工艺。

8.2.1 加压氨浸

加压氨浸从硫化镍精矿中提取镍的工艺比较简单,对环境污染轻,镍、钴、铜回收率分别可达90%~95%、50%~75%、88%~92%,还能回收大部分硫,对于难选多金属复杂硫化矿处理而言特别有效,但该工艺不适用于处理贵金属含量高的镍精矿。

8.2.1.1 浸出化学

A 硫化镍矿

硫化镍矿(镍黄铁矿)在加压氨浸过程中的反应是放热的,其浸出主要有两个基本反应:一是镍、钴硫化物与氨、氧反应生成镍铵配合物和硫酸盐;另一反应是硫化铁与氨、氧反应生成赤铁矿、铵和硫酸根。

硫化镍溶解反应式可简单表示如下:

$$NiS + 6NH_3 + 2O_2 = Ni(NH_3)_6SO_4 \qquad (8-3)$$

在加压氨浸过程中,虽然钴易生成三价并形成复盐沉淀,但在六氨配合物浸出条件下，即自由氨与镍之比等于或大于 6 时，钴可完全进入溶液，其反应式可简单表示如下：

$$2CoS + 10NH_3 + 4.5O_2 + (NH_3)_2SO_4 = [Co(NH_3)_6]_2(SO_4)_3 + H_2O \quad (8-4)$$

硫化铁在氨浸过程中反应生成赤铁矿（或含水赤铁矿）并最终保留在浸出渣中，反应式可简单表示如下：

$$4FeS + 8NH_3 + 9O_2 + 4H_2O = 2Fe_2O_3 + 4(NH_4)_2SO_4 \quad (8-5)$$

镍黄铁矿加压氨浸的相关反应也可用下式表示：

$$NiS \cdot FeS + 7O_2 + 10NH_3 + 4H_2O = Ni(NH_3)_6SO_4 + 2Fe_2O_3 \cdot H_2O + 2(NH_4)_2S_2O_8 \quad (8-6)$$

$$2(NH_4)_2S_2O_8 + 2O_2 = (NH_4)_2S_3O_6 + (NH_4)_2SO_4 \quad (8-7)$$

$$(NH_4)_2S_3O_6 + 2O_2 + 4NH_3 + H_2O = NH_4SO_3NH_2 + 2(NH_4)_2SO_4 \quad (8-8)$$

由上述反应可见，在镍黄铁矿浸出过程中，硫的行为是相当复杂的，硫并非简单一步氧化生成硫酸根，而是先后生成了硫代硫酸根离子、连多硫酸根等中间氧化产物，最后才转化为氨基磺酸根和硫酸根。由此可知，浸出液中可能存在相当数量的未饱和硫离子，但如果浸出时间足够长，绝大多数未饱和离子将最终氧化成硫酸根。硫的氧化过程如图 8-1 所示。

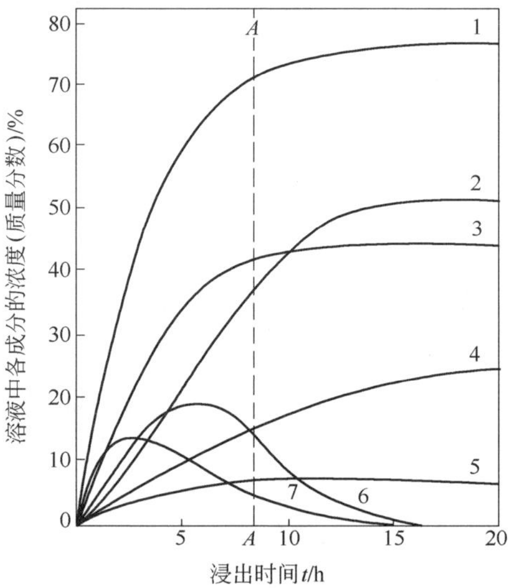

图 8-1 硫的氧化

1—总硫；2—硫以 SO_4^{2-} 形式存在；3—镍；4—硫以 $SO_3NH_2^-$ 形式存在；

5—铜；6—硫以 $S_3O_6^{2-}$ 形式存在；7—硫以 $S_2O_3^{2-}$ 存在

在镍黄铁矿加压氨浸过程中，也将伴随有硫化铜矿浸出，其浸出反应式可用下式表示：

$$4CuFeS_2 + 24NH_3 + 17O_2 + 2(n+2)H_2O \xlongequal{\quad} 4[Cu(NH_3)_4]SO_4 + 4(NH_4)_2SO_4 + 2Fe_2O_3 \cdot nH_2O \tag{8-9}$$

$$CuS + 4NH_3 + 2O_2 \xlongequal{\quad} [Cu(NH_3)_4]SO_4 \tag{8-10}$$

$$2Cu_2S + 12NH_3 + 2(NH_4)_2SO_4 + 5O_2 \xlongequal{\quad} 4[Cu(NH_3)]_4SO_4 + 2H_2O \tag{8-11}$$

为便于后续溶液除铜，舍利特·高尔登矿业公司就将加压氨浸分两段进行，即当第一段浸出进行到图 8-1 中 *A*—*A* 线时，溶液送蒸氨除铜工序，此时浸出液中保留有一定浓度的未饱和硫离子。浸出液中的铜将以难溶硫化物形式除去，反应式可简单表示如下：

$$Cu^{2+} + S_2O_3^{2-} + H_2O \xlongequal{\quad} CuS + 2H^+ + SO_4^{2-} \tag{8-12}$$

$$Cu^{2+} + S_3O_6^{2-} + 2H_2O \xlongequal{\quad} CuS + 4H^+ + 2SO_4^{2-} \tag{8-13}$$

$$8Cu^{2+} + 2S_2O_3^{2-} + 4H_2O \xlongequal{\quad} 8Cu^{2+} + S_3O_6^{2-} + SO_4^{2-} + 8H^+ \tag{8-14}$$

$$2Cu^+ + S_3O_6^{2-} + 2H_2O \xlongequal{\quad} Cu_2S + 4H^+ + 2SO_4^{2-} \tag{8-15}$$

鉴于脱铜后液中仍含有少量未饱和硫离子，可在更高温度下通入空气将其进一步氧化成硫酸根离子，否则在氢还原生产镍粉时将对产品造成污染。

B 镍铁合金

对于红土镍矿经还原焙烧后所得焙砂（镍钴还原成金属或合金状态）在碳酸铵溶液中进行选择性浸出时，镍（钴）将以配离子形态进入溶液，而铁和脉石则保留在浸出渣中，浸出过程主要的化学反应有：

$$NiFe + O_2 + 8NH_3 + 3CO_2 + H_2O \xlongequal{\quad} [Ni(NH_3)_6]^{2+} + Fe^{2+} + 2NH_4^+ + 3CO_3^{2-} \tag{8-16}$$

$$4Fe^{2+} + O_2 + 2H_2O + 8OH^- \xlongequal{\quad} 4Fe(OH)_3 \tag{8-17}$$

对于合金中的镍、铜金属，在加压氨浸中主要发生如下化学反应：

$$2Ni + O_2 + 8NH_3 + 2(NH_4)_2SO_4 \xlongequal{\quad} 2[Ni(NH_3)_6]SO_4 + 2H_2O \tag{8-18}$$

$$2Cu + O_2 + 4NH_3 + 2(NH_4)_2S_2O_4 \xlongequal{\quad} 2[Cu(NH_3)_4]SO_4 + 2H_2O \tag{8-19}$$

C 硫化铜矿

硫化铜矿氨浸同样需要空气或氧作氧化剂。在碱性溶液中，硫进一步氧化为高氧化态的电位比酸性介质中低得多，因此，在硫化铜矿加压氨浸过程中，硫易氧化为硫酸根。

黄铜矿加压氨浸的总反应式可用下式简单表示：

$$CuFeS_2 + 4.25O_2 + 6NH_3 + (n+1)H_2O \xlongequal{\quad} Cu(NH_3)_4^{2+} + 0.5Fe_2O_3 \cdot 2nH_2O + 2NH_4^+ + 2SO_4^{2-} \tag{8-20}$$

由上式可见，硫的价态由 −2 升至 +6，每摩尔硫消耗 2 mol O_2。铁氧化消耗的氧仅是硫的 1/16。对于不含铁的硫化铜矿（如辉铜矿），浸出过程要简单得多。

辉铜矿中的铜是逐渐溶出的，经过 $Cu_{1.96}S$、$Cu_{1.8}S$、$Cu_{1.7}S$ 许多中间状态的铜硫化合物，最终变为铜蓝（CuS）。由于 CuS 的摩尔体积小于 Cu_2S，因而矿粒在浸出过程中体积收缩，矿粒不断产生裂纹和孔隙，这为反应物和产物提供了扩散通道。辉铜矿加压氨浸的总反应式可用下式简单表示：

$$Cu_2S + 0.5O_2 + 2NH_3 + 2NH_4^+ = Cu(NH_3)_4^{2+} + CuS + H_2O \qquad (8-21)$$

由上式可见，由于氧只用于氧化亚铜盐，而不氧化硫，所以未有硫酸盐生成和溶出。

8.2.1.2 工业实践

A 澳大利亚克温那那镍精炼厂

采用加压氨浸工艺生产镍的工厂只有两个：一是加拿大舍利特 · 高尔登矿业公司萨斯喀切温精炼厂；另一是澳大利亚克温那那镍精炼厂。两厂的主流程相似。其中，克温那那厂是在萨斯喀切温厂成功生产 14 年后建立起来的，在工艺技术上有一定的改进，因此这里将着重介绍克温那那厂的工业实践。

克温那那厂位于澳大利亚西海岸，工厂附近有氨浸工艺所必需的氨、氢、氮、二氧化碳等，因此克温那那厂选择了加压氨浸工艺。最初设计原料有镍精矿和高镍锍。矿山和选厂在肯伯尔达（Kambalda），所产精矿用火车运至克温那那精炼厂。矿山和选厂距离卡尔古利（Kalgoorlie）熔炼厂不远，仅 56 km。经卡尔古利熔炼厂闪速炉熔炼所得高镍锍，其主要成分如表 8-3 所示。自 1985 年后，克温那那厂所处理原料已全部改为高镍锍，这不仅增大了生产能力，降低了能耗，而且大大减少了产出渣量。

表 8-3 卡尔古利熔炼厂生产的高镍锍主要成分

元 素	Ni	Cu	Co	Fe	S
含量/%	64	4	0.8	6	25

克温那那厂于 1967 年开始设计，当时设计年生产能力为 15000 t 金属镍，1968 年开始建设，1970 年 5 月投产，1975 年扩产至年生产能力 30000 t 金属镍，此外还有 3500 t 铜硫化物、1400 t 镍钴混合硫化物和 150000 t 硫酸铵。目前，克温那那厂生产能力已达到 4.2 万吨金属镍。

克温那那厂工艺流程如图 8-2 所示。高镍锍经磨碎后再以 25% 固体浓度的矿浆形式泵入内衬不锈钢的压力釜中，釜中通入空气或氨，压力为 0.9 MPa、温度为 72 ~ 82℃。在第一段浸出时，通过控制空气流量使溶液中保留适量的未饱和硫离子，未饱和硫与铜的质量比应为 0.8∶1.0，以作后续蒸氨沉铜时的沉淀剂用。在蒸氨沉铜工序，将溶液加热至 110℃，蒸出的氨经压缩后可返回浸出段，当溶液中的游离氨浓度下降到 70 g/L 以下时，铜即可以硫化物形式沉淀出来。过滤所得硫化

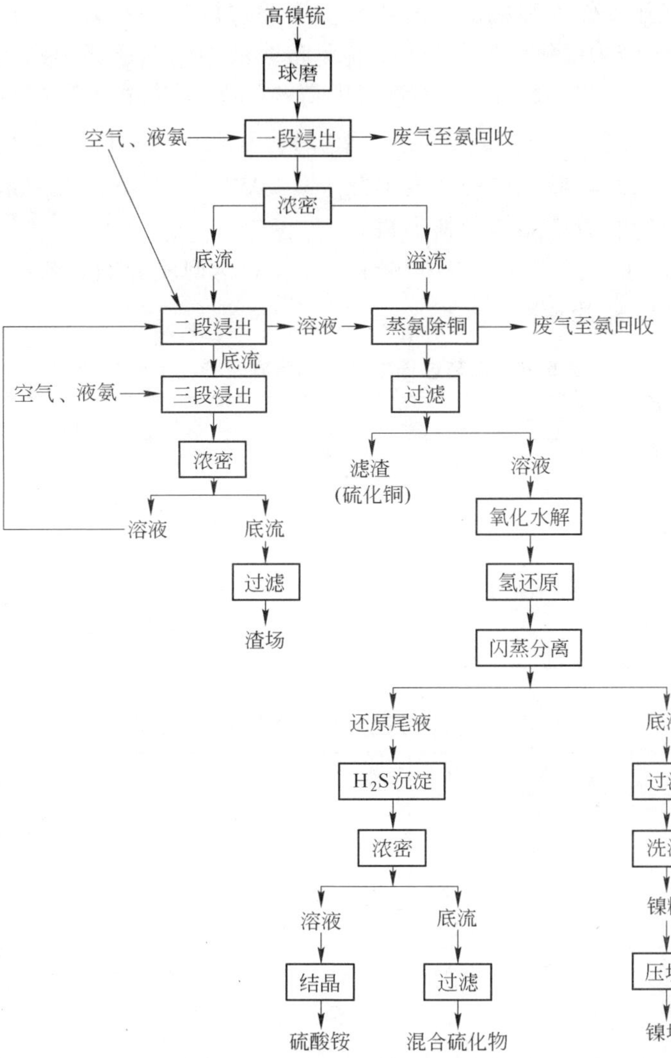

图 8-2 澳大利亚克温那那镍精炼厂工艺流程图

铜渣可作为工厂的副产品。除铜后液进入氧化水解段,在温度 245℃、空气压力 4.1 MPa 操作条件下,溶液中未饱和硫离子进一步氧化生成硫酸盐,氨基磺酸铵则进一步水解成硫酸铵。如果不设氧化水解段,在后续氢还原工序,产出的镍粉将被硫所污染,而且产出的肥料硫酸铵也将含有氨基磺酸铵。经氧化水解后,溶液含镍 45 ~50 g/L、钴 0.5 g/L 和硫酸铵 350 g/L,溶液再送加压氢还原工序。氢还原作为操作条件为:温度 200℃、总压 3.15 MPa。氢还原压力釜为间歇作业方式,即每釜反应结束后还原生成的镍粒在釜中沉降,抽出溶液后再补入新的溶液。在还原开始时，加入硫酸亚铁作为镍粒生长的核心供还原镍沉积和长大。在还原开始时还需注意控制好溶液中的铵镍摩尔比，以避免将溶液中的钴还原出来。当镍粒长大至所要求粒度时（约经 40～50 次还原），即可经闪蒸分离，镍粉再经洗涤、干燥，包装或者压块，或送烧结。氢还原后液含镍 0.6 g/L、钴 0.4 g/L，再经 H_2S 沉淀可得镍钴混合硫化物，此时溶液含铜浓度也低于 0.003 g/L。H_2S 沉淀尾液可送硫酸铵结晶工序，所得硫酸铵产品作肥料出售。

克温那那厂工艺过程各种固体物料和溶液的典型成分如表 8-4 和表 8-5 所示，主要设备和规格见表 8-6。

表 8-4 工艺过程中各种固体物料的典型成分 (%)

项　目	Ni	Cu	Co	Fe	S	$(NH_4)_2SO_4$
浸出渣	3.5	0.4	0.5	59	1	—
硫化铜渣	1	63	—	—	30	1
硫化镍钴沉淀	24	—	24	—	33	1
硫酸铵	0.01	—	0.01	—	—	—
镍　粉	99.8	0.003	0.10	0.003	0.02	—
镍　块	99.8	0.003	0.10	0.003	0.005	—

表 8-5 工艺过程中各种溶液的典型成分 (g/L)

项　目	Ni	Cu	Co	NH_4^+	$(NH_4)_2SO_4$	NH_2	$S_2O_3^{2-}$
一段浸出液	90	0.1	1	100	200	4	8
二段浸出液	75	3.5	1	105	300	4	3
三段浸出液	5	0.5	0.2	50	200	—	—
除铜后液	90	0.001	1	52	380	4	0.5
氧化水解后液	85	0.001	1	49	360	0.03	<0.005
氢还原后液	1	1	1	—	550	—	—
金属沉淀后液	0.02	0.02	—	—	550	—	—

表 8-6 工艺过程的主要设备及规格

设 备 名 称	规格/m^3	数　量
浸出高压釜	160	4
浸出高压釜	330	2
氢还原高压釜	23	5
罐式蒸馏器	—	3

B 智利依斯康迪达（Escondida）铜矿

智利依斯康迪达铜矿所采用的加压氨浸工艺流程如图 8-3 所示。采用氨－

硫酸铵介质浸取辉铜矿，可浸出矿中40%～50%的铜，浸出液经萃取-反萃净化，再送电积生产电铜。浸出渣经浮选富集未浸出的铜矿物，送火法冶炼厂。

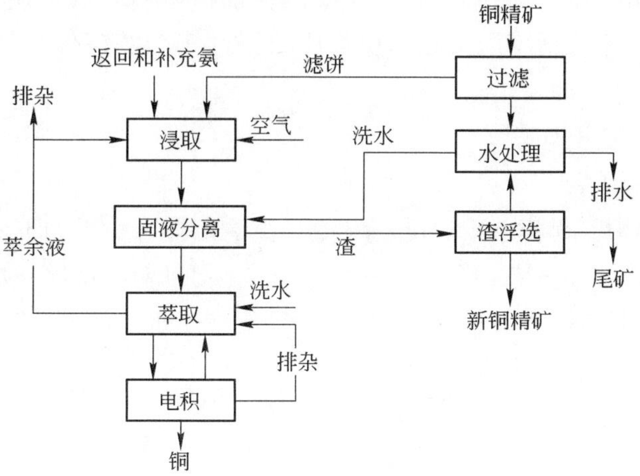

图8-3 智利依斯康迪达工艺流程图

依斯康迪达铜矿加压氨浸工厂年处理铜矿50万吨，产铜8万吨，于1994年11月投产，所产电积铜含铜达99.9999%，生产主要设备如表8-7所示。但由于生产过程中存在技术问题，如溶液净化器运转不正常、反萃取困难和两相夹带严重等，该厂已经停产。

表8-7 生产主要设备

工 段	设 备	数 量	规 格
浸 出	原料浓密机	1	ϕ100 m
	带式过滤机	3	63 m^2
	浸出槽	2	ϕ6.3 m × 9.1 m
		2	ϕ8.7 m × 9.1 m
	搅拌器	3	260 kW
		1	150 kW
	洗涤浓密机	2	ϕ25 m
	浸出液净化器	1	ϕ8.1 m × 9.1 m
萃 取	澄清槽	4	169 m^3
	混合槽	4	29 m^3
	储 槽	2	2900 m^3
	柱式槽	3	5.4 m^3
电 积	电解槽系列	2	42 kA，297 V
浮 选	浮选槽	14	28.3 m^3

8.2.2 加压酸浸

在铜、镍、钴硫化物处理方面，加压酸浸比加压氨浸发展更快。除萨斯喀切温精炼厂和克温那那镍精炼厂两家采用加压氨浸生产金属镍外，其他工厂均采用加压酸浸工艺。

8.2.2.1 浸出化学

A 硫化铜矿

当温度115℃，氧分压3.5MPa条件下，黄铜矿即可发生如下反应：

$$CuFeS_2 + 4H^+ + 2.5O_2 = 2Cu^{2+} + 2FeOOH + 4S^0 + H_2O \qquad (8\text{-}22)$$

实际上，在黄铜矿溶出过程中，部分 Fe^{2+} 先浸出进入溶液，进入溶液的 Fe^{2+} 将发生如下反应：

$$2Fe^{2+} + 2H^+ + 0.5O_2 = 2Fe^{3+} + H_2O \qquad (8\text{-}23)$$

$$Fe^{3+} + 2H_2O = FeOOH + 3H^+ \qquad (8\text{-}24)$$

由于Fe优先溶出，而Fe、Cu溶出的比例为4∶1，由此导致二硫化铜生成，继而生成多硫化铜中间产物，而多硫化铜分解为单质硫和铜离子的过程比较缓慢，从而导致了黄铜矿浸出“钝化”现象。

在浸出温度高至200℃以上时，黄铜矿浸出速度明显加快。而在温度200～230℃、压力4～6MPa条件下浸取时，硫化矿中的硫将全部氧化成硫酸根。此时，黄铜矿的总浸出反应式可以写作：

$$2CuFeS_2 + H_2SO_4 + 8.5O_2 = 2CuSO_4 + 2Fe_2(SO_4)_3 + H_2O \qquad (8\text{-}25)$$

在浸出体系酸度较低时，高铁离子水解生成赤铁矿，反应式如下：

$$Fe_2(SO_4)_3 + 3H_2O = Fe_2O_3 + 3H_2SO_4 \qquad (8\text{-}26)$$

在不同的温度和pH值及氧化条件下，除针铁矿（FeOOH）、赤铁矿（Fe_2O_3）外，铁还可以沉淀为酸型黄铁矾（$(H_3O)Fe_3(SO_4)_2(OH)_6$）以及碱式硫酸铁（$Fe(OH)SO_4$）。铁以不同形式沉淀时，所释放出来硫酸量也是不同的。Fe^{3+} 水解生成 $(H_3O)Fe_3(SO_4)_2(OH)_6$ 的反应式如下：

$$3Fe_2(SO_4)_3 + 14H_2O = 2(H_3O)Fe_3(SO_4)_2(OH)_6 + 5H_2SO_4 \qquad (8\text{-}27)$$

由上式可知，每摩尔 Fe^{3+} 水解生成 $(H_3O)Fe_3(SO_4)_2(OH)_6$ 时释放的酸（H^+）为5/3mol，而生成赤铁矿时，每摩尔 Fe^{3+} 水解产生的酸则高达3mol。

铁沉淀的稳定性直接影响到浸出渣排放的安全问题，其中，以赤铁矿稳定性最好。

B 高镍锍

转炉吹炼产出的低硫高镍锍，金属化程度高，主要物相为 Ni_3S_2、Cu_2S 和镍铜合金。水淬高镍锍细磨后采用常压与加压相结合的方法进行选择性分段浸出，镍、钴浸出进入溶液，铜、铁、贵金属及单质硫则保留在浸出渣中。

常压浸出时，高镍锍中合金态的镍、铜溶解，主要反应如下：

$$2Ni + 2H_2SO_4 + O_2 = 2NiSO_4 + 2H_2O \tag{8-28}$$

$$2Cu + 2H_2SO_4 + O_2 = 2CuSO_4 + 2H_2O \tag{8-29}$$

生成的 Cu^{2+} 能进一步氧化溶解合金相中的镍、钴，并与 Ni_3S_2 相发生如下反应：

$$Ni_3S_2 + 2CuSO_4 = NiSO_4 + NiS + Cu_2S \tag{8-30}$$

在常压浸出过程中，金属铁也发生溶解反应，而当溶液 pH > 2.0 时，进入溶液中的铁将生成针铁矿沉淀：

$$Fe + H_2SO_4 = FeSO_4 + H_2 \tag{8-31}$$

$$4FeSO_4 + O_2 + 2H_2SO_4 = 2Fe_2(SO_4)_3 + 2H_2O \tag{8-32}$$

$$Fe_2(SO_4)_3 + 4H_2O = 2\alpha-FeOOH + 3H_2SO_4 \tag{8-33}$$

加压浸出的目的是使镍钴尽可能地浸出，以达到高的镍、钴浸出率。在加压段，主要发生以下几类反应：

（1）合金中剩余的镍铜继续被浸出的反应：

$$2Ni + 2H_2SO_4 + O_2 = 2NiSO_4 + 2H_2O \tag{8-34}$$

$$2Cu + 2H_2SO_4 + O_2 = 2CuSO_4 + 2H_2O \tag{8-35}$$

（2）镍硫化物浸出反应：

$$3Ni_3S_2 + 2H_2SO_4 + O_2 = Ni_7S_6 + 2NiSO_4 + 2H_2O \tag{8-36}$$

$$2Ni_7S_6 + 2H_2SO_4 + O_2 = 12NiS + 2NiSO_4 + 2H_2O \tag{8-37}$$

上述两反应的净反应为：

$$2Ni_3S_2 + O_2 + 2H_2SO_4 = 2CuSO_4 + 2NiS + 2H_2O \tag{8-38}$$

$$8NiS + O_2 + 2H_2SO_4 = 2Ni_3S_4 + 2NiSO_4 + 2H_2O \tag{8-39}$$

（3）铜硫化物的浸出反应：

$$2Cu_2S + O_2 + H_2SO_4 = 2CuSO_4 + 2CuS + 2H_2O \tag{8-40}$$

$$2CuS + O_2 + H_2SO_4 = 2CuSO_4 + 2S + 2H_2O \tag{8-41}$$

$$Cu_9S_5 + 2O_2 + 4H_2SO_4 = 5CuS + 4CuSO_4 + 4H_2O \tag{8-42}$$

（4）当压力釜在缺氧的条件下还会发生下列反应，将使溶液中的铜抑制入渣。渣中的铜大部分以 Cu_2S 及 CuS 相存在：

$$NiS + CuSO_4 = CuS + NiSO_4 \tag{8-43}$$

$$4Ni_3S_4 + 9CuSO_4 + 8H_2O = Cu_9S_5 + 9NiS + 3NiSO_4 + 8H_2SO_4 \tag{8-44}$$

$$Ni_3S_2 + 2CuSO_4 = 2NiSO_4 + NiS + Cu_2S \tag{8-45}$$

8.2.2.2 工业实践

A 美国菲尔普斯 · 道治矿业公司（Phelps Dodge Mining Company, USA）

2003 年 3 月，美国菲尔普斯 · 道治矿业公司在亚利桑那州巴格达矿（the Bagdad Mine in Arizona）启动了铜精矿高温加压浸出的工业规模示范工厂。该厂设计日处理铜精矿 144 t，年处理矿石量约 52500 t。总铜回收率预期是达到平均值 98%。运转稳定时的产能设计值为年产阴极铜 15700 t，而且巴格达矿堆浸所需的酸主要都是由加压浸出工厂提供的。

表 8-8 给出了该厂的工艺设计标准。该厂的设计目标是尽可能精简地配备单元操作以完成加压浸出、CCD 洗涤以及溶剂萃取 - 电积等基本工序，其工艺流程如图 8-4 所示。由图 8-4 可见，该浸出工厂包括了精矿再浆化系统、加压浸出、闪蒸排料、气体净化、四级逆流倾析过滤、四级固体渣中和系统以及浸出液储池。

表 8-8 菲尔普斯 · 道治矿业公司加压浸出示范厂工艺设计标准

参 数	设 计 值
加压浸出中铜浸出率/%	99.0
总铜回收率/%	98.0
浸出操作温度/℃	225（最高 235）
浸出操作压力/MPa	3.3
最高压力/MPa	4.0
氧气的过压力/MPa	0.7
高压釜第一隔室矿浆密度	含固体物 10 %（质量百分数）
高压釜排矿密度	含固体物 5%（质量百分数）
高压釜排出溶液成分/$g \cdot L^{-1}$	Cu:36 Fe:1.5 H_2SO_4:55

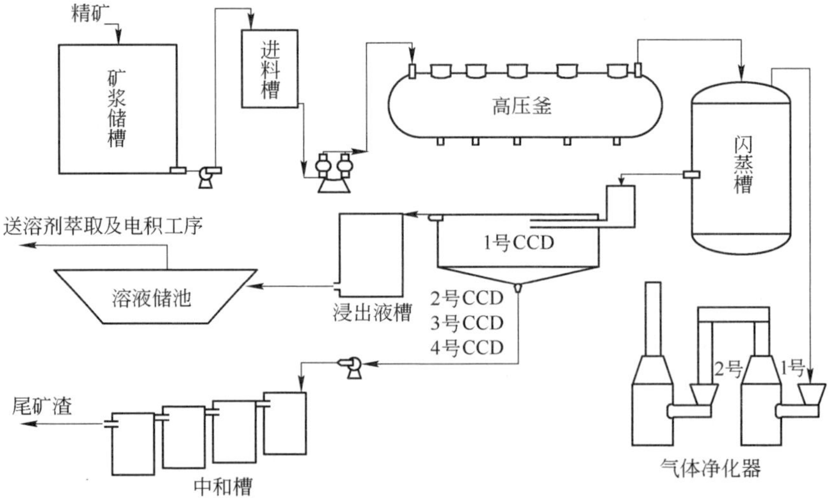

图 8-4 菲尔普斯 · 道治矿业公司加压浸出示范厂工艺流程

菲尔普斯·道治矿业公司高温加压浸出工厂设计具有以下特点：

(1) 浸出过程中产出硫酸作副产品，满负荷生产时所产硫酸几乎完全可以满足浸出操作所需，而不需外购硫酸，这增强了该工艺的经济性；

(2) 高浓度的铜浸出液以较高流量进入溶剂萃取工序，而且溶剂萃取工序在管路稍有改变而且并无新增混合槽的前提下处理几乎两倍的铜，这使溶剂萃取工序的运行成本得以最小化；

(3) 原有的电积及基础设施被最大化地应用，这使电积工序的基建开支得以最小化。

就生产效率而言，投产第一年设计值为75%，但根据高压釜进料泵工作状态计算得到的生产效率值，除了九月份因检修停产外，几乎每个月的生产效率均达到或高于75%设计值，2003年一整年生产效率达到85.72%。自2003年5月起，该厂平均每月产出1333 t金属铜，超出了年产阴极铜15700 t的产能设计值。

由于对高压釜各室温度控制较好，铜精矿浸出反应进行比较彻底，2003年该厂高压浸出工序的铜平均回收率达到98.4%，稳定的铜回收率表明工艺运行稳定。

自该厂开始运转以来，还陆续进行了多处工艺优化，具体如下：

在高压釜运转初期，温度在设定点上下来回波动而且变化快速，最初判断是由于温度获取时反响速度设定过快所致，但实际上在降低反响速度后，温度在设定值附近更大的偏差范围内波动，使高压釜内的反应不稳定性增大。而提高反响速度后，同样很快地导致一种温度失控状态，以至于需反复不断地往高压釜内通入急冷水，导致急冷水加入量过量。因此，对温度控制器的逻辑分析进行了彻底检查，对高压釜温度及急冷水的控制予以改进，并对进料系统进行了调整，起用了急冷水泵控制阀，使高压釜各室温度趋于稳定。

由于最初高压釜进料泵的泵速是受进料槽的液面高度控制，这就导致实际进料量(吨精矿/小时)也受限于此。考虑到在矿浆进料管线分布有流量计及密度计，最初的进料控制系统是将高压釜进料速率设置为整个釜的进料速率，但由于高压釜进料还包括氧气等，因此所设定值并非高压釜的实际值。这种进料控制系统未将由高压釜第一室进料量微小变化引起的敏感性和不稳定性考虑在内。一旦温度不稳定性是由实际进料量变化引起的，那么氧气流量、高压釜进料泵速等都得靠手工控制，操作基本规律也就被迫改变了。而现在，经对进料系统进行改进后，可直接通过调整高压釜进料泵速来决定进料量。这样，高压釜进料槽液面就随着精矿进料泵而自动得以调整。进料量虽无需直接设定，但仍可以实现连续测定。

除进料系统改进外，急冷水控制系统改进以及急冷水控制阀的起用也在提高生产稳定性方面起到了明显效果。改进前，急冷水加入量是与高压釜隔室内温度波动相对应的，急冷水流入量的波动又对如何维持一定水平的出料提出更高要求，这又直接地对闪蒸工序、间接地对 CCD 工序带来一定问题。改进后，不仅高压釜操作趋于稳定，而且各辅助工序（如 CCD、闪蒸以及气体净化等）操作也都得以明显改进。

B 高镍锍加压浸出工业实践

高镍锍加压酸浸在工业上的应用主要分为两大类：一类是常压－加压酸浸，即浸出由常压浸出和一段加压浸出组成，典型工厂为芬兰奥托昆普公司哈贾瓦尔塔精炼厂；另一类是两段加压浸出，典型工厂为南非的英帕拉铂厂。这两类浸出工艺的实质几乎是相同的。

芬兰奥托昆普公司哈贾瓦尔塔精炼厂是世界上最早采用常压硫酸选择性浸出－加压浸出法的工厂，所处理原料为哈贾瓦尔塔熔炼厂产出的粒状高镍锍。1960年该厂投产时采用三段逆流常压浸出，在 1981 年工厂改造时增加了一段加压浸出，组成了三段常压和一段加压相联合的硫酸选择性浸出工艺，工艺流程如图 8-5 所示。

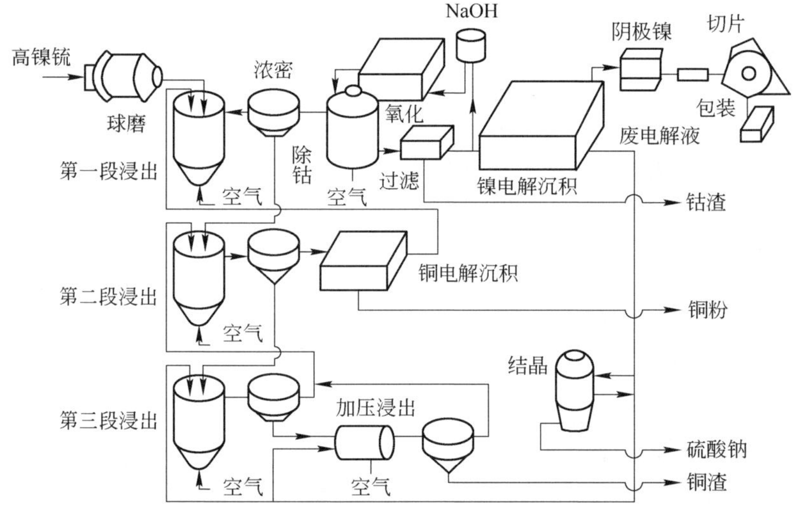

图 8-5 哈贾瓦尔塔精炼厂由高镍锍制取电镍的工艺流程

由图 8-5 可见，哈贾瓦尔塔精炼厂工艺流程主要由四部分组成，即磨矿、浸出、净化和电解沉积。首先，高镍锍由皮带运输机送至精炼厂，经湿式球磨机细磨至 90% 粒度为 －0.05 mm 后送三段常压浸出，常压浸出共用 8 个 90 m^3 的浸出槽，浸出温度为 90℃。第一段浸出一直进行到溶液中的硫酸完全被中和为止，此时浸出终点 pH 值达 5.5～6.3，溶液中的铜全部沉淀入渣。浸出后矿浆经浓密机进行液固分离，底流再送第二段浸出，溢流为成品液送净化处理。经三段逆流常压浸出后，浸出渣送卧式高压釜进行加压浸出。所用高压釜直径为 2.9 m，长 11.5 m，分为五个隔室，每个隔室有机械搅拌，压力釜设计压力为2 MPa，操作温度200℃。在高压浸出时，由镍电解沉积系统产出的阳极液作浸出底水。高镍锍经三段常压浸出和一段加压浸出后，镍、钴的浸出率分别可达98%和97%。一段浸出液经碳酸钡除铅、黑镍（NiOOH）除钴后送镍电解沉积系统制取电镍。而黑镍的制取是从净化系统抽出部分净化后液，加入氢氧化钠沉淀生成 $Ni(OH)_2$，再将 $Ni(OH)_2$ 放入特制的电氧化槽中，通入直流电，在阳极上生成NiOOH。

除哈贾瓦尔塔镍精炼厂采用硫酸选择性浸出－加压浸出工艺之外，还有20世纪60年代投产的南非英帕拉铂公司斯普林镍精炼厂、英美公司宾都拉冶炼厂及20世纪70年代投产的美国阿马克斯镍精炼公司镍港精炼厂也都采用这种工艺。

我国新疆阜康冶炼厂采用硫酸选择性浸出－黑镍除钴－不溶阳极电积工艺生产电镍，浸出工序由一段常压和一段加压组成，年产电镍2000 t，工艺流程如图8-6所示。

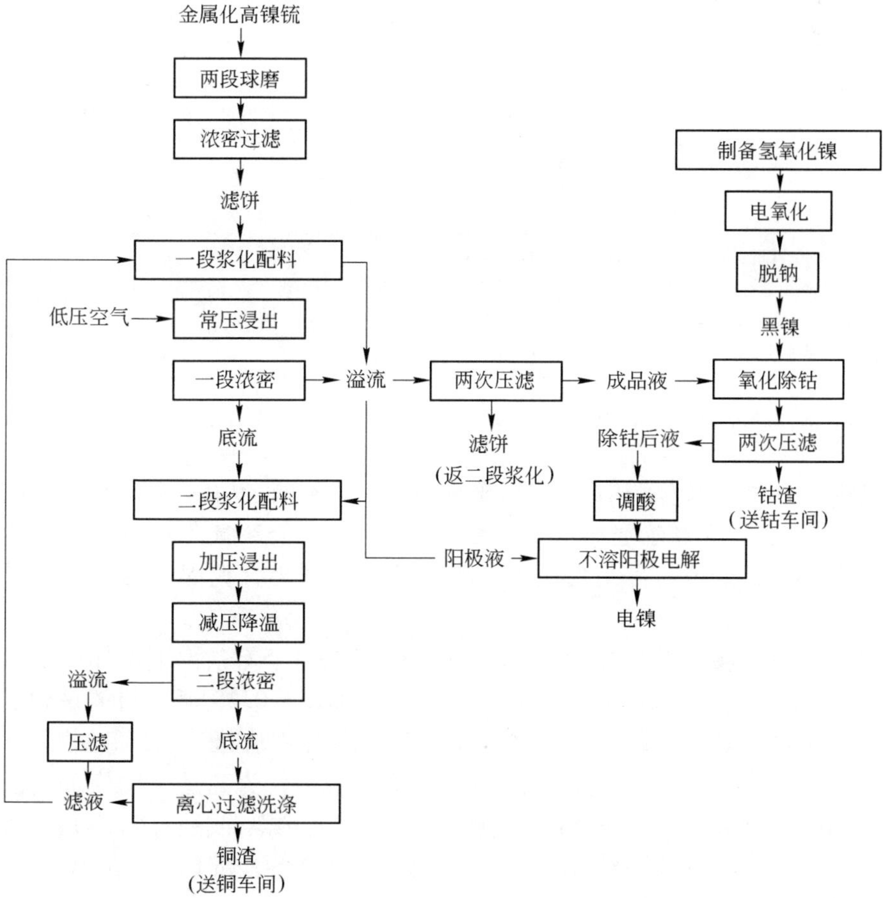

图8-6 新疆阜康冶炼厂高镍锍精炼工艺流程

在新疆阜康冶炼厂，高镍锍经汽车运至球磨工段，磨细后的高镍锍经浆化后泵入8个($d=2350$ mm) × ($l=3000$ mm)的机械搅拌常压浸出槽，经常压浸出后矿浆再用高压隔膜泵送入四室卧式高压釜中进行加压浸出。所用高压釜尺寸为($d_{内}=2300$ mm) × ($l=9000$ mm)。加压浸出渣中几乎富集了矿石中全部的铜和铂族金属。常压浸出产出的成品液经黑镍除钴，不溶阳极电解沉积产出电镍。铜渣及所含的铂族金属和除钴渣另行处理。新疆阜康冶炼厂投产以来工艺流程畅通，主要设备压力釜、高压泵、换热器等运转正常，产品质量优良。2002年阜康冶炼厂全年平均技术经济指标如表8-9所示。

表8-9 新疆阜康冶炼厂主要技术经济指标

电镍产品/$t \cdot a^{-1}$		2000
镍直收率/%		96.02
总收率/%		96.6
1号镍品级率/%		86.84
生产1t镍的原材料消耗	水淬高镍锍/t	3.45(按30% Ni计)
	硫酸/t	0.05
	消泡剂/kg	0.2
	氢氧化钠/kg	40
	煤/t	6.5
	水/t	201
	电/kW · h	8096

除常压－加压联合浸出工艺外，根据原料性质不同，也有一些工厂采用两段加压浸出，如舍利特 · 高尔登加压硫酸浸出法广泛适用于含铜镍锍的处理，对于含有铂族金属的镍锍处理而言尤为适用。图8-7所示即为含铜镍锍两段加压浸出工艺流程。

在两段加压浸出工艺中，第一段是在温度120～135℃条件下选择性浸镍和沉淀铜，第二段浸出温度为150～160℃，氧分压为0.15～0.35 MPa，目的是为了最大限度地浸取金属硫化物，产出铂族金属含量高的氧化铁渣，贱金属和硫的总回收率大于99.9%，浸出渣中铂族金属富集率达100倍，可作为高品位铂族金属精矿并从中回收铂族金属。第一段浸出液经结晶可制取硫酸镍，或通过氢还原方法生产镍粉，或电解沉积生产阴极镍。第二段浸出液因含$NiSO_4$和$CuSO_4$和H_2SO_4，可返回浸出系统。由于上述工艺特别适用于处理含铂族金属的铜镍锍，因此南非的许多铂厂，如20世纪60年代建厂的英帕拉铂厂以及80年代至90年代初建立的吕

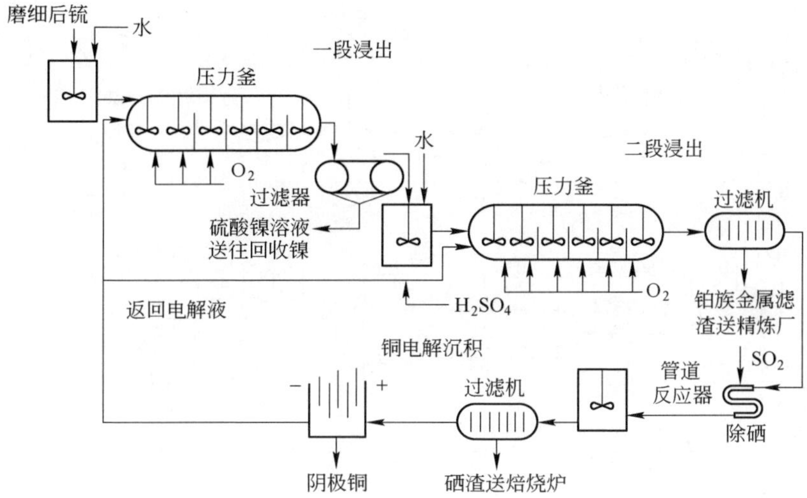

图 8-7 含铜镍锍两段加压浸出工艺流程

斯腾堡(Rustenburg)精炼厂、西部铂厂、巴普勒兹(Barplats)铂厂和诺森(Northan)铂厂均都采用该工艺流程。但上述各厂又根据自己的具体情况对工艺流程作了一些变更。

建立于 1969 年的英帕拉铂厂主要是生产高品位铂族金属精矿并副产镍和铜。该厂在第一段高压釜中的前两个隔室内通入空气,控制压力在 1 MPa 下进行氧化浸出,目的是使镍溶解;而在最后两个隔室内既不加热也不通入空气使其进行缺氧浸出,使铜在此区间得以沉淀。历经两段加压浸出后,镍、钴、铜的浸出率分别为 99.9%、98% 和 93.0%。铂族金属精矿从原料品位低于 1% 提高到超过 20%,回收率为 100%。

吕斯腾堡铂厂是世界上最大的铂族金属生产企业。该厂于 1992 年年初决定将贵金属生产扩大 30%,年产镍扩大至 2.1 万吨,为此进行了系统改造。该厂在两段加压浸出之前增加了一段常压浸出,对原来的高压釜进行改造,采用含氧 28% 的富氧空气浸出,在不增加压力釜的情况下,镍的年产量达到扩产目标,每吨镍锍的液态氧消耗为 180 kg。该厂于 1994 年 1 月系统完成改造的两个月后就使镍的年生产能力达标。吕斯腾堡铂厂的浸出系统如图 8-8 所示。两段加压浸出所用高压釜在尺寸和结构上是相同的,每台高压釜长 13.4 m,直径 3.6 m,工作容积 80 m^3。釜的壳体由低碳钢构成,内衬铅和耐酸砖,高压釜用垂直隔板分成四个等长的隔室,每个隔室都装有蒸汽加热器,设有冷却用蛇形管,前两室通压缩空气鼓气,流量控制在 2100 ~ 2700 m^3/h(标态),搅拌桨底下鼓入压缩空气,搅拌桨采用辐流式,以利于有效分散空气。两段加压浸出高压釜各室的操作参数见表 8-10。

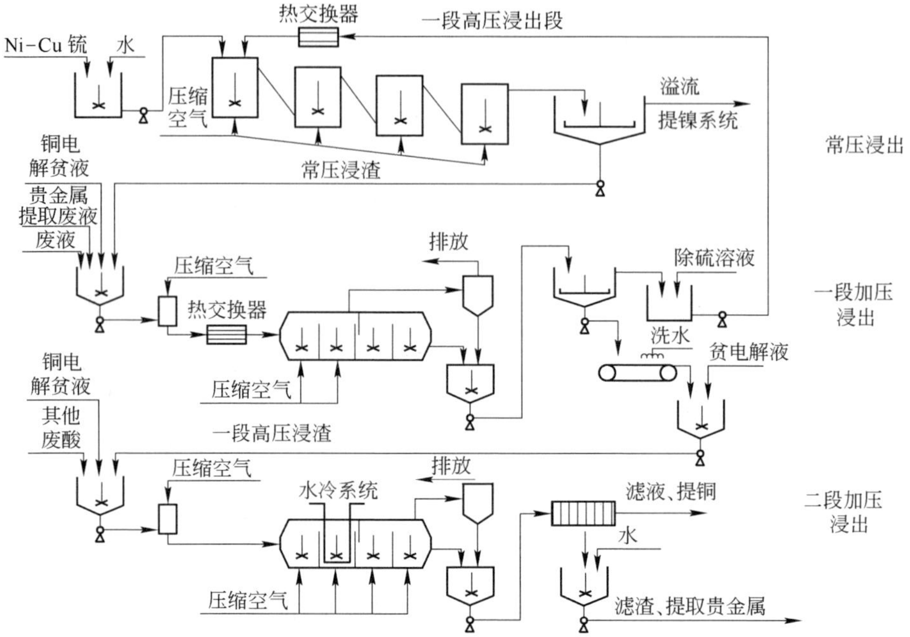

图 8-8 加拿大吕斯腾堡铂厂的浸出系统

表 8-10 加拿大吕斯腾堡铂厂两段高压浸出釜各室的操作参数

项 目	第 1 室	第 2 室	第 3 室	第 4 室
压力/kPa	1050	1050	1050	1050
温度/℃	145	148	144	140
空气鼓入量(标态)/$m^3 \cdot h^{-1}$	3000	1000	1000	600
氧气利用率/%	50	85	25	14
放热量/$MJ \cdot h^{-1}$	5100	1800	750	150

8.3 硫化锌精矿加压浸出[39,49~88]

自 1916 年湿法炼锌问世以来,它由于自身的优势而迅速地超过火法炼锌,在锌冶炼工业中占据绝对优势。所谓湿法炼锌,其实还包含了硫化锌精矿的焙烧作业,当 20 世纪 80 年代初加压浸出处理锌精矿成功地应用于工业生产后,才可以说实现了真正意义的全湿法炼锌。

作为湿法炼锌生产中的重要环节,浸出工序直接决定了锌冶炼厂的主要技术经济指标。加压浸出工艺总投资和操作成本低,操作环境好,对环境污染小,硫以元素形态回收,锌回收率高,对矿物原料的适应性强,能处理低品位高铁闪锌矿、铅锌混合精矿、铁酸锌渣及其他含锌渣,这是传统的“焙烧 - 浸出 - 电积”工艺所无法比拟的。

8.3.1 浸出化学及元素行为

纯闪锌矿在硫酸中直接溶解的过程是非常缓慢的，而在铁存在条件下，其浸出速率有较大提高。对于闪锌矿浸出，人们大都认为按如下反应进行：

$$ZnS + H_2SO_4 = ZnSO_4 + H_2S \tag{8-46}$$

$$H_2S + Fe_2(SO_4)_3 = 2FeSO_4 + H_2SO_4 + S^0 \tag{8-47}$$

$$2FeSO_4 + H_2SO_4 + 0.5O_2 = Fe_2(SO_4)_3 + H_2O \tag{8-48}$$

闪锌矿的浸出实质是一个非均匀的表面反应，浸出过程的限制性环节为中间产物 H_2S 在闪锌矿表面的氧化，而 H_2S 的氧化方式有两种：当温度低于 150℃时主要与 O_2反应；当温度高于 150℃时 H_2S 与 O_2的简单反应和 H_2S 与硫酸的反应平行发生，反应式如下：

$$H_2S + 0.5O_2 = S^0 + H_2O \tag{8-49}$$

$$H_2S + H_2SO_4 = S^0 + H_2SO_3 + H_2O \tag{8-50}$$

在浸出过程中，由于单质硫对闪锌矿的包裹，闪锌矿浸出速率会随时间延长而放缓。Weisener 等人研究发现，锌浸出速率的降低是由于矿物表面生成了一种聚硫化物，而且随着聚硫化物层的不断增厚，浸出过程放缓。当聚硫化物最终氧化成单质硫后，浸出速率不再显著降低，并由此提出假设：浸出过程的限制性环节为 Zn^{2+} 由聚硫化物层扩散出去或是 H_3O^+ 由溶液本体经聚硫化物层向未反应 ZnS 颗粒的扩散。

在锌溶出的同时，铁闪锌矿（(Zn·Fe)S）、磁黄铁矿（Fe_7S_8）和黄铁矿（FeS_2）中的铁也都有可能浸出进入溶液。在较高压力和较高温度条件下，黄铁矿可能发生如下溶出反应：

$$2FeS_2 + 7.5O_2 + H_2O = Fe_2(SO_4)_3 + H_2SO_4 \tag{8-51}$$

$$2FeS_2 + 7.5O_2 + 4H_2O = Fe_2O_3 + 4H_2SO_4 \tag{8-52}$$

锌精矿中伴生的铜多以黄铜矿形态存在，其溶出反应为：

$$CuFeS_2 + O_2 + 2H_2SO_4 = CuSO_4 + FeSO_4 + 2S^0 + 2H_2O \tag{8-53}$$

锌精矿中伴生的方铅矿，其溶出反应为：

$$PbS + H_2SO_4 + 0.5O_2 = PbSO_4 + S^0 + H_2O \tag{8-54}$$

$$PbSO_4 + 3Fe_2(SO_4)_3 + 12H_2O = PbFe_6(SO_4)_4(OH)_{12} + 6H_2SO_4 \tag{8-55}$$

在浸出后期，随着浸出体系酸度降低，溶出的铁发生水解反应并沉淀入渣：

$$Fe_2(SO_4)_3 + (x+3)H_2O = Fe_2O_3 \cdot xH_2O + 3H_2SO_4 \tag{8-56}$$

$$3Fe_2(SO_4)_3 + 14H_2O \longrightarrow 2H_3O \cdot Fe_3(SO_4)_2(OH)_6 + 5H_2SO_4 \quad (8-57)$$

在锌精矿加压浸出过程中，各元素行为可分为三类：(1)溶解进入浸出液；(2)不溶解进入浸出渣；(3)在浸出液与浸出渣之间分布。

第一类元素（见表8-11）无论是在单级低酸（或高酸）浸出，还是在两级逆流浸出中行为都类似。

表8-11 舍利特(Sherritt)加压浸出过程中第一类元素

元　素	Cd	Mn	Mg	Co	Ni	Cu	Zn
精矿中含量/%	0.1 ~ 0.25	<0.05 ~ >1	<0.05 ~ >0.5	<10 ~ >150 g/t	20 ~ 1000 g/t	0.1 ~ 1	50
浸出率/%	98	接近 Zn	接近 Zn	>80	10 ~ 70	70 ~ 80	95 ~ 98(单级) >98(两级)
浸出液浓度/$mg \cdot L^{-1}$	200 ~ 500	1500 ~ 3000	1000	2 ~ 20	<10	100 ~ 1600	—

第二类元素有钡、铅、铋、金、银、碳、汞等。其中，元素钡、铋主要进入渣中的氧化物部分；汞除少量以铁矾形式进入氧化物部分外，大部分将进入硫化物部分中；金主要进入渣中硫化物部分；根据加压浸出工艺不同，银和铅入渣形式也不同。对于单级低酸浸出或两级逆流浸出，银（铅）将以银（铅）铁矾形式进入渣中氧化物部分；对于单级高酸浸出，铅以硫酸铅形式入氧化物部分，而银则在氧化物与硫化物之间分配。

第三类元素有铁、铟、铝、钾、锑、钠、砷、硒、钙、硅、硫、镓、碲、锗、铊等。其中，人们对铁的行为及其处理予以了更多的关注。由于元素硫在浸出过程中行为复杂，对其研究还有待进一步深入。某些微量元素如铜、铋、钌、钼以及铁等对锌精矿浸出具有显著的催化效应。此外，微量的银和钴离子也能对闪锌矿的溶解起到催化作用，而且钴离子比银离子更加有效。

8.3.2 精矿含铁量的影响[100]

在硫化锌精矿中通常都含铁，铁可以类质同相形式存在于铁闪锌矿(marmatite)中，也可以单独的矿物形式例如黄铁矿(FeS_2)、白铁矿与磁黄铁矿等存在于精矿中，铁的含量与存在形式对精矿的浸出性能有明显的影响。

Perez 与 Dutrizac 研究了含 Fe 0.04% ~14.7% 的铁闪锌矿矿样的浸出速率，发现浸出速率与矿物中含铁量呈线性关系。特雷尔厂 1981 年采用加压浸出时处理的科明科公司苏利文矿(Sullivan Mine)的高铁硫化锌精矿含铁为 8.7%，其中 95% 以类质同相形式存在，1993 年开始由于苏利文矿逐渐枯竭，改用阿拉斯加红狗矿(Red dog)取代，含铁为 4.8%（2003 ~2004 年），其中仅 60% 以类质同相形式存在，生产实践表明，苏利文矿比红狗矿容易浸出，一些技术指标对比如表 8-12 所示。

表 8-12 苏利文矿与红狗矿的比较

项目	苏利文矿	红狗矿
精矿含铁/%	8.7	4.8
物料在釜中停留时间		增加42%
木质素磺酸钠加入量/kg·t^{-1}	0.6	1.3
氧耗/t·t^{-1}	0.19	0.25
釜内温度/℃	150	154~155
锌总回收率/%	98	95

8.3.3 硫分散剂及其作用

当浸出温度高于硫熔点时，锌精矿的氧化产物单质硫因熔融而包覆未反应完全的硫化矿颗粒，致使锌浸出率低而且浸出渣处理困难。添加硫分散剂可以有效解决上述问题。适用于锌精矿氧压酸浸工程实践的硫分散剂有：木质素，木质素磺酸盐，丹宁化合物（如白雀木及其他树皮提取物）以及烷基芳基磺酸盐等。此外，芦苇根粉也能用作硫分散剂，其用量为精矿重量的0.8 %时，同样能破坏单质硫包裹层，浸出效果良好。熔融单质硫包裹矿物颗粒问题的有效解决，是锌精矿氧压酸浸工艺发展中最显著的进步。

虽然木质素磺酸盐能显著改善锌精矿氧压酸浸效果，但该类硫分散剂在高温强氧化条件下会迅速分解，因此要时刻保证高压釜内有充足的硫分散剂有效成分可能有一定困难。此外，木质素在与精矿、硫酸调浆并进入高压釜前也有可能因起泡溢流等问题而导致损失，Collins 等经研究提出，煤可以用作锌精矿氧压酸浸时优良的硫分散剂，但 Collins 等未对煤的适用种类加以公布和说明。笔者经研究发现，含碳量高于 70% 的煤无助于铁闪锌矿浸出，浸出实验条件为：温度 120～150℃、精矿粒度98%以上为 -43 μm、液固比（mL/g）4:1、硫酸浓度为 1.31 mol/L、氧分压 0.5 MPa、搅拌 800 rpm、浸出 2 h。结果见表 8-13 及图 8-9。在 150℃温度条件下，当褐煤用作硫分散剂时，铁闪锌矿浸出率几乎等同于木质素磺酸钠情况，浸出液及浸出渣的各项指标也与木质素磺酸钠情况几近相同，但烟煤或无烟煤的效果较差，个别条件下甚至不如无添加剂时的结果。

表 8-13 煤含碳量与铁闪锌矿锌浸出率之间的关系

煤	含碳量（干燥基）/%			锌浸出率/%
	总碳	无机碳形式	有机碳形式	
无烟煤	81.88	0.38	81.78	73.41
烟煤	70.91	0.07	70.89	66.67
褐煤	57.21	0.79	56.99	94.63

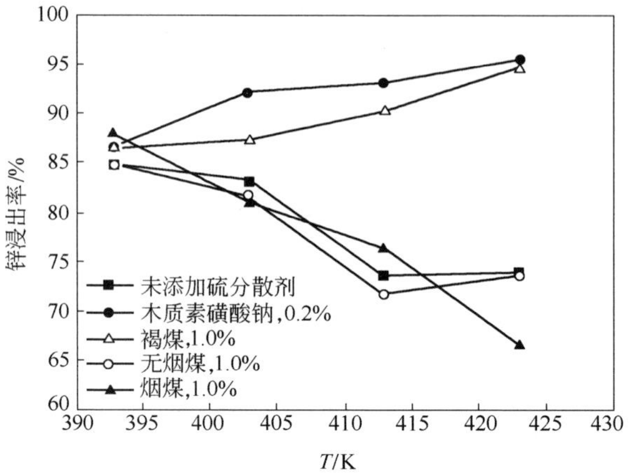

图 8-9 不同添加剂对铁闪锌矿浸出的影响

对未添加硫分散剂以及添加木质素磺酸钠或褐煤等三种情况下所得到的铁闪锌矿精矿氧压酸浸渣进行了物相分析。由分析结果知,未添加硫分散剂时,所得浸出渣呈粗粒聚合体形态,单质硫充填在未反应完全的残余硫化矿颗粒之间,形成交结相并构成贯通的骨架;当木质素磺酸钠用作硫分散剂时,浸出渣中残余铁闪锌矿颗粒周围并未形成封闭的单质硫包覆层,而是维持部分开放的边界;而当褐煤用作硫分散剂时,浸出渣中残余铁闪锌矿颗粒下部仅有两颗硫珠,其余边界完全敞开。

进一步由显微镜下观察可知,木质素磺酸钠用作硫分散剂时,浸出渣中的单质硫多呈中粗粒球状(43 ~ 200 μm),部分呈不规则块状或短柱状,单质硫边界嵌生残余硫化矿,只有少量残余硫化矿独立存在而未与单质硫接触。这说明,木质素磺酸钠无法消除单质硫对残余硫化矿的沾染。而当褐煤用作硫分散剂时,浸出渣中的单质硫多呈细粒或中细粒(10 ~ 43μm)球状或不规则细块状分散存在,而且,绝大多数残余硫化矿呈单体分散,几乎与单质硫没有任何关联。因此,相比木质素磺酸钠,褐煤具有更强的分散单质硫的能力并能基本消除单质硫对残余硫化矿的沾染,这无论对于铁闪锌矿的高效浸出,还是对于浸出后续的选硫除杂工序而言都是非常有利的。

8.3.4 工业实践

对于在传统湿法炼锌工艺基础上扩建的锌精矿氧压酸浸厂,一般采用一段氧压酸浸工艺,即加压浸出液并入传统湿法炼锌系统,利用原有工艺实现氟氯等杂质开路;对于全湿法氧压酸浸工厂多采用两段逆流浸出工艺,即一段加压浸出排出的矿浆经浓密后,上清液送净化电积工序,底流则送第二段浸出,由第二段浸出工序排出的矿浆经选矿回收单质硫,浮选尾渣堆存或送火法冶炼工序,而第二段浸出液返回第一段浸出。现有的加压湿法炼锌工厂所用工艺各有不同。

加拿大科明科公司的特雷尔厂(Cominco's Trail Operation)是世界上第一个将锌精矿加压浸出付诸工业化生产的工厂,随后的锌精矿加压浸出工厂还有位于加拿大安大略省蒂明斯的基德克里克锌冶炼厂(Kidd Creek Zinc Refinery in Timmis, Ontaria, Canada)和位于德国达特尔恩的鲁尔锌厂(Ruhr Zink Operation in Datteln, Germany),其中,基德克里克锌冶炼厂后改名为福尔肯布里奇·蒂明斯(Falconbridge Timmins)锌冶炼厂。第四家锌精矿加压浸出工厂位于加拿大曼尼托巴省弗林弗伦的哈得逊湾矿冶公司(Hudson Bay Mining and Smelting Co., in Flin Flon, Manitoba)。第五家工厂为哈萨克斯坦铜业公司于2003年12月在哈尔巴什建成投产,年产电锌11.5万吨。

8.3.4.1 特雷尔厂

加拿大科明科公司的特雷尔厂建于1981年,采用加压浸出与传统湿法炼锌相结合的工艺,加压浸出系统与焙烧浸出系统是并存的。约70%的锌产自焙烧浸出系统,加压浸出系统锌产量约占20%,其余10%来自氧化矿浸出系统。特雷尔厂高压釜日处理锌精矿188 t,锌精矿主要来源于科明科公司苏利文矿(Cominco' Sullivan Mine),为含铁8.7%的富铁硫化锌精矿,锌浸出率98%,每日产出88 t硫酸锌和54 t单质硫。由于矿山逐渐枯竭,从1993年开始用阿拉斯加红狗矿精矿取代苏利文精矿,红狗矿精矿含铁较低为4.8%(2003~2004年),取代比例逐年增长,到2002年11月19日全部取代[100]。

特雷尔厂加压浸出流程如图8-10所示。在加压浸出之前,锌精矿首先进行球磨,在球磨工序,球磨机与一套水力旋流器构成一个封闭的循环系统,水力旋流器出口的上流液在直径12.7 m的浓密机中浓密后,所得矿浆送搅拌贮槽并在搅拌贮槽中与硫分散剂木质素混合,矿浆料再以一定速率泵入四室卧式高压釜,高压釜直径3.7 m、长15.2 m。硫酸经热交换器预热后再加入高压釜,可用高压釜排料时闪蒸槽的蒸汽进行加热。氧气鼓入高压釜的前三室,维持操作压力1250 kPa。高压釜还将少量连续地排出蒸汽,以防止釜中某些惰性气体累积。高压釜内矿浆温度约150℃,在排料时矿浆先通过内衬陶瓷的放料阀再进入闪蒸槽,操作温度和压力分别为117℃和55 kPa。矿浆再排入调整槽,在此,矿浆中的单质硫将转型生成单斜晶形态。经调整槽,矿浆再送入单质硫分离工序。矿浆经水力旋流处理后再送浮选工序,所得浮选尾渣含硫酸锌溶液和黄钾铁矾,可返回锌浸出;浮选精矿含单质硫和未反应完全的硫化矿,浮选精矿经脱水、熔融、热滤后得到纯度99.9%的硫磺产品,滤饼含未反应完全的硫化矿可返回焙烧炉。

1984年起,加压浸出工厂的生产效率就超过了初始设计值,后经技术改进,1989年生产更是取得了新记录,年处理精矿11.1万吨(折合376 t/d)。2003年全部处理红狗矿时,7月份平均处理能力达17.3 t/h,2003年3月至8月在线作业时

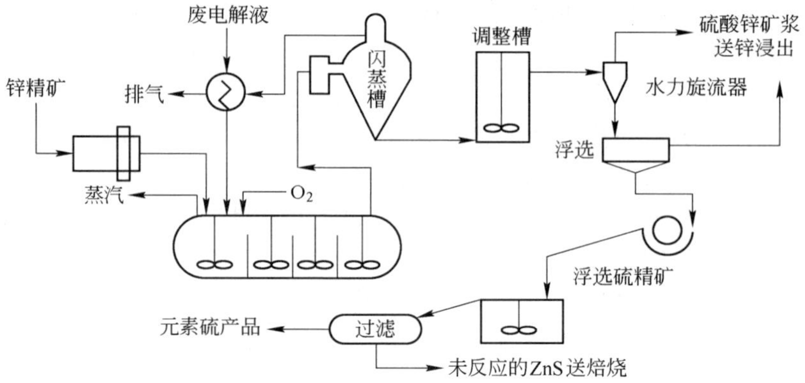

图 8-10 特雷尔厂加压浸出流程

间平均为 96%[100]。

特雷尔厂所作技术改进主要有三方面:(1)1986 年以后增加了一套新的水力旋流器分级系统,使进入高压釜的锌精矿 -44 μm 粒度达到 93%,日处理量约 400 t;(2)安装一套硫酸预热装置,代替过去冷酸入釜,以强化浸出过程;(3)对单质硫回收系统进行改进。图 8-11 为新的硫回收系统,新系统的优点是提高了加压浸出系统锌的回收率,并使浸出液和矿浆中的硫含量下降。1990 年以后硫酸锌溶液和矾类矿浆中单质硫的含量从过去的 0.5 g/L 降低到 0.3 g/L。

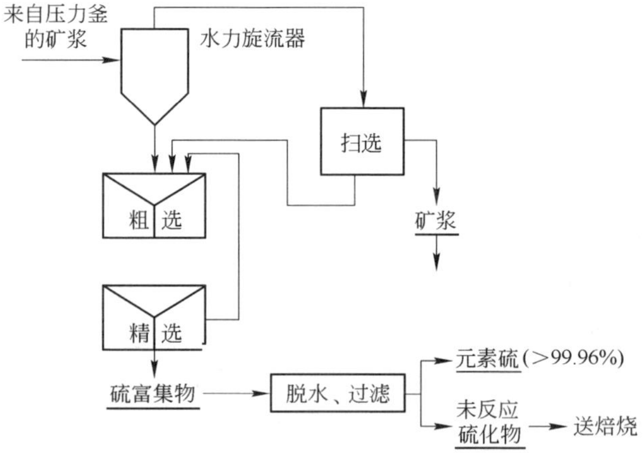

图 8-11 特雷尔厂新的硫回收系统

8.3.4.2 蒂明斯厂

与特雷尔厂类似,蒂明斯厂也是在传统湿法炼锌基础上扩建而成,高压釜于 1983 年投产,日处理精矿 100 t,原料仅为来自基得(Kidd)矿山的锌精矿。与特雷尔厂不同之处在于,蒂明斯厂采用低酸浸出作业,铁以黄钾铁矾、碱式硫酸铁和水合氧化铁形式沉淀。蒂明斯厂加压浸出流程与既有的传统湿法流程并行的情况如图 8-12 所示。

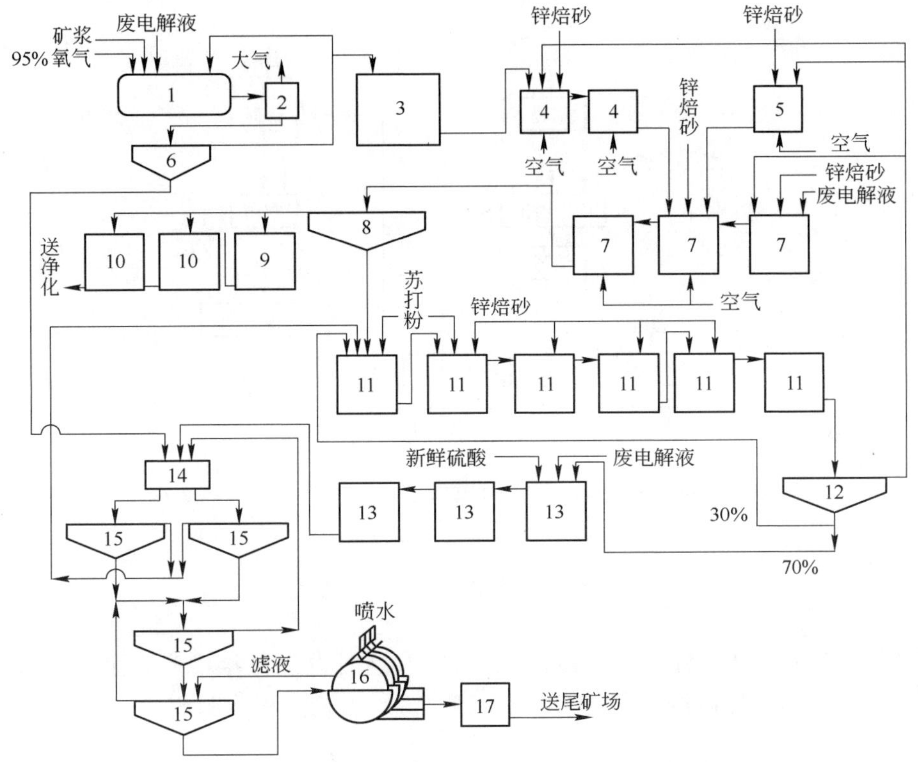

图 8-12　蒂明斯厂加压浸出与传统湿法流程并行

1—58 m^3 高压釜;2—闪蒸槽;3—480 m^3 浸出液缓冲槽;4—35 m^3 氧化槽;5—140 m^3 氧化槽;
6—180 m^3 浓密机;7—180 m^3 中性浸出槽;8—1760 m^3 浓密机;9—450 m^3 粗液缓冲槽;
10—180 m^3 粗液贮槽;11—180 m^3 铁矾浸出槽;12—1250 m^3 浓密机;13—180 m^3 渣浸槽;
14—分流槽;15—550 m^3 浓密机;16—转鼓式过滤机;17—废渣处理槽

蒂明斯厂投产以来,未见其生产工艺有重大变化的报道。但自 20 世纪 90 年代初起,该厂为延长高压釜的在线工作时间、提高其运转率,对高压釜操作进行了大量卓有成效的改进,主要包括:改进高压釜内衬,显著降低了铅衬腐蚀速率,但无法解决喷嘴附近严重的铅腐蚀问题;通过更换排料管材料,安装备用排料管,改变操作工艺参数等方式解决了排料管阻塞的问题;解决了泵的腐蚀问题,延长了泵的使用寿命;更换垫圈材料,从根本上解决了漏气问题;此外还采取了定期检修维护的措施等。

8.3.4.3　鲁尔锌厂

德国鲁尔锌厂在加压浸出扩产之前,鲁尔锌厂原工艺流程包括硫化锌精矿焙烧、中性浸出、中浸渣的热酸和过热酸浸出、中浸液净化－电积，热酸浸出液经锌精矿将 Fe^{3+} 还原成 Fe^{2+}，进而采用赤铁矿法沉铁，还原渣送焙烧处理，工艺流程如图 8－13 所示。

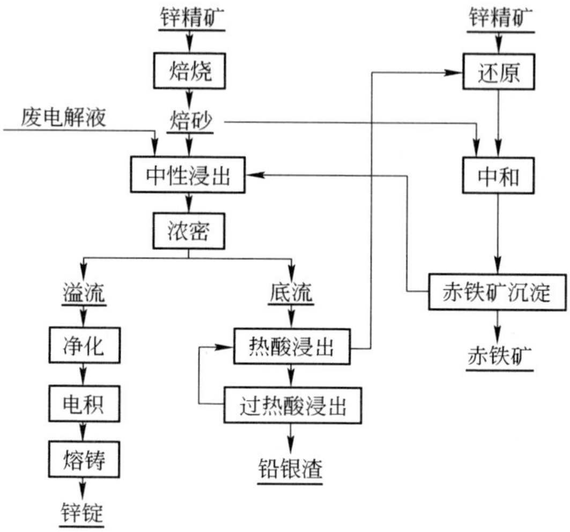

图 8－13 鲁尔锌厂原工艺流程图

1991 年 3 月鲁尔锌厂加压浸出系统投产，当时设计每年增产锌至少 5 万吨。鲁尔锌厂扩建后，加压浸出与传统湿法工艺合并，工艺流程如图 8－14 所示。

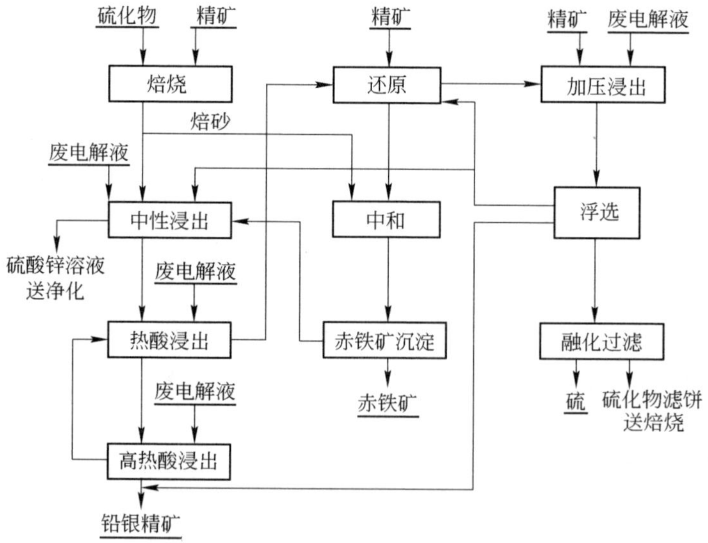

图 8－14 鲁尔锌厂加压浸出系统与原工艺结合的流程图

至1993年3月,鲁尔锌厂的锌生产工艺发生了重大变化。由于操作成本高,该厂自1979年以来就一直沿用的赤铁矿生产工艺停产。1993年6月再开工时,工艺流程已简化如图8-15所示。所处理的原料已不再是含还原渣40%~50%的混合原料,而是纯粹的锌精矿,由于物料中没有还原渣,锌浸出率平均达98%,高压釜的运转效率也提高至95%(见表8-14)。

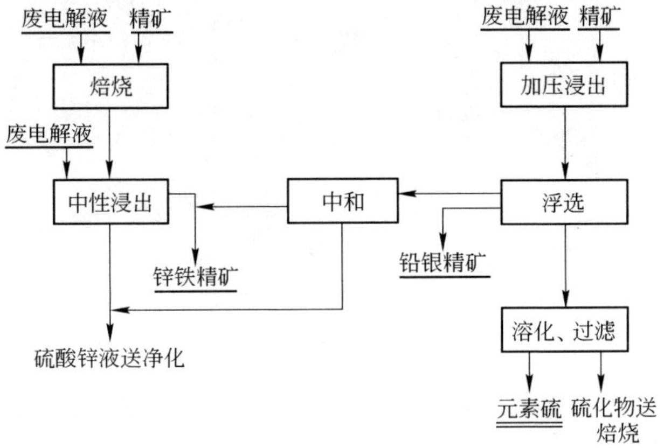

图8-15 鲁尔锌厂1993年6月后所用的简化流程

表8-14 鲁尔锌厂浸出作业指标

项 目		1991年~1993年5月	1993年6月~1994年5月
原料/%	精 矿	50~60	100
	还原渣	40~50	
物料含锌/%		30~40	45~50
高压釜运转率/%		95	95
锌浸出率/%		>97	>97
硫回收率/%		85~90	85~90
浮选精矿成分/%	Pb	30~35	20
	Fe	5~6	8
	SiO_2	8~10	10~12
	S^0	<2	<5
	Zn	1~2	1~2

8.3.4.4 哈得逊湾矿冶公司锌厂(HBMS)

HBMS公司原有锌厂采用传统湿法炼锌流程,经改造于1993年7月2日在世界上首次启动了锌精矿二段加压浸出并完全取代了原有的传统湿法工艺,成为世界上第一个完全采用加压浸出技术的全湿法锌冶炼厂。HBMS公司二段加压浸出流程如图8-16所示。

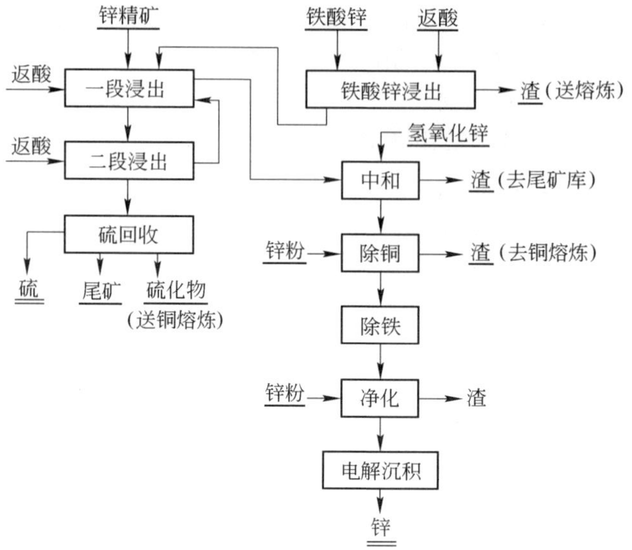

图 8-16 加拿大 HBMS 公司两段加压浸出湿法炼锌工艺流程

锌精矿先运送至535 吨的料仓,再送 ϕ3.8 m×4.6 m 的球磨机细磨,经 150 mm 旋流器,含 98% 精矿粒度 -44 μm 的溢流经筛分后送至 ϕ8 m 浓密机,经浓密至含固量 70% 的底流矿浆再经高压泵打入高压釜。将第一、二段浸出 3 台闪蒸槽释放的蒸汽收集并用于废电解液预热。锌精矿与二段浸出液、废电解液及铁渣浸出液合并泵入高压釜第一室后,保持第一室温度 145 ~150℃,时间约 1 h,一段锌浸出率大于 75%,一段浸出矿浆经闪蒸、中间调整槽和浓密,溢流送往溶液处理工序再送净化和电积。一段浸出浓密底流泵入二段高压釜,浸出温度同第一段,但酸度更高,锌浸出率达 98%,二段浸出矿浆经闪蒸、调整及浓密后,溢流返回一段浸出,二段浸出浓密底流经两段过滤两段洗涤送硫磺回收系统。第一段浸出液含硫酸 8 ~10 g/L、Fe 1 ~2 g/L,送净化电积前需中和游离酸及沉淀铁。首先用氢氧化锌泥浆中和溶液至 pH 值 3.5 左右,然后加氢氧化锌至溶液 pH 值 4.4 ~4.5 左右,鼓入空气氧化中和除铁,除铁后溢流送净化工序,底流回除钙镁工序。

除锌精矿氧压酸浸外,还有铁渣浸出工序,即处理原焙烧浸出系统产出的铁渣,部分废电解液直接浸出铁渣,浸出矿浆再送浓密,底流经过滤得到贵金属含量较高的滤渣,再送铜冶炼系统,溢流含 Fe 15 ~17 g/L、硫酸 60 ~70 g/L,与废电解液合并后送第一段氧压浸出。当堆存铁渣处理完毕后,该浸出工序即可切除。

HBMS 公司两段加压浸出所用都是 ϕ3.9 m×21.5 m 四室高压釜。锌加压浸出一直运作良好,1993 年第 3 季度精矿处理能力为 14.9 t/h,第 4 季度达到 20.6 t/h,1994 年四个季度平均处理精矿 20.4 t/h,自高压釜开始运转一年后即达到了设计能力(21.6t/h)。二段加压锌浸出率超过了99%。

HBMS公司两段加压浸出的成功运作,证明氧压酸浸工艺在锌工业生产中是一种安全可靠且适应强的生产方法,尤其在环境保护方面是一项重大进步。

8.3.4.5 国内锌精加压浸出工业实践

以云南冶金集团股份公司(以下简称"云冶公司")为例介绍国内锌精矿加压浸出的工业实践。

云冶公司自主开发出锌精矿一段加压浸出和两段加压浸出工艺,其一段加压浸出工厂即云南永昌铅锌股份有限公司,位于云南省保山市龙陵县勐糯镇,年生产规模为1万吨电锌,处理精矿能力设计值为3.3t/h,实际处理量为2.5t/h。由于一段加压浸出工艺主要用于传统湿法炼锌厂扩大规模时采用,故压力浸出液用焙砂中和残酸并入原系统进行净化、电积生产电锌(如图8-17所示)。基于该厂实践,云冶公司锌精矿一段加压浸出技术又推广到云南建水合兴矿冶有限责任公司,该公司年生产规模为1万吨电锌。云冶公司两段加压浸出工厂即云南澜沧铅矿有限公司,位于云南省普洱市澜沧县,年生产规模为2万吨电锌,处理精矿能力设计值为5~8t/h,实际处理量为4t/h。两段加压浸出工艺如图8-18所示。云冶公司锌精矿两段加压浸出技术已推广至大兴安岭云冶矿业开发有限公司,该公司年生产规模为2万吨电锌,目前正在试生产。

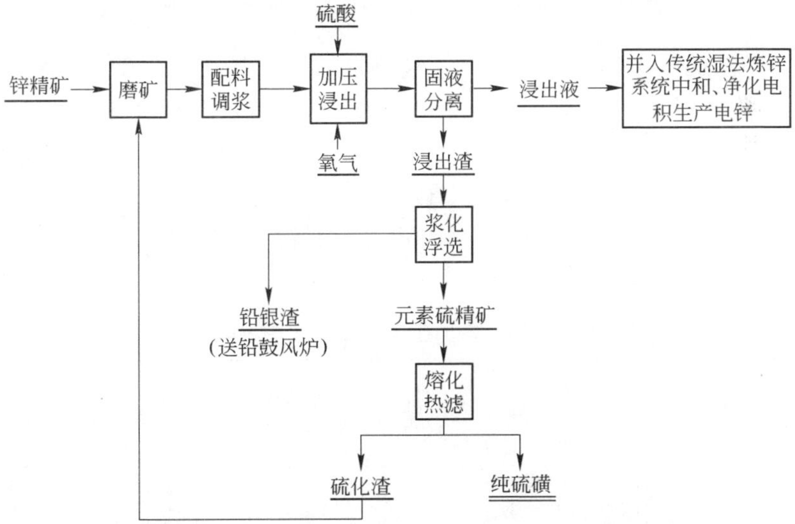

图8-17 云冶公司锌精矿一段加压浸出工艺流程

云冶公司围绕大型、高温、高压、耐蚀、耐磨的压力釜设备进行了技术集成和创新研究,工作主要有:与国内生产企业合作开展研制了加压矿浆计量特种泵;开发了氧气供应和弥散系统;开发了搅拌密封液的自动伺服系统等。云冶公司目前能

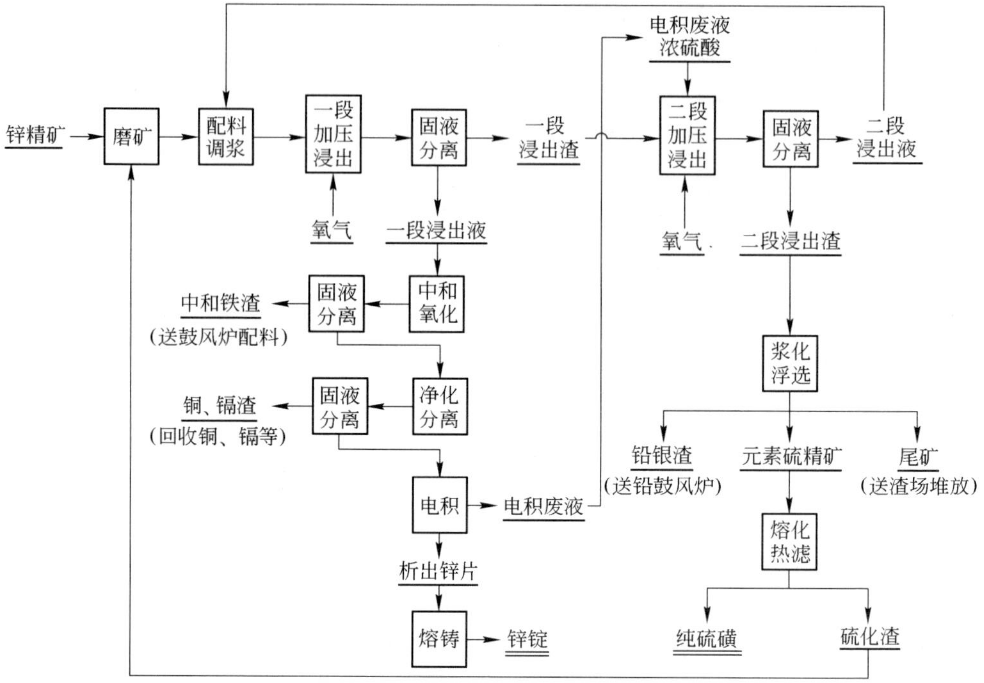

图 8-18 云冶公司锌精矿两段加压浸出工艺流程

开发满足高温、加压、硫酸介质、纯氧气氛、机械搅拌、精矿磨损等苛刻浸出环境要求的加压釜附属设备。由该公司开发的 100 m^3 压力釜及配套设备在大兴安岭云冶矿业开发有限公司即将投产使用,该公司还正在为呼伦贝尔年产 14 万吨的电锌工程氧压浸出系统实施 500 m^3 压力釜及配套设备项目。

特雷尔厂、蒂明斯厂、鲁尔锌厂、HBMS 公司锌厂以及国内厂家的锌精矿氧压酸浸生产工艺参数比较见表 8-15。

表 8-15 各加压浸出工厂工艺参数

名 称	特雷尔厂(Trail Cominco)	蒂明斯厂(Falconbrideg Ti mins)	鲁尔锌厂(Ruhr Zink)	加拿大 HBMS 公司	云冶永昌公司	云冶澜沧公司
四室高压釜	ϕ3.7 m × 15.2 m 釜体为低碳钢,内衬铅、耐酸高温纤维和耐酸砖	ϕ3.2 m × 12.2 m 釜体为低碳钢,内衬铅和耐酸砖,内部零件由钛和 904 L 不锈钢制成	—	ϕ3.9 m × 21.5 m	ϕ2.6 m × 10.6 m 釜体为低碳钢,内衬铅和耐酸砖,内部零件由钛组成	ϕ2.6 m × 10.6 m 釜体为低碳钢,内衬铅和耐酸砖,内部零件由钛钢制成
总压/kPa	1250 ~ 1300	1100 ~ 1240	1600	1100 ~ 1200	1200	1200
温度/℃	140 ~ 155	130 ~ 145	150	140 ~ 145	135 ~ 165	150

续表 8-15

名 称	特雷尔厂(Trail Cominco)	蒂明斯厂(Falconbrideg Ti mins)	鲁尔锌厂(Ruhr Zink)	加拿大 HBMS 公司	云冶永昌公司	云冶澜沧公司
处理时间/min	100	120	90	40~60(第一级) 40~120(第二级)	90	一段:60 二段:90
运转率/%	90	90.2	95	—	95	90
锌浸出率/%	98	98	>97	>99	98	>98
硫回收率/%	83~91	未回收硫	85~90	—	70	80

8.4 难处理金矿的加压氧化[17,39,51~54,73~77,89~96]

难处理金矿是指那些金以次显微形态存在,也可能是包含于黄铁矿或砷黄铁矿晶格中,即使矿石磨得很细也无法使金解离,以致不能用传统的氰化法加以回收的金矿物,其中,最具有代表性的载金矿物是黄铁矿和砷黄铁矿。通常,难处理金矿需经预处理才能有效回收金。目前,难处理金矿预处理工艺主要有氧化焙烧、加压氧化和微生物氧化三大类。其中,氧化焙烧预处理是经典的工业生产方法。经氧化焙烧产出一种多孔焙砂,进而氰化浸金。由于焙烧工艺易造成环境污染,在各国对环保日益重视的背景下,焙烧预处理工艺已显得有些过时和落后了。

加压氧化是在一定温度和压力下,加入酸或碱氧化分解难处理金矿中的砷化物和硫化物,使金颗粒暴露出来,便于后续氰化法浸金。加压氧化法既可以处理金矿中的原矿,也可以处理金精矿。加压氧化过程所用的溶液介质可根据物料的性质加以选定,当金矿的脉石矿物主要为酸性物质时(如石英及硅酸盐等),多采用酸法加压氧化;当金矿的脉石矿物主要为碱性物质时(如含钙、镁的碳酸盐等),则采用碱法加压氧化。加压氧化法的优点是:反应速度快、对环境污染小、对矿物适应性强、对锑铅等有害杂质的敏感性低。加压氧化法能有效地从难处理金矿中提取金,近年来国际上新建立工厂多采用该法。

8.4.1 加压预氧化化学

黄铁矿和砷黄铁矿的加压氧化既能在碱性介质也能在酸性介质中进行,碱法加压氧化产出渣的基本组成是 Fe_2O_3,而矿石中的硫和砷则转化为可溶性的硫酸盐和砷酸盐。相对而言,酸法加压氧化发展更快,而且被认为是复杂难处理金矿氧化最具前途的方法,因此,以下将着重介绍酸法加压氧化。

8.4.1.1 *黄铁矿*

在酸性水溶液中,黄铁矿加压氧化的产物主要有二价铁离子、三价铁离子、硫酸根离子和单质硫等。三价铁离子大都以赤铁矿或铁矾形式沉淀或生成硫酸高铁，这取决于不同的氧化条件，如温度、时间、氧分压、酸度、硫酸盐浓度等。温度及氧分压对黄铁矿氧化的影响见图 8-19 和图 8-20。由图可见，高温高压可以促进黄铁矿氧化。一般金矿加压氧化的温度为 180 ~ 225℃，氧分压 500 ~ 1500 kPa，总压力 1100 ~ 3200 kPa。

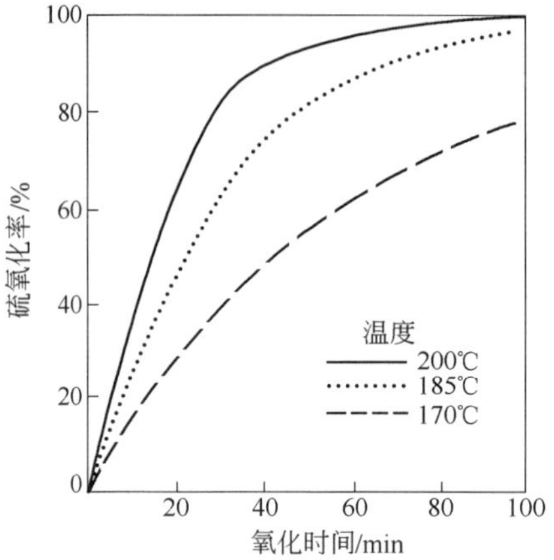

图 8-19 温度对黄铁矿氧化的影响

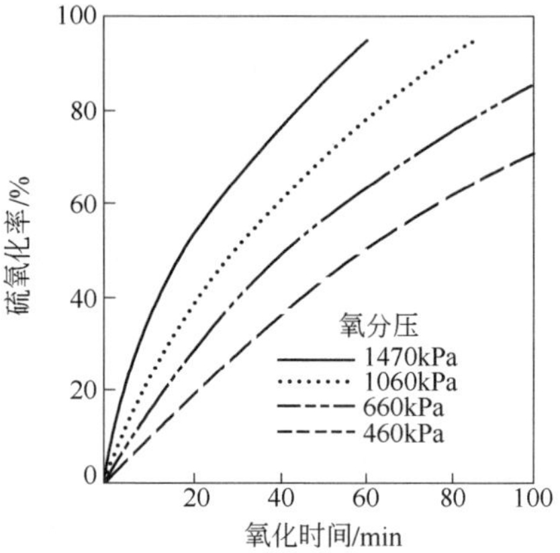

图 8-20 氧分压对黄铁矿氧化的影响

一般认为，黄铁矿氧化时有两个竞争反应存在：

$$FeS_2 + 7/2O_2 + H_2O \longrightarrow FeSO_4 + H_2SO_4 \quad (8-58)$$

$$FeS_2 + 2O_2 \longrightarrow FeSO_4 + S^0 \quad (8-59)$$

当温度大大高于硫的熔点时，式 8-58 反应占优势。上述两反应生成的二价铁会进而氧化成三价铁：

$$2FeSO_4 + 1/2O_2 + H_2SO_4 \longrightarrow Fe_2(SO_4)_3 + H_2O \quad (8-60)$$

研究表明，Fe^{3+} 具有使黄铁矿加速氧化的作用，特别是在反应的初期，Fe^{3+} 的这种作用非常明显，但 Fe^{3+} 并未充当催化剂。当氧化温度高于 423K 时，Fe^{3+} 将发生以下水解反应，在低酸度下，反应式为：

$$Fe_2(SO_4)_3 + 3H_2O \longrightarrow Fe_2O_3 + 3H_2SO_4 \quad (8-61)$$

在高酸度下，反应式为：

$$Fe_2(SO_4)_3 + 2H_2O \longrightarrow 2FeOHSO_4 + H_2SO_4 \quad (8-62)$$

Fe^{3+} 水解也会生成铁矾类化合物，反应如式 8 - 63 所示。但相对于生成 Fe_2O_3 和生成 $FeOHSO_4$ 的反应而言，生成铁矾的反应更为次要。

$$3Fe_2(SO_4)_3 + 14H_2O \longrightarrow 2H_3OFe_3(SO_4)_2(OH)_6 + H_2SO_4 \quad (8-63)$$

从经济角度来看，在加压氧化中黄铁矿最好还是生成赤铁矿沉淀，这对后续的中和及金回收等操作而言都是有利的。有研究表明，生成 Fe_2O_3 沉淀的条件是，溶液中 H_2SO_4 浓度上限为 55 g/L（温度为 443 K）和 70 g/L（温度为 473 K）；如果溶液中含有惰性盐类(如 $MgSO_4$等),则 H_2SO_4浓度的上限可扩展到 100 g/L。

对于黄铁矿加压氧化溶解,还有研究提出另一种机理学说,即溶液中的氧直接氧化黄铁矿表面并生成 $\alpha-Fe_2O_3$,然后与溶液中的 H^+ 作用产生 Fe^{3+},再是溶液中的 Fe^{3+} 与 FeS_2及 S^0反应产生 Fe^{2+},有关反应式如下:

$$FeS_2 + 9/2O_2 + 2H_2O \longrightarrow \alpha - Fe_2O_3 + 2SO_4^{2-} + 2S^0 + 4H^+ \quad (8-64)$$

$$\alpha - Fe_2O_3 + 6H^+ \longrightarrow 3H_2O + 2Fe^{2+} \quad (8-65)$$

$$6Fe^{3+} + S^0 + 4H_2O \longrightarrow 6Fe^{2+} + SO_4{}^{2-} + 8H^+ \quad (8-66)$$

$$14Fe^{3+} + FeS_2 + 8H_2O \longrightarrow 15Fe^{2+} + 2SO_4^{2-} + 16H^+ \quad (8-67)$$

$$S^0 + 3/2O_2 + H_2O \longrightarrow SO_4^{2-} + 2H^+ \quad (8-68)$$

除在硫酸介质外,黄铁矿在硝酸介质中也会发生氧化反应,反应式如下:

$$FeS_2 + 5HNO_3 \longrightarrow 1/2\ Fe_2(SO_4)_3 + H_2SO_4 + 5NO + 2H_2O \quad (8-69)$$

反应生成的 NO 进入气相,遇 O_2再氧化成 NO_2并转入液相:

$$2NO + O_2 \longrightarrow 2NO_2 \quad (8-70)$$

$$3NO_2 + H_2O \longrightarrow 2HNO_3 + NO \quad (8-71)$$

8.4.1.2 *砷黄铁矿*

有研究表明,砷黄铁矿在硫酸介质加压氧化过程中首先产生三价砷酸 H_3AsO_3和二价铁,随后进一步氧化成五价砷酸 H_3AsO_4和三价铁。在较低的氧化温度(373 ~ 433 K)和较高酸度条件下,有单质硫产生。

一般认为,砷黄铁矿在硫酸溶液中的加压氧化反应如下:

$$2FeAsS + 13/2O_2 + 3H_2O \longrightarrow 3H_3AsO_4 + 2FeSO_4 \quad (8-72)$$

$$2FeAsS + 7/2O_2 + 2H_2SO_4 + H_2O \longrightarrow 2H_3AsO_4 + 2FeSO_4 + 2S^0 \quad (8-73)$$

另有研究表明,氧化反应生成的单质硫实际上并非一种中间产物。实际上存在两个相互竞争的化学反应,相应的反应产物也不同,分别为单质硫和硫酸根。加拿大舍利特·高尔登矿业公司的研究结果进一步表明,高氧化温度可以避免单质硫的生成。

式 8-72 和式 8-73 中的 H_3AsO_4是反应初期的产物,当矿浆浓度高、反应时间长、高温及低酸度时,相当一部分砷以比较稳定的结晶状砷酸铁或臭葱石($FeAsO_4 \cdot 2H_2O$)形式沉淀,这已由 X 光衍射分析结果加以验证。由此可知,反应初期生成的 H_3AsO_4还将进一步按下式反应:

$$Fe_2(SO_4)_3 + 2H_3AsO_4 + 4H_2O \longrightarrow 2FeAsO_4 \cdot 2H_2O + 3H_2SO_4 \quad (8-74)$$

生成臭葱石沉淀和臭葱石结晶时 Fe^{3+} 活度与 As(V)及 pH 值之间的关系如图 8-21 所示,图中虚线反映了结晶臭葱石(或非晶型臭葱石)与针铁矿之间的平衡关系。由图可见,臭葱石稳定区相对较小,而且在中等 pH 值的条件下臭葱石有可能向针铁矿转变,在这过程中部分 As 将从沉淀中释放出来并进入水溶液。

除硫酸介质外,砷黄铁矿在硝酸介质中也将发生氧化反应,反应式如下:

$$3FeAsS + 14HNO_3 \longrightarrow Fe_2(SO_4)_3 + FeAsO_4 + 2H_3AsO_4 + 14NO + 4H_2O \quad (8-75)$$

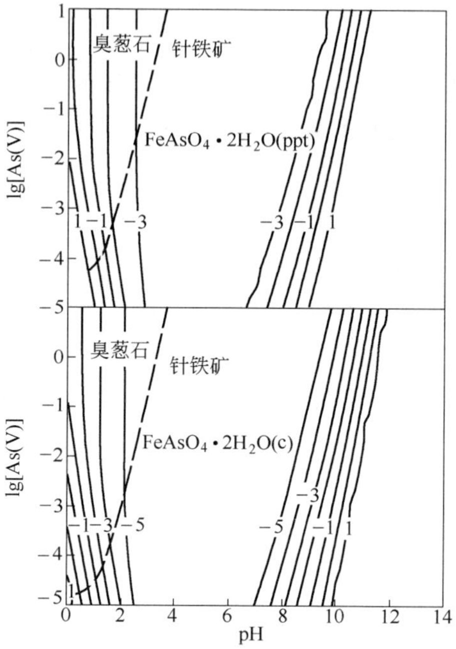

图 8-21　臭葱石沉淀时 Fe^{3+} 活度与 As(V)及 pH 值之间的关系

反应生成的 NO 遇 O_2再氧化成 NO_2并转入液相,反应式同式 8 -70 和式 8-71。

对于产自不同矿山的难处理金矿(含砷黄铁矿和黄铁矿),金的提取率与硫化物中硫的氧化程度之间的关系如图 8-22 所示。硫化物的氧化程度可以用电位来控制,实践表明,当矿浆的电位至少达到 450 mV 时,硫化物的氧化率才会大于 85%。

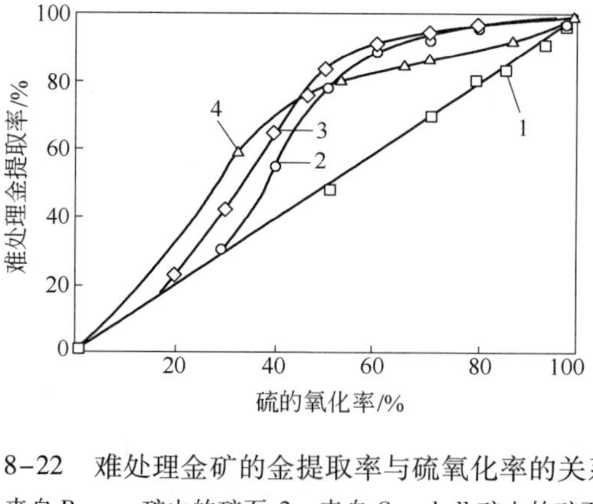

图 8-22　难处理金矿的金提取率与硫氧化率的关系

1—来自 Pergera 矿山的矿石;2—来自 Campbell 矿山的矿石;
3—来自 Giant 矿山的矿石;4—来自 Olympias 矿山的矿石

8.4.2 研究结果及工业实践

8.4.2.1 工艺流程

图 8-23 所示即为酸法加压预氧化难处理金矿的原则流程。复杂难处理金矿加压预氧化工艺设备连接示意图见图 8-24。

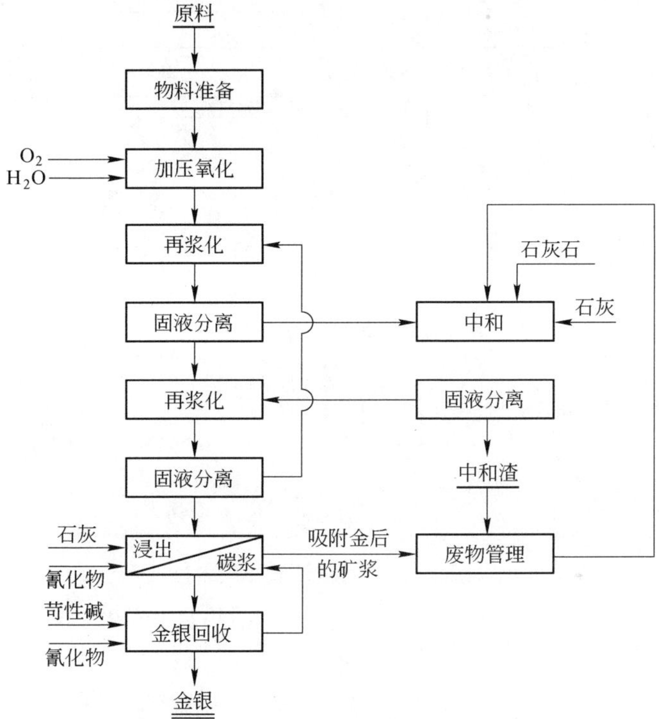

图 8-23 酸法加压预氧化难处理金矿原则流程

如图 8-24 所示，矿石经湿磨至 -200 目后直接送入拦废物筛以除去粒度大于 30 目的矿石及木屑和其他杂物，矿浆过筛后再送浓密机浓密，矿浆含固体量由 10% ~25% 提高至 50% ~55%，为促进固体物分离，在浓密机中往往要添加一定量的絮凝剂，浓密矿浆经输送泵送入一组酸化槽，目的是分解矿浆中所含碳酸盐并释放 CO_2 以提高后续压力釜氧化时氧气利用率。为促进 CO_2 脱除，酸化槽中往往通入压缩空气。酸处理时最好是采用压力釜所排矿浆的洗水来分解碳酸盐以节约用酸。经酸化处理后，送压力釜的矿浆中所含 CO_2 就低于 3%。酸化矿浆首先泵入一组砖衬喷汽加热塔，经与压力釜排出的蒸汽接触以达到预热矿浆的目的。还可考虑在预热矿浆中加入浓度 100×10^{-4}% 左右的氯化物以促进压力釜内硫化物氧化反应进行。压力釜内氧化温度为 185 ~ 235℃，氧分压 137.9 kPa，总压

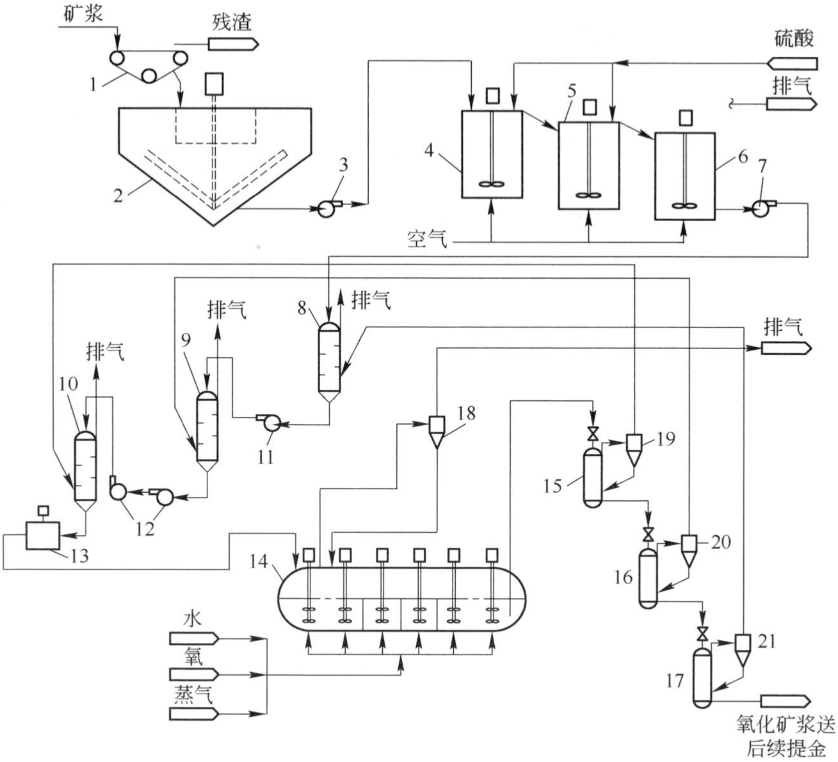

图 8-24 难处理金矿加压预氧化设备连接示意图

1—拦废物筛;2—浓密机;3,7,11,12—泵;4,5,6—酸化槽;8,9,10—喷汽加热塔;
13—隔膜泵;14—压力釜;15,16,17—闪蒸槽;18,19,20,21—旋流器

2.76～3.45 MPa。加压氧化时,利用硫化物氧化所放出的热来维持所需的反应温度,为调控温度,可以往压力釜内直接通入冷却水。经压力釜排出的矿浆经闪蒸槽冷却,再经固液分离以除去部分酸。矿浆在氰化之前还需洗涤以除去加压氧化时溶出的铜、锌等,同时也可除去易水解成泥状物的铝、铁和镁等。由铝、铁和镁等化合物水解生成的这类泥状物会使溶液的黏度增加,在矿浆氰化时,金易被这种泥状物吸附而造成损失;而在用活性炭吸附回收金时,活性炭也易被该泥状物玷污。因此,矿浆洗涤是难处理金矿酸法加压氧化流程中一道十分重要的工序。

8.4.2.2 物料

应根据物料的性质来选择合适的加压预氧化工艺。对一些可浮性差、含硫量低、含碳酸盐量高的难处理金矿(像来自美国内华达州许多金矿山的难处理金矿),可考虑选择碱性介质加压预氧化。如果在碱法加压预氧化时氢氧化钠消耗高而且砷、汞、铊等有害杂质也浸出时,那么选择酸性介质加压预氧化便更为合理了。

究竟是选择金矿石还是金精矿作为加压预氧化的原料，这需要综合考虑矿石的可浮性、矿石中硫的含量、碳酸盐含量和其他耗酸的脉石含量以及矿浆性质等因素。如果可能，最好选用经浮选产出的高品位精矿作为加压氧化原料。浮选目的主要有四点：一是将硫的含量提高到足以自热氧化的程度；二是适度提高金的品位；三是使给矿中硫化态的硫含量较均匀；四是降低碳酸盐脉石矿物和其他耗酸脉石矿物的含量。值得注意的是，压力氧化对金和硫品位的要求是"适度提高"，而不是越高越好，这是因为压力釜的尺寸规格主要取决于给料中硫的含量，而不是给料本身的数量。处理原料为金精矿时并不能大大减少压力釜的尺寸，但其他设备的尺寸可以减小。金矿石直接压力氧化虽然可以省略浮选作业而且金回收率相对较高，但是磨矿费用显著增高，多数情况下还需补加酸和热，氧利用率低，生产成本高。因此直接氧化只适宜处理浮游性不好或者含硫量已能满足或基本满足自热和自酸要求的金矿石。

如果金矿石中的硫含量波动比较大，则最好先经过选矿预处理。因为选出的精矿含硫量比较稳定，虽然加压氧化能通过调节加料量可以适应硫含量较宽的物料，但要想取得最好的操作指标仍需保证物料含硫量相对稳定。

硫化物加压氧化速率与矿物颗粒大小关系密切。有研究对 Porgera 精矿进行了粒度影响试验，结果表明，物料 80% 粒度从 $-110\ \mu m$ 降到 80% $-13\ \mu m$，氧化 95% 的硫所需时间从 92 min 明显降至 23 min。在综合比较由于精矿细磨所需的投资和操作费用以及压力釜尺寸及动力消耗后，认为这种物料最合适的颗粒尺寸应是 80% $-30\ \mu m$，过分细磨会给矿浆的液固分离带来困难。

8.4.2.3 预酸化

难处理金矿在进入压力釜氧化之前应进行预酸化，其目的有两点：一是除去金矿中的碳酸盐，这有利于保障加压氧化时氧的利用率；二是经预酸化处理后矿浆有足够的初始酸度和铁含量，可以促进硫化物氧化，而且使压力釜中的矿浆迅速到达所需温度。若加压氧化原料为精矿，虽然其碳酸盐含量较低，但预酸化处理仍有利于后续加压氧化操作。

8.4.2.4 减少单质硫的生成

加压氧化的一个目的是使金矿中的硫完全氧化成硫酸盐，为此应尽可能避免生成单质硫。许多硫化矿物，如砷黄铁矿、磁黄铁矿和一些贱金属硫化物等在氧化反应初期和中期都容易生成单质硫。生成的单质硫有可能包裹未反应硫化矿，而且单质硫易于团聚，使后续矿浆氰化效果降低。采用高于单质硫熔点（391 K）的加压氧化温度能有效抑制单质硫的生成。

8.4.2.5 氧化矿浆的洗涤

在加压氧化过程中，金从黄铁矿、砷黄铁矿包裹体中解离出来，但同时一些贱金属（如铝、铁、镁等）也溶出进入溶液。这些杂质元素在后续氰化浸出时不仅消耗氰化物还有可能形成泥状物，为此需在物料加压氧化之后氰化之前，对矿浆进行洗涤以除去贱金属杂质。采用水力旋流器的洗涤效果较好，经洗涤可以回收那些未反应的硫化物和包裹金的粗颗粒，然后再返回到压力釜，这能降低磨矿费用和设备投资费用。

8.4.2.6 在加压氧化中各元素行为

必须关注在金矿加压氧化过程中各元素行为。杂质元素既不能污染环境，而又能与主要金属分离，此外，杂质元素有时也能作为副产品加以回收。

硫化物中的锑化合物在加压氧化过程中会溶解，随后又发生水解沉淀。在氰化浸出时，因水解而沉淀的锑又被溶解，但锑对后段碳浆法回收金没有什么影响。

在加压氧化初期，砷以砷酸形式溶解，但随后以砷酸铁形式沉淀或生成复杂的铁砷硫酸盐沉淀。砷在压力釜中的沉淀情况取决于原料中的含砷量、铁与砷的比例、溶液的酸度和温度等，一般沉淀率为85%～95%。在后续提金中，氧化渣中砷的溶出几乎可以忽略不计，逆流洗涤产出的酸性水经中和处理可以除去砷，当溶液中的铁砷比高时，经中和将产出大量氢氧化物沉淀，通过物理（化学）吸附作用可进一步脱除溶液中的砷。

在加压氧化中，汞将大量转化成硫酸汞，并生成汞矾沉淀。虽然加压氧化可以处理含一定数量汞的难处理金矿，但由于在后续氰化浸出时汞仍会溶出，因此，仍有必要控制矿物原料中的汞含量。

难处理金矿石中的硫几乎全部氧化生成硫酸盐，所生成的硫酸盐是明矾石、矾类、硫酸高铁或硫酸钙等。即使存在一些不稳定的硫酸盐，也很容易在矿浆氰化前通过调控 pH 值将其转化为石膏，最终以石膏或矾－石膏形式排出。

难处理金矿中镉、钴、镍、铜和锌等贱金属在加压氧化时大量溶出，可以在随后的洗涤段被除去。在中和段，溶液中的金属离子以氢氧化物形式沉淀，硫化物中的铅转变为溶解度很小的硫酸盐和矾类。

在加压氧化初期，银有溶出，当三价铁水解沉淀时，银与三价铁沉淀所生成的矾类结合在一起，这使得银在后续的氰化浸出中回收率低于40%，有时甚至还低于10%。为此，有研究提出，在常压和温度363K 的条件下，用石灰分解氧化渣中的铁矾1～2h，该方法不仅能有效提高银的回收率，而且还有助于提高金的回收率。

8.4.2.7 工业实践

自1985年以来，已经有一批采用加压预氧化处理难处理金矿的工厂投产，还有一些工厂正在建设中，部分已投产工厂的生产概况见表8－16。由表可见，除Mercur 金矿外，其他大多采用酸法加压氧化工艺。对于处理金矿石的工厂，各厂额定处理能力在680～11580t/d 范围并设1～6台压力釜；对于金精矿的工厂，各厂额定处理能力在75～2500t/d 范围，高压釜也有1～6台。以下以麦克劳林金矿（Mclanghlin Gold Mine）为例，介绍难处理金矿加压预氧化工业实践。

表 8-16 难处理金矿加压氧化工厂概况

矿　山	国家	介质	给矿类型	额定处理能力/$t \cdot d^{-1}$	高压釜台数/台	投产日期	直接氰化金浸出率/%	预氧化后金浸出率/%
Mclaughlin	美国	酸性	矿石	2700	3	1985 年	0 ~ 65	>90
Sao Bento	巴西	酸性	精矿	240	2	1986 年		90
Mercur	美国	碱性	矿石	680	1	1988 年	20 ~ 60	>90
Getchell	美国	酸性	矿石	2730 1360	3 1	1988 年 1990 年		
Goldstrike	美国	酸性	美国	5400 11580	3 6	1991 年 1993 年		
Porgera	巴布亚新几内亚	酸性	精矿	2500 2700	6 6	1991 年 1994 年		95.5
Campbell	加拿大	酸性	精矿	75	1	1991 年		
Olympias	希腊	酸性	精矿	315	2	1990 年		97
Lihir	巴布亚新几内亚	酸性	矿石	9500	6	1997 年	8 ~ 30	
萨　格	美国	酸性	矿石	7528		1997 年	1	90 ~ 93
Long Tree	美国	酸性	矿石	2270		1994 年		90
Nerco Con	加拿大	酸性	精矿	100	1	1992 年		93

麦克劳林工厂是世界上第一家应用加压氧化法处理难浸金矿石的工厂，于1985 年 9 月投产。该厂位于美国加利福尼亚州，属于荷姆斯特克矿业公司(Homestake Mining Company)。麦克劳林金矿矿石平均含金为 5.21 g/t，金与细粒硫化物共生，呈浸染状。矿石中主要硫化物是黄铁矿，此外还有少量黄铜矿、闪锌矿和辰砂。建厂前曾试验过矿石直接氰化浸出、精矿焙烧后再氰化、氯气氧化后氰化、硫脲法、海波法等工艺，但提金效果都不理想。矿石经酸法加压氧化处理后，再经氰化浸出和活性炭吸附，氰化尾渣含金低至 0.3 g/t，金浸出率达到 92%，该厂最终采用加压氧化工艺。图 8-25 所示即为麦克劳林提金厂的工艺流程。

由图 8-25 可见，矿石经细磨至 80% 粒度为 -75 μm，再调制成固体含量 40% ~ 50% 的矿浆，然后泵送到距矿山 7.5 km 的提金厂。矿浆在进压力釜之前与逆流洗涤返回的溶液混合，由于该溶液含有加压氧化段产出的酸，因而能分解并除去矿石中的碳酸盐。酸化处理在预氧化段进行，预氧化段是由一组不锈钢制的搅拌槽组成。酸化后的矿浆送直径 16.8 m 的不锈钢浓密槽，上清液经石灰中和沉淀金属离子后，再返回到逆流洗涤段用作加压氧化后渣的洗水，浓密底流则送压力釜。

矿浆在进压力釜前，经离心泵送至二级喷溅 - 闪蒸(Splash-flash)钛热交换器，参与热量交换的蒸汽是由设置在压力釜后面的闪蒸槽回收得到的。预热矿浆再经

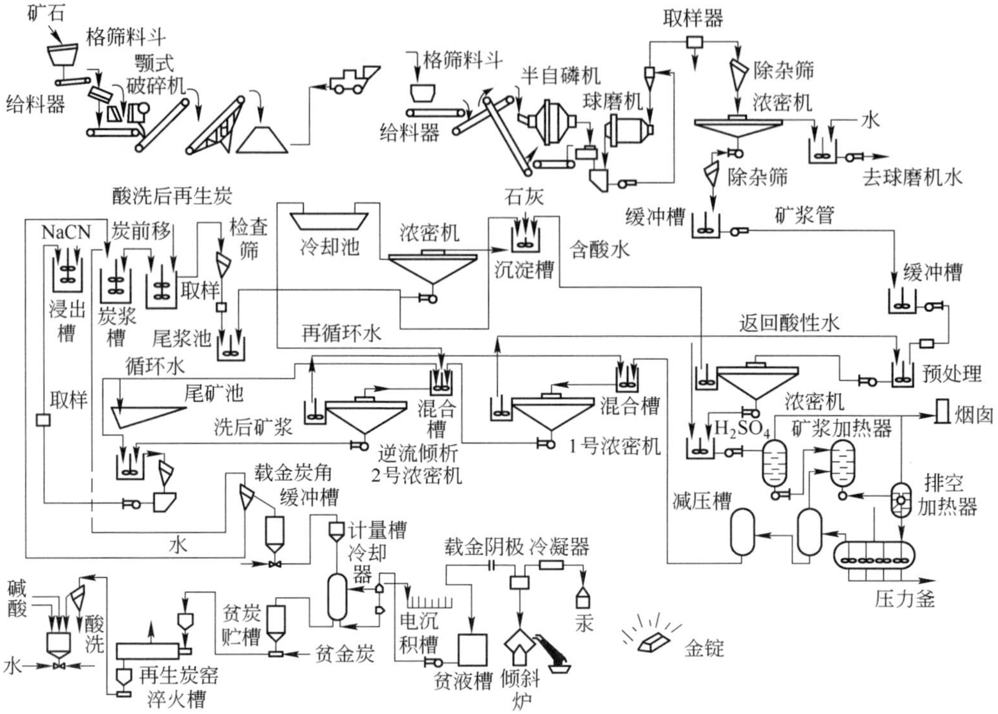

图 8-25 麦克劳林提金厂工艺流程

隔膜泵泵入压力釜中。一般情况下,矿浆进入压力釜时温度为 363 ~ 383 K,pH 值约 1.8 ~ 1.9。

压力釜为卧式,分四隔室、钢外壳、内衬耐酸砖和铅板,内径 4.2 m、长 16.2 m,在各隔室中均设有用钛轴和陶瓷叶片制成的搅拌桨。逐步加热矿浆到 433 ~ 453K,利用矿石中的硫化物反应热来维持釜内温度。当矿石硫含量较低时,为满足温度需要应喷入蒸汽。反应所需氧气来自一间日产 300 t 氧气工厂,氧气喷入压力釜以维持氧分压 140 ~ 280 kPa,矿浆在压力釜中停留时间约为 90 min。

加压氧化处理后,矿浆由压力釜排入闪蒸槽。由闪蒸槽产出的蒸汽可返回并用于预热矿浆。由闪蒸槽所排矿浆再送由二段逆流洗涤,酸性洗涤水再返回到预氧化段用于矿石酸化,洗涤后的矿浆再用石灰乳中和到 pH 值为 10.8。

麦克劳林提金厂近年来所用的压力釜在运行可靠性和生产能力提高等方面又有了重大改进。实践表明,难处理金矿采用加压氧化预处理后,相比直接氰化,每吨矿石多回收 1 g 金。麦克劳林金矿加压氧化工艺的成功运行,为复杂金矿处理提供了一条新的途径,其设计和建厂经验以及生产操作数据对于后来新建厂设计及投产都具有重要的指导作用。

难处理金矿的加压氧化处理已历经了从小型试验到扩大试验、半工业试验再到工业化生产的发展历程。随着人们对加压氧化理论研究的不断深入，所建工业生产厂成功投产和示范，可以预料，今后难处理金矿加压氧化工艺及工厂还会有更进一步的发展。

8.5 压力釜[36,37,41,50,93,94,97]

8.5.1 压力釜的结构及材料

加压浸出需使用压力反应容器。对于浸出过程中无需鼓入空气或氧气时，为防止蒸气逸散，采用密闭反应容器即可。机械搅拌密闭浸出槽如图 8-26 所示。此时，浸出所需的压力条件主要是借助于溶液的蒸气压来取得。密闭浸出方式多见于铝土矿、白钨矿、钛铁矿、红土矿等矿物的溶出。对于浸出过程中需鼓入空气或氧气作氧化剂时，氧分压往往为浸出速率的控制性因素，在某一温度条件下，随氧分压增大，浸出速率明显增大。相对而言，采用氧气作氧化剂更为有利，因为在相同需氧量条件下，压力釜总压将更低，压力釜设计要求也随之降低，压力釜尺寸也可以减小。

图 8-26　机械搅拌密闭浸出槽外观

压力釜设计必须要考虑矿石或精矿处理量、给料速度、矿石品位、矿浆停留时间、操作温度、操作压力及矿浆浓度等多个因素。对于难处理金矿加压预氧化用压力釜，其尺寸还与矿石含硫量直接有关。工业用加压浸出设备容积通常在 10 ~ 70 m^3，操作压力在 2500 ~ 5000 kPa，有多种类型，如加压的帕丘卡槽、压力塔、压力球罐、压力锅、立式压力釜、管式压力釜及卧式压力釜。压力釜搅拌方式有多种，既有高压蒸气搅拌，也有机械搅拌，甚至还有通过旋转整个压力釜来实现搅拌。立式压力釜多为蒸气搅拌，也有机械搅拌；卧式压力釜多为叶轮机械搅拌，而球形压力釜则通过沿着水平中轴线缓慢转动来达到搅拌目的。其中，蒸气搅拌及压力釜旋转搅拌方式所需的设备维护费用是最低的，而叶轮机械搅拌方式由于需要旋转轴致使设备维护费用通常较高。

就结构而言，蒸气搅拌压力釜属最简单的一类。如图 8-27 所示，蒸气搅拌压力釜两端呈球形并与圆柱形钢制釜体焊接而成，釜体外有一层绝热层以保温。该类压力釜直径约 1.5～2 m，高约 6～12 m，在压力釜的顶部设有矿浆入口、压力表、安全阀以及排料管，蒸气直通入釜底用于加热并搅拌。该类压力釜主要是用于铝土矿 NaOH 溶出，操作温度和压力分别为 140～150℃ 和 2500～3500 kPa。此外，在氧化矿的酸浸时，所采用的蒸气搅拌压力釜会内衬耐酸砖，如 20 世纪 60 年代古巴毛阿冶炼厂（Moa Plant，Cuba）在 250℃ 和 4000 kPa 条件下硫酸浸出红土矿时，压力釜就采用了防酸内衬材料，即在钢壳内层先衬了 6 mm 厚的金属铅，而保护砖衬则由耐酸砖和碳砖构成，碳砖可以对耐酸砖起到保护作用，防止其因受侵蚀而破裂。压力釜内所有器件以及各连接管道均为钛制，除非温度低于 100℃ 处才用不锈钢材质。

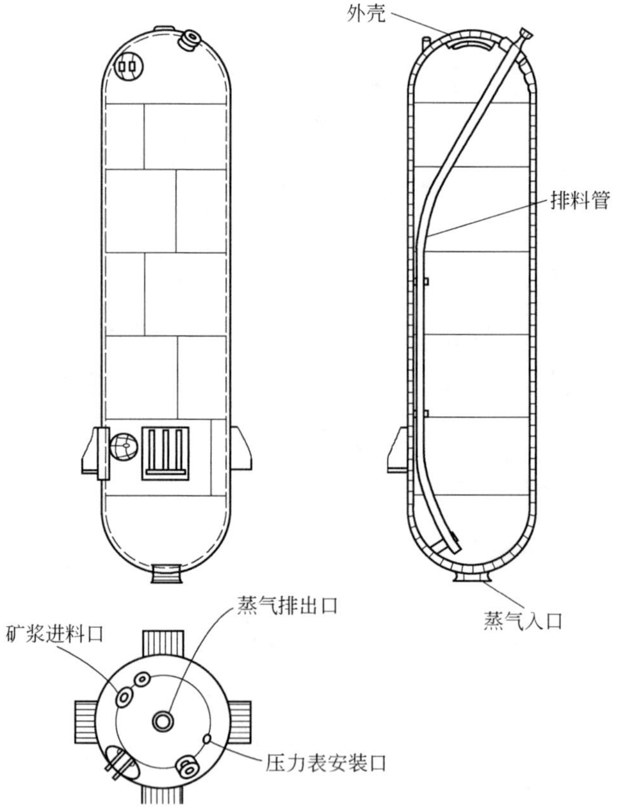

图 8-27　蒸气搅拌立式压力釜结构示意图

旋转式压力釜形状上有筒形或球形，由合适内衬的钢材制成，沿转轴转动，转速约 8 ~ 15 r/min。装料或卸料以及蒸气导入都是通过中空轴完成的。当浸出反应生成难溶产物并包覆矿物颗粒进而影响浸出效率时，可在釜内装一些钢球，通过钢球在釜内转动和撞击以破坏难溶产物包覆层，促进浸出剂与未反应矿物颗粒的接触进而促进浸出。图 8-28 和图 8-29 所示分别为 225℃ 和 2500 kPa 条件下浸出钨精矿和钼精矿的筒形压力釜，而图 8-30 所示为用于钛矿浸出的球形压力釜。

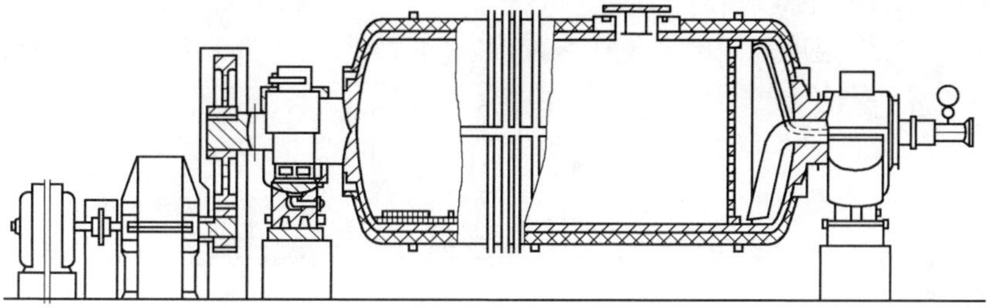

图 8-28　筒形旋转式压力釜结构示意图

图 8-29　旋转式压力釜外观

图 8-30　球形压力釜外观

管式压力釜为外加热厚壁管道状，矿浆由一端泵入，由另一端排出，20 世纪 60 年代联邦德国就采用管式压力釜连续浸出铝土矿，如图 8-31 和图 8-32 所示。管式压力釜直径约 30 cm，长约 30 ~ 50 m。能在如此长的管道内实现矿浆流动，这主要还得益于隔膜活塞泵的技术进步，隔膜活塞泵能达到 10000 ~ 20000 kPa 的压力。管道内浸出反应所需的热量主要还是来自于矿浆所带来的热量，外部供热也仅通过在压力釜的一端通入蒸汽来实现。管式压力釜浸出具有浸出时间短（仅 2 ~ 3 min）、热效率高和低投资的特点。

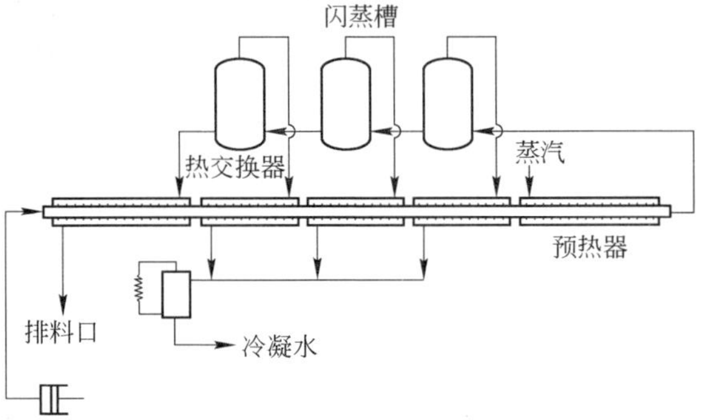

图 8-31　管式压力釜浸出系统示意图

图 8-32　管式压力釜外观

图 8-33 所示为机械搅拌立式压力釜，用于铀矿浸出的立式压力釜直径约3 m，高约 6 m。当浸出过程中需通氧时，可以通过机械搅拌以强化气 - 液接触，此时所用压力釜多为卧式多隔室。在重有色金属的加压湿法冶金中，用得最为普遍的就是卧式压力釜。从 20 世纪 50 年代第一个加压湿法冶金工厂投产以来，几乎所有的工业生产厂都采用了卧式压力釜。

在工业生产中，物料通过加压泵泵入卧式压力釜的一端，矿浆通过 V 形隔墙从一室流入另一室，矿浆从压力釜的另一端排出。压力釜填充率通常为 65% ~

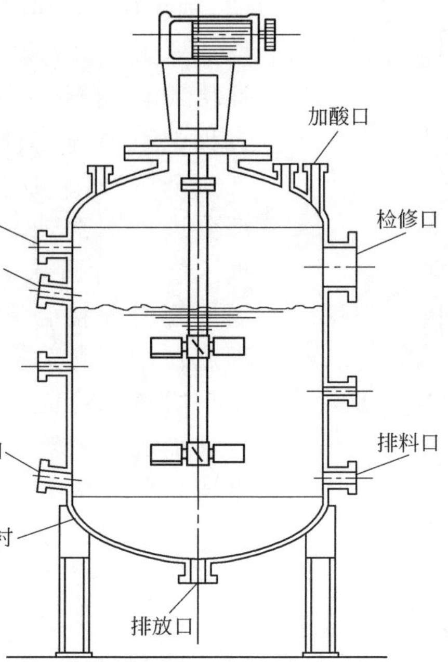

图 8-33 机械搅拌立式压力釜结构示意图

70%(静态),以保证气体有足够的蒸发空间,从而避免安全阀口堵塞。一般情况下,为便于加工好的釜体运输和安装,卧式压力釜直径最大约 3.3 m,如果直径还需更大,则必须就地加工和安装了。卧式压力釜体长约直径的 4 倍,即对于直径 3.3 m 的卧式压力釜而言,其长约 13.2 m。按填充率 65% 计算,其静态操作空间就有 77.3 m^3。卧式压力釜多设计为四隔室,如果隔室数过多,为保证矿浆在各室间流动所需的静压力,势必会浪费过多空间。各隔室均有电驱动叶轮搅拌(如图 8-34 所示)。由搅拌装置结构图(见图 8-35)可知,每套搅拌装置由电机、减速机、联轴

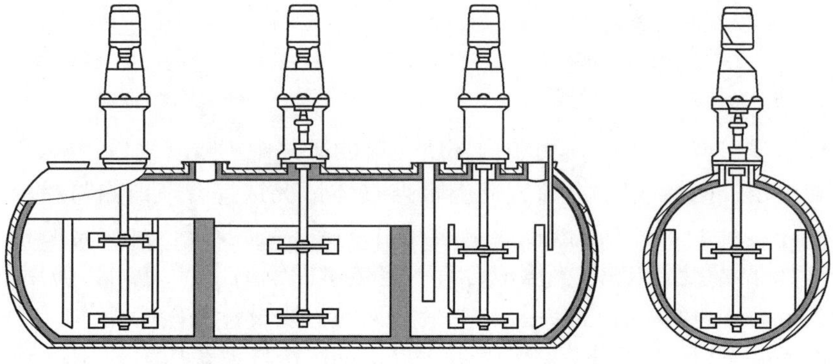

图 8-34 卧式机械搅拌压力釜结构示意图

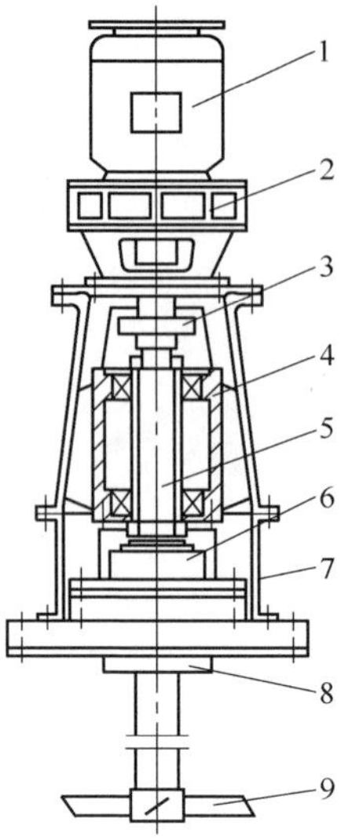

图 8-35 搅拌装置结构图
1—电机;2—减速机;3—联轴器;4—轴承座;
5—搅拌轴;6—机械密封;7—底座;
8—冷却水套;9—搅拌桨

器、轴承座、搅拌轴、机械密封装置、底座和搅拌器组成,减速机的出轴与搅拌轴依靠弹性块式联轴器连接。为避免搅拌轴在旋转过程中不慎与其他部件发生摩擦而引发生产安全事故,一般会对容易产生相对运动的部分进行隔离或加固设计。浸出所需的氧气或空气由通入各室的专用氧气管供给。氧气管由外接管和弯管组成,靠上、下支撑固定在釜内支架上(见图 8-36),弯管下端水平段氧气管置于搅拌器侧下方,垂直于搅拌轴轴线吹出氧气,氧气在搅拌桨的搅拌下迅速分散并参与反应并在底部叶轮某个位置通入以强化搅拌。气体经排气阀不断排出以除去不凝性气体,从而保证所需的氧分压。为控制浸出反应温度,一般压力釜内都设有冷却盘管,图 8-37 即为整体盘管组装示意图。

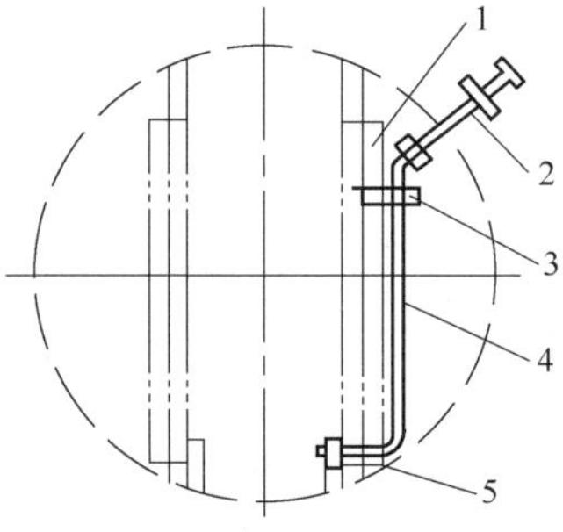

图 8-36 氧气管组装图
1—支架;2—外接管;3—上支管;
4—氧气管;5—下支管

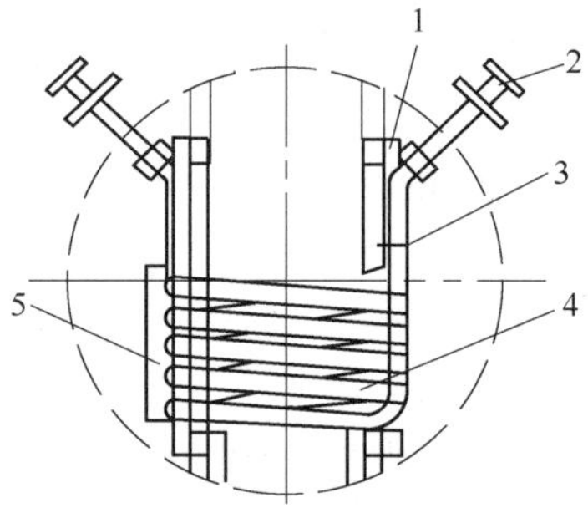

图 8-37 冷却盘管组装图
1—支架;2—外接管;3—U 形螺栓;
4—盘管;5—挡板

在加压浸出或氧化时,压力釜内部所接触的矿浆中不仅有固体物料,而且通常还含腐蚀性很强的酸或碱溶液,因此应根据具体情况选择合适的内衬材料和接触矿浆的部件。对于介质为硫酸铵或氨的浸出系统,容器及釜内部件材质常采用不锈钢;在稀硫酸氧化浸出中,当溶液含有一定数量的铜离子时,也可以使用不锈钢;对于卧式压力釜进行高温强酸浸出时,最常见的材质设计是碳钢壳体(在约 200℃ 操作温度条件下,压力釜外壳碳钢厚度约 60 mm,并与系统压力成正比)、内衬铅(厚度约 6 ~ 7 mm)或加强纤维乙烯基酯,为了降低衬铅表面温度,通常还再衬一层或两层耐酸砖(总厚约 230 mm)。图 8-38 即为卧式压力釜内衬耐酸砖现场图。

图 8-38　压力釜内衬耐酸砖现场图

由于在压力釜工作前和工作中内衬系统所受压力是变化的,因此,内衬必须能与压力釜升温、冷却等过程相适应,并将所受压力最小化,从而保护内衬。对于新内衬在投入使用前,一般需在沸点附近在酸性溶液中进行"蒸煮"预处理。在该预处理中,由于砖衬与酸发生化学反应致使砖衬产生不可逆膨胀,由此提高内衬系统的抗压强度。在压力釜工作的头几周,砖会发生膨胀并在持续数月后终止。此外,金属铅也是传统的内衬材料,但由于铅对人体健康具有一定的危害性,在铅衬安装时需有充足的预防措施,这既费时又费钱,而且在较高操作温度条件下喷嘴、管口附近区域铅衬也易腐蚀,因此,有的压力釜采用乙烯酯材料替代铅膜,更有采用氟聚合物膜作替代材料。目前,氟聚合物膜已成功应用于闪蒸槽。

近年来有的压力釜用钛作内衬。由于钛与铁之间并不具良好兼容性,因此多采用爆炸复合技术制造衬钛钢,即利用爆炸力在钛、铁两种金属间形成电子共有的冶金结合。钛内衬仅用于防腐,在计算壳体厚度时,钛内衬的强度并未考虑在内。当钛与基体金属的屈服强度低于 345MPa 时,两者之间结合才会产生较优的机械性能。因此,在中等强度压力容器钢(如 SA 516 Gr 70)表面衬钛时,所得钛衬的结合强度和韧性都将是理想的。符合 ASTM(北美压力容器设计标准)1 级、11 级和 17 级的金属钛具有相似的屈服强度和结合性能,上述钛材可用于镍冶金用压力釜生产。ASTM 各级金属钛的成分及力学性能如表 8-17 所示。

表 8-17　ASTM 各级金属钛的成分及力学性能

ASTM 级别	成　分	屈服强度 /klbf·in^{-2}	屈服应力 /klbf·in^{-2}	弹性模量 /Mlbf·in^{-2}
1	纯钛	35	25	14.9
2	纯钛	50	40	14.9

续表 8-17

ASTM 级别	成分	屈服强度 /klbf · in^{-2}	屈服应力 /klbf · in^{-2}	弹性模量 /Mlbf · in^{-2}
3	纯钛	65	55	14.9
4	纯钛	80	70	15
5	Ti6%、Al4%、V	130	120	16.4
7	Ti0.15%、Pd	50	40	14.9
9	Ti3%、Al2.5%、V	90	70	13.1
11	Ti0.15%、Pd	35	25	14.9
12	Ti0.3%、Mo0.8%、Ni	70	50	14.9
13	Ti0.5%、Ni0.05%、Ru	40	25	14.9
14	Ti0.5%、Ni0.05%、Ru	60	40	14.9
15	Ti0.5%、Ni0.05%、Ru	70	55	14.9
16	Ti0.05%、Pd	50	40	14.9
17	Ti0.05%、Pd	35	25	14.9
18	Ti3%、Al2.5%、V0.05%、Pd	90	70	15.3
19	Ti3%、Al8%、V6%、Cr4%、Zr4%、Mo	115	110	14.9
20	Ti3%、Al8%、V6%、Cr4%、Zr4%、Mo0.05%、Pd	115	110	14.9
21	Ti15%、Mo2.7%、Nb3%、Al0.25%、Si	115	110	14.9
23	Ti6%、Al4%、V	120	110	16.3
24	Ti6%、Al4%、V0.05%、Pd	130	120	16.4
25	Ti6%、Al4%、V0.05%、Ni0.05%、Pd	130	120	16.4
26	Ti0.1%、Ru	50	40	14.9
27	Ti0.1%、Ru	35	25	14.9
28	Ti3%、Al2.5%、V0.1%、Ru	90	70	13.1
29	Ti6%、Al4%、V0.1%、Ru	120	110	16.3

注：1lbf/in^2 = 6.9 kPa。

对于砖衬压力釜维护而言，最大的问题莫过于管口部位，特别是位于蒸汽区的管口。压力釜共计有 30 个接头管口，有管口处必有砖衬穿透，因此，为使砖衬穿透降至最低，一般将管口集中在一个区域，为此只需一次穿透砖衬即可满足多个管口连接要求。由于铅膜在高温下易蠕变且易受侵蚀，为此，铅膜受热温度一般要低于 85℃。由于釜内温度较高，虽经釜体多层环形材料热量传递时温度会逐步降低，但不足以降至铅膜可接受范围。为此，采用绝热砖、聚乙烯块和绝热绳等均见效不明显，此外还曾试用过将玻璃纤维覆盖于铅膜上或者用硫增强橡胶替换铅膜，但最有效的还是在钢壳内沿着管口方向置入因科镍 625 缠绕垫片，而垫片又可以被砖衬或砌砖泥浆以及垫衬所保护。垫衬主要是用于保护管口的砖衬，既可使其免于机械损伤，同时还可免于砖衬暴露于冷凝水中，如果冷凝水流入砖衬，将使砖衬过早破坏。

在接管法兰的密封面处需要使用因科镍合金或其他高合金密封环，以防止釜内环境与压力釜的钢壳相接触。此外，还需使用缠绕式垫片和非金属材质的垫圈。

在加压酸浸及加压氧化中，压力釜所用高温高压阀通常为双片式浮球阀，由于工作环境恶劣，浮球和阀座的表面一般都进行了等离子喷涂以形成陶瓷保护涂层。实际上，涂层是多孔的，因此寄望于涂层100%抗腐蚀是不现实的，浮球和阀座表面涂层的孔隙度低于3%就已经是相当不错了。当然，如果涂层质量（致密度、黏附力）越好，那涂层在基底材料上的保留时间也将越长，这有助于改善阀的密封性能并降低扭矩要求。如果涂层被破坏了，将导致基底材料的损坏，从而降低了阀的使用寿命。常用的涂层主要有 TiO_2 和 CrO_2 混合物、纳米涂层、Ta 黏合 CrO_2、因科镍625合金黏合 CrO_2 等。

相对于早期应用于金矿加压预氧化的压力釜而言，现有的压力釜矿浆排料螺塞和节流口设计已有明显改进。Hexoloy SA 碳化硅曾一度成为陶瓷角阀制造的主要材料，虽然 Hexoloy SA 陶瓷材料具有极强的抗腐蚀能力，但随着抗腐蚀能力增强，其断裂韧度也就越低，而且失效时间也不可预测。为此，1998年研发出了增强型 Hexoloy SA 材料，其威布尔系数（Weibull Modulus）和平均抗弯强度均明显优于 Hexoloy SA。为进一步改善排料螺塞和节流口性能，人们还对碳化硅、氮化硅、氧化锆、氧化铝等多种陶瓷材料进行了试验。1994～1999年间，陶瓷节流口均为整体化设计（one-piece design）。之后又发展出了分段节流口设计（segmented choke design）。虽然采用分段设计制造的陶瓷节流口，其所受压力明显降低，使其使用寿命可提高4倍以上，但目前高压酸浸工厂已去除了陶瓷节流口装置，这主要是由磨损、陶瓷裂纹或尺寸变化等原因导致其突然失效，致使高压酸浸作业不得不被迫中止。与陶瓷节流口所面临的问题类似，由于应力集中，压力釜排料螺塞也会因其头部与阀塞断裂而突然失效，致使流量无法控制，最终不得不被迫停釜。

对于加压酸浸压力釜而言，加酸系统是一个主要的技术瓶颈。目前，由加拿大著名的工程公司 SNC-Lavalin 为 Bulong 镍矿设计的压力釜加酸系统已成为标准并为其他工厂所采用。加酸系统中的加酸枪（如图8-39所示）不仅要能抗腐蚀，而且其强度还得足够高，能承受因釜内矿浆搅拌而致冲击力。虽然金属钽具有良好的机械强度和抗腐蚀性，但鉴于250℃及更高温度的酸浸条件下，金属钽的机械强度将大量降低，因此，加酸枪一般要进行双层衬钽。随着钽－钛爆炸复合技术的发展，加酸枪在原有基础上还有了进一步的改进。

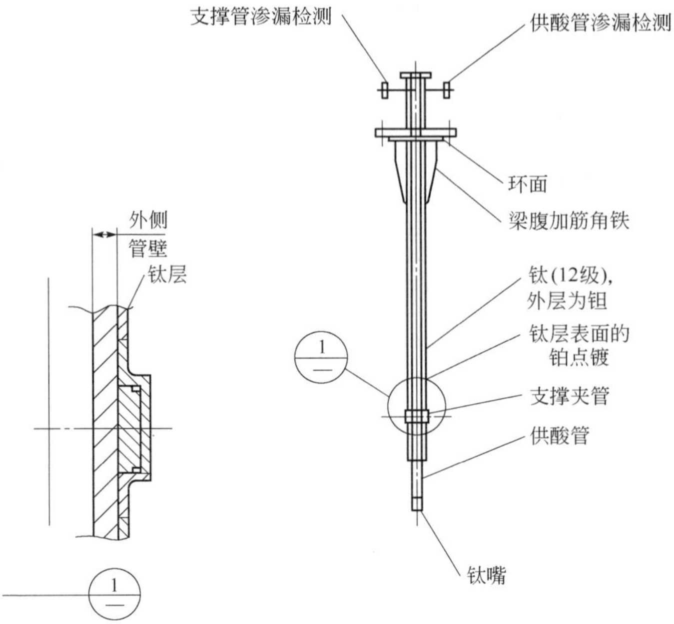

图 8-39 压力釜加酸枪结构示意图

8.5.2 生产厂使用的压力釜举例

目前,压力釜在镍、钴、铜(含铂族金属)的硫化矿和镍锍、硫化锌精矿和难处理金矿等的湿法冶金中得到了广泛的应用。下面举例说明。

8.5.2.1 萨斯喀切温精炼厂

萨斯喀切温精炼厂的铜镍硫化矿加压氨浸采用两段逆流流程,第一段浸出用 3 台压力釜,第二段浸出用 5 台压力釜。

压力釜的尺寸为:$d \times l = 3350\ \mathrm{mm} \times 13700\ \mathrm{mm}$。釜内由溢流堰分隔为 4 室,形成液面梯度,矿浆从入口端流到出口端,氨和空气同时由底部通入各室。由于浸出为放热反应过程,为调控温度在釜内装有冷却管。每台压力釜都装有 4 个搅拌器,每个搅拌器都设有双层桨叶,搅拌转数为 170 ~ 180 r/min。而且每个搅拌器都配有内部水封机械密封装置,并以石墨为填料,压力釜的结构示于图 8-40。

8.5.2.2 特雷尔厂和蒂明斯厂

特雷尔厂和蒂明斯厂都是在 20 世纪 80 年代建立起来的锌精矿加压浸出工厂。上述两厂压力釜的容积尺寸有所不同(见表 8-15),但设备结构基本相同,其外壳均用碳钢制作并内衬铅和耐酸砖。压力釜的截面示图见图 8-41。

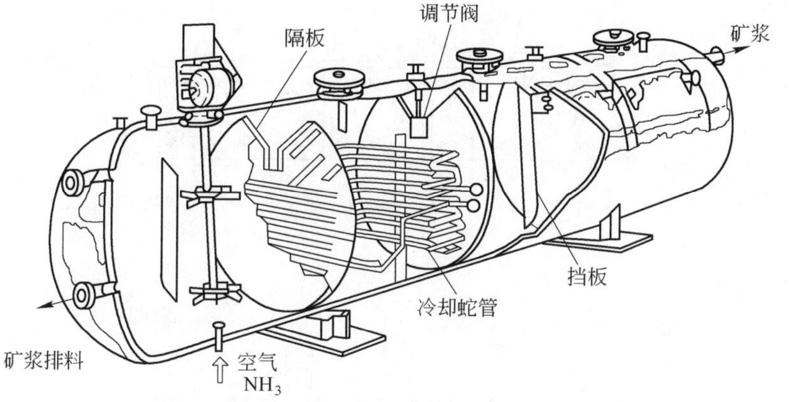

图 8-40 压力釜结构示意图

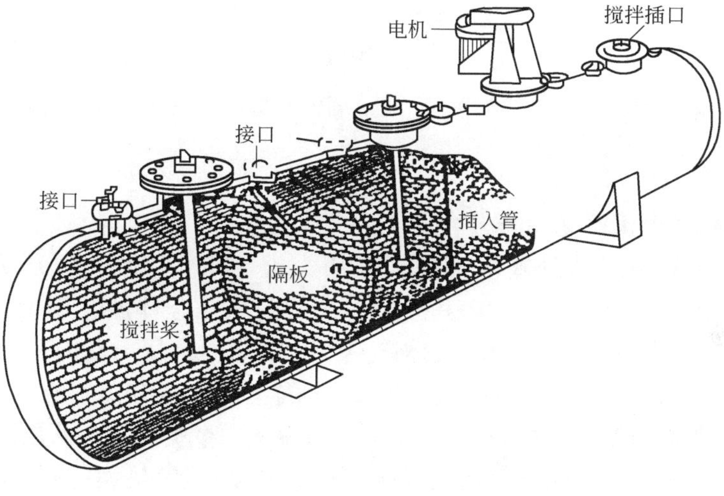

图 8-41 卧式压力釜截面图

8.5.2.3 巴瑞克哥兹采克厂

巴瑞克哥兹采克厂于 1990 年建成。该厂采用加压预氧化工艺处理复杂金矿，日处理矿石 1360 t。

压力釜的内径 d 为 4.2 m，圆筒部分长度为 18.5 m，内衬有一层耐酸薄膜和耐酸砖。压力釜的布置图见图 8-42。

如图 8-42 所示，在压力釜 5 个分室中各配置了 1 台 93 kW 的搅拌机，各轴也都安装了双机械密封垫圈。在依次排列的法兰盘上各安装了 1 台搅拌机，这些搅拌机、轴和叶轮可以单独拆除。如果矿石含硫很低，反应热不足以维持所需温度时，可以向釜内导入蒸汽以加热矿浆；如果矿石含硫过高，反应热过量，此时也可通

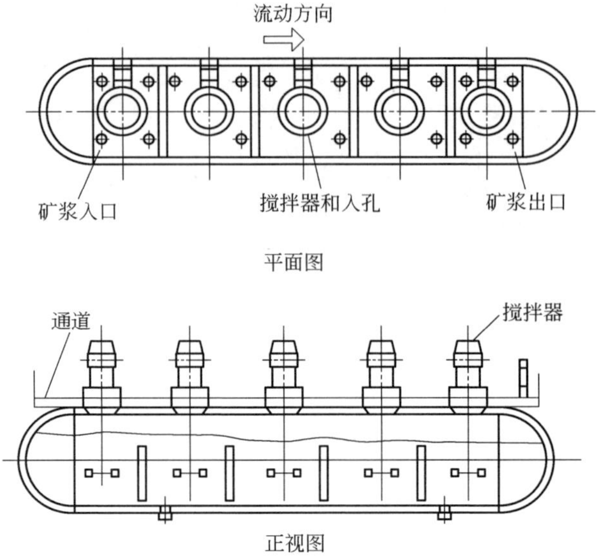

图 8-42 压力釜总布置图

入冷却风以控制矿浆温度。

8.5.2.4 中国阜康冶炼厂

中国阜康冶炼厂的卧式垂直轴搅拌压力釜于 1993 年投产，压力釜尺寸为 (d = 2600 mm) × (l = 9000 mm)，其两端为椭圆封头。釜体放置于两个鞍式支座上，其中一个为活动支座，以适应釜体冷热变化的需要。压力釜内分为四隔室，从进料端到出料端，隔板高度依次递减 50 mm。隔室内安装有钛制的空气管和蛇形盘管用以调节釜内温度。采用复合防腐衬里，钢板内壁搪铅再衬两层耐温耐酸砖，用来防腐蚀和耐磨。每隔室都装配有搅拌装置，由减速电机、联轴节、轴承座、轴、密封件和搅拌桨组成。搅拌轴下端装有六叶涡轮搅拌桨。釜体与搅拌轴之间的密封采用双端面部分平衡型机械密封。动环为氮化硅，静环为浸渍石墨。密封液为软化水，强制循环，由密封液加压装置供给，加压装置利用氨气加压，通过直径 25mm 不锈钢增压泵将密封液打到机械密封中去。由于压力釜温度高，在机械密封下端面的下方和密封腔的外侧均设置了冷却水套。此外，釜上还设置了温度计、压力表和液位计及工艺操作用的各种接口。压力釜的主要技术参数如下：

直径：d = 2600 mm，长：l = 9000 mm；

几何容积：40 m^3；

设计压力：1.6 MPa；

设计温度：423 K ± 10 K；

搅拌桨直径：d = 700 mm，转数：200 r/min；

电机功率:18.5kW(每台)。

我国在压力釜设计、研究、制造和使用方面已取得突破性进展。2009年5月，由我国设计制造的中冶集团瑞木镍钴项目的核心设备——第一、二、三号压力釜先后全部运抵巴布亚新几内亚并安装到位。压力釜单个总重780t,直径5.1m,长39m,是我国有色金属行业迄今最大的压力釜,这对提高我国湿法冶金大型装备的研发和制造水平具有示范效应。我国在压力釜自主设计与制造方面水平的提升,也为我国有色金属和黄金的湿法冶金,特别是镍钴、锌精矿和难处理黄金氧压预处理技术应用奠定了扎实的基础。

参 考 文 献

[1] Forward, F. A., Trams. CIM., 56(1953):373.

[2] Forward, F. A., Samis, C. S. and Kudryl. v., Can. Min. Met. Bull, 41(1948), No. 434:350.

[3] Berezowsky, R. M. G. S., JOM., (1991) Feb. 9.

[4] Kerfoot, D. G. E., CIM. Bull., 62(1989), No. 926:136.

[5] Boldt. J. K. Jr., The wining of Nickel. Toronto Longmans Canada Ltd. 1967:299.

[6] Copping. J. K., Mining and Metallurgical practice in Australasia, ed. by Wood Cock, J., Aus - IMM, Melbourne, 1980:590.

[7] Plasket, R. P. and Romanchuk, s., Hydrometallurgy, (1987) No3:135.

[8] Berezowsky, R. M. G. S., Collins, M. J., Kerfoot, D. G. E. and Torres, N., JOM. 43(1991) No. 2:9.

[9] Hofirek, Z. and Kerfoot. D. G. Hydrometallurgy, 29(1992), No1 ~ 3:357.

[10] Brugman, C. F and Kerfoot, D. G. E., Nickel Metallurgy, Vol. 1, ed by Ozberk, E. and Marcusom, S. W., CIM. Montreal, 1986:512.

[11] Kerfoot, D. G. E, and Weir, D. R., Extractive Metallurgy of Nickel and Cobalt, ed. by Tysoler, G. P. and Landolt C. A., TMS, 1988:241.

[12] Dong Tong, Proceeding of the International Conference on Mining and Metallurgy of Complex Nickel Ores, sept, 1993 Jinchang, China:56.

[13] Parker E. G. and Romanchuk, S., lead-Zinc-Tin 80, ed by Cigan, J. M., Macury, T. S. and O'keefe, T. J., AIME, New York. 1980:407.

[14] Parker, E. G., CIM Bulletin, (1981), May:145.

[15] Whiteside, D., Chem. Eng., 13(1979), August:104.

[16] Johuston, B. H., Presented at Zinc'83, 13th Annual, Hydrometallurgical Meeting, Edmonton, Alberta, August, 1983.

[17] Berezeowshy, R. M. G. S. and Weir, D. R., Gold Forum on Technology and Practices-World gold'89, Proceedings of the first Joint International Meeting Between SME and AusIMM, Nov. 5 ~ 8, 1989, KeNo. Nevada.

[18] 《浸矿技术》编委会. 浸矿技术[M]. 北京:原子能出版社,1994.

[19] Adamson, A. N. , Alumina Production; Principles and Practicechem. Engr. , London, 1970:156.
[20] Derry, R. , Minerals Science and Engineering, 4(1972), No. 1, 3:457.
[21] Forward, F. A. and Mackiw, V. N. , J. Metals, 7(1955). No. 3:457.
[22] Forward. F. A. and Veltman, H. , J. Metals(1959), No. 12:836.
[23] Rosenzweig, M. D. , Chem, Engng, 76(1969), No. 7:108.
[24] Mitchell, J. S. , JOM. , 9(1957), No. 3:343.
[25] Mccormick, W. R.. , Paper Presented at Mid-America Minerals Conference, St. Louis, 1958.
[26] Hofirek, Z. and Halton, P. , Electrometallurgical Plant Practice, ed. by Calessens, P. I. and Harric, G. B. Pergamon Press, New York, 1990:238.
[27] Parker. E. G. et al. , Hydrometallurgy-Research, Development and Plant Plactic, ed. by Osseo-Asare, K. and Miller, J. D. , (1983):927.
[28] Collins, M. J. et al. Lead-Zinc'90, ed. by Mackey, T. S. and Prengaman, R. D. , Warrendale, (1990):230.
[29] Turney, J. R. et al. , Pecious Metals'89, ed, by Jha, M. C. and Hill, S. D. , TMS. , Warrendale. PA. , 1988:25.
[30] Berezowsky, R. M. G. S. and Weir, D. R. , Precious Metal'89:295.
[31] Tavlor. P. R and Zhen. J. , International Go1d Expo Conference Papers, McGrao-Hill, New York, 1989:237.
[32] Weir, D. R. et al. , Mineral and Metallurgical Processing, 3(1986), No. 4:201.
[33] Kontopoulos, A. and Stafanakis, M. , EPD Congress'90, ed. by Gaskell, D. E. , TMS. 1990:393.
[34] Habashi F. , 34th Annual Hydrometallurgy Meeting of CIM, ed by Collins M. J. and Papangelakis V. G.. , 2004:3.
[35] Osseo-Asare K and Asihene S. W. , 34th Annual Hydrometallurgy Meeting of CIM, ed by Collins M. J. and Papangelakis V. G. , 2004:577.
[36] Joseph. R. , BOIDT, JR. , The Winning of Nickel, It's Geology, Mining, and Extractive Metallurgy, The International Nickel Company of Canada, Limited 1967.
[37] 黄其兴,王立川,朱鼎之. 镍冶金学[M]. 北京:中国科学技术出版社,1990.
[38] Western Mining Corporation Limited, Kwinana Nickel Refinery Description of Operations, 1985.
[39] Berezowsky, R. G. M. S. et al. 肖安雄译. 重有色冶炼. 1992, No. 3.
[40] Uspat. No 4323541(1982).
[41] Stencholt, E. O. , Zaachariasen, H. , Lund. J. H. and Thornhill, P. G. , Extractive Metallurgy of Nickel and Cobalt. ed. by Tyroler. G. P. and Landolt, C. A, 1988:403.
[42] Medding. B. and Evans. D. J. I. , CIM Bull. , 64(1971), No. 706:48.
[43] Dutrizac, J. E. and Chen, T. T. , Can. Metall. Q. , (1987), No. 26:256.
[44] Lianos, Z. R. , Queneau, P. B. and Rickard. R. S. , the 3rd Annual CIM Meeting, Edmonton, October:1973.
[45] Tyroler, P. M. , Sanmiya, T. S. and Hodlkin, E. W. , Extractive Metallurgy of Nickel and Cobalt, ed. by Tyroler, G. P. and Landolt. C. A. , TMS. , 1988:391.

[46] Faris, M. D. , Moloney, M. J. and Pauw, O. G. , Hydrometallurgy 29(1992), No. 1 ~ 3:261.

[47] Borbat, V. F. et al. , Autoclave Technology of Treatment of Nickeliferous Pyrrhotite Concentrates, Metallurgy, Moscow, 1980:49.

[48] Voronov, A. B. et al. , Tsvet. , Met. , (1980) No. 9:27.

[49] 彭容秋,有色金属提取冶金手册[M]. 北京:冶金工业出版社,1992:88 ~ 92.

[50] Michael E. et al. , CIM Metallurgical Society Hydrometallurgy Section Zinc 183, Aug. , 1983.

[51] Doyle B. N. , Masters, I. M. , Webster. I. C. and Acid Veltmsn, H, , Acid Pressure Leaching of Zinc Concentrates with Elemental Sulphur as a Byproduct, Proceedings Eleventh Commonwealth Mining and Metallurgical Congress. ed by Jones. M. J. Hongkong, 1978.

[52] Berezowsky, R. M. G. S. et al. , JOM. , 43(1991):2.

[53] Makwana. M. M. and Collins, M. J. , Advantages of the Sherritt Zinc Pressure Leach Process, Lead and Zin in the 1990's, World and Latin America:89.

[54] Martin M. T and Jankola, W. A. , CIM Bulletin, 78(1985):77.

[55] Ashman D. W. and Jankola, W. A. , Recent Experience with Zinc Pressure Leaching at Cominco, Lead-Zinc'90, 253(The Minerals, Matals and Materials Society: Warrendale).

[56] Johnston B. H. , The Application or Sherritt Zinc Pressure Leach Technology at the Kidd Creek Zinc Plant, Zinc'83, 13th Annual Hydrometallurgy Meeting, Edmonton Canada.

[57] Mollison, A. C. and Moore, G. W. , Sulphide Pressure Leaching at Kidd Creek, Lead-Zinc'90, 277(the Minerals, Metals and Materials Society: Warrendale), 1990.

[58] Von Roepenack, A. , Future changes in the physicochemistry of Zinc Electrowinning, lead-Zinc, 90, 641(the Minerals, Metals and Materials Society: Warrendale) 1990.

[59] Bolton, G. L. , Zubrycky, N. and Veltman, H. , Pressure Leaching Process for Complex Zinc lead Concentrates. XIII International Mineral Processing Congress. (Polish Scientific Publishers: Warsaw), 1979.

[60] Chalkley, M. E. Doyle, B. N. , Masters, I. M. and Weir, D. R. , A Sherritt Pressure. Leach Process: non-ferrous Metals Production from Complex Sulphide Concentrates. Canada IEC Se-miner on the Treatment of Complex Minerals, Ottawa Canada.

[61] Veltmen, H. and Bolton, G. L. , Erzmetall, 33(1980):76.

[62] Bolton, G. L. , Weir, D. R. and Veltman, H. , The Application of Zinc Pressure Leaching to Gamsberg Zinc Concentrate, Proceeding Twelfth Commonwealth Mining and Metallurgical Congress, 1982:889.

[63] Velman, H. and Mackiw, V. N. , Recent Advances in Sherritt's Pressure Hydrometallurgical Technology, American Mining Congress, Las Vegas, USA, 1982.

[64] Chalkley, M. E. , Masters, I. M. and Weri, D. R. , Miniplant Pressure Leaching of Zinc, Zinc'83 13th Annual Hydrometallurgy Meeting, Edmonton, Canada, 1983.

[65] Weir, D. R. and Masters, I. M. , the Interrelationship of Mineralogy, Mineral Dressing and Hydrometallurgy in Progress Selection, 85th CIM Annual General Meeting, Winnipeg, Canada, 1983.

[66] Masters, I. M. and Weri, D. R., Energy Requirements of the Sherritt Zinc Process, Zinc'85 497 (MMIJ: Tokyo), 1985.

[67] Weri, D. R. and Masters, I. M., the Sherritt Zinc Pressure Leach Process: Existing and Potential Applications, GDMD Conference, Saarbrucken, West Germany, 1988.

[68] Bolton, G. L. Weir, D. R. and Masters, I. M., the Sherritt Zinc Pressure Leach Process: Operating Plans and Future Potential, 1st International Conference on Hydrometallurgy, Beijing, China: 1988.

[69] US Pat. No. 4 606 763(1986).

[70] Onozaki, A., Sato. K. and Kuramochi, S., Effect of some Impurities on Iron Precipitation at the Iijima Zinc Refinery, Iron Control in Hydrometallurgy, 742(Ellis Horwood: Chichester), 1986.

[71] Onozaki, A., Nagata, M. and Ishimori, N., Recovery and subseguent Treatment of Gold and Silver in Zinc Processing at the Iijima Refinery, lead-Zinc'90, (the Minerals, Metals and Materials Society: Warrendale). 1990.

[72] Chalkley, M. E., Ozberk, E and Vardill, W. D., Minerals Engineering 6 (1993), No. 8 ~ 10:937.

[73] Veltman, H. and Mackiw, V. N., Paper Presented at the 1982 Annual Mining Congress, Las Vegas, Nevada, 1982.

[74] Uspat. No. 3867269(1975).

[75] Uspat. No. 4440569(1984).

[76] Weri, D. R. and Masters, I. M., Paper Presented at the 85th CIM Annual General Meeting, Winnipeg, Manitoba, 1983.

[77] 邱定蕃,矿冶,(1994)No. 4.

[78] Hofirek, Z and No fal, P. J., Hydrometallurgy, 39(1995) No. 1 ~ 3.

[79] Tong Deng. Mineral Processing and Extractive Metallurgy Review 12(1995) No. 2 ~ 4.

[80] Ozberk, E., Collins, M. J., Makwana, M. et al., Hydrometallurgy, 39(1995). No. 1 ~ 3.

[81] Ozberk, E., Jankola, W. A. et al., Hydrometallurgy, 39(1995) No. 1 ~ 3.

[82] Jankola, W. A. Hydrometallurgy, 39(1995), No. 1 ~ 3.

[83] Krysa, B. D., Hydrometallurgy, 39(1995), No. 1 ~ 3.

[84] Boissoneawt, M., Gagnon, S. et al., Hydrometallurgy, 39(1995), No. 1 ~ 3.

[85] 徐志峰,邱定蕃,王海北. 铁闪锌矿加压浸出动力学[J]. 过程工程学报,2008(1):28.

[86] 徐志峰,邱定蕃,王海北. 煤在铁闪锌矿氧压酸浸中的应用[J]. 中国有色金属学报,2008(5):939.

[87] Zhifeng Xu, Dingfan Qiu, Haibei Wang. EPD Congress'2008, ed. by Howard S. M. 2008:127.

[88] Owusu, G., Peters, E., Dreisinger D. B., Can. J. Chem. Eng., 1/3(1992):173.

[89] Philip, T. P., "Gold 90, Proceedings of the Gold'90 Symposium", Salt Lake City, Utah, 1990.

[90] Weir, D. R., King, J. A. and Robinson, P. C., Mineral and Metallurgical Processing. 3(1986), No. 4.

[91] 邱定蕃. 金银工业,(1994),4.

[92] 中国科学院化工冶金研究所．黄金提取技术[M]．北京:北京大学出版社,1991.

[93] King,J. A. and Knight,D. A. ,Hydrometallurgy,29(1992).

[94] Mason. P. B. ,Hydrometallurgy,29(1992).

[95] Welham N. J. , Malatt K. A. , Vukeevic S. , Minerals Engineering, 8/9(2000):911.

[96] 刘汉钊．国外金属矿选矿．9(2006):4.

[97] Habashi F. A Textbook of Hydrometallurgy, 1993.

[98] F. Habashi. The origins of pressure hydrometallurgy. M. J. Collins and V. G. papangelakis. Pressure Hydrometallurgy 2004[C]. Banff, Alberta, Canada: The Canadian Institute of Mining, Metallurgy and Petroleum. 2004:3 ~ 20.

[99] M. J. Nicol. Hydrometallurgy into the next millennium. AusIMM Proceedings, 2001, 306,(1):65 ~ 69.

[100] C. A. D' Odorico. Experiences with zinc pressure leaching of 100% Red Dog zinc concentration at Teck Cominco's Trail Operations. Pressure Hydrometallurgy 2004, 34th Annual Hydrometallurgy Meeting, Banff, Alberta, Canada, Ed by M. J. Collins and V. G. papangelakis:913 ~ 927.

9 微生物湿法冶金

微生物湿法冶金是微生物学与湿法冶金的交叉学科。根据微生物在回收金属过程中所起作用,可将微生物湿法冶金进一步分为四类:微生物吸附、微生物累积、微生物浸出、微生物氧化。

微生物浸出是借助于微生物的作用把有价金属从矿石(或矿床)中浸溶出来。微生物氧化是借助于微生物去氧化某些矿物如黄铁矿、砷黄铁矿,使包裹在其中的贵金属(Au、Ag、铂族金属等)暴露出来供下一步的浸出,生物氧化时有价金属留在浸出渣中。而微生物吸附与积累这两者则有相反的表现,用微生物把金属从水溶液中(自然水或工业废水)提取出来,吸附发生在微生物的表面,积累则是金属进入微生物细胞内部。

微生物浸出与微生物氧化的区别仅在于有价金属在过程中的行为与走向,其实无本质区别。两者都是硫化矿的氧化过程,只不过生物氧化时硫化矿(黄铁矿、砷黄铁矿)通过氧化而分解,其中铁与砷并不或不完全进入浸出液而是生成沉淀,其中的贵金属则完全残留于浸出渣中。由于两者有着共同的实质,使用的也是同一类微生物,故在后面的论述中不再把两者分开,而是统一在“微生物浸出”这个概念下来讨论。

生物吸附是指溶液中的金属离子,依靠物理化学作用,被结合在细胞膜或细胞壁上。组成细胞壁的多种化学物质常具有如下的功能基:氨基、酰基、羟基、羧基、磷酸基与巯基。这些基团的存在,构成了金属离子被细胞壁“吸附”的物质基础。

生物积累是依靠生物体的代谢作用在体内积累金属离子,例如巴伦支海的藻类细胞含金量是海水中金浓度的 2×10^{14} 倍。铜绿假单胞菌能积累铀,荧光假单胞菌和大肠杆菌能积累钆。

生物吸附与生物积累都是通过生物把水溶液中的金属提取出来,这也是两者的共同特点。

9.1 浸矿用细菌

迄今为止,微生物湿法冶金实现产业化的主要领域是硫化矿的浸矿,在这一领域用到的微生物是细菌。氧化矿的浸出是今后微生物湿法冶金的重要发展方向。氧化矿浸出的机理与硫化矿截然不同,因而所能采用的微生物也不同。硫化矿的浸出过程是氧化过程(铁与硫的氧化),而氧化矿的浸出除氧化过程外,还有还原过程,也有靠微生物衍生的有机酸产生酸溶与络合的过程(无电子转移),其中关系到酶学方面的内容也相当复杂,因此可供使用的微生物种类更为繁多,但研究程度远不及浸出硫化矿的微生物。本节只论及用于硫化矿浸出的细菌。

9.1.1 浸矿用细菌

据报道,迄今为止发现的与铁硫氧化有关的微生物至少有分属于 8 个细菌部(division)和 2 个古生菌部的共 16 个属,2006 年 H. R. Watling 列出了 42 种[1],按它们生长的最佳温度可以分为三类,即中温菌(mesophile)、中等嗜热菌(moderate thermophile)与极度嗜热菌(hyperthermophile)。硫化矿浸出常涉及的细菌如下所示:

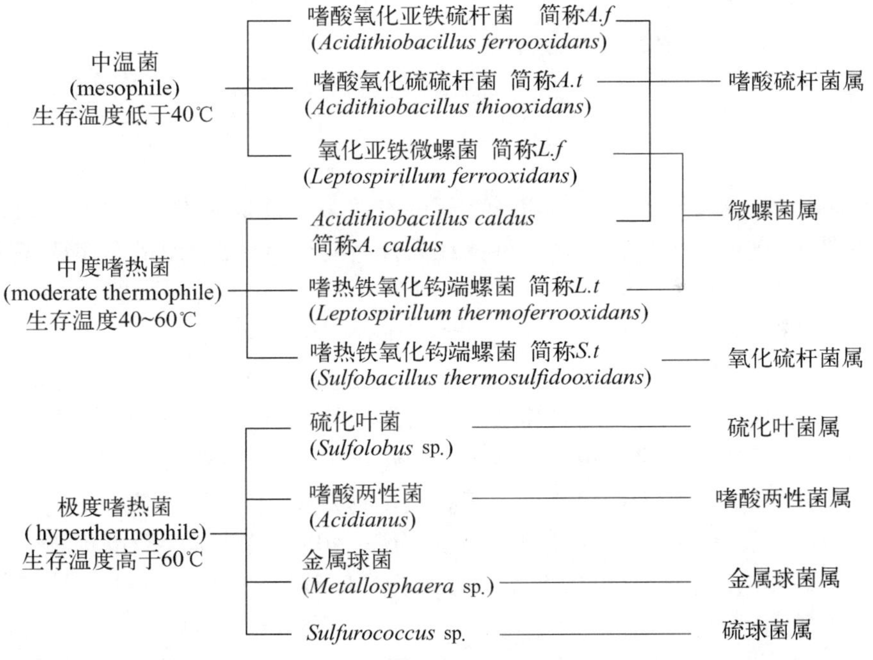

注:微生物的命名采用双名制,即用两个拉丁文词命名一个微生物物种,第一个词首字母大写,是属名,第二个词的字母全部小写,是种名,用斜体拉丁字母书写。上面的 *Sulfolobus* sp. 的含义是该细菌只鉴定到了属,没有鉴定到种,其名称只有属名,暂无种名,因而在属名 *Sulfolobus* 后面加 sp.(单数)或 spp.(复数)。

9.1.1.1 中温菌(mesophile)

此类细菌的生长适宜温度为 25 ~ 40℃,在 45℃以上不能生长。其中比较重要的有 3 种:

(1) 嗜酸氧化亚铁硫杆菌(*A. ferrooxidans*,以下简称 *A.f*)。*A.f* 由 Colmer A. R. 于1947年首次从酸性矿坑水中分离纯化出来并命名。多年来一直是工作温度低于40℃的微生物浸矿体系的主要应用菌种。

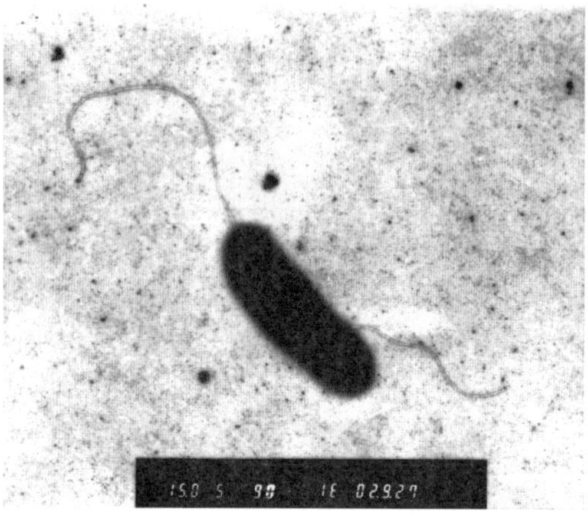

图9-1 嗜酸氧化亚铁硫杆菌细胞形态❶
(放大1.5万倍)

A.f 属革兰氏阴性无机化能自养菌。其能源物质为 Fe^{2+} 和还原态硫,实际上可氧化 Fe^{2+}、元素硫与几乎所有的硫化矿物,能有效地分解黄铁矿。它栖居于含硫温泉、硫和硫化矿矿床、煤和含金矿矿床,也存在于硫化矿矿床氧化带中,能在上述矿的矿坑水中存活。这类细菌的形状呈圆端短柄状,长1.0~1.5μm,宽0.5~0.8μm,端生鞭毛(如图9-1所示),细胞表面有一层黏液(外聚合层,又称多糖层),能运动,只需要简单的无机营养便能存活(氮、磷、钾、亚铁等)。根据 Macintosh(1976年)与 Stense(1986年)等的看法,*A.f* 能固定空气中的氮以满足其对氮的需求,这可以解释为什么该种菌在无任何明显氮存在的情况下仍具有活力。适宜生长pH值为1~4.8,最佳生长pH值为1.8~2.5。存活温度为2~40℃,最佳存活温度为30~35℃。*A.f* 生长温度的上限在40℃左右。

(2) 嗜酸氧化硫硫杆菌(*A. thiooxidans* 简称为 *A.t*)。*A.t* 与 *A.f* 同属于硫杆菌属,属革兰氏阴性无机化能自养菌。圆头短柄状,宽0.5μm,长1μm,端无鞭毛,常以单个、双个或短链状存在。栖居于硫和硫化矿矿床,能氧化元素硫与一系列硫的还原性化合物(S^{2-},硫代硫酸根与某些硫化物),适宜生存pH值范围为0.5~6,最佳生存pH值为2~2.5。生存温度范围为2~40℃,最佳生存温度为28~30℃。*A.t* 在纯态下不能分解硫化矿,但当它与 *A.f* 或 *L.f* 混合存在时可以提高两者分解硫化矿的能力。

(3) 氧化亚铁微螺菌(*L. ferrooxidans* 简称为 *L.f*)。1972年 *L.f* 由美国矿床中分离析出,属螺旋菌一种,严格好氧,仅能通过氧化溶液中的Fe(Ⅱ)或矿物中的Fe(Ⅱ)成分(例如 FeS_2 中的Fe(Ⅱ))获得能量。生存适宜温度范围为45~50℃,最佳生存pH值为2.5~3.0。具有螺旋菌的弯曲状,如图9-2所示。宽0.5μm,极生鞭毛是其特征,表面有黏液(外聚合层),外聚合层的主要组分是葡萄糖酸。

---

❶ 照片由昆明冶金研究院邹平提供。

9.1.1.2 中度嗜热菌(moderate thermophile)

(1) *Sulfobacillus*,该属于1976年由Golovacheva R. S. 等[3]发现,发现的第一个物种命名为*Sulfobacillus thermosulfooxidans*。另外还发现了该属的亚种*themotolerans*[4]与*asporogenes*[5]。属革兰氏阳性,无机化能自养菌,极端嗜酸兼性自养的真细菌(eubacteria),以Fe(Ⅱ)、元素硫、还原态硫作为其能源基质,可氧化Fe(Ⅱ)、S^0、硫代硫酸根与一些硫化矿,如黄铁矿、黄铜矿、砷黄铁矿、亚锑盐酸矿、靛铜矿、铜铀云矿等。所有物种均能在有机物(酵母提取物、某些糖、氨基酸或其他更复杂的有机物如谷胱甘肽、酪蛋白等)存在的混养条件下生长良好。也可以以酵母提取物等作为能源基质在异养条件下生长。最佳生长温度为50℃,有效生长温度可达58℃。这些细菌广泛存在于自然界如硫化矿堆、火山地区,存在于富含铁、硫或硫化矿的酸热环境中。细胞呈杆状,其尺寸为(0.6~2)μm×(3~6.5)μm,取决于生长条件。Paul R. Norris研究了在3种不同底物下培养出的*S. thermosulfooxidans*的特性[15]。在Fe(Ⅱ)加酵母提取物的混养条件下培养出的细胞尺寸最大((0.8~1.8)μm×3.6μm),以酵母提取物为能源的异养条件下培养出的细菌尺寸次之,而以Fe(Ⅱ)为底物自养条件下培养出的细菌尺寸最小(0.6μm×(2~3.5)μm),该菌以亚铁为能源自养生长时更易生成内生孢子。

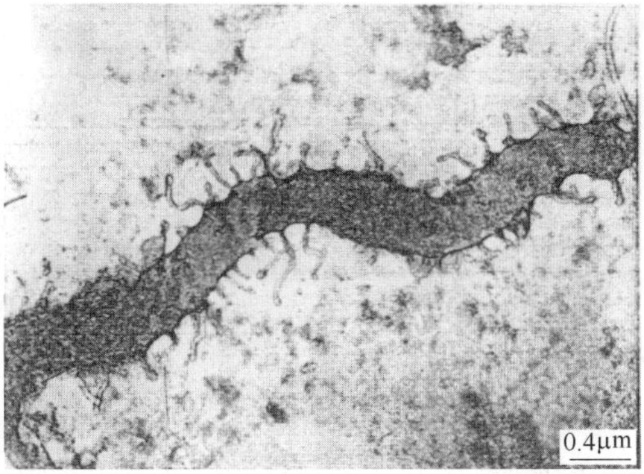

图9-2 氧化亚铁微螺菌细胞的电子显微镜照片[2]

(2) 1992年Golovacheva R. S. 等分离出微螺菌属的一种中等嗜热菌*L. thermoferrooxidans*,其适应温度范围为45~50℃之间,最佳pH值为1.65~1.9,具有微螺菌的共同特征。螺旋状,有鞭毛,严格好氧,只能氧化水溶液与矿物中的Fe(Ⅱ)。见图9-3。

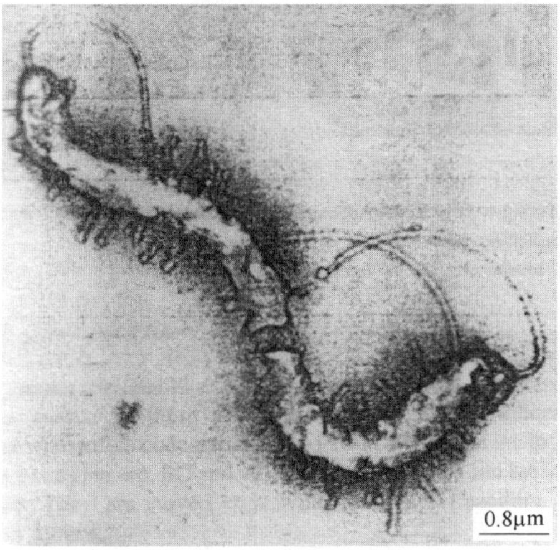

图9-3 *L. thermoferrooxidans*的电子显微镜照片[2]

(3) *T. caldus*是Hallberg K. B. 于1994年发表的[6]。它属于硫杆菌属,不能氧化Fe(Ⅱ),可氧化还原

态硫。在 Hallberg 正式将其归类为 *T. caldus* 之前,一个被称为 BC_{13} 的菌株的最佳生长温度为 45℃,在 55℃ 下也能生长。在实验室的连续浸出槽中在 35 ~ 40℃ 的条件下浸出锌-铅-铁硫化矿精矿时,介质中含有两种菌即 *L. f* 与 *T. caldus*,它们分别是 Fe(Ⅱ)与还原态硫的主要氧化者。

9.1.1.3 极度嗜热菌(hyperthermophile)

Thermoacidophilic archaebacteria(嗜酸嗜热古细菌)是微生物进化的一个独支系,这些细菌的许多特性使其区别于其他的真菌,主要是细胞壁中没有黏肽存在。共有四个种属能氧化硫化物,即硫化叶菌(*Sulfololus*),嗜酸两性菌(*Acidianus*),金属球菌(*Metallosphaera*)和硫化小球菌(*Sulfurococcus*)。上面四个种属均极端嗜热、嗜酸,球状,无鞭毛,不游动,直径约为 1 μm。对湿法冶金较为重要的有 *Sulfololus* 及 *Acidianus* 两个属。据 Hallberg K. B., Johnson D. B. 报道,在温度高于 60℃ 的浸出过程中,*Sulfololus metallicus* 与 *Metallosphaera spp.* 是最重要的菌株。

其中硫化叶菌表面具有纤毛样的结构。均属兼性化能自养菌,能在自养、异养、混养条件下生长。在自养条件下能催化硫、铁及硫化物的氧化,利用二氧化碳作为碳源。在混养条件下在培养基中加入 0.01% ~ 0.02% 酵母提取物则生长最快。叶硫球菌(*Sulfololus acidocaldarius*)还可在厌氧条件下以 Fe^{3+} 作电子受体氧化元素硫。叶硫球菌能在 pH 值为 1 ~ 5.9 范围内生长,最佳 pH 值为 2 ~ 3,生长温度为 55 ~ 80℃,而最佳生长温度是 70℃。*A. brierleyi* 的最佳 pH 值为 1.5 ~ 2,温度范围为 45 ~ 75℃,最佳温度为 70℃。

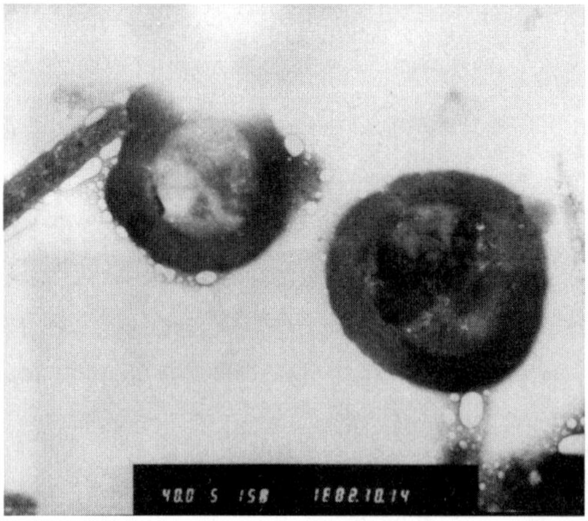

图 9-4 云南热温泉水中的高温菌形态❶
(放大 4 万倍)

上述细菌大多分布在含硫温泉中,上面提到的两个代表物种是从美国黄石国家公园的高温泉水中找到的,水的 pH 值为 1 ~ 5.9,温度为 43 ~ 100℃。其他菌种发现于冰岛、意大利、亚苏尔群岛、新西兰、日本、千岛群岛以及勘察加半岛的火山区。近来,在云南热温泉水中采集到了一种高温菌,在 65℃ 温度下浸出黄铜矿,其速率为 *A. f* 的 6 倍。其形貌如图 9-4 所示,是一种严格无机化能自养型嗜热嗜酸菌,革兰氏阴性[7]。

❶ 照片为昆明冶金研究院邹平提供。

表9-1列出了各主要浸矿用细菌的一些性质参数。

表9-1 浸矿用细菌主要性质

特 性	*A. f*	*A. t*	*L. f*	*Sulfobacillus*	*Sulfolobus*	*Acidianus*
营养类型	自养	自养	自养	兼性自养	兼性自养	兼性自养
外 形	圆端短柄	圆端短柄	弯曲杆状	直棒状	球形	球形
大小/μm(×μm)	(0.3~0.5)×(1~1.7)	0.5×1.2	0.5×	0.8×(1.6~3.2)	1.5~1.6	1.5~1.6
适宜pH值范围	1.0~6.0	0.5~6.0			1~5.9	
最佳pH值	2~2.5	2~2.5	2.5~3.0		2~3	1.5~2
适宜温度范围/℃	2~40	2~40		45~50	55~80	45~75
最佳温度/℃	28~30	28~30	30		70	70
革兰氏染色反应	革兰氏阴性	革兰氏阴性	革兰氏阴性	革兰氏阴性	革兰氏阴性	革兰氏阴性
能氧化	Fe(Ⅱ) 还原态硫 硫化矿	元素硫 还原态硫 硫化矿	Fe(Ⅱ)	元素硫 还原态硫 Fe(Ⅱ) 一些硫化矿	硫 Fe(Ⅱ) 硫化矿	硫 Fe(Ⅱ) 硫化矿
$x(G+C)/\%$	55~57	50~53	50	49~68	34~39	31~39

9.1.2 浸矿用细菌的采集、培养、纯化与鉴定

细菌的采集、培养与驯化涉及到以下5方面内容：

(1) 细菌菌样的采集；

(2) 细菌的培养、分离、纯化与鉴定；

(3) 细菌的驯化；

(4) 细菌数量的测定；

(5) 细菌活性的测定。

这些内容和微生物学实验研究采用的方法及技术大体一致，在有关微生物学的教科书或手册中均有系统的阐述，下面只着重说明其中的几个问题。

(1) *A. f*一般在硫化矿的矿坑水中都有，若矿坑水pH值为1.5~3.5并呈红棕色，则很可能有*A. f*。在国内裘荣庆等1960年从广东云浮茶洞毒砂矿酸性矿坑水中首次分离出*A. f*。笔者及其同事先后在云南东川汤丹铜矿、大姚铜矿等的矿坑水中采集到*A. f*。丁建南等人[171]从云南腾冲含硫温泉水中筛选得到多株极度嗜热菌，包括金属硫化叶菌(*Sulfolobus metallicus*)和万座嗜酸两面菌(*Acidianus manzaensis*)。

在浸矿细菌的鉴别与认定方面，中南大学建立了浸矿微生物种群多样性和复杂性的基因水平分析方法与高效菌株的基因芯片检测方法。利用该法从我国13

个矿区45个样地分离到了分布在6属12种151株浸矿微生物，建立了适于我国不同矿产资源特点的生物冶金微生物资源库。

浸矿用的菌种也可向菌种保藏单位购买，但经验证明，在将进行细菌浸矿的矿区就地采集的细菌比外购的细菌有更强的适应当地条件的能力。

细菌的培养是在适宜条件下使其迅速繁殖，这些条件包括：合适的培养基、温度、pH值以及O_2和CO_2的供给。

培养基是细菌获取营养、能源的源泉，不同的微生物有不同的营养要求。因此，首先根据不同微生物的营养需要配置不同的培养基。由于自养微生物有较强的合成能力，能从简单无机物质如CO_2和无机盐合成本身需要的糖、蛋白质、核酸、维生素等复杂的细胞物质。因此，培养自养微生物的培养基由简单的无机物组成。细菌浸出常用的*A. f*，*A. t*的培养基大多采用Leathen提出的成分，见表9-2。

表9-2 自养微生物培养基成分

成 分	培养基种类				
	Leathen	9K	Wakesman	ONM	Colmer
$(NH_4)_2SO_4$	0.15 g	3.0 g	0.2 g	0.2 g	0.2 g
KCl	0.05 g	0.1 g			
K_2HPO_4	0.05 g	0.5 g	KH_2PO_4 3～4 g	KH_2PO_4 0.4 g	KH_2PO_4 3 g
$MgSO_4 \cdot 7H_2O$	0.50 g	0.5 g	0.5 g	0.03 g	0.1 g
$Ca(NO_3)_2$	0.01 g	0.01 g			
$CaCl_2 \cdot 2H_2O$			0.25 g	0.03 g	$CaCl_2$ 0.2 g
硫磺粉			100 g	1.0 g	
浓度为5 mol/L的H_2SO_4		1.0 mL			
$Na_2S_2O_3 \cdot 5H_2O$					5 g
$FeSO_4 \cdot 7H_2O$	1 g	44.3 g	0.01 g	0.001 g	
蒸馏水	1000 mL	700 mL	1000 mL	100 mL	1000 mL
适用菌种	氧化铁杆菌与*A. f*		*A. t*		*A. f*

有些研究者在实验应用中使用的培养基成分有小的变动，例如用硫磺粉代替$FeSO_4$作能源物质，其他一些物质的含量也略有不同。

异养微生物合成能力较弱，不能以CO_2作为唯一的能源，其培养基中至少需含一种有机物质如葡萄糖，有的需要一种以上的有机物。

（2）合适的条件　主要的条件有pH值、温度、浸出液中Fe^{3+}离子初始浓度、CO_2与O_2的供给等。经众多前人的研究，这些条件业已确定，并在前面介绍各种细菌时指出了各种浸矿菌生长的最佳温度和最佳pH值。

细菌的培养通常在生化培养箱中进行。在100 mL锥形瓶中先加入30 mL培养基，然后接种5～10mL菌种液，置于培养箱中，在30℃下恒温培养2～3d。可隔一定时间取样化验Fe(Ⅲ)浓度，统计细菌浓度(个/mL)。

为使细菌具有最大活性，必须通过驯化使细菌适应与其工作条件相似的基质。这种驯化往往采用逐步提高培养基或浸出悬浮液中金属离子浓度的办法使菌株对高金属离子浓度适应。其方法是：首先在三角瓶中加入一定体积的培养基，配入一定量的某种金属离子(保持低浓度)，然后接种入需要驯化的细菌进行恒温培养，待细菌适应并能正常生长后再将它接种入新的一份培养基中，其金属离子浓度比上一次高，继续培养，依次进行多次，每一次的培养基中金属离子浓度都比前一次高。

9.1.3 细菌对各种离子的抗性

在浸矿过程中细菌不可避免地生活在含有各种不同离子的介质中，因此，细菌对各种离子的抗性对浸出是很重要的。过去的众多研究表明，不同的细菌，同一种细菌的不同菌株，同一菌株在经历了不同环境下的培养后，其抗性各异。因此，不宜笼统地说某些细菌对某些离子的抗性是多少，文献中报道的结果也很不一致。*A. f*对金属阳离子有很好的抗性。曾报道，*A. f*在如下金属浓度的介质中生长[8]：

金 属	Co^{2+}	Cu^{2+}	Ni^{2+}	Zn^{2+}	U_3O_8	Fe^{2+}
质量浓度/$g \cdot L^{-1}$	30	55	72	120	12	163

*A. f*对Hg^{2+}、Ag^{+}、As^{3+}、Mo^{6+}与负一价阴离子Cl^{-}、Br^{-}、NO_3^{-}敏感，抗性差。生产实践表明，*A. f*与*L. f*对As^{5+}的耐受力为15～20g/L，对As^{3+}的耐受力更低，当As^{3+}的浓度达到6g/L时细菌的生长就会受到抑制[9]。砷化合物对细菌的毒害作用主要是因为砷酸盐是磷酸盐的类似物，可被细菌的磷酸盐转移系统所转移，使细菌表现出“磷酸盐饥饿”症状。As(Ⅲ)比As(Ⅴ)砷酸盐毒性更大，因为它可与蛋白质的巯基作用使酶失活[10]，而酶在细菌细胞的新陈代谢过程中起决定性作用。对于许多生物体来说，汞离子具有很高的毒性，其部分原因是它对硫醇类化合物具有较大的亲和性。这种相互作用以及伴随所形成的化合物的稳定性，使得许多蛋白质和酶结构中的必需硫醇失去活性。再者，正常的代谢过程能产生一些比Hg^{2+}毒性更大的有机汞化合物[11]。Silverman[12]的试验表明，在9K培养基中1mM的Mo^{6+}对*A. f*对铁的氧化已有抑制作用，2mM则完全抑制铁的氧化。嗜热菌的一个重要特性是它们对Cl^{-}的高度敏感，这对浸矿实践十分重要，也对所采用水源的水质提出了特别的要求。有些地区的水含Cl^{-}高，其使用必然受到限制。用混合硫杆菌浸出硫化铜矿有使用含Cl^{-}5g/L的水的实例，而用*A. f*，用含Cl^{-} >5g/L的水则未获成功[13]。Cl^{-}的毒性可能表现在破坏细菌的膜[14]。

Norris P. R. 曾报道，*L. f*对铀、银、钼的抗性为*A. f*的4～5倍多，但对铜的抗性则低 100 倍[15]。Sand W. 等[16]对比了 *A. f*, *L. f*, *A. t* 与 *Acidiphilium* 对重金属离子的抗性，结果示于图 9-5。从图看出，*A. f* 与 *L. f* 对 Cu^{2+}、Zn^{2+}、Al^{3+}、Ni^{2+} 与 Mn^{2+} 的抗性相当，但 *L. f* 比 *A. f* 对 Co^{2+} 更敏感（<2 g/L）。*A. t* 对除了 Zn^{2+} 以外的所有阳离子的敏感度为 <5 g/L，而对 Zn^{2+} 则为 10 g/L。

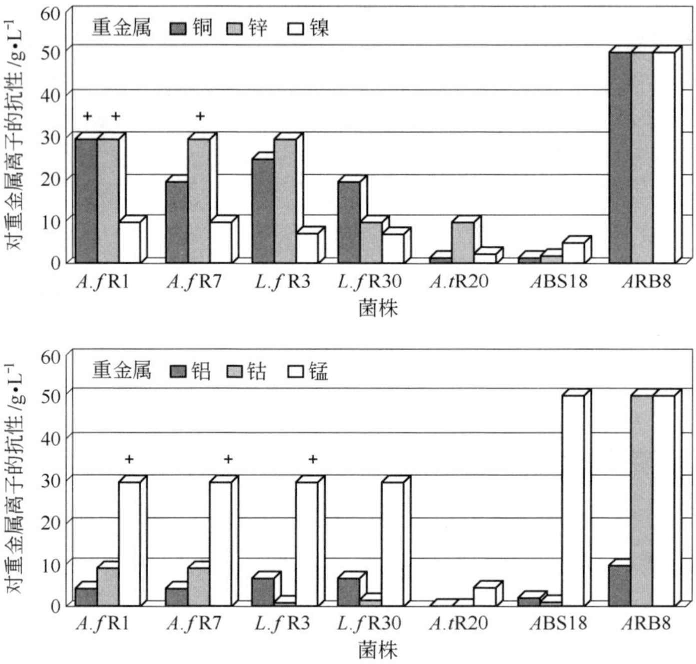

图 9-5 四种细菌对重金属离子的抗性

A. f—*A. ferrooxidans*；*A. t*—*A. thiooxidans*；

L. f—*L. ferrooxidans*；*A*—*Acidiphilium*

R1，R7，R3，R30，R20，BS18，RB8 为菌株编号

细菌对离子的抗性机理有内在的（细菌的生理及遗传特性），有以下 4 个方面[17]：

（1）通过改变膜转移系统，使有毒离子不能进入细胞内，也能将原先就存在于胞内的有毒离子泵出胞外；

（2）通过特殊的金属离子络合剂在细胞内外将有毒离子固定（一般固定在细胞壁上），使其不能进入细胞内；

（3）通过抗性基因编码的高度特异性的离子泵出系统，将有毒离子泵出胞外，这是质粒控制的抗性系统；

（4）通过细胞的酶系统，将有毒离子转变成低毒的物质。

质粒编码的抗性机理目前还研究的不很深入。主要的抗金属毒性的特质都是

由质粒编码的。*A.f* 的大多数含有质粒，1980 年 MaO[18] 首先报道从 *A.f* 与兼性自养嗜酸性硫杆菌中分离得到了质粒。有的 *A.f* 不含质粒，这间接说明在硫杆菌中硫和亚铁的氧化机能不是由质粒所编码的。质粒编码的抗性系统能抵抗一系列重金属离子的毒性，诸如：Ag^+、AsO_2^-、AsO_4^{2-}、Bi^{3+}、Cd^{2+}、Co^{2+}、CrO_4^{2-}、Hg^{2+}、Ni^+、TeO_3^{2-}、Ni^+、TeO_3^{2-}、Tl^+、Pb^{2+}、Zn^{2+}。

将抗砷的质粒 R773 导入 *A.f* 后，其抗性明显增强。Rawling 与 Wood 进行了 *A.f* 质粒基因重组，获得了一种抗砷菌株，用于金精矿的浸出可以提高金的浸出率[19]。1994 年 Peng 等[20] 利用大肠杆菌 Incp 族质粒能够转移到 *A.f* 中并表达其功能的特性，选用 PJRD215 作为 *A.f* 基因工程载体，通过整合在大肠杆菌 SM10 染色体上的 PR4 质粒 Tra 基因的作用被带动转移到 *A.f* 中，使得该质粒上的两个抗性基因（卡那霉素和链霉素基因）和抗砷基因（As^+）被成功地转移到 *A.f* 中并获表达。山东大学徐海岩等[21] 利用 DNA 体外重组技术将抗砷质粒酶切、克隆，构建了新的氧化铁硫杆抗砷工程菌 *A.f*-59（PSDX3），以减少砷化合物在细菌体内积累，专一性地排出砷化合物，使磷酸盐系统正常工作，免于砷的毒害。抗砷试验表明，此种含有抗砷质粒的菌株可在 AsO_2^- 高达 80 mmol/L 的条件下正常生长，而野生型 *A.f* 在 AsO_2^- 60 mmol/L 的条件下受到严重抑制。*A.f* ATCC33020 的抗砷基因已被克隆出[13]。郭爱莲等对适合 *A.f* 特点的诱变方法进行了研究：把菌体制成无铁细胞悬液进行小剂量、多次数的诱变，*A.f* 菌株 S_1 经多次紫外线和激光照射，并结合逐级驯化处理，最终选育出了优良耐砷菌株 S_x，它能在含 11 g/L As_2O_3 的环境中生长，比出发菌株的 0.7 g/L 提高了近 14.7 倍。在用该菌株进行浸矿的实验结果表明：浸矿能力良好，在同样是 10% 接种量时，浸出时间比出发菌株缩短了一天，并且砷的浸出率由原先的 76% 提高到 85.7%[22]。

除开细菌的生理及遗传特性外，细菌生长在有利条件下的化学因素对细菌耐高浓度金属离子也是有贡献的，这些条件大体有[17]：

(1) 具有优化成分介质的低 pH 值，使细胞壁上的阴离子格点质子化，从而减少了有毒金属离子与细胞壁的结合；

(2) 介质中某些阴离子的存在（特别是磷酸根、砷酸根离子），会与某些金属阳离子生成沉淀，从而减少阳离子与细胞结合的机会；

(3) 细胞分泌的或死细胞释放出的有机配位体能与金属离子络合，同样可以减少阳离子与细胞的结合；

(4) 在介质中存在某些能与有毒的金属或非金属竞争的物质，会减少有毒物质的毒性，例如磷酸根的存在可减少砷酸根的毒性，钾离子的存在可减少 Tl^+ 的毒性。

9.2 细菌浸出的机理

微生物浸出可用于处理硫化矿，也可用于处理氧化矿。

硫化矿的浸出是一个氧化过程,化学氧化、电化学氧化、生物氧化与原电池反应同时发生,至少包含下列一些类型的反应:

(1) 硫化矿的氧化;

(2) Fe(Ⅱ)的氧化;

(3) S^0与其他硫的中间产物(亚硫酸根、硫代硫酸根)的氧化;

(4) 原电池反应;

(5) 难溶产物的生成。

而氧化矿的浸出则要复杂得多,按其有无电子参加可分为:

(1) 还原过程,如 MnO_2的浸出,Mn(Ⅳ)还原为 Mn(Ⅱ);

(2) 氧化过程,如铀矿的浸出,U(Ⅳ)氧化为 U(Ⅵ);

(3) 酸溶与络合反应,如用真菌浸出镍、锌等的氧化矿。

不同的过程有不同的机理,甚至同一过程因微生物的不同机理也不相同。

9.2.1　硫化矿细菌浸出机理

细菌浸出的实质是使难溶的金属硫化物氧化,使其金属阳离子溶入浸出液,浸出过程是硫化物中 S^{2-} 的氧化过程。过去的普遍看法是这一过程有细菌的间接作用与直接作用两种机理。细菌的间接作用是金属硫化物被溶液中 Fe(Ⅲ)氧化,是一化学或电化学过程:

$$MeS + 2Fe^{3+} \longrightarrow Me^{2+} + 2Fe^{2+} + S^0 \quad (9\text{-}1)$$

所生成的 Fe^{2+} 在细菌的参与下氧化成 Fe^{3+}:

$$Fe^{2+} + \frac{1}{4}O_2 + H^+ \xrightarrow{\text{细菌参与}} Fe^{3+} + \frac{1}{2}H_2O \quad (9\text{-}2)$$

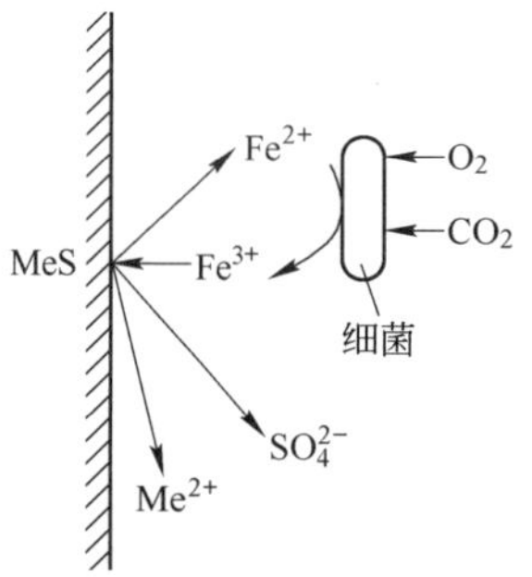

图 9-6　硫化物的间接细菌浸出示意图

Fe^{3+} 得以再生并再次去氧化硫化物,如此周而复始,循环进行,如图 9-6 所示。

而所谓细菌的直接作用是硫化物在细菌的参与下被 O_2所氧化:

$$MeS + \frac{1}{2}O_2 + 2H^+ \xrightarrow{\text{细菌参与}} Me^{2+} + S^0 + H_2O \quad (9\text{-}3)$$

这一氧化过程没有细菌参与时虽然在热力学上可行,但十分缓慢而不具有实用价值。由于细菌的参与,使这一过程大大加快。

细菌“直接作用”,最初是指细菌的细胞与被氧化的物质之间的作用。从这一含义出发,细菌对 Fe^{2+} 与 S^0 等的氧化应属于“直接作用”的范畴。而固体状态硫化物的氧化时细菌的“直接作用”指的是细菌的细胞与硫化矿表面之间的作用,如图 9-7 所示,这种作用被假定是通过某种酶来完成的。

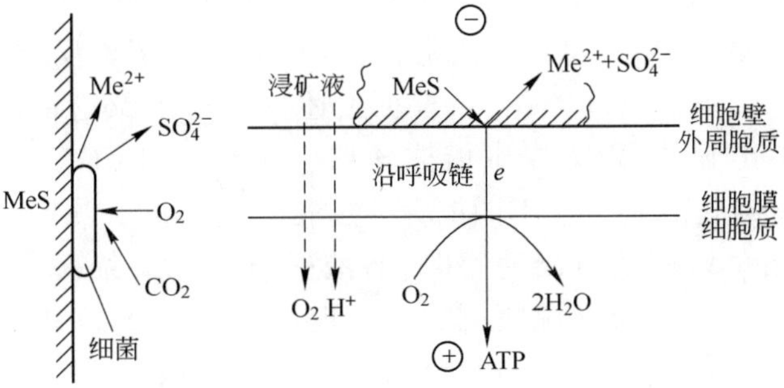

图 9-7　硫化物细菌直接浸出示意图

众多的研究已表明,在 ZnS、NiS、CuS 等硫化矿浸出的时候,当用 Fe^{3+} 浸出,溶液电位保持不变并且溶液中 Fe^{3+} 浓度较高时,有菌与无菌的速率相当。ZnS 浸出是一个很好的例子,如图 9-8 所示。这类硫化矿的浸出被认为是细菌的间接作用。

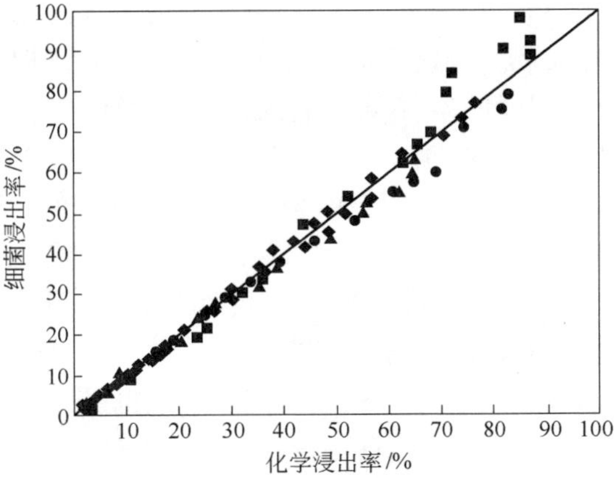

图 9-8　闪锌矿细菌浸出与化学浸出速率对比图[23]

[Fe^{3+}]:◆—2 g/L;▼—2.6 g/L;●—4 g/L;▲—9 g/L;■—10 g/L

另一类矿物,典型的是黄铁矿,其氧化过程比较流行的看法是以细菌的直接作用为主,即

$$FeS_2 + 0.5H_2O + \frac{15}{4}O_2 \xrightarrow{细菌} Fe^{3+} + 2SO_4^{2-} + H^+ \tag{9-4}$$

其主要依据是:(1)黄铁矿细菌浸出速率比用 Fe^{3+} 进行化学氧化浸出的速率快得多。1993 年 M. Boon 与 J. J. Heijnen[24]总结了 1972~1992 年间发表过的 24

篇有关文献,认为黄铁矿细菌氧化的速率比用 Fe^{3+} 进行的化学氧化高出 10 ~ 20 倍;(2)从 1978 年以来若干研究者[25~30]均发现,黄铁矿细菌氧化不是均匀地进行,而是在其表面形成浸蚀坑,其形状和尺寸与参与的细菌(*A. f*)极为相似,过去一直把这种现象作为被吸附细菌与其附着表面之间发生界面反应的结果。

1999 年 G. S. Hansford[25]指出,根据上述情况得出结论说黄铁矿氧化是细菌直接作用是不正确的,因为提供依据的那些实验,即用 Fe^{3+} 进行的化学氧化与细菌参与下的氧化二者是在不同的介质电位下进行的。测定没有细菌参与的条件下 Fe^{3+} 浸出黄铁矿的浸出速率时,溶液的电位比有细菌参与时低。Tomas Vargas 等[31]的一组试验很能说明问题。把磨平并抛光的黄铁矿作为一电极与另一铂电极同时放入溶液中组成电解池,黄铁矿作阳极,另一 Ag/AgCl 电极作为参比电极用以测定黄铁矿电极的电位。在溶液中接种细菌(*A. f*)但不加入铁盐,二电极形成开路(此种条件下,黄铁矿电极的电位为 +0.4V ,SHE),经 24 天之久并未发现黄铁矿表面有明显的侵蚀,铁也仅少量溶解(浓度仅达 $1.6\times10^{-3}\%$),但电极表面吸附了很多细菌。这表明只有细菌,而且被吸附到黄铁矿表面并不能导致氧化发生。Toniazzo 等[32]把 *A. f* 接种到黄铁矿的矿浆中同时在矿浆中加入阳离子交换树脂。在这种条件下细菌能与矿粒接触,也能被吸附在矿粒表面,但介质中的 Fe^{3+} 与 Fe^{2+} 均被阳离子交换树脂吸附,因而介质中铁的浓度可保持在很低的水平。在这样的条件下,在长达 30 天时间内介质中细胞浓度无明显的增长,而在相同的条件下未加入阳离子交换树脂的对照实验中细胞浓度增长了 15 倍以上。可见,若介质中只有黄铁矿而无 Fe^{3+},细胞不会繁殖,同时对矿粒进行拉曼光谱检测表明,在这种情况下,没有发现任何 S_2^{2-} 的氧化产物存在。而不加阳离子交换树脂的对照实验中矿粒的拉曼光谱明显地显示出了 S_2^{2-} 的氧化产物存在。这一试验也很好地说明,*A. f* 并不能与黄铁矿"直接作用"通过"直接"氧化黄铁矿获得能量而繁殖。

因而另一种观点认为,即使是黄铁矿的细菌氧化也是间接作用,即

$$FeS_2 + 14Fe^{3+} + 8H_2O \longrightarrow 15Fe^{2+} + 2SO_4^{2-} + 16H^+ \tag{9-5}$$

$$15Fe^{2+} + \frac{15}{4}O_2 + 15H^+ \xrightarrow{\text{细菌}} 15Fe^{3+} + \frac{15}{2}H_2O \tag{9-6}$$

A. Schipper 等的试验表明 *A. f* 与 *L. f* 氧化黄铁矿的能力大致相当,而 *A. t* 氧化黄铁矿的速率极低。注意到 *L. f* 是一种只能氧化 Fe(Ⅱ)的细菌,而 *A. f* 则既能氧化还原态硫也能氧化 Fe(Ⅱ),*A. t* 不能氧化 Fe(Ⅱ),则可以看出 Fe^{3+} 在黄铁矿氧化中的重要作用。一些使用 BIOX®工艺处理难处理金矿的工厂实践也表明,用由 *A. f*、*A. t*、*L. f* 组成的混合菌进行浸出时,经过一定的时间,*L. f* 成为优势菌种。这些事实都支持黄铁矿氧化是间接作用这一观点。

直接作用机理有一个环节很难解释,即从硫化物表面到细菌细胞内部的电

子传输过程中是谁作为首端电子受体把电子从硫化物表面跨越硫化物与细胞壁的界面传到细胞内。最初曾假定是某种酶，但时至今日，一直未能发现这种酶。以上情况使得“直接作用”机理难以令人信服，所以 W. Sand 等认为“确凿证据表明，直接作用机理并不存在”[26]。过去被认为是细菌直接作用的过程发生在被吸附于矿物表面的细胞与矿物之间，即使在这种情况下也是靠细菌细胞外的外聚合层（细胞分泌产物形成的）中的 Fe（Ⅲ）去氧化硫化物。即是说，在这种情况下，氧化硫化物的依然是 Fe（Ⅲ），只不过这种 Fe（Ⅲ）不是游离于溶液本体中的，而是包含于细胞外的外聚合层（多糖层）中的。氧化而生成的 Fe（Ⅱ）又靠细胞内的反应被 O_2 氧化成 Fe（Ⅲ）。Sand 等人指出[26]，由于“直接作用”与“间接作用”都是靠 Fe（Ⅲ）去氧化金属硫化物，因此这两种机理没有本质的区别，都属于间接作用，这一氧化过程分两步进行。第一步是 Fe（Ⅲ）氧化金属硫化物，这 Fe（Ⅲ）有两种来源，一种是游离于溶液本体中的 Fe^{3+}，另一种是吸附在硫化物表面的细菌细胞外多糖层中的 Fe（Ⅲ）。第二步是前一过程所生成的 Fe^{2+} 在细菌参与下被氧化成 Fe^{3+}，使 Fe^{3+} 再生，这一过程主要是在细菌的细胞内进行，并作为细菌获取能源的途径。

根据这种对机理的解释，在吸附细菌与其附着表面之间发生界面反应，有人建议将这种称为“接触浸出”。过去众多的研究所发现的黄铁矿细菌浸出时，其表面侵蚀不是均匀发生，而是形成尺寸与形状与细菌相仿的刻蚀坑，这一直被认为是吸附细菌的单个细胞与其附着表面处发生“接触浸出”的结果。然而近年来，这种吸附细菌与其附着面之间的界面反应也受到置疑。2001 年，Katrina[33] 指出，对放置于接种了 *A.f* 介质中的黄铁矿矿样（表面抛光）进行的 SEM 检测表明，在反应前期阶段（1 个星期），其表面生成了许多形状和尺寸与 *A.f* 极为相像的刻蚀坑，后来（4 个星期）延伸为直线槽。可是在这些坑内与槽内从未观察到有细菌（过去一些人的研究也是如此）。对这一现象只可能有两种解释，一是这种刻蚀坑并不是细菌（被吸附的）的接触浸出造成的；另一种是被吸附细菌细胞在其附着位置与黄铁矿表面发生界面作用（接触浸出）而导致侵蚀坑的产生，到一定时候细菌细胞脱附了，进入溶液或转移到别的位置上去了。后一种解释显得不合逻辑，细菌细胞吸附在黄铁矿表面以及其脱附不可能同时进行，应该是随时间早晚不一，任何时候都有吸附与脱附发生并保持动态平衡，不管细胞在一个位置上停留的时间有多长，在任何时候都应有一批细胞还保留在原来的位置上，如果侵蚀坑是细胞的接触浸出产生的，则总应该有一些细胞留在原侵蚀坑内。Katrina 的试验还同时发现，用不接种细菌的含 Fe^{3+} 的溶液（Fe^{3+} 浓度 0.01 mol/L，pH = 1.5，T = 42℃）与黄铁矿（表面抛光）作用，同样不是均匀进行，也生成了侵蚀坑，其尺寸与形状与 *A.f* 作用时相像。这些现象使 Katrina J. 等得出结论说，虽然这些现象不能证明在吸附细胞与附着表面处不存在界面反应，但至少可以说明这种反应没有快到能在试验时间内形成电子显微镜可观察到的侵蚀坑,这些侵蚀坑依然是间接作用(Fe^{3+}的作用)造成的。这就更有力地支持了间接作用机理。

根据上述机理,在细菌浸出时介质中有Fe^{3+}存在并保持介质的高电位至关重要。T. Gehrke 等[34]的试验表明,用*A.f*氧化铁矿,当介质中 Fe(Ⅲ)含量为0.5g/L时,没有滞后期,而未加Fe^{3+}的试验,则有7 d 的滞后期,一直到介质中的铁浓度不小于0.2 g/L。

9.2.2 浸出的两种反应途径

按硫化矿氧化时硫的反应途径,浸出过程可分为两类。

(1) 生成硫代硫酸盐的过程:

第一步:$MeS_2 + 6Fe^{3+} + 3H_2O \longrightarrow S_2O_3^{2-} + 6Fe^{2+} + 6H^+ + Me^{2+}$ (9-7)

第二步:$S_2O_3^{2-} + 8Fe^{3+} + 5H_2O \longrightarrow SO_4^{2-} + 8Fe^{2+} + 10H^+$ (9-8)

硫化物被Fe^{3+}氧化,金属溶解,硫化物中的还原态硫氧化生成硫代硫酸根,继而硫代硫酸根很快与Fe^{3+}作用生成硫酸根,不太可能成为细菌的基质。Lowson 等用示踪氧原子与含有示踪氧的水中进行试验发现,水中的示踪氧进入了硫酸根,而空气中的示踪氧进入了水中。

(2) 生成多硫化物的过程:

第一步: $MeS + Fe^{3+} + H^+ \longrightarrow Me^{2+} + \frac{1}{2}H_2S_n + Fe^{2+}, n \geqslant 2$ (9-9)

第二步: $\frac{1}{2}H_2S_n + Fe^{3+} \longrightarrow 0.125S_8^0 + Fe^{2+} + H^+$ (9-10)

$0.125S_8^0 + 1.5O_2 + H_2O \longrightarrow SO_4^{2-} + 2H^+$ (9-11)

Schipper A., W. Sand[26]将两种途径表示为图9-9。

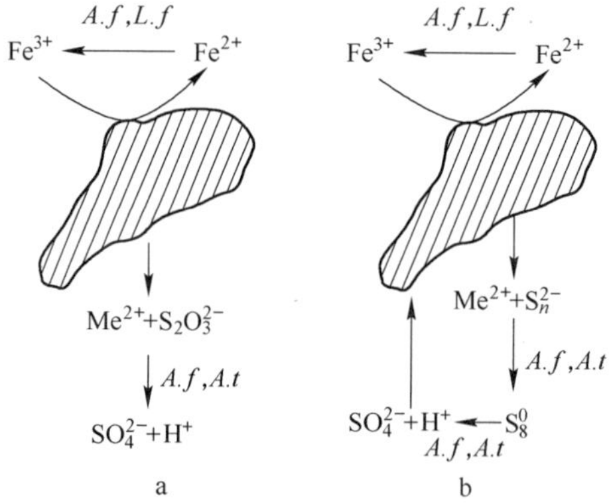

图9-9 硫化矿氧化的两种途径

a—生成硫代硫酸盐;b—生成多硫化物

图9-9中*A.f*、*L.f*、*A.t*分别代表氧化亚铁硫杆菌、氧化亚铁微螺菌、氧化硫硫杆菌。

硫化物按何种途径反应取决于其电子结构。黄铁矿FeS_2与MoS_2、WS_2按硫代硫酸根途径反应。其余硫化物(它们均有一定的酸溶性)按多硫化物途径反应。Hackl R. P. 等报道他们在黄铜矿与Fe^{3+}作用时在矿粒表面检测到多硫化物,可作为多硫化物途径的一个佐证[35]。

9.2.3 胞外多糖层的作用

胞外多糖层是细胞分泌的产物，又称外聚合层，它是附着于细胞壁外的一层松散透明、黏度极大、黏液状或胶质状的物质。外聚合层的化学成分因菌种而异，主要是多糖，有时为多肽、蛋白质、脂肪以及由它们组成的复合物——脂多糖、脂蛋白等，M. Rodriguezleiva 等曾在吸附在黄铁矿表面的 *A.f* 上探测到这种外聚合层的存在[36]，Arrendondo R. 等分离出部分此种多糖层物质[37]。T. Gehrke 等则分析了这种外聚合层的化学成分[34]。当细胞置身于含有铁的离子 Fe^{3+} 或 Fe^{2+} 的溶液中时，溶液中的铁离子与细胞外聚合层中的葡萄糖酸的 H^+ 发生离子交换，铁离子进入外聚合层并与葡萄糖酸根络合生成络合物：

$$2GluH + Fe^{2+} \rightleftharpoons Fe(Glu)_2^+ + 2H^+ \tag{9-12}$$

式中，Glu^+ 为 $CH_2OH(HOH)_4COO^-$。葡萄糖和铁的摩尔比为 2∶1，这表明它们之间形成了稳定的络合物。由于这种络合现象的存在使溶液中的铁富集到外聚合层中，其浓度大大高于其在溶液本体中的浓度。W. Sand 指出[26]，外聚合层中铁离子浓度大约为 53 g/L。这种充满了铁离子的外聚合层在硫化矿的分解中起着重要的作用。

细胞吸附到硫化矿表面后，为其外聚合层中 Fe^{3+} 氧化硫化矿创造了条件。由于外聚合层中 Fe^{3+} 的浓度比溶液本体高得多(大约为 53 g/L)，则吸附细胞—矿物表面界面处的氧化反应比溶液本体中 Fe^{3+} 氧化硫化矿要快得多。

外聚合层中的铁离子既可是 Fe^{2+} 也可是 Fe^{3+}，显然，只有当外聚合层中 Fe^{3+} 占优势时被吸附细菌才有可能去氧化硫化矿。而外聚合层中 Fe^{3+}/Fe^{2+} 之比取决于溶液本体中 Fe^{3+}/Fe^{2+}，即取决于溶液本体的电位。这样一来，溶液本体电位的大小对被吸附细菌的行为有决定性的影响。T. Gehrke 等的实验结果显示，当溶液中 Fe(Ⅲ)浓度低于 0.2 g/L 时，即使在有菌条件下，黄铁矿的氧化速率几乎可忽略不计，只有当 Fe(Ⅲ)浓度不低于 0.2 g/L 时，黄铁矿的氧化才能显著发生[34]。

9.2.4 Fe^{2+} 的氧化

在细菌浸出过程中 Fe^{2+} 的氧化是一个重要环节。该过程不仅使 Fe^{3+} 再生使浸出介质保持高的电位，同时通过这一过程细胞获得能量用于自身的生长与繁殖。这一氧化过程最终的电子受体是 O_2：

$$Fe^{2+} + \frac{1}{4}O_2 + H^+ \longrightarrow Fe^{3+} + \frac{1}{2}H_2O \tag{9-13}$$

这一反应在热力学上是完全可行的，而且其趋势很大，但在动力学上则十分缓慢。在细菌(*A.f*、氧化铁铁杆菌)的参与下这一过程会大大加快，这一过程发生在细菌内部。Fe^{2+} 通过细胞壁上的微孔渗透到细胞壁内进入周质间隔，在那里把电子传给呼吸链，自身变为 Fe^{3+} 然后反渗透出细胞壁。电子通过呼吸链最后传递到细胞膜内侧的溶解于细胞质中的氧。不同的细菌电子传输链的组成不尽相同。R. C. Blake 等指出[38]，至少有 4 种 Fe(Ⅱ)被氧化成 Fe(Ⅲ)的电子传输链。一种是以 C 型细胞色素与铁质兰素为主，例如 *A. f*。Tateo Yamanaka 等分离出了 *A. f* 细胞内参与氧化电子传输的各组分并测定了它们的性质参数[39]。对于 *A. f* 这一电子传输链由 Fe(Ⅱ)oxidase、细胞色素（Cytochrome）C_{552}、铁质兰素(Rusticyanin)与 aa_3 型的 Cytochrome C oxidase 组成。而 *L. f* 与其他耐高温菌的呼吸链中未能发现有铁质兰素。在 *L. f* 的电子传输链中一种新的红色细胞色素(Cyt579)为主，其分子量为 16152，它明显地不同于 a-、b-、c-型细胞色素，在其他能氧化 Fe^{2+} 的细胞中未能发现[38]。即使对 *A. f*，上述物质的排列顺序也还不是很确定，最初提出铁质兰素是电子传输链的首端，是第一电子受体，J. C. Cox[40] 等证实铁质兰素确能被 Fe^{2+} 还原，这也许是前一结论的原因。但后来 A. G. Lappin 等发现铁质兰素与 Fe^{2+} 之间的反应十分缓慢[41]。T. Yamanaka 证明 Fe^{2+} -细胞色素 C_{552} 不能还原铁质兰素，他提出铁质兰素的作用是扩大了电子从 Cytochrome C_{552} 到 Cytochrome oxidase 的通道(作为并联的另一通道)[42]。根据上述可以得出一个 Fe^{2+} 在细胞内氧化成 Fe^{3+} 这一过程的图景，示于图 9-10。

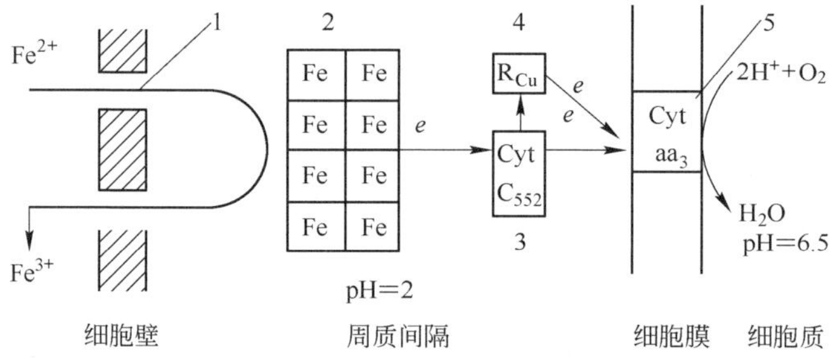

图 9-10 Fe^{2+} 氧化的电子传输示意图(对 *A. f*)

在图 9-10 中：1 为膜孔隙；2 为 Fe(Ⅱ)-细胞色素 C oxidase，曾被从 *A. f* 的水溶性组分里分离出来并测得其分子量(Mr)为 63000。这种细胞色素似乎是存在于细胞的周质间隔中。它似乎由两个基本单元组成，而其每一基本单元又由 4 个最小的分子量约为 6000 的单元组成。最小的单元含有一个 Fe_4S_4 分子。这种细胞色素还原细胞色素 C_{552}，但不能与铁质兰素作用；3 为细胞色素 Cyt-C_{552}；4 为 Rustisyanin(铁质兰素)，是一种分子量为 16.5KD 的可溶性周质兰铜蛋白，具有较高的氧化还原电位(+670mV)及酸稳定性。其分子为单肽链蛋白，可通过其辅基 Cu^{2+}/Cu^{+} 的氧化还原反应传递电子。在铁生长环境中 *A. f* 体内含高浓度的铁质兰素，达可溶蛋白质总量的 5%；5 为细胞色素 aa_3 型。该酶的最小结构单位由 3 个亚基组成，再由 2 个这样的单位组成 2 聚体，每一个结构单位含 1 个血红素 a 辅基，1 个铜原子。此种酶的光谱特征与细胞色素 aa_3 相似。

后来(1996 年)Cavazza C.[43]等在 *A.f* 细胞中发现了另一细胞色素 Cyt C_4(分子质量为 30 kDa),M. T. Giudici – Orticoni 等[44](1999 年)研究了 Cyt C_4 与铁质兰素之间在有 Fe^{2+} 存在下的氧化还原反应动力学,发现不论 Fe^{2+} 浓度如何,Cyt C_4 不被 Fe^{2+} 还原,但铁质兰素在有大量 Fe^{2+} 存在时还原 Cyt C_4,并将 Cyt C_4 列入电子传输链并提出了有别于图 9–10 的设想,Fe^{2+} → ? →铁质兰素→Cyt C_4→Cyt. oxidase →O_2,在这一设想中铁质兰素同样不是电子传输链的首端(首端电子受体他们未能确定)。持相同观点者还有 C. Appia-Ayme 等[45]。

田克立等[46]认为,在 *A.f* 铁氧化系统的研究中,各研究者所得出的结论不同。原因一方面可能是他们对所得资料的解释不同,另一方面反映出在极端生长环境中强大的选择压力所造成的遗传多样性,使得不同种群之间能量代谢系统出现差异。

图 9–10 所示电子由 Fe^{2+} 转移到细胞内并与 O_2 生成水的过程伴随着能量的转换。*A.f* 这样的好氧化能自养微生物是通过物质的氧化获得生长所需要的能量,在硫化矿的浸出过程中是通过 Fe^{2+} 这一氧化过程获得能量。

$$2Fe^{2+} + \frac{1}{4}O_2 + 2H^+ \longrightarrow 2Fe^{3+} + \frac{1}{2}H_2O + 44.52\,kJ(pH = 0 时) \quad (9-14)$$

并靠此获得的能量合成一种高能化合物 ATP,如图 9–11 所示。

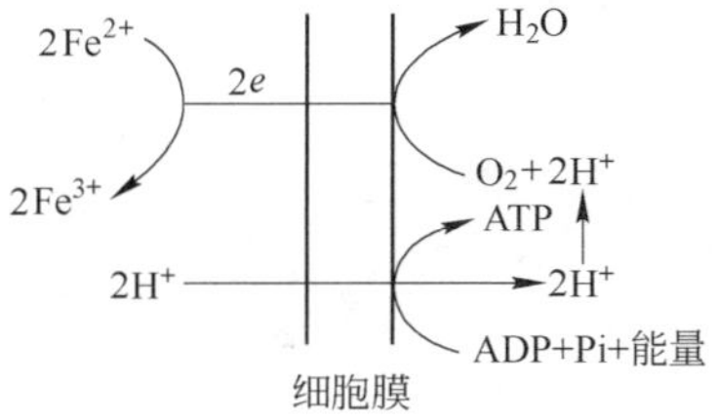

图 9–11 *A.f* 氧化 Fe^{2+} 合成 ATP 示意图

9.2.5 细菌浸出时的原电池反应

如前所述,硫化矿细菌浸出时,Fe^{3+} 起着重要的作用,此种情况下,单一矿物的浸出往往不及两种矿物共存时浸出效果好。两种(或两种以上)的固相(它们是导体或半导体)相互接触并同时浸没在电解质溶液中时各自有其电位(不同的物质电位一般都不相同),组成了原电池,发生电子从电位低的地方向电位高的地方转移并产生电流。电位低者为阳极是电子供体,电位高者为阴极是电子受体。在阳极上发生氧化反应,阴极上发生还原反应,化学能转化为电能,如图 9–12 所示,实验研究表明,黄

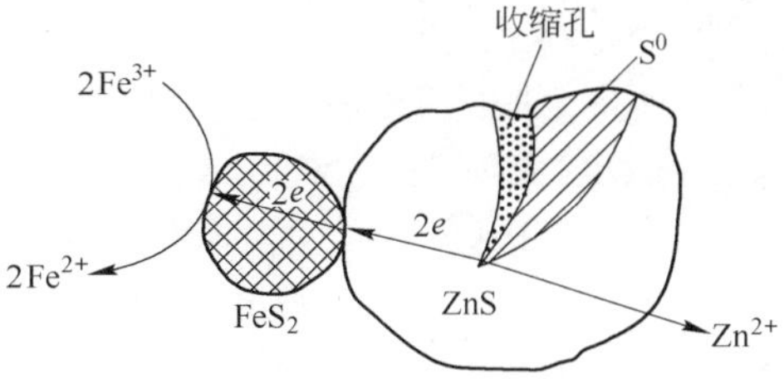

图 9–12 原电池浸出反应示意图

铁矿的存在能明显使黄铜矿浸出速度增加。若干研究者发现,贫铜矿的浸出速率比铜精矿高出 10 倍,其原因就在于此。

9.3 生物浸出过程热力学

硫化物的生物氧化无论是细菌的直接作用还是间接作用,最终的电子受体都是氧,而细菌只是起促进作用。尽管生物浸出过程十分复杂,但从热力学的角度来看,对一过程而言,体系状态函数的变量仅与体系的始态与终态有关,而与所经历的途径无关,因此可以不涉及过程的机理进行热力学上的分析。图 9-13 所示为主要金属硫化物氧化反应的 φ - pH 图,在图上叠加了 Fe^{3+}/Fe^{2+} 线、氧线ⓑ与卡普兰(Kaplan)绘制的细菌活动区。各线的反应式与平衡方程式列入表 9-3。每条线的下方区域为还原态的稳定场,上方区域为氧化态的稳定场。表中列入了各反应在 pH = 2,[SO_4^{2-}] = 0.1 mol/L、[Me^{2+}] = 0.01 mol/L 时的还原电位值,其余条件列于表上方,与细菌浸出的实际条件相近。

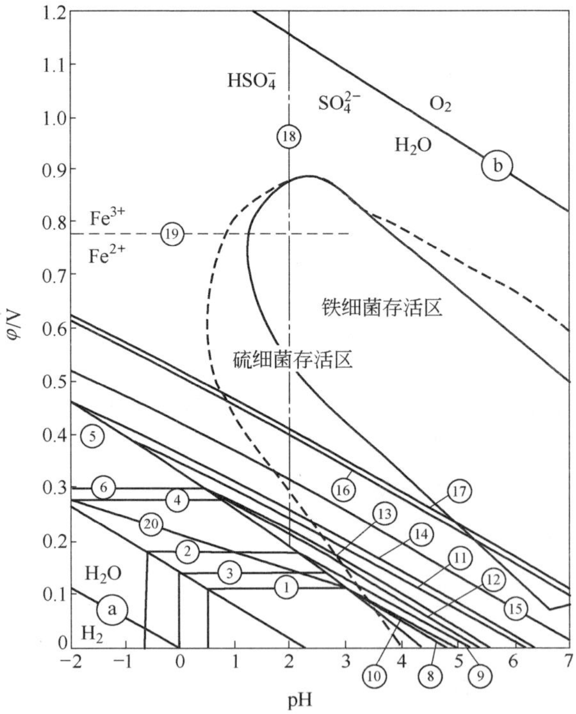

图 9-13 主要硫化物氧化反应的 φ - pH 图
(T = 298 K)

表 9–3 主要硫化物电极反应与平衡方程式

($T = 298$ K, φ_2 为 pH = 2 时的 φ 值, $[SO_4^{2-}] = 0.1$ mol/L、$[Me^{2+}] = 0.01$ mol/L)

代号	反应式	平衡方程式 $\varphi = \varphi^{\ominus} + ApH + B\lg[Me^{2+}] + C\lg[SO_4^{2-}]$				φ_2	φ_6
		$\varphi^{\ominus}$	A	B	C		
ⓐ	$2H^+ + 2e = H_2$	0.000	−0.0591	−0.0296			
ⓑ	$\frac{1}{2}O_2 + 2H^+ + 2e = H_2O$	1.229	−0.0591	0.0148		1.111	0.874
①	$Fe^{2+} + S + 2e = FeS$	0.113	0	0.0296	0	0.054	
②	$Ni^{2+} + S + 2e = NiS$	0.178	0	0.0296	0	0.119	
③	$Co^{2+} + S + 2e = CoS$	0.145	0	0.0296	0	0.033	
④	$Zn^{2+} + S + 2e = ZnS$	0.282	0	0.0296	0	0.223	
⑤	$Cd^{2+} + S + 2e = CdS$	0.408	0	0.0296	0	0.349	
⑥	$CuS + Fe^{2+} + S + 2e = CuFeS_2$	0.301	0	0.0296	0	0.242	
⑦	$Fe^{2+} + 2S + 2e = FeS_2$	0.458	0	0.0296	0	0.399	
⑧	$Fe^{2+} + SO_4^{2-} + 8H^+ + 8e = FeS + 4H_2O$	0.293	−0.0591	0.0074	0.0074	0.197	
⑨	$Ni^{2+} + SO_4^{2-} + 8H^+ + 8e = NiS + 4H_2O$	0.308	−0.0591	0.0074	0.0074	0.212	
⑩	$Co^{2+} + SO_4^{2-} + 8H^+ + 8e = CoS + 4H_2O$	0.301	−0.0591	0.0074	0.0074	0.205	
⑪	$Cd^{2+} + SO_4^{2-} + 8H^+ + 8e = CdS + 4H_2O$	0.366	−0.0591	0.0074	0.0074	0.270	
⑫	$Zn^{2+} + SO_4^{2-} + 8H^+ + 8e = ZnS + 4H_2O$	0.335	−0.0591	0.0074	0.0074	0.239	
⑬	$Fe^{2+} + CuS + SO_4^{2-} + 8H^+ + 8e = CuFeS_2 + 4H_2O$	0.340	−0.0591	0.0074	0.0074	0.244	
⑭	$Fe^{2+} + 2SO_4^{2-} + 16H^+ + 14e = FeS_2 + 8H_2O$	0.368	−0.0591	0.0037	0.0074	0.272	
⑮	$Cu^{2+} + SO_4^{2-} + 8H^+ + 8e = CuS + 4H_2O$	0.419	−0.0591	0.0074	0.0074	0.323	
⑯	$2Cu^{2+} + SO_4^{2-} + 8H^+ + 8e = Cu_2S + 4H_2O$	0.506	−0.0591	0.0148	0.0074	0.410	
⑰	$2Ag^+ + SO_4^{2-} + 8H^+ + 8e = Ag_2S + 4H_2O$	0.517	−0.0591	0.0148	0.0074	0.421	

除表 9–3 所列反应外，还有

⑲ $$Fe^{3+} + e = Fe^{2+}$$

$$\varphi = 0.78 - 0.0591\ \lg \frac{[Fe^{2+}]}{[Fe^{3+}]}, \quad [Fe^{2+}] = [Fe^{3+}]$$

⑱ $$SO_4^{2-} + H^+ = HSO_4^-$$

$$pH = 1.98 - \lg \frac{[HSO_4^-]}{[SO_4^{2-}]}, \quad [HSO_4] = [SO_4^{2-}]$$

⑳ $$Fe^{2+} + H_3AsO_3 + S^0 + 3H^+ + 5e = FeAsS + 3H_2O$$

$$\varphi = 0.2130 - 0.0355pH + 0.0118\lg \frac{[Fe^{2+}]}{[H_3AsO_3]}$$

从图 9-13 和表 9-3 的数据可以得出如下 7 点结论：

（1）细菌活动区也是各金属硫化物的氧化区，这样使细菌的存活与硫化物的氧化能统一在一个环境之中。

（2）氧的电位比图上所列硫化物正，从热力学上看，这些硫化物均可能被细菌浸出。

（3）FeS_2（黄铁矿）的电位均比 ZnS、NiS、PbS、$CuFeS_2$ 等正。在有黄铁矿存在时，它能与这些矿物组成原电池，发生原电池反应，促进这些硫化物的氧化，而黄铁矿自身的氧化则比其余硫化物困难。

（4）在图 9-13 所列各种硫化物中，以 Ag_2S 的电位最正，与各种贱金属硫化物的电位差最大。这一点可为细菌浸出硫化矿时 Ag 的催化作用提供热力学的解释之一。

（5）从热力学的角度看，pH = 2 时各种硫化物浸出的趋势由大到小的排列顺序为：FeAsS > CoS > NiS > ZnS > $CuFeS_2$ > CdS > FeS_2 > CuS > Cu_2S。

（6）从图 9-13 可看出，在细菌存活的条件下，各种硫化物氧化时硫的最终产物应是 SO_4^{2-} 或 HSO_4^-。

（7）硫化物和 Fe^{2+} 氧化时均释放出能量，该能量用于合成 ATP，合成 1 molATP 需提供 33.472 kJ 的能量。

9.4 影响细菌浸出的因素

9.4.1 概述

细菌浸出是一个复杂的过程，影响其效果的因素很多。这些因素列入表 9-4。在这诸多因素中细菌与矿物性质是内因，至关重要，其他因素是外部条件。本章分析若干重要因素的影响。

表 9-4 影响细菌浸出效果的主要因素

细菌和矿物的性质	细菌性质（菌种、菌株与培养条件） 矿物特性 脉石性质 矿物粒度

续表 9-4

<table>
<tr><td rowspan="5">条　件</td><td>温　度</td><td colspan="2"></td></tr>
<tr><td rowspan="4">介　质</td><td colspan="2">矿浆浓度
pH 值</td></tr>
<tr><td>溶液成分</td><td>电位
营养物浓度
金属离子种类及浓度
非金属离子种类及浓度</td></tr>
<tr><td colspan="2">细菌接种量
表面活性剂种类与浓度,催化剂</td></tr>
<tr></tr>
<tr><td>操　作</td><td colspan="3">时间
浸出方式
搅拌方式与强度(对槽浸);筑堆方式与喷淋强度(对堆浸)
充气方式和强度</td></tr>
</table>

9.4.2 细菌性质

细菌种类与性质对浸出的效果的影响可归为三个“不一样”,即:

(1) 不同的细菌对同一矿物浸出效果不一样;

(2) 同一种细菌的不同菌株对同一矿物的浸出效果不一样;

(3) 同一种细菌的同一菌株经过不同条件的培养与驯化其浸出效果也不一样。

第一个不一样是显而易见的,实验结果也证实了这一点,如图 9-14 所示。

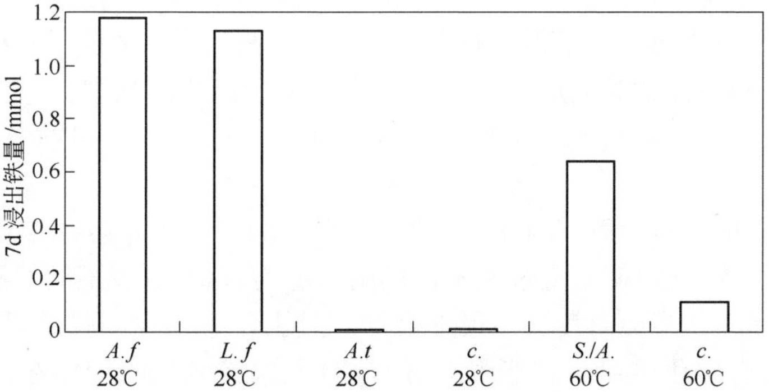

图 9-14　各种细菌浸出黄铁矿的比较[47]

A. f—氧化亚铁硫杆菌;*L. f*—氧化亚铁微螺菌;*A. t*—氧化硫硫杆菌;

c. —无菌对照;*S. /A.* —*Sulfololus/Acidianus* sp.

浸出条件:1 g 黄铁矿,粒度 36 ~ 50 μm,pH = 1.9,28℃,细菌接种量 1×10^9,摇瓶速度 150 r/min;

60℃下试验,接种量为 2×10^8,不摇动

第二个不一样是经很多实验证实了的。D. L. Thompson 等[136]研究了用 *A. f* 的 29 种菌株从硫化钴矿中浸出钴,发现有 5 种浸出效果较好,28 d 从钴精矿中可浸出钴 20% 以上,其中 Fe 1 号菌株效果最好,28 d 钴浸出率高达 95% 以上。

A. Das 等[48]把一个 *A. f* 的菌株(取自 chitradurga 黄铁矿,印度),在两种不同介质中培养,一为含 Fe^{2+} 的培养基,另一为含固态元素硫的培养基,然后用这两种菌去浸出黄铜矿,结果表明,在含固体能源基质中培养的细菌的浸出效果比在含 Fe^{2+} 培养基中培养的细菌好一倍左右。

P. 德瓦西亚等[49]在分别含有元素硫、黄铁矿、黄铜矿、硫代硫酸盐与亚铁离子的介质中培养 *A. f*(从印度乌兰基可汗铜矿分离而得)。试验发现,在上述不同介质中培养的细菌有如下的差别:

(1) 电位等电点不同,在有亚铁离子与硫代硫酸根基质中培养的细胞具有相同的等电点,pH = 2,而在有固体硫基质中培养的细胞其等电点为 pH 值 2 ~ 3. 8,在黄铜矿与黄铁矿基质中培养的细胞其等电点为 pH 值 3. 8。

(2) 在有硫化矿的基质中培养的细胞具有强烈的疏水性,在浸出硫化矿时紧紧吸附在硫化矿表面,而且更易于大量附着于硫化矿表面,不同于那些在不含硫化矿的基质中培养的细胞。

(3) FTIR 光谱检测表明,细胞生长期间,在硫化矿基质中培养的细菌细胞表面有 NH_3、NH_2、NH、CONH、CO、CH_3、CH_2、CH 和 COOH 等功能团存在。培养环境的不同迫使细菌细胞组织发生了某些变化,德瓦西亚设想,在元素硫与硫化矿的培养基质中细胞必须与固体表面接触,为了获得供其生存的能源,它被迫在其细胞壁上产生蛋白质细胞表面成分,靠这种蛋白质膜细菌细胞附着在硫化矿表面,而在 Fe^{2+} 与硫代硫酸根的基质中细胞没有在固体表面附着而传递能量的需要,故而没有长出这种蛋白质膜。也正因为有无这种蛋白质膜的存在造成了其细胞表面电荷的不同,自然同时导致等电点的不同。而通过 K 蛋白酶的处理去掉细胞表面的蛋白质膜,则在各不同基质中培养的细菌的电动行为趋于一致。这一现象有力地支持了上述设想。

通过上述情况至少可以得出一个结论:在不同条件下培养的细菌细胞具有不同的外表面结构,在浸矿时表现出不同的附着能力,从而具有不同的浸矿活性。因为附着于固体矿物表面对浸出是很重要的。过去已有不少试验结果证明,经过驯化的细菌(在有硫化矿存在的基质中培养过)比未经驯化的细菌在硫化矿表面达到吸附平衡所需时间要短得多。

问题不仅仅限于前述表面变化,基因组学层面的研究表明,在不同条件下获得的菌株或同一菌株在不同条件下培养,其 DNA 具有不同的基因序列。俄罗斯科学院微生物研究所的 T. F. Kondratyeva 等[50]给出了在不同环境中采集到的 *A. f* 的若干种不同菌株的脉冲场凝胶电泳呈像图,示于图 9-15。从图看出,不同菌株的

DNA 脉冲场凝胶电泳图均不相同。

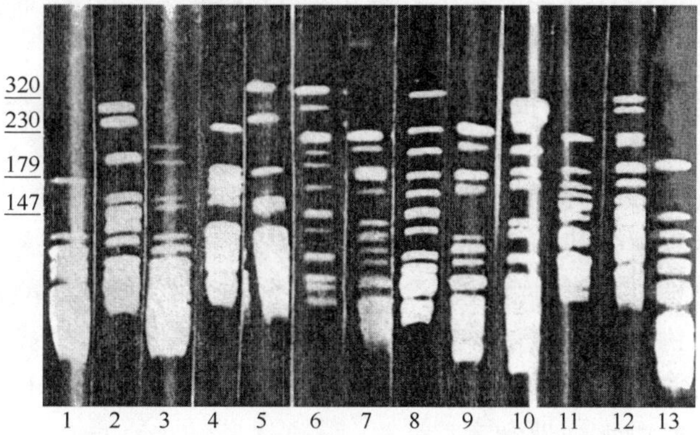

图 9-15 *A.f* 的不同菌株的 DNA 脉冲场凝胶电泳图像(图下数字为不同菌株的编号)
1— TFD;2— VKM B-1160;3—TF 1292;4—TFG;5—TFN;6—TFBk;7—TFN;
8—VKM B-158;9—ATCC19859;10—TFV-1;11—TFW;12—TF97;13—TFR2

不仅如此,同一菌株在不同条件下(pH 值、能源物质种类、温度、Fe^{2+}/Fe^{3+} 浓度等)培养,其 DNA 的脉冲场凝胶电泳图也有明显的差异。

从基因组学的层面能更好地说明不同菌种、同一菌种的不同菌株,同一菌株经不同条件下培养后所表现出的浸矿性能方面的差异,这些差异主要归因于它们在铁硫氧化基因功能及其调控上的差异。

中南大学通过与美国基因组研究所(TIGR)的合作,在国内于 2004 年 7 月获得了 *A. f* 标准菌株 ATCC 23270 全基因组的 3217 个基因序列信息,应用基因芯片探针设计软件为每一基因设计了独特的、有代表性的探针,构建了 *A. f* 标准菌株全基因组基因芯片。邱冠周等[51]通过摇瓶试验、柱浸试验和堆浸试验从全国各个不同矿区筛选获得了各种不同氧化活性类型的 *A. f* 菌,分别提取其 DNA 与所构建的 *A. f* 标准菌株 ATCC23270 全基因组基因芯片杂交。在 3217 个基因中发现有 967 个为不同的菌株所特有,其余的 2250 个(2250/3217 = 70%)为所有 *A. f* 菌共有;另发现 320 个高氧化活性菌特征基因,其中,与中间代谢(硫、氮代谢)相关的基因 24 个,与胞壁质、肽聚糖、多聚糖和脂多糖的生物合成与降解相关的基因 33 个,与解毒作用有关的基因 15 个,与 DNA 代谢相关的基因 36 个,与能量代谢相关的基因 85 个,与脂肪酸和磷酸代谢相关的基因 5 个,与蛋白质的合成相关的基因 26 个,与核苷酸合成相关的基因 12 个,与 DNA 转录相关的基因 15 个,与调节作用相关的基因 34 个,与信号转导相关的基因 10 个,与转运与结合蛋白相关的基因 25 个。此外,还找到 135 个与亚铁和硫氧化以及抗性等功能有关的基因。将上述基因作为 *A. f* 菌冶金性能快速检测的标准,由此建立了“嗜酸氧化亚铁硫杆菌及其活性的基因芯片检测方法”标准。该方法标准利用 ATCC23270 模式菌基因芯片，通过基因功能的破解，从基因水平检测菌种浸矿性能。它不仅使菌种浸矿性能的检测时间从传统浸矿试验的几个月缩短到 3 ~ 5 天，而且由于通过基因芯片对控制 *A. f* 菌性状相关基因的全面检测而对其性能进行评判，克服了传统浸矿方法只测定表型特征，受环境影响很大，结果不稳定的缺点，使检测结果更加准确。因此，根据本标准可从大量不同环境中简单、快速、准确地筛选高效 *A. f* 菌。

必须指出的是在实际的浸矿体系中浸取液不可能只含有单一菌种，而是多种菌种组成的微生物群落，这种浸矿微生物群落表现出其多样性。邱冠周等通过微生物结构与生物地理化学性状的综合分析发现，在生物地理化学性状不同的矿区，其微生物群落结构是不一样的，例如，甘肃白银明显不同于江西德兴；同时，即使在同一矿区，由于各个样地的生物地理化学性状不同，其微生物种群也不一样，例如，江西德兴矿区的矿中学样地和大坞头样地；通过多个样地的综合分析初步发现 pH 值对 *L. f* 菌分布的影响比较大，在 pH 值较低的样地，一般 *L. f* 为优势种群，如广西大厂高峰 1 号样地（pH = 1.7）和江西德兴矿区的大坞头和水龙山（pH = 2.0）。此外，氧化还原电位和砷、铜有毒金属离子对微生物群落结构影响也很大。通过对江西德兴铜矿共 9 个不同的浸矿样点进行研究，发现了在浸矿过程中不同样点有多种不同的微生物在发挥着作用。这些微生物主要涉及到 *A. f*、*A. t*、*L. f* 等 19 个属或种。进一步的分析发现，微生物存在的环境其理化性质的差异，与其微生物种群结构存在很强的相关性（Mantel 分析：$p < 0.05$）。在理化性质相同的浸矿环境中，其微生物种群较相似。与此同时，在不同的样点，其微生物所进行的活动也存在较大的差异性，这主要表现在功能基因的差异上，如涉及到微生物代谢的功能基因，*iro* 基因，*dsr* 基因和 *sox* 基因。通过基因芯片，共检测到 286 个功能基因，这些基因主要涉及到与铁代谢、硫代谢、碳代谢、氮代谢相关的重要基因。这些基因在不同的样点中，其功能基因芯片所检测到的丰度有很大的不同。

通过去趋势对应分析（Distrend correspondence analysis）、Mantel 分析以及典范对应分析（Canonical correspondence analysis）进一步发现，Fe、S、pH、Cu 和 Ca 是影响嗜酸微生物群落分布的主要影响因子。这些因子主要影响到微生物群落的铁代谢途径、硫代谢途径，及抗金属的能力。这些为进一步调控生物冶金过程提供重要的指导作用。

9.4.3 矿石的性质

细菌浸出的工作对象是矿石，矿石的性质当然会对浸出效果产生重大影响，也是细菌浸矿的内因。生产实践中很难有处理纯矿物的情况，只有在试验研究中，特别是基础理论的研究需要处理纯的矿物样品。

9.4.3.1 *矿物的性质*

矿物的性质是影响浸出速率的决定因素。用同一菌种的同一菌株浸出不同的矿,浸出效果明显不一样。至今对不同矿物用各种细菌浸出的难易还缺乏系统的研究,也更无法按浸出的难易程度把矿物排出一个令人信服的顺序。对研究得比较多的 *A.f* 浸出有色金属硫化矿,有两个排序。

一是 A. E. Torma 等人于 1978 年给出的[53]。他们在研究 *A.f* 氧化金属硫化物的动力学时发现,细菌浸出速率按下列顺序排列:

$$NiS > CoS > ZnS > CdS > CuS > Cu_2S$$

二是英国比利顿公司过程研究所研究了用 Mesophile 浸出赞比亚与智利含铜的浮选精矿时对精矿中各种铜矿物的浸出进行了跟踪检测,结果表明各种铜矿物的浸出速率由大到小按下列顺序排列[54]:

辉铜矿 > 斑铜矿 > Cubanite(古巴矿,又称方黄铜矿 $CuFe_2S_3$) > 铜蓝 > 黄铁矿 > Enargite(硫砷铜矿) > Carrolite(硫铜钴矿,$Cu(Co \cdot Ni)_2S_4$) > 黄铜矿

以上排序还难说是确定的,也是经验的,缺乏坚实的理论基础,因此也很难把上述排序与哪一种矿物性质很好地关联。影响浸出效果的矿物性质是多方面的,诸如:

(1) 矿物的化学成分;

(2) 晶型,晶格结构,晶格能;

(3) 表面离子化能(相当于一种金属的费米能级);

(4) 电极电位;

(5) 导电类型;

(6) 溶解度;

(7) 杂质种类与含量,杂质的分布方式。

表 9-5 列出了一些主要的有色金属硫化矿的有关性质[55,56]。Jack Barrett 认为影响反应速率的主要因素可能是矿物表面的离子化能(相当于一种金属的费米能级)[52]。

表 9-5 有色金属硫化矿的性质

矿物名称	分子式	晶 型	导电类型	电阻率 /Ω·m	溶度积 ($\lg K_{sp}$)	标准电极电位 (273K) /V	在浸矿相近条件下平衡电位①/V	禁带宽度 (Energy gap) /erg
斑铜矿 (Bornite)	Cu_5FeS_4	正方晶系	P 型	$10^{-3} \sim 10^{-6}$	-160.5			
辉铜矿 (Chalcocite)	Cu_2S	斜方晶系	P 型	$4.2 \times 10^{-2} \sim 8 \times 10^{-5}$	-47.64			1.1
黄铜矿 (Chalcopyrite)	$CuFeS_2$	正方晶系	N 型	$0.2 \times 10^{-3} \sim 9 \times 10^{-3}$	-61.5	0.358	0.2392	
铜蓝 (Covellite)	CuS	六方晶系	P(类金属导电)	$0.8 \times 10^{-4} \sim 7 \times 10^{-7}$	-35.85	0.4043	0.2862	

续表 9-5

矿物名称	分子式	晶　型	导电类型	电阻率 /Ω · m	溶度积 ($\lg K_{sp}$)	标准电极电位 (273K) /V	在浸矿相近条件下平衡电位①/V	禁带宽度 (Energy gap) /erg
方铅矿 (Galena)	PbS	立方晶系	N 与 P	1×10^{-5} ~ 6.8×10^{-6}	-28.06			
辉钼矿 (Molybdenite)	MoS_2	六方晶系	N 与 P	$(7.5\sim8)\times10^{-3}$				
镍黄铁矿 (Pentlandite)	$(Fe\cdot Ni)_9S_8$		N 与 P			0.146	0.1164	
黄铁矿 (Pyrite)	FeS_2	立方晶系	N 与 P	3×10^{-2} ~ 1×10^{-3}	-26.27	0.351	0.220	0.9 ±0.1
闪锌矿 (Sphalerite)	ZnS	立方晶系	非导体	2.7×10^{-3} ~ 1.2×10^{-4}	-24.92	0.282	0.2524	3.67
	FeS		P			0.114	0.0844	很小
	NiS		金属		-21.03	0.176	0.1464	
	CdS		N		-27.19			2.42
	Ag_2S		N		-49			约 1
	HgS		N		-53			2
	SnS		P		-25			1.08

① $T=25℃$, pH = 2, $[Me]=[SO_4^{2-}]=[HSO_4^-]=0.1\text{mol/L}$。

A　矿物的电位

表 9-5 列出了一些硫化矿的标准电极电位，表中未列入砷黄铁矿（$\varphi^{\ominus}=0.213V$）与磁黄铁矿（$\varphi^{\ominus}=0.27V$）。实测值与标准电极电位有明显的差别。事实上由于测定方法、条件、矿物成分、杂质含量以及溶液成分的不一，实测电位值有波动。根据前人的测定数据可以整理出各种矿物的电位顺序，如图 9-16 所示。从热力学的角度看，矿物的电位愈小愈有利于浸出。首先是由于浸出过程真正的电子受体是溶解于浸矿液的氧。矿物的电位愈小，与氧的电位差愈大，其氧化的热力学趋势也愈大。第二是电位不同的两个矿粒紧密接触并浸没在同一溶液中组成了一对原电池。电位小的是阳极，发生阳极溶解（氧化），电位大的是阴极，在其上发生 O_2 与 Fe^{3+} 的还原，如图 9-16 所示。上面的电位顺序表明，黄铁矿与很多矿物伴生都能起阴极的作用，促进这些矿物的氧化。因此，黄铁矿的细菌浸出较之其他硫化矿难。对难处理金矿的生物浸出研究表明，含砷高的（毒砂含量高的）金矿容易进行氧化处理，高硫低砷的金矿（黄铁矿含量高的）则难以氧化处理。

B　矿物的导电性质

硫化矿的导电性质不同，硫化锌是非导体，CuS 和 Cu_2S 是半导体，而 NiS 具有金属的导电性。*A. f* 能催化所有上述硫化矿的氧化。黄铁矿或砷黄铁矿有 N 型导电与 P 型导电两类。N 型导电比 P 型导电易于氧化,N 型导体具有高能级的电子,易于在氧化过程中失去。反之,P 型导体氧化时电子从低能级上释放出。因此,半导体的导电类型是导致硫化物氧化速率不同的原因之一,但不是决定性的原因。非导体的 ZnS 与金属导电的 NiS 的氧化速率比黄铁矿和砷黄铁矿快得多。非导体的雄黄和雌黄则难以氧化。

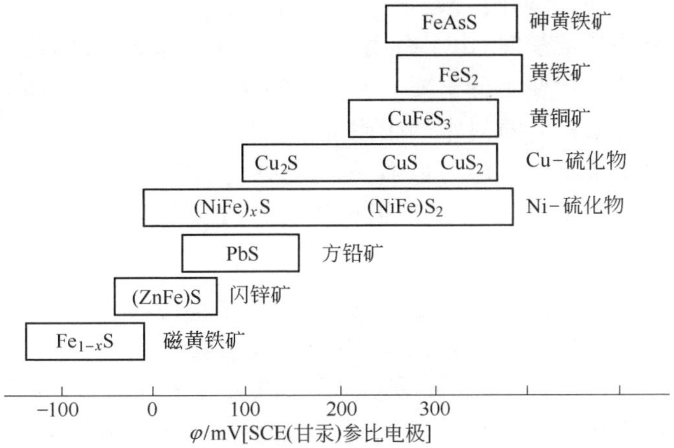

图 9-16 矿物的实测电位顺序[32]

C 矿石的化学成分

同一种矿物在相同的条件下浸出,因矿石成分的差异,表现出不同的动力学特征。如前所述矿石中是否伴生有黄铁矿及其含量均会影响矿石的浸出效果。M. Monroy 等[55]的研究表明,难处理金矿的生物氧化速率与其砷黄铁矿与黄铁矿的含量比有关。含量比小于 0.5 时,氧化速率慢;含量比大于 0.5 时,氧化速率快。同样是砷黄铁矿,其砷硫含量的差异(是富硫还是富砷)也是呈现出不同的氧化动力学特征。

D 硫化物的溶度积

A. E. Torma[53] 等研究 *A. f* 氧化金属硫化物的动力学时,发现细菌浸出速率按下列顺序排列:NiS > CoS > ZnS > CdS > CuS > Cu_2S,此顺序与其溶度积的大小顺序基本相符(见表 9-5 各矿物的溶度积数据)。

E 矿物中杂质含量与类型

矿物中杂质种类、含量以及其赋存状态均对硫化矿的浸出有影响。在研究闪锌矿的细菌浸出时发现,杂质溶解于闪锌矿的精矿最好浸出,主要由闪锌矿与黄铁矿组成的精矿第二易浸,含闪锌矿、方铅矿与黄铁矿者最难浸出。这些现象至少部分可用原电池效应来解释。Ballester[57] 等提出,Fe^{2+} 溶解于 ZnS 中提高了 ZnS 的导电性与化学可浸性，高铁闪锌矿比闪锌矿易浸出。

9.4.3.2 脉石性质

与矿物伴生的脉石性质对浸出也会有影响：

（1）碱性脉石（钙、镁的碳酸盐等）易溶于酸，由于细菌浸出多在稀酸介质中进行（pH = 1 ~ 2），这些物质同时溶解从而大为增加了过程的耗酸量，提高了运作成本。不仅如此，过多的碳酸钙会导致浸矿液中 $CaSO_4$ 达到饱和浓度而呈固体析出并沉积于矿块表面，从而阻碍进一步的浸出。

（2）在进行块矿堆浸时，由于有用矿物多嵌布在脉石中，因此，脉石的可渗透性对于浸出的有效进行便十分重要。脉石最好是多孔，渗透性好的。

（3）不同的硅酸盐脉石对水的吸附能力不同，由于吸水能力不同堆浸时产生不同的效果。皂土吸附水的能力最强，高岭石次之，伊利水云母最差。各种硅酸盐脉石特别是膨胀性黏土，均严重地降低矿堆的渗透能力。

9.4.3.3 矿石的粒度

细菌浸矿是在矿石的界面上进行的过程，其速率与固体的比表面积有关。显然，矿石粒度愈小，其比表面积愈大，则浸出速率也愈大。此外，对矿石细磨还可以起到机械活化的作用。P. Balaz 的研究表明，机械活化后用 *A. f* 从 ZnS – FeS_2 混合矿中浸出锌的速率增大了 3 ~4 倍[58]。米列耶夫等[59,60]使用行星式球磨机活化含金硫化矿，然后进行生物化学分解，可使 70% ~75% 的砷转入溶液，金浸出率超过 80%。在另一研究中也使用行星式球磨机活化 Au – As 精矿，使浸出液中生物物质浓度由 1 g/L 增至 10 g/L，精矿浸出时间从 72 h 降至 22 h。Balaz 研究了 *A. f* 与机械活化过的黄铁矿的反应。他发现机械活化改变了黄铁矿的结晶程度，进而影响了细菌浸出[61]。

Edvardsson 将细菌浸出过程与轻度的研磨过程结合，使含金硫化矿的浸出速率大为增加[62]。

综合考虑反应动力学的一般要求与机械活化作用可得出如下结论：

（1）对于堆浸必须考虑矿层渗透性，矿块应有一合适的粒度范围；

（2）对于槽浸，不仅要考虑矿石的细度，还要注意磨矿的方式及增强机械活化的效果；

（3）细磨对槽浸是有好处的，但磨矿也是耗能作业，应把提高浸出速率与降低能耗和作业成本综合起来考虑，选择一最佳的物料粒度范围，物料并非愈细愈好；

（4）为使机械活化后的物料不失去活性，磨细后的物料的搁置时间不要超过 50 h，最好是磨好后即投入浸出。

9.4.4 环境条件

浸出的环境条件包括多方面的因素，均对浸出有影响。

9.4.4.1 温度

与一般化学反应不同的是，微生物浸出所能选择的温度首先受到微生物生长的制约，只能在适宜微生物生长的温度范围内进行。而一般的化学反应则可根据动力学的需要采用各种温度，包括在加压条件下的高温（不高于100℃）。表9-1已列出了各种主要浸矿微生物生长的适宜温度范围与最佳温度。浸出最好在最佳浸矿温度下进行。最佳浸矿温度不一定就是微生物最佳生长温度，而是微生物的氧化能力最强的温度。图9-17示出了温度对某些微生物氧化 Fe^{2+} 能力的影响规律[63]。有试验表明，从最佳温度每下降6℃，浸出速率减半。在实际的浸矿作业中温度并不都能控制在最佳温度上。

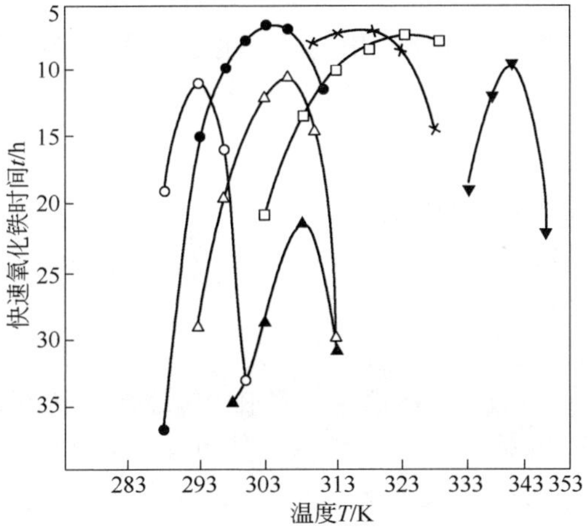

图9-17 在一定条件下温度对某些嗜酸细菌氧化能力的影响

○—*A. f*(Hardanger)；●—*A. f* DSM583；△— *L. f* DSM2706；□—中等嗜热细菌(BC_1)

▲—微螺菌(BC 菌株)；+—中度嗜热细菌 ALV；▼—硫化叶菌 LM 菌株

9.4.4.2 矿浆浓度

矿浆浓度指单位体积矿浆中固体物质（矿粒）的质量含量，一般以百分数表示（w/v）。

图9-18示出了硫化锌矿和砷黄铁矿细菌浸出时的典型结果[52,64]。矿浆浓度为15%时，氧化速率达到最大值；到15%～20%，变化不大；超过20%，氧化速率下降。难处理金矿生物预氧化大规模工业试验表明[65]，黄铁矿和砷黄铁矿含硫量分别为20%和28%时，矿浆浓度为18%～20%，氧化速率达到最大值。精矿含硫量为6.2%及含硫很低的等外矿，当矿浆浓度分别为43%和55%时，尚能达到中等的浸出速率。在一般槽浸作业中，采用的矿浆浓度为18%～20%。

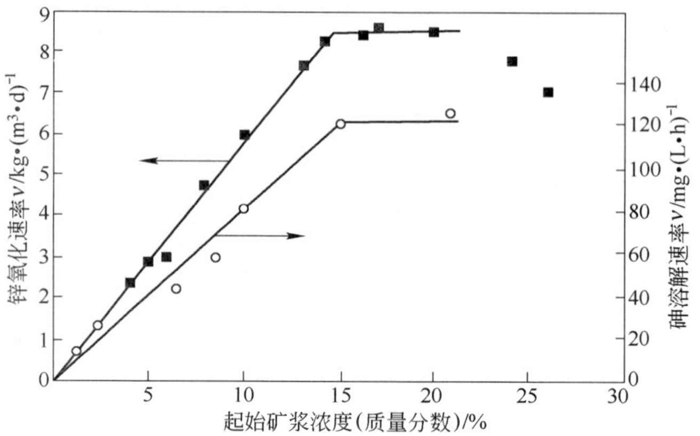

图 9-18 硫化锌和砷黄铁矿生物氧化速率与矿浆浓度的关系

■—硫化锌矿;○—砷黄铁矿

9.4.4.3 介质 pH 值

介质 pH 值从几个方面影响浸出。

(1) 细菌繁殖速率;

(2) 细菌的氧化活性;

(3) 固体产物的生成。

每一种细菌均有其适宜的 pH 值生长范围,与最佳生长 pH 值(见表 9-1)。I. Kim[65]研究了介质 pH 值对 *A.f* 生长速率与其氧化活性的影响,其结果如图 9-19 所示。图中曲线 1 表示细菌生长速率,更准确地说是代表细菌数目的增长速率,但是以 Fe^{2+} 氧化速率表征的。曲线 2 则代表在不同 pH 值下培养已长成的细菌的氧化活性。曲线 2 各点的测定在 60 min 内完成,介质中不加入细菌生长所必需的营

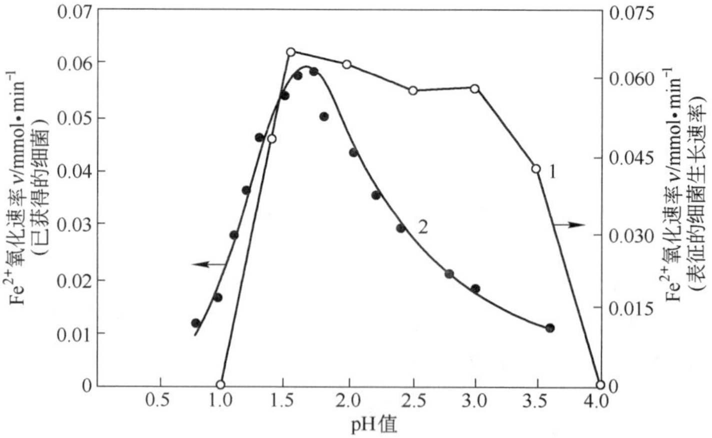

图 9-19 pH 值对 *A.f* 细菌繁殖速率(曲线 1)和氧化活性(曲线 2)的影响

养物，只含 Fe^{2+} 0.001 mol/L。在这样的条件下可以认为在曲线 2 各点的测定过程中细菌个数保持恒定，测定时的 pH 值约为 2。

从图 9-19 看出，无论是对 *A.f* 的生长速率还是其氧化活性 pH 值均有十分显著的影响。pH = 1.5 时细菌的生长速率最大，在这一 pH 值下培养出的细菌其氧化活性也接近最高，因此在用 *A.f* 浸矿时选择 pH = 1.5 应该是最好的。但是在浸矿实践中要严格保持某一 pH 值是困难的。在初期，由于物料中含有酸可溶物质（钙、镁碳酸盐等），其溶解耗酸，Fe^{2+} 的氧化也是耗酸反应，pH 值会升高，此时需加酸调整介质的 pH 值，随着矿物中低价硫氧化为硫酸根（产酸反应）介质 pH 值又会下降。

9.4.4.4 介质的电位

9.2 节在阐述异养微生物氧化硫化矿机理时已经论及，介质的电位对浸出至关重要。

Tomas Vargas 等[67]作的一组试验颇能说明问题。将表面抛光的黄铁矿制成一电极（阳极）与另一电极（阴极）分别放入不同成分的溶液中组成一电解槽。

（1）将电极置入有细菌（*A.f*）的介质中并使两电极形成开路。经过 24 d 之后电极表面未发现任何蚀变，铁也仅有少量溶解（仅达百万分之几），但电极表面吸附了很多细菌。在此种条件下黄铁矿电极的开路电位为 +0.4 V（对饱和 Ag/AgCl 电极）。

（2）对电极施加外电压，使黄铁矿电极电位保持在 +0.6 V（对饱和 Ag/AgCl 电极），在同样长的期限内抛光黄铁矿表面发生了明显的三维蚀刻，其形状与尺寸与 *A.f* 相似。

（3）将抛光黄铁矿电极置于无菌介质中，同时施加外电压使其电位保持在 +0.6V（对饱和 Ag/AgCl 电极），则经过 17 d 未发现电极表面有何蚀变。

用磨细了的黄铁矿做试验进一步证实了在上述块状电极实验中所发现的倾向。在有菌条件下，介质电位保持 +0.8 V（SHE）经 72 h 铁的溶解比有菌但介质电位为 +0.6 V（SHE）或无菌但介质电位为 +0.8 V（SHE）高出 3 倍。

以上情况说明，即使在有细菌的条件下，也要介质的电位足够高时硫化矿的氧化方能有效进行。

根据能斯特方程，介质电位与溶液中 Fe^{3+} 的浓度有关，$T = 25$℃时有：

$$\varphi_{Fe^{3+}/Fe^{2+}} = 0.78 + 0.0591\ \lg \frac{[Fe^{3+}]}{[Fe^{2+}]} \tag{9-15}$$

式中 $[Fe^{3+}]$——溶液中 Fe^{3+} 浓度，mol/L；

$[Fe^{2+}]$——溶液中 Fe^{2+} 浓度，mol/L。

为了保持浸矿介质有足够高的电位，浸出开始时介质中就必须有充足的 Fe^{3+}。实验结果表明当 $[Fe^{3+}] < 0.2$ g/L 时，黄铁矿的氧化速率几乎可以忽略不

计,一直到[Fe^{3+}]增加到大于等于0.2g/L时(通过Fe^{2+}的氧化或外加)。图9-20为加入0.5g/L Fe^{3+}与未加入Fe^{3+}时用*A.f*浸出黄铁矿的结果对比[68]。从图可以看出,未加Fe^{3+}时浸出有7d缓慢期,而加入0.5g/L Fe^{3+}时黄铁矿的浸出立即开始并无缓慢期。对于堆浸,由于总周期长,7d缓慢期也许问题不大,而对于槽浸,减少7d缓慢期便很有意义了。浸出过程从始至终对溶液电位实行有效的监测和调控,对于缩短浸出周期,提高劳动生产率是很有意义的。但张麟、邱冠周等[99]的试验表明,*A.f*与*L. ferriphilum*浸出黄铁矿时,介质初始Fe^{3+}浓度为1.09g/L时,浸出速率反而明显下降。这是否意味着Fe^{3+}的起始浓度应有一个适当的范围?

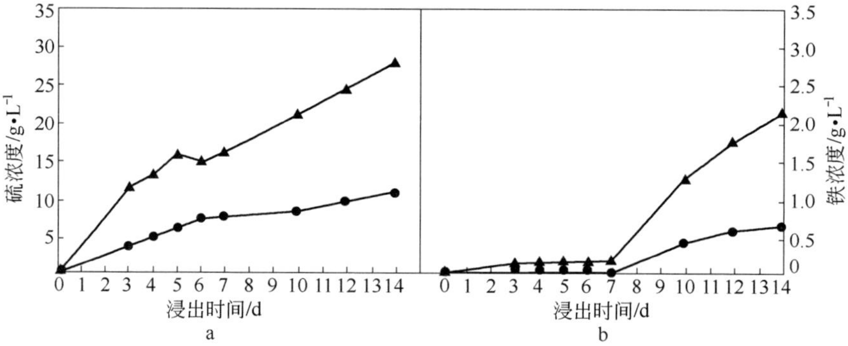

图9-20 *A.f*浸出黄铁矿时Fe^{3+}的作用

a—浸出开始时Fe^{3+}浓度为0.5g/L;b—未加入Fe^{3+}

●—总铁浓度;▲—硫浓度;起始细菌浓度10^9/mL

9.4.4.5 介质中其他物质

(1)无机盐。为提高浸出效果可向浸矿介质中加入一定的$(NH_4)_2SO_4$和磷酸盐,其加入量由实验确定。磷酸盐离子是细菌生长所需的基本要素之一。

(2)金属离子与阴离子。细菌对各种金属离子与阴离子的抗性已在第9.1.3节中详细论及,此处不再赘述。

(3)表面活性剂。表面活性剂对细菌浸出有促进作用。在使用表面活性剂时,有一最佳浓度值,在此浓度下能显著提高矿物的浸出效果,例如用细菌浸出黄铜矿时加入吐温-20,其最佳浓度为0.603%,在此浓度下浸出速率由20mg/(L·h)(不加时)提高到500mg/(L·h)。

(4)催化剂。硫化物溶度积很小的金属阳离子如Ag^+、Bi^{3+}、Co^{3+}、Hg^{2+}等对金属硫化物的细菌浸出有催化作用,例如用*A.f*浸出闪锌矿时,不加催化剂,最大浸出率只能达到50%,加入Ag^+、Bi^{3+}(浓度0.1g/L)浸出率可达80%左右。Cu^{2+}浓度1.27g/L时的300h浸出率比不加Cu^{2+}时提高30%以上。Ag^+和Hg^{2+}对复杂金属硫化精矿细菌浸出的催化作用也很明显,不加时300h铜浸出率仅为25%,加

入 Hg^{2+}、Ag^{+}后浸出率分别达到80%和90%。一些研究者认为，上述金属阳离子的催化机理是它们从硫化矿的晶格中取代出 Fe^{2+}，Fe^{2+}进入溶液后又在细菌参与下氧化为 Fe^{3+}，例如浸出 $CuFeS_2$时加 Ag 作催化剂的反应为：

$$CuFeS_2 + 4Ag^{+} \longrightarrow 2Ag_2S + Fe^{2+} + Cu^{2+} \tag{9-16}$$

$$Ag_2S + 2Fe^{3+} \longrightarrow 2Ag^{+} + 2Fe^{2+} + S \tag{9-17}$$

所生成的 Ag^{+}又继续取代矿物晶格中的 Fe^{2+}，如此周而复始，9.2.5 节已述及 Ag^{+}催化作用的另一种解释，即 Ag_2S 电位较其他金属硫化物高得多，加入的 Ag^{+}按式 9-16 生成 Ag_2S 与其他金属硫化物形成原电池而促进其浸出。

M. L. Blázquez[68]的实验很好地说明了用 *A.f* 浸出黄铜矿时 Ag^{+}的催化作用。在35℃下浸出时，加入 Ag^{+}（≥0.3g(Ag)/kg(黄铜矿)），12d 铜浸出率为80%，而不加 Ag^{+}或加入量不够时 12d 浸出率为25%。而用高温细菌（Sulfolobus BC）在68℃下浸出则 Ag^{+}没有显出催化作用，不加 Ag^{+}时浸出率为60%与加 Ag^{+}时的55%接近。对黄铜矿表面成分进行分析发现，35℃下与68℃下的浸出属于截然不同的两种机理。在35℃下浸出时，黄铜矿表面有 Ag_2S 生成，因而 Ag^{+}的催化作用可按反应式 9-16、式 9-17 反复不断进行，而在68℃下浸出时黄铜矿表面生成了一薄层金属银。在细菌浸出的条件下溶液的电位不足以使金属银氧化溶解，因而不可能按式 9-16、式 9-17 产生催化作用。

（5）浮选药剂的影响。精矿中残存的有机浮选药剂对细菌的氧化速率有影响。研究表明，浮选药剂对细菌生长抑制顺序为：乙基黄药（10mg/L）≥丁基胺黑药＞丁基黄药＞2 号油。Soumitro Nagpal 等研究了异丙基黄原酸钠对黄铁矿与砷黄铁矿生物氧化的影响情况[69]。从图 9-21 看出，未经洗涤的精矿氧化速率比用 pH = 1.25 的酸性水洗涤过的氧化速率慢。

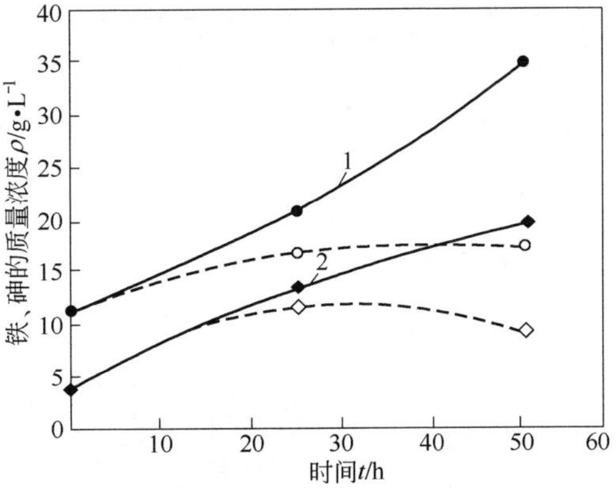

图 9-21　经洗涤（实线）和未经洗涤（虚线）的精矿氧化速率对比

1—铁溶出速率；2—砷溶出速率

他们认为，在酸性介质（pH≈1.5）发生下面的分解反应：

$$\underset{\text{(异丙基黄原酸钠)}}{(CH_3)_2—CH—O—CS_2—Na} + 0.5H_2SO_4 \longrightarrow \underset{\text{(异丙醇)}}{(CH_3)_2—CH—OH} + 0.5Na_2SO_4 + CS_2 \tag{9-18}$$

分解产物 CS_2是引起速率减慢的原因。

(6) 充气方式和强度。充气方式和强度必须保证溶液中有足够的溶解氧,使氧化过程不受氧传递的控制。第 9.6.3 节对此作了分析。

由于 CO_2是自养菌的碳来源,向溶液中充气时,向空气中添加 0.1% ~10% CO_2可使细菌氧化过程大为强化。A. E. Torma 等的研究表明,在细菌浸出硫化锌矿时,气相中 CO_2含量为 1.0% 时金属的浸出速率达到 1150mg/(L·h),而在空气的条件下浸出速率仅为 360 mg/(L·h)[70]。

9.5 硫化铜矿的细菌浸出

9.5.1 概述

微生物湿法冶金第一个进入产业化且规模最大的是硫化铜矿的细菌浸出。

自然界中含铜矿物至少有 360 种,这些铜矿物又可分为硫化铜矿物和氧化铜矿物。我国的铜矿物以硫化矿为主,在已探明的储量中,硫化矿占 87%,氧化矿占 10%,混合矿只占 3%。硫化铜矿物主要有辉铜矿、黄铜矿、斑铜矿、黝铜矿和铜蓝,氧化铜矿物主要有孔雀石、蓝铜矿、硅孔雀石、水晶矾、氯铜矿。主要的硫化铜矿列于表 9-6。

表 9-6 主要的硫化铜矿一览表

矿物名称		分子式	含 Cu/%	晶 型
中 文	英 文			
黄铜矿	Chalcopyrite	$CuFeS_2$	34.5	正 方
辉铜矿	Chalcocite	Cu_2S	78.9	斜 方
斑铜矿	Bornite	Cu_5FeS_4	63.3	正 方
铜 蓝	Covellite	CuS	66.4	六 方
黝铜矿	Tetrahedrite	$(Cu,Fe)_{12}Sb_4S_{13}$	52.1	等 轴
砷黝铜矿	Tennantite	$4Cu_2S \cdot As_2S_3$	57.7	等 轴
银黝铜矿	Freibergite	$(Ag,Cu,Fe)_{12}(Sb,As)_4S_{13}$	—	等 轴
方铜矿(古巴矿)	Cubanite	$CuFe_2S_3$	23.3	斜 方
硫砷铜矿	Enargite	Cu_3AsS_4	48.3	斜 方
硫铜钴矿	Carrolite	$Cu(Co,Ni)_2S_4$	—	等 轴

对细菌浸出时各种硫化铜矿浸出的难易程度的判断至今也没有什么理论依据,但大量的实验研究与工业实践为我们提供了一些很有价值的认识。一个比较系统的研究是英国比利顿公司过程研究所作的[54],用中温细菌(主要是 *L. f*、*A. t* 与 *T. Caldus*)在 40℃温度下浸出赞比亚与智利的浮选精矿,分别跟踪分析了精矿

所含的各种硫化铜矿的浸出情况，得出各硫化铜矿浸出率随时间的关系。结果表明，中温细菌浸出时，各种硫化铜矿的浸出效果由大到小可排序为：辉铜矿 > 斑铜矿 > 古巴矿 > 铜蓝 > 黄铁矿 > 硫砷铜矿 > 硫铜钴矿 > 黄铜矿，辉铜矿最易浸出，黄铜矿最难浸出。难怪世界上建成的铜矿细菌堆浸厂基本上是以辉铜矿为主的（见表 9–7）。黄铜矿堆浸效果不佳。根据程海娜、胡岳华等人[172]的实验，斜方蓝辉铜矿（anilite，Cu_7S_4）在无 Fe^{3+} 存在的介质中，*A. f* 不能明显地浸出铜，在有 Fe^{3+} 的介质中，*A. f* 15 天即可浸出 93% 的铜。

9.5.2　产业化进展

自从 1955 年 S. R. Zimmerley 等申请了首例铜矿细菌堆浸专利后，到 20 世纪 80 年代中期的近 30 年间是微生物湿法冶金的“摇篮时期”。在这一时期科技界继续不断地探索，而产业界则更多的是观望与徘徊。微生物湿法冶金的优越性还没有被产业界充分认识，投资的可能风险使企业领导举棋不定难下决心。但到了 80 年代中期，细菌浸出的产业化终于取得了突破性进展，推动这一进程的有两个因素。一是由于多种原因，用传统方法生产铜使很多矿山处于亏损；二是从低浓度的铜溶液中提取铜的萃取 – 电积（SX-EW）技术的出现并趋于成熟，使得从浸矿液中可获得市场适销对路的电铜，而不是像过去那样用铁屑置换而得到市场不需要的铜粉。从那以后湿法炼铜迅速发展，在铜总产量中湿法炼铜所占份额节节上升。C. L. Brierley 在 2008 年估计，包括细菌堆浸，废石堆浸产铜已占世界铜总产量的 20% ~25%，表 9–7 列出了 80 年代以来世界上投产的细菌浸铜厂矿[71 ~74]，从该表看出，多数厂矿是 20 世纪 90 年代投产的，绝大多数处理的是次生硫化铜矿。

表 9–7　世界细菌浸铜厂矿一览表

厂矿名称	国　别	原料特点	浸出方式	规模（阴极铜）/$t \cdot a^{-1}$	服务时段
Lo Aguirre	智　利	辉铜矿，Cu 1.4%	堆　浸	$(14 \sim 15) \times 10^3$	1980 ~ 1996 年
Gnndpowder, Mammoth	澳大利亚	辉铜矿与斑铜矿，Cu 2.2%	原位浸出	33×10^3	1991 年 ~
Lince Ⅱ	智　利	氧化矿，硫化矿，Cu 1.8%	堆　浸	27×10^3	1991 年 ~
Leyshon	澳大利亚	含金辉铜矿，Cu 0.175%，Au 1.739 g/t	堆　浸	750	1992 ~ 1997 年
Cerro Colorado	智　利	辉铜矿，Cu 0.25%	堆　浸	60×10^3	1993 年 ~
Ivan-Zar	智　利	氧化矿，硫化矿，Cu 2.5%	堆　浸	$(10 \sim 12) \times 10^3$	1994 ~ 2003 年
Queered Blanca	智　利	辉铜矿，Cu 1.3%	堆　浸	75×10^3	1994 年 ~
Sulfuros Bajalay	智　利	原生硫化铜矿，Cu 0.35%		矿石 $(14 \sim 15) \times 10^3/t \cdot d^{-1}$	1994 年 ~

续表 9-7

厂矿名称	国别	原料特点	浸出方式	规模(阴极铜)/t·a^{-1}	服务时段
Punta del Cobre	智利	氧化矿/硫化矿,Cu 1.7%		(7~8)×10^3	1994年~
Toquepala	秘鲁	次生与原生硫化铜矿,Cu 0.17%	堆浸	40×10^3	1995年~
San Manuel	美国(亚利桑那)	硫化铜矿	原位浸出	20×10^3	1995年~
Mt Cuthbert	澳大利亚	次生硫化铜矿		矿石16×10^3/t·d^{-1}	1996年~
Andacollo	智利	辉铜矿,Cu 0.8%	废石堆浸	21×10^3	1996年~
Dos Amigos	智利	辉铜矿	堆浸	3×10^3	1996年~
Escondida	智利	氧化矿,硫化矿,Cu 0.3%~0.7%	堆浸	200×10^3	1996年~
Skourotissa Copper Mine	塞浦路斯	氧化矿,硫化矿,Cu 0.31%	堆浸	8×10^3	1996年~
Cerro Verde	秘鲁	氧化矿,硫化矿,Cu 0.7%	堆浸	54.2×10^3	1997年~
德兴铜矿	中国(江西)	原生硫化铜矿,Cu 0.09%	废石堆浸	设计2×10^3	1997年~
Lomas Bayas	智利	氧化矿,硫化矿,Cu 0.4%	堆浸与废石堆浸	60×10^3	1998年~
Monywa	缅甸	辉铜矿,Cu 0.5%		40×10^3	1998年~
Nifty Copper	澳大利亚	辉铜矿,Cu 1.2%	堆浸	16×10^3	1998年~
Zaldivar	智利	次生硫化铜矿,Cu 1.4%		150×10^3	1998年~
Equatorial Tonapah	美国(内华达)	Cu 0.31%		设计25×10^3	2000~2001年(停产)
Morenci	美国(亚利桑那)	辉铜矿,黄铁矿,Cu 0.28%		380×10^3	2001年~
Lisbon Valley	美国(犹他)			设计27×10^3	2006年~
官房铜矿	中国(云南)	原生硫化铜矿占20%,次生硫化铜矿占70%,Cu 0.9%	堆浸	2×10^3	2003年~
Chuqicamata	智利	硫化铜浮选精矿	搅拌槽浸	20×10^3	2003年~
紫金山铜矿	中国(福建)	辉铜矿,Cu 0.4%	堆浸	12×10^3*	2006年~
金川	中国(甘肃)	辉铜矿,Cu 0.63%		10×10^3	2006年~
Whim Creek and Mins Cupri	澳大利亚	氧化矿,硫化矿,Cu 1.1%	堆浸	17×10^3	2006年~
Spence(必和必拓)	智利			200×10^3	2007年~

细菌浸铜的大规模工业生产目前采用的有3种方式:

一是堆浸,视原料的不同又区分为原矿堆浸(Heap leaching)与废石堆浸

(Dump leaching)。原矿堆浸处理的是品位较低的硫化铜矿。废石堆浸则处理的是采矿产出的品位低于边界品位的废石,这种废石不再破碎,而以采矿所形成的块度入堆。废石堆浸可以有两种情况,一种是过去留下的废矿堆,另一种是配合矿山建设开发,依事先的设计有计划有步骤进行的堆浸。

将矿石在原有位置上浸出叫原位浸出(leaching in situ),这种浸出在矿体中直接进行,在矿体上按设计好的位置钻孔,将浸矿液注入孔中,在一定位置上设置集液孔(井)汇集浸矿液并将其泵到地面进行后续处理。

将废石不运出矿坑,在矿坑中浸出叫就地浸出(leaching in place)。

二是铜矿的浮选精矿进行槽浸,现在还在研发阶段,是今后产业化的方向之一。

三是浮选精矿的堆浸(Geobiotics 工艺)。

9.5.3 硫化铜矿堆浸操作要领

9.5.3.1 矿体选择

不是任何硫化铜矿都适用于细菌浸出。次生硫化铜矿,特别是辉铜矿最容易浸出,故世界上已投产的大规模堆浸厂几乎都处理的是含辉铜矿的矿石。在硫化铜矿中黄铜矿最难浸,废石堆浸也有处理黄铜矿的,但浸出率低。一些矿山进行含黄铜矿的废石堆浸,浸淋 4 ~6 年,铜回收率仅为 15%。

此外,矿石中碱性脉石($CaCO_3$,$MgCO_3$)含量不宜高。这些碱性脉石在浸出时要消耗硫酸,增加作业成本,而且使浸矿液中 $CaSO_4$ 达到饱和,在矿块表面沉积析出,从而妨碍浸矿的进一步进行。

9.5.3.2 矿块的粒度

从动力学的角度,矿块愈小浸出效果愈好。试验表明,在 *A.f* 参与下浸出黄铜矿、闪锌矿与黄铁矿时,矿块直径在 50 mm 以上,铜锌浸出极少。50 mm 时,铜的每周浸出率仅为 0.015%,只有块矿直径到 19 mm 以下时,浸出率才显著上升。但碎矿要发生成本,粒度愈小,碎矿成本愈高。所以废石堆浸不对矿石进行破碎,以采矿所形成的块状入堆,这主要是从经济角度考虑。过粉碎将或多或少产生 -100 目的粉料,这样浸出时矿堆内部将产生严重偏析,导致矿堆的渗透性降低,影响浸矿效果。铜矿堆浸,块矿粒度一般在 10 ~50 mm,智利的 Quebrada Blanca 堆浸矿石粒度为 -10 mm。合理的粒度选择取决于对综合经济效益的考虑。国外有的堆浸厂在矿石破碎后加入一定量的硫酸与反萃液在制团机中搅混,使细粒矿都附着在粗颗粒的矿石上。若矿石中含耗酸脉石则加浓硫酸与水或反萃液,若不含耗酸脉石则只加入反萃液即可,反萃液中含有细菌,使制团作业附带进行了细菌接种。

9.5.3.3 堆浸场地的选择

浸出场地应符合下列要求:

(1)尽量靠近矿石或废石产出点以缩短运距、降低作业成本;

(2)场地范围内没有断层和溶洞;

(3)要有足够大的面积,若因地形限制,找不到所需要的整块场地,可以分成若干个堆场,场地面积的大小取决于生产规模、矿堆高度、浸出速率以及一年能工作的时间,由设计决定;

(4)尽量不占或少占农田,可用山谷,干涸的河沟,一个或数个坡度小的山坡。

9.5.3.4 底垫构筑

矿堆应堆筑在预先作好的底垫上以防止浸矿液渗漏。浸矿液渗漏不仅造成有价金属的损失,而且会污染环境。底垫有永久性使用、一次性使用与重复使用三种。永久性使用底垫,在其上铺设一层矿进行浸出,待浸到一定程度,移开布液管道系统,在其上又铺一层新矿再进行浸出,如此不断进行,年深日久,堆愈来愈高,堆内矿量可达亿吨以上。一次性使用底垫只在其上铺一层矿,浸出到一定程度即终止,浸过的矿石不移走,也不再其上继续堆矿,这种底垫多用于储量小,服务年限短的小矿体。重复使用底垫则在其上铺一层矿,待浸出到要求的程度后即停止,并将浸过的矿移走,另堆它处,而在底垫上重堆新矿石继而浸出,如此周而复始,多次进行。要比较永久性使用底垫与重复使用底垫的有效性,涉及到大量的物理与经济因素,包括矿石性质、生产率、劳动力和维修成本、浸出底垫的大小和需要的地基平整与夯实工作量、提升高度、溶液泵送成本等。Hanson[74]认为,一般而言,重复使用底垫比永久性底垫小,但需要另设弃矿堆存区与弃矿堆矿系统。不过大功率低成本的移动式堆矿/卸矿系统的应用可以弥补重复使用底垫时两次堆卸浸出物料的作业成本。底垫重复使用时其他因素,如溶液泵送成本,试剂耗用量、溶液控制等方面的费用均较永久性底垫低,从而进一步减少了由于被浸矿石的两次堆卸所增加的成本。

在铺设底垫前,应首先清除堆浸场地植被,对地面进行平整与压实。堆浸场地面应向集液坑做成一定的坡度。坡度过大易造成液体对不渗水底垫的冲刷腐蚀,坡度过小易造成矿堆内积水,影响堆内空气的传输。坡度一般在2% ~5%。在堆浸场外围应设排水沟把矿堆围住以免山坡上的雨水汇集而流入矿堆。在矿堆的下三面(左、右、下)应设排液沟将堆内流出的浸矿液导到堆浸场的下角处,由此再流入集液池中。

在准备好的地基上铺设底垫,底垫要不渗漏、强度好,不仅能承受矿堆的压力,还要能承受筑堆车辆的碾压。可用沥青、混凝土、塑料薄膜加油毡或聚氯乙烯(PVC)塑料软板,氯碳酰化聚氯乙烯合成橡胶和聚烯烃的塑料。热压沥青是最好的重复使用底垫材料。PVC软板虽然一次性投资较高,但因可多次使用,且不易渗漏,是较好的底垫材料。一次性使用底垫则尽可能采用价廉的材料制作。铺设底垫由集液沟处开始,由低向高处逐步铺设,接缝处可采用焊接或上压下的搭边。

在底垫上铺30～50cm厚的可渗性好的不与酸作用的砂或石英质卵石做保护层。

9.5.3.5 筑堆

筑堆方法请读者参阅有关书籍与文献[75,76]。为降低成本，国外大规模堆浸场采用高劳动生产率的大型机械化布料装置，包括自行履带式移动堆矿机，可沿着堆矿机将新鲜矿石卸到某一点的移动式卸料装置，二者配合形成两个平面坐标方向上的移动，可将矿石卸到任意一点的位置上。重复使用底垫时还设置有矿渣桥式输送机与从矿堆上挖卸矿渣并将其供给矿渣输送机的斗轮式挖掘机。

国外铜的堆浸一般采用多层堆置，每堆好一层在浸出前都要将表层翻松，深度不少于1m，以保持矿堆的渗透性。矿堆高度与宽度受氧传输的制约不宜过大，多层堆多堆成梯田形式，每层不宜太高，一般为6～10m。堆层边坡做成斜坡形，安息角不大于45°

9.5.3.6 矿堆供氧[77]

细菌浸出过程中氧是最终的电子受体，是浸出过程的重要参加者，因此向矿堆中输送氧气是保持浸出顺利进行的重要条件。对于矿堆供氧来说，矿堆透气性是十分重要的因素。矿堆透气性取决于矿块粒度，矿石密度与孔隙度，矿堆结构，承重与压实程度，矿石中粉状物料量不宜过大，为保证矿堆的透气性，粉状物料量最好不要超过10%，预先的制粒可大大改善矿堆的透气性。矿堆供气主要靠由矿堆四周向堆内的扩散，由下而上的对流，由下而上的强制通风等。对透气性很差的矿堆其供气主要靠扩散，此时浸出过程受供氧控制，因而浸出速率很慢。有关矿堆中细菌生长的理论认为，细菌生长的主要区域在矿堆顶部的1.5m。对不从底部充气的矿堆的测量表明，在矿堆顶部1.5m以下氧量随矿堆高度减小而降低。R. Montealegre等对高6m、宽20m的工业浸铜矿堆的氧分布研究表明，从堆顶部往下2m深度以下氧全部耗尽。废矿浸出由于矿块较大，矿堆透气性好，利用烟囱效应使空气可以从矿堆底部进入并向上穿过矿堆。

在原矿堆浸中矿石经过破碎，粒度较小，破碎时有粉料产出，矿堆透气性差。为改善矿堆的供氧，可增加喷淋强度，通过浸矿液把更多的溶解氧带入矿堆。另一方法是在矿堆底垫或稍上一些位置上沿矿堆周边指向矿堆内部设置有孔的塑料管道，用低压鼓风机向矿堆内鼓入空气，这样当然会增加基建投资与作业成本，但可由铜回收的加快而弥补。

9.5.3.7 温度[77]

*A. f*与*A. t*生长的最佳温度是28～35℃，据 Mccready G. R. 报道，温度每降低6℃，*A. f*的生长速率减半[78]。因此热量是细菌堆浸一个至关重要的因素，在矿堆设计中必须认真考虑。虽然硫化矿的氧化是一放热过程，但也只有在较短时间内氧化高品位硫化矿时反应放出的热才值得考虑。影响矿堆温度的因素很多，诸如：气候（气温、日照、风力）、蒸发热损失、反应热、地表温度、布液方式及溶液温度、布

液速率等。溶液蒸发是一重要因素,但往往注意不够。蒸发是一吸热过程,会导致矿堆温度下降。布液方式对蒸发量有直接的影响,喷淋布液时蒸发量较高,热损失大,采用滴淋可减少蒸发所造成的热损失,在经常结冰的地区,可以把滴液装置埋入矿堆内部。智利的 Queered Blanca 年平均温度仅 5℃,最低温度为 -15℃,能成功实施细菌堆浸并取得好的指标,在矿堆保温上采取了一系列行之有效的措施,诸如:采用滴淋布液,浸矿液用动力车间的废热加热,原矿在制粒前先加热,制粒时加入接近沸腾的水,矿堆用一层可渗透的布覆盖以降低蒸发造成的散热。由于采取了这些措施,矿堆可整年保持 20℃ 以上的温度。随着喷淋强度的增大,单位时间内流出矿堆的液体量增大,带走的热量也越多,矿堆内部温度降低,浸出率也随之受到影响,喷淋强度以 $5L/(h \cdot m^2)$ 为好。

9.5.3.8 酸度

从纯化学浸出的角度讲,当然是高的酸度有利于浸出,但细菌浸出时还必须顾及到细菌生长的需要,只能采用适宜的 pH 值,适宜的 pH 值为 1.8~2.2。在堆浸时从矿堆顶部到底部 pH 值是变化的(pH 值逐步升高),这就给 pH 值的控制带来困难,同时也限制了矿堆的高度。由于矿石中不可避免地含有耗酸的碱性脉石、氧化铜矿等,一个新的矿堆开始浸出时,酸的消耗是很明显的。一般采用两段作业法,在开始浸出的一段时期浸矿液取较高的酸度,相当于氧化矿的堆浸。

9.5.3.9 营养物

细菌的生长与繁殖需要一些无机盐作为营养物质,如 $(NH_4)_2SO_4$、KH_2PO_4 或 H_3PO_4。浸矿时这些营养物质的用量为:NH_4^+ 10~20mg/L、PO_4^{3-} 30~40mg/L。在添加铵时应该小心,因为有可能使铁矾生成量增加而影响到矿堆的渗透性,要使这种负面影响减少,溶液 pH 值必须控制在 2 以下。同时要分析矿石与溶液以测定营养物的浓度并防止有害离子的存在。通常在实践中磷酸的含量是足够的,只需加入铵离子即可。

9.5.3.10 细菌接种

一般硫化矿的矿体中就有 *A.f* 等这类浸矿细菌存在,所以一些浸矿实践并不专门接种细菌,只要创造细菌生长的有利条件,细菌会自行繁殖而起到浸矿的作用。也有的浸矿实践另行接种从合成培养介质中培养的细菌,但这种细菌对矿堆还有一个适应过程。Henry A. Schnell 指出[77],没有报道表明细菌的接种对铜的细菌堆浸效果有所提高。

9.5.3.11 铁浓度

溶液中 Fe^{3+} 的浓度与溶液电位对浸出的重要意义,浸矿液中必须有一定浓度的铁离子。在工业实践中铁浓度在 10g/L 以上或 2g/L 以下都有成功例子,有的额外加入铁,有的不加,仅凭矿石中所含的铁逐渐溶入而自然积累。这些都是由工业生产的前期研究来确定。

9.5.3.12 水平衡

浸矿系统面临蒸发带来的水损失与雨水造成的水增加,二者最好能达到或接近平衡,但实践中常常遇到两种极端情况。

在干燥的沙漠地区,蒸发量大,雨水量小,系统的水量呈明显的负增长,此时宜采取措施减少蒸发。用滴淋代替喷淋,在浸矿液中加入某种可抑制蒸发而又对细菌浸矿无副作用的添加剂等措施均能减少水的蒸发。即使这样,若仍不足以弥补水的蒸发与降雨的差距,补充水是必要的。

在南方多雨地区则相反,雨水量可能大于蒸发量,若矿堆设置在平缓的场地上,上三方均有排水沟,矿堆只靠其面积承接雨水,在一般情况下(除暴雨外)问题不大。但像江西德兴那样的废石堆浸,废石量大,以一个山谷堆矿,矿堆面积大,除矿堆表面承接雨水外四周山坡上的雨水也汇集到堆中,自然会造成水量过大的情况。德兴铜矿从实践中认识到,在这种情况下,集液库中铜的浓度并不是均匀的,而是从上到下由小而大呈现明显的梯度,这样,通过在一定深度上取液送萃取,仍可维持后续工序的正常运作。在这种情况下与其他地形而遇上暴雨时节,水量猛增,有从集液池(库)溢出的可能,在设计时应考虑到这种可能,设置溢流收集池以避免溢流污染环境。

9.5.3.13 浸出时间与浸出率

按常理,浸出率总是愈高愈好。但从辉铜矿浸出速率与时间的关系来看,辉铜矿浸出的第一阶段(由 Cu_2S 到 CuS)浸出很快,第二阶段则较慢,而且越往后越慢,浸处率达到80%所需时间与浸出率由80%增加到90%所需时间几乎一样长。显然,从经济的角度看,一味追求太高浸出率并不是合理的,一般浸出率到75%~85%即可,国外处理次生硫化铜矿的典型浸矿厂达到这一浸出率的浸出时间在200 d左右[79]。

9.5.4 硫化铜矿堆浸的产业化实例[77]

9.5.4.1 Quebrada Blanca 的原矿堆浸

Quebrada Blanca 矿山位于智利北部的 Alti Plano 沙漠,海拔 4400 m,是一个表生斑岩矿床。该矿铜的平均品位为1.41%,含铜矿物为辉铜矿占73.1%,铜蓝占13.1%,黄铜矿占13.5%(柱浸试料成分)。当地气温 -15 ~ 20℃,年平均温度5℃。该矿用传统工艺处理在经济上不合算,决定采用堆浸-萃取-电积技术,1988年该矿被纳入国际合作计划,由 S. A. 的 SMP Technologia 公司进行扩大试验研究,作出可行性研究之后,于1991年工程启动,1994年1月开始运作,1994年8月产出第一批阴极铜。该矿山每天处理硫化矿 17300 t,生产符合伦敦金属交易市场标准的铜206 t。

矿井中开采出来的硫化矿经3级破碎至全部小于9 mm,然后送入振荡器,振荡器中装备一个气固热交换器以提高矿石温度,然后将矿石与硫酸混合,混合比为每吨矿5~7 kg硫酸,同时加入85℃的热水以保证制粒后的矿石中含10%的水分,最后送入旋转圆盘制粒机中制粒。从制粒机中出来的矿石温度大约在22~24℃,由皮带运输机运至一系列的可移动式运输机,由这些运输机将矿石送至履带式传输堆矿机,堆矿机将矿石均匀分布于矿堆。

矿堆底垫为60 mm厚的聚乙烯薄膜。在最底层矿堆好之后,在底垫或底层矿石上每隔2 m放置直径4 cm的排液管形成网状结构。矿堆高度为6~6.5 m,矿堆堆好之后,立即在矿堆顶部安装两个滴淋布液系统,一个在矿堆表面,另一个在表面以下20 cm处。滴淋速率为0.1~0.14 L/(min · m^2),浸矿液为萃取车间的萃余液,含硫酸7.0 g/L。萃余液在进入浸出之前,要通过一系列热交换器加热至28℃,一部分萃余液也用冷却发电厂的发电机所得的热量来加热。

从输液管中所得到的负载液含铜3.5 g/L,溶液温度为23℃,流入集液装置中。矿堆下安装有一系列的输气管道并通过低压鼓风机向矿堆底部鼓入空气。往浸出液中加入营养物质以保证细菌活动所必需的铵和磷酸浓度,分别为10~20 mg/L与30~40 mg/L。矿堆顶部用深色布遮盖以减少蒸发。操作过程中还监测热量、氧气、固体和液体变化以保证正常的浸出。这个监测系统也包括现场细菌监测装置。对浸出渣的分析结果表明,铜的总回收率在80%以上。

每小时有3000 m^3温度为20℃的负载液送往萃取车间,负载液含铜3.0~3.5 g/L。萃取车间有三个并行的处理车间,均采用二级萃取,一级反萃,二级萃取率为93%。所用溶剂含13.5%的LIX984及一种少量的低芳烃含量煤油(SX12)。负载有机相汇集至负载溶剂槽中,萃余液返回浸出流程。负载有机相以含铜35%的贫铜废电解液一级反萃,使铜进入水溶液。反萃后的有机溶剂返回用于萃取。从反萃车间出来含铜49 g/L的富铜液通过石榴石和无烟煤组成的加压渗滤器,以除去夹带的有机溶剂。

电积车间有264个钢筋混凝土制的电解槽,每个电解槽有60个不锈钢阴极板和61个Pb-Sn-Ca合金的阳极。电流密度260 A/m^2,阴极循环时间7 d。有六分之一的阴极每天用WENMEC自动化剥离机剥离极板,然后重新放入电解槽。每个阴极板表面涂有一层蜡。溶液中加入Guar以防止结瘤,加入100×10^{-4}%的硫酸钴以减少阳极腐蚀。电积车间所用的水经过离子交换车间净化以降低氯离子浓度。从极板上剥离下来重45~50 kg的阴极铜质量达到伦敦金属交易市场标准。

该矿山基建投资3.6亿美元,生产高质量符合伦敦金属交易市场A级标准的铜平均成本为0.50美元/磅。这一实践是恶劣气候条件下铜生物浸出大规模工业化的一大成就。

9.5.4.2 Baja Ley 的废石堆浸

大部分的废石堆浸实践都是用于浸出已有的废石堆以处理低品位矿石，同时设计了几家浸出低品位表外矿堆。智利 Codelco 地区 Chuquicamata Division 的 Baja Ley 矿山就是一个为浸出专门设计的矿堆而非处理既成废矿堆的很好的例子。

对这一工艺的首次研究开始于 1970 年，方案设计和基本的工程设计开始于 1983 年。1991 年开始建设厂房。矿山设计年生产能力为从铜品位为 0.35% 的表外矿中生产 15000t 阴极铜，计划总投资为 4000 万美元。

原矿用矿车堆入 150 m 宽、35 m 高的矿堆。浸出布液系统为 70 m × 35 m，矿堆顶部采用滴淋的布液方式。耗时 78 个星期的浸出流程包括矿石的预处理、浸出、休闲、进一步处理等过程。所用的浸出液来自流程中的萃取 - 电积车间。每公斤铜耗酸量为 9.5 kg。负载液收集于谷底一个容积为 34000 m^3 的蓄液池，送至萃取 - 电积车间，该车间采用不锈钢阴极和半自动阴极剥离机。

该矿山共有 27 个工人，铜的生产成本为每磅 0.40 美元。总回收率估计将在 20% 左右。该矿山是低品位表外矿废石堆浸、低成本产铜设计的成功典范。

9.5.4.3 San Manuel 的原位浸出

原位浸出是指在无采矿意义也未开采的矿体上进行浸出。能够证明细菌在原位浸出中起作用的证据很少，但另一方面次生硫化矿则是在漫长的岁月中细菌作用的结果。BHP 铜业公司的 San Manuel 矿山位于美国西南部亚利桑那州，在 Tucson 东北 60km 处。该矿山从 1955 年就开始开采地下的硫化矿，留下了表层富矿。1985 年 Magma 铜业公司又进行露天开采并用酸浸 - 萃取 - 电积工艺回收氧化矿中的铜。由于矿区的地理特征、采矿经济分析和剩余露天矿区的不规则分布，考虑用原位浸出 - 溶剂萃取 - 电积工艺回收剩余矿中的铜。

最初的原位浸出始于 1988 年，是通过一组列阵式的矿井向矿体内部注入酸化的浸出液，浸矿液渗透过矿体后聚集于废弃的地下巷道内并被泵送 725 m 至地表。1989 年发展了一系列各井相连的原位浸出方案，用泵送井收集浸出液。至 1995 年露天开采停止后，靠原位浸出每年产 2 万吨阴极铜。

先钻孔来确定铜品位的分布，确定适合实施原位浸出的地点，并设计泵液系统。所采用的基本矿井结构为一组 7 孔矿井，6 个注液井以扁六角形分布在一个中央集液井周围，相邻二注液井之间距离为 12 m，井的深度和横截面积由地表下矿石品位和结构决定。注液井内径为 3.8 cm，中央集液井内径 15.25 cm。矿井深度为 100 ~ 150 m，内壁衬下部打有孔的 PVC 管，井中安置了下开口潜水泵用于抽液。注液井和中央集液井中的流体流速每小时记录一次，系统的溶液损失率为 13.5%。

浸出液是由原矿堆浸和原位浸出流程的萃余液混合而成。第一年，注入液的酸浓度为 26 g/L，产出的负载液铜浓度开始为 2 g/L，后来在两年时间内稳定在 1.1

g/L。对于铜品位低于0.2%矿石的浸出过程金属总回收率几乎为零，但浸出品位为1.5%以上的矿石时，金属总回收率大于80%。工业试验中平均回收率为60%。金属的回收率取决于氧化矿与硫化矿的比例，脉石矿化程度以及酸可溶物的含量。后者导致石膏与铁矾的生成而影响铜的回收。

这种原位浸出实践的目的就在于从本来已经废弃的低品位矿石中生产阴极铜。由于是运用现成的设备，且操作成本较低，因此仍能取得经济效益。将来原位浸出将在对环境造成最低污染的前提下，用于浸出新的低品位矿床。

9.5.5 浮选硫化铜精矿槽浸[80]

比利顿公司过程研究所于20世纪90年代末期开展了铜的浮选精矿细菌槽浸的研究，选用了两类细菌：一类是中温菌，包含有 *L. f*、*A. t* 与 *T. caldus*。操作温度为40～45℃，在这样的温度下，*L. f* 不占主导地位；二类是高温菌，*Sulfolobus-line archace*（类似硫化叶菌的古细菌），其中一种操作温度为65～70℃，被称为68℃菌株，很可能是 *Sulfolobus metallics*，另一种的操作温度为75～85℃，称之为78℃菌株，其特征还未完全弄清。

9.5.5.1 中温菌浸出

试验所用浮选精矿分别来自赞比亚与智利，其矿相组成见表9-8。

表9-8 赞比亚与智利浮选精矿的矿相组成

矿物名称	含量/%	
	赞比亚精矿	智利精矿
铜	18	35
辉铜矿	12.4	20.3
斑铜矿	2.6	1.9
古巴矿	0.4	—
铜蓝	4.6	10.2
硫铜钴矿	0.5	—
黄铜矿	7.4	3.1
黄铁矿	4.9	36

进行了两种精矿用中温菌连续浸出扩大试验。在处理智利矿时，在细菌浸出前先用Fe^{3+}的硫酸溶液进行预处理。预处理已经浸出了98%的辉铜矿、78%古巴矿、57%的斑铜矿、30%的黄铜矿与4%的硫砷铜矿。赞比亚精矿的连续浸出试验表明，硫铜钴矿在介质电位达到580 mV（SCE）后其浸出率迅速上升，停留时间6天，铜总浸出率达88%，浸出渣主要含黄铜矿，其浸出率只有43%。

连续浸出时，矿粒停留时间2～3天，智利精矿铜总浸出率达到93%，所有次生硫化铜矿均有很高的浸出率，而原生硫化铜矿浸出率仅达到45%，硫砷铜矿浸出率达到79%。在两种精矿的浸出过程中，辉铜矿的浸出均导致铜蓝的生成，这一情况使得赞比亚精矿细菌浸出的头2天，智利铜矿 Fe^{3+} 溶液预处理阶段，铜蓝的浸出率几乎为0，（因为不断地有铜蓝生成）只有所有辉铜矿均转化为铜蓝后（赞比亚精矿在浸出的2天后，智利铜矿则在预处理阶段后），铜蓝的浸出率才随时间而逐步上升。

为使硫砷铜矿浸出，介质必须保持高的电位，溶液电位取决于溶液中[Fe^{3+}]/[Fe^{2+}]之值（[ ]表示浓度）。在反应初期，由于辉铜矿等次生硫化矿的化学氧化

$$Cu_2S + Fe^{3+} \longrightarrow Fe^{2+} + CuS \tag{9-19}$$

这一过程消耗 Fe^{3+} 的速率大于细菌将 Fe^{2+} 氧化为 Fe^{3+} 的速率，使得溶液中[Fe^{3+}]/[Fe^{2+}]以及溶液电位处于较低水平。

浸出渣中的铜主要以黄铜矿形式存在，可以通过浮选回收。智利精矿的浸出渣含Cu9.3%，经浮选可得含Cu15.9%的铜精矿，铜的选矿回收率为94%。

看来，中温细菌浸出以次生硫化铜矿为主的铜精矿在工业上是可行的，由比利顿设计并在智利丘基卡玛塔（Chuqicamata）建了一座示范性生产厂，日处理铜精矿22.5t，建有两条细菌浸出回路，反应时间为4.5天，操作温度为40～80℃，2000年第一季度完成项目施工，第二季度完成项目建设。

9.5.5.2 高温菌浸出（BIOCOP™技术）

硫化铜精矿用68℃菌与78℃菌间歇式槽浸的结果列于表9-9。

表9-9 硫化铜精矿高温菌间歇式槽浸结果

精矿来源	黄铜矿含量/%	次生硫化铜矿/%	细菌	浸出时间/d	铜浸出率/%
智利1	4.3	14.2	68	30	96
智利1	23	41	78	33	97
赞比亚2	11	30	68	42	95
澳大利亚55	—	68	68	23	96

扩大的连续浸出试验在总容积为1040L的系列浸出槽中进行，系列槽由2个240L槽与4个140L槽串联而成，扩大试验厂于1997年11月投入运行。近年来该试验厂采用78℃菌浸出智利铜精矿（含黄铜矿85%，含铜31%），矿浆固体物质量浓度为10%，浸出结果表明，停留时间14d，铜浸出率为95%，其中前5d浸出66%，这一结果比中温菌要好得多。达到同一浸出率连续浸出所需时间大大低于间歇式浸出。1997年9月至1999年10月，建在智利丘基卡玛塔（Chuqicamata）的BIOCOP™半工业试验厂处理硫化铜矿精矿的成功经验（铜回收率达99%）验证了

BIOCOP™工艺技术在商业上的可行性。由 Codelco 与 BHP Bringfon 两家公司共同投资,在智利 Chuqicamata 建设一座年产电铜 20000 t 的湿法提铜厂于 2003 年投产。该厂用 BIOCOP™技术处理浮选硫化铜精矿,用高温菌,操作温度为 70℃。

昆明冶金研究院的邹平等人[7]用从云南某温泉水中采集到的高温菌株(KY-2)浸出硫化铜矿。矿样含铜 0.89%,其中原生硫化铜占 65.17%。矿样粒度 -90 μm,矿浆浓度 10%,浸出温度 65℃,最适宜 pH 值为 2,搅拌浸出 12 d,铜浸出率达 90%,其中原生硫化铜浸出率达 90.05%。在同等条件下,用 *A.f* 浸出,铜浸出率仅为 15.43%。

9.5.6 Geobiotics 工艺浸铜(浮选精矿堆浸)

Geobiotics 工艺是 Geobiotics 开发的,是一种浮选精矿的堆浸工艺,即把细粉状的浮选精矿包覆在块状支撑材料表面,然后进行堆浸。关于这一工艺的详细情况在 9.6 节中有介绍。C. Johansson 等[82]进行了 Geobiotics 工艺浸出黄铜矿精矿的柱浸试验。柱子直径 8cm,以玻璃制作,外用电阻丝加热以保持柱内温度。试验了两种精矿,成分列入表 9-10。进行了 5 种不同条件的试验,其条件分别列入表 9-11。

表 9-10 试验用黄铜矿精矿成分

精矿名称	产地	Cu 质量分数/%	Fe 质量分数/%
A	澳大利亚	22.40	32.50
B	美国亚利桑那	28.50	27.50
低品位原矿	美国亚利桑那	0.54	2.38

表 9-11 柱浸试验条件

柱子号	原料	支撑材料	介质成分	细菌种类	温度/℃
M1	A	石英岩(6.4~13)①	M1	混合中温菌	35~45
M2	A	石英岩(6.4~13)	M2	混合中温菌	35~45
M3	A	石英岩(6.4~13)	M3	混合中温菌	35~45
M4	B	石英岩(6.4~13)	M4	混合中温菌	35~45
T1	B	低品位铜矿②	T1	混合高温菌	60~70

① 括号内数字为支撑材料粒度,mm。

② 低品位铜矿粒度为 3.2~6.4 mm 与 6.4~12.7 mm 各占一半。

M1~M4 柱的装料量为精矿 500 g,支撑材料 3.5 kg,T1 柱的装料量为精矿 486.8 g,支撑材料(低品位铜矿)5 kg,在柱子顶部另加入精矿 100 g 形成 5 cm 厚的保护层以减少热损失。5 根柱子的浸出介质列入表 9-12。

表 9-12　浸出介质成分　　(g/L)

柱子号	$(NH_4)_2SO_4$	$MgSO_4 \cdot 7H_2O$	K_2HPO_4	KCl	NH_4Cl	Fe	$MgCl_2 \cdot 6H_2O$	Ag
M1	1	0.17	0.02	0.03		2①		
M2			0.02	0.03	0.8	2②	0.14	
M3	1	0.17	0.02	0.03				共 0.45g③
M4	1	0.17	0.02	0.03		2①		
T1			0.1	0.1	0.16		0.33	

① 铁以 $Fe_2(SO_4)_3$形式加入。

② 铁以 $FeCl_3$形式加入。

③ 银以 Ag_2SO_4形式,在精矿包覆时加入,共加入银量 0.45 g。

M1～M4 柱溶液流量为每日约 1L,用酸性水调整 pH 值,起初 pH 值保持在 1.5～2.3,随着浸出的进行,pH 值逐步下降至 1.1～1.5 以避免铁的沉出。不断通入空气以保证氧的供给。M1-M4 为中温浸出,采用中温混合菌,由 *A.f*、*A.t* 与类似 *L.f* 的微生物组成。向每根柱中接种含有中温混合菌的菌液,菌液细菌浓度为 10^8个/mL。

T1 柱为高温浸出,温度为 60～70℃,溶液流量为 5L/d,pH 维持在 1.1～1.3,采用高温混合菌,主要有 *Acidianus brierleyi*(DSM#1651 与 6334),*Acidianus infernus*(DSM#3191),*Sulfolobus acidocaldarius*(ATCC#49426)与 *Sulfolobus metallicus*(DSM#6482)。这些混合菌保持在 DSMZ 88 介质中[83],温度为 70～75℃。浸出结果示于图 9-22 与图 9-23。

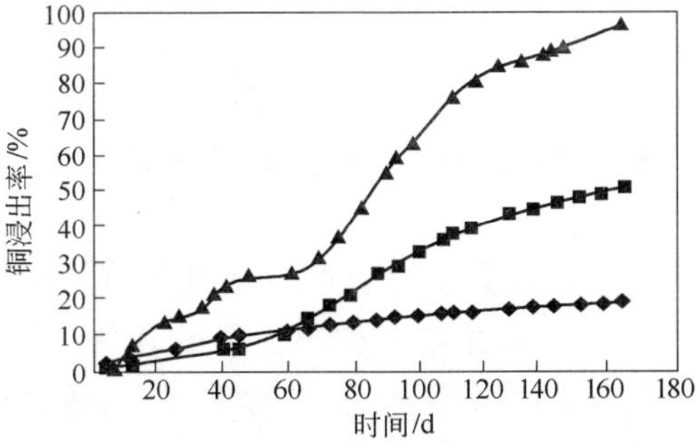

图 9-22　中温菌浸出黄铜矿浸出率与时间之关系

◆—M1；■—M2；▲—M3(加银催化)

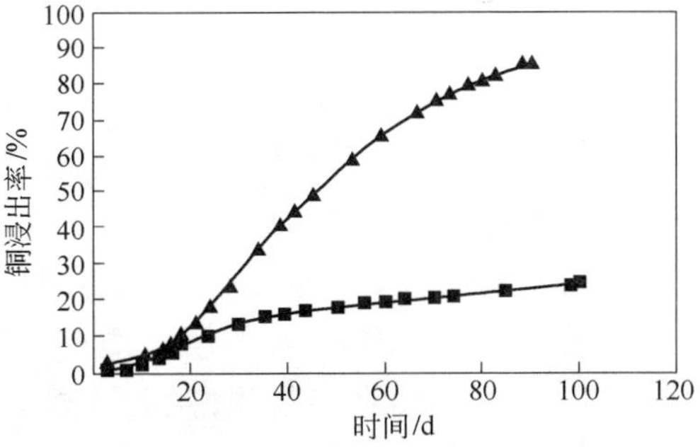

图 9-23　铜浸出率与时间之关系

▲—T1；■—M4

由黄铜矿的细菌浸出可得出如下结论:

(1) 中温菌浸出黄铜矿精矿,浸出速率缓慢,在硫酸盐介质中浸出 160 d,铜浸出率仅 19.2%,在氯盐介质中稍快,160 d 铜浸出率为 51.5%。

（2）在硫酸盐介质中用中温菌浸出时，加入 Ag_2SO_4 做催化剂，显著提高浸出速率，160 d 铜浸出率高达 97%。但当 Ag 加入量少于 0.1% 或 1 kg/t 时催化效果大为下降。加银催化虽然有效，但受成本限制，经济上未必可行。

（3）用高温菌在低浓度氯盐介质中（未超过细菌的抗性），在 70℃ 下浸出速率较快，浸出 90 d，精矿中铜浸出率高达 93.8%，精矿与作为支撑材料的低品位铜矿中的铜合在一起的铜浸出率为 86%。这种方法在产业上也许是可行的，反应放出的热可以减少为维持矿堆温度所需能耗。

（4）在高温下黄铜矿能保持较快的浸出速率，是因为低温时生成保护膜层，阻碍了反应的进行。而起阻碍作用的保护膜不是铁矾，也不是元素硫（因为它们在高温下都不会分解而依然存在），而是中间硫化物（铜蓝 CuS），这种中间硫化物在高温下会分解。

9.6 难处理金矿生物氧化预处理

9.6.1 概述

黄金矿藏资源有约三分之一属于难处理金矿。所谓“难处理”是指用传统的氰化浸出不能有效地提取其中的金。按难处理原因可将其分为三种类型：第一类为含金硫化矿：常见的有高含金硫化矿，其中黄铁矿 FeS_2 和砷黄铁矿 FeAsS（毒砂）是常见的载金矿物，金常以固溶体或次显微形态被包裹在其中，直接氰化浸出时浸出剂的水溶物种无法直接与金粒接触。第二类为含碳型金矿：由于碳有吸附溶液中金的能力，氰化时浸入溶液的金又被吸附在碳上重新进入浸出渣。第三类为黏土型。为了有效地从难处理金矿（第一类）中回收金，必须对其进行预处理。预处理的实质是使载金矿体发生某种变化，使包裹在其中的金解离出来，为下一步的氰化浸出创造条件。一般是使作为载金矿物的硫化矿氧化，采用的方法有下列几种：

（1）氧化焙烧　这是一种成熟的传统工艺，但有明显的缺点。经氧化焙烧后的矿进行氰化浸出时，金的浸出率不高（80% ~85%）；焙烧时放出大量的含 As_2O_3 的 SO_2 气体，不便直接制酸，直接排放又严重污染环境而限制了它的应用，它适合用于某些含碲和含碳型的难处理金矿。

（2）加压氧浸法　由加拿大 Sherrit Gordon 公司发展的酸法加压氧浸已成功地用于上百种难浸金矿的氧化预处理，因而是一种有效的预氧化方法。其主要缺点是基建投资大，生产成本及设备维修费用均较高，操作不易掌握。

（3）化学氧化法　所用氧化剂有氧气（在水介质中进行）、硝酸、高锰酸钾、高氯酸盐、三价铁离子等。化学氧化法的缺点是试剂单耗高，经济上不一定可行，设备防腐较难解决。

（4）生物氧化法 生物氧化法也被较长时间与较多的工业实践证明是一种有效的方法，并具有明显的优越性：

1）基建投资少；

2）操作成本较低；

3）对环境的污染比焙烧法少而且易于控制，因而一般被认为是一种绿色冶金技术；

4）由于第3）条，项目在立项时比较容易获得批准，加之基建周期短，因而使矿山开发的前期工作时间缩短；

5）在实现氧化预处理的同时能把原料中的铜、镍、钴、锌等金属浸除，这些金属在氰化浸出时消耗昂贵的试剂并使氰化浸出液成分复杂化，影响产品金的纯度。基于此，细菌氧化特别适合于处理含金黄铜矿；

6）所使用的设备与控制系统不复杂，适合于缺乏高水平维修力量的落后地区；

7）细菌氧化技术具有一定的柔性，可适用于不同工艺矿物学特征与氧化率的含金硫化矿；

8）能接受品位较低的金精矿，因而可降低对选矿作业精矿品位的要求，从而可提高金的选矿回收率，全流程金总回收率也得以提高。

基于上述众多的优越性，从20世纪80年代具有代表意义的BIOX®工艺开发成功以来，难处理金矿的生物氧化在产业化方面取得了很大的进展并形成了BIOX®、BacTech、Newmont与Geobiotics四大工艺。表9-13列出了已产业化的工厂。我国在这一领域经过了从20世纪60年代以来众多研究者的长期努力，终于在21世纪初取得了大规模产业化的重大进展。

表9-13 难处理金矿细菌氧化预处理工厂一览表[74~85,173,174]

厂家名称	国别	原料性质	处理能力 /t·d^{-1}	采用工艺	投产时间
Faiview	南非	精矿	55	BIOX®	1986年
Sao Bento	巴西	精矿	150	BIOX®	1990年
Youanmi	澳大利亚	精矿	120	BacTech	1994年
Harbour Lights	澳大利亚	精矿	40	BIOX®	1991年（现已关闭）
Wiluna	澳大利亚	精矿	158	BIOX®	1993年
Ashanti	加纳	精矿	960	BIOX®	1994年
Nemont-Carlin	美国（内华达州）	原矿块矿（含铜金矿）	10000	Nemont	1996年
Tamboraque	秘鲁	精矿	60	BIOX®	1998年
Beaconsfield	澳大利亚	精矿	60	BIOX®	1998年

续表 9-13

厂 家 名 称	国 别	原料性质	处理能力 /t·d^{-1}	采用工艺	投产时间
Kasese	乌干达		250	BIOX®	1999 年
Amantaytau	乌兹别克斯坦	精 矿	>100		2000 年以后
Olypias	希 腊	精 矿	>200		2000 年以后
Fosterville	澳大利亚	精 矿	120		2000 年以后
烟台黄金冶炼厂	中 国	精 矿	80	BIOX®	2000 年 9 月
山东天承金业股份有限公司（莱州）	中 国	精 矿	100①	BacTech	2001 年 5 月
Suzdal	哈萨克斯坦	精 矿	196	BacTech	2005 年
Fosterville	澳大利亚	精 矿	211	BIOX®	2005 年
Jinfen	中国（贵州）	精 矿	790	BIOX®	2006 年
Bogoso	加 纳	精 矿	750	BIOX®	2007 年
Olympiada	俄罗斯	精 矿	1000		2007 年
Kokpatas	乌兹别克斯坦	精 矿	161069 t/a	BIOX®	2008 年

① 设计处理能力为 100 t/d，实际达产能力为 140 t/d，投资 6300 万元，技术为国外引进，设备由国外制造。

9.6.2 难处理金矿细菌预氧化基本原理

在前面论及的第一类难处理金矿中，金以固溶体或细微颗粒分布于某种硫化矿中，这种硫化矿被称为载金矿。常见的载金矿有黄铁矿（FeS_2）与砷黄铁矿（FeAsS）。难处理金矿预氧化的实质是使载金矿氧化，使其晶格破坏，使包裹于其中的黄金颗粒离解出来，以利于下一步的氰化浸出。

黄铁矿的氧化

$$FeS_2 - 2e \longrightarrow Fe^{2+} + 2S^0$$

细菌氧化黄铁矿的机理在 9.2.1 节中已详细论述。M. Boon 等[86]的研究表明，对于黄铁矿的氧化，*L.f* 比 *A.f* 重要得多。

砷黄铁矿又称毒砂，分子式为 FeAsS，单斜晶系，离子模型为 $Fe^{2+}(AsS)^{2-}$。在 FeAsS 中，As 与 S 含量常发生变化，由 $FeAs_{0.9}S_{1.1}$ 变至 $FeAs_{1.1}S_{0.9}$。

众多的研究结果充分证实了微生物对砷黄铁矿（毒砂）的氧化作用。在溶液 pH = 2 ~ 6 范围内，P 型（空穴导电）砷黄铁矿按下式被氧化：

$$4FeAsS + 12.75O_2 + 6.5H_2O \xrightarrow{细菌} 3Fe^{3+} + Fe^{2+} + 2H_3AsO_4 + 2H_2AsO_4^- + H_2SO_4 + 3SO_4^{2-} + H^+ + 4e \tag{9-20}$$

在同样的 pH 值范围内，N 型（电子导电）砷黄铁矿则按下式被氧化：

$$2FeAsS + 4.5O_2 + 5H_2O \xrightarrow{细菌} 2Fe^{2+} + SO_4^{2-} + HAsO_2 + H_3AsO_4 + HSO_4^- + 5H^+ + 6e \tag{9-21}$$

砷黄铁矿也能与三价铁起反应：

$$FeAsS + Fe^{3+} \longrightarrow 2Fe^{2+} + As^{3+} + S^0 \tag{9-22}$$

随后，三价砷因其两性特点而被水解：

$$As^{3+} + 3H_2O \longrightarrow H_3AsO_3 + 3H^+ \tag{9-23}$$

水解反应产生的亚砷酸按下式被氧氧化为砷酸：

$$H_3AsO_3 + 0.5O_2 \longrightarrow H_3AsO_4 \tag{9-24}$$

砷酸在高铁离子存在下，能生成不溶性砷酸铁：

$$H_3AsO_4 + Fe^{3+} \longrightarrow FeAsO_4 + 3H^+ \tag{9-25}$$

式 9-20 和式 9-21 中的亚铁离子和式 9-22 中的元素硫会分别被氧化为高铁离子和硫酸。

姜涛等人[97]的研究表明，砷黄铁矿的氧化分三步进行，第一步生成 As_2S_2，发生在介质电位为 0.2 ~ 0.3 V (vs. SHE) 时，在高一些的电位下 As_2S_2 被氧化为 H_3AsO_3，当介质电位升高到 0.8 V 则被氧化为 As(V)，即 H_3AsO_4。

实际的难处理金矿很少有单一毒砂型，大多数是既含黄铁矿又含毒砂的黄铁矿—砷黄铁矿型。不同矿点的难处理矿由于矿物多方面的差别，生物氧化行为各异。对具体的矿需作具体的研究。国内外对黄铁矿—砷黄铁矿生物氧化研究进行了大量的工作。

热力学分析表明，砷黄铁矿氧化的热力学趋势明显高于黄铁矿。

G. S. Hansford 和 D. M. Miller 研究了含金黄铁矿—砷黄铁矿生物槽浸过程的动力学[87,88]，发现砷优先于硫和铁被脱除，金的解露程度大体上与砷的氧化同步，这表明金主要是与砷黄铁矿结合。

9.6.3 BIOX® 工艺

BIOX® 工艺的特点是用中温细菌在充气的搅拌槽内处理细磨矿。这一工艺是英国比利顿(Billiton)的 GENCOR S. A. 有限公司于 20 世纪 70 年代开始开发的，1986 年在南非的 Faiview 实现产业化，现已推广至世界各国的十余家企业(见表 9-13)。

9.6.3.1 工艺流程

图 9-24 是 BIOX® 工艺的典型设备流程图[89]。氧化过程分为两级进行。第一级由 3 个反应槽并联而成，第二级则由 3 个反应槽串联而成。第一级的 3 个反应槽并联，使得矿粒在第一级的停留时间为 2 天，在第一级处理中细菌繁殖生长，其数量不断增长并吸附在矿粒表面。第二级矿粒在每个槽中停留时间为 0.67 天，

共 2 d。总停留时间为 4 d。反应槽的连接与组合方式对停留时间与氧化率有很大的影响。实践表明第一级反应槽容积占反应槽总容积的 50% 时在同样的停留时间下可获得更好的氧化率(见图 9-25)。

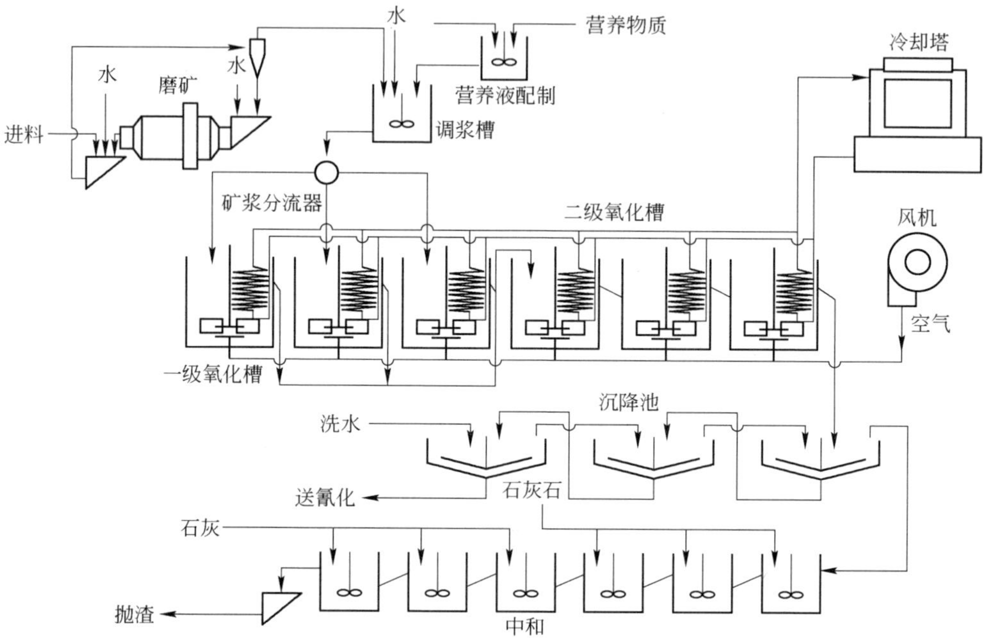

图 9-24 BIOX®工艺典型流程图

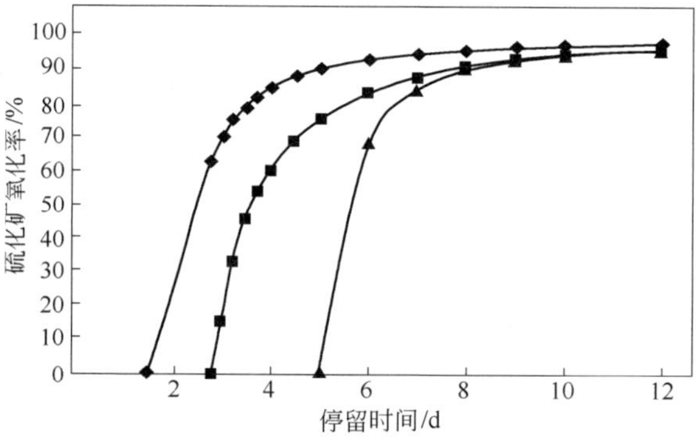

图 9-25 反应器连接方式(第一级反应器的容积占反应总容积的分数)对氧化率的影响[85]

◆—第一级 50%;■—第一级 33%;▲—第一级 17%

9.6.3.2 细菌

BIOX®工艺采用中温细菌 *A. f*、*A. t* 和 *L. f* 组成的混合菌。而在实际运行过程中受很多因素的影响,细菌的组成会发生变化。实践表明,在高温、低 pH 值的运行条件下,*L.f* 占优势。已有研究结果证实[90~92],在连续的浸出过程中 *L.f* 比 *A.f* 占主导地位,这可归因于 *L.f* 氧化 Fe^{2+} 速率较高[93]。

9.6.3.3 原料

采用 BIOX®工艺的几个厂家的原料特点列入表 9-14 中。

表 9-14 精矿的物相与化学成分[94]

组 分	单 位	Fairyiew	Sao Bento	Australian
金	g/t	140	42.0	97.7
硫化物中的硫	%	22.9	24.1	20.0
总 硫	%	23.5	24.9	20.9
铁	%	24.3	40.7	19.3
砷	%	7.14	12.4	0.73
硫酸盐	%	4.2	5.1	2.6
铅	%	—	165×10^{-4}	170×10^{-4}
氯	%	无	无	1500×10^{-4}
黄铁矿	%	37.2	10.1	36.8
砷黄铁矿	%	15.5	26.9	1.6
磁黄铁矿	%	无	26.7	无
脉 石	%	47.3	36.3	61.6
主要脉石		石英、石灰石	石英、菱铁矿、绿泥石	石英
金直接氰化率	%	23.0	49.8	47.1
金的赋存状态		多数呈化学结合于砷黄铁矿之晶格中	游离颗粒	主要与黄铁矿结合,15%呈游离颗粒状

9.6.3.4 产业化实例[89]

A Sao Bento BIOX®工厂

巴西采用 BIOX®工艺的 Sao Bento 矿(简称 SBM),所处理精矿成分与特性见表 9-14。典型精矿主要成分为黄铁矿 16%,砷黄铁矿 38%,磁黄铁矿 46%。原工艺是加压氧化预处理,设计能力为 120 t/d,后因生产需要把氧化预处理能力翻一番,达到 240 t/d。该矿在加压氧化预处理前面加了一道细菌氧化工序。细菌氧化的处理能力设计为 150 t/d,精矿含硫 18.7%,要求其氧化率为 30%,其产出物再配以部分经球磨的细磨矿,使物料的含硫量维持在低于 4%,以此混合料供给氧压釜。细菌氧化槽于 1990 年 12 月开始热试车,1991 年 2 月开始连续投料,1991 年 10 月起转入连续运转。实践表明 BIOX®工艺的采用并未对后续的加压氧化产生不良的影响。所达到的技术指标列于表 9-15。投料量虽未达到设计能力,但硫氧化量大大超过了设计指标。1994 年 12 月第二个细菌氧化槽投入使用，它可与第一个槽并联，也可串联运行，使细菌氧化预处理能力进一步提高，使氧压釜的进料量减少到不需要纯氧的水平，氧压釜在 60% 的负载下运作，进一步提高了金浸出率与减少操作成本。

表 9-15 Sao Bento 厂 BIOX®技术指标

指　标	单位	设计	实际达到					平均
精矿进料量	t/d	150	27	42	51	75	105	120
在槽中停留时间	h	0.6	3.8	2.4	1.9	1.4	1.0	0.9
黄铁矿硫	%	18.7	22.1	23.7	24.0	22.3	18.2	17.6
黄铁矿硫氧化率	%	30	81.4	79.4	73.6	72.5	71.9	68.8
硫氧化率达产率①	%	100	57.8	94.1	107.3	44.4	163.7	173.0

① 实际每天氧化的硫（硫铁矿）量与设计硫氧化量 8.4 t/d 之比。

B　Habour Lights BIOX®工厂

Habour Lights 矿山坐落在西澳大利亚 Leonora 镇附近。开采矿石主要为难处理含金硫化矿，矿石中金主要存在于砷黄铁矿和黄铁矿中，用传统硫化矿浮选工艺生产含 Au 80g/t、S 18.0%、As 8% 的精矿。浮选精矿氰化浸出，浸出渣含 Au 40g/t 堆存。采用 BIOX®工艺处理此渣与浮选精矿。

一个生产能力为日处理精矿 40t 的厂于 1991 年 12 月开始试车，1992 年 2 月开始连续生产。1992 年 3 月上旬产出第一批产品。1992 年 6 月达到计划生产能力。1992 年 12 月间，进行了一次试运行，结果表明，金回收率达到 92%。1994 年 Habour Lights BIOX®工厂开采完毕，将设备拆除后出售。

C　Wiluna BIOX®工厂

澳大利亚 Asarco 公司经过 5 年的冶金试验，决定在 1992 年上半年在西澳大利亚的 Wiluna 难处理金矿厂采用 BIOX®工艺。他们还考虑了其他几种不同的工艺，其中包括：整矿焙烧、二级精矿焙烧和加压浸出。不过，最后他们还是选择了 BIOX®工艺，这一选择主要是因为它能获得更高的金回收率、基建投资和操作费用低、办理许可开办证明和建设的时间较短，同时在环境问题上具有优越性。对于 Wiluna 矿山的矿石而言，约有 95% 的金被束缚在硫化矿晶格中，主要是砷黄铁矿，还有一小部分是在黄铁矿和辉锑矿中。

Wiluna BIOX®工厂设计生产能力为日处理浮选精矿 115t，精矿的平均品位为 S 24%，As 10%。有 6 个等尺寸的反应槽，每个槽的实用容积为 468m^3，能够在保持设计的进料速度基础上，使矿的停留时间保持 5d。该厂于 1993 年上半年建成投产，一直到 1993 年 12 月方达到预定指标，经 7d 试车，硫化矿氧化率达到 96.5%，大大超过了预定的 93.6%。1995 年又将处理能力扩大到日处理精矿 115t。

D　Ashanti 的 Sansu BIOX®厂

加纳 Obuasi 的 Sansu 硫化矿处理是 Ashanti Goldfields 公司扩展计划的一个重要组成部分,其目的是到 1995 年使矿山金产量提高到 10^6 Oe(盎司)。经过两年的研究,靠 BIOX®工艺取得了突破,使工厂的处理能力由原来的 115t/d 扩大到了 720t/d 精矿,实现了工厂的扩大目标。

Sansu BIOX®厂由 3 条生物氧化单元组成,每一单元有容积为 900 m^3 的反应器,按设计每单元每小时处理精矿 10t,精矿含 S 11.4%,As 7.7%。该厂具有一定的柔性,可处理多种硫化矿,如部分氧化矿和具有不同矿物学特性与氧化率的原生硫化矿。

该厂于 1994 年 2 月投产,同年 5 月达到设计指标,8 月 12 日通过验收。硫化矿的氧化率超过规定指标(94%)。该厂自投产起运行顺畅,1995 年 9 月第 4 个单元又建成投产使该厂的日处理能力达到 960 t 精矿。

E　烟台黄金冶炼厂

烟台黄金冶炼厂的工艺是由山东黄金集团烟台设计研究工程有限公司与烟台黄金冶炼厂合作开发的,并不是引进的 BIOX®技术,但其特点与 BIOX®基本相符,故将其列入 BIOX®技术加以介绍。

该厂设计能力为 80 t/d 精矿,原料来自全国各地,采用混合菌,操作温度为 40℃。其细菌氧化作业在 9 个 ϕ7.5 m×8 m 的槽中连续进行。9 个槽中 5 个并联组成氧化的第一段,其余 4 槽串联组成第二段。停留时间共 6 d,后续金的氰化浸出率达 96%。该厂设备为国内生产制作,氧化槽用钢板焊制并衬以玻璃钢,冷却管道用不锈钢制作。该厂共投资 2000 万元(不包括氰化浸出及其后部分)。氧化反应槽搅拌机功率为 17.5 kW。加工成本为 320 元/t 精矿(不包括氰化部分)。

几个厂的一些重要指标列入表 9-16。

表 9-16　采用 BIOX®的工厂指标对比[95]

项　目	单　位	Fairview	Sao Bento	Harbour Lights	Wiluna	Ashanti
日处理量(精矿)	t/d	40	150	40	115	720
精矿硫含量	%	20	18.7	18.6	24	11.4
硫处理量	kg/h	333	1169	310	1150	3426
硫氧化量	kg/h	296	348	270	1035	3249
反应热	MJ/kg	26.7	29.2	29.2	29.8	33.8
单位耗氧量	kg/kg	2.05	2.17	2.22	2.27	2.49
反应器总容积	m^3	764	580	978	3144	16128
第一级反应器容积	m^3	90	580	163	524	896
反应器个数	个	10	1	6	6	18
总反应热	MW	2.2	2.8	2.2	8.6	30.5

续表 9-16

项　目	单　位	Fairview	Sao Bento	Harbour Lights	Wiluna	Ashanti
总耗氧量	kg/h	607	755	599	2349	8091
总装机容量	kW	798	758	591	1797	7323
硫平均氧化速率	kg/(m^3 · d)	9.3	14.4	6.6	7.9	4.8
硫最大氧化速率	kg/(m^3 · d)	10.3	14.4	6.6	10.0	6.4
比能耗	kW · h/kg	1.9	1.8	1.9	1.5	1.9

9.6.3.5 BIOX®操作要领

A 温度

BIOX®法采用的细菌为经驯化后的中温细菌 *A.f*、*A.t* 和 *L.f* 组成的混合菌。试验表明,对于这些细菌最适宜的温度为 40℃,温度达到 50℃时,细菌不会被杀死,但其活性严重下降,完全氧化 Fe^{2+} 为 Fe^{3+} 所需时间从 40℃时的 1 d 延长到 50℃时的 3 个星期或更长时间。在生产实践中槽内温度到 45℃也是可能的。图 9-26 表明,对比最佳温度 40℃、45℃下的氧化速率在整个浸出过程中无明显的差别。

硫化矿氧化是放热反应,为维持合适的温度,必须有冷却措施,通常是在反应器内安装冷却管道,用水循环冷却,从冷却管道中流出的热水经冷却塔冷却后返回使用。图 9-26 表明的情况为温度控制保留了一定的波动余地,对生产是有利的。

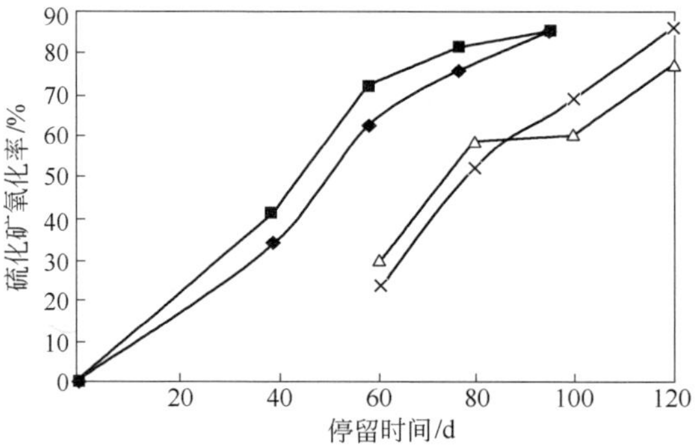

图 9-26 温度对硫化矿氧化的影响[94]

◆—Faiview 45℃;■—Faiview 40℃;△—澳大利亚精矿 40℃;×—澳大利亚精矿 45℃

B pH 值控制

一般矿浆 pH 值应保持在 1.5 ~ 2.0。在浸出过程中有耗酸的反应:

磁黄铁矿的氧化

$$4FeS + 9O_2 + 2H_2SO_4 \longrightarrow 2Fe_2(SO_4)_3 + 2H_2O \quad (9-26)$$

碳酸盐的酸溶

$$CaCO_3 + H_2SO_4 \longrightarrow CaSO_4 + CO_2 + H_2O \tag{9-27}$$

$$MgCO_3 + H_2SO_4 \longrightarrow MgSO_4 + CO_2 + H_2O \tag{9-28}$$

产酸反应有：

黄铁矿的氧化

$$4FeS_2 + 15O_2 + 2H_2O \longrightarrow 2Fe_2(SO_4)_3 + 2H_2SO_4 \tag{9-29}$$

砷酸盐沉淀

$$2H_3AsO_4 + Fe_2(SO_4)_3 \longrightarrow 2FeAsO_4 + 3H_2SO_4 \tag{9-30}$$

铁矾沉淀

$$3Fe_2(SO_4)_3 + 12H_2O + M_2SO_4 \longrightarrow 2MFe_3(SO_4)_3(OH)_6 + 6H_2SO_4 \tag{9-31}$$

式中，M 为 K^+、Na^+、NH_4^+、H_3O^+。

根据原料成分，在反应的不同阶段这种或那种反应占主要地位，因此矿浆 pH 值也会出现相应的变化，需要加 H_2SO_4或石灰调整 pH 值至合适范围。石灰消耗是操作成本的主要组成部分。

C 供氧

细菌氧化无论对其机理作何认识，氧是最终的电子受体，所需的氧由外部供给。处理精矿时，由外部向矿浆内鼓入空气并靠机械搅拌使鼓入的空气尽可能分散到整个矿浆中，供氧是氧化作业的重要一环，供氧所需能耗（包括鼓风，空气输送与弥散）是氧化作业费中最重要的组成部分，占氧化过程总动力的 30% ~40%。

空气供应量可通过下面的公式计算

$$Q = q\left(\sum_i f_i S_i \alpha_i O_{di}\right)\beta^{-1} \times 3.33 \times 10^{-4} \tag{9-32}$$

式中 Q——每小时需供空气量，m^3/h；

q——每小时原料处理量，kg/h；

β——空气利用率，%，可取 3.0%；

f_i——原料中某种需氧化矿物（黄铁矿，砷黄铁矿，磁黄铁矿）的含量，%；

S_i——某种矿物中硫的含量，%；

α_i——工艺要求某种硫化矿需要达到的氧化率，%；

O_{di}——某种硫化矿氧化耗氧量，kg（氧）/kg（硫），在表 9-17 中查找。

表 9-17 硫化矿氧化反应的若干数据[95,96]

矿 物	分子式	反应热		耗氧量 /kg（氧）·kg^{-1}（硫）	耗酸量 /kg·kg^{-1}（矿）
		kJ·kg^{-1}（矿）	kJ·kg^{-1}（硫）		
磁黄铁矿	FeS	-11373	-31245	2.25	0.557
砷黄铁矿	FeAsS	-9415	-48036	3.5	0.301
黄铁矿	FeS_2	-12884	-24173	1.88	-0.408

续表 9-17

矿 物	分子式	反应热		耗氧量 /kg(氧)·kg^{-1}(硫)	耗酸量 /kg·kg^{-1}(矿)
		kJ·kg^{-1}(矿)	kJ·kg^{-1}(硫)		
黄铜矿	$CuFeS_2$	-9593	-27505	2.13	
辉铜矿	Cu_2S	-6201	-30811	2.5	
铜蓝	CuS	-792	-24756	2	
镍黄铁矿	$(Ni,Fe)_9S_8$	-10174	-30644	2.2	
铁白云石	$Ca(Fe,Mg)(CO_3)_2$	-219.2	—		0.979
菱铁矿	$FeCO_3$	-326.7	—	0.069 kg(O_2)/kg(矿)(用于 Fe^{2+} 氧化)	1.267

α_i 一般由前期的实验研究确定，作为简化计算

$$Q = 2.2 \times 3.33q \cdot S \cdot \alpha \cdot \beta^{-1} \times 10^{-2} \tag{9-33}$$

式中 S——原料中的硫含量，%；

α——工艺需要达到的硫氧化率，%。

设计上有一种趋势，即降低反应器的高径比，可减少空气压缩机所需压力，甚至有可能用风机代替空压机，这样可减少供气所需动力。空气的供应应能保持溶液中溶解氧的浓度不低于 1.5×10^{-4}%。

矿浆的机械搅拌有两方面的作用，一是使矿粒处于悬浮状态，另一是使鼓入的空气高度弥散分散于全体矿浆中。搅拌桨的结构至关重要，径向流叶轮如 Rushton 涡轮机是用于高速气体弥散的传统装置。近几年开发出的轴向流可变叶轮如 LIGHTNIN A 315 叶轮，效率更高，在等量的氧气传输速率时，耗电较少，单位电耗时产生的液流比径向流叶轮高很多，从而使固体颗粒在较低的能耗与较小的剪切速率下保持悬浮状态。

D 矿浆浓度

矿浆浓度可参见第 9.4.4 节。

E 矿物粒度

通常 BIOX® 工艺控制粒度 80% 小于 75 μm，95% 小于 150 μm。减小粒度无疑会提高氧化速率，但会增加作业成本（增大磨矿能耗与磨机衬板和钢球的消耗），同时也会增加底流黏度，浓密与过滤会出现很多问题。

F 营养物

在浸出前应先调浆，用添加了营养物的水溶液与精矿按所需矿浆浓度在专门的调浆槽内调制矿浆。营养物一般是细菌生长需要的含钾、氯、磷的无机盐。1987 年 Fairview 工厂营养物添加量是：每吨精矿加入 NH^+ 9.62 kg、K^+ 13.05 kg、PO_4^{3-} 1.5 kg。两年后降低为 NH^+ 8.40 kg、K^+ 1.42 kg、PO_4^{3-} 1.56 kg。所需添加营养物的量由所处理的原料成分决定。通常原料中含有 K^+，这样添加的 K^+ 可省去或减少。

G 有毒物质的监控

(1) 氯离子。对不同氯离子浓度溶液中细菌对二价铁离子氧化速率的测定表明,当 Cl^- 浓度 0 ~ 5 g/L 时未发现对氧化有抑制,当 Cl^- 浓度达到 7 g/L 时,二价铁离子氧化速率明显降低,24 小时氧化率仅为 55%,而对比试验(溶液含 Cl^- 0.1 g/L)为 80%,Cl^- 浓度大于 19 g/L 时,二价铁离子氧化完全被抑制。BIOX®工艺所采用的细菌在 Cl^- 浓度为 5 g/L 时保持较高的氧化速率。溶液中 Cl^- 高将会导致黄钾铁矾沉淀的生成,阻碍矿粒的进一步氧化以及后续氰化。澳大利亚一种精矿的试验表明,硫化矿的氧化与金的氰化浸出最好的结果是在 Cl^- 浓度 1.3 ~ 1.5 g/L 取得的。高的 Cl^- 浓度也会对钢质设备造成严重的腐蚀。

(2) 溶解态砷。BIOX®工艺所使用的细菌对 As^{5+} 的耐受力为 15 ~ 20 g/L,一般运作过程中 As^{5+} 浓度可维持在此限度以下。Fairview 精矿氧化实践中 As^{5+} 浓度为 12 g/L。这些细菌对 As^{3+} 的耐受力低,当 As^{3+} 浓度达到 6 g/L 以上时细菌的生长会受到抑制。当原料中砷含量较高同时磁黄铁矿含量不高,载金矿主要是黄铁矿(类似 Fairview)时,氧化必须在较高的介质电位下进行,这样 As^{3+} 易被氧化成 As^{5+},溶液中 As^{3+} 保持在 $5 \times 10^{-2}\%$。反之,若原料中磁黄铁矿含量高(如 Sao Bento 精矿),磁黄铁矿易溶于酸,大量 Fe^{2+} 进入溶液,溶液电位低,As^{3+} 不易氧化为 As^{5+},溶液中 As^{3+} 浓度可达到 3 ~ 6 g/L,此时应采取措施降低 As^{3+} 浓度,例如可加入某些强氧化剂(如双氧水)。

H 氧化率

氧化率越高,后续金氰化浸出率越高,当然氧化作业的成本也就越高。不宜片面追求高的氧化率,而是应使后续氰化浸出金的浸出率达到高水平(96% 左右)。氧化率与后续金氰化浸出率之间的关系依原料性质不同而各显出不同的特点。图 9-27 与图 9-28 是两种不同的原料金氰化浸出率与硫化矿氧化率的关系[94]。

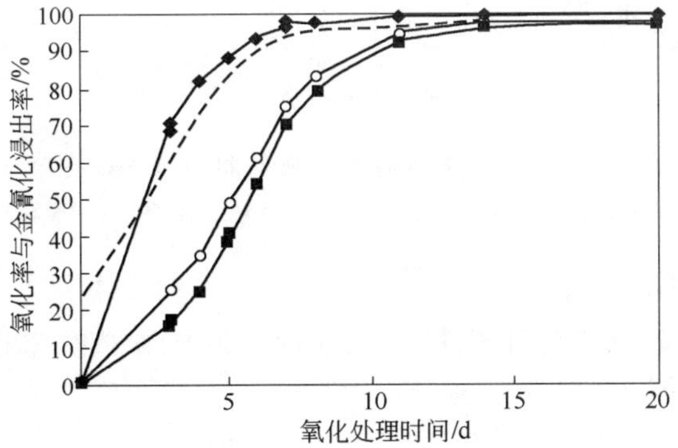

图 9-27 Fairview 精矿氧化率与后续金氰化浸出率的关系[94]

◆—砷黄铁矿氧化;■—黄铁矿氧化;○—总硫氧化;--- —金氰化

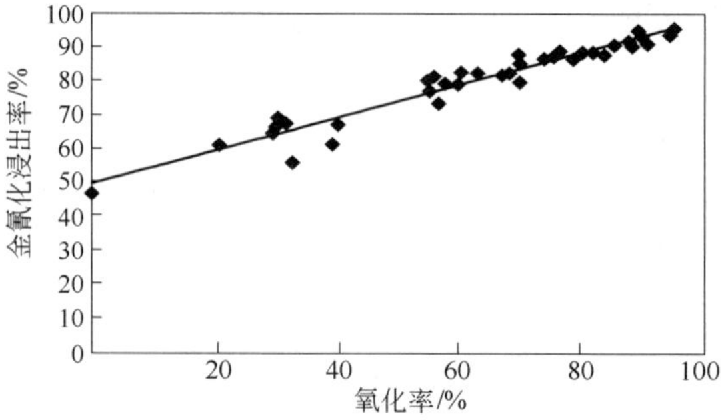

图 9-28 澳大利亚金精矿氧化率与后续氰化浸出率的关系[94]

I 进料速度

在工艺条件确定后,氧化率取决于矿粒在反应器内停留的时间。停留时间的长短取决于设备(反应器)的容积与其连接方式。在确定的工艺条件、反应器容积与连接方式下,停留时间取决于进料速度。图 9-29 所示的操作曲线对氧化操作的管理是有意义的,该操作曲线是 Fairview 生物氧化厂的,所处理的精矿含硫 24%。图上两条从坐标原点开始的直线分别代表氧化率为 60% 与 85% 时每日氧化硫的量与进料速度的关系。

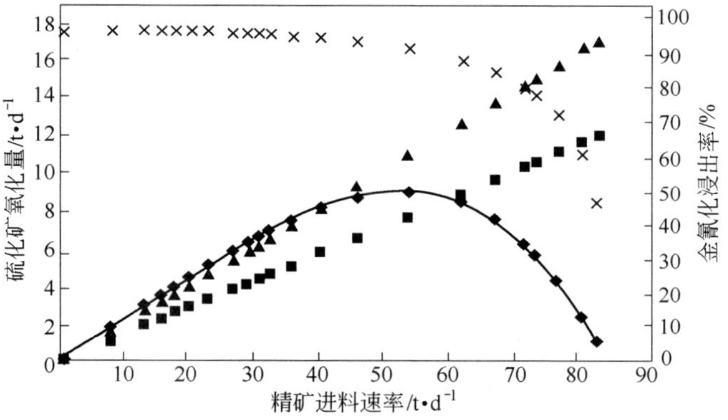

图 9-29 浮选精矿细菌氧化操作曲线(Fairview 厂)

◆—硫化矿氧化量;■—60% 氧化率;▲—85% 氧化率;×—金浸出率

9.6.3.6 成本

成本数据带有地域性与时间性,因而任何厂的成本数据都很难作为普遍的依据。影响成本的因素主要有:

(1) 原料成分,特别是金品位,载金矿种类等;

(2) 生产规模;

(3) 区域因素,如电价、土地价格、人员工资结构;

（4）设备购置，外购还是国产。

因此，把细菌氧化预处理工艺与其他氧化工艺进行对比，对于工艺的选择是有益的。GENCOR 公司计算了三种工艺的相对成本，所用精矿成分如下：Au 100 g/t、S 15%、As 4%，计算结果列入表 9-18。对于焙烧工艺在计算时考虑了制酸。

表 9-18 三种氧化工艺的相对成本

工 艺	基建投资	操作成本
BIOX®	1.00	1.00
焙烧	1.92	1.11
加压浸出	2.38	1.14

国内该种类型厂的基建投资差别很大。山东烟台黄金冶炼厂的设备完全是国产，反应器以钢板制作衬玻璃钢，80 t/d 规模的氧化预处理生产线（不包括氰化），其基建投资为 2000 万元。而山东天承金业股份有限公司（山东莱州）从南非与澳大利亚引进技术与设备，反应器以不锈钢制作，100 t/d 规模的厂总投资 6300 万元。山东烟台黄金冶炼厂的加工成本（不包括氰化）为 320 元/t（精矿），其组成为辅助原材料消耗占 33%，能耗占 51.4%，工资占 12.5%。辅助材料消耗以石灰石为最多，占辅助材料的 50%。其次是营养物占 38%，各项单耗列于表 9-19。

表 9-19 难处理金精矿细菌氧化预处理单耗

项 目	单 位	单 耗
（1）辅助材料		
钢球	kg	1.5
球磨机衬板	kg	0.05
石灰石	kg	525
营养物 $NH_4H_2PO_3$，K_2SO_4，$(NH_4)_2SO_4$	kg	3
硫酸	kg	11
（2）电耗	kW·h	217.4

注：规模 100 t/d 精矿，含金 60 g/t。

9.6.4 BacTech 工艺[98]

生物技术公司（BacTech Co.）于 1984 年开发出了被命名为 BacTech 的工艺，其特点是用一种嗜热混合培养菌 M4 去处理难处理金矿，这是一种耐热嗜酸 *A.f*，其最佳生长温度为 46℃。使用这种菌可允许过程在较 BIOX® 工艺高的温度下进行(浸出时的操作温度可维持在50℃),因而可减少氧化设备的冷却费用,降低作业成本。该种菌还能耐受当地的高盐度水,适合于干旱、缺乏淡水的地区。BacTech 公司首先将该工艺用于处理澳大利亚西部的 Youanmi 矿(位于西澳大利亚首府佩斯东北 500 km),1994 年实现了产业化。2001 年位于山东莱州的山东天承金业股份有限公司引进了该项技术并实现了产业化,处理能力达 140 t/d,投资 6300 万元。

Youanmi 矿的浮选精矿含金平均为 50 ~ 60 g/t,含 S 为 20% ~30%,矿石中的金绝大部分与毒砂共存,其中有 98% 为细粒包裹或固溶体存在。直接氰化时,金的浸出率仅达 50%。由于砷黄铁矿比黄铁矿易于氧化故而优先被氧化,因此,硫化物的氧化率只需达到 30%,大部分难浸金均可解离出,这种硫氧化率与后续金浸出率的关系十分有利,后续氰化金浸出率可达 95% 以上。

Youanmi 矿精矿产量为 120 t/d,以此规模进行细菌氧化预处理,其成本为 30 美元/t(精矿)。这相当于每天花销 100 g 黄金的价值去氧化 11 t 硫并解离出 3500 g 黄金。其他原料则未必能如此,特别是一些原料,欲达到高的金浸出率必须有高的氧化率,不得不延长预处理时间,必然增大基建投资与运作成本,这在金价低迷时未必可行。

Youanmi 矿浮选金精矿细菌氧化预处理工艺流程与图 9-25 所示的 BIOX® 的工艺流程有相似之处,氧化作业分两级进行。第一级在 3 个并联的反应槽中进行,第二级在 3 个互相串联的反应槽中进行。浸出槽使用 SAF2205 不锈钢制作,容积为 480 m^3,带有水冷夹套,夹套中流出的热水到冷却塔冷却后返回使用,反应器内温度靠调节冷却水流速控制,控制精度为 1℃左右。

9.6.5 Newmont 工艺

Newmont 工艺的特点是低品位难处理金矿堆浸细菌氧化预处理,用于处理低品位(1.0 ~2.4 g/t)的难处理金矿,这是一项世界首创的技术。该技术的开发可以说是从 1990 年 Greene J. W. 等的柱浸试验开始的,Brierley J. A. 与 L. Luinstra 于 1993 年报道了他们难处理金矿细菌柱浸的试验[100]。

1993 年与 1994 年 Brierley J. A. 与 Hill D. L. 申请注册了两项难处理金矿细菌堆浸氧化预处理技术的专利[101,102]。该技术的特点是制粒细菌堆浸,并进行了扩大试验,有六个试验堆,入堆矿的金含量为 1.62 ~8.62 g/t,为评估入堆矿石中低价硫的合理下限,有一个堆的矿样低价硫含量异乎寻常的低,仅为 0.2% ~0.4%。

向浸出液中加入硫酸铵与磷酸钾,以滴淋方式布液,布液强度为 10 ~ 12 L/(m^2 · h)。浸出液反复循环使用并佐以 pH、电位、Fe^{2+}、Fe^{3+} 与总铁的检测。在浸出过程中总铁与 Fe^{3+} 的浓度均不断上升,电位也从 495 mV 上升至 770 mV(SCE),表明细菌的活性。对于多数试验堆,浸出 10 ~ 20 d 铁的浸溶开始,此前为滞后期,浸出30 d后 -10目的矿样中的细菌量达到$(3.5 \sim 8.7) \times 10^7$个/g,表明矿堆环境适合于细菌生长。

含低价硫少的矿堆(0.2% ~0.4%)也不妨碍细菌氧化(以铁的溶解为标志),即使在黄铁矿含量低时铁也能快速浸出,浸出液含铁升至4 g/L。矿石如此低的硫化矿含量,其"难处理"特性并非由于金粒被载金硫化矿包裹,而是由于矿石中含有能吸附金-氰络合物的碳-"劫金碳"。扩大试验结果列入表9-20。

表9-20 Newmont工艺扩大试验结果

矿堆号	未经预处理的矿金氰化浸出率/%	低价硫氧化率/%	浸金溶剂	金浸出率/%
1	14	50 ~ 75	氰化物	30
2	浸不出	35 ~ 40	硫　脲	18
3	4	45	氰化物	50
4	浸不出	42	硫代硫酸盐	51
5	41	48	硫代硫酸盐	61
6	浸不出	47	硫代硫酸盐	65

1号堆虽然低价硫氧化率高达50% ~75%,但金的氰化浸出率很低,这是由于矿样中有"劫金碳"存在,尽管如此,预氧化依然提高了金的浸出率。

3号堆矿样不含"劫金碳",预氧化后金的浸出率达到了50%,而且如果硫化物进一步氧化,浸出率还将有所上升。细颗粒太多与黏土导致矿堆渗透性差,从而降低浸矿液的流速。布液速度低与通风不良对浸出不利,这些影响在后续氰化浸出中也表现出来。3号堆表明了合理的矿堆设计,矿块尺寸,良好的操作对促进生物预氧化的重要性。

2号堆矿样含"劫金碳",即使在预氧化后也不能被氰化浸出,故而改用硫脲浸金,但金浸出率依然很低(仅达18%),浸出率如此之低是因为矿块尺寸偏大(29.3%的矿块大于2.54 cm)与低的浸出温度。硫脲耗量较高,而且易被氧化并产出诸如元素硫这样的对浸出不利的产物。这使得用硫脲浸出在经济上不可取。

对含"劫金碳"高的矿物原料只有采用氰化物与硫脲之外的浸金剂,可用硫代硫酸铵($(NH_4)_2S_2O_3$)。Wan R. Y. 等注册了一项专利[103],在细菌预氧化之后用硫代硫酸铵浸金。从5号与6号堆上各取5t矿样,用硫代硫酸铵浸金,金浸出率相应为61%与65%,这样的浸出率在经济上是可行的。5号堆矿样的"劫金碳"活性低。4号堆与6号堆含"劫金碳"较高,用硫代硫酸铵也仅取得了51%与65%的金浸出率,在经济上是可行的。看来无论矿石中"劫金碳"含量高与低,在细菌预氧化后用硫代硫酸铵均能有效地浸出金。

类似的扩大浸出试验在保加利亚的Zlata Mine也开展过。矿堆规模为1200 t,

堆高2 m，矿含金3.2 g/t。接种混合菌含 *A. f*，*L. f*，*A. t*，*A. acidophilus* 与 *Acidiphilium*。矿石上细菌量10^7～10^8个/g，浸出6个月，低价硫氧化率达47%，前4个月氧化较快，后续浸金用含 Saccharomyces 乳酸、硫代硫酸铵与硫酸铜的溶液作缓冲剂，金浸出率达68.4%，而未经细菌预氧化时仅为19.6%，该试验验证了此种工艺产业化的可行性。

1995年在 Newmont Gold Company 的 Gold Quarry 矿（在美国内华达州的 Carlin）建成了一座生物氧化预处理的示范性工厂[104]。设计能力为年处理900000 t低品位难处理金矿。矿堆底垫为不规则狭长形，其长度457 m，宽度依地势而不均一，典型宽度为152 m，堆高8.5～10.7 m。矿堆场设置有0.9 m 宽32 m 长的矿用运输机，该机装置有管道与喷洒器可分别向矿石喷洒酸性水或含菌液，喷洒何种溶液取决于矿石中碳酸盐的含量。其能力分别为378.5 L/min 与757 L/min，在此强度下矿石的表面湿度为4%与6%或约27.5～34.5 L/t。运输系统每小时可输送1089 t 接种了细菌的矿石。

使用专门的培养槽培养含菌液，用于预氧化的细菌是 *A. f* 与 *L. f* 组成的混合菌，所用培养基主要组成为：$(NH_4)_2SO_4$ 0.4g/L、$MgSO_4 \cdot 7H_2O$ 0.4g/L、K_2HPO_4 0.04 g/L、$FeSO_4 \cdot 7H_2O$ 33 g/L，用硫酸调节 pH = 1.8～2.0。此外还有一带机械搅拌的小槽用于配置硫酸亚铁营养液，Fe（Ⅱ）浓度为161 mmol/L，用硫酸将 pH 调整至1.8。培养槽由6个槽子组成，槽高7.3 m，直径6.4 m，容积为189 m^3，培养停留时间为3天，设计的供液能力为254 L/min。实践表明，布液强度还可在设计基础上翻一番，向6个槽子中鼓入低压空气，速度为84.6 L/s，压力为82.7 kPa，含菌液贮藏于两个贮液池中，其容积分别为949 m^3与2422 m^3，用泵将菌液泵至接种/制粒系统与矿堆，泵的能力为2271 L/min，矿堆内的生物氧化活性通过热敏电阻与分析堆内气相中的O_2及CO_2浓度来监察。

包裹金的硫化矿氧化进行得比较快，不需要在底垫上停留太长时间（停留时间大约一年），即可达到可接受的预氧化水平与后续金浸出率。矿石堆在完成细菌氧化预处理后，用清水冲洗掉含 Fe 的酸性溶液，然后卸下矿堆，用水泥与石灰制粒，重新筑堆，进行金的浸出。含“劫金碳”的原料浸金不用 NaCN 溶液，改用硫代硫酸铵溶液。含金低至1.0 g/t 的硫化矿可实现有利可图的氧化预处理，金的浸出率可达60%～70%，吨矿处理（预处理加浸金）成本为4～6美元，1996年实现了处理800万吨矿的产业化，由于该技术的采用使矿山在两年内增加了百万余吨的黄金储量。这一工艺使 Newmont Gold Cmpany 处理了大量过去认为是废石的矿石并回收了金37000 kg。

9.6.6 Geobiotics 工艺[105]

Geobiotics 工艺由 Geobiotics Inc. 开发。这一工艺的特点是把难处理金矿的浮选精矿包覆于块状支撑材料表面,然后筑堆进行细菌堆浸氧化预处理。此法兼具了 BIOX®法的处理速率快,后续金浸出率高与 Newmont 法的基建投资省的优点。预氧化时间比 Newmont 法短得多,一般约为 30 ~ 90 天,低价硫的氧化率可达 50% ~70%,后续金的氰化浸出率可达 80% ~95%,可以用常规的浸金方法从经预氧化的精矿中提金。这个方法还有一大优点,即在对精矿进行细菌堆浸预氧化时浸矿液对支撑材料(如果也是难处理金矿的话)也附带地进行了氧化预处理。由于从精矿氧化中释放出大量 Fe^{3+},因而块矿的氧化速率往往高于这种单一块矿的堆浸。

精矿(甚至是选矿的含金尾矿)的粒度在 65 ~400 目均可,精矿含金品位低到 15g/t 也是经济上可行的。矿堆的精矿量一般为支撑材料重量的 20%,精矿层的厚度约为 0.12 cm。如图 9-30 所示,工艺流程示于图 9-31。

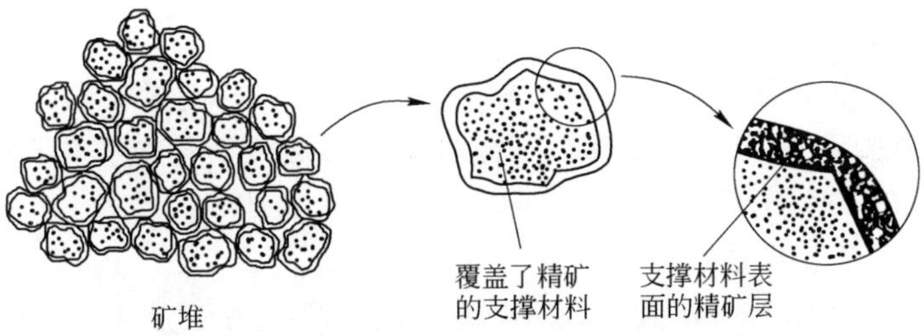

图 9-30 Geobiotics 法矿堆示意图

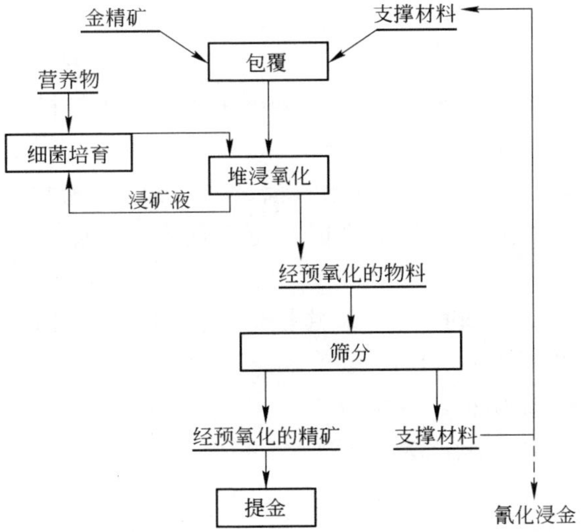

图 9-31 Geobiotics 法工艺流程图

把精矿制备成高浓度的矿浆，采用喷涂或滚混的方法使之覆盖在块状支撑材料表面，也可把干燥的精矿粉附着在潮湿的块状支撑材料表面。硫化矿的疏水性使之在块状支撑材料表面形成一精矿包覆层。氧化预处理完成后，将物料在筛子上冲洗或用滚筒筛将精矿与块状支撑材料分离。

作为支撑材料的块矿可以是任何耐酸的固体物料，可用炉渣、砾石、脉石、矿山废石与难处理金矿矿石，其粒度一般为1 cm×2.5 cm，破碎时产生的粉料筛除后单独进行处理。支撑材料粒度的选择十分重要。精矿覆盖层有一合理的厚度，因此，支撑材料粒度增大将降低矿堆中精矿与支撑材料的重量比，在设定的精矿处理量下必然增大矿堆底垫面积或矿堆高度，然而矿堆的透气性增加，氧与热量的传输也得到改善。

在堆浸初期，物料中难免有对细菌有毒或抑制性的物质，所以不宜一开始便接种细菌，而应先对矿堆进行一定时间的酸洗。堆浸前还应先开展柱浸试验，查明在最初的排出液中有无有毒或抑制性的物质，据此确定在堆浸开始阶段应分流出多少流出液。

实验室试验用了30种不同的矿，采用了各种不同的支撑材料，但用难处理金矿作支撑材料时，其氧化速率远远高于此种矿单独堆浸氧化，这归因于精矿细菌氧化释放出大量的Fe^{3+}。

柱浸试验共有30根柱子，直径7.6～15 cm，高2.7 m。覆盖比为(4～7)∶1，柱浸时间一般为30～90天，更短或更长的时间均试过。柱浸也试验了精矿包覆层厚度的影响，在柱浸试验中精矿从支撑体上脱落很少。柱浸试验结果列入表9-21。

不同的矿物类型氧化速率不同，表9-21为处理Chile矿时的典型结果，氧化浸出60天，硫化物氧化率为80%，后续金浸出率平均为92%（不经氧化预处理时为60%）。

Geobiotics在一个5000 t的试验堆上开展了为期一年的扩大试验（在美国南达科达Black Hills的Dakota Mining Company的Brohm mine），该试验经历了一段隆冬气候，为大规模产业化提供了设计依据和宝贵的经验。矿堆设置有测温系统，向堆中鼓入空气。在矿堆上按月钻孔取样以测定氧化率、后续金浸出率与提供溶液分布情况的数据。

表9-22给出了Geobiotics工艺基建投资与操作成本的估计，这一估计是建立在如下一些设定条件下的：

（1）载金矿为黄铁矿；

（2）浮选精矿与矿石之比为1∶10；

（3）气候条件为中等；

（4）需要的预氧化率为60%；

（5）浸出时间60天。

表 9-21 Geobiotics 工艺柱浸试验结果

矿石产出地区	矿样来源	含金品位/$g \cdot t^{-1}$	覆盖比（支撑材料: 精矿）	支撑材料	直接氰化浸出率/%	氧化率/%	氧化时间/d	氧化后金氰化浸出率/%
South America	Drill core Float@ GBI	1.38	5:2	炉渣	55.2 Au	57	46	98.0 Au
Western US	Existing pyrite flotation circuit	0.26 0.85	5:1	圆形砾石	46 Au 34 Ag	80	91	86 Au 81 Ag
South America	Leached Mill Tails Float@ GBI	0.41	4:1	脉石	<20 Au	64	71	77 Au
Western US	Whole ore Float@ GBI	1.11	5:1	矿石	54.9 Au	44	68	84.3 Au
Africa	Existing pyrite flotation circuit	1.35	7:1	脉石	37.8 Au	97	57	97.9 Au
Africa	Existing pyrite flotation circuit	2.81	7:1	脉石	53.6 Au	94	55	94.8 Au
Mexico	Existing pyrite flotation circuit	0.95 4.59	7:1	脉石	53 Au 42 Ag	47	22	94 Au 72 Ag
Nevada	Gravity concentrate P70 100 mesh	2.30	5:1	炉渣	79.5 Au	82	47	98.4 Au
Nevada	Pilot Scale pyrite flotation circuit	1.04	5:1	SAG Mill reject	51.2 Au	56	56	89.9 Au
Chile	Whole ore Float@ GBI	0.35	5:1	脉石	28.6 Au	80	60	92.4 Au
Nevada	Drill core Float@ GBI	1.17	5:1	Drill Core	50 Au	60	57	93.4 Au

表 9-22 Geobiotics 工艺基建投资与操作成本

处理矿石规模/t · d^{-1}	基建投资/千美元	每吨矿石操作成本/美元
2268	7000	1.74
9072	15700	0.78

9.7 其他金属的微生物浸出

9.7.1 锰的微生物浸出

锰的最重要资源为氧化锰矿，其次为碳酸锰矿和硅酸锰矿，硫化锰矿是极少的矿种。二氧化锰不溶于硫酸，为了使锰被浸出，必须使 Mn(Ⅳ)还原为 Mn(Ⅱ)或氧化为 Mn(Ⅵ)。

许多微生物能氧化或还原锰，如表 9-23 所示。

表 9-23 参与锰的氧化还原与浸出的主要微生物[106]

氧化锰的微生物	还原二氧化锰的微生物	产生代谢产物作用于锰的微生物
节杆菌属	无色杆菌属	黑曲霉(真菌类)
泉发菌属	芽孢杆菌属	大肠杆菌
嘉利翁氏菌属	环状芽孢杆菌	硫杆菌属
生丝微菌属	蜡状芽孢杆菌	氧化硫杆菌
氧化锰生丝微菌	枯草芽孢杆菌	*A.f*
纤发菌属	浸麻芽孢杆菌	
生盎纤发菌	梭菌属	
假褚色纤发菌	肠杆菌属	
生金菌属	产金肠杆菌	
海岸螺菌属	埃希菌属	
土微菌属	大肠杆菌	
假单孢菌属		
氧化锰假单孢菌		
球发菌属		
弧菌属		

生物湿法冶金的迅速发展和海洋锰结核的综合开发利用以及对浸锰微生物生理特性及其作用机制的研究，为锰生物浸出的深入研究创造了有利条件。

9.7.1.1 异养型微生物浸锰

某些微生物能够将 4 价锰还原为易溶于水的低价锰(Mn^{2+})，或者细菌产生有机酸使氧化锰转变为离子状态或金属有机络合物进入溶液。

美国的佩海斯于1958年用芽孢杆菌对内华达州和明尼苏达州含锰3%～5%的4个贫矿进行锰的浸出研究,平均锰浸出率为97.5%。

印度阿格特和迪沙帕德于1977年用分离到的芽孢杆菌属、假单孢菌属和节杆菌属的3种细菌进行了浸出果阿及安得拉邦矿石的摇瓶小型试验。矿石-0.2mm,前者含锰42%,后者为44.6%,分别在1L三角瓶中加入50g锰矿,50mL营养肉汤(pH=6.6)及250mL蒸馏水,再加入1g菌种(湿重),浸出90天,3种培养基无明显变化,芽孢杆菌和假单孢菌浸出90d,浸出率各为90%;节杆菌浸出40天,浸出率为90%。扩大到柱浸(柱高12cm、直径5cm),先充入水洗一级的石英砂300g于玻璃柱中以促进渗滤,矿样放入柱中,节杆菌培养物1g(湿重)作为接种,浸出14天后,果阿锰矿的锰浸出率为85.5%,安得拉邦锰矿为71.3%。试验规模扩大至槽浸,用矿量100kg,接入节杆菌种和500L水,浸出14天,锰浸出率为78.4%。

可从许多可溶性微藻类中廉价得到糖和衍生物,而细菌可以依靠这些产物生长,因此H. J. Thomas等人(1982年)进行了利用可溶性微藻类光合作用物供给浸锰的细菌生长的研究。结果表明,纯培养和混合培养物浸出锰,比单纯提供糖给细菌的浸出锰量增加50%。H. J. Thomas(1992年)指出,用混合细菌可容易地使碳酸盐和氧化矿中的锰溶解,若能解决营养需要及进一步提高浸出率,生物浸锰即可实现工业化。

Rusin等人[107]研究了用*Bacillus polymyxa P.*与*B. circulaus* MBX_1从含银锰铁矿中浸出锰。浸出渣中的银在后续氰化浸出中的浸出率可达90%以上。在用*B. circulaus*的连续浸出中,矿浆密度为15%,99.8% Mn与86%的Ag被浸出,而残留于浸出渣中的银还可由氰化浸出占浸出总银量的8.5%。

9.7.1.2 自养型细菌浸锰

日本的今井和民等人从1962年开始就用*A. t*浸出贫二氧化锰矿(其中有部分碳酸锰),在细菌浸出液中加入硫磺粉作细菌能源基质,使锰矿石中的锰呈可溶性的硫酸锰溶浸出来,锰浸出率达97%[108]。

田野达男和今井和民等人(1965年、1967年)[109,110]研究了添加金属硫化物对*A. t*浸出二氧化锰效果的影响。在500mL振荡瓶中加入培养基80mL,种菌液20mL,500mg化学试剂二氧化锰代替低品位锰矿,分别加入FeS、CuS、ZnS、$FeSO_4$、$Fe_2(SO_4)_3$,浸出3d的结果是:加FeS浸出液中增加硫酸量为0.7mg/100mL,为对照的2倍,浸出锰浓度由17×10^{-3}%增加到111×10^{-3}%,为对照的6.5倍。FeS的作用在于它生成的H_2S使不溶于水的Mn^{4+}还原成水溶性的Mn^{2+}。当细菌在含有1% MnO_2和0.1% FeS中培养10d后,培养液中锰的浓度约为5×10^{-1}%,锰浸出率90%。加ZnS对锰浸出更有效,溶液中锰的浓度为185×10^{-3}%,为对照的10倍。CuS对锰浸出和细菌生长似乎无影响。$FeSO_4$的效果与FeS相同,浸出锰量随

$FeSO_4$ 或 FeS 的添加量大致成比例上升。加 $Fe_2(SO_4)_3$效果不明显。他们同时研究了用离子交换膜浓缩锰和电解回收锰，发现细菌抗电压 80 ~ 110 V，抗电流 4 A/dm^2，由此断定含活性细菌的锰浸出稀溶液可以用电解法处理。在上述试验基础上，今井和民（1969 年、1970 年）[111,112]进行了细菌浸出锰矿连续提取高浓度锰液的研究，锰浸出率达 97% 以上，并提出了 *A. t* 浸出二氧化锰的机理。

钟慧芳等人对我国陕西省天台山含磷锰矿的细菌浸出进行了研究[113]。该矿储量大，品位低，嵌布粒度极细，结构复杂，属难选矿，采用常规选矿方法达不到磷锰分离和富集锰的目的，而且选矿成本高。细菌浸出的工艺分两步，第一步用 *A. f* T-M 菌株以黄铁矿（产地为镇安和略阳）作能源基质，氧化后产生 Fe^{3+} 离子和硫酸溶液，称为菌生黄铁矿浸矿剂，并以此作为浸矿剂浸出锰矿。用 T-M 菌株对黄铁矿氧化浸出 35 天，接菌的黄铁矿浸出溶液中铁的浓度为 21 g/L，为无菌时的 60 倍，pH 值由 4. 9 下降到 1. 6。试验表明，不同来源的黄铁矿均可作为能源基质，如表 9-24 所列。

表 9-24 TM 菌对不同来源黄铁矿的氧化作用（浸出 8 天）

产　地	pH 值	铁浸出速率 ν /g·(L·d)$^{-1}$	浸出液产生的硫酸根质量浓度/g·L^{-1}	矿床类型
略阳黄铁矿	1. 6	0. 5	41. 76	热液矿床
镇安黄铁矿	1. 0	1. 19	54. 83	沉积矿床
白河黄铁矿	0. 7	2. 10		沉积矿床
西乡黄铁矿	0. 8	1. 44		沉积矿床

第二步用第一步得到的菌生黄铁矿浸矿剂去浸出锰矿。浸出结果表明，在 70℃温度下浸出 3 h，锰浸出率为 90. 85%，每吨锰粉仅需加硫酸 115 kg。而在相似条件下用硫酸浸出时，虽然也可以达到类似的浸出率，但每吨锰矿的硫酸耗量高达 740 kg。采用菌生黄铁矿浸矿剂可节省 84. 46% 的硫酸，在规模为每次 85 ~ 100 kg 锰矿的半工业试验中，经初步成本核算，细菌法比硫酸法的成本低 30% 左右。

李浩然、冯雅丽[114]研究了用 *A. f* 加还原剂从大洋锰结核中浸出锰。锰结核由“大洋一号”在东太平洋采得，其成分为：Co：0. 26%、Ni：0. 84%、Cu：0. 89%、Mn：21. 08%、Fe：10. 2%。摇瓶试验温度一般为 30℃，leathen 培养基加还原剂，接种细菌，摇床转速 160r/ min。研究了各种因素对浸出率的影响。

（1）还原剂种类：试验了硫酸亚铁，黄铁矿，硫酸亚铁加黄铁矿，3 种不同的还原剂，这些物质既是 Mn（Ⅳ）的还原剂，也是细菌的能源物质，其中黄铁矿的效果最好。

（2）黄铁矿与锰结核的质量比：1∶1 最好。

（3）矿浆浓度：40 g/L 较适宜。

（4）pH 值:pH 值维持在 2 浸出率最高。

（5）温度:最适宜温度 30℃。

在优化条件下,leathen 培养基,用黄铁矿作还原剂,黄铁矿与锰结核质量比为 1:1,锰结核粒度 -147 μm,矿浆浓度 40 g/L,温度 30℃,接种量 25%,摇床转速 160 r/min,浸出 6 天,Mn 浸出率接近 100%。

在上述条件下(只有矿浆浓度改为 5%)浸出陆地软锰矿与硬锰矿,浸出 9 天,锰的浸出率分别为 95.6% 与 96.8%。

在浸出锰的同时,锰结核中其他的金属也同时被浸出[115],在矿浆浓度 5%,pH = 2,接种量 15%,锰结核与黄铁矿质量比为 5:1,温度 30℃,用 leathen 培养基,9 d 浸出率为:Co 95.92%、Ni 93.95%、Mn 93.97%、Cu 53.35%、Zn 66.13%、Mo 15.13%;Fe 24.73%。

9.7.2 铀矿的细菌浸出

在铀的天然矿物中铀大多以 UO_2 与 U_3O_8 的形态存在。从 U-H_2O 系 φ - pH 值图[116](见图 9-32)可看出,这两种铀氧化物难溶于酸,欲使其溶解于酸需使之氧化。

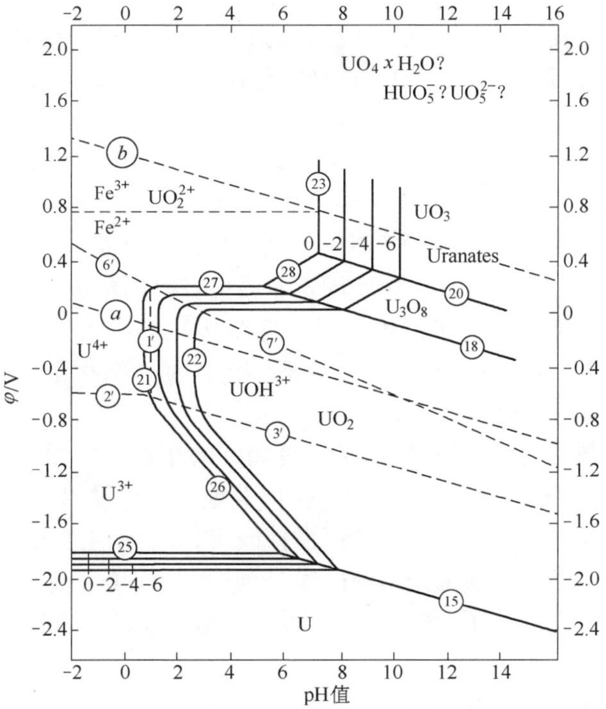

图 9-32 U-H_2O 系 φ - pH 值图

$$UO_2(s) - 2e = UO_2^{2+}(aq) \tag{9-34}$$

其还原电位

$$\varphi_{298} = 0.221 + 0.0293\lg[UO_2^{2+}] \tag{9-35}$$

由图 9-32 看出，欲使铀矿中的铀转入水溶液，必须在酸性介质中进行氧化浸出。从图上叠加 $Fe^{2+} + 2e = Fe^{3+}$ 线所处的位置可知，Fe^{3+} 可以作为氧化剂，实现 UO_2 与 U_3O_8 的氧化。

$$UO_2(s) + 2Fe^{3+}(aq) \longrightarrow UO_2^{2+}(aq) + 2Fe^{2+}(aq) \tag{9-36}$$

$$K_{298} = \frac{[Fe^{2+}] \cdot [UO_2^{2+}]}{[Fe^{3+}]} = 10^{19.94}, \quad [UO_2^{2+}] = \frac{[Fe^{3+}]}{[Fe^{2+}]} \times 10^{19.94} \tag{9-37}$$

在细菌的参与下，反应式(9-36)所生成的 Fe^{2+} 又被氧化成 Fe^{3+} 而循环使用，这样过程的成本会比用其他化学氧化剂低。基于上述，铀矿的微生物浸出是利用细菌将 Fe(Ⅱ)氧化成 Fe(Ⅲ)，再用 Fe(Ⅲ)去氧化 UO_2 与 U_3O_8 的。对于 UO_2 与 U_3O_8 的浸出，细菌的作用是间接作用。Fe(Ⅲ)可来自铀矿所含的黄铁矿(FeS_2)或外加黄铁矿。凡能氧化 Fe^{2+} 与 S^{2-} 的细菌均可用于此，一般用 *A. f*。由于在同一装置中不能同时创造提取铀和细菌氧化铁的理想条件，浸出分两步进行更为合理。第一步用细菌氧化黄铁矿产生酸性硫酸高铁，第二步把所得硫酸高铁溶液用于浸出铀矿石。

第一步可以在发酵罐内进行。在控制的 pH 值($pH = 1.2 \sim 1.7$，以防止高铁沉淀)和温度以及供入适量 CO_2 和 O_2 的条件下，用较少量的细菌经过连续培养就可从硫酸亚铁或黄铁矿连续生产硫酸高铁溶液(含有差不多任意的 Fe^{3+}/Fe^{2+} 比，取决于投入的 $FeSO_4$ 浓度和稀释速率)。所产的硫酸高铁溶液可能具有高的硫酸高铁含量，在用于浸矿前可以稀释或进一步酸化。因此，用较小体积的连续发酵罐就可以生产出供应浸出大量碎铀矿石所需的硫酸高铁浸出液。发酵罐可以只由一些饱和上行液流的柱组成或者只由一些固定床或搅拌槽所组成。这种发酵罐可以用于从 Fe^{2+} 废液中或者从除去了浸出金属后再循环的 Fe^{2+} 溶液中产生 Fe^{3+}。细菌产生的高铁溶液可以用于柱浸、堆浸或地下浸矿。浸矿液用量大时可能需要采用很大体积的连续塔式发酵罐。

第二步浸出则可以用多种方式进行，诸如细磨矿的搅拌浸出、渗滤浸出、堆浸(heap leaching)、废石堆浸(dump leaching)以及地下原位浸出(leaching in situ)等。全世界所生产的铀中相当大一部分是用搅拌浸出，堆浸则主要用于处理低品位矿。

世界上最早从事铀矿细菌浸出的国家是葡萄牙，1956 年他们在第二届国际和平利用原子能会议上发表了“铀的自然浸出”研究报告，从此铀矿细菌浸出的研究和应用受到各国的重视。

对于考虑细菌浸出从贫铀矿中提铀的可行性，巴西 Gracia Júnior[117] 所进行的从贫矿中用微生物浸出铀是一个出色的例子。所用的矿样取自 Paran 的 Figuera

矿。开展了实验室试验(摇瓶与柱浸),半工业性试验(柱浸)与工业试验(堆浸)。矿体的组成为石英,硅酸盐、高岭石、石膏与黄铁矿,含 U_3O_8 0.08%,Fe_2O_3 6.91%,硫化物中的 S^{2-} 3.84%,总硫 3.84%。浸矿用细菌为 *A.f*(从该矿矿坑水中分离而得,并在 9K 培养基中培养)。半工业性试验为柱浸,柱高 3 m,直径 1 m,内装 3 t 矿石(矿石块度小于 25 cm),接种了 *A.f* 的浸矿液调整好 pH 值后从柱上端喷淋,并循环使用。工业试验为堆浸,规模为 850 t 矿(矿石块度小于 25 cm)。喷淋液无需专门接种细菌,而是利用矿石上所带有的细菌。结果见表 9-25。

表 9-25 Figueira 低品位铀矿细菌浸出结果

试验名称	浸出方式	浸出天数/d	铀浸出率/%	
			不接种细菌	接种细菌
实验室小试	摇瓶	40	40	60
实验室小试	柱浸	45	30	50
半工业性试验	柱浸	90①		48.5
工业性试验	堆浸	83②		51.3

① 先分段酸化,吨矿酸耗为 28 kgH_2SO_4,而后细菌浸出 45 d;

② 先分段酸化,吨矿酸耗为 32.4 kgH_2SO_4,而后细菌浸出 35 d。

细菌堆浸适合于 Figueira 低品位铀矿中提铀,其酸耗比传统的搅拌化学浸出低得多,其基建投资与操作成本也低。

早在 20 世纪 60 年代,加拿大就开始用细菌浸出 Elliot Lake 铀矿中的铀。在该区的 3 个铀矿公司都有细菌生产厂,1986 年 U_3O_8 年产量达 3600 t,在 1983 年,成功的以原位浸出的方式从 Dension 矿中回收了大约 U_3O_8 250 t。浸出的流程简图如图 9-33 所示。

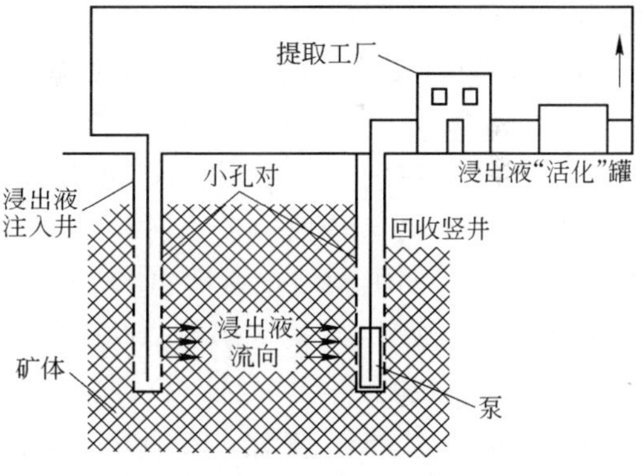

图 9-33 铀矿的原位浸出简图

由图可见,为了用含 Fe^{3+} 的酸性溶液从地下铀矿中回收铀,细菌将 Fe^{2+} 氧化为 Fe^{3+} 这一过程是在地面完成的。所得到的 Fe^{3+} 浸出液由泵注入竖井,再经过可渗性的矿体参与浸出反应后,汇集在回收竖井,用泵抽出送入提取工厂回收铀。Fe^{2+} 氧化为 Fe^{3+} 这一过程之所以放在地面进行,是由于随着井深的增加,井中浸出液所能溶解的氧量不足以使 Fe^{2+} 氧化快速进行,这就难以使铀浸出液维持较高 Fe^{3+}/Fe^{2+} 比值,而导致浸出反应速率的降低。加拿大学者曾对不同矿区、不同粒度的铀矿进行过地表微生物堆浸试验,结果见图 9-34。

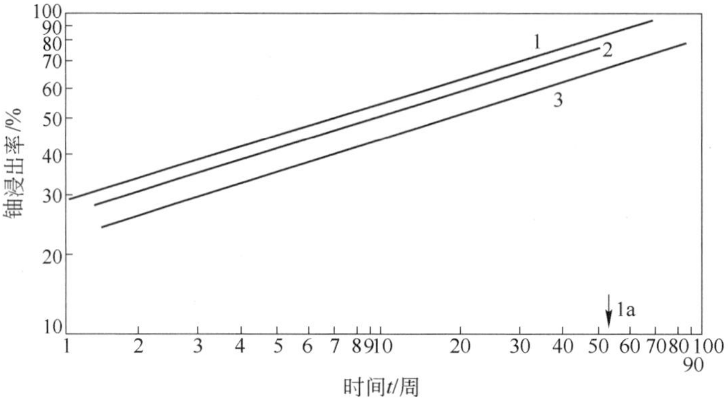

图 9-34 用氧化铁细菌浸出铀矿

1—Elliot Lake 矿的矿块直径小于 12.7 mm;2—Denison 矿的矿块直径小于 330.2 mm;
3—Aghew 矿的矿块直径小于 203.2 mm

法国近 30 年也有一些铀矿进行地下浸出,如埃卡尔勃耶尔铀矿。法国勃鲁德铀矿曾进行含铀 0.01% ~0.02% 的万吨贫铀矿石堆浸工业化试验,矿石粒度不大于 400 mm,经过两年多时间,浸出了 68% 的铀。美国、南非等地也用堆浸法处理贫矿提取铀。

我国早在 20 世纪 60 年代即着手开展铀矿石细菌浸出的研究,经过多年的努力,在实验研究与产业化方面已取得了一系列进展[118]:

(1) 贫铀矿石的细菌堆浸。20 世纪 60 ~80 年代,核工业北京化工冶金研究院与中国科学院微生物研究所合作进行了 700 t 级贫铀矿石的细菌堆浸试验及柏坊铀铜共生贫矿的细菌浸出试验,1993 年进行了本溪铀矿石 25 t 级细菌堆浸试验,1998 ~1999 年抚州铀矿某贫矿石 2000 t 级半工业试验;以赣州铀矿某铀矿石为研究对象,2000 年进行了 10t 级柱浸对照试验,2001 年进行了 4000 t 级工业试验,并于 2002 年成功实现产业化,从 2002 ~ 2005 年运行情况看,入堆矿石品位由 0.189% 下降到 0.114% ~0.147%,酸耗量由 2.10% 下降到 1.25% ~1.36%,浸出周期保持在 85 天左右,铀浸出率(2005 年)为 87.9% ~92.4%,浸出液体积(m^3)与矿石质量(t)比值由 2002 年的 4.0 ~5.3 降为 2005 年的 2.5 ~3.8。

细菌堆浸工业生产结果表明,浸出周期从 120 ~170 d 降低到 90 天,酸耗量由平均 2.4%(与矿石质量比)降低到 1.4%,浸出剂与矿石体积质量比由 3 ~5 L/kg 降低到 2 ~3 L/kg,每个堆可减少浸出剂用量 6000 ~7000 m^3,每吨铀生产成本降低 1.4 万元。

(2) 铀矿石的渗滤浸出。抚州铀矿矿石类型多,矿性差异大,成分复杂,硫酸、氧化剂等试剂消耗量大,生产成本居高不下。为此,2004 年建成了具有一定经济效益的铀矿石渗滤浸出工业生产线。为了进一步降低酸耗量,缩短浸出周期,2005年该矿委托核工业北京化工冶金研究院进行了18 t级细菌渗滤浸出扩大试验,以便在与目前渗滤浸出工艺流程、参数及操作方式相似的条件下,对细菌渗滤浸出新工艺进行技术经济评估,并考察F^-等杂质积累对细菌活性的影响,以及生物接触氧化槽运行情况,为该矿实现细菌渗滤浸出新工艺产业化提供设计依据。设计建造了由8个规格为2 m×20 m×5.5 m单元槽组成的生物接触氧化槽。生物载体采用YDT弹性波纹立体填料,曝气装置采用YDH下弯式环形穿孔管式曝气装置。

运行情况表明,与常规渗滤浸出工艺相比,细菌渗滤浸出工艺在节省2.8%(与矿石质量比)$NaClO_3$情况下,铀浸出率提高3%,浸出周期缩短26%,节约硫酸34%。F^-与$\sum Fe$分别累积到1.5 g/L和11.8 g/L,未发现细菌氟中毒迹象,生物氧化槽运行正常。新工艺预计在2008年年底实现产业化。

(3)微生物浸出技术在地浸工艺中的试验研究。我国采用地浸工艺回收铀的铀矿冶企业大都处于交通不便的边远地区,经常采用的氧化剂H_2O_2等价格高且运输不便,氧化剂费用在生产成本中所占比重较大。原核工业第六研究所在云南某地浸采铀矿山和新疆某地浸采铀矿山进行了用菌液代替双氧水的试验研究。试验结果表明,随着菌浸剂的抽注试验持续进行,浸出液中U增加,Fe^{2+}降低,氧化还原电位上升,菌浸剂的氧化作用与双氧水相当,高电位菌液完全可以代替双氧水,能使氧化剂成本降低70%。

9.7.3 锌的微生物浸出

9.7.3.1 *硫化锌矿的细菌浸出*

主要的硫化锌矿是闪锌矿,其分子式为ZnS,成分中常有Fe、Mn、Cd、In、Ag、Ga等类质同象混入。在闪锌矿中铁代替锌十分普遍,最高可达26%的铁。

按硫化物氧化反应标准电极电位排序(见第9.3节)和Torma的排序ZnS属于活性较好、较易被氧化的硫化矿(见第9.4.3节)。

用纯人工合成的ZnS在无铁条件下进行细菌浸出,其浸出速率与不加细菌但有Fe^{3+}(0.1 mol/L)时低得多,而在条件相同的情况下(均含Fe^{3+})有菌无菌的浸出速率一样,因此认为ZnS的细菌浸出主要是靠间接作用[24],即Fe^{3+}氧化,细菌的作用是把Fe^{2+}氧化为Fe^{3+}使溶液保持较高的电位。

$$ZnS + Fe^{3+} \longrightarrow Zn^{2+} + Fe^{2+} + S^0 \tag{9-38}$$

$$Fe^{2+} + \frac{1}{4}O_2 + H^+ \xrightarrow{\text{细菌}} Fe^{3+} + \frac{1}{2}H_2O \tag{9-39}$$

$$S^0 + 1.5O_2 + H_2O \xrightarrow{\text{细菌}} SO_4^{2-} + 2H^+ \tag{9-40}$$

W. Sand等人[165]认为硫化矿浸出有生成硫代硫酸盐与多硫化物两种途径。

ZnS 属于后者(见第 9.2.2 节)。在反应一定阶段会生成中间产物元素硫。根据 Schipper 等人的测定,ZnS 在 Fe^{3+} 介质中氧化在反应进行 24 h 后硫的产物为:S_8 94.9%、SO_4^{2-} 4.8%、$S_4O_6^{2-}$ 0.1%、$S_5O_6^{2-}$ 0.2%。Dutrizac 等人[166,167]也证明了元素硫的生成。

Fowler 与 Crundwell[168]研究了闪锌矿浸出时细菌的作用。当溶液电位保持不变时,溶液中 Fe^{3+} 浓度较高的条件下(Fe^{3+} 浓度分别为:2 g/L、2.6 g/L、4 g/L、9 g/L、10 g/L)有细菌与无细菌浸出速率均一样(见图 9-8)。这表明,细菌的作用仅仅在于氧化由于 ZnS 氧化所产生的 Fe^{2+},使溶液保持高的电位。对浸出了 2 h 的矿物表面的电镜观察表明,矿物表面上有细菌附着,但呈分散单体。这说明细菌迅速吸附到闪锌矿表面。浸出 35 h 的矿物表面附着细菌数增多,但仍为分散单体形态,同时矿物表面上出现了反应产物元素硫的覆盖。浸出 47 h 后,矿物表面细菌量大大增加,矿物表面被细菌分泌的外聚合层覆盖形成了菌膜,同时元素硫消失。这说明在整个浸出过程中细菌吸附在 ZnS 矿物表面,47 h 后,ZnS 表面的细菌量大增,细菌将元素硫氧化成 SO_4^{2-}。而在同样电位条件下,溶液中不含 Fe^{3+},而仅含 Fe^{2+},其浓度分别为:1 g/L、4 g/L、8 g/L,有细菌时的浸出速率明显高于无细菌时,如图 9-35 所示。

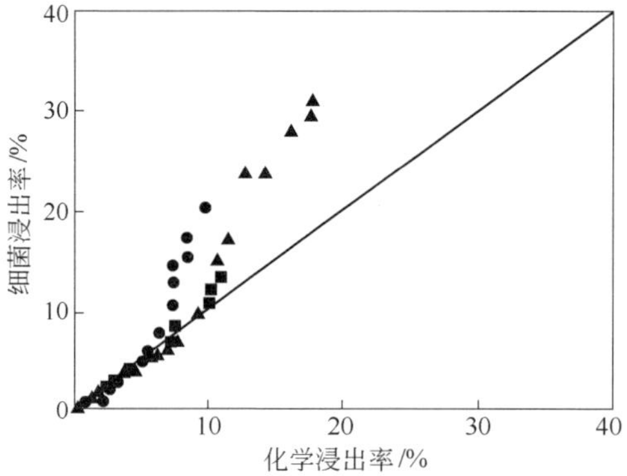

图 9-35　闪锌矿有菌与无菌时浸出速率之对比[168]

▲—1 g/L Fe^{2+};●—4 g/L Fe^{2+};■—8 g/L Fe^{2+}

在电位不变的条件下,在 Fe^{3+} 浓度较高时,从 0～2100 min 的时间范围内,有菌与无菌均遵守浸出的收缩核模型,即 $1-(1-\alpha)^{1/3}$ 与浸出时间呈直线关系(在 $\alpha=0\sim0.5$ 范围内),说明浸出过程属化学反应控制。以高 Fe^{2+} 浓度的溶液浸出时,有菌浸出速率遵守收缩核模型,属化学反应控制,而无菌浸出仅在初始阶段遵守(约 1 h 范围内)后来则出现明显的负偏离。这是由于在矿物表面生成了固体产物层(元素硫),浸出过程属固体产物层扩散控制,如图 9-36 所示。有菌与无菌在初始期浸出率一样,后来有菌的一直遵守收缩核模型,这说明细菌的作用在于氧化矿物表面的元素硫。

这一研究结果没有为"直接作用"提供证据,细菌的作用是氧化 Fe^{2+} 与元素硫而不是闪锌矿。

Krafft 与 Hallberg[119]研究了瑞典 Saxberget 与 Kristineberg 锌矿的浸出。前者含 Zn 15%、Cu 1.5%,后者含 Zn 8%、Cu 2.5%。采用混合菌(采自瑞典 Falu 铜矿

与西班牙的 Rio Tito 矿),优势菌种为 *A.f*,矿石粒度为 16 ~ 32 mm,渗滤浸出 150 d,Zn 浸出率达 80%,由于原电池效应,黄铜矿的存在促进锌的浸出。

Ballester[120] 等人研究了影响锌浸出速率的各种因素。

(1) 菌株驯化条件:采用分别在 3 种不同介质中驯化过的 *A.f* 浸出硫化锌精矿,经 ZnS 与 $CuFeS_2$ 驯化过的菌株比用 $FeSO_4$ 溶液培养的菌株浸出锌的能力大。

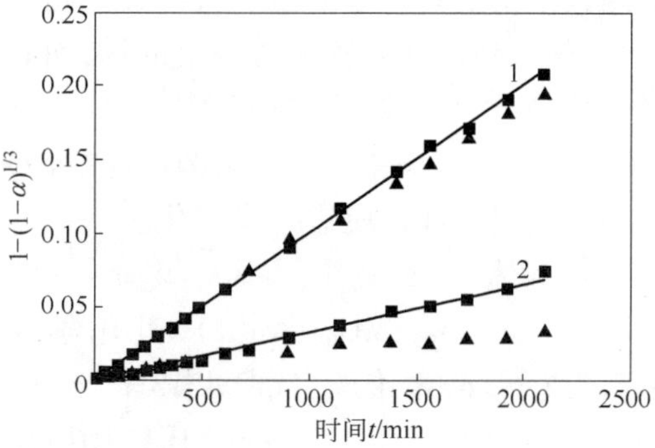

图 9-36 闪锌矿浸出时 $1-(1-\alpha)^{1/3}-t$ 图[168]

1—高三价铁离子;2—高二价铁离子

■—生物浸出;▲—化学浸出

(2) 矿物中杂质的含量与类型:所含杂质溶解于闪锌矿的精矿最易浸出,Ballester[120] 等人提出,Fe^{2+} 溶解于 ZnS 中提高了 ZnS 的导电性与化学可浸性,Piao 等人[170] 报道,闪锌矿氧化浸出速率与其类质同象铁含量之间呈线性关系。

(3) 黄铁矿的共存能促进闪锌矿的浸出,这是基于原电池效应。

(4) 矿浆浓度:对比 3 种矿浆浓度 5%,10%,15% 的浸出速率,以 5% 矿浆浓度时浸出最快,15% 时浸出最慢。

(5) 温度:尽管在浸出初始阶段浸出没有什么差别,但 35℃ 下比 25 ~ 30℃ 下能浸出更多的锌。

Sukapun[121] 等人用 *A.f* 产生的酸性硫酸高铁溶液浸出泰国的硅酸锌矿中的锌。摇瓶试验,矿浆浓度 10%,浸出 20d,锌浸出率约 60%,矿浆浓度为 2% ~ 5% 时锌浸出率为 75%。

英国比利顿公司开展了云南兰坪铅锌矿浮选硫化锌精矿的细菌浸出研究,采用了高温菌(60 ~ 85℃)与中等嗜热菌(45 ~ 55℃)。实验结果表明,细菌浸出闪锌矿的速率比其他金属硫化矿快得多,并且浸出率较高,采用高温菌浸出 12 d,锌浸出率为 98%。根据该公司的经验,上述浸出试验若在工业规模的反应器中进行,浸出反应时间将缩短至 4 ~ 5 d[134]。但应该指出的是,用细菌浸出硫化锌精矿与现行湿法炼锌技术在衔接上会遇到细菌对锌离子的耐受能力还不能适应浸出阶段的高锌离子浓度的问题,因此该项技术的产业化还会有困难。但用堆浸技术处理低品位硫化锌矿在技术上应该是可行的。

9.7.3.2 氧化锌矿的浸出

异养微生物能从氧化矿中浸出锌。Tungkaviveshkul 等人[122] 用黑曲霉(*Aspergillus niger*)与青霉菌(*Penicillum*)浸锌,原料为高品位硅酸锌矿经常规选矿后的尾矿，所用微生物从其中分离出。这些微生物在含矿粉浓度为 10% 的蔗糖 - 无机盐介质中生长。49 d 浸出了 60% 以上的锌，而其中多数是前 14 d 浸出的。Niger 产生柠檬酸，草酸与酒石酸，而青霉菌则主要产出柠檬酸与酒石酸。这些酸的混合使用比单一使用浸矿效果更好。真菌菌体能从溶液中吸附锌，以致部分浸出的锌又被沉淀，所以浸出条件还应进一步优化。

Castro 等人[123]研究了用 *Asp. niger* 从硅酸盐矿中浸锌。矿样采自 Cia Mineral de Metais（Vazante，MG，Brazil），其化学成分如下：SiO_2 40.7%、ZnO 10.9%、Fe_2O_3 6.7%、CaO 8.65%、MgO 4.13%，含锌矿物主要为异极矿。矿样粒度为 100 目，浸出用的微生物有 *A. niger* ATCC 1015，*B. metagerrium* ATCC 21916，*B. circulans*（采自保加利亚），*Pseudomonas SP.* ATCC 21025，*Sporosarcina urea* ATCC 6473。所用培养基如表 9-26 所示。

表 9-26 培养基成分 （W/V，%）

培养基成分	*A. niger*	*B. megaterium* *B. circulans* *Psedumonas*	*Sporosarcina urea*
$MgSO_4 \cdot 7H_2O$	0.025	0.03	0.03
$(NH_4)_2CO_3$	0.25		
KH_2PO_4	0.25		
$ZnCl_2$	0.06 mg/L		
$FeCl_3$ 或 $Fe_2(SO_4)_3$	1.3 mg/L		
胨（peptone）		2	2
酵母提取物（yeast extract）		0.2	0.2
KHPO		0.075	0.075
葡萄糖（glucose）		2	
尿素（urea）			2
pH 值	7.5（加 NaOH 调节）		

浸出条件为：

矿样量：5 g（事先在 121℃ 下 20 min 以灭菌）；

含微生物的培养基：100 mL；

温度：30℃；

摇瓶速度：200 r/min。

同时做另一组平行的对照试验，用微生物培养液的上清液作浸矿液，其中不含微生物但含有柠檬酸、草酸、硫酸等，矿浆浓度为 5 g/100 mL，加入 10 mmol/L azide（叠氮化钠）以抑制微生物的生长。

浸出结果如表9-27所示。

表9-27 微生物浸出锌浸出率 (%)

微 生 物	微生物浸出	微生物培养液的上清液
B. megaterium	7.8(185)①	4.2(230)
B. circulans	5.6(212)	2.5(230)
Pseudomonas	4.3(162)	1.2(230)
Sporosarcina urea	8.0(162)	11.1(20)
A. niger 在含蔗糖5%介质中	36(120)	1.4(04)
A. niger 在含蔗糖10%介质中	66(148)	41(146)
A. niger 在含蔗糖15%介质中	62(300)	54(43)
无菌对照	0.3(200)	

① 括号内数字为浸出时间,h。

上述微生物产出柠檬酸、草酸、酒石酸等有机酸,这些有机酸可与Zn^{2+}形成络合物

$$aZn^{2+}+bA^{n-}+cH^{+}=Zn_aA_bH_c^{2a+c-bn} \tag{9-41}$$

式中 A^{n-}代表有机酸的酸根。

络合物的累计生成常数或稳定常数为

$$\beta=\frac{[Zn_aA_bH_c]}{[Zn^{2+}]^a[A^{n-}]^b[H^{+}]^c} \tag{9-42}$$

必须指出的是,不宜把微生物的作用仅仅理解为产出有机酸,所产出的有机酸再去与重金属离子络合而导致其溶出。因为试验证明,单独用柠檬酸去对矿进行化学浸出时,若溶液中柠檬酸浓度为10mmol/L以下时,浸出率大大低于用上述异养微生物浸出,而其生长介质中柠檬酸的最高浓度仅8mmol/L。Castro认为这一方法与常规的酸浸法有两个优越性:(1)所用微生物浓度很低,其生态风险小;(2)即使在浸出率不太高的情况下,经济上依然可能是可行的,这使得这种方法有潜在的应用前景。

9.7.4 镍的微生物浸出

9.7.4.1 硫化矿

镍的硫化矿中最有价值的矿物是镍黄铁矿,含镍磁黄铁矿及紫硫镍铁矿,其中镍黄铁矿$(Fe,Ni)_9S_8$(Pentlandite)镍含量高达34.23%。国内外不少人研究过用*A.f*与*A.t*等中温菌浸出镍黄铁矿,磁黄铁矿,得出如下一些重要结论。

(1) 镍能有效地被浸出。例如Bhatti[124]浸出15天,镍浸出率达100%。Ibrahim[125]在pH=2,$t=20$℃,浸出20天,镍浸出率达95%。钟慧芳等人[129]用*A.f*浸出中贫镍矿,在矿浆浓度20%下浸出7天,Ni被浸出70%~80%;

(2) 混合菌(*A.f*加*A.t*)浸出效果比单一的*A.f*浸出效果好[126,128];

(3) 铜镍硫化矿共生时，由于原电池效应，镍比铜容易浸出。Natarajian[127]浸出镍黄铁矿、磁黄铁矿、黄铜矿的混合矿时发现，当 25% 镍浸出时，铜仅浸出了 2%。Ahonent 等人[128]用 *A. f* 与 *A. t* 混合菌浸出复杂硫化矿发现几种金属浸出的难易程度排序为 Zn > Ni > Co > Cu;

(4) 磁黄铁矿浸出时产出元素硫[124,128]，而镍黄铁矿浸出时无元素硫生成[131];

(5) 加入 Cu^{2+}、Ag^{+} 作催化剂时，Cu 浸出率提高，镍浸出率降低[126,130]。

温健康[132]采用诱变技术选育出耐高 pH 值的 *A. f* 菌株用以浸出含碱性脉石高的金川含镍贫矿与尾矿以降低酸耗，浸出指标接近于普通 *A. f*。

在中温菌与高温细菌的浸出方面也做了大量工作并取得了一定的进展，使硫化镍矿的细菌浸出成为下一批产业化的目标。Dew[133]用高温古细菌(68 ~ 70℃)浸出铜镍浮选精矿，矿浆密度 10% ~ 15%，浸出 3 ~ 6d，镍的浸出率达 99% 以上，铜浸出率 96% ~ 99%。邓敬石[131]研究了用 *Sulfobacillus thermosulfidooxidans* DSM 9293(典型菌株 YKMB-1269，购自德国菌种保藏中心)浸出镍黄铁矿。该菌具有较高的活性，在添加酵母提取物的混合营养条件下 12 h 即氧化 50 mmol/L 的 Fe^{2+}，12h 培养基中的亚铁全部被氧化(温度 50℃，pH = 1.6)，对数期平均亚铁氧化速率达 5.58 mmol/L/(L · h)。该种细菌在镍黄铁矿与黄铁矿表面有很强的吸附能力，在 1 h 内细菌在黄铁矿表面的吸附达到平衡，而对镍黄铁矿达到平衡的时间为 1.5 h，平衡时，细菌在镍黄铁矿上的吸附量为 1.37×10^9 个/g(矿)，而在黄铁矿上为 1.7×10^9 个/g(矿)，被吸附细菌分别占原液中细菌总量的 70% 与 87.5%。扫描电镜照片显示，细菌主要被吸附在矿物颗粒的裂缝与缺陷处。研究表明，在矿浆密度 1% 时，浸液中加入 2.39 g/L 铁的情况下，用透析袋(分子截留量为 8000)将矿物与浸矿液隔离开，使细菌不与矿粒接触，4 d 镍浸出率为 14.32%，而不用透析袋，让细菌与矿粒接触时的浸出率为 52.20%。试验也证实了有黄铁矿存在时由于原电池效应对镍浸出的促进作用，矿浆浓度为 1% 时浸出 8 d，纯镍黄铁矿的镍浸出率为 76.32%，而镍黄铁矿加黄铁矿(1∶1)的镍浸出率为 86.96%。

前英国比利顿公司在硫化镍矿细菌浸出方面做了大量工作，并开发了 BIONIC™工艺(具体是由 GENCOR 开发的)[177]，该工艺是在已成功用于生产的用于难处理金矿生物氧化预处理的 BIOX®工艺基础上发展起来的。采用中温菌 *mesophile* 的混合种群，主要含 *L. f*、*A. t* 与 *T. caldus*，工作温度为 40 ~ 50℃。若采用高温菌种(*Sulfolobus*)在 75 ~ 85℃下浸出 5 天，可获得更高的镍浸出率(98% ~ 99%)。对众多的含镍硫化精矿进行了细菌浸出的实验均取得了好的结果。经过小试、半工业试验，后来与昆士兰镍股份有限公司(QNL)合作，投资 100 万美元建立了一试验厂，于 1997 年上半年开车以研究用 BIONIC 技术处理澳大利亚西部 Maggie Hays 矿的产业化可行性。工厂日产电镍 20 kg。精矿含 Ni 12.4%、Fe 30.7%、Mg

2.53%、S^{2-} 22.7%。经 10 d 的浸出，Ni 平均浸出率为 92%，试验证明硫化镍精矿生物浸出在工业上是可行的。

甄世杰等人研究了金川低品位硫化镍矿的细菌浸出[138]，该种矿物含 Ni 0.4% ~0.6%、MgO 30% ~35%。细菌浸出时介质为弱酸性，MgO 溶解于浸出液中，使其中 Mg^{2+} 含量上升并超过浸矿细菌的抗性。为避免这一不利情况，采取了三项措施：用 *A.f* 与 *A.t* 混合菌以提高浸矿微生物的抗性；预浸出以脱除矿中的部分 MgO；分流部分浸出液以控制浸矿液中的 Mg^{2+} 含量。试验用柱浸方式进行，柱高 50 cm，直径 10 cm，浸出在环境温度下进行，浸出 300 d（含预浸出 55 d），浸出了 90.3% 的 Ni 与 88.6% 的 Co。

芬兰 Sotkamo 地区的 Talvivaara 多金属矿是欧洲最大的硫化镍矿，其平均成分为：Ni 0.27%、Zn 0.56%、Cu 0.14%，主要矿物为磁黄铁矿、闪锌矿、镍黄铁矿、黄铜矿与石墨。70% 的镍在镍黄铁矿中，其余的则分布在磁黄铁矿（占 21%）与黄铁矿（占 8%）中。研究人员在经过实验室柱浸试验后修建了示范性浸矿堆[177]。矿堆矿量 17000 t，30 m × 60 m × 8 m，矿石粒度 80% 通过 8 mm 筛，小于 10% 的细矿制粒后入堆。使用的微生物为 *A.f* 与 *A.t*、*L.f*、*A. cadas* 与 *Sulfobacillus thermotolerans* 组成的混合菌，菌种采集于矿区的酸性水并经过添加单质硫、Fe^{2+} 和细磨后的 Talvivaara 矿培养。矿堆喷淋的浸出液 pH = 1.8，喷淋强度为 5L/(m^2·h)，溶液温度 4 ~20℃，矿堆内部温度 30 ~90℃，均与气温有关。浸矿开始后的前几个月内，矿堆内的生物群落组成不断改变，直至后来以 *A.f* 与 *Desulfotomaculum geothermicum* 为主，其余少量 *Thiomonas arsenivorans*，*Alicyclobacillus tolerans* 与 *Ferromicrobium acidophilum*。堆浸 500 d 金属浸出率为 Ni 92%、Zn 82%、Co 14%、Cu 2%。Talvivaara 在世界上首家实现硫化镍矿的大规模产业化，计划于 2010 年年产量达到 Ni 33000 t、Co 1200 t、Zn 60000 t 与 Cu 10000 t[177]。

我国在硫化镍矿的细菌堆浸方面也取得了进展。云南墨江镍矿是一种高砷硫化镍矿，其成分为 Ni 0.6%、Co 0.05%、As 0.59%、Fe 10.5%、S 12.6%、Al_2O_3 8.6% 与 MgO 2.35%，主要的含镍矿为 dobschauite（NiAsS）与 rammelsbergite（$NiAs_2$），主要是石英的脉石占矿重 54%，镍分布于镍硫化物（占 0.34%）、黄铁矿（占 0.12%）与镍氧化物（占 0.1%）。已修建了 6 个试验堆，每堆矿量为 10000 t，6 ~8 m 高，矿石粒度为 100% 通过 15 mm 筛。堆浸开始时接种混合的中度耐热菌，当矿堆温度达到 55℃时再一次接种。矿堆采用自然通风，喷淋液 pH = 1.7 ~2.0，出堆料液含镍大于 2 g/L。浸出 12 个月，镍浸出率高于 60%，2005 年修建了商业浸矿堆，处理能力为 100000 t/a。镍与钴以氢氧化物形式从浸出液中沉淀出来[177]。

9.7.4.2 氧化矿

Castro[123] 等人研究了异养微生物从硅镁镍矿（garnierte-SiO_2）中浸出镍。矿样取自 Acesita 矿业公司(Timoteo, MG 巴西),其化学成分为 43.2% SiO_2,0.90% Ni,磨至 -100 目。浸矿用了 5 种异养微生物,其培养基成分见表 9-26。浸出条件为:矿样重 5 g(事先在 121℃下 20 min 以灭菌),含微生物的培养基 100 mL,温度 30℃,摇瓶速度 200 r/min。同时作一组平行对照试验,浸矿液为 5 种微生物培养液的上清液并加入 10 mmol/L 叠氮化钠以抑制微生物的生长。这组试验的目的是排除微生物的直接作用,仅用其衍生酸来浸矿。浸出结果列入表 9-28。

表 9-28 异养微生物从硅镁镍中浸出镍的浸出率 (%)

微 生 物	微生物浸出	上清液浸出
B. Megaterium	5.1(60)	10.3(230)
B. Circulans	4.5(31)	6.3(182)
Pseudomonas	3.3(119)	4.7(67)
Sporosarcina urea	22.3(114)	5.0(02)
A. niger, 介质含蔗糖 5%	42(120)	11(71)
A. niger, 介质含蔗糖 10%	54(120)	71(237)
A. niger, 介质含蔗糖 15%	78(325)	83(237)
对照	0.1(200)	

注:括号内为浸出时间。

上述异养微生物衍生柠檬酸、草酸、酒石酸等有机酸,这些酸可以与 Ni^{2+} 生成络合物:

$$aNi^{2+} + bA^{n-} + cH^{+} = Ni_aA_bH_c^{2a+c-bn} \tag{9-43}$$

A^{n-} 代表有机酸酸根(Cit^{3-} 柠檬酸根,OX^{2-} 草酸根)。络合物的累计生成常数或稳定常数的大小可以表征生成该络合物能力的大小。

$$\beta = \frac{[Ni_aA_bH_c]}{[Ni^{2+}]^a[A^{n-}]^b[H^+]^c} \tag{9-44}$$

某些真菌的衍生物能浸溶出红土矿中的镍。Sukla[169] 对此进行了研究。红土矿矿样取自印度 Sukinda,磨至 -105 μm。其化学成分为:Ni 1.11%、Co 0.03%、Fe_2O_3 70.87%、Cr_2O_3 6.84%、Al_2O_3 6.25%、MgO 0.62%。主要物相组成为针铁矿、赤铁矿与石英。镍与针铁矿结合,钴则在镁矿物中。从该矿的新鲜断面分离出真菌菌株,其中之一在含镍高的马铃薯葡萄糖(potato dextrose)培养基中培养,经鉴别为黑曲霉(*Aspergillus niger*)。先后共使用了 6 种培养液。在温度 37℃,矿浆质量浓度 50 g/L,转速 120 r/min 条件下,用马铃薯葡萄糖培养基(potato dextrose midium)浸出红土矿的结果示于图 9-37。

自养微生物加单质硫或黄铁矿会衍生出硫酸,这种衍生酸也能浸溶镍红土矿。S. Ndlovu 等人[175] 研究了用 *A.f*、*A. caldus* 与 *Leptospirillum feooxidans* 组成的混合菌添加单质硫或 FeS_2 作为能源浸出镍红土矿,矿样的成分为:NiO 1.9%、CoO 0.3%、

SiO_2 52.8%、Fe_2O_3 21.9%、S < 0.1%，在喷淋液 pH = 2.0，矿样粒度 63 μm 与矿浆密度 2.6% 的条件下，镍的浸出率达到 79.8%。I. Hernandez 等人[176]研究了用 *A.t* 衍生出的硫酸浸出古巴 Moa 镍红土矿尾矿（含 Co 0.089%，Ni 0.25%），在不含 Fe 的 9K 培养基加 1% 单质硫介质中加入 *A.t*，起始 pH 值为 2，温度为 30℃，矿浆密度为 1% 和 2.5% 的条件下浸出 13 d，钴的浸出率为 60%，镍的浸出率为 85% ~ 100%。当矿浆密度高时，浸出率很低。若矿料在细菌生长繁殖 24 ~ 48 h 后加入，则矿浆密度为 10% 时浸出率也能分别达到 Co 50%、Ni 80%，接近于前述低矿浆密度一开始就投入矿料时的浸出率。

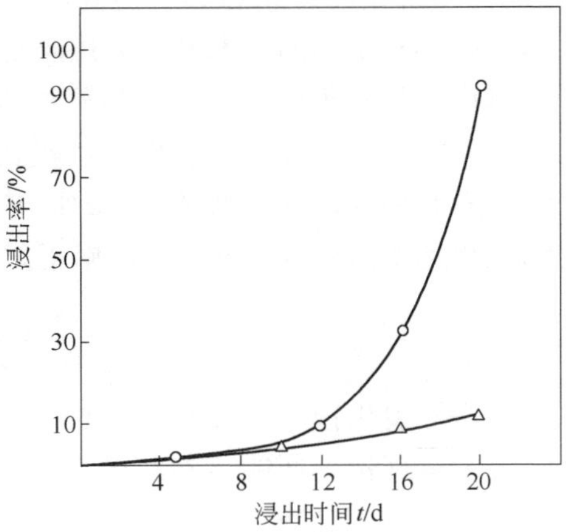

图 9-37 细菌浸出红土矿时镍和铁的浸出率与时间的关系
○—Ni；△—Fe

9.7.5 钴的微生物浸出

最早提出钴的微生物浸出概念的是 R. S. Young[135]（1956 年）。J. A. De. Cuyper 等人（1964 年）的研究结果表明，可以用细菌浸出低品位钴矿石中的钴。A. E. Torma（1971 年）报道了用 *A.f* 氧化合成硫化钴的结果，浸出钴精矿时获得了含钴 30 g/L 的浸出液。研究了浸出液的 pH 值、矿浆浓度、铁等因素对镍和钴浸出率的影响。在有元素硫存在下用 *A.f* 浸出含 Ni 19.8%，Co 17.6% 的硫化矿，浸出 13 d 镍的浸出率为 63%、钴为 69%。用单一的 *A.f*、*A.t*、*L.f* 及其混合菌分别浸出硫化钴，发现 *A.f* 和 *A.t* 浸出钴效果最好，加入 Fe(Ⅱ)对浸出有促进作用。

D. L. Thompson 等人[136]研究了 *A.f* 浸出天然辉砷钴矿（cobaltite）与合成的 CoS，天然辉砷钴矿与精矿取自罗兰达矿业公司的 Blackbird 矿，钴矿与精矿化学分析如表 9-29 所示。

表 9-29 辉砷钴矿与精矿的化学分析

元 素	矿物中含/%	精矿中含/%
Co	2.42	6.63
Cu	<0.07	2.66
As	4.06	9.98
Fe	4.89	2.78

动力学研究用合成的 CoS 与高品位辉砷钴矿(含 32.4% Co、24.2% As、6.8% Fe、17.1% SiO_2、18.4% S 与 0.1% 其他元素,取自 Zaire, Apriea)研究了 29 种 *A. f* 的菌株,其中 5 种浸出效果最好。最好的浸出结果是 2 号与 5 号菌株(DT7 与 Fe1),矿浆浓度 10 g/L(浸出温度 23℃),浸出 28 d,菌株 Fe1 从精矿中的钴浸出率达 97%,所有 5 种菌株在矿浆浓度 2 g/L 与 10 g/L 的条件下,28 天浸出 Co 均在 45% 以上,浸出速率遵守 Monod 方程(修正式)

$$\frac{S}{\nu}=\frac{K}{\nu_m}+\frac{S}{\nu_m} \tag{9-45}$$

式中 ν——浸出速率,mg/(L·h);

ν_m——理论上所能达到的最大浸出速率,mg/(L·h);

K——比例常数,m^2/g;

S——比表面积,m^2/g。

以$\frac{S}{\nu}$对 S 作图为一直线,由其斜率可求出 $\nu_m=376$ mg/(L·h),由截距$\frac{K}{\nu_m}$可求出$K=1.27\ m^2/g$。

Morin 等人[137]研究了含钴黄铁矿精矿的细菌浸出。精矿含 Fe 40.3%、Co 1.4%,浸出用混合菌,由 *A. f*、*A. t*、*L. f* 组成。在充气搅拌浸出时最佳浸出条件为:pH = 1.1 ~ 2.0,Fe^{3+}浓度超过 35 g/L,对黄铁矿氧化有抑制作用,供气中加入 1% CO_2能提高细菌的活性,矿石粒度小于 20 μm,矿浆浓度 10%,黄铁矿氧化率超过 80%。用 4 个 20 L 的反应器串联进行连续浸出,在上述最佳条件下,钴浸出率可达 80%。细菌对钴的耐受性允许浸矿液循环使用以使最后产品液的钴浓度达 5 g/L,即可达到用溶剂萃取提取的水平。

Nakazawa 等人[139]研究了用 *A. f* 从富钴的铁锰壳中浸出钴。铁锰壳含 20.8% Mn、13% Fe、0.82% Co、0.5% Ni、0.12% Cu。精矿粒度 -100 目。用 9K 培养基但以元素硫或黄铁矿(-100 目)代替硫酸亚铁作为能源基质。当加入 1% 元素硫到不含铁的 9K 培养基中,在有菌的情况下浸出(摇瓶,矿浆浓度 0.1%)18d,全部 Cu,几乎全部 Ni、Co 与 Fe,60% 以上的 Mn 被浸出。元素硫加入量增加到 3%,显著加速 Co 的浸出。使用耐铜的菌株可改善 Co 与 Ni 的浸出动力学。在用 *A. f* 加还原剂(黄铁矿等)浸出大洋锰结核时,钴与锰可同时被浸出,9d 钴浸出率可达 95.92%[115]。

近年来在硫化钴矿生物浸出的产业化方面取得了巨大进展。法国 BRGM 公司在非洲的乌干达建成了一座采用生物浸出技术从含钴黄铁矿中回收钴的工厂,每年处理 110 万吨含钴黄铁矿,生产能力为年产 1000 t 阴极钴,已于 1999 年顺利投产。浸出时硫以元素硫形式留在渣中,浸出液采用溶剂萃取法除锌然后沉淀氢氧化铜,再采用 Cyanex272 萃取分离钴/镍。

9.7.6 金的微生物浸出

氰化提金沿用已久，行之有效，但存在氰化物有剧毒的缺点。微生物提金是非氰提金的一个重要方向。

某些微生物及其代谢产物具有溶金的能力，可以用来从矿石中浸出金。20世纪60年代法国曾发表专利[122]，提出有一些异养细菌及从非洲一金矿分离培养出的自养菌能从含金红土矿中溶浸金，只是溶金速度缓慢，经293天仅浸出82%金，浸出液中金的浓度小于10 mg/L。

苏联的研究人员在寻求无毒生物提金剂方面进行了大量的工作[141~143]。他们曾进行过不同细菌溶金能力的比较试验，发现巨大芽孢杆菌(*Bac. megatherium*)20号和30号、液化假单孢菌(*Ps. ltquefmefeas*)9号、肠膜芽孢杆菌(*Bac. mesemtatcrious Niger*)12号等细菌溶金效果最好，经2~3个月可使溶液中金的浓度达到1.5~2.15 mg/L。

为提高微生物的溶金能力，前苏联学者对菌株进行人工诱变。结果表明，溶金能力比"野生"菌株强，因经诱变后菌株的代谢产物中能累计起更多的氨基酸。如以尿素和二代磷酸铵为氮源，葡萄糖和糖蜜为碳源培育细菌，可获得含11.9~14.6 g/L溶金酸的溶液。用这种溶液溶金，浸金率比"野生"菌株高5~10倍。随着细菌的繁殖，在细菌中积累各种代谢产物，其中含氮化合物有蛋白质、肽和氨基酸。细菌溶金的实质是其代谢产物溶金，氨基酸的溶金能力比蛋白质高。Г. Г. Минеев等人[144]试验了18种氨基酸的溶金能力，其结果列入表9-30。

表9-30 有氧化剂存在下氨基酸的溶金能力 (mg/L)

氨基酸	氧化剂	
	双氧水(pH=5)	过氧化钠(pH=10)
天门冬酰胺	0.98	0.05
结页氨酸	0.29	0.02
组氨酸	0.89	2.42
甘氨酸	0.43	0.04
赖氨酸	0.18	0.05
绿氨酸	0.08	1.23
色氨酸	0.23	0.03
苯基丙氨酸	0.02	0.05

注：氨基酸和氧化剂浓度为0.1 mol/L，时间为5昼夜。

用双氧水作氧化剂时溶金能力最好的是天门冬酰胺和组氨酸，而用过氧化钠作氧化剂时则为组氨酸和绿氨酸。氨基酸的溶金能力随氧化剂浓度增大而上升，随时间的增加而增加。

Г. Г. Минеев 和 Сыртланова 等人[145]研究了贵金属与氨基酸、腐蚀酸的络合物。Какобский 等人用旋转圆盘法研究了甘氨酸和苯基丙氨酸溶金的动力学,发现在 15 ~55℃范围内

甘氨酸　　　$\lg K = -0.0533 - 2690/T$,活化能 51.5 kJ/mol

苯基丙氨酸　　$\lg K = -1.2044 - 2404/T$,活化能 46.0 kJ/mol

均属于化学反应控制。

氨基酸的溶金能力归因于它与金的络合。氨基酸的化学性质首先取决于所含的羧基是两性的,在酸性介质中呈碱性并带正电荷:

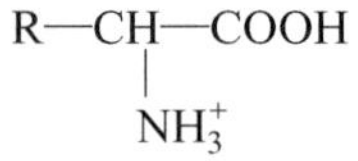

在碱性介质中呈酸性并带负电荷:

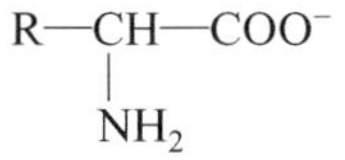

因此氨基酸可生成($NH_3 \cdot CHRCOOH$)Cl 和 Na($NH_2 \cdot CHRCOO$)两种盐,除一般的盐外它尚能与金属阳离子形成内络合物:

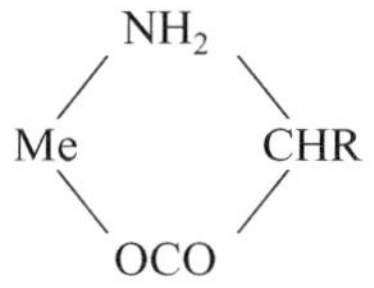

金在氨基酸中的溶解按下列反应

$$2Au + 4NH_2CH_2COOH + 2NaOH + \frac{1}{2}O_2 \longrightarrow 2Na[Au(NH_2CH_2COO)_2] + 2H_2O \tag{9-46}$$

Минеев 等人用细菌代谢物氨基酸从石英矿和黏土矿中浸出金[145],试验规模为 5 kg。浸液中氨基酸浓度为 5 g/L,其中天门冬酰胺、谷氨酸、甘氨酸和丙氨酸各 1 g/L, 绿氨酸和结页氨酸各 0.5 g/L。浸出液这一组成和培养液中产生的代谢物类似,以过氧化钠或高锰酸钾作氧化剂,浸出方式为空气搅拌,液固比为 2∶1、三段浸出,每段 72 h,总浸出率为 72.1%。从黏土矿中用空气搅拌方式浸金,液固比为 6∶1,氧化剂(高锰酸钾)浓度为 8 g/L、浸出时间为 5 h,金浸出率达 86.8%,浸出渣含金 0.3 g/t,而采用渗透浸出方式结果如下:

液固比	1∶1	5∶1	10∶1
浸出时间 T 昼夜	16	35	35
浸出渣含金/$g \cdot t^{-1}$	0.80	0.53	0.57
金浸出率/%	72.7	78.8	77.2

芽孢杆菌(*Bacillus* sp.)在含有葡萄糖与胨的介质中生长时能产生大量的氨基酸,S. N. Grouder 等人[146]研究了用此种菌与含有硫代硫酸盐和 Cu^{2+} 的组合液从氧化矿中浸金,菌株从保加利亚北部的土壤样品中分离而得。这种菌在 35℃ 培养于下列成分的培养液中:20 g NH_4Cl、2 g KH_2PO_4、0.5 g $MgSO_4$、2 g NaCl、0.1 g $CaCl_2$、50 g 葡萄糖、10 g 胨、1000 mL 蒸馏水,初始 pH = 7.5。在这种介质中于 35℃ 温度下培养。该种菌能产出氨基酸达 23 g/L。用两种金矿做浸出试验,其成分列于表 9-31。

表 9-31 两种金矿成分

组 分	含 量	
	1 号矿样	2 号矿样
Au/g·t^{-1}	2.1	1.7
Ag/g·t^{-1}	8.2	11.5
Fe/%	5.5	7.7
S/%	0.35	0.24
SiO_2/%	36.5	34.7
Al/%	2.8	3.2

1 号矿样中的贵金属分散嵌布于火山岩,其组成主要为石英与长石,金的颗粒尺寸小于 5 μm,2 号矿样中的贵金属主要赋存于黄铁矿风化形成的铁的氧化物中,金颗粒尺寸小于 1 μm,浸出作了摇瓶与柱浸试验。浸出用柱高 1800 mm,内径 150 mm, 装矿样 30 kg,粒度为 -10 mm,柱浸条件与 60 d 浸出结果列于表 9-32。

表 9-32 浸出条件与浸出结果

项 目	1 号矿样	2 号矿样
氨基酸/g·L^{-1}	3~5	5~7
硫代硫酸铵/g·L^{-1}	4~7	6~10
硫酸铜/g·L^{-1}	0.7~1.7	1.2~2.3
pH 值	8.5~9.5	8.5~9.5
喷淋强度/L·t^{-1}·(24 h)$^{-1}$	80~120	60~100
金浸出率/%	80.1	83.3
银浸出率/%	68.4	71.2

Chromobactrium violaceum 与某些 pseudomonads 是已知的唯一能衍生氰的微生物。E. N. Lawson 等人[147]研究了用这种微生物浸出金。介质中加入 Na_2HPO_4(6 g/L)与 $FeSO_4$(0.5 g/L)能促进氰的产出。pH 值大于 8 时微生物生长受到抑

制，而低于 8 时 HCN 会挥发，故介质 pH 值以 8 为宜。浸出在鼓气搅拌槽中进行，矿石粒度为 −75 μm 占 80%，液固比为 10∶1，温度 30℃。浸出含金 3.2 g/t 的低品位金矿，浸出 10 d，金浸出率 44.5%，浸出 20 d，金浸出率 53%。处理高品位精矿效果较差，10 天浸出率仅为 16%。这种工艺有可能用于低品位金矿的堆浸。

9.7.7 铂族金属的微生物浸出

一些铂族金属矿中铂族金属分散赋存于有色重金属的硫化矿中，直接用氰化法提取效果很差。过去一般采用火法，使铂族金属富集于某个中间产物中，而后再从中提取，这些工艺流程长，工艺复杂，铂族金属总回收率不高[148]，与难处理金矿一样，可以用生物预氧化的方法，使其载体矿物先氧化并使其中所含的 Ni、Cu 等有色重金属浸出，经细菌浸出后的浸渣再经氰化浸出可从其中浸出铂族金属。

美国矿业局的雷诺(Reno)研究中心研究了美国蒙大拿 Stillwater Mining Company 的含铂族金属的浮选精矿与镍高锍的细菌浸出[149]。浮选精矿的粒度为 −200 目占 60%。扫描电镜检测表明，铂族金属与铁、铜、镍结合，80% Pd 与黄铁矿形成固溶体。其他的载体矿物为 Prevalent braggite；(Pt, Pd, Ni)S；Vysotskite，(Pd, Ni, Pt)S；PdTe。

浮选精矿的化学成分如表 9-33 所示。

表 9-33 Stillwater 浮选精矿化学成分

组 分	含量/%	组 分	含量/%	组 分	含量/$g\cdot t^{-1}$
Ni	2.6	SiO_2	42.6	Pd	1142
Cu	1.6	MgO	18.3	Pt	328
Fe	10.9	Al_2O_3	5.8	Au	19
$S_{总}$	5.9	CaO	4.1	Rh	11
S^{2-}	5.7				

转炉产镍高锍粒度 −10 目(2 mm)，主要物相成分为 Ni_3S_2 与 $Cu_{1.96}S$，化学分析如表 9-34 所示。

表 9-34 Stillwater 镍高锍化学成分

组 分	含量/%	组 分	含量/$g\cdot L^{-1}$
Ni	39.0	Pd	14400
Cu	26.5	Pt	4220
Fe	5.6	Au	245
Pb	0.1	Rh	154
S^{2-}	21.2		

浸出用的 *A.f* 从美国标准菌库 ATCC(American Type Culture Collection)取得。浸出在鼓风与带机械搅拌的反应器中进行,反应器容积为 1 L、3L、5 L。用 *A.f* 作浸矿细菌,浸出温度 30℃,搅拌转速 200 r/min,pH =2,介质为 ATCC64 营养液(每升含 $FeSO_4 \cdot 7H_2O$ 20 g、$(NH_4)_2SO_4$ 20 g、KH_2PO_4 0.4 g、$MgSO_4 \cdot 7H_2O$ 0.16g),矿浆密度 10%(质量),加入 10%(质量)细菌接种物,向反应器中鼓入含 CO_2 5%(摩尔百分数)的空气。间歇式浸出试验浸出 35d,硫化矿氧化率为 83%,而在半间歇式作业中氧化率达到了 94%,连续浸出效果更好。

浸出渣氰化浸出,条件为:温度 40℃,30 g 渣,600 mL KCN 溶液,浓度为 1% 与 2%,浸出时间为 23 h 与 48 h。结果见表 9-35。

表 9-35 含铂族金属浮选精矿预氧化渣氰化浸出结果

硫化矿氧化率/%	铂族金属浸出率/%			
	Pt	Pd	Rh	Au
0	19	58	79	93
17	20	71	88	100
60	25	76	83	96
79	25	73	92	97
94	34	75	94	97

9.7.8 其他金属的微生物浸出[160]

9.7.8.1 镓与锗

A.f 能从硫化矿中浸出镓,将含镓黄铜矿的矿石(镓含量为 1.18%)和已接种了 *A.f* 的溶液制成各种矿浆浓度的悬浮液,镓便会发生溶解。从图 9-38 可知,镓在矿浆中的浓度随着矿浆浓度加大和浸出时间延长而增加。25% 矿浆浓度的悬浮液所得到的最大镓浓度为 2250 mg/L。无菌条件下相应的镓浓度只有接种细菌条件下的 8% ~10%。

有人研究过在含硫代硫酸钠的硫酸介质中 *A.f* 对含镓和锗的表生矿石的生物浸出的影响[150],浸出是在矿浆浓度为 14%,pH =2.3,温度 35℃ 条件下进行的,矿石含镓 0.04%,浸出提取镓和锗的数据绘于图 9-39 和列于表 9-36。从有菌和无菌条件下所得数据的差距可看出细菌对镓和锗提取的影响。提高硫代硫酸钠浓度可以增大镓和锗的提取率。在 *A.f* 存在下,用含 5 g 硫代硫酸钠的浸出液浸出 10 g 矿石,得到最高的镓浓度约为 11.0 mg/L,而锗为 18.5 mg/L。在相应的无菌试验中,镓和锗的浓度分别只有 2.5 mg/L 和 8.4 mg/L。

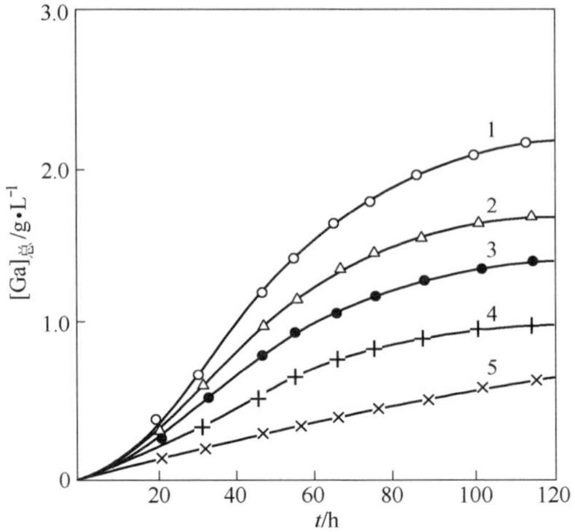

图 9-38 时间和矿浆浓度对 *A. f* 从含镓黄铜精矿中提取镓的影响（pH = 1. 8，T = 35℃）

1—矿浆浓度 25%；2—矿浆浓度 20%；3—矿浆浓度 15%；4—矿浆浓度 10%；5—矿浆浓度 5%

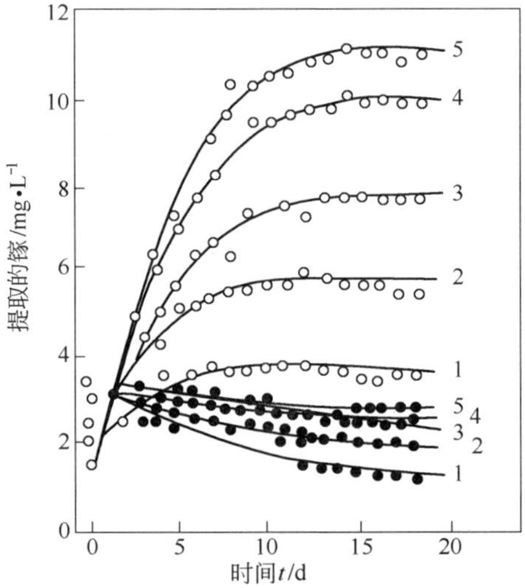

图 9-39 时间和硫代硫酸钠浓度对用生物浸出法从表生矿石中提取镓的影响

●—无菌；○—有菌

实验参数如表 9-36 所示。

表 9-36 浸出 18 天所提取的锗

实验序号	Na_2SO_4质量浓度/g · L^{-1}	进入浸出液锗的质量浓度/mg · L^{-1}	
		有 菌	无 菌
1	13. 3	3. 44	6. 11
2	26. 6	11. 70	7. 06
3	40	14. 00	6. 90
4	53. 3	16. 68	8. 23
5	66. 7	18. 51	8. 35

在酸性浸出液中,硫代硫酸钠分解为亚硫酸钠和元素硫:

$$Na_2S_2O_3 \xrightarrow{H^+} Na_2SO_3 + S^0 \quad (9-47)$$

式9-47中的元素硫被细菌氧化为硫酸:

$$S^0 + 1.5O_2 + H_2O \xrightarrow{细菌} H_2SO_4 \quad (9-48)$$

表生矿石含有赤铁矿(FeO)和黄钾铁矾[$KFe(SO_4)_2 \cdot 2Fe(OH)_3$],镓和锗在其中呈高度浸染状态。硫酸与表生矿石的作用可表示为:

$$2[KFe(SO_4)_2 \cdot 2Fe(OH)_3] + 6H_2SO_4 \longrightarrow K_2SO_4 + 3Fe_2(SO_4)_3 + 12H_2O \quad (9-49)$$

$$2[\alpha\text{-}FeO(OH)] + 3H_2SO_4 \longrightarrow Fe_2(SO_4)_3 + 4H_2O \quad (9-50)$$

$Na_2S_2O_3$和Na_2SO_3的存在使硫酸高铁更易被还原:

$$Fe_2(SO_4)_3 + Na_2SO_3 + H_2O \longrightarrow Na_2SO_4 + 2FeSO_4 + H_2SO_4 \quad (9-51)$$

对铝冶炼厂静电除尘器的粉尘样品(含镓0.25%)进行了试验后发现黑曲霉菌(*Fungus aspergillus niger*)能使高达38%左右的镓溶解。这种细菌是在糖蜜培养基中生长的,能向溶液中释放出柠檬酸和少量的草酸和葡萄糖。

在铜、锌和铅各自的硫化物中,锗是以类质同象取代形式存在的,所以,可在很宽的溶液pH值范围内浸出。业已发现,在排硫硫杆菌(*thiobacillus thioparus*)的变体锑细菌(*antimoniticns*)氧化方铅矿的溶液中,锗浓度(约为100mg/L)比无菌条件下的浓度(约为17mg/L)高6倍。

中国云南临沧地区与内蒙古的褐煤含锗,且储量可观。目前是先把褐煤燃烧,锗在烟尘中富集,再用常规的稀硫酸浸出-丹宁沉淀-煅烧制得锗精矿。这一方法锗回收率不高,所得锗精矿含锗量不高,增加了后续工序的负荷。陈雯、朱云[151]研究了用一种微生物(放射菌)从含锗褐煤中提锗,锗浸出率可达80%。

Bowers-Irons等报道,一种新的细菌Sulfolobaceae的*Acidotheermus genus*属能从某些矿石(例如美国犹他州St. Gorge镓矿、黄铁矿、砷黄铁矿、闪锌矿、方铅矿与铝土矿)与废弃GaAs半导体晶片(含As30%、Ga30%、Si40%)中提取镓。此菌嗜酸(生长pH值范围为1.5~4.5),耐温(85~95℃),兼性嗜氧。该菌是从美国犹他州温泉水中分离出来的。当介质(9K培养基)中没有$FeSO_4$时该菌能以某些适合的矿或GaAs作为其能源基质,可把GaAs中的Ga氧化成Ga_2O_3,As氧化成As(Ⅲ)或As(Ⅴ)的酸根[152]。

9.7.8.2 钼

*A.f*能氧化MoS_3,但浸出效果很差。曾有人用*A.f*处理一种含Cu与Mo的低品位硫化矿,在30℃下浸出了60d,Cu的浸出率为60%,而Mo的浸出率仅为0.34%。Donati等发现*A.f*不被MoS_3表面所吸附[153],其原因在于Mo对细菌的毒性。Silverman[154]的试验表明,在9K培养基中1mmol/L的钼浓度对*A.f*对铁的氧

化已有抑制作用,2 mmol/L 则完全抑制铁的氧化。*Acidianus brierleyi* 容易氧化辉钼矿而不受 Mo 的毒性的影响。Brierley[155] 指出,硫化叶片菌(Solfolobus)对钼精矿的浸出作用比 *A.f* 稳定得多。

异养微生物 *Bacillus polymyxa* 与 *Bacillus circulaus* 能从锰铁钼矿中浸出钼[156]。

9.7.8.3 锂

Г. Ю. Каравайко 等人[157,158]研究了用真菌 *Penicillum notatum* 与 *A. niger* 从锂辉石($LiAlSi_2O_6$)中提取锂,以含 5% 蔗糖的无机盐溶液作介质。在同一试验中发现 *A.f* 在 Waksman 含硫培养基中也能浸出锂,在含有蔗糖的介质中某些硅细菌 *Bacillus mucilaginosus* 与 *B. circulans* 同样可以浸出锂。这 3 类微生物降解锂辉石的活性依次为真菌 > 硅细菌 > *A.f*。Ilga 等人[159]研究了 *A. niger* 从锂辉石中浸锂,锂辉石有两种晶型 α 与 β,化学成分为(%):Li_2O 6.89、SiO_2 56.85、Al_2O_3 31.74、CaO 1.16、K_2O 2.41、Na_2O 0.94、BeO 0.01。所用 *A. niger* 菌株由保加利亚索非亚高等矿产地质研究所(Higher Institute Mining and Geology)S. N. Grouder 教授提供。试验以摇瓶与槽浸两种方式进行。研究了锂辉石晶型(α 与 β),矿石粒度(试样比表面积),矿浆浓度、温度等因素对浸出的影响。结果表明,β 型锂辉石(多孔的正方晶型)比 α 型好浸得多。

9.7.8.4 钒

L. Briand 等人[161]研究了用 *A.f* 从钒－钛、钒－磷催化剂中浸出钒,加元素硫作为能源物质,*A.f* 氧化元素硫生成硫酸这一过程中产生若干还原态的硫的中间产物,这些中间产物把催化剂中的 V(Ⅴ)还原为 V(Ⅳ)并使之溶解。

$$V_2O_5 + SO_3^{2-} + 4H^+ \longrightarrow 2VO^{2+} + SO_4^{2-} + 2H_2O \qquad (9\text{-}52)$$

用此方法可以从催化剂中浸出 98% 的钒而其成本比化学法低 70% ~80%。

9.7.8.5 硒

硒通常以硒化物或元素硒的形式和碲一起存在于重金属硫化物中。硒是一种有毒性的元素,但是从营养学角度看,极少量的硒又是许多细菌、植物和动物所必需的。业已发现,微生物能使硒化合物还原或氧化,或使之转化为有机化合物。已发现 *A.f* 能按下式氧化硒化铜[162]。

$$CuSe + 2H^+ + 0.5O_2 \xrightarrow{\text{细菌}} Cu^{2+} + Se^0 + H_2O \qquad (9\text{-}53)$$

从式 9-53 看,得到的能量相当于从硒化物中除去 2 个电子。这相当于金属硫化物氧化时释放出能量的 25%。尽管硫和硒的化学性质相似,*A.f* 对它们的代谢氧化作用却是不同的。

9.7.8.6 硫化锑[160]

有文献报道了 *A.f* 对含锑复杂硫化矿物、低品位辉锑矿和合成硫化锑的氧化能力。辉锑矿按下式被 *A.f* 所氧化:

$$Sb_2S_3 + 6O_2 \xrightarrow{\text{细菌}} Sb_2(SO_4)_3 \tag{9-54}$$

此外，像 *A. t* 这样的微生物，以及排硫硫杆菌的变体锑细菌（*B. thiioparus Uarantimaniticusands-tibiobacter Senarmontii*）也能使辉锑矿氧化。硫酸锑（Ⅲ）会部分水解而生成不溶性硫酸氧化锑（Ⅲ）：

$$Sb_2(SO_4)_3 + 2H_2O \longrightarrow (SbO)_2SO_4 + 2H_2SO_4 \tag{9-55}$$

而且，硫酸锑（Ⅲ）能被微生物部分氧化为硫酸锑（Ⅴ），其反应为：

$$Sb_2(SO_4)_3 + O_2 + 2H_2SO_4 \xrightarrow{\text{细菌}} Sb_2(SO_4)_5 + 2H_2O \tag{9-56}$$

硫酸锑（Ⅴ）按下式部分水解为不溶性硫酸二氧化锑：

$$Sb_2(SO_4)_5 + 4H_2O \longrightarrow (SbO_2)_2SO_4 + 4H_2SO_4 \tag{9-57}$$

A. f 氧化辉锑矿的最佳条件是溶液 pH = 1.75 和温度 35℃。该氧化反应的表观活化能为 70.2 kJ，温度系数 Q_{10} 为 2.2。后一个数值意味着温度每提高 10℃（在进行研究的 20 ~ 40℃ 温度范围内），辉锑矿氧化的速度增大一倍多。辉锑矿变为硫酸锑的转化率为 55% ~ 64%。在 *A. f* 存在下，由矿浆密度为 14% 的辉锑矿悬浮液所得的溶液中，锑的最高浓度约为 1400mg/L。在该浓度下，被溶解的锑由下列各种锑离子所组成：

$$[Sb]_{\text{总}} = [Sb^{3+}] + [Sb^{5+}] + [SbO^{+}] + [SbO_2^{+}]$$

业已证实了用浮选法从硫化锑（辉锑矿 Sb_2S_3）中分离汞的可能性。在该分离工艺中，先用 *A. f* 使汞和锑的硫化物进行短时间的氧化，再进行浮选。HgS 和 Sb_2S_3 的分离程度取决于它们对氧化作用的敏感度的差别。实际上，由于 *A. f* 氧化了 Sb_2S_3 的部分表面，因此在浮选过程中 Sb_2S_3 优先沉降，而 HgS 则漂浮起来。

9.7.8.7 锡

由于 *A. f* 对硫化锡的氧化作用，获得了从黄锡矿提取 12% 锡的结果，与此相比，在无菌作业时，锡的提取率只有 4%。此外，还有报道说，在 pH = 2.2 和温度 37 ~ 40℃ 条件下，*A. f* 可使二价锡离子氧化。

9.7.8.8 铋

细菌可间接使辉铋矿氧化，高铁离子是氧化剂，*A. f* 的作用则是使元素硫和亚铁离子重新氧化。过程可用下式表示：

$$Bi_2S_3 + 6Fe^{3+} \longrightarrow 2Bi^{3+} + 6Fe^{2+} + 3S^0 \tag{9-58}$$

通过两段细菌浸出，从含铋 0.4% 的硫化铜矿石中提取出约 80% 的铋[163]。第二段浸出液中铋浓度为 5 g/L。

9.7.8.9 钨

Guedes de Carvalbo 等人[164]研究了用某些硅细菌（cilicate decomposers）从白镍矿中浸出钨。这些细菌产出有机酸，可以溶解于络合钨。浸出 8 天，钨浸出率达到 9%，试验还发现在浸出后期浸出率随着时间而下降。作者认为是因为微生物细胞吸附了钨。

参考文献

[1] H. R. Watling. The bioleaching of sulphide minerals with emphasis on copper sulphides-A review. Hydrometallurgy, 2006, 84(1/2):86.

[2] Jack Barret, M. N. Hughes, G. L. Karavaiko and P. A. Spence. Metal Extraction by Bacterial Oxidation of Minerals. New York · London · Toronto · Sydney · Tokyo · Singapore: Ellis Horwood, 1993:48.

[3] Golovacheva R S, Karavaiko G I. Second International Symposium on Microbial Growth on C_1 Compounds. Pushchino, USSR Academy of Science, 1997:108.

[4] E. V. Kovalenko, P. T. Malakhova. The spore-forming iron-oxidizing bacterium Sulfobacillus thermosulfidooxidans. Mikrobiologiya, 1983, 52:962 ~ 966.

[5] Karavaiko G I, Golovacheva R. S., Pivovarova T. A. et al. In: Norris P. R. and Kelly D. P. eds, Biohydrometallurgy-87, International Symposium, Warwick, U. K. Science and Technology Letters, 1987:29.

[6] Hallberg K B, Linstrom E B. Characterization of Thiobacillus caldus sp. nov. a moderately thermophilic acidophile. Microbiology, 1994, 140: 3451 ~ 3456.

[7] 邹平, 杨家明, 周兴龙, 等. 嗜热嗜酸菌生物浸出低品位原生硫化铜矿. 有色金属(季刊), 2003, 55(2):21 ~ 24.

[8] Torma A P. The role of Thiobacillus ferrooxidans in hydrometallurgical process. Adv. Biochem Eng., 1977, (6): 1 ~ 38.

[9] Dew D. W.. Comparison of performance for continuous biooxidation of refractory gold ore flotation concentrates. Biohydrometallurgical Processing, Vol. 1. IBS95:239 ~ 251.

[10] 徐海岩, 顾望明. 细菌抗砷特性研究进展. 微生物学通报, 1995, 22(4):228 ~ 231.

[11] S. L. Lippard, J. M. Berg. 生物无机化学原理[M]. 席振峰, 等译. 北京:北京大学出版社, 2000:103.

[12] Silverman M P, Lundgren D G. Studies on the chemo-autotropic iron bacterium T. ferrooxidans, I, An improved medium and harvesting procedure for securing high cell yield. J. Bactriol., 1959, 77: 642 ~ 647.

[13] Douglas E. Rawlings. Mesophilic, Autotrophic Bioleaching Bacteria: Description, Physiology and Role, In: Douglas E. Rawlings eds. Biomining: Theory, Microbes and Industrial Processes. Springer-Verlag and landes Bioscience, 1997:229 ~ 245.

[14] Lawson E. N., Nicholas C. S., Pellat I. I.. The toxic effect of chloride ions on Thiobacillus ferrooxidans. In: Vargas T., Jerez C. A., Wiertz J. V., Toledo H., eds. Biohydrometallurgical Processing Vol. Ⅰ. University of Chile Press, 1995:165 ~ 174.

[15] Norris P R, Parrot L, Marsh R M. Moderately thermophilic mineral-oxidizing bacteria. Biotech Bioeng Sym., 1986, (16): 253 ~ 262.

[16] Sand W, Gehrke T, Hallmann R, et al. In situ bioleaching of metal sulfides: The importance of leptospirillum ferrooxidans. In: Torma AE, Wey JE, Laksmanan VI eds. Biohydrometallur-

gical Technologies, Vol. I. Warrendate. Pensylvania: TMS Press, 1993:15 ~ 27.

[17] 姜成林，徐丽华．微生物资源学[M]．北京：科学出版社，1997:167.

[18] Michael W. H. Mao, Patrick R Dugan, et al. Plasmid DNA in chemoorganotrophic *Thiobacillus ferrooxidans* and *T. acidophilus*. FEMS Microbiology Letters, 1980, 8(3): 121 ~ 125.

[19] 颜望明．浸矿细菌的遗传工程[J]．微生物学通报，1989，16(3)：173 ~ 175.

[20] J. B. Peng, W. M. Yan, X. Z. Bao. Plasmid and transposon transfer to *Thiobacillus ferrooxidans*. J Bacteriol. 1994, 176(10): 2892 ~ 2897.

[21] 徐海岩，颜望明，刘振盈，等．抗砷载体的构建及在亚铁硫杆菌中的表达[J]．应用与环境生物学报，1995，1(3):238 ~ 241.

[22] 郭爱莲，孙先锋，朱宏莉，郎惠云．He-Ne激光、紫外线诱变氧化亚铁硫杆菌及耐砷菌株的选育[J]．光子学报，1999，28(8)：718 ~ 721.

[23] T. A. Fowler and F. K. Crundwell. The role of Thiobacillus ferrooxidans in the bacterial leaching of zinc sulphide. In: R. Amils, A. Ballester eds. Biohydrometallurgy and the Environment Toward the Mining of the 21st Century, Part A, Amsterdam · Lausanne · New York · Oxford · Shannon · Singapore · Tokyo: Elsevier, 1999:273 ~ 281.

[24] Boon M., and J. J. Heijnen. Mechanisms and rate limiting steps in bioleaching of sphalerite, chalcopyrite and pyrite with Thiobacillus ferrooxidans. In: Torma AE, Wey JE, Laksmanan VI eds. Biohydrometallurgical Technologies, Vol. Ⅰ. Warrendate, Pensylvania: TMS Press, 1993:217.

[25] G. S. Hansford and T. Vargas. Chemical and electrochemical basis of bioleaching process. In: R. Amils, A. Ballester eds. Biohydrometallurgy and the Environment Toward the Mining of the 21st Century, Part A. Amsterdam · Lausanne · New York · Oxford · Shannon · Singapore · Tokyo: Elsevier, 1999: 19.

[26] W. Sand, T. Gehrke, P. G. Jozsa and A. Schipper. Direct versus indirect bioleaching. In: R. Amils, A. Ballester eds. Biohydrometallurgy and the Environment Toward the Mining of the 21st Century, Part A. Amsterdam · Lausanne · New York · Oxford · Shannon · Singapore · Tokyo: Elsevier, 1999:27.

[27] Mustin C, De Donato P. and Berthelin J. Quantification of the intragranular porosity formed in bioleaching of pyrite by Thiobacillus ferrooxidans. Biotechnol. Bioeng., 1992, 39: 1121 ~ 1127.

[28] Rodriquez L. M. and Tributsch H. Morphology of bacterial leaching patterns by Thiobacillus ferrooxidans on synthetic pyrite. Arch. Microbiol., 1988, 149:401 ~ 405.

[29] Edwards K. J. Schrenk M. O., Hamers R. and Banfield J. F. Microbial oxidation of pyrite: Experiments using microorganisms from an extreme acidic environment. Am. Mineral., 1998, 83:1444.

[30] Mustin C., Berthelin J., Marion P. and De Donato P. Corrosin and electrochemical oxidation of a pyrite by Thiobacillus ferrooxidans. Appl. Environ. Microbial., 1992, 58:1175 ~ 1182.

[31] Tomas Vargas, Angel Sanhueza and Blanca Escobar. In: Torma AE, Wey JE, Laksmanan VI

eds. Biohydrometallurgical Technologies, Vol. Ⅰ. Warrendate, Pensylvania: TMS Press, 1993:579.

[32] Toniazzo V., Mustin C., Benoit R., Humbert B. and Berthelin J. Superficial compounds produced by Fe(Ⅲ) mineral oxidation as essential reactants for bio-oxidation of pyrite by Thiobacillus ferrooxidans. In: R. Amils, A. Ballester eds. Biohydrometallurgy and the Environment Toward the Mining of the 21st Century, Part A. Amsterdam · Lausanne · New York · Oxford · Shannon · Singapore · Tokyo: Elsevier, 1999:177 ~ 199.

[33] Katrina J. Edwards, Bo Hu, Robert, J. Hamers, Jillian F. Banfield. A new look at microbial leaching patterns on sulfide minerals. FEMS Microbiology Ecology, 2001, 34:197 ~ 206.

[34] T. Gehrke, R. Hallman, W. Sand. In: Vargas C. A., Jerez J. V. Wiertz and H. Toledo eds. Biohydrometallurgical Processing, Vol. I. Santiago Chile: University of Chile, 1995. 1.

[35] R. P. Hackl, D. B. Dreisinger, et al. Passivation of chalcopyrite during oxidative leaching in sulfate media. Hydrometallurgy, 1995, 39(1-3):25 ~ 48.

[36] M. Rodriguez-Leiva, H. Tributsch. Morphology of bacterial leaching patterns by *Thiobacillus ferrooxidans* on synthetic pyrite. Archives of Microbiology, 1988, 149(5):401 ~ 405.

[37] Arredondo R, Garcia A, Jerez C. A. Partial removal of polysaccharide from Thiobacillus ferrooxidans relevant to adhesion on mineral surfaces. Appl. Environ. Microbiol., 1994, 60: 2848 ~ 2851.

[38] R. C. Blake, II and S, McGinness, Electron-transfer proteins of bacteria that respire on iron. In: Torma AE, Wey JE, Laksmanan VI eds. Biohydrometallurgical Technologies, Vol. Ⅱ. Warrendate, Pensylvania: TMS Press, 1993. 615 ~ 638.

[39] Tateo Yamanaka, Takhiro Yano, Masahiro Kai et al, The electro transport system coupled to the oxidation of Fe^{2+}. In: Torma AE, Wey JE, Laksmanan VI eds. Biohydrometallurgical Technologies, Vol. Ⅱ. Warrendate, Pensylvania: TMS Press, 1993:453 ~ 460.

[40] J C. Cox, D. H. Boxer. The purification and some properties of rusticyanin, a blue copper protein involved in iron(II) oxidation from Thiobacillus ferro-oxidans. Biochem J. 1978, 174 (2): 497 ~ 502.

[41] A. Graham Lappin, C. Ann Lewis, W. John Ingledew. Kinetics and mechanisms of reduction of rusticyanin, a blue copper protein from Thiobacillus ferrooxidans, by inorganic cations. Inorg. Chem., 1985, 24 (10): 1446 ~ 1450.

[42] Yamanaka T, Fukumori Y. Molecular aspects of the eletron transfer system which participtes in the oxidation of ferrous iron by Thiobacillus. FEMS Microbiol Rer., 1995, 17:401 ~ 413.

[43] Robert C. Blake II, Elizabeth A. Shute. Respiratory Enzymes of Thiobacillus ferrooxidans. Kinetic Properties of an Acid-Stable Iron: Rusticyanin Oxidoreductase. Biochemistry, 1994, 33 (31):9220 ~ 9228.

[44] M. T. Giudici-Orticoni, G. Leroy, R. Toci, W. Nitschke and M. Bruschi. Characterization and functional role of cytochromes possibly involved in the iron respiratory electron transport chain of T. ferrooxidans. In: R. Amils, A. Ballester eds. Biohydrometallurgy and the Envi-

ronment Toward the Mining of the 21st Century, Part B. Amsterdam · Lausanne · New York · Oxford · Shannon · Singapore · Tokyo: Elsevier, 1999:51 ~ 57.

[45] C. Appia-Ayme, N. Guiliani and V. Bonnefoy. Characterization of the genes encoding a cytochrome oxidase from T. ferrooxidans ATCC33020 strain. In: R. Amils, A. Ballester eds. Biohydrometallurgy and the Environment Toward the Mining of the 21st Century, Part B. Amsterdam · Lausanne · New York · Oxford · Shannon · Singapore · Tokyo: Elsevier, 1999: 29 ~ 38.

[46] 田克立，林建群，张长铠，等. 氧化亚铁硫杆菌铁氧化系统分子生物学研究进展[J]. 微生物学通报，2002，29(1):85 ~ 88.

[47] A. Schipper and W. Sand. Quantification of metal sulfide oxidation by microcalorimetry. In: A Ziegler, K. H. Van Heew, J. Klein, W. Wanzl eds. Proceeding of the 9th International Conference on Coal Science, Vol. 3. Hamburg, Germany: Deutsche wisseschaftliche Gesellshaft für Erdö Erdgas und kohle e. v. (DGMK), 1997. 1643.

[48] A. Das, K. Hanumanth Rao, P. Sharma, K. A. Natarajan, K. S. E. Forssberg. surface chemical and adsorption studies using T. ferrooxidans with reference to bacterial adhesion to sulfide minerals. In: R. Amils, A. Ballester eds. Biohydrometallurgy and the Environment Toward the Mining of the 21st Century, Part A. Amsterdam · Lausanne · New York · Oxford · Shannon · Singapore · Tokyo: Elsevier, 1999:697 ~ 707.

[49] P. 德瓦西亚. 细菌生长条件和细菌吸附在氧化硫硫杆菌生物浸出黄铜矿中的作用[J]. 陈谦，译. 国外金属矿选矿，1999，(2):28 ~ 30.

[50] T. F. Kondratyeva, T. A. Pivovarova, L. N. Muntyan and G. I. Karavaiko. Strain Diversity of Thiobacillus ferrooxidans and its significance in biohydrometallurgy. In: R. Amils, A. Ballester eds. Biohydrometallurgy and the Environment Toward the Mining of the 21st Century, Part B. Amsterdam · Lausanne · New York · Oxford · Shannon · Singapore · Tokyo: Elsevier, 1999:89 ~ 96.

[51] Qiu Guan zhou, Liu Xue duan, Zhou Hong bo. Microbial community structure and function in sulfide ore bioleaching systems. Transactions of Nonferrous Metals Society of China, 2008, 18 (6):1296 ~ 1297.

[52] Jack Barrett, M. N. Hughes, G. L. Karavaiko and P. A. Spencer. Metal Extraction by Bacterial Oxidation of Minerals. New York · London · Toronto · Sydney · Tokyo · Singapore: Ellis Horwood, 1993:115.

[53] A. E. Torma, H. Sakaguchi. Relation between the solubility product and the rate of metal sulfide oxidation by T. ferrooxidans. J. of Fermentation Technology, 1978, 56:173 ~ 178.

[54] D. W. Dew, R. Muhlbauer and C. Van Buuren. Bioleaching of copper sulfide concentrates with mesophiles and thermopiles. Presented at Alta copper 99, Brisbane, September 1999.

[55] Monroy M, P. Marion, J. Berthelin, G. Videau. Heap-bioleaching of simulated refractory sulfide gold ores by Thiobacillus ferrooxidans: A laboratory approach on the influence of mineralogy. In: Torma AE, Wey JE, Laksmanan VI eds. Biohydrometallurgical Technologies, Vol

I. Warrendate, Pensylvania: TMS Press, 1993:489 ~ 498.

[56] H. Tributsch, J. C. Bennett. Semiconductor-electrochemical aspects of bacterial leaching. Part 2. Survey of rate-controlling sulphide properties. Journal of Chemical Technology and Biotechnology, 1981, 31(1):627 ~ 635.

[57] Ballester A. BI Zquez ML, Gonzalez F. et al. The influence of different variables on the bioleaching of sphalerite. Biorecovery, 1989, (1): 127 ~ 144.

[58] P. Baláž, M. Kušnierová, V. I. Varencova, et al. Mineral properties and bacterial leaching of intensively ground sphalerite and sphalerite-pyrite mixture. International Journal of Mineral Processing, 1994, 40(3-4):273 ~ 285.

[59] Минеев Г. Г. И другие. Цветные Металлы, 1997, (6).

[60] Пею А. В. Цветные Металлы, 1985, (4):96.

[61] Balaz P. Chemical Absteact, 115:260271d.

[62] Edvardsson U. Biorecovery, 1988, (1):43.

[63] Ehrlich Henry L. et al. Microbial Mineral Recovery. McGraw-Hill Publishing Company, 1992.

[64] Torma A. E. , C. C. Walden, D. W. Duncan and R. M. R. Branion. Microbiological leaching of zinc sulphide concentrte. Biotechnology and Bioengineering, 1970, (12):501 ~ 517.

[65] Van Aswegen P. C. M. W. Godfrey, D. M. Miller and A. K. Haines. Development and innovations in bacterial oxidation of refractory ores. Minerals Engineering, 1991, (8):191 ~ 199.

[66] Batric Peric, Redo potential technique to study the factors of importance during reaction of T. ferrooxidans with Fe^{2+}. In: Torma AE, Wey JE, Laksmanan VI eds. Biohydrometallurgical Technologies, Vol I. Warrendate, Pensylvania: TMS Press, 1993:545 ~ 560.

[67] Tomas Vargas, Angel Sanhueza and Blanca Escobar. Studies of the electrochemical mechanism of bacterial catalysis in pyrite dissolution. In: Torma AE, Wey JE, Laksmanan VI eds. Biohydrometallurgical Technologies, Vol I. Warrendate, Pensylvania: TMS Press, 1993: 653 ~ 664.

[68] M. L. Blázquez, A. Álvarez, A. Ballester, F. González and J. A. Muñoz. Bioleaching behaviors of chalcopyrite in the presence of silver at 35℃ and 68℃. In: R. Amils, A. Ballester eds. Biohydrometallurgy and the Environment Toward the Mining of the 21st Century, Part A. Amsterdam · Lausanne · New York · Oxford · Shannon · Singapore · Tokyo: Elsevier, 1999: 137 ~ 147.

[69] Soumitro Nagpal, Donald A. Dahlstrom, Michael L. Free and Timothy Oolman. Effect of sodium isopropyl xanthate on the bioleaching of a pyrite-arsenopyrite ore concentrate. In: Torma AE, Wey JE, Laksmanan VI eds. Biohydrometallurgical Technologies, Vol I. Warrendate, Pensylvania: TMS Press, 1993:449 ~ 458.

[70] A. E. Torma1, C. C. Walden, et al. Microbiological leaching of a zinc sulfide concentrate. Biotechnology and Bioengineering, 1970, 12(4):501 ~ 517.

[71] J. A. Brierley, C. L. Brierley. Present and future commercial application of biohydrometallurgy. In: R. Amils, A. Ballester eds. Biohydrometallurgy and the Environment Toward the

Mining of the 21st Century, Part A. Amsterdam · Lausanne · New York · Oxford · Shannon · Singapore · Tokyo: Elsevier, 1999:81 ~ 89.

[72] M. L. Nicol Fellow, Hydrometallurgy into next millennium. The AusIMM Proceedings, 2001, (1): 65 ~ 69.

[73] Corale L. Brierley. Mining biothechnology: research to commercial development and beyond. In: Douglas E. Rawling eds. Biomining: Theory, Microbes and Industrial Processes. Springer-Verlarg and Landes Bioscience, 1997:3 ~ 17.

[74] Russell A. Carter. Copper hydromet enters the mainstream, E&MJ. 1997, September: 26 ~ 30.

[75] 黄孔宣. 堆浸法提金的设计与生产实践[J]. 黄金, 1985,(5):31 ~ 32.

[76] 林国琪,赵洪克. 堆浸法提金工艺与设计[M]. 沈阳:东北大学出版社, 1993.

[77] Henry A. Schnell. Bioleaching of Copper. In: Douglas E. Rawling eds. Biomining: Theory, Microbes and Industrial Processes. Springer-Verlarg and Landes Bioscience, 1997. 21 ~ 43.

[78] McCready R. G. Progress in the bacterial leaching of metals in Canada. In: Norris P. R., Kelly D. P. eds. Biohydrometallurgy. Kew Surrey: Science Technology letters, 1988: 177 ~ 195.

[79] C. L. Brierley. Bacterial succession in bioheap leaching. In: R. Amils, A. Ballester eds. Biohydrometallurgy and the Environment Toward the Mining of the 21st Century, Part A. Amsterdam · Lausanne · New York · Oxford · Shannon · Singapore · Tokyo: Elsevier, 1999:93.

[80] D. W. Dew, C. Van Buuren K. McEwan and C. Bowker. Bioleaching of base metal sulphide concentrates: A Comparison of mesophile and thermophile bacterial cultures. In: R. Amils, A. Ballester eds. Biohydrometallurgy and the Environment Toward the Mining of the 21st Century, Part A. Amsterdam · Lausanne · New York · Oxford · Shannon · Singapore · Tokyo: Elsevier, 1999:229 ~ 238.

[81] 邹平, 杨家明, 周兴龙,等. 嗜热嗜酸菌生物浸出低品位原生硫化铜矿. 有色金属(季刊), 2003, 55(2):21 ~ 24.

[82] C. Johansson, V. Shrader, J. Suissa, K. Adutwum and W. Kohr. Use of the GEOCOAT™ process for the recovery of copper from chalcopyrite. In: R. Amils, A. Ballester eds. Biohydrometallurgy and the Environment Toward the Mining of the 21st Century, Part A. Amsterdam · Lausanne · New York · Oxford · Shannon · Singapore · Tokyo: Elsevier, 1999: 569 ~ 576.

[83] Thomas D. Brock, Katherine M. Brock, et al. *Sulfolobus*: A new genus of sulfur-oxidizing bacteria living at low pH and high temperature. Archives of Microbiology, 1972, 84(1): 54 ~ 68.

[84] J. A. Brierley, C. L. Brierley. Present and future commercial application of biohydrmetallurgy. In: R. Amils, A. Ballester eds. Biohydrometallurgy and the Environment Toward the Mining of the 21st Century, Part A. Amsterdam · Lausanne · New York · Oxford · Shannon · Singapore · Tokyo: Elsevier, 1999: 81 ~ 89.

[85] M. L. Nicol Fellow. Hydrometallurgy into next millennium. The AusIMM Proceedings, 2001,

(1):65 ~ 69.

[86] M. Boon, H. J. Brasser, G. S. Hansford, J. J. Heijnen. Comparison of the oxidation kinetics of different pyrite in presence of Thiobacillus ferrooxidans or Leptospirillum ferrooxidans. Hydrometallurgy, 1999, 53:57 ~ 72.

[87] G. S. Hansford, J. T. Chapman. Batch and continous biooxidation kinetics of a refractory gold-bearing pyrite concentrate. Mineral Engineering, 1992, 5(6):597 ~ 612.

[88] D. M. Miller, G. S. Hansford. Batch biooxidation of a gold-bearing pyrite-arsenopyrite concentrate. Mineral Engineering, 1992, 5(6):613 ~ 629.

[89] P. C. Van Aswegen. The biooxidation (BIOX®) process for the treatment of refractory ores. Hidden Wealth, Johannesburg South Africa Institute of Mining and Metallurgy, 1996:67 ~ 73.

[90] Helle U., Onken U. Continuous microbial leaching of a pyrite concentrate by leptospirillum-like bacteria. Appl. Microbial Biotechnol., 1988, 28:553 ~ 558.

[91] Gebel BM. Stake Brandt E. Cultural and phylogenetic analysis of mixed microbial population found in natural and commercial bioleaching environments. Appl. Environ. Micro., 1994, 60:1614 ~ 1621.

[92] F. Battaglia-Brunet, P. d' Hugues, et al. The mutual effect of mixed thiobacilli and leptospirilli populations on pyrite bioleaching. Minerals Engineering, 1998, 11(2):195 ~ 205.

[93] G. S. Hansford and T. Vargas. Chemical and electrochemical basis of bioleaching process. In: R. Amils, A. Ballester eds. Biohydrometallurgy and the Environment Toward the Mining of the 21st Century, Part A. Amsterdam · Lausanne · NewYork · Oxford · Shannon · Singapore · Tokyo: Elsevier, 1999: 13 ~ 25.

[94] D. W. Dew. Comparison of performance for continuous bio-oxidation of refractory gold flotation concentrates. In: Biohydrometallurgical Processing., Vol. 1. IBS95:239 ~ 251.

[95] D. W. Dew, E. N. Lawson. Bio-oxidation of metal sulphide concentrates. SAIMM Hydrometallurgy Symposium, 1994.

[96] John D. Batty, Thomas A. Post. Bioleach reactor development and design. Alta Nickel/Cobalt Perth, May, 1999.

[97] Jiang Tao, Li Qian, Yang Yong bin, et al. Bio-oxidation of arsenopyrite. Transactions of Nonferrous Metals Society of China, 2008, 18(6):1433 ~ 1438.

[98] Paul C. Miller. The design and operating practice of bacterial oxidation plant using moderate Thermophiles(The BacTech Process). In: Douglas E. Rawlings eds. Biomining: Theory, Microbes and Indastrial Processes. Springer-Verlag and Landes Bioscience, 1997:81 ~ 102.

[99] Zhang Lin, Qiu Guanzhou, Hu Yuehua, et al. Bioleaching of pyrite by *A. ferrooxidance* and *L. ferriphilum*. Transactions of Nonferrous Metals Society of China, 2008, 18(6):1418.

[100] J. A. Brierley and L. Luinstra. Biooxidation-heap concept for pretreatment of refractory gold ore. In: Torma AE, Wey JE, Laksmanan VI eds. Biohydrometallurgical Technologies, Vol. I. Warrendate, Pensylvania: TMS Press, 1993:437 ~ 448.

[101] Brierley J. A. and Hill D. L. Biooxidation process for recovery of gold from heaps of low-

grade sulfide and carbonaceous sulfidic ore materials. US Patent, 5246486. 1993.

[102] Brierley J. A. and Hill D. L. Biooxidation process for recovery of metal values from sulfur-containing ore materials. US Patent, 5332559. 1994.

[103] Wan R. Y., Levier K. M., Clayton R. B. Hydrometallurgical Process for the recovery of precious metal values from precious metal ores with thiosulfate lixiviant. US Patent, 5345359. 1994.

[104] James A. Brierley. Heap leaching of gold-bearing deposits: theory and operational description. In: Douglas E. Rawlings eds. Biomining: Theory, Microbes and Industrial Processes. Springer-Verlag and Landes Bioscience, 1997: 104 ~ 115.

[105] James L. Whitlock. Biooxidation of reconery gold ores(The Geobiotics Process). In: Douglas E. Rawlings eds. Biomining: Theory Microbes and Industrial Processes. Springer-Verlag and Landes Bioscience, 1997:117 ~ 127.

[106] 钟慧芳. 浸锰微生物及其浸锰之研究. 应用微生物, 1986, (6):4.

[107] Rusin P. Sharo J. Arnolol R. Enhanced recovery of silver and other metals from refractory oxide ores through bioreduction. Mining Eng., 1992, 45: 1467 ~ 1471.

[108] 今井和民,等. 微生物を利用して低品位マンガン塩を回収する方法. 日本专利,昭37-15208, 1962.

[109] 田野達男. 硫黄細菌の利用に関する研究-1・2-. 日本農芸化学会誌,1965,39(12):477 ~ 483.

[110] 今井和民,等. 硫黄細菌によるマンガンの溶出 (無機資源による醗酵(特集)). 醗酵協会誌, 1967, 25(4): 166 ~ 167.

[111] 今井和民,等. 微生物を利用してマンガン鉱からマンガンを水溶性塩として回収する方法. 日本专利,昭45-10409,1970.

[112] 今井和民,等. 菌を使用してマンガン鉱から高濃度マンガン塩溶液を循環的に抽出する方法. 日本专利,昭44-08092,1969.

[113] 钟慧芳, 蔡文六, 李雅芹. 细菌浸锰及其半工业性试验[J]. 微生物学报, 1990, 30(3): 228 ~ 233.

[114] 李浩然, 冯雅丽. 微生物催化还原浸出氧化锰矿中的锰的研究[J]. 有色金属, 2001, 53(3):5 ~ 8.

[115] 李浩然, 冯雅丽. 微生物浸出深海多金属结核中有价金属. 有色金属, 2000, 52(4):74 ~ 76.

[116] M. Pourbaix. Atlas of Electrochemical Equilibria in Aqueous Solutions. National Association of corrosion Engineers, 1974.

[117] Henry L. Ehrlich. Technical Potential for bioleaching and biobenefication of ores to recovery base metals(other than iron or copper), platinum-group metals and silver. In: Douglas E. Rawling eds. Biomining: Theory, Microbes and Industrial Process, Springer-verlag and Landes Bioscience, 1997:137 ~ 138.

[118] 刘建, 樊保团, 孟运生等. 我国铀矿石微生物浸出的实践与展望. 铀矿冶, 2008, 27

(3):118 ~ 123.

[119] Krafft C. Hallberg R. O. Bacterial leaching of two swidish zinc sulfide ores. FEMS Microbial Rev., 1993, 11:121 ~ 128.

[120] Ballester A. BI Zquez ML, Gonzolez F. et al. The influence of different variable on the bioleaching of sphalerite. Biorecovery, 1989, 1:127 ~ 144.

[121] Sukapun J. Thiravetyan P. Tanticharoen M. Bioleaching of zinc from zinc silicate residue. In: Vargas T. Jerezca, Wiertz JV eds. Biohydrometallurgical Processing, Vol. I. Santiago: University of Chile, 1995:351 ~ 358.

[122] Tungkaviveshkul T, Thiravetyan P, Tanticharoen M. Mechanism for bioleaching of zinc silicate residue by organic acid-producing microorganisms. In: Vargas T. Jerezca, Wiertz JV eds. Biohydrometallurgical Processing, Vol. I. Santiago: University of Chile, 1995: 385 ~ 393.

[123] I. M. Castro, J. L. R. Fietto, R. X. Viera, M. J. M. Tropia, L. M. M. Camps, E. B. Paniago, R. L. Brandao. Bioleaching of zinc and nickel from silicates using Aspergillus niger culture. Hydrometallurgy, 2000, 57:39 ~ 49.

[124] T. M. Bhatti, J. M. Bigham, A. Vuorinen, et al. Alteration of mica and feldspar associated with the microbiological oxidation of pyrrhotite and pyrite. Acs Symp. Ser., 1994, 550:90 ~ 105.

[125] A. M. Amer, I. A. Ibrahim. Bacterial leaching of complex sulphide ore from Akarem area, Egypt. Fizykochemiczne Problemy Mineralurgii, 1997, 31:43 ~ 50.

[126] 方兆珩,柯家骏,等. 低品位镍铜硫化矿生物浸出研究[G]. 见:铜镍湿法冶金技术交流及应用推广会论文集. 厦门:2001:42 ~ 49.

[127] K. A. Natarajian, I. Iwasaki. Role of galvanic interactions in the bioleaching of Duluth gabbro copper-nickel Sulfides. Sep. Sci. Tech., 1983, 18:1095 ~ 1115.

[128] L. Ahonent, O. H. Tuovinen. Bacterial oxidation of sulfide minerals in column leaching experiment at suboptimal temperatures. Appl. Environ. Micron. Microbial., 1992, 58(2): 600 ~ 606.

[129] 钟慧芳,李雅芹,等. 细菌浸出中贫镍硫化矿的研究[J]. 微生物学报, 1992, 20(1): 82 ~ 87.

[130] 李洪枚. 细菌浸出含镍磁黄铁矿精矿的研究[J]. 湿法冶金, 2000, 19(3):28 ~ 31.

[131] 邓敬石. 中等嗜热菌强化镍黄铁矿浸出的研究[D]. 学位论文. 昆明:昆明理工大学,2002.

[132] 温健康,阮仁满,等. 金川低品位镍矿资源微生物浸出研究[G]. 见:铜镍湿法冶金技术交流及应用推广会论文集. 厦门:2001:136 ~ 140.

[133] D. W. Dew. The application of bioleaching for recovery of Cu, Ni and Co from concentrates. Inter. Hydrometallurgy Conference-leaching Science and Technology Status and Future Directions, Sec 3, Perth Australia, 1999.

[134] 雷云,杨显万. 生物湿法冶金与西部矿产资源开发[J]. 有色金属, 2000, 52(4):

100 ~ 103.

[135] R. S. Young. Cobalt in biology and biochemistry. Science Progress, 1956, 44:16 ~ 37.

[136] D. L. Thompson, K. S. Noah, P. L. Wichlacz and A. E. Torma. Bioextraction of cobalt from complex metal sulfides. In: Torma AE, Wey JE, Laksmanan VI eds. Biohydrometallurgical Technologies, Vol. Ⅰ. Warrendate, Pensylvania: TMS Press, 1993:653 ~ 664.

[137] D. Morin, F. Battaglia, P. Ollivier. Study of the bioleaching of a cobaltiferous concentrate. In: Torma AE, Wey JE, Laksmanan VI eds. Biohydrometallurgical Technologies, Vol. Ⅰ. Warrendate, Pensylvania: TMS Press, 1993:147 ~ 156.

[138] Zhen Shijie, Qin Wenqing, Yang Zhongqiang, et al. Bioleaching of low grade nickel sulfide mineral in column reactor. Transactions of Nonferrous Metals Society of China, 2008, 18 (6):1480 ~ 1484.

[139] Nakazawa H. Sato H. Bacterial leaching of Cobalt-rich ferromanganese crusts. Int. J. Miner. Process, 1995, 43:255 ~ 265.

[140] FR Pat, 1401355, 1965.

[141] Коробушкина Е. Д., Черняк А. С. Н., Минеев Г. Г. Микробиология, 1974, 43 (3):43.

[142] Коробушкина Е. Д., Минеев Г. Г., И Прабед Г. П. Микробиология, 1976, 46 (3):535.

[143] Верникова Я. М., И Другие. Цветные Металлы, 1985, (7):84.

[144] Шестопалова Л. Ф. Минеев Г. Г. Изучение процесса растворения золота в аминокислотах. Молодежь пятилетке-Иркуск, 1976: 26.

[145] Минеев Г. Г., Сыртланова Т. С., Цветые Металлы, 1984, (12):74.

[146] S. N. Grouder, V. I. Groudeva, I. I. Spasova. Extraction of gold and silver from oxide by means of combined biological and chemical leaching. In: Torma AE, Wey JE, Laksmanan VI eds. Biohydrometallurgical Technologies, Vol. Ⅰ. Warrendate, Pensylvania: TMS Press, 1993:417 ~ 425.

[147] E. N. Lawson, M. Barkhuizen and D. W. Dew. Gold solubilisation by the cyanide producing bacteria Chromo bacterium violaceum. In: R. Amils, A. Ballester eds. Biohydrometallurgy and the Environment Toward the Mining of the 21st Century, Part A. Amsterdam · Lausanne · New York · Oxford · Shannon · Singapore · Tokyo: Elsevier, 1999:239 ~ 246.

[148] 刘时杰. 铂族金属矿冶学[M]. 北京:冶金工业出版社, 2001.

[149] D. L. Langhans, E G. Baglin. Biological oxidation of a platinum group metal flotation concentrate and converter mate. In: Torma AE, Wey JE, Laksmanan VI eds. Biohydrometallurgical Technologies, Vol. Ⅰ. Warrendate, Pensylvania: TMS Press, 1993:315 ~ 324.

[150] Jiang H, Torma A. E. Extraction of Gallium and Germanium From a Supergenic Ore. Light Metals, 1989:971 ~ 981.

[151] Chen Wen, Zhu Yun. Leaching germanium from brown-coal by bacteria. In: Yang Xianwan, Chen Qiyuan, He Aiping eds. Proceedings of The Third Int. Conf. On Hydrometallurgy. Bei-

jing: International Academic Publishers, 1998:224 ~ 327.

[152] Bowers-Iron G, Pryor R, Bowers-Iron T., et al. The bio-liberation of gallium and associated metals. In: Torma AE, Wey JE, Laksmanan VI eds. Biohydrometallurgical Technologies, Vol. Ⅰ. Warrendate, Pensylvania: TMS Press, 1993:335 ~ 342.

[153] Donati E, gurutchet G, Porro S, et al. Bioleaching of metallic sulfides with T. ferrooxidans in the absence of iron(Ⅱ). World J. Microbiol Biotechnol., 1992, (8):305 ~ 308.

[154] Silverman M. P, Lundgren D. G. Studies on the chemoautotrophic iron bacterium T. ferrooxidans I. An improved medium and harvesting procedure for securing high cell yield. J. Bacterial, 1959, 77:642 ~ 647.

[155] C. L. Brierley. Molybdenite-leaching: use of a high-temperature microbe. J. Less-Common Met, 1974, 36:237 ~ 247.

[156] Rusin P, Ehrlich H. Developments in microbial leaching-mechanisms of manganese solubilization. Adv. Biochem. Eng. Biotechnol., 1995, 52:2 ~ 26.

[157] Каравайко Г. Ю, Авакьян З. А, Круцко В. С., И. Другие. Микробиологическое исследование на депозит сподумена. Микробиология, 1979, 48:502 ~ 508.

[158] Каравайко Г. Ю, Круцко В. С, Мельникова Е. О. И Другие, Роль микроорганизма в деградации сподумена. Микробиология, 1980, 49:547 ~ 551.

[159] Ilga E, Guay R, Rorma A. E. Kinetics of lithium extraction from spodumene by organic acids produced by Aspergillus niger. In: Torma AE, Wey JE, Laksmanan VI eds. Biohydrometallurgical Technologies, Vol. Ⅰ. Warrendate, Pensylvania: TMS Press, 1993:293 ~ 301.

[160] Arpad E. Torma. The Microbiological Extraction of Less Common Metals. JOM, 1989, 41 (6):32 ~ 35.

[161] L. Briand, H. Thomas, et al. Vanadium recovery from solid catalysts by means of Thiobacilli action. In: R. Amils, A. Ballester eds. Biohydrometallurgy and the Environment Toward the Mining of the 21st Century, Part A. Amsterdam · Lausanne · New York · Oxford · Shannon · Singapore · Tokyo: Elsevier, 1999:263 ~ 271

[162] Arpad E. Torma, Fathi Habashi. Oxidation of copper (II) selenide by Thiobacillus ferrooxidans. Canadian Journal of Microbiology, 1972, 18(11):1780 ~ 1781.

[163] 溝口忠昭. バクテリアを用いるビスマス含有鉱石の浸出. 工業化学雑誌, 1970 ,73 (8): 1811 ~ 1817.

[164] R. A. Guedes de Carvalbo R. A., Celeste Cruz M., Ceu Goncalves M., et al. Bioleaching of Tungsten Ores. Hydrometallurgy, 1990, 24:263 ~ 267.

[165] W. Sand, T. Gehrke, P. G. Jozsa and A. Schipper. Direct versus indirect bioleaching. In: R. Amils, A. Ballester eds. Biohydrometallurgy and the Environment Toward the Mining of the 21st Century, Part A. Amsterdam · Lausanne · New York · Oxford · Shannon · Singapore · Tokyo: Elsevier, 1999:27 ~ 49.

[166] J. E. Dutrizac, R. J. C. MacDonald. Ferric ion as a leaching medium. Minerals Sci. Eng., 1974, 6(2):59 ~ 99.

[167] P. C. Rath, R. K. Paramguru and P. K. Jena. Kinetics of dissolution of sulphide minerals in ferric chloride solution. In: dissolution of galena, Sphalerite and chalcopyrite. Trans, Instn. Min. Metall., 1988, 97, C:150 ~ 158.

[168] T. A. Fowler, F. K. Crundwell. The role of Thiobacillus ferrooxidans in the bacterial leaching of zinc sulphide. In: R. Amils, A. Ballester eds. Biohydrometallurgy and the Environment Toward the Mining of the 21st Century, Part A. Amsterdam · Lausanne · New York · Oxford · Shannon · Singapore · Tokyo: Elsevier, 1999:273 ~ 282.

[169] L. B. Sukla and V. V. Panchanadikar. Bioleaching of lateritic nickel ore using on indigenous microflora. In: Torma A. E., Wey J. E., Laksmanan VI eds. Biohydrometallurgical Technologies, Vol. Ⅰ. Warrendate, Pensylvania: TMS Press, 1993:373 ~ 380.

[170] 朴順玉，戸沢一光．酸素加圧直接浸出における硫化亜鉛精鉱の浸出反応性と鉄含有量の関係．日本鉱業会誌，1985，101(1174)：795 ~ 800.

[171] 丁建南，丁一尊，何环，等．嗜热硫氧化杆菌——新菌株的分离与鉴定[J]．湖南师范大学学报(自然科学版)，2007，30(4)：104 ~ 108.

[172] Cheng Haina, Hu Yuehua, Gao Jian, et al. Bioleaching of Anilite by Acidithiobacillus Ferrooxidans. Transactions of Nonferrous Metals Society of China, 2008, 18(6): 1410 ~ 1414.

[173] V. K. Sovmen, A. V. Belyi, M. Yu. Danneker, et al. Biooxidation of refractory gold sulfide concentrate of Olympiada deposit. Advanced Materials Research, 2009, 71-73:477 ~ 480.

[174] J. Van Niekek. Recent advanced in the BIOX® technology. Advanced Materials Research, 2009, 71-73:465 ~ 468.

[175] S. Ndlovu, G. S. Simate, M. Gerike. The microbial assisted leaching of nikel laterites using a mixed culture of chemolithotrophic microorganisms. Advanced Materials Research, 2009, 71 ~ 73:493 ~ 496.

[176] I. Hernandez, F. Galiza, O. Coto and E. Donati. Improvement in metal recovery from laterite tailings by bioleaching. Advanced Materials Research, 2009, 71 ~ 73:489 ~ 492.

[177] H. R. Watling. The bioleaching of nickel-copper sulfides. Hydrometallurgy, 2008, 91: 70 ~ 88.

10 选择性氯化浸出

10.1 概述

氯化冶金是在氯化物介质中进行的提取冶金过程。包括用氯气或氯盐对含金属的物料进行熔融、焙烧、离析、浸出、富集、分离、精炼等的火法和湿法冶金方法。由于氯化剂化学反应活性强，供应充足、廉价，多数金属氯化物在水中溶解度大及适应的原料宽等优点，使湿法氯化冶金技术在贵金属、稀有金属、以及轻金属、重有色金属提取冶金中和烧渣、烟尘、废料的综合利用中获得广泛应用。文献[1]对氯化冶金的历史、发展及应用范围等已有详细总结和介绍。

20 世纪 70 年代以来，湿法氯化冶金在重有色金属及贵金属冶金中的技术进步表现为选择性氯化浸出，氯化物溶液净化，氯化剂再生复用，氯化设备防腐等方面都有了新的发展，并已大规模工业化。

伴生铂族金属的硫化铜镍共生矿，含有价金属多，综合利用价值大，冶炼工艺比较复杂。矿石经选矿和熔炼富集为铜镍高锍后，为了有效分离镍、铜、钴及铂族贵金属并产出不同用途的产品，先后发展和应用了多种工艺流程。如分层熔炼，缓冷磨浮，氧气顶吹—羰化，焙烧浸出，加压浸出等。其共同特点是浸出和电解都在硫酸盐介质中进行。近 10 多年来，针对这类共生矿发展的湿法氯化冶金技术，强化了工艺过程，提高了金属回收，而获得越来越广泛的应用。氯化冶金工艺的研究早在 50 年代由鹰桥公司率先进行。当时为了克服传统希比涅特工艺的缺点，即各中间物料及粉料多，金属回收率低，生产成本高等，研究发展了细磨高锍盐酸浸出 - 萃取分离铁钴 - 结晶 $NiCl_2$ - 沸腾焙烧生产 NiO 产品的工艺。70 年代针对含铂族金属品位高(0.12%)的铜镍高锍发展了氯气选择性浸出，完善了氯化镍后液净化及电积镍，并再生氯气复用等技术。形成了完整的氯化冶金工艺。年产镍 6 万吨及相应的铜、钴、贵金属多种产品。

法国镍公司也于 1975 年建立了处理镍高锍(含 Ni75%，不含贵金属)的氯化冶金精炼厂。先期使用盐酸浸出，后改用 Cl_2 - $FeCl_3$ 联合浸出。

我国 1974 年开始研究氯气选择性浸出铜镍高锍磨浮产出的铜镍合金富集贵金属技术，并应用于金川铂族金属提炼中心。

氯气或氯盐选择性浸出是氯化冶金工艺的重要方法。而选择性浸出的关键是控制浸出过程的电位。即用恰当的电极插入浸出矿浆指示电位变化以及改变氯气和物料的加入比例，控制氧化强度，达到选择性浸出某些组分的目的。这种技术不仅已成功应用于处理铜镍高锍，而且对从其他重有色金属冶炼中间产品及二次资源中回收贵金属都有着良好的应用前景。本章重点介绍选择性氯化浸出的基本原理及应用。

10.2 金属氯化物水溶液的物理化学性质

金属氯化物水溶液具有与相应的硫酸盐水溶液不同的一些特殊的物理化学性质，正是它们的这些性质使湿法氯化冶金获得重要的工业应用。

10.2.1 金属氯化物溶解度

除 $PbCl_2$，AgCl，CuCl，TlCl，HgCl 等少数几种外，金属氯化物在水中的溶解度都很大。金属氯化物的这一特点允许氯化冶金过程在较高浓度下进行，从而减少设备规模和材料消耗。表 10-1 列出了一些氯化物的溶解度。

表 10-1 氯化物在水中的溶解度[4] （质量分数，%）

氯盐	T/K								
	293	298	303	313	323	333	343	353	373
$ZnCl_2$	78.6	81.2		81.9		83.0		84.4	86.0
$SrCl_2$	34.6	35.8	37.0	39.5	42.0	45.0	46.2	47.5	50.2
$CdCl_2$（一水）	57.35					57.7		58.35	59.55
$BaCl_2$	26.3	27.0	27.7	28.9	30.4	31.3	33.1	34.4	37.0
$HgCl_2$	6.1	6.9	7.7	9.3		14.0		23.1	38.0
$AlCl_3$	31.4	31.6	31.8	32.1		32.5		32.7	32.9
	42.87	42.95	43.07	43.30	43.45	43.60	43.75	43.86	
YCl_3	44.08	44.20	44.33	44.70	45.07				
$NdCl_3$	49.49		49.91	50.41					
$SmCl_3$	48.29		48.60	49.20	49.98				
$SbCl_3$	90.10	90.30	90.81	93.19	95.04	97.84			
$MnCl_2$	42.5	43.55	44.68	46.96	49.53	52.06	52.52	52.98	53.50
$FeCl_2$		39.20							48.3（96.0）
$FeCl_3$（无水）								84.03	84.26

续表 10-1

氯盐	*T*/K								
	293	298	303	313	323	333	343	353	373
$FeCl_3$（二水）					78.23	78.86	83.41		
$FeCl_3$（六水）	47.88		51.64						
$CoCl_2$	34.60	36.0	37.4	41.0	46.2	48.4	48.8	49.4	51.5
$NiCl_2$		39.6			43.2	44.8			46.7
$MgCl_2$	35.3	36.2		36.5		37.9		39.8	42.2
CsCl	65.1		66.4	67.5	68.6	69.7	70.6	71.4	73.0
RbCl	47.7		49.7	50.9	52.2	53.6	54.8	56.0	58.9
$CuCl_2$	42.1	43.6	43.6	44.7	45.0	46.7		49.8	52.8
KCl	25.5	26.4	27.1	28.6	30.0	31.4	32.7	33.9	36.0
NaCl	26.4	26.44	26.52	26.67	26.83	27.07	27.27	27.55	28.15
LiCl		45.83	46.3	47.3	48.3	49.6	51.1	52.8	56.2

10.2.2 金属氯化物水溶液的密度

在镍铜氯化冶金中,含镍铜氯化物溶液的密度是一个重要的参数。杨显万等测定了不同浓度的 $NiCl_2-CuCl_2-H_2O$ 系溶液的密度,并绘制了等密度图如图 10-1 所

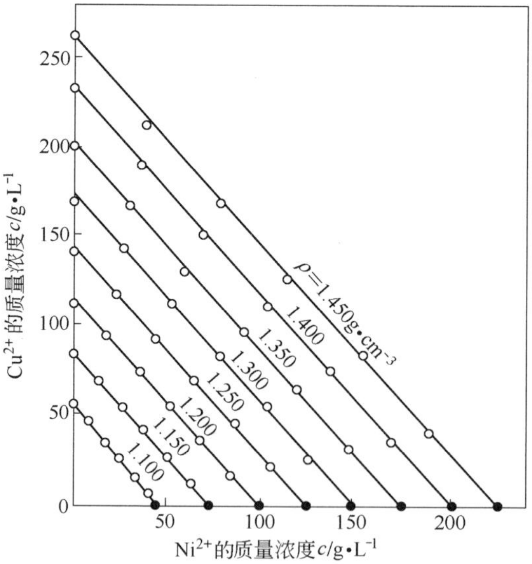

图 10-1 $NiCl_2-CuCl_2-H_2O$ 系溶液的等密度线

示，并发现含两种金属氯化物水溶液的等密度点遵守兹丹诺夫斯基（Zdanovsky）规则[5]。

$$\frac{c_{NiCl_2}}{M_{NiCl_2}}+\frac{c_{CuCl_2}}{M_{CuCl_2}}=1 \tag{10-1}$$

式中 c_{NiCl_2}——溶液中 Ni 的质量浓度，g/L；

c_{CuCl_2}——溶液中 Cu 的质量浓度，g/L；

M_{NiCl_2}——等密度的纯 $NiCl_2$ 溶液中 Ni 的质量浓度，g/L；

M_{CuCl_2}——等密度的纯 $CuCl_2$ 溶液中 Cu 的质量浓度，g/L。

任意浓度的 $NiCl_2+CuCl_2$ 水溶液的密度可用下式计算：

$$\rho=1.012+1.64591\times10^{-3}c_{Cu}+1.92971\times10^{-3}c_{Ni} \tag{10-2}$$

式中 c_{Cu}——水溶液中 Cu 的质量浓度，g/L；

c_{Ni}——水溶液中 Ni 的质量浓度，g/L。

10.2.3 金属氯化物水溶液的沸点

杨显万等测定了 $NiCl_2+CuCl_2$ 水溶液的沸点，并绘制了不同气压下的等沸点图，如图 10-2 所示。用这些图可以求出任意浓度的含 $NiCl_2$ 与 $CuCl_2$ 水溶液的沸点。在标准大气压下含镍约 190 g/L、含铜约 40 g/L 的水溶液沸点达 381 K，这就为在高温下实现氯化冶金过程创造了条件。

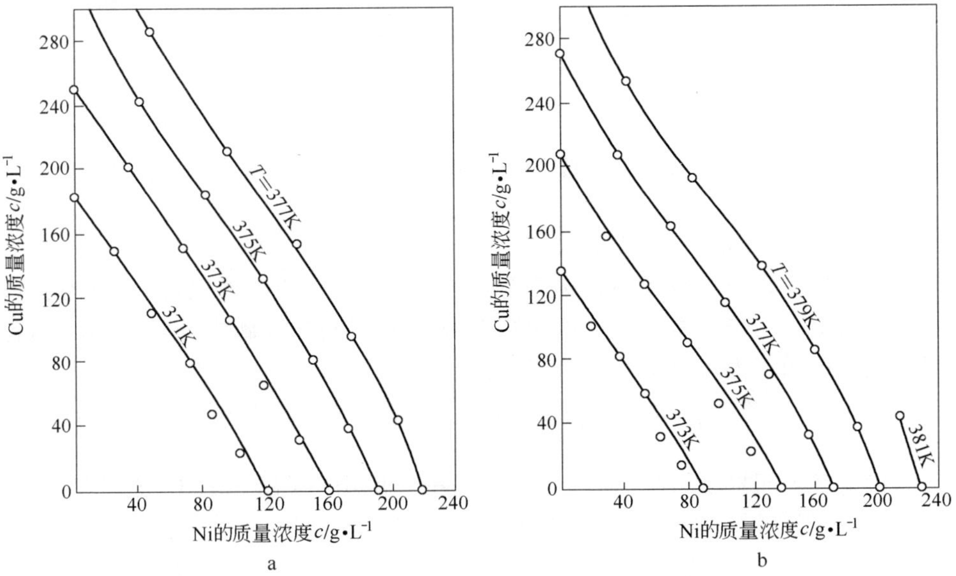

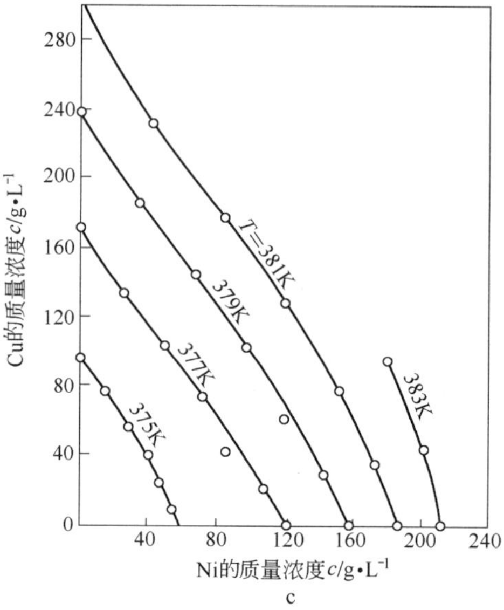

图 10-2 $NiCl_2-CuCl_2-H_2O$ 系的等沸点曲线

a—在 0.08 MPa 压力下;b—在 0.09 MPa 压力下;c—在 0.1 MPa 压力下

10.2.4 活度

金属氯化物水溶液的一个重要特性是在高浓度范围内随溶质浓度增大,其活度增加。第 2 章给出了一些氯化物水溶液中溶质的平均活度系数。显然在高浓度水溶液中氯化物有大的活度,这种情况对湿法冶金反应过程是有利的。

10.2.5 高温水解特性

某些金属氯化物水溶液在一定温度下可按下式水解,并再生出氯化剂盐酸:

$$MeCl_n + \frac{n}{2}H_2O = MeO_{n/2} + nHCl$$

不同金属氯化物高温水解的热力学趋势不同,利用这一特性可进行金属分离。未水解的金属氯化物与已水解生成的金属氧化物有不同的溶解性质。$FeCl_2$ 的高温水解已成功地用于处理钢锭清洗液再生盐酸。

$$2FeCl_2 + \frac{1}{2}O_2 + 2H_2O = Fe_2O_3 + 4HCl$$

鹰桥镍矿公司贝坎考特(Becancourt)镍精炼厂用 $NiCl_2 \cdot 6H_2O$ 在流态化炉中高温水解,获得光滑细粒状 NiO,同时再生出盐酸返回浸出。

刘纯鹏、朱祖泽等研究了几种金属氯化物高温水解产物的水溶性[6~9]与分离的可能性。

10.2.6 金属氯化物电解沉积再生氯气

在隔膜电解槽中用不溶阳极电解氯化钠溶液生产氯气和氢气是众所周知的工业技术。同理用 $NiCl_2$ 或 $CoCl_2$ 溶液作电解液电解，在不溶阳极再生氯气返回浸出，在阴极获得纯镍、纯钴金属产品也已工业化。

10.3 选择性氯化浸出的基本原理

湿法氯化冶金工艺包括在氯化物介质中用氯化剂浸出，金属分离、精炼等冶金过程。氯化浸出是湿法氯化冶金的基本的过程。当浸出过程同时附加分离的目的时，就叫选择性浸出。该过程涉及氯化剂，金属氯化物溶液的氧化还原性质，溶液电位的监测控制等基本内容。

10.3.1 氯化剂

能将金属转化为氯化物的试剂叫氯化剂，如盐酸、氯气、氯盐（次氯酸钠，氯酸钠）等。其中液态氯气因有效氯浓度高，供应充足，运输及使用方便，其应用最普遍。尤其金属氯化物溶液直接电解沉积生产金属的同时再生氯气技术的发展，使氯气在冶金工厂直接再生循环，氯气作氯化剂的优点就更加突出。

Cl_2 系典型的非极性共价键分子，分子间的相互作用微弱，熔点和沸点均较低（分别为 173 K 和 239 K）。常压下将其冷却至 239 K 或 303 K 加压至 871 kPa（约 8.6 个大气压）均可使之液化。液氯便于管道输送或贮存于槽车或钢瓶运输。加热或减压即可液化使用。液态氯的密度为 1.4685 kg/L，比热容为 945.6 J/(kg · K) 液化时吸热，每升液氯可气化为 463 L 氯气。氯气比空气重，呈黄绿色。

氯气在极性溶液中溶解度很小，在水中溶解度随温度升高而降低。数据如表 10-2 所示。

表 10-2 氯气在水中溶解度与温度的关系

温度 T/K	298	303	313	323	333	343	353	363	373
溶解度（质量分数）/%	0.626	0.559	0.449	0.385	0.323	0.273	0.218	0.125	约 0

氯气于室温下（298 K）在 10% 浓度的 NaCl 或 3.5 mol/L HCl 溶液中的溶解度更小，分别为 0.38 g/L 和 0.78 g/L。

氯气溶于水可生成一系列从 +7 到 -1 各种价态的化合物。酸性溶液中，其氧化态从高价到低价的电位如下：

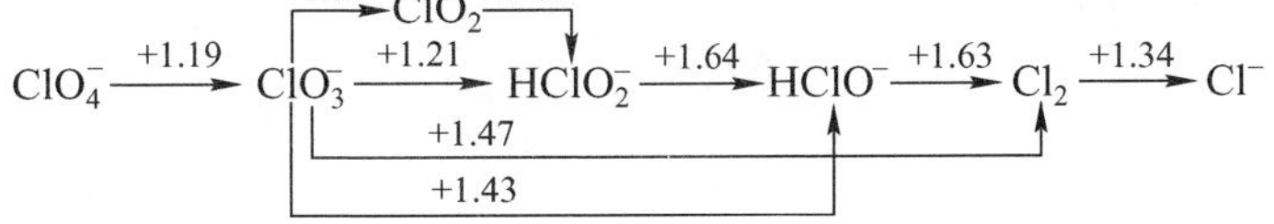

横线上的数字分别表示与 H^+ 反应为另一化合物的标准电极电位 $\varphi^{\ominus}_{(V)}$。主要的反应物是 Cl_2、Cl^-、HClO 和 ClO^-，它们的平衡关系及存在条件已有详细的研究[3]，其简化的平衡关系见图 10-3。图中ⓐ、ⓑ线之间是 H_2O 的稳定区。Cl_2 的稳定区很小，只在酸性溶液中存在。Cl_2 和 ClO^- 都是很强的氧化剂。

$$Cl_2 + 2e = 2Cl^-, \varphi^{\ominus}_{298} = 1.3595\ V$$

$$HClO + H^+ + 2e = Cl^- + H_2O, \varphi^{\ominus}_{298} = 1.494\ V$$

在酸性水溶液中它们都能将常见金属氧化。

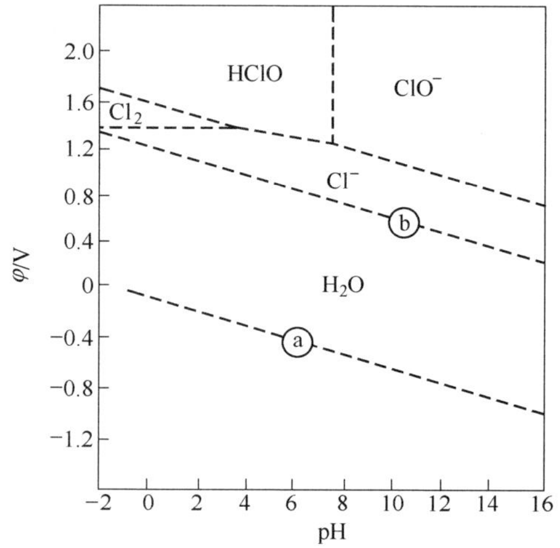

图 10-3 Cl - H_2O 系的 φ - pH 图

10.3.2 金属氯化物水溶液的氧化还原性质

金属的标准电极电位 $\varphi^{\ominus}$ 是判断该金属氧化或还原反应能力的热力学量值。与本章有关的一些贵贱金属的标准电极电位 $\varphi^{\ominus}$ 如下：

Me^{n+}/Me:	Fe^{2+}/Fe	Ni^{2+}/Ni	Co^{2+}/Co	Fe^{3+}/Fe	Cu^{2+}/Cu^+
$\varphi^{\ominus}/V$:	−0.44	−0.25	−0.28	0.015	0.153
Me^{n+}/Me:	Cu^+/Cu	Fe^{3+}/Fe^{2+}	Ag^+/Ag	Rh^{3+}/Rh	Pd^{2+}/Pd
$\varphi^{\ominus}/V$:	0.521	0.771	0.799	0.80	0.987
Me^{n+}/Me:	Pt^{2+}/Pt	Au^{3+}/Au	Au^+/Au		
$\varphi^{\ominus}/V$:	1.2	1.5	1.68		

当 Me^{n+} 浓度变化时，其电极电位由伦斯特方程计算：

$$\varphi_T = \varphi^{\ominus}_T + \frac{2.303RT}{nF}\lg[Me^{n+}] \tag{10-3}$$

室温时可简化为：

$$\varphi_T = \varphi_T^\ominus + \frac{0.059}{n}\lg[Me^{n+}] \tag{10-4}$$

若金属离子呈变价状态则上式改写为：

$$\varphi_T = \varphi_T^\ominus + \frac{0.059}{n}\lg\frac{Me_{氧化态}}{Me_{还原态}} \tag{10-5}$$

文献[10,11]中已详细给出了各种金属及其化合物的标准电极电位与相应的 φ - pH 图，在此不赘述。

氯化物溶液中许多金属与 Cl^- 形成各种结构和价态的络合物。因此各种金属与其相应的络离子（指变价络离子）组成的电极，其电极电位变化与金属络离子浓度，Cl^- 浓度及溶液 pH 值皆有关系。杨显万等给出了 Cu、Ni、Fe、Co、Bi、Sb、Sn、As、Au 及铂族金属在氯化物溶液中电极电位的计算式，游离 Cl^- 浓度计算式及 $\varphi - \lg[Cl^-]$ 图[12]。

金属离子与 Cl^- 形成络合物时，应该用4.2节所述的综合平衡法处理。

$$\varphi_{Me^{n+}/Me} = \varphi^\ominus_{Me^{n+}/Me} + \frac{2.303RT}{nF}\lg[Me]_T - \frac{2.303RT}{nF}\lg\phi' \tag{10-6}$$

式中 ϕ'——β_i 系 $MeCl_i$ 络合物的累计生成常数，$\phi' = \sum\beta_i[Cl]^i$，$i = 0,1,2,\cdots,n$，$\beta_0 = 1$；

$[Me]_T$——金属在溶液中的总浓度（分析浓度）；

$[Cl^-]$——溶液中游离 Cl^- 的浓度。

显然，与简单离子电位相比，形成络合物后的电极电位相应降低。络合物越稳定，β_i 值越大，Cl^- 浓度越高，φ_T 值降低得越多。贵金属极易生成稳定的氯络合物，多利用其氯络合物性质差异来实现分离精炼的，因此在富集分离时应该注意其电位变化特点。常见的一些络阴离子的 $\varphi^\ominus_{298}$ 值列于表10-3。

表10-3 常见金属氯络合离子的标准电极电位

络离子	中心离子	电极反应	$\varphi^\ominus_{298}$/V
$AuCl_4^-$	Au(Ⅲ)	$AuCl_4^- + 3e = Au + 4Cl^-$	1.000
$AuCl_2^-$	Au(Ⅱ)	$AuCl_2^- + e = Au + 2Cl^-$	0.994
$PtCl_4^{2-}$	Pt(Ⅱ)	$PtCl_4^{2-} + 2e = Pt + 4Cl^-$	0.730
$PtCl_6^{2-}$	Pt(Ⅳ)	$PtCl_6^{2-} + 2e = PtCl_4^{2-} + 2Cl^-$	0.680
$PdCl_4^{2-}$	Pd(Ⅱ)	$PdCl_4^{2-} + 2e = Pd + 4Cl^-$	0.620
$PdCl_6^{2-}$	Pd(Ⅳ)	$PdCl_6^{2-} + 2e = PdCl_4^{2-} + 2Cl^-$	1.2880
$IrCl_6^{3-}$	Ir(Ⅲ)	$IrCl_6^{3-} + 3e = Ir + 6Cl^-$	0.770
$IrCl_6^{2-}$	Ir(Ⅳ)	$IrCl_6^{2-} + e = IrCl_6^{3-}$	1.017

续表 10-3

络离子	中心离子	电极反应	$\varphi^{\ominus}_{298}$/V
$RhCl_6^{2-}$	Rh(Ⅳ)	$RhCl_6^{2-} + e = RhCl_6^{3-}$	1.200
$RhCl_6^{3-}$	Rh(Ⅲ)	$RhCl_6^{3-} + 3e = Rh + 6Cl^-$	0.440
$RuCl_5^{2-}$	Ru(Ⅲ)	$RuCl_5^{2-} + 3e = Ru + 5Cl^-$	0.601
$OsCl_6^{3-}$	Os(Ⅲ)	$OsCl_6^{3-} + 3e = Os + 6Cl^-$	0.710
$CuCl_2^-$	Cu(Ⅰ)	$Cu^{2+} + Cl^- + e = CuCl$	0.538

冶金过程中所用溶液是非常复杂的体系，表现为正、负离子的种类多，平衡状态复杂（简单离子、络离子、中性分子、水合离子），价态及离子浓度，溶液酸度变化范围大，金属离子活度与介质性质变化的关系很难准确测定，热力学计算结果常难以直接作为应用的依据。因此，应用技术和工艺研究中的许多参数和条件须通过反复的实验来确定。

10.3.3 氯化过程中的催化作用

氯气虽是很强的氧化剂，但在水及酸性溶液中的溶解度很低，用氯气直接浸出矿浆中的固体物料是一个气—液—固多相反应过程，一般须经过氯气溶解于水或被固体表面吸附、活化等步骤。这种浸出过程由于其氯化反应速度慢、氯气利用率低、大量未反应氯气排放污染环境、腐蚀设备，而限制了它的应用。但当溶液中存在铁及铜离子时，浸出反应机理发生了本质的变化。铁、铜离子变价起着电子传递催化作用。其高价态作氧化剂氧化铁铜本身及其他有色金属及硫化物，是液—固反应。低价态作还原剂被氯气氧化是气—液反应。这样就明显地加快了氯化反应速率，提高了氯气的有效利用率。铁、铜离子催化的氯化浸出过程有广泛的工业应用价值。

铁、铜离子在水溶液中的元素电位图［拉提默（Latimer）图］如下（单位：V）：

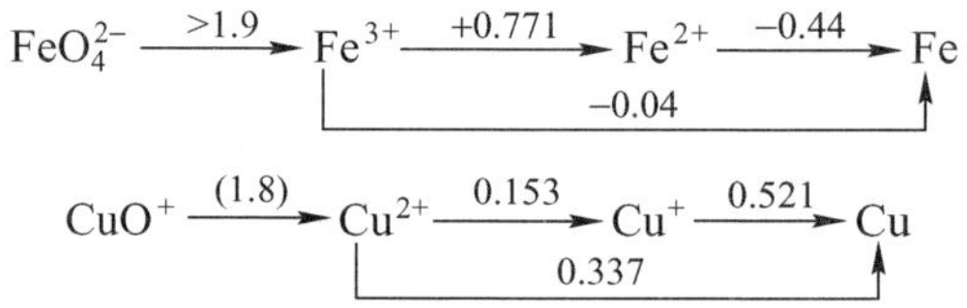

$\varphi_{Fe^{3+}/Fe^{2+}}$ 与 Fe^{3+}、Fe^{2+} 浓度变化的对应关系用能斯特方程计算的数值列于表 10-4。

表 10-4　$Fe^{3+} + e = Fe^{2+}$ 的电极电位（$T = 298$ K）

Fe^{3+} 的质量浓度 c/mol · L^{-1}	Fe^{2+} 的质量浓度 c/mol · L^{-1}	Fe^{3+}/Fe^{2+}	φ/V
1.0	0.001	1000	0.95
1.0	0.01	100	0.89
1.0	0.1	10	0.83

续表 10-4

Fe^{3+} 的质量浓度 c/mol·L^{-1}	Fe^{2+} 的质量浓度 c/mol·L^{-1}	Fe^{3+}/Fe^{2+}	φ/V
1.0	1.0	1	0.77
0.1	1.0	0.1	0.71
0.01	1.0	0.01	0.65
0.001	1.0	0.001	0.59
0.1	0.1	1	0.77
0.01	0.01	1	0.77

当溶液中主要为 Fe^{3+} 而 Fe^{2+} 很少时，电位高达 0.95 V，溶液具有很强的氧化性。

氯化物溶液中铜离子的价态、状态较复杂。图 4-5 所示为 $Cu-Cl-H_2O$ 系状态图。该图表明，一定 Cl^- 浓度下，Cu^+ 生成难溶于水的 CuCl。但它却溶于 HCl 或 NaCl 溶液，即在较高 Cl^- 浓度溶液中生成氯络合离子 $CuCl_i^{1-i}$。因此当溶液中 Cl^- 浓度足够大时，可不考虑 CuCl 的生成。溶液中的 Cu^{2+} 及 $CuCl_i^{2-i}$ 作为氧化剂，氧化铜、镍、钴等有色金属及其硫化物，自身被还原成 $CuCl_i^{1-i}$，生成的 $CuCl_i^{1-i}$ 又极易被氯气或其他氧化剂氧化为 Cu^{2+} 或 $CuCl_i^{2-i}$。

杨显万等人的计算表明，在镍高锍用氯气浸出的不同的电位范围内，水溶液中铜(Ⅰ)的优势物种为 $CuCl_3^{2-}$，而铜(Ⅱ)的优势物种为 $CuCl_2^0$。

铜离子对硫化镍浸出的催化作用与溶液中铜离子浓度呈直线关系。杨显万、刘中华研究镍高锍氯气浸出过程得出镍的浸出速率常数 K 与 $[Cu]_T$ 的关系为

$$K=0.00133+0.00833[Cu]_T \tag{10-7}$$

式中　$[Cu]_T$——溶液中铜的总浓度，mol/L。

显然，当 $[Cu]_T=1$ mol/L，即溶液中含铜离子 63.5 g/L 时，速率常数 K 值提高的部分是 0.00833，较无铜离子时的 0.00133 大 6 倍多。

必须指出，溶液中铜的浓度与溶液的电位范围关系密切，这一点将在以后论述。同时铜浓度也并非越高越好。杨松青的实验表明，浸出镍高锍时若 $[Cu]_T$ 达 5～10 mol/L 反而延缓浸出过程。因为 Cu^{2+} 过高会导致 CuS 生成，覆盖在颗粒表面。

10.4　溶液的氧化还原电位测定与控制

多金属共存的氯化物溶液的氧化还原性及其变化可用恰当的电极准确测定，并用仪表指示。当外加氧化或还原作用时(类似于外加电场)，打破了溶液中的离子平衡，溶液的氧化还原电位也随之变化。通过对电位监测，控制氧化剂或还原剂的加入量，即控制预定的电位范围，就控制了溶液平衡改变的方向。这就是进行选择性浸出或选择性还原的基本原理，是近 10 多年来湿法冶金的一项技术进步。

测定溶液的电位首先需用电位传感器，即指示电极和参比电极。用高阻抗指示电极——玻璃电极与甘汞电极配对测定溶液的电位（mV），是一种简单而普遍应用的电位测定方法。

指示电极是惰性的，不与溶液中离子发生氧化还原反应。除玻璃电极外，在氯化浸出中多用惰性的铂电极、铂铱合金电极、碳电极等。这些电极阻抗小，抗腐蚀，在含固体物料的水溶液中不易损坏。

各种金属的标准电极电位（$\varphi^{\ominus}$）是以标准氢电极（S. H. E. 令其电极电位为0）为基准确定的。因氢电极装置复杂，对杂质敏感，使用不便，故常用甘汞电极或氯化银电极为参比电极。当与指示电极配对插入溶液，连接上电位计时，即可显示出溶液的电位值。当然这个测定值是与所用的参比电极的相对值，而不是标准电位值。

甘汞电极由汞、固体 Hg_2Cl_2 以及 KCl 溶液组成。后者起导电盐桥的作用。该电极的电位 φ 随 KCl 溶液浓度而变，当 KCl 溶液浓度分别为0.1 mol/L、1 mol/L 和饱和三种情况时，对应的甘汞电极的电位（与 S. H. E 相比）分别为 0.3338 V、0.2802 V 和 0.2415 V。因此使用中应确认 KCl 的浓度，使参比电极电位值稳定可靠。常用饱和 KCl 溶液电极。

氯化银电极是由覆盖一层 AgCl 的银丝置于 1 mol/L 浓度的 KCl 或 HCl 溶液中组成。其电极电位为 0.222 V。该参比电极具有电位稳定，构造简单，使用方便的优点。

用铂、铂铱或碳电极和参比电极插入溶液测定的溶液电位值是对该参比电极的相对值。必须注明参比电极的名称和性质。欲将测定值换算成 S. H. E 标准值时，需加上该参比电极的电位值，例如用铂电极与饱和甘汞电极配对测定的溶液电位值换算成 S. H. E 标准值（V）应为 $\varphi^{\ominus}_{(S.H.E)}$ = 测定值 +0.2415。其余类推。

温度对测定值的影响一般在指示仪表中修正。

工业应用中铂、铂铱合金丝或片制成的指示电极可任意延长引线（屏蔽铜线）插入反应釜中，只要引线与电极的焊点不被溶液腐蚀即可。但市售的参比电极都较小，且甘汞电极中有氯化钾溶液，不能直接插入高温釜中，这时需用盐桥连接。即用具毛细导电孔的玻璃或其他耐温、抗腐蚀的管注满饱和 KCl 溶液后插入釜内，在另一头插入市售参比电极，密封并防止气泡产生，导线连接在电位计上，即可测定溶液的电位。

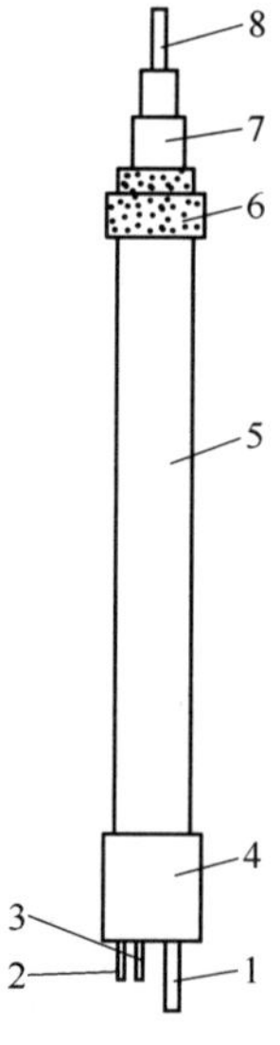

图 10-4 高温氧化还原电位传感器

1—双盐桥固体参比电极；2—铂—铱指示电极；3—铂—铱地电极；4—电极座；5—支撑管；6—上基座；7—芯插头座；8—电缆引线

核工业部北京化工冶金研究院设计研制了一种适用于反应釜中的耐高温抗腐蚀的氧化还原电位传感器。其测量部分由指示电极，高温双盐桥 Ag/AgCl 固态参比电极和辅助电极又称地电极组成。外形结构如图 10-4 所示。外壳用聚四氟乙烯塑料，其下端添加了特殊的亲水性硅酸盐固体微粒，以形成离子导电隔膜。壳体内注入高沸点非水氯化物电解质溶液，并将 Ag/AgCl 内电极芯插入该电解液中。电解液在高于 373 K 的温度下不沸腾。此种双盐桥结构参比电极不易被测量溶液污染，测量性能稳定。辅助电极起地电极作用，引出线与电位计机壳相连，这可提高电位指示仪表的抗干扰性能。

用该传感器与另一组铂—饱和甘汞电极对测量同一溶液的电位之差，298 K 温度时为 +52 ~ 58 mV，373 ~ 383 K 温度范围内为 +62 ~ 68 mV。

传感器输出的溶液电位信号用一般的电位计（毫伏计或数字电压表）皆可测量。为减小测量误差该院设计了由大规模集成电路搭成的双高阻差动输入放大器，并用地电极与机壳短路，来提高仪表的抗干扰性能。该电位计还有 0 ~ 10 mV、0 ~ 10mA、4 ~ 20 mA 及 0 ~ 5 V 的同步标准信号输出，以便配用控制调节机构和记录仪表。

传感器测得的溶液电位经放大、指示、记录，同时输出同步电位信号给控制调节机构，后者按预定控制的电位范围和程序报警或驱动执行机构控制反应釜中物料或氯化剂的加入比例，自动实现工艺目标，这是工业控制中容易实现的技术。

10.5 铜镍高锍的氯气选择性浸出

伴生铂族金属的镍铜共生硫化矿经选矿和火法熔炼获得含原矿中几乎所有有价组分的铜镍高锍，进一步从铜镍高锍分离和提取各有价组分过去使用过多种工艺流程，其中大都有流程长、返料多、金属直收率低、加工成本高等缺点。于是人们致力于新工艺的开发，对其中的氯气浸出工艺国内外都进行了大量的研究，现已实现工业化。氯气浸出的原料可以是铜镍高锍，也可以是铜镍高锍缓冷磨浮分离后的硫化镍精矿及铜镍合金，最后产出镍、铜及铂族金属产品。

加拿大、南非、中国金川等地产出的铜镍高锍除铂族金属含量差别较大外，其他成分都比较接近，一般含 Ni 40% ~48%、Cu 26% ~34%、Fe 1% ~3%、Co 0.5% ~1%、S 21% ~26%。主要物相是 Ni_3S_2，Cu_2S 及富集铂族金属的镍铜合金。选择性氯化浸出分离有价金属有两种方案，其一是浸出所有贱金属，使铂族金属富集在浸出渣中；其二是仅浸出镍、钴等电负性金属，先使铜和铂族金属富集在浸出渣，然后再从中把它们分离。浸出后的氯化镍溶液经净化及不溶阳极电积产出金属镍，再生氯气返回浸出的工艺已工业化。

10.5.1 浸出过程热力学

铜镍高锍中的镍铜主要是硫化物。利用其 φ - pH 图可以说明铜镍高锍氯气浸出的原理。

前人已计算并绘制了 Cu - Cl - H_2O 系、Cu - S - H_2O 系,Cu - Fe - S - H_2O 系的 φ - pH 图(参见第 4 章)。杨显万等对镍硫化物的热力学数据进行了比较和筛选,并计算和绘出了详细的 Ni - S - H_2O 系 φ - pH 图,如图 10-5 所示。图中的 $a_{H_2SO_4}$、$a_{HSO_4^-}$、$a_{SO_4^{2-}}$、a_{H_2S}、a_{HS^-}、$a_{S^{2-}}$ 均为 0.1,$a_{Ni^{2+}}=1$,$p_{O_2}=1$,$p_{H_2}=1$。图中表明,α - NiS、β - NiS 和 γ - NiS 均为稳定存在的物质,在 φ - pH 图上有各自独立的稳定区,其中 γ - NiS 的稳定区最大,是三种中最稳定的物种,最难溶解;其次是 β - NiS;而 α - NiS 最易溶解。在水溶液中 Ni_3S_2 的稳定区很小,Ni_3S_3 能按 9α,9β 与 25β 各平衡线转化为 α - NiS 和 β - NiS。

$$Ni_3S_2-2e=\!=\!=Ni^{2+}+2NiS$$

$$Ni_3S_2+2H^+-2e=\!=\!=2Ni^{2+}+NiS+H_2S$$

从图 10-5 上看,Ni_3S_2 转化为 β - NiS 的热力学趋势很大,在水溶液体系中 Ni_3S_2 转化为 β - NiS 是不可避免的。

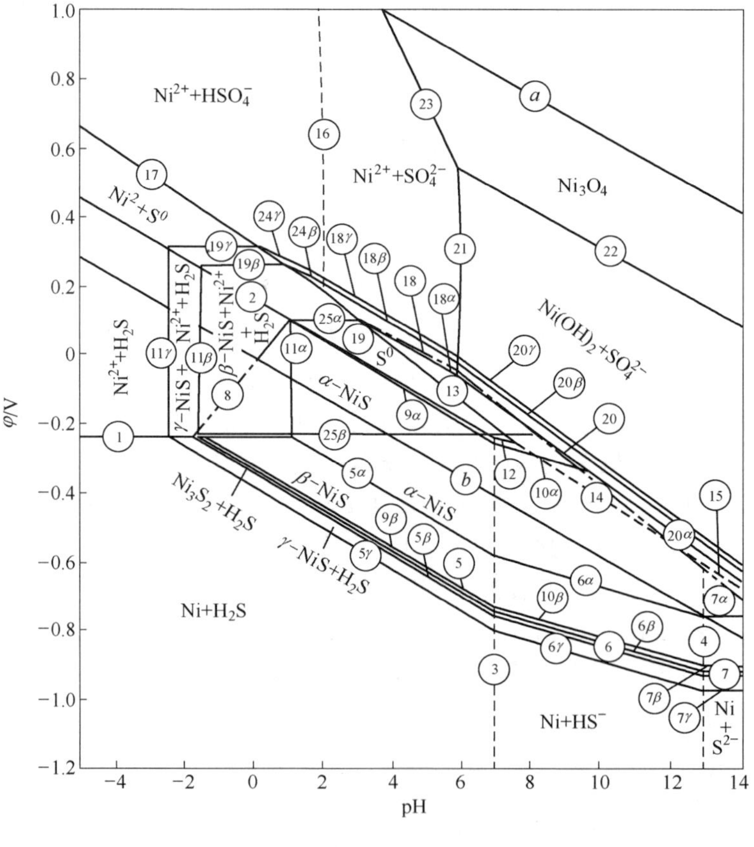

图 10-5 Ni - S - H_2O 系的 φ - pH 图($T=298$ K)

10.5.2 浸出过程动力学与机理

刘中华等详细研究了金川缓冷高锍磨浮的硫化镍精矿氯气选择性浸出的动力学及机理[14]。研究表明,在实验条件下 Ni_3S_2 的浸出行为可用处理化学控制区的未反应核模型来描述。反应为溶液中铜离子浓度的一级反应,反应速率与矿物粒径成反比,反应活化能为42.4kJ/mol。其反应分数 α 与诸因素的关系可表示为:

$$\frac{1-(1-\alpha)^{1/3}}{t}=24.8\times(1.3614+9.3834\times10^{\varphi/0.059-8})\times\frac{1.333+8.33[\mathrm{Cu}]_{\mathrm{T}}}{d}\exp\left(-\frac{42400}{RT}\right) \tag{10-8}$$

式中 t——反应时间;

α——镍浸出的分数;

$[\mathrm{Cu}]_{\mathrm{T}}$——溶液中铜的总浓度,mol/L;

φ——浸出体系的电位,V;

d——矿物粒径。

用该数学模型计算所得的预报值与实验值比较见图10-6。

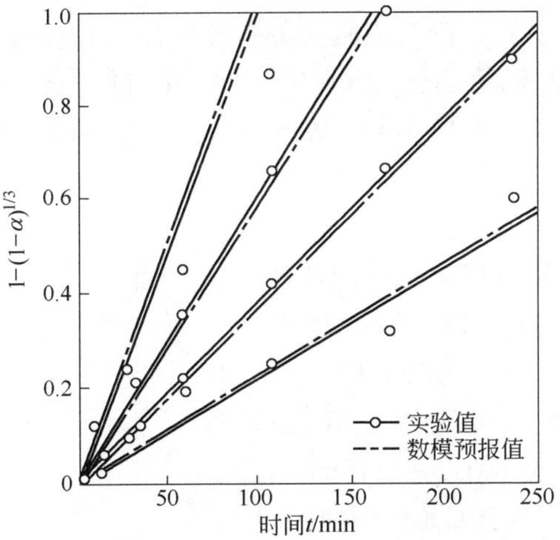

图10-6 数学模型预报值与实验值的比较

反应机理中最需要弄清楚的问题是 Ni_3S_2 是如何被浸出为 Ni^{2+} 的,中间经历何种步骤和中间产物状态。国内外对这个问题研究得比较多,较一致的结论是 Ni_3S_2 的氧化浸出皆经过形成中间产物 NiS 的阶段。但因 NiS 有 α、β、γ 三种结晶结构,中间产物属何种晶型则意见不一,归纳起来有三种观点。

(1) Л. А. 西涅夫(Синев)、黄忠淼认为先生成 $\alpha-NiS$,然后转化为 $\beta-NiS$。

（2）生成γ - NiS。蒙星辉等人对高于 373 K 温度下的浸出渣进行 X 衍射分析，当镍的浸出率为 40%时，渣相中有未反应的 Ni_3S_2 和中间产物 γ - NiS，没有其他物相。浸出率为 75%时渣相中有 γ - NiS 和 Ni_3S_4，已没有 Ni_3S_2 相。

（3）生成β - NiS。刘中华等人对浸出渣进行 X 衍射分析，证实了 β - NiS 的存在，没有发现 γ - NiS。也有人认为 Ni_3S_2 的溶解经历了生成 β - NiS 的中间阶段[22]。

这些不同的观点可能是由于实验条件不一样引起的，从热力学分析可知，Ni_3S_2 在氧化浸出过程中生成 β - NiS 的趋势最大，生成 α - NiS 也有可能，但 α - NiS 会转化为 β - NiS。但这种分析尚未为实验所证实。而 Ni_3S_2 直接转化为 γ - NiS 的观点从热力学观点看似乎是不可能的。

当然从 φ - pH 图上看，Ni_3S_2 还可直接被酸溶解：

$$Ni_3S_2 + 4H^+ - 2e = 3Ni^{2+} + 2H_2S$$

或直接氧化成 Ni^{2+} 与 S^0：

$$Ni_3S_2 - 6e = 3Ni^{2+} + 2S^0$$

因此，Ni_3S_2 在氧化浸出过程中所经历的步骤可简单表示为：

$$Ni_3S_2 \rightarrow Ni_{3-x}S_2 \rightarrow \beta - NiS \rightarrow Ni_3S_4 \rightarrow Ni^{2+}$$

（图中另有箭头由 Ni_3S_2 直接指向 Ni^{2+}）

浸出过程中铜离子的变价对镍浸出的催化作用已被实验所反复证实。计算表明，浸出液中铜（Ⅰ）的优势物种为 $CuCl_3^{2-}$，铜（Ⅱ）的优势物种为 $CuCl_2^0$ 在通常氯化浸出的条件下浸出液都有较高 Cl^- 浓度，不会生成 CuCl 沉淀。

10.5.3 产业化应用

加拿大鹰桥镍矿公司精矿厂已用选择氯化浸出工艺处理含贵金属的铜镍高锍。铜镍高锍成分（质量分数）为：Ni 45%，Cu 28%，Co 1%，Fe 2%，S 22%；金和铂族金属合计品位 50 g/t。磨细至 100% -0.18 mm 的铜镍高锍连续定量地加入含 $CuCl_2$ 溶液的浸出槽，并控制溶液氧化电位不超过 400 mV（Pt - 甘汞电极）的条件下供给氯气，选择性浸出贱金属的过程连续地进行。用 Pt - AgCl 电极实测的 φ - lg[Cu^{2+}]关系曲线如图 10-7 所示。溶液电位 50 mV 时，铜的浓度仅有 0.02 g/L，溶液电位升至 300 mV 后，铜浓度可达 40 g/L。因此，选择性浸出的溶

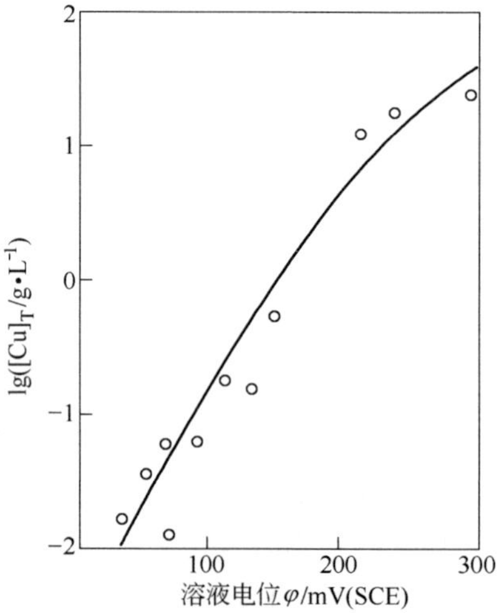

图 10-7 溶液电位与铜浓度的关系

液电位范围应控制在 380 ~ 400 mV，在此条件下铜、镍、铁、钴皆可浸出得比较完全。

镍的最终浸出率与溶液电位的关系如图 10-8 所示。在贵金属不溶解损失的溶液电位范围内（380 ~ 420 mV），浸出后期镍的溶解速度较慢，且残留少量在渣中，浸出不完全。此外，在 378 ~ 383 K 高温浸出过程产生的大量元素硫，在接近其熔点（385 K）时易在 NiS 颗粒表面形成硫膜，阻碍电子传递。贵金属不溶解损失的电位范围如图 10-9 所示。

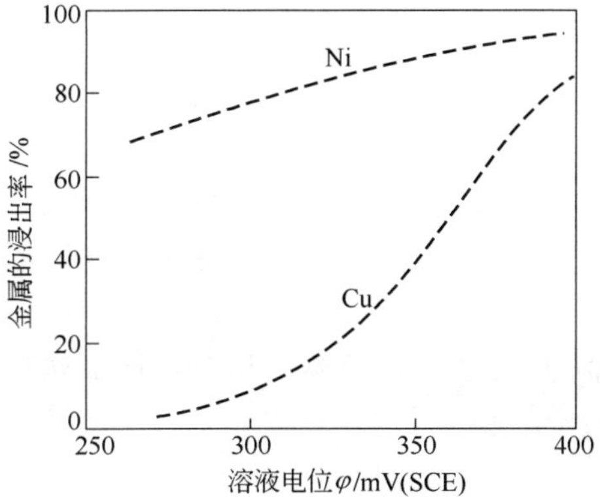

图 10-8　溶液电位与镍铜的溶解率

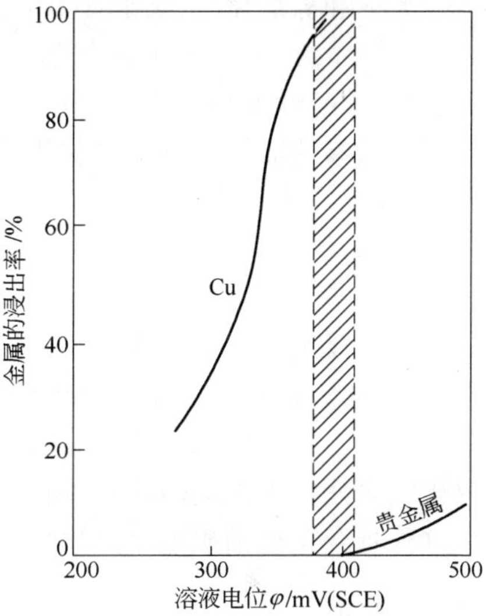

图 10-9　贵金属分离的电位范围

Pt - 甘汞电极测定溶液电位 400 mV，对应的 S. H. E 应该为 620 ~ 640 mV，贵金属中钌、铑、钯按其标准电极电位（见表 10-3）会发生氯化溶解损失。与此同时，鼓入矿浆的氯气泡周围也会形成局部的高电位使贵金属溶解。但实际生产中贵金属在浸出液中的损失很小，其原因可解释为：矿浆中的贱金属及其硫化物以及生成的 S^{2-} 和 S 都是强还原剂和沉淀剂，可将溶液中贵金属重新置换或沉淀，使其富集在不溶渣中。

Cu^{2+}/Cu^{+} 变价催化是使浸出反应顺利进行的必要条件。矿浆中因固体物料直接吸附氯气而发生的氯化反应很不明显。实践表明，浸出初期，若矿浆中无 Cu^{+}，鼓入氯气可使溶液电位很快升到 600 mV（甘汞电极），但此时的浸出反应并未启动，溶液中没有金属离子的颜色。因此，在实际生产中应首先向反应器内加入含铜溶液，接着供给氯气提高 Cu^{2+} 浓度，使溶液电位达 300 mV 以上后才能加入固体物料逐渐转入连续操作。此外，浸出矿浆溢流后应进入平衡槽维持预定电位搅拌平衡，尽量提高贱金属分离率，并确保可能损失于溶液的贵金属充分还原沉淀。

这种选择性氯化浸出过程的特点是：

（1）过程可自热维持较高的浸出温度。因为主要浸出反应都是放热反应，即氯气氧化 Fe^{2+}、Cu^{+} 以及 Fe^{3+}、Cu^{2+} 氧化其他金属或硫化物均为放热反应，可使浸出体系升温至沸腾状态，只是浸出起动时需少量外供热。由于矿浆沸腾使物料悬浮，也减少了机械搅拌的功率消耗。

（2）沸腾使大量水气化。消耗 1 t 氯气的氯化反应放热可气化 1 t 水，这种情况对溶液体积及金属离子浓度的调整十分有利。

（3）铜和镍氯化物的溶解度都很大，可用较小的浸出液固比获得 Ni^{2+} 浓度 200 g/L 以上的溶液。这种溶液的常压沸点达 378 ~ 383 K，浸出过程在如此高的温度下进行，反应速度很快。

（4）供给的氯气被有效吸收利用，尾气中 Cl_2 浓度低于 $10^{-3}\%$，通过碱液吸收处理，对环境污染不严重。

（5）通过自动调节控制，容易使加料、供氯及溶液电位三者的关系处于最佳状态，便于生产管理。

过滤后浸出液一般含 Ni 200 g/L，Cu 50 ~ 70 g/L。浸出渣中的镍、铜分别降至低于 5%，含 S 量超过 90%。浸出后贵金属在渣中富集 4 ~ 5 倍，脱除元素硫后再富集 5 ~ 6 倍。最终贵金属富集物的品位取决于其在原高锍中的含量。我国用选择氯化浸出法处理含贵金属约 1% 的铜镍高锍获得品位 25% ~ 30% 的贵金属粗精矿。这种贵金属粗精矿可直接送贵金属分离精炼。

10.5.4 镍铜分离

铜镍共生矿冶炼的重要目的之一是要分离铜镍。用选择性氯化浸出法来进行镍铜分离时，要获得含铜较低的氯化镍溶液。当原铜镍高锍中的贵金属含量较低时，选择性浸出后的矿浆不过滤直接流入两个串联的沉铜槽，向其中添加磨细的铜镍高锍（ −0.18 mm），经过两个沉铜槽，矿浆温度从 383 K 分别降为 358 K 和 338 K。与选择性浸出的氧化过程相反，沉铜是一个控制电位的还原过程。主要反应是铜镍高锍中的 Ni_3S_2 还原不溶渣中的元素硫使 Cu^{+} 转化为 Cu_2S 沉淀：

$$Ni_3S_2 + 2Cu^{+} + S^{0} = 2NiS + Ni^{2+} + Cu_2S$$

$$NiS + 2Cu^{+} = Cu_2S + Ni^{2+}$$

若铜镍高锍中有铜镍合金成分，还会发生置换反应：

$$Ni + 2Cu^{+} = Ni^{2+} + 2Cu$$

上述反应的除铜深度可达 0.001 g/L 以下。当用溶液电位变化监测时，溶液电位与氯化镍溶液含铜的关系实测为：

电位（Pt − 甘汞）/mV	30	50	70	90	100
溶液含铜（质量浓度）/$g \cdot L^{-1}$	0.016	0.038	0.053	0.063	0.2

因沉淀反应生成的部分 NiS 进入铜渣，铜渣含镍量随脱铜深度增加而增大，溶液电位越低，溶液含铜越低，铜渣含镍越高。实际生产中将溶液电位（甘汞电极）控制在约 100 mV，溶液含铜从 50 ~ 70 g/L 降至 0.2 ~ 0.5 g/L，含镍从 200 g/L 升至 230 g/L。这时铜渣含铜 50%，含镍 15%。铂族金属从铜渣中进一步富集回收。

进入铜渣的镍量多（含镍 5% ~ 8%）时，可用加压交互反应的方法进一步降低浸出渣的含镍量。选择性浸出渣中残留的 NiS 及元素硫在较高温度（如 413 K）下将充分进行交互反应：

$$NiS + 2Cu^{+} =\!=\!= Ni^{2+} + Cu_2S$$

$$Cu_2S + S =\!=\!= 2CuS$$

而不必另加铜镍高锍。运用加压浸出技术完成上述反应直接获得以铜为主含镍较低的浸出渣及含铜较低的氯化镍溶液，是选择性浸出及镍铜分离方面所取得新的技术进步。将 383 K 温度下进行选择性浸出的矿浆泵至 403 K 的蒸汽预热器加温后再泵至压煮器内，利用交互反应放热使矿浆温度升至 413 ~ 418 K，再经另一压煮器降温。这时溶液含铜可降至 7 g/L，铜渣含镍低于 5%，含铜 56%，含硫 33%。溶液再经少量铜镍高锍还原，最终获得的氯化镍溶液成分（质量浓度，g/L）为：Ni 230、Cu 0.2 ~ 0.5、Co 5、Fe 6、Cl^- 270。

对含贵金属较高的铜镍高锍，选择性氯化浸出后首先过滤出含贵金属的残渣，溶液再用含贵金属很低的 Ni_3S_2 加元素硫控制电位脱铜，这对贵金属的回收有利。

10.6 缓冷铜镍高锍磨浮及氯气选择性浸出

铜镍高锍直接氯气选择性浸出要达到铜镍分离的目的需用加压及升温至 413 K 以上才能得含镍较低的浸出铜渣及含铜较低的氯化镍溶液。此法的工艺流程仍然较长，且防腐的压煮器造价高，运行管理及设备维修难度大。此外，原铜镍高锍中的所有铂族贵金属都富集在浸出铜渣中，不仅浸出过程的贵金属富集倍数不高，从铜渣中进一步富集提取贵金属的工艺流程仍然很长，对贵金属的回收不利。为克服这些缺点，我国科技人员开发了磨浮 - 氯化工艺：将铜镍高锍缓慢冷却，破碎磨细，磁选出富集了原铜镍高锍中 90% 以上铂族金属的铜镍合金，再浮选分离出含少量铂族金属的硫化镍精矿及基本不含铂族金属的硫化铜精矿。分别用氯气选择性浸出处理铜镍合金和硫化镍精矿。从铜镍合金的浸出残渣中直接提取铂族贵金属。研究的工艺流程如图 10-10 所示，原料的典型成分见表 10-5，经氯化浸出工艺处理获得的主要中间产物成分列于表 10-6。

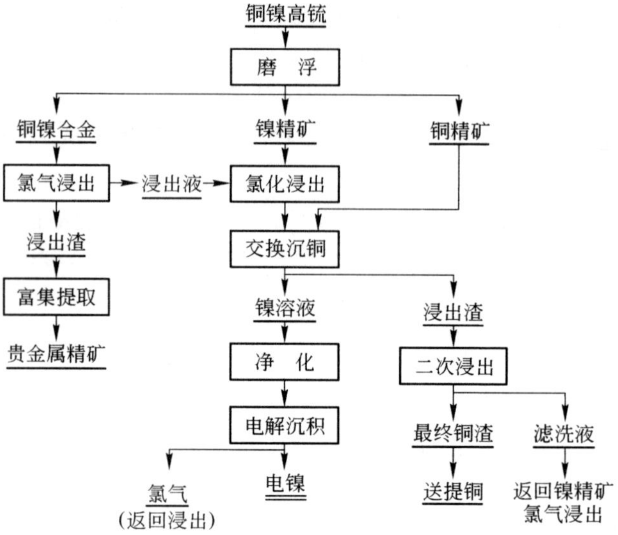

图 10-10 缓冷铜镍高锍磨浮及氯化浸出工艺流程

表 10-5 铜镍高锍及磨浮分离后产品成分

名 称	产出率/%	成分(质量分数)/%			
		Ni	Cu	Fe	S
铜镍高锍	100	49.1	23.5	2.9	22.2
铜镍合金	12.17	66.2	13.8	10.7	5.6
镍精矿	74.02	55.3	16.3	1.3	25.0
铜精矿	13.81	1.27	70.3	4.4	22.0

表 10-6 磨浮镍精矿浸出工艺主要中间产品成分

名 称	成 分			
	Ni	Cu	Fe	S(SO_4^{2-})
铜镍合金浸出液	200 g/L	44 g/L	32 g/L	2.04 g/L
镍溶液	210 g/L	0.1 g/L	8.15 g/L	26.28 g/L
最终铜渣	2.5%	38.2%	0.3%	50%

铜镍合金氯化浸出后,铂族贵金属在浸出渣中富集10倍以上,含铜、镍降至各4%以下,为贵金属的进一步富集提取创造了很好的条件。铜镍合金的氯化浸出液并入镍精矿的氯化浸出液并经交换沉铜,获得含铜较低的氯化镍溶液及含镍较低的硫化铜渣。工艺结构比铜镍高锍直接氯化浸出更合理,技术经济指标更好。

10.7 铜镍合金氯气选择性浸出[21]

我国自1978年起已用于工业生产。铜镍合金为小片状，贵金属与镍、铜呈固溶体合金，还夹杂少量镍、铜硫化物。氯气浸出所有的贱金属，使铂族贵金属富集在浸出渣中。

单釜间断氯化时要经过向反应釜加入盐酸，升温、搅拌、通氯气及加入固体合金物料直至贱金属氯化浸出完毕等步骤。反应初期主要发生盐酸溶解合金中镍的反应，所以溶液电位呈负值。通入氯气后氯化反应迅速进行，镍及少量铜被氯化。溶液电位到100 mV时镍的氯化率达90%以上，之后铜被大量氯化，电位达到并控制为400 mV时，铜镍氯化率皆达98%以上。浸出渣以元素硫为主，贵金属在浸出渣中富集10倍以上。

我国用于连续氯化的工业反应器是内衬橡胶的4格室卧式浸出器。合金物料和稀盐酸供入第一反应室，每室都进行搅拌，矿浆从各室间的隔板连续溢流经过每个格室从最后一个反应室排出。控制浸出温度不超过353 K。每室都插入氯气管及Pt－甘汞电极传感器，并依次控制各室氧化电位为350～370 mV、370～390 mV、390～400 mV、400～410 mV。各反应室的氯化效率列于表10-7。

表10-7 连续氯化时各反应室的氯化效率

反应格室	矿浆液固比	氯化率/%		
		Ni	Cu	Fe
1	15	53.4	61.1	26.5
2	26	80.9	84.1	70.4
3	33	90.3	94.1	80.6
4	40	94.2	98.5	90.3

浸出液中没有贵金属损失。尾气含Cl_2低于1 mg/m^3，氯气利用非常充分。

后来我国研究发展了用耐腐蚀钛反应釜进行自热高温悬浮氯气浸出技术。工艺运行的特点是：

（1）作业开始时注入含Cu10 g/L的稀盐酸溶液，在机械搅拌下通氯气使溶液电位升至400 mV（Pt－甘汞），加入合金启动连续氯化过程。以溶液电位不超过400 mV调整合金及氯气的加入比例进入连续氯化过程。

（2）按浸出液含Ni约200 g/L指标控制矿浆的液固比，反应自热达沸点（383 K），合金片粒处于悬浮状态。矿浆自动溢流入另一平衡釜，供少量氯气维持预定的溶液电位以溶解NiS及CuS，使浸出渣达到较高的贵金属富集倍数和贵贱金属比。典型数据列于表10-8。

表 10-8 高温悬浮氯气浸出铜镍合金结果

名　称	Ni	Cu	Fe	S	金及铂族金属
铜镍合金的主要成分(质量分数)/%	67.23	13.44	7.57	6.59	0.0784
浸出液主要成分的质量浓度 $c/g \cdot L^{-1}$	206.3	42.9	31.9		微至痕
浸出渣的主要成分(质量分数)/%	1.3~2.0	1.0~2.0	0.2~0.5	82~85	1.0~1.2
浸出率/%	99.8	99.5	99.7		

处理物料的能力为 0.3~0.4t/(h·m^3),比 80℃的处理速度提高 30~40 倍。显然,这种工艺能强化生产过程,节约设备投资和生产费用。

若原料中贵金属品位较高(如 0.5%),则浸出渣再经脱硫即可得活性贵金属精矿。其中贵金属呈微细活性状态,易用王水或 HCl 与 Cl_2 溶解。

10.8 镍电解阳极泥的氯气选择性浸出

镍电解精炼-粗镍(金属镍)及镍高锍(Ni_3S_2)电解产生两种性质和成分差别很大的阳极泥。

粗镍电解产出的阳极泥中含大量难溶于酸的惰性镍氧化物。从阳极泥提取这种镍的关键是首先转化其状态,即转化为易于酸浸出或氯化的金属或硫化物状态。方法之一是在 773~873 K 温度下用氢气将它还原为金属镍后用盐酸浸出,但分离效率不高。二是用硫化剂熔炼使其转化为硫化物后控制溶液电位进行氯气选择性浸出,镍、铜、钴、铁等贱金属皆可同时分离。如用硫化铁作硫化剂,加硼砂熔炼造渣排除硅、铝氧化物。硫化铁与镍、铜氧化物交互反应,贵金属富集在锍中。锍磨细后用含 Cu 5 g/L、含 HCl 20 g/L 的溶液在 373 K 温度下,控制溶液电位为 525 mV (Pt-甘汞),通氯气选择性浸出,镍、铜浸出率大于 98%,铁浸出率大于 70%。贵金属在溶液中的损失小于 0.1%。原锍及氯化浸出渣的典型成分对比如下:

元素	Cu	Ni	Fe	S	Au	Pt	Pd	Rh	Ir	Ru	PGM
锍的成分(质量分数)/(%)	53.5	7.2	4.0	20.5	0.21	0.44	0.49	0.2	<0.1	0.13	1.57
渣的成分(质量分数)/(%)	3.5	3.6	0.3	85	0.8	2.0	2.1	0.9	0.3	0.5	6.6

浸出渣分离元素硫可用多种方法,如低温氧化焙烧;氮气中加温升华;CS_2 或硫化钠溶解;亚硫酸钠浸出(生成硫代硫酸钠);四氯乙烯溶解;稀碱液浸出;熔融过滤等。分离元素硫后即可获得品位约为 30% 的贵金属精矿。

转化为硫化物浸出与其他方法相比,贱金属分离效率及贵金属回收率皆有明显提高。如阳极泥在 1023 K 温度下焙烧脱硫后,再于 723 K 下用氢气还原,物料含硫降至 2.0%,镍铜铁合计 82.4%,贵金属合计 2.2%。该物料再在含铜镍的溶液中通氯气控制溶液电位500 mV浸出,铜、镍、铁氯化率仅分别为89%、62%和48%,铑、钌、铱的溶解损失各达8%。显然,转化为硫化物后易于磨细和有效浸出,且浸出过程中产生的元素硫对防止贵金属的溶解损失起重要作用。

硫化镍电解阳极泥以含元素硫为主,如中国金川、日本新居滨镍精炼厂产的阳极泥含S 90%,还含Ni4%,经熔融过滤脱硫后,滤饼含镍升至10%~15%,含S 70%~75%。其中镍主要呈Ni_3S_2状态,少量为Ni_3S_4和NiS。滤饼加含镍溶液湿磨至90%为-0.04 mm,调整矿浆浓度使之含固体150~200 g/L并升温至368 K,通入氯气控制溶液电位在600~700 mV(Pt-甘汞)进行浸出,镍的浸出率为75%~80%,浸出液含Ni 50~70 g/L,大部分返回补充到镍电解液中。浸出渣含Ni降至4%,含硫升至87%。若阳极泥中含有贵金属则全部富集在浸出渣中,进一步分离元素硫后即为提取贵金属的原料。

10.9 铅阳极泥的氯气选择性浸出

铅阳极泥是我国生产银的主要原料,从中产出的银占全国银产量的90%以上。铅阳极泥除含银外,还有锑、铋、铜、铅、砷、金等有价金属。综合回收各种有价金属首先是使其相互有效分离。传统的火法处理工艺是首先进行还原熔炼使金银进入贵铅,贵铅再经分银熔炼获得金银合金而后电解,获得金银产品。这种处理方法的缺点是银的直收率较低(85%~88%),其他有价组分在各种熔炼渣中分散,进一步的回收较复杂。因此,国内外对湿法处理工艺进行了研究,并提出了许多方案。这些方案的共同点大都是首先浸出分离铜、锑、铋,使银金富集在浸出渣中。控制电位选择性氯化浸出是这些方案中行之有效的方法。如针对含Ag14%~16%、Cu5%~7%、Sb38%~40%、Bi5%~6%、Pd10%、As0.3%的铅阳极泥,在含HCl 3 mol/L的溶液中,控制溶液电位在400~450 mV(Pt-甘汞)于常温下通入氯气搅拌浸出1 h,即有>98% Cu、>98% Bi、>95% Sb及约3% Pb浸出到溶液中,银在浸出液中损失<1%。富银渣中银品位为35%~40%,直收率>99%。此外,富银渣含Cu<0.5%、Bi<0.5%、Sb约8%、Pb30%。用常规的熔炼法除铅(锑),即可得到含金的粗银,粗银经电解获得电银产品,从电解银的阳极泥中提取产品金。

10.10 氯气浸出的设备防腐

由于氯化物体系物质对冶金设备的腐蚀比硫酸盐体系物质强得多,因而设备的防腐问题影响到氯化冶金的发展。文献[1]已对各种防腐材质进行了全面的综述。在湿法氯化冶金中耐酸搪瓷、聚氯乙烯塑料、橡胶、耐酸陶瓷、铸石、树脂玻璃钢、增强石墨等非金属材料都有广泛应用。但各有缺点,如塑料、橡胶不耐高温;陶瓷难黏结,多数黏结材料(如各类树脂黏结剂)抗氧化性差,使用寿命短;搪瓷很难保证整体致密均匀,耐磨性差,微细缺陷即导致设备穿孔报废。

钛材及钛钯合金材料的研究和应用为湿法氯化冶金工艺的发展创造了条件。这类材料表面易氧化生成一层致密耐磨的氧化物膜，具有优良的抗氯气或氯化物腐蚀性能，尤其在氧化性的氯化物介质中很稳定。如它们能耐含三氯化铁或氯化铜1%～50%的沸点温度溶液，含水气的氯气，浓度70%的氯化钙溶液等的腐蚀。

使用钛(TA_2)及钛－钯合金(Ti－0.2Pd)两种材料焊制的浸出釜进行高温悬浮氯气浸出铜镍合金物料，在浸出釜的空间及矿浆中同时装入两种材质的挂片。空间中的挂片承受氯气，HCl气腐蚀，矿浆中的挂片承受氯气、盐酸、氯化物溶液腐蚀以及铜镍合金片搅拌下的磨损。按下式计算其腐蚀率：

$$y=\frac{\Delta m\times 8.76}{\rho A t}$$

式中 y——腐蚀率，mm/a；

Δm——挂片失重，g；

ρ——挂片材质密度，取4.5 g/cm^3；

A——挂片总表面积，m^2；

t——试验时间，h。

结果表明两种材质无论整块还是焊接块均耐腐蚀和磨损，钛材腐蚀速率为0.11 mm/a，钛钯材＜0.1 mm/a。整个浸出釜体、釜盖、搅拌轴、桨叶，温度套管，加料管及焊缝，无论接触矿浆还是气相都无明显的点腐蚀和磨损。

但钛材不耐干氯气腐蚀，会剧烈反应烧损。也不耐负电性金属氯化物溶液，如氯化铝、氯化锌等溶液的腐蚀。这是使用钛材必须注意的。

关于选择性氯化浸出的更多情况请参阅文献[12]。

参考文献

[1] 中南矿冶学院冶金研究室．氯化冶金[M]．北京：冶金工业出版社，1978.

[2] 刘时杰．南非的铂[J]．金川科技专刊，1987.

[3] M. Pourbaix. Atlas of electrochemical equilibria in aqueous solutions[M]. Pergamon Press, Oxford, 1966.

[4] Коган, В. Б., Фридман В. М., Кафаров В. В. Справочник по растворимости, Издательство Академии Наук СССР, Москва, 1991.

[5] Yang Xianwan, et al. Proceedings of International Conference on Mining and Metallurgy of Complex Nickel Ores. Ed. by Fu Chongyue, et al. IAP, 1993:241～245.

[6] 刘纯鹏，冯干明，艾荣衡，等．铜镍硫化矿的冶炼新工艺研究[J]．有色金属(冶炼部分)，1978，30(5)：7～13.

[7] 刘纯鹏，冯干明，艾荣衡．高硅镁低铁硫铜镍矿冶炼新工艺研究(二)[J]．有色金属(冶炼部分)，1979，31(3)：5～8.

[8] Liu Chunpeng, Yang Xianwan, He Aiping. Kinetics of Hydrolysis of The Metal Chlorides at High Temperatures[J]. 有色金属(季刊),1982,34(3):52~57.

[9] 朱祖泽，严传义．用高温水解法从钴铁浸溶结晶物中分离钴的研究[J]．有色金属，1995，47(3):50~54.

[10] 夏式均．电极电势及其应用[M]．杭州:浙江人民出版社,1981.

[11] Milazzo G. , Caroli S. Tables of standard electrode potentials. New York: Wiley Interscience, 1978.

[12] 刘时杰．铂族金属矿冶学[M]．北京:冶金工业出版社,2001.

11 液膜分离技术

11.1 概述

20 世纪 60 年代初，马亭（Martin）在研究反渗透脱盐时偶然发现了带支撑体的液膜。60 年代中期，黎念之（N. N. Li）在测定表面张力的 dunuoy 法中发现了界面膜。70 年代初，E. L. 库斯勒尔（Cussler）研究成功了含流动载体的液膜[1]。液膜技术刚一出现，便立即引起科技工作者极大的兴趣，他们从各个不同领域研究其应用。

液膜主要分两种，一为乳状液膜（emulsion liquid membrane），二为支撑液膜（suported liquid membrane）。单就液膜而论，它是很薄的一层液体膜，可以由某种液体单独形成（乳状膜），也可以由某种液体充填在薄的多孔固体膜的孔隙中而形成（支撑膜）。依液体的类别，又可分为油膜（由不溶于水的有机溶液构成）和水膜（由某种水溶液构成）。用液膜来分离物质的过程则要靠一个液膜体系。用乳状膜时，这一体系由球面形的膜与膜外相、膜内相组成。若用于从水溶液中提取与分离某种物质，膜为油膜，膜外相与膜内相均为水溶液，膜外相为连续相，膜内相为分散相。若用支撑液膜，液膜分离体系由支撑液膜、料液、反萃液组成。料液与反萃液位于膜的两侧。

11.2 液膜分离机理

无论是乳状膜还是支撑膜，其起分离物质作用的机理是一样的，区别仅在于膜的形状与构成。液膜起分离作用的机理主要有 3 种[2]。

（1）选择性渗透。若 A、B 两种物质穿过液膜的速度不同，前者比后者快，则经过一定时间，快的 A 就会富集在膜的另一侧，慢的 B 就不能穿过膜，极端情况如图 11-1 所示。

（2）膜外相物种进入膜内相并发生化学反应。如图 11-2 所示，膜外相被分离的物质 C 透过液膜进入内相，与膜内相所含的试剂 R 发生化学反应，生成产物 P，而产物 P 不能透过液膜，因此，被分离物 C 在内相浓度几乎为零，维持膜传递过程最大的推动力，使膜外相中 C 物质不断传递到内相，直到内相反应试剂消耗完为止。用液膜从工厂废液中除氨就属这种情况，如图 11-3 所示。若膜内相含有某种还原剂可使被提取的金属改变价态或生成金属粉末。膜内相也可含某种沉淀剂使进入膜内的金属离子生成某种沉淀。

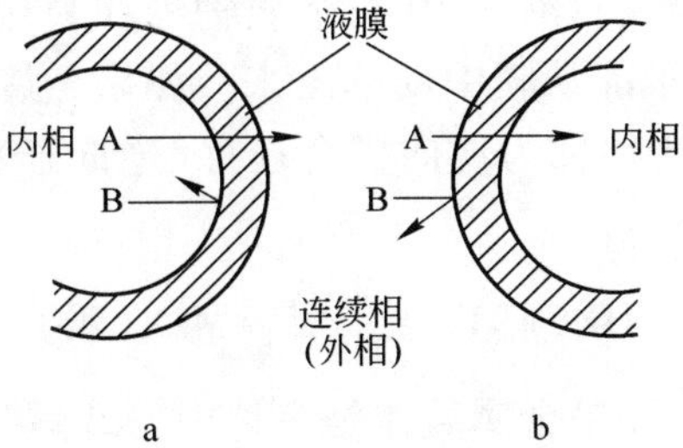

图 11-1 选择性渗透机理示意图

a—从内相向连续相(液相)渗透;b—从连续相向内相渗透

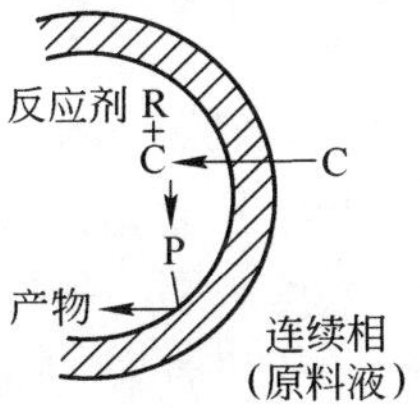

图 11-2 在膜内相发生化学反应的机理示意图

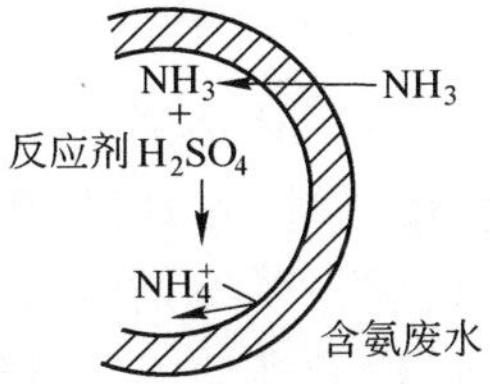

图 11-3 液膜除氨原理图

（3）萃取机理。膜相中含有某种可萃取水溶液中某物种的有机物,称此有机物为载体。膜外相或料液中的某物种萃取入膜相,被萃物在膜相中扩散到膜的另一侧,被膜内相(乳状膜时)或反萃液(支撑膜时)反萃。依萃取机理可分为两类,如图 11-4 所示。

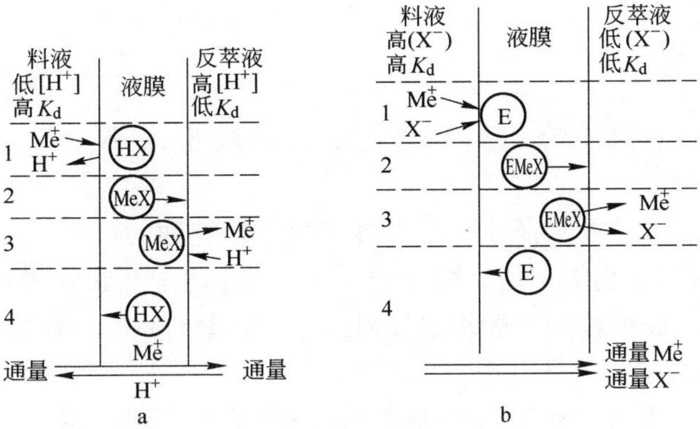

图 11-4 一价金属阳离子萃取穿过液膜机理示意图

a—逆向迁移;b—同向迁移

（1）离子萃取。被萃物种为离子，此时液膜的功能类似于离子交换膜。若金属物种 Me^{z+} 在膜相和料液之间的分配比 K_d 足够大，使金属离子被萃入膜相。而在液膜的另一侧的溶液称为反萃液。此时，金属物种在膜相和反萃液之间的分配比 K_d 应尽可能低，使金属离子能从膜中反萃出来。如果金属载体是一种酸性萃取剂（HX），这时金属离子的迁移称为逆向耦合迁移（逆向迁移），如图 11-4a，其化学式可写为：

$$Me^{+}(aq)+\overline{HX(膜)}\underset{反萃液一边}{\overset{料液一边}{\rightleftharpoons}}MeX(膜)+H^{+}(aq) \tag{11-1}$$

（2）中性分子萃取。如果金属载体是一种中性或碱性萃取剂（一种长链烷基胺）E，水溶液中的物种以中性分子被萃取，这时金属物种的迁移称为同向耦合迁移（即同向迁移），如图 11-4 所示，其化学反应可写为：

$$Me^{+}(aq)+X^{-}(aq)+\overline{E(膜)}\underset{反萃液一边}{\overset{料液一边}{\rightleftharpoons}}\overline{MeXE(膜)} \tag{11-2}$$

从图 11-4a 的逆向迁移可见，载体分子 HX 在支撑液膜两侧间不停地运动，将 Me^{z+}“搬到”反萃液一侧，将 H^+“搬到”料液一侧，以至于金属离子可以逆着它们浓度梯度迁移穿过膜发生所谓的“爬坡”迁移，即由浓度低的一侧迁移到浓度高的一侧。假如这一过程的推动力一直保持下去，这种“爬坡”迁移现象将持续下去直到所有可透过液膜的金属物种都从料液一边迁移到反萃液一边。图 11-7 所示为“爬坡”迁移的一个实例。时间超过 t_p，反萃液中 Cu^{2+} 浓度大于料液，然而 Cu^{2+} 的迁移仍继续进行。对欲提取金属具有较好选择性的载体分子 HX 或 E，可以使金属物种进行较完全的分离，在分离的同时使迁移到膜另一侧的金属得到浓缩。在渗透过程中，载体的行为就如同“梭子”一样，不断地将原液中的金属物种输送到反萃液中并得以再生，然后又扩散返回，如此周而复始。

11.3 液膜的构造

11.3.1 乳状液膜

可用于从水溶液中分离提取金属的乳状液膜，其膜相一般由三种物质组成。

（1）载体：是一种可选择性萃取水溶液中某些物种的有机物。载体的选用和一般萃取分离对萃取剂的选用原则基本一致。只是由于液膜分离时有机试剂耗量比萃取少得多，故而可选用一般萃取过程出于经济上的原因不能用的高效、高选择性的昂贵的萃取剂。

（2）膜溶剂：其选用要求与萃取所用稀释剂基本一致。膜溶剂的黏度必须适当，才能维持液膜的机械强度，以免破裂。

（3）表面活性剂：表面活性剂是乳状液膜的重要组成部分，它直接影响到液膜的稳定性、渗透速度、分离效果以及破乳等。凡是能显著地改变液体表面张力或二相间界面张力的物质均称为表面活性剂。表面活性剂有一共同特点是它们的分子具有双亲结构:由极性的亲水基和非极性的憎水基(亲油基)组成,因此表面活性剂具有亲水与亲油的双重性质。表面活性剂可分为离子型(溶于水时能电离生成离子)和非离子型(不能电离者)。

所选用的表面活性剂要满足下列三方面要求。

(1) 用表面活性剂制成的液膜的稳定性要高。稳定性用液膜的破损率作定量表述。破损率定义如下:

$$破损率(\varepsilon)=\frac{G_t}{G_0}\times 100\%$$

式中 G_t——乳液与膜外水相混合后经时间 t 时测得的外水相中某一指定物质的总量;

G_0——乳状膜内相中包含的同一物质的原始总量。

(2) 用表面活性剂制成的液膜的溶胀率要小。溶胀是乳状液膜操作中普遍存在的现象。一般 W/O 型乳状液膜的溶胀率为 50% ~100%,高者甚至可达 500%。乳状液膜的溶胀使内水相中欲分离的物质的富集倍数降低,分离选择性变差,并对正常操作及设备的设计带来困难。研究表明,不同表面活性剂对乳状液膜溶胀的影响不同。好的表面活性剂除了能形成稳定的乳液外,还能使乳状液膜的溶胀减到最小。乳状液膜的溶胀率用下式计算:

$$\eta_s=\frac{V_{\omega,i}-V_{\omega,i}^0}{V_{\omega,i}^0}\times 100\% + \varepsilon$$

式中 $V_{\omega,i}^0$——乳液溶胀前内水相体积;

$V_{\omega,i}$——乳液溶胀后内水相体积;

ε——乳液的破损率。

(3) 在水中溶解度尽可能小,最好无毒,价格低廉等。表面活性剂在膜相中的浓度要适当,即形成一耐久的液膜所需的最低浓度。

国内于 1981 年以前市售的表面活性剂中只有 Span -80(失水山梨醇单油酸脂)。早期的乳状液膜研究中大多用它作表面活性剂。实践表明,用 Span -80 所制乳液黏度不够,溶胀大,强度差,不耐酸碱,而且不能在高于 298 K 的温度下使用。国内外在筛选与开发性能优良的、适合于液膜用的表面活性剂方面做了不少工作。继 Span -80 以后又有一些液膜用表面活性剂问世,如上 -205、中胺 -185、蓝 -113A 和蓝 -113B、307 -I 等。除 307 -I 是磺化烯烃聚合物外,其余皆为聚胺类的非离子型表面活性剂。目前国外使用的有美国 Exxon 公司生产的专利产品 ENJ -3029 和 ECA -4360[3]。ENJ -3029 为聚胺类的非离子型表面活性剂,其组

成是

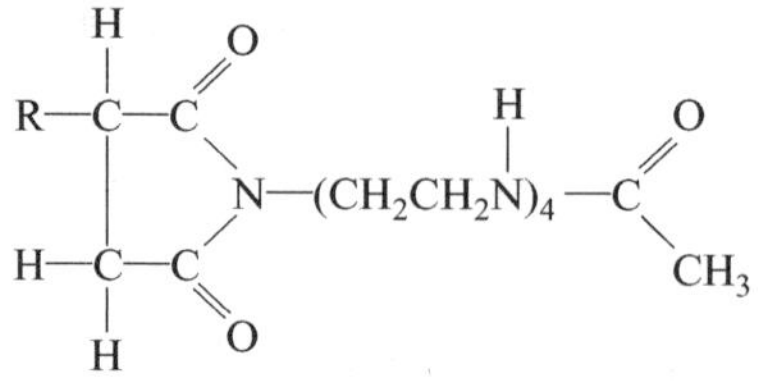

和

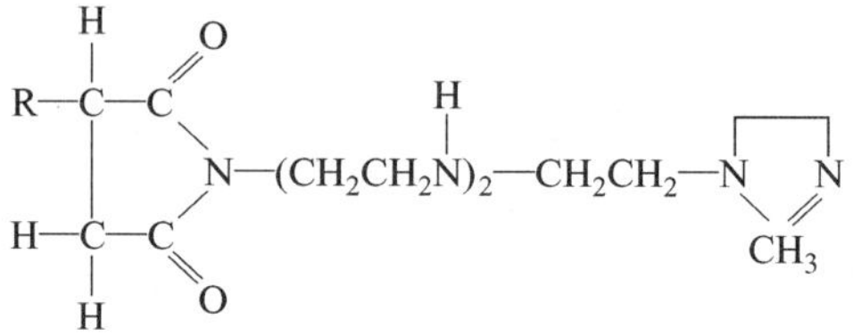

式中 R 为

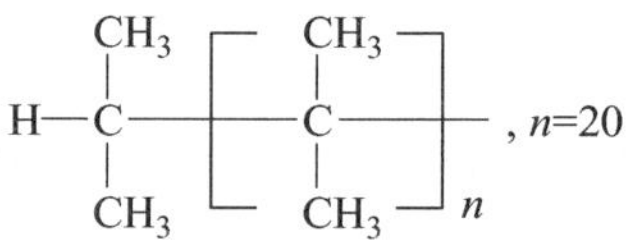

两者的混合物分子量为2000左右，可在温度313 K下操作，用它制作的乳液具有较高的稳定性。

张秀娟等先后研制出几种性能较好的表面活性剂 LMS－1[4]、LMS－2[5]、LMS－3[6]以及 LMA－1[7]。几种新表面活性剂的主要特征列入表11-1。

表 11-1 几种新表面活性剂的主要特征

代 号	类 型	组 成	平均相对分子量	黏度① η/mPa·s	密度 ρ /g·cm^{-3}	外 观	毒 性
LMS－1	阴离子型						
LMS－2	阴离子型	含 C_4 烯烃的共聚物	5000	8000～10000	0.83～0.86	褐色油状物	无
LMS－3	阴离子型		7000				
LMA－1	非离子型	由 C_4 烯烃共聚物合成	8000	9000～10000	0.85～0.88	棕黄色黏稠物	
PSN－89[74]	阴离子型		3000～4000				

① 为298 K温度下的黏度。

几种表面活性剂所制乳液的稳定性列入表11-2和表11-3。在内水相为含 KCl 2 mol/L，外水相为蒸馏水，其他条件同表11-1的情况下，对表面活性剂对乳液溶液溶胀的影响进行了试验，试验结果如图11-5所示[7]。

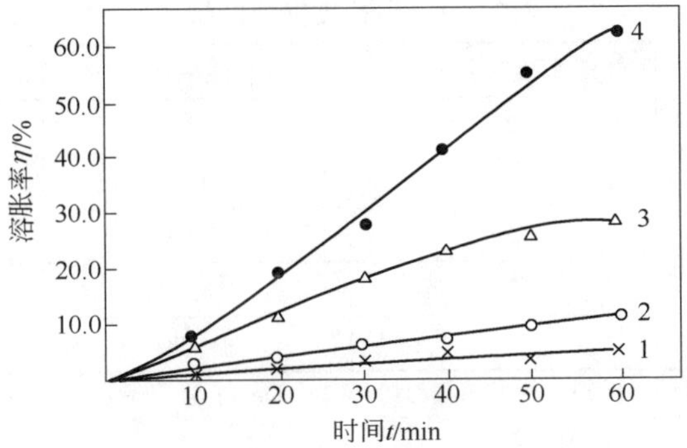

图 11-5 表面活性剂对乳液溶胀的影响

1—LMA-1;2—LMS-3;3—ENJ-3029;4—蓝-113A

表 11-2 不同表面活性剂所制乳液(膜内包碱)的破损率 ε (%)

表面活性剂	时间 t/min					备 注
	5	10	20	30	40	
LMA-1	0.08	0.12	0.14	0.15	0.18	内水相为含 KCl1% 和 1 molNaOH 的溶液
LMS-3	0.15	0.28	0.34	0.39	0.42	
蓝-113A	0.30	0.47	0.58	0.75	0.83	
ENJ-3029	0.43	0.54	0.62	0.73	0.90	

表 11-3 不同表面活性剂所制乳液(膜内包酸)的破损率 ε (%)

表面活性剂	时间 t/min					备 注
	5	10	20	30	40	
LMA-1	0.18	0.21	0.28	0.34	0.39	内水相为含 KCl1% 和 1 molH_2SO_4的溶液
LMS-3	0.12	0.16	0.19	0.23	0.30	
蓝-113A	0.50	0.65	0.90	1.12	1.24	
ENJ-3029	4.40	5.51	6.14	7.28	8.43	

11.3.2 支撑液膜

支撑液膜由支撑体和膜相组成,而膜相由载体(萃取剂)和稀释剂组成。载体与稀释剂的选用原则与萃取相似,支撑液膜的有机试剂耗量比乳化膜都小得多,故而可以选用价贵的选择性好的载体。研究较多、用于湿法冶金的支撑体是由微孔的聚丙烯、聚四氟乙烯以及特殊制备的聚砜制成的。这些支撑体在国外已成为商品,一些商品支撑体的性质见表 11-4[8]。

表 11-4 微孔支撑体的性质

产品名称	厚度 δ/μm	孔隙率/%	平均孔径 r/μm
Celgard①2400	25	38	0. 02
Celgard①2500	25	45	0. 04
Celgid①K801	50	65	0. 1
Gorelex②	75	85	0. 5
Accurel③		30 ~ 90	0. 1 ~ 11. 0

① 聚丙烯(Celanese 有限公司);② 聚四氟乙烯(W A Gore);③ 聚烯烃、共聚物、缩聚物、聚合物混合体(德国 ENKA)。

一般所用的支撑体的形状有平板式、管式、螺旋式和空心纤维膜组件 4 种。平板式支撑体(图 11-6a)的结构简单,可用于间断或连续操作。这种支撑体的膜表面积与模件体积的比值低,对实验研究,尤其是对理论研究较为方便。工业上用的平板式模件是较为复杂的板框式和多层板架装置。管式支撑体(图 11-6b)的直径从小于 1 mm(空心纤维)到几毫米。螺旋式支撑体(图 11-6c)是用两张厚度为 25 μm、孔隙率 0. 47、孔径为 0. 04 ~ 0. 4 μm、宽为 30. 5 cm 的聚丙烯膜,Duragard2502(聚合塑料公司制)重叠在一起所制成的[9]。支撑膜和聚酯网眼隔片(厚度 1. 1 mm)绕原液和反萃液的供给管卷曲,膜两端用环氧树脂胶密封。这种膜件比表面积约为 500 ~ 1000 m^2/m^3组件体积。空心纤维膜组件如图 11-6 d 所示,纤维端部嵌于管壳中。通常料液流经纤维管之内,反萃液流经纤维管外部。表 11-5 所列各种

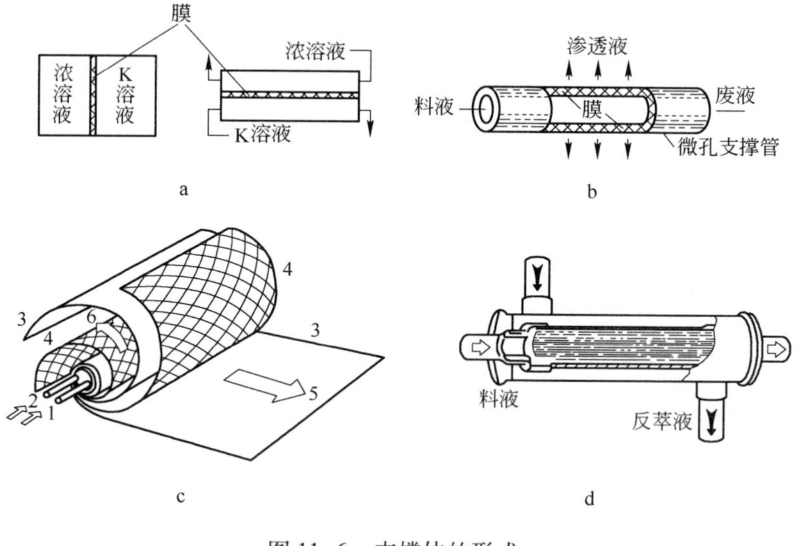

图 11-6 支撑体的形式

a—平板式;b—管式;c—螺旋式;d—空心纤维膜组件

1—原液供给管;2—反萃液供给管;3—支撑体(多孔膜板);4—聚酯网眼隔片;5—尾液流向;6—反萃液流向

结构中,一般以每单位体积空心纤维管的表面积最大。由于纤维管直径以及它们之间的距离均很小,流体高速流经模件,可减少在膜表面附近形成的浓差极化,而具有一定的实用潜力。

支撑体内有很多微孔,这些孔隙是互相连通的毛细管,它们贯穿着整个支撑体的厚度。这种微观构造能使膜固定,并允许金属离子络合物从一侧向另一侧扩散。

制备这种支撑液膜的方法很简单,就是将支撑体浸渍在含有萃取剂的溶剂中。这项工作可在已经组装起来的模件上进行。这样,当液膜由于溶解损失而导致金属离子传递效能降低时,可进行补充。例如,平面支撑体液膜可以再浸渍含有萃取剂的溶剂,中空纤维膜可以将膜相通入纤维管。

表 11-5 各类模件的填装密度、投资和操作费用比较

模件种类	填装密度 $\rho/m^2 \cdot m^{-3}$	投资费用	操作费用
管　式	25～50	高	高
平面和板框式	400～600	高	高
空心纤维膜组件	600～1200	低	低
螺旋式	500～1000		

11.4 液膜分离过程的热力学

初接触液膜分离过程的人常对金属离子能逆其浓度梯度进行“爬坡”迁移感到迷惑不解,事实上这种现象并没有违背热力学规律。以逆向迁移而言,Me^+ 由料液一侧(其活度为 $a_{Me,1}$)穿过膜进入反萃液一侧,并令其在反萃液中活度为 $a_{Me,2}$。与这一过程同时发生着 H^+ 的逆向迁移,从反萃液中(令其活度为 $a_{H,2}$)穿过膜进入料液。令料液中 H^+ 的活度为 $a_{H,1}$,这两个物种在膜两侧的偏摩尔吉布斯自由能可表述为

在料液中:

$$\overline{G_{Me^+,1}} = \overline{G^{\ominus}_{Me^+}} + RT\ln a_{Me,1}$$

$$\overline{G_{H^+,1}} = \overline{G^{\ominus}_{H^+}} + RT\ln a_{H,1}$$

在反萃液中:

$$\overline{G_{Me^+,2}} = \overline{G^{\ominus}_{Me^+}} + RT\ln a_{Me,2}$$

$$\overline{G_{H^+,2}} = \overline{G^{\ominus}_{H^+}} + RT\ln a_{H,2}$$

Me^+ 由膜一侧迁移到另一侧,这一过程的吉布斯自由能变化

$$\Delta G_{Me} = \overline{G_{Me,2}} - \overline{G_{Me,1}} = RT\ln\frac{a_{Me,2}}{a_{Me,1}}$$

H^+ 由反萃液进入料液这一过程的吉布斯自由能变化

$$\Delta G_{\mathrm{H}} = RT\ln \frac{a_{\mathrm{H},1}}{a_{\mathrm{H},2}}$$

整个过程的吉布斯自由能变化

$$\Delta G = \Delta G_{\mathrm{Me}} + \Delta G_{\mathrm{H}} = RT\ln \frac{a_{\mathrm{Me},2}a_{\mathrm{H},1}}{a_{\mathrm{Me},1}a_{\mathrm{H},2}}$$

当 $\Delta G<0$ 时，过程在热力学上是可以进行的。

要 $\Delta G<0$，则 $a_{\mathrm{Me},2}a_{\mathrm{H},1}<a_{\mathrm{Me},1}a_{\mathrm{H},2}$；当 $a_{\mathrm{H},2}\gg a_{\mathrm{H},1}$ 时，在一定范围内，即令 $a_{\mathrm{Me},2}>a_{\mathrm{Me},1}$，上述不等式依然成立。所以，$Me^+$ 可由活度低的 $a_{\mathrm{Me},1}$ 处向活度高的 $a_{\mathrm{Me},2}$ 处迁移，即逆其浓度梯度产生“爬坡”迁移。显然，这一过程的热力学推动力是液膜两侧 H^+ 离子的浓度差。

可用同样的原理来讨论同向迁移的问题。

$$\Delta G = RT\ln \frac{a_{\mathrm{Me},2}a_{\mathrm{X},2}}{a_{\mathrm{Me},1}a_{\mathrm{X},1}}$$

X^- 是和 Me^+ 进行同向迁移的阴离子。若 $a_{\mathrm{X},1}\gg a_{\mathrm{X},2}$，则在一定范围内即令 $a_{\mathrm{Me},2}>a_{\mathrm{Me},1}$，仍可使 $a_{\mathrm{Me},2}a_{\mathrm{X},2}<a_{\mathrm{Me},1}a_{\mathrm{X},1}$，$\Delta G<0$，热力学推动力是液膜两侧的与金属离子共同迁移的阴离子 X^- 的浓度差。

“爬坡”迁移的实际例子示于图 11-7。

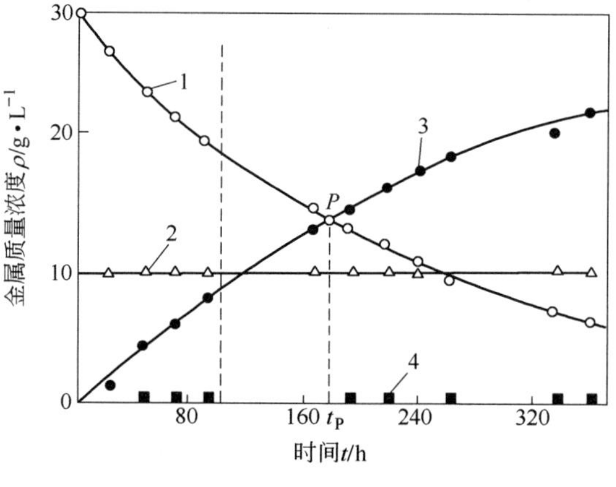

图 11-7 铜离子的爬坡迁移

1—Cu^{2+} 料液(pH3)；2—Zn^{2+} 料液(pH3)；3—Cu^{2+} 反萃液；4—Zn^{2+} 反萃液

11.5 液膜分离过程的动力学

11.5.1 乳状液膜传输过程动力学

由于液膜体系的复杂性，到目前为止，还没有建立一个能够全面描述液膜的传质机理的统一数学模型,现已经提出的这类模型有 3 种。

(1) 快速化学反应模型。R. P. 查恩(Cahn)等人[10]和 E. S. 马特利维西厄谢(Matulevicius)等人[11]把液膜传输过程视为快速化学反应的纯扩散控制过程,并假定膜的厚度不变建立了简单的数学模型。

(2) 反应前沿模型(Reaction Front)。提出这类模型的人认为,在液膜传质过程中,在乳状液滴内存在着两个区域。一为饱和区,此区内膜内相试剂全部耗尽。另一为未吸收区,膜内相浓度等于原始浓度,两区之间有一截然的分界。液膜的厚度是原液膜厚度加饱和区厚度,因此随液膜传质的进行,液膜不断变厚[12]。

(3) 渐进前沿模型(advancing front)。为 W. S. 何(Ho)等人[12]和 R. 马尔(Marr)等人[13]所建立。

T. A. 哈通(Hatton)等人[14]比较了上述数学模型,认为渐进前沿模型最合理,具有一定的实用价值。按照建立渐进前沿模型的原理,在乳状液膜体系中,整个传质过程包括以下几步:(1)迁移组分通过膜外相边界层扩散到乳状液滴的表面上;(2)在界面上迁移组分通过化学反应或物理溶解过程进入模相;(3)迁移组分通过膜由外界面向乳状液滴内部扩散;(4)在膜外相和膜内相界面上,迁移组分再通过化学反应进入膜内相。上述迁移过程表示如图 11-8 所示。

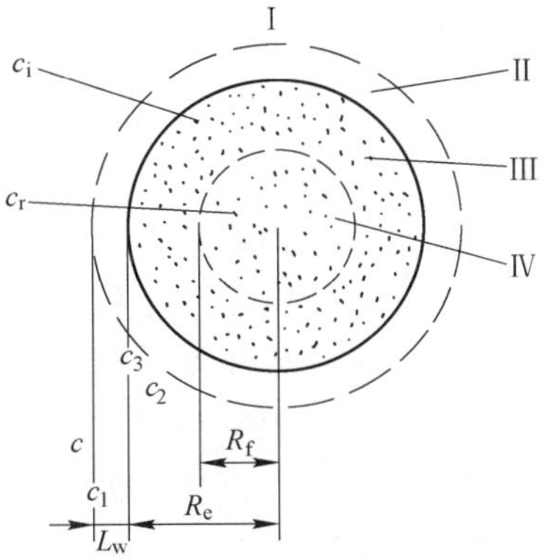

图 11-8 渐进前沿模型示意图

该模型有以下假定:(1)由于表面活性剂的存在,在乳状液滴的内部膜内相微滴不产生对流;(2)传质过程的阻力主要是膜外相边界层和膜相的扩散阻力;(3)迁移组分首先与最外层的膜内相试剂反应,当该层膜内相试剂耗尽后迁移组分再与下一层的膜内相试剂反应。因此,在乳状液滴内存在着两个区,一个饱和区,另一个未吸收区。两区之间有一个截然的边界。

在图 11-8 中,Ⅰ表示膜外相,c 为迁移组分在膜外相的体积浓度。Ⅱ表示乳状液滴周围的膜外相边界层,L_w为其厚度。在一定的搅拌速度和两相黏度下,L_w为常数。c_1为在乳状液滴的外界面上,迁移组分在膜外相中的浓度。c_3为此界面上迁移组分在膜相中的浓度。Ⅲ表示饱和区,在该区中膜内相试剂全部耗尽。c_i为该区内迁移组分在膜内相中的浓度。Ⅳ表示未吸收区。c_r为该区内相试剂的浓度,由于该区内没有迁移组分,其浓度 c_r即为原始浓度。c_2为反应前沿上迁移组分在膜相中的浓度,与 c_2相比可以认为接近于零。R_f为反应前沿的半径,R_e为乳状液滴的平均半径。

根据以上的假定,W. S. 何(Ho)等人[12]和 R. 马尔(Marr)等人[13]建立了迁移组分的传质通量式为：

$$J=\frac{3D_e(V_m+V_i)}{R_e^2}\left(\frac{R_f}{R_e-R_f}c_3\right) \tag{11-3}$$

将式 11-3 积分得到：

$$P=\left(1+\frac{1}{2B}\right)\ln\frac{c_i}{c_0}-\frac{3}{2B}\ln\frac{X-B}{1-B}+\frac{3}{B}\left[\arctan\frac{2+B}{3B}-\arctan\frac{2X-B}{3B}\right] \tag{11-4}$$

其中

$$X=\frac{R_f}{R_e}=(1-Gc_0+Gc_e)^{1/3}, B=(1-Gc_0)^{1/3}$$

$$G=\frac{QV_e}{c_iV_i}, P=\frac{3D_e(V_m+V_i)}{R_e^2V_e}$$

式中 D_e——迁移组分在乳状液滴中的有效扩散系数；

V_m——膜相总体积，cm^3；

V_i——膜内相总体积，cm^3；

V_e——膜外相总体积，cm^3；

Q——膜相试剂与 1 mol 的迁移组分反应所需要的摩尔数；

c_i——迁移组分在吸收区的膜内相中的量浓度，mol/L。

式 11-4 只考虑了膜相阻力，实际上，膜外相边界层的阻力有时也是不能忽略的。姜长印等[16]在上述模型基础上，还综合考虑了膜外相边界层阻力对传质速度的影响。得到影响传质的膜外相边界层效应系数 K 值的计算公式为：

$$K=\frac{-3D_e(V_m+V_i)t}{R_e^2V_e\ln(c_e/c_0)}$$

陈超球等[17]用钯(Ⅱ)的液膜提取实验数据验证式 11-4，实验值与计算值吻合较好，见图 11-9。

实验选取的膜相组成为 DOSO (3.0%) -（上 - 205 + 蓝 - 113A) (1.5%) -1.2 - 二氯乙烷 - 磺化煤油，外相液为含钯(Ⅱ) $1\times10^{-2}\%$ ~ $3\times10^{-2}\%$ 和含 HCl0.1 mol/L 的水溶液，内相为含氨 3 mol/L 的氨水，油内比 R_{oi} = 2:1，温度 298 K ±0.2 K。

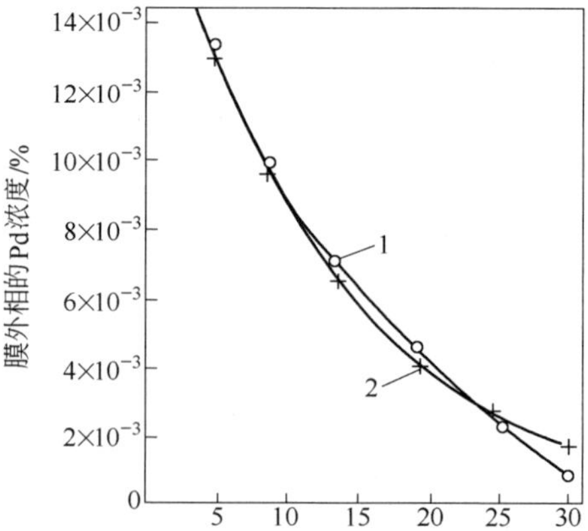

图 11-9 实验值与计算值比较

1—实验值；2—计算值

11.5.2 支撑液膜传输过程动力学

在实践中 SLM 的渗透性用支撑液膜对金属离子迁移通量的平均值来表示：

$$\bar{J}=\frac{\Delta[\mathrm{Me}]_{\mathrm{S}}V}{\Delta tQ}$$

式中 Δt——t_2-t_1时间间隔；

$\Delta[\mathrm{Me}]_{\mathrm{S}}$——$[\mathrm{Me}]_{\mathrm{S},2}$—$[\mathrm{Me}]_{\mathrm{S},1}$；

$[\mathrm{Me}]_{\mathrm{S},2}$——时间 t_2反萃液中金属的浓度；

$[\mathrm{Me}]_{\mathrm{S},1}$——时间 t_1反萃液中金属的浓度；

V——反萃液体积；

Q——膜表面积。

目前，还没有一种能解释各种 SLM 传输过程有关现象的理论，一些学者已提出一些有一定参考价值的方程和数学模型，如 P. R. 丹尼西（Danesi）提出的平板型和中空纤维管型 SLM 传递方程[18,19]。

图 11-10 所示为金属离子 Me^+经过平板型 SLM 的传输过程的各阶段浓度的变化。

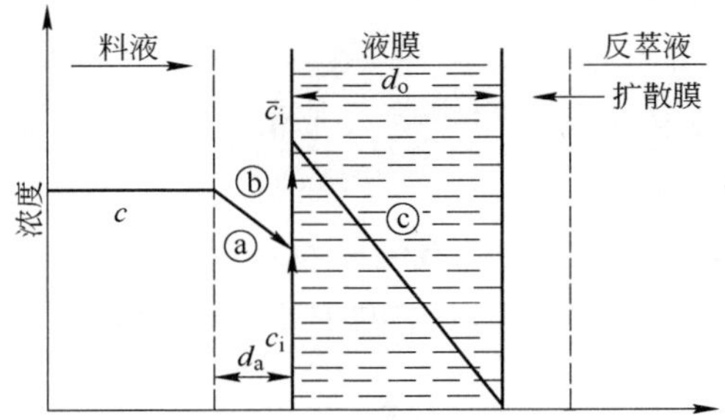

图 11-10 离子 Me^+经过平板型 SLM 传输过程各阶段的浓度变化

ⓐ—水溶液边界层扩散（$\Delta a=d_a/D_a$）；ⓑ—化学反应（K_1, K_{-1}），ⓒ—膜相内扩散（$\Delta_o=d_o/D_o$）

c—Me^+在料液中的本体浓度；c_i—在料液与膜相界面处 Me^+在料液中的浓度；

$\bar{c}_i$—在料液与膜相界面处 Me^+在膜相中的浓度；d_a—料液与膜相一侧的边界层厚度；d_o—膜相厚度

若下列假设成立：

（1）传输过程处于稳定态；

（2）浓度梯度呈线性变化；

（3）金属在料液－膜相之间的分配系数比在反萃液－膜相之间的分配系数大得多；

（4）金属离子与膜相中载体间的反应为瞬间界面化学反应；

（5）料液中金属离子的浓度 c 很低。

则可写出传输过程各阶段的通量方程。

(1) 金属离子 Me^+ 经过料液 - 膜相边界层的通量

$$J_1 = -D_a \frac{\partial [Me^+]}{\partial x} \tag{11-5}$$

式中，D_a 为金属离子在水溶液中扩散系数。

从图 11-10 可以看出，浓度梯度

$$\frac{\partial [Me^+]}{\partial x} = \frac{c_i - c}{d_a} \tag{11-6}$$

于是便有

$$J_1 = \frac{D_a}{d_a}(c - c_i) \tag{11-7}$$

(2) 料液 - 膜相界面处的化学反应通量。料液的金属离子与膜相中的载体在料液 - 膜相界面上形成络合物或缔合物，反应产生的通量

$$J_2 = K_1 c_i - K_{-1} \bar{c}_i \tag{11-8}$$

式中 K_1——正向反应速率常数；

K_{-1}——逆向反应速率常数。

(3) 第 2 步生成的金属离子与载体的络合物或缔合物在膜相内向膜相—反萃液界面处扩散

$$J_3 = -D_o \frac{\partial \overline{[Me]}}{\partial x} \tag{11-9}$$

式中，D_o 为金属离子与载体的络合物或缔合物在膜相中的扩散系数。$\overline{[Me]}$ 为金属离子与载体的络合物或缔合物在膜相中的浓度，由图 11-10 可以看出

$$J_3 = \frac{D_o}{d_o} \bar{c}_i \tag{11-10}$$

在稳定态下 $J_1 = J_2 = J_3$，联立式 11-7、式 11-8 和式 11-10 并化简后可得：

$$J = \frac{K_1}{K_1 \Delta_a + K_{-1} \Delta_o + 1} c \tag{11-11}$$

式中 $\Delta_a = d_a / D_a$；

$\Delta_o = d_o / D_o$。

渗透系数

$$P = \frac{J}{c} = \frac{K_1}{K_1 \Delta_a + K_{-1} \Delta_o + 1} \tag{11-12}$$

式 11-12 分子分母同除以 K_{-1} 并因

$$K_1 / K_{-1} = \frac{\bar{c}}{c} = K_d \tag{11-13}$$

为金属离子在膜相与水相之间的分配比，得：

$$P=\frac{K_d}{K_d\Delta_a+\Delta_o+\dfrac{1}{K_{-1}}} \tag{11-14}$$

若 $K_{-1}\gg1$，则式 11-14 变为

$$P=\frac{K_d}{K_d\Delta_a+\Delta_o} \tag{11-15}$$

又根据能量的定义可看出，

$$J=-\frac{dc}{dt}\frac{V}{Q}=Pc \tag{11-16}$$

$$\frac{dc}{c}=-\frac{V}{Q}Pdt$$

$$\int_{c_0}^{c}\frac{dc}{c}=-\int_0^t\frac{V}{Q}Pdt$$

$$\ln\frac{c}{c_0}=-\frac{Q}{V}Pt \tag{11-17}$$

式中 c_0——时间为 0 时料液中金属离子的浓度；

c——时间为 t 时料液中金属离子的浓度；

Q——膜面积；

V——料液体积；

P——渗透性系数。

式 11-17 表明，以 $\ln c/c_0$ 与 t 作图，得一直线，由直线斜率

$$K=-\frac{Q}{V}P$$

可求出渗透系数 P。

可以用式 11-14 和式 11-17 来解释稀溶液中金属离子经 SLM 的传输行为。

当料液中金属离子浓度相当高时，膜相表面载体分子全部与金属离子络合或缔合，此时 $\bar{c}_i=\dfrac{\overline{[HX]}}{n}$。$\overline{[HX]}$ 为膜相中载体的浓度，n 为每个金属离子络合或缔合的载体分子数。此时，金属离子在膜相与水相之间分配比

$$K_d=\frac{\bar{c}_i}{c}=\frac{\overline{[HX]}}{nc}$$

代入式 11-15，得：

$$P=\frac{J}{c}=\frac{\dfrac{\overline{[HX]}}{nc}}{\left(\dfrac{\overline{[HX]}}{nc}\right)\Delta_a+\Delta_o} \tag{11-18}$$

当 c 足够大时，

$$P \approx \frac{\overline{[\mathrm{HX}]}}{nc\Delta_{\mathrm{o}}}$$

$$J \approx \frac{\overline{[\mathrm{HX}]}}{n\Delta_{\mathrm{o}}} \tag{11-19}$$

同样，

$$J = -\frac{\mathrm{d}c}{\mathrm{d}t}\frac{V}{Q}$$

积分后得：

$$c = c_{\mathrm{o}} - \frac{\overline{[\mathrm{HX}]}}{n\Delta_{\mathrm{o}}} \times \frac{Q}{V}t \tag{11-20}$$

式 11-20 表明，当料液浓度足够大时，随着渗透的进行，料液中金属离子的浓度随时间而呈直线下降。

中空纤维管的支撑膜可有两种操作方式。一种为单程式，料液由中空管的一端进，另一端出，反萃液在管外侧逆向流动。另一种为循环式，料液在管内反复循环，反萃液在管外沿逆向也反复循环。P. R. 丹尼西推导出中空纤维管式支撑膜的数学模型，这种数学模型有四种情况。

（1）单程式，当料液中金属离子浓度很低时

$$c_{出} = c_{进}\left(\frac{\phi - 1}{\phi + 1}\right), \phi > 1 \tag{11-21}$$

对于单管：

$$\phi = \frac{R\bar{u}}{P^* L\varepsilon}$$

对于多管：

$$\phi = \frac{Q_{\mathrm{T}}}{P^* L\varepsilon TNR}$$

（2）单程式，当料液中金属离子浓度高时

$$c_{出} = c_{进} - \frac{\overline{[\mathrm{HX}]}}{n\Delta_{\mathrm{o}}^*} \times \frac{2L\varepsilon}{\bar{u}R} \tag{11-22}$$

$$\frac{\overline{[\mathrm{HX}]}}{n\Delta_{\mathrm{o}}^*}\frac{2L\varepsilon}{\bar{u}R} \ll c_{进}$$

（3）循环式，当料液中金属离子浓度低时

$$\ln\frac{c_t}{c_0} = -\frac{A}{V}P^* \times \frac{\phi}{\phi + 1}t \tag{11-23}$$

式中 $\phi > 1$。

（4）循环式，当料液中金属离子浓度高时

$$c_t = c_0 - \frac{\overline{[\mathrm{HX}]}}{n\Delta_{\mathrm{o}}^*} \times \frac{A}{V}t \tag{11-24}$$

$$\frac{\overline{[\mathrm{HX}]}}{n\Delta_o^*}\times\frac{A}{V}t\ll c_0$$

上述各式中 R——中空形支撑管内径,cm;

L——中空形支撑管长度,cm;

$\bar{u}$——料液在管中的线速度,cm/s;

Q_T——料液的总流速,cm^3/s;

ε——支撑体的孔隙度;

V——料液总体积,cm^3;

Δ_o^*——$=\dfrac{d_o\gamma}{D_o}$;

P^*——$=\dfrac{K_d}{K_d\Delta_a^*+\Delta_o^*}$,cm/s;

Δ_a^*——$=\left(\dfrac{R}{R-d_a}\right)\times\dfrac{d_a}{D_a}$;

d_o——管壁厚度,cm;

d_a——料液—膜相界面处的边界层厚度,cm;

[HX]——膜相中载体浓度;

A——支撑管内壁供传输的总面积,cm^2,$A=2\pi RLN\varepsilon$;

N——支撑管的根数;

n——每个金属离子络合或缔合的载体分子数;

$c_{出}$——料液在中空管出口处的浓度,mol/L;

$c_{进}$——料液在中空管进口处的浓度,mol/L;

c_t——时间 t 时料液浓度,mol/L;

c_0——时间 0 时料液浓度,mol/L。

在上述的 P. R. 丹尼西的模型中,在整个操作过程中都把渗透系数视为常数。事实上渗透系数不一定是常数,随被提取物的浓度的变化而变化。丹尼西的这一简化处理给模型带来了误差。

钦·耶希安(Ching－Yehshian)等人通过对 Cu^{2+} 穿过中空纤维管支撑液膜的研究,提出了具有可变渗透系数的简单模型和精确模型,即:

(1) 单程式。假设:

1) 在整个萃取操作过程中,液膜体系所有物理性质和迁移性质都是常数;

2) 在纤维管空腔内,轴向扩散可忽略;

3) 除了沿纤维管内壁形成的边界层,迁移组分在纤维空腔内的浓度分布在任何轴向位置都呈线性分布;

4) 体系为稳态操作。

依据上述假设，通过对空心纤维管的任一微元段作物料衡算，可得：

$$-Q_F\frac{dc_1}{dx}=J_x\pi(r_1+r_2) \tag{11-25}$$

在 $x=0$ 处，方程 11-25 的边界条件为：

$$c_1=c_1^0,H_1=H_1^0$$

式中，H_1为料液中 H_2SO_4浓度。结合机理的方程，方程 11-25 可从空心纤维管的进口到出口进行数值积分以求得迁移组分的出口浓度。

（2）循环式。

1）精确循环模型。每次循环从空心纤维管流出的迁移组分浓度可通过空心纤维管入口处的浓度从轴向计算而获得。而在搅拌着的料液储槽中迁移组分浓度就基于出口浓度计算而得。料液槽中的物料平衡方程建立如下：

$$-V_F\frac{dc_{进}}{dt}=Q_F(c_{进}-c_{出}) \tag{11-26}$$

2）简单的循环模型。空心纤维被视为一个单元。用迁移组分的平均浓度（基于进口和出口的浓度）来计算迁移组分通过空心纤维管萃取的总量。这是一种合理的近似，因为沿着空心纤维管 Cu^{2+} 的浓度分布大约呈线性分布。在整个空心纤维管上对料液的迁移组分作物料衡算，得：

$$Q_F(c_{进}-c_{出})=PA\left(\frac{c_{进}-c_{出}}{2}\right) \tag{11-27}$$

通过同时解方程 11-26 和 11-27，可容易地求得料液搅拌槽中迁移组分浓度的时间曲线。但是，在解方程之前，必须确定 P 是否为迁移组分的函数。由于方程 11-27 的两边等于料液流经空心纤维空腔时迁移组分的萃取总量。因此，得下列方程：

$$PA\frac{c_{进}-c_{出}}{2}=\frac{A}{L}\int_0^L J_x dx \tag{11-28}$$

或者

$$P=\frac{2}{L(c_{进}-c_{出})}\int_0^L J_x dx$$

方程 11-27 中的 P 可以定义为

$$P=P_0c_{进}/c_0 \tag{11-29}$$

其中，P_0是当进口迁移组分的浓度 $c_{进}$等于 c_0时的渗透系数，它可用单程式模型的方程计算出来。将方程 11-29 代入式 11-27 得：

$$Q_F(c_{进}-c_{出})=\frac{A}{2}P_0\times\frac{c_{进}}{c_0}(c_{进}-c_{出}) \tag{11-30}$$

或

$$c_{出}=\frac{\phi c_0-c_{进}}{\phi c_0+c_{进}}c_{进} \tag{11-31}$$

其中，$\phi=2Q_F/AP_0$。将方程 11-31 代入式 11-26 中，可得 $c_{进}$作为时间函数的解析结果：

$$\ln\left(\frac{c_{进}}{c_0}\right)-\phi\left(\frac{1-c_{进}/c_0}{c_{进}/c_0}\right)=-\frac{2Q_F}{V_F}t \tag{11-32}$$

钦·耶希安等人用实验证实了在相同实验条件下,丹尼西提出的具有不变渗透系数的循环模型有大约10%的偏差。实验同时证实了上述具有可变渗透系数的精确循环模型和简单循环模型仅有1%的偏差。马萨基·费拉莫托(Masaaki-Feramoto)等推导了螺旋形支撑膜的渗透方程[9]。

11.6 液膜的选择性

对于分离水溶液中金属离子这一目的而言,仅仅讨论一种离子的膜过程行为是不够的,而应同时考察溶液中同时存在的离子的膜过程行为,只有它们在膜过程中具有不同的行为才能用膜来分离它们。与萃取过程一样,各种离子分离的可能性的大小用分离系数来表述。

对支撑液膜而言,若料液中有 Me_1 和 Me_2 两种金属离子,其渗透系数分别为 P_1 与 P_2,则其分离系数定义为

$$\alpha=\frac{P_1}{P_2}=\frac{K_{d_1}}{K_{d_2}}\left(\frac{K_{d_2}\Delta_a+\Delta_o}{K_{d_1}\Delta_a+\Delta_o}\right) \tag{11-33}$$

由于大多数金属离子和金属载体络合物在相同的介质中的扩散系数数值相近,故可以认为 Me_1 和 Me_2 的 Δ_a 与 Δ_o 是一样的。所以式11-33的 Δ_o 与 Δ_a 是非选择性因素,它们会使膜过程的选择性降低。当 $K_d\Delta_a \ll \Delta_o$ 时,式11-33转变为

$$\alpha_{max}=\frac{K_{d_1}}{K_{d_2}} \tag{11-34}$$

式11-34表明,用SLM进行分离过程的分离系数的最大可能值是在相同体系的萃取过程的分离系数。在两种情况下可以达到 α_{max},即料液搅拌强度或流速高,料液—膜相界面处附面层厚度 d_a 很小,或液膜厚度大。这两种情况,前者在实际应用中更可取。在另一种极端情况下,即料液搅拌强度(对于平板膜)或流速(对中空纤维管型膜)很低或两种金属的 K 都很高,此时两种金属的 $K_{d_1}\gg 1$,$K_{d_2}\ll 1$。在这种情况下,由于大多数SLM的 d_o 在25~50 μm之间,对于大多数搅拌良好或流速很高的溶液 d_a 在15~40 μm之间,由式11-15得出:

$$P_1=\Delta_a$$

$$P_2=\frac{K_{d_2}}{\Delta_o}$$

$$\alpha=\frac{\Delta_o}{\Delta_a K_{d_2}} \tag{11-35}$$

考虑到 d_a 与 d_o 具有大致相同的值,对于典型脂肪族稀释剂,

$$\frac{D_a}{D_o} \approx 10$$

于是

$$\alpha \approx \frac{10}{K_{d_2}}$$

即分离系数仅与难萃取金属 Me_2的分配比 K_{d_2}有关。式 11-35 作为一个经验公式可用来估计一些支撑膜分离过程的分离系数。

11.7 液膜分离作业

用支撑液膜分离水溶液中的金属,其工艺流程较为简单,如图 11-11 所示。

图 11-11 支撑液膜分离工艺流程

支撑液膜分离的操作也较为简单。反之,乳状液膜工艺流程与操作要复杂一些,其工艺过程至少包含制乳、液膜萃取、破乳三大步骤,其流程如图 11-12 所示。

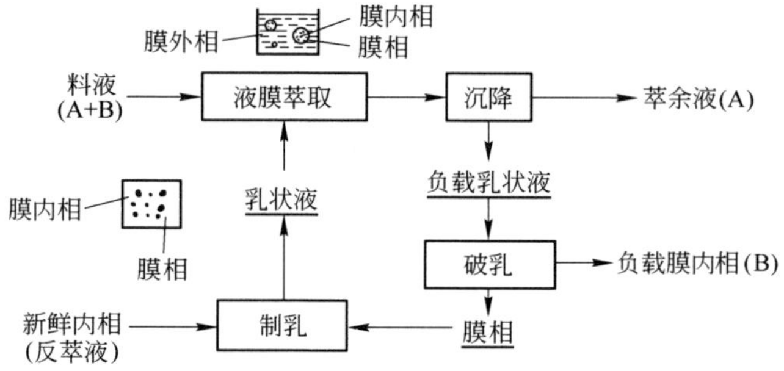

图 11-12 乳状液膜工艺流程图

11.7.1 制乳

将选定的膜液(载体+稀释剂+表面活性剂)与膜内相(反萃液)高速搅拌混合制成乳状液。膜液与膜内相的体积比称为油内比。一般用于从水溶液中分离提取金属需要制备油包水型(W/O)乳状液。依表面活性剂的加入方式(先加入油中还是先加入内相中)、油与水混合的方式(油注入水中或相反)以及速度,可组合成若干种不同的操作方式。经验表明,以先将表面活性剂加入油(载体+稀释剂)中,而后再把水(膜内相)快速加入油中为好。加入时与加入后施以强烈搅拌(搅拌器转速一般大于 2000 r/min)。这种操作方式可获得 W/O 型乳状液,液滴细而稳定。制乳用的容器的材质对乳液性质也有影响,制备 W/O 型乳状液需用不为水浸润的塑料容器。

11.7.2 液膜萃取

将制得的乳状液缓慢地注入料液中同时施以缓慢的搅拌。乳液与料液体积比称为乳水比。油包水型液滴分散在料液中(连续相),形成水-油-水三相体系的乳状液。料液中的某些金属物种萃取入膜相,同时反萃入膜内相中。液膜萃取使萃取和反萃在一个设备中同时实现。与萃取一样,液膜萃取的方式可以有间歇式和连续式两种,连续式又可分为顺流式或逆流式。连续式可在各种塔(类似萃取塔)中进行。

在液膜萃取过程中所形成的水-油-水型乳状液经静置后,由于密度的差别负载乳状液(膜+膜内相)与萃余液(膜外相)分层。静置沉降作业采用设备为一般的沉降槽。

11.7.3 破乳

与萃余液分开后的负载乳状液通过破乳,使有机物构成的膜相与膜内相分离。膜相返回使用,膜内相则需进一步处理以提取其中的金属。破乳是个十分重要的环节,其操作好坏直接影响到整个液膜分离过程的经济效益。在破乳操作中,要设法使被反萃液带失的有机相量尽可能小,能耗、原料单耗尽可能低。破乳的方法有化学破乳和物理破乳两种方法,前者是加入某种破乳剂,后者是用物理方法(离心、加热、高压静电破乳等)将液膜打破。化学破乳法的缺点是加入破乳剂会使有机相的污染及试剂的消耗增加。片冈键认为,在各种破乳方法中最有效的方法是高压静电破乳法。严忠等认为[20],电破乳过程分为水滴的电致聚集、水滴沉降、水滴在油水界面上聚结而下沉三个步骤。电致聚集是由于水滴在电场中极化所产生的偶极力的作用下发生撞击时,由于作用力大或油膜不太牢固,产生较大的不可逆孔,两水滴联结成花生形,如图 11-13b 所示。继之在界面张力的作用下经椭球形最后变成球形。并不是所有的撞击都是有效的,有的撞击后两液滴仍然分开并恢复球形。电致聚集使若干个小液滴聚集为大液滴,接着便是水滴的沉降,其沉降速度按 Stokes 公式:

$$v=\frac{2}{9\eta}r^2(\rho_2-\rho_1)g$$

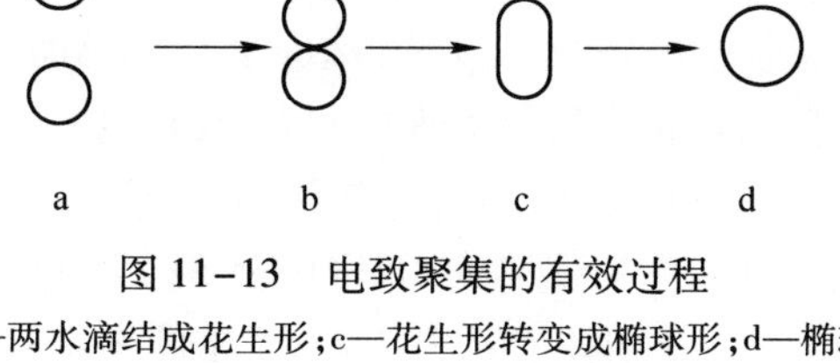

图 11-13 电致聚集的有效过程

a—两水滴;b—两水滴结成花生形;c—花生形转变成椭球形;d—椭球形变成球形

式中 r——水滴半径；

$\rho_2-\rho_1$——水油密度之差；

η——油的黏度；

g——重力加速度常数。

水滴沉降到油相底部后，在油—水界面上进一步聚结而进入水相。在液膜分离技术的操作中，最慢的是破乳步骤。在破乳时常常会生成海绵状中间层(Sponge)。当水滴不太大时，水滴下沉的撞击力不足以破坏水滴与水层之间的膜，于是水滴就堆积在油—水界面处，形成较大水滴的乳状液，称为海绵状中间层。

高压静电破乳法主要有4种不同的实施方案，即裸电极法(交直流电法，绝缘电极交流电法，绝缘电极脉冲电压法及裸电极脉冲电压法)。裸电极法将两支裸电极(球形、平板形或圆锥形等)直接插入乳状液中并通以交流或直流电。这种方法有一个很大的缺点，就是电流通过乳液会引起一些不必要的电化学反应，致使破乳后形成的油相与水相之间存在着第三相。电流通过乳液使乳液温度升高，易引起液膜成分变质难以返回使用，并增大有机试剂的损失。此外，操作技术难度较大，不安全，能耗高，也是它的缺点。

近年来出现了一种集萃取、反萃、浓缩和结晶沉淀或还原制取金属(粉末)为一体的乳状液膜技术。这种技术是往膜内相中加入某种还原剂把从膜外相转入膜内相的金属物种还原成金属从而直接制得金属粉末。若膜内相含有某种沉淀剂，则可使进入其中的金属生成一种沉淀。由于液膜分离同时具有浓缩的功能，在特定条件下，在膜内相可以生成金属的某种盐的结晶。总之，这种技术在分离的同时可以直接获得某种固体产物。王向德等[21]用这种方法从黑钨矿碱熔后的水浸液经脱硅后一步获得仲钨酸铵(APT)的合格产品，所用载体为N263。

11.8 液膜分离技术在湿法冶金中的应用

到目前为止，国内外在液膜分离技术用于分离和提取金属方面进行了大量工作，并对很多金属进行过研究，但用在生产上的还很少。

11.8.1 提锌

R. 马尔(Marr)等人[22~24]用乳状液膜法处理粘胶工业含锌废水是乳状膜工业应用的第一个例子。含锌废水锌的浓度为$4\times10^{-2}\%\sim6\times10^{-2}\%$，其pH=2。所用载体为DEHPA，其在膜中的浓度为4%，萃取器用搅拌塔。1985年建成的这种工业装置的塔径为2.5m，塔高10m，处理能力为$70m^3/h$。用乳状液膜萃取可将废水中的锌含量降至$5\times10^{-4}\%$，膜内相的锌浓度可达45~60g/L。清华大学王士柱等也进行了类似的工业试验[25]，载体为D2EHDTPA(P204)，其在油膜相中的浓度为2%~4%；T154为表面活性剂，浓度为2%；煤油作稀释剂；内相为硫酸溶液，其浓度为 3 mol/L。萃取柱为机械搅拌柱，柱径 500 mm，有效高度 4 m，废水处理能力为50 t/d。制乳设备为机械搅拌柱，体积为 800 mm × 800 mm × 800 mm，搅拌转速 0 ~ 3000 r/min。破乳作业用 50 Hz 工频交流电，电压为 7 kV，使用绝缘电极板。经 3 个月的运行结果表明，料液温度、Fe^{3+}浓度、H_2SO_4浓度对锌的提取效率影响很大。温度低效果差，锌的萃取率随料液中 Fe^{3+} 和 H_2SO_4浓度的上升而减小。当料液温度高于 323 K，废水原始 H_2SO_4浓度小于 10 g/L，Fe^{3+} 小于 $2\times10^{-3}\%$，经液膜提取后锌的浓度可从 $62\times10^{-3}\%$ 降至 $5\times10^{-4}\%$ 以下，达到允许排放的要求。若 Fe^{3+} 和 H_2SO_4浓度均高于上述废水的浓度，而废水温度又低于 323 K，在此情况下经处理后废水不一定能达到排放标准。处理后废水含油小于 $10^{-3}\%$，无二次污染。在回收的 $ZnSO_4$溶液中，锌含量大于 14 g/L，油含量小于 $10^{-3}\%$，可返回粘胶短纤维生产中使用。经济核算（表 11-6）表明，用此法处理 1t 含锌废水尚可盈利 0.69 元。有人研究了用充注 P 204 的螺旋形支撑液膜提锌[64]。

表 11-6 经济核算表（按处理 1t 废水计算）（1991 年数据）

项　目	数　量	单　价	总　值
回收锌折合 70% $ZnSO_4\cdot7H_2O$	3 kg	0.67 元/kg	2.00 元
消耗煤油	0.07 kg	0.70 元/kg	0.05 元
消耗萃取剂及表面活性剂	0.07 kg	2.00 元/kg	0.06 元
消耗硫酸	1 kg	0.15 元/kg	0.15 元
耗电	1.5 kW · h	0.10 元/(kW · h)	0.15 元
劳务费	0.04 d · 人	15.00 元/(d · 人)	0.60 元
设备折旧费（设备总投资 10 万元、年折旧费 5%）			0.30 元
总耗费			1.31 元
处理 1t 废水盈利			0.69 元

11.8.2 提铜

T. D. 马丁（Martin）用乳状液膜从含 $CuSO_4$ $2\times10^{-1}\%$（典型的酸浸液）到 $10^{-2}\%$ 的含铜溶液中提取铜都已获得成功[26]。对于很稀的铜溶液，经一段萃取接触后，最终萃余液的铜浓度可降到 $10^{-4}\%$ 以下。黎念之等[58]用 Lix64N 作载体进行乳状液膜提铜的试验。用 4 槽混合器作一级分离，组成台架规模的试验装置。载体在混合器中总停留时间为 12.5 min，95% 的铜被回收。对含铜 2.5 g/L，pH = 2 的硫酸浸出液，在处理能力为 27 m^3/h 情况下，与溶剂萃取相比较，液膜设备节省投资 40%，包括运转费在内的成本，1 kg 铜溶剂萃取为 18.3 美分，而乳化液膜为 12.4 美分。黎念之认为此法可从稀铜溶液中浓集 99.999% 的铜，且 Lix64N 的选择性好。他用此法处理矿坑水，铜与铁的分离效果好，进入膜内水溶液的铁浓度仅为铜的1/130。

Valenzuela[76]用中空纤维膜组件从含铜640 mg/L的废水中回收铜，铜回收率可达97%，浓缩比约为40。

黄万抚研究了用乳状液膜提取堆浸液中的铜，载体为Lix984N，表面活性剂为Span80，膜溶剂为煤油，铜回收率达99.9%。

T. 拉曼（Larmang）等人研究了支撑液膜提取铜的方法[28]，实验表明，采用Lix64作载体能从模拟浸出液中把Cu^{2+}迁移到适于电解的浓Cu^{2+}溶液中，Cu^{2+}的年迁移速率为20.31 kg/m²。

D. S. 费莱特（Flett）等进行了用充注Lix64N、Lix65N、Kelex100、P5100和P5300等的支撑液膜在硫酸盐和氨性溶液中提铜的试验[29]。用厚为0.3 mm、内径为1.1～1.2 mm，孔径为0.2 μm中空纤维管作支撑体，P5100作载体，正癸烷作稀释剂，料液中Cu^{2+}浓度为4～0.1 g/L时Cu^{2+}的迁移对Cu^{2+}浓度是零级，且与萃取剂的浓度无关；而Cu^{2+}浓度低于0.1 g/L时，Cu^{2+}的迁移速度对Cu^{2+}浓度则是0.5级，且Cu^{2+}的通量与膜中肟的浓度几乎成线性关系；Cu^{2+}浓度低于0.1 g/L时，Cu^{2+}的通量随中空纤维中料液线流速的增加而增大，但是在较高的Cu^{2+}浓度范围，Cu^{2+}的通量与料液的线流速无关；通量受溶液pH值的影响较小。

中国科学院化工冶金研究所进行了用厚为25 μm、孔隙率38%、孔径0.02 μm的Celgard2400聚丙烯膜充注N530－煤油从硫酸铜溶液中萃取铜的实验研究[30]。

日本福冈九州大学工学院有机合成系进行了用微孔聚丙烯Duragard2500膜充注二苯醚溶液膜，以氧化还原反应为推动力实现Cu（Ⅱ）离子迁移的研究[31]。

11.8.3 稀土的提取与分离

国内外对乳状液膜提取与分离稀土均进行了大量研究，收集到的有关论文列入表11-7。

表11-7 提取稀土的乳状液膜体系

序号	金属	载体	表面活性剂	稀释剂	反萃液	提取率/%	参考文献
1	Eu^{3+}	P204	Span80	煤油 + Polybutadiene	HNO_3	99	[33]
2	La^{3+}	P204	N205	煤油	HCl	99	[34]
3	RE^{3+}	P204	N205	煤油	HCl	99	[35]
4	RE^{3+}	P204	N205 + Span80	煤油	HCl	99	[36,40]
5	RE^{3+}	P204	N205	煤油	HCl	92～99	[37]
6	RE^{3+}	P204	N205	煤油	HCl	97	[38]

续表 11-7

序号	金属	载体	表面活性剂	稀释剂	反萃液	提取率/%	参考文献
7	La^{3+}	naphthenicacid	Span80	磺化煤油	HCl	98	[39]
8	RE^{3+}	P507	Span8	煤油	HCl	96	[40]
9	RE^{3+}	P507	EM-301	液态石蜡	HCl	97~99.5	[41]

从离子吸附型稀土矿浸矿液(常用堆浸)中提取稀土一般用草酸沉淀法。此法的缺点是草酸耗量大且有毒,所获产品为混合氧化稀土,为进一步分离与加工需使其转化为氯化稀土等。王向德等[41]开发了乳状液膜法从离子吸附型稀土矿浸矿液中提取氯化稀土的工艺,并进行了 20 kg/d 规模中间试验。以 P204 作载体(5%,按体积计),LMS—2 为表面活性剂(4.5%,按体积计),煤油作稀释剂,膜内相为盐酸溶液,浓度为 6 mol/L,油内比为 3∶1,用 3% $(NH_4)_2SO_4$ 水溶液浸矿所得的浸出液作料液,稀土浓度为 1.47 g/L。图 11-14 所示为中间试验的设备流程图。

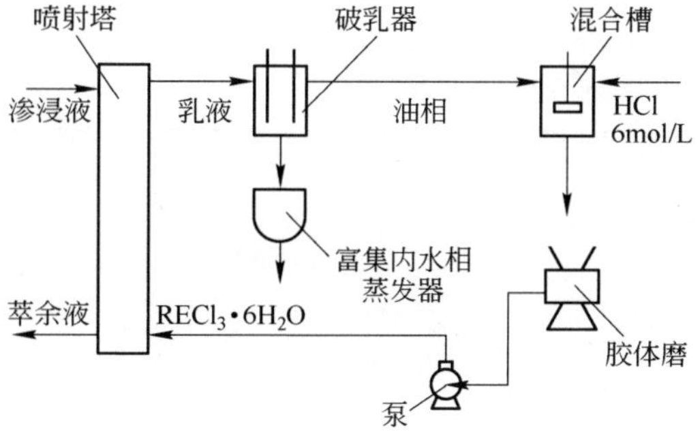

图 11-14 液膜法提取 RE^{3+} 流程图

制乳分两步进行,先用高速搅拌器预制乳,再用胶体磨精制乳。萃取塔为喷射塔,因无内件,可避免乳珠的挂积现象。试验表明,稀土提取率与喷射流速有关。当喷射流速低于 1.3 m/s 时,乳液在塔中分散度不够,RE^{3+} 提取率很低。但流速不宜超过 4.0 m/s,否则乳液溶胀率增大,而乳珠过于细小,易分散成雾状被萃余液带走。最佳流速范围是 1.7~2.5 m/s。

破乳用 EC—2 型破乳器,试验证明这种破乳器是有效的,它解决了两个难点:(1)在施加高压时绝缘电极上无击穿现象;(2)破乳过程不形成“海绵状”中间层,不但破乳速度很快,而且不影响油相质量和数量。经一级逆流乳状液膜提取,在流量比(水∶乳)为 2~2.7 时,稀土提取率为 92%~94%,富集倍数 32~46。所得膜内相经蒸发可制得纯度为 98% 的混合氯化稀土,纯度高于萃取法,而成本仅为萃取法的 1/3。

罗建中等人[66]研究了用乳状液膜进行稀土分组,离子吸附型稀土矿浸矿液用乳状液膜提取得混合氯化稀土溶液,以此作料液,用 LA 作载体,LMS-2 作表面活性剂。用“分配曲线法”和“多级设计法”设计了一个共有 8 级液膜迁移 3h 内可将稀土分为三组的流程,得到的产品是:轻稀土氯化物(La-Nb),纯度为 98. 12% ;重稀土氯化物(Tb – Lu 和 Yb),纯度为 97. 92% ;中稀土钐、铕、钆富集物,含量为 73. 6% 。

朱建华等人[67]建立了一个还原分离铕的新方法——氧化还原液膜法,可自钐铕钆混合稀土中分离得到纯度为 99. 7% 的铕,回收率为 84. 7% 。

国内外学者对用支撑液膜提取稀土进行了一些研究,将研究过的主要的体系列入表 11–8。

表 11–8 分离和浓集稀土元素的 SLM 体系

料 液	载 体	溶 剂	支撑体	反萃液	参考文献
$LaCl_3$, pH = 3	P204	煤 油	Celgard2400	HCl	
Eu0. 085 mol/L	HDEHP	dodecane	Celgard2500	HCl 1. 0 mol/L	[42,43]
Sm^{3+}/Ce^{3+}, Nd^{3+} HCl + NaCl HNO_3 + $NaNO_3$	HDEHP OΦD[1B]CMPO	dodecane decalin	Celgard2500	HCl + NaCl HNO_3 + $NaNO_3$	[44]
Eu^{3+}/Am^{3+} HCl + NaCl HNO_3 + $NaNO_3$	HDEHP OΦD[1B]CMPO	dodecane decalin	Celgard2500	HCl + NaCl HNO_3 + $NaNO_3$	[44]
R. E. F. P. T. U. F. P. C. P. HNO_3	CMPO TBP	decalin	Celgard2500	HNO_3 Accurcl^R hollowfibers	[45] HCOOH
Y^{3+}	HEHEHP	煤 油	polyvinylidene difluoridc film		[46]
Y^{3+} (1×19^{-3} mol/L) HCl, pH = 4. 1	$(HA)_2$	磺化煤油	Celgard2400	HCl	[47]
La^{3+} (1 g/L), pH = 3	HDEHP		Celgard2400 中空纤维管	HCl 2 mol/L	[48]
La^{3+} (1×10^{-3} mol/L), pH = 4. 0	HEHEHP	磺化煤油	中空纤维管	HCl 0. 5 mol/L	[76]

杨显万等人进行了用支撑液膜从氯盐(NaCl)和硫酸盐$(NH_4)_2SO_4$溶液中提取混合氯化稀土的研究[49]。用 accurel 中空纤维管作支撑体,煤油作稀释剂,P204 和 P507 作载体,盐酸溶液作反萃剂,从氯化钠的水溶液中提取稀土时各种因素对迁移通量的影响如图 11–15 ~ 图 11–18 所示。图中料液的体积为 500 mL,反萃液体积为 250 mL,时间均是 8h,稀释剂均选用磺化煤油,除图 11–16 的载体为 P507 外,其余各图均为 P204,料液的稀土浓度除图 11–19 和图 11–21 外均为 2. 65 g/L,各图的料液流速为 200 mL/min,反萃液流速为 120 mL/min。

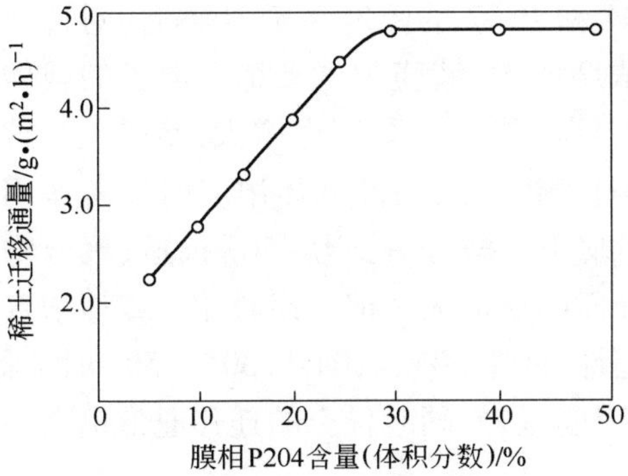

图 11-15 载体 P204 浓度对稀土迁移通量的影响
(料液 pH = 3.0,反萃液含 HCl 6 mol/L)

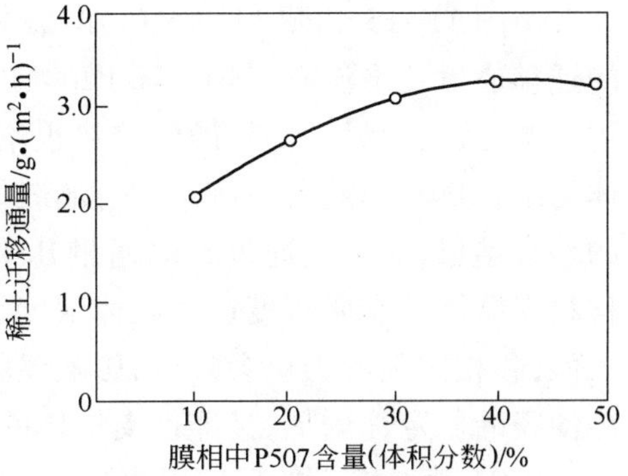

图 11-16 载体 P507 浓度对稀土迁移通量的影响
(料液 pH = 3.0,反萃液含 HCl 6 mol/L)

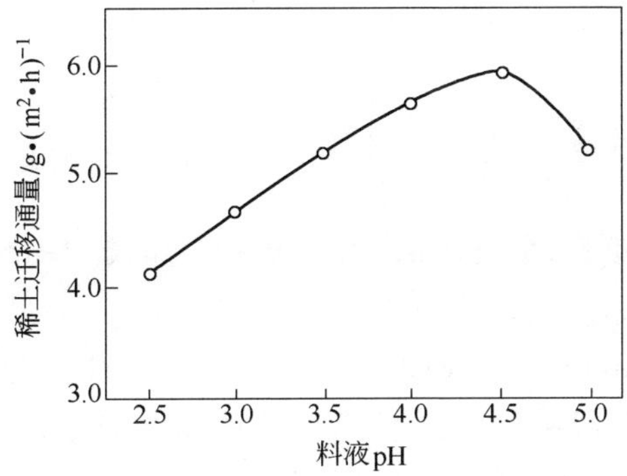

图 11-17 料液 pH 值对稀土迁移通量的影响
(反萃液含 HCl 6 mol/L)

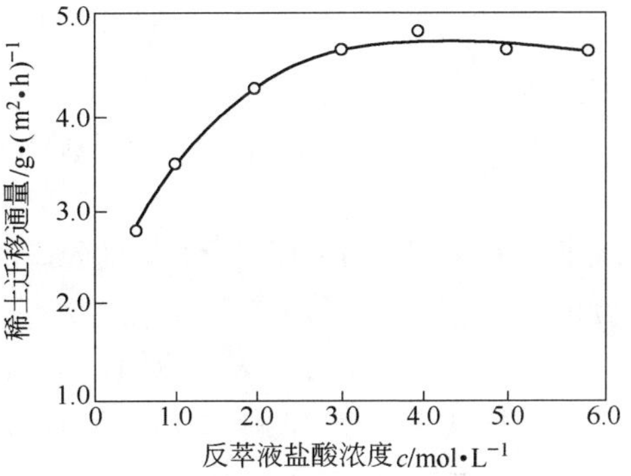

图 11-18 反萃液盐酸浓度对稀土通量的影响
(料液 pH = 3.0)

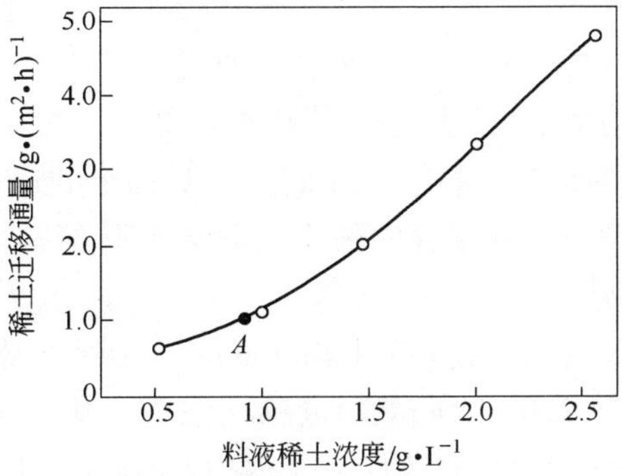

图 11-19 料液浓度(含 NaCl)对稀土迁移通量的影响
(料液 pH = 3.0,反萃液含 HCl 3 mol/L)

由图 11-15 和图 11-16 可知：载体 P204 和 P507 的浓度高于 30% 时，对稀土的迁移通量几乎没有影响。随 P204、P507 浓度增大，液膜中含有稀土离子的载体浓度增加，向膜另一侧扩散的趋势也增大，但同时膜液的黏度也增大，使稀土—载体的络合物和膜液另一侧未配合的载体分子扩散减慢，在高载体浓度时二者作用的综合结果，使稀土通过膜的通量几乎没有改变。据有关文献[50]报道，聚合物材料支撑体的变质程度也随载体浓度的增加而明显加大。但如果膜相中载体浓度太低，膜相的黏着力也会降低，影响膜的稳定性，使用 30% P204 和 30% P507 时，既能使膜的稳定性增加，又能使支撑体的变质程度减轻，同时稀土的迁移通量也大。

P204 萃取稀土的反应可表达为

$$\begin{aligned} &RE^{3+}(\text{料液}) + 3H_2(R_2PO_4)_2(\text{膜}) \\ &= 3H^+(\text{料液}) + RE[H(R_2PO_4)_2]_3(\text{膜}) \end{aligned} \tag{11-36}$$

分配比

$$R_d = [RE(H(R_2PO_4)_2)_3](\text{膜})/[RE^{3+}](\text{料液}) \tag{11-37}$$

平衡常数

$$K = \frac{[RE(H(R_2PO_4)_2)_3](\text{膜})[H^+]^3(\text{料液})}{[RE^{3+}](\text{料液})[H_2(R_2PO_4)_2]^3(\text{膜})} \tag{11-38}$$

式中的 K 只是一个与温度有关的常数，温度不变，K 是定值；由式 11-37 和式 11-38 可得

$$K_d = K[H^+]^{-3}[H_2(R_2PO_4)_2]^3(\text{膜}) \tag{11-39}$$

根据式 11-15 和式 11-39 可知，稀土的迁移通量随料液的 pH 值增加而增大。实验结果（图 11-17）表明，稀土的迁移通量（J）随料液 pH 的增加而增大，但当 pH 达到 4.5 以上时，随料液 pH 增加，稀土的迁移通量反而下降，主要是稀土离子水解生成羟合离子 $RE(OH)^{(3-n)}$ 所致。

从图 11-18 可知：随反萃液酸度的增加，稀土的迁移通量增大。但盐酸浓度增大到 3 mol/L 后，稀土的迁移通量几乎没有改变。

随料液稀土浓度的增加，稀土的迁移通量也增大。图 11-19 之 A 点是料液中 NaCl 浓度为 70 g/L 时的结果，说明 NaCl 的存在对稀土的迁移通量无明显影响。

用支撑液膜从硫酸铵溶液中提取稀土的效果比从氯盐溶液要好，实验结果如图 11-19 和图 11-20 所示。

图 11-20 所示的结果是在料液体积 500 mL、反萃液体积 250 mL、料液流速 600 mL/min、反萃液流速 120 mL/min、料液稀土浓度 0.93 g/L、料液 pH = 3.0、反萃液含 HCl 3 mol/L、接触时间 8h 的条件下获得的；而图 11-21 所示的结果是在料液体积 500 mL、反萃液体积 250 mL、料液流速 600 mL/min、反萃液流速 120 mL/min、料液 pH = 3.0、反萃液含 HCl 3 mol/L 和接触时间 8h 的条件下获得的。

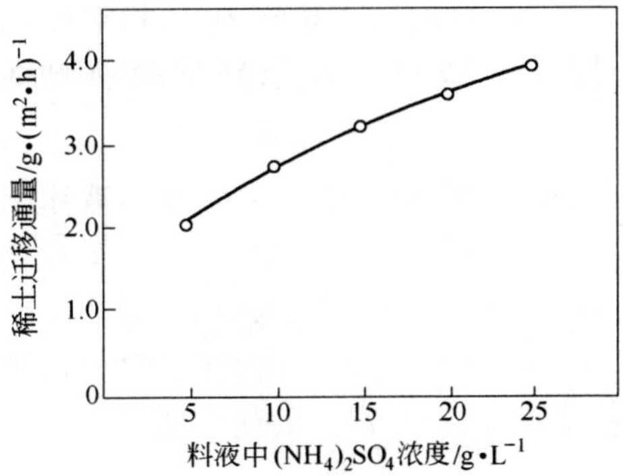

图 11-20 硫酸铵浓度对稀土迁移通量的影响

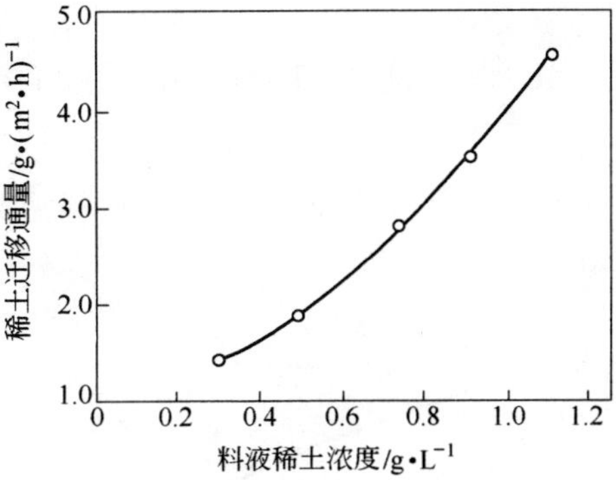

图 11-21 硫酸铵溶液稀土浓度对稀土迁移通量的影响

11.8.4 镍钴的提取与镍钴分离

J. 斯特泽利比斯基(Stzelbicki)[56,57]等用液膜分离钴,K. H. 李(Lee)[58]研究了用乳状液膜和支撑液膜选择性分离铜与镍,E. L. 卡瑟(Cusser)[59]曾用乳状液膜提取镍,P. R. 丹尼西(Danesi)用支撑液膜分离镍钴是用 H(DTMPP)[双(2,4,4-三甲基戊基)膦酸]和 67% decalin + 氢化萘 + 33% 异丙苯的溶液作膜相,聚丙烯中空纤维作支撑体[60]。料液含有 1 mol、pH = 6 的醋酸盐缓冲溶液,作为支撑液膜的 Co—Ni 分离系数的方程是

$$\alpha = \frac{6\times10^2}{\overline{[\mathrm{HX}]}^{0.6}}\frac{1.4\times10^3\overline{[\mathrm{HX}]}^2+1.1\times10^4}{2.2\times10^5\overline{[\mathrm{HX}]}^{1.4}+1.1\times10^4} \qquad (11\text{-}40)$$

式中

$$\frac{6\times10^2}{\overline{[\mathrm{HX}]}^{0.6}} = \frac{K_d(\mathrm{Co})}{K_d(\mathrm{Ni})}$$

该项是表示条件相似的溶剂萃取过程的分离系数。$\overline{[\mathrm{HX}]}$是支撑液膜中未被络合的载体的有效浓度。图 11-22 所示为 α 随未络合 H(DTMPP)的浓度变化曲线。从这些曲线可以看出,通过增加负载钴的载体浓度来减少游离载体浓度就可使 Co、Ni 分离很完全。总钴回收保持在 70% 以下的区域,分离系数非常高($>10^4$),并且可以回收到很纯的钴(含 Ni < 0.1%)。钴回收增加到 90% 或 99%,伴随钴的镍总量也相应地增加到 0.4% 和 1.0%。

杨显万等研究了用支撑液膜分离硫酸盐水溶液中的镍和钴[62]。实验是用微孔聚丙烯中空纤维管(accurel)作支撑体,磺化煤油作稀释剂,P204 作载体,研究了载体浓度,料液中的钴、镍浓度,料液 pH 及反萃液盐酸浓度对镍、钴迁移通量的影响,研究结果示于图 11-23 ~ 图 11-31。图 11-23 和图 11-24 的试验条件是料液的起始浓度$[Co^{2+}]_0=1.02$ g/L、$[Ni^{2+}]_0=1.06$ g/L，料液流速 0.85 m/s，料液体积 500 mL，反萃液体积 250 mL。图 11-25 和图 11-26 的试验条件是膜液浓度$[\overline{(H_2X_2)}]_0=0.298$ mol/L，料液$[Co^{2+}]_0=0.87$ g/L，料液 pH = 4.8，反萃液含 HCl 3 mol/L，反萃液流速 160 mL/min，料液流速 0.82 m/s，料液体积 500 mL，反萃液体积 250 mL。

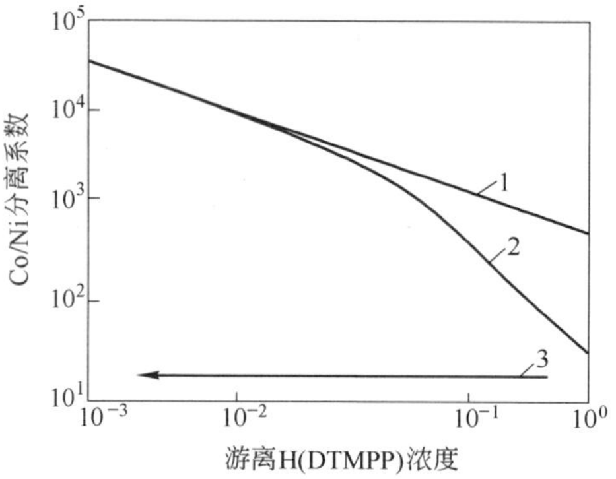

图 11-22 Co/Ni 支撑液膜分离系数和溶剂萃取分离系数对未络合载体浓度图

1—液—液萃取时钴、镍的分离系数；2—支撑液膜分离时钴、镍的分离系数（料液 pH = 6）；3—钴浓度上升

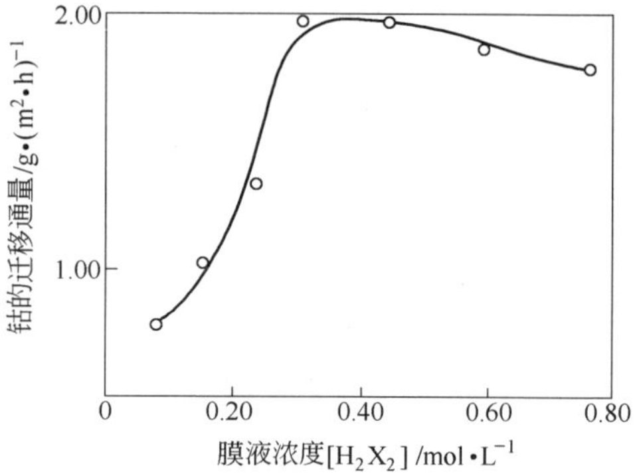

图 11-23 载体浓度对 Co^{2+} 迁移通量的影响

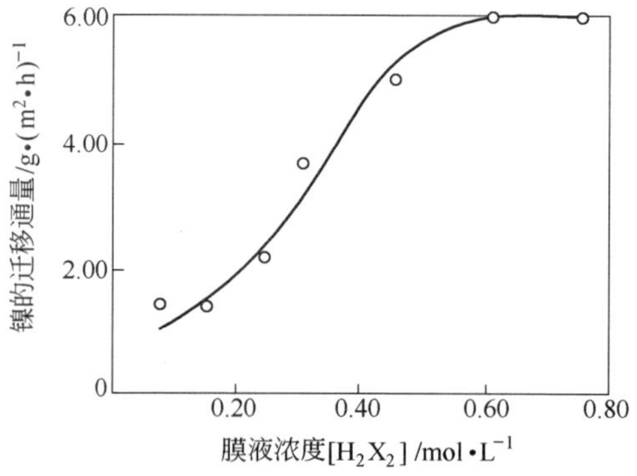

图 11-24 载体浓度对 Ni^{2+} 迁移通量的影响

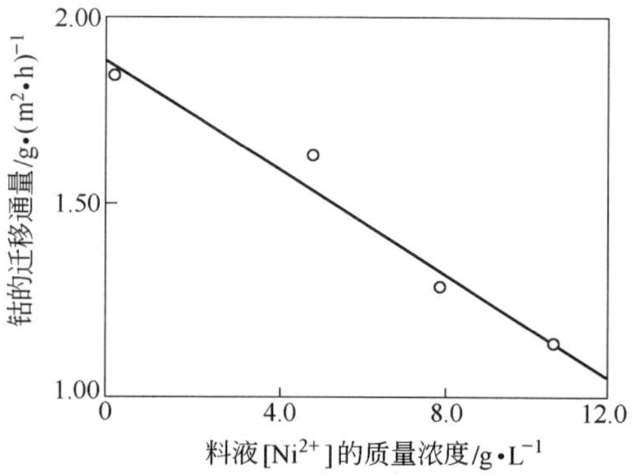

图 11-25 料液 Ni^{2+} 浓度对 Co^{2+} 迁移通量的影响

（条件同图 11-23）

图 11-27 的试验条件是膜液浓度$[\overline{(H_2X_2)}]_0=0.298$ mol/L，料液$[Ni^{2+}]_0=1.10$ g/L，料液 pH = 4.8，料液流速 0.82 m/s；反萃液含 HCl 3 mol/L，反萃液流速 160 mL/min，料液体积 500 mL，反萃液体积 250 mL。图 11-28 和图 11-29 的试验条件是膜液浓度$[\overline{(H_2X_2)}]_0=0.298$ mol/L，料液$[Co^{2+}]_0=0.98$ g/L、$[Ni^{2+}]_0=1.04$ g/L，

料液流速 0.82 m/s，反萃液含 HCl 3 mol/L，反萃液流速 160 mL/min；料液体积500 mL，反萃液体积 250 mL。

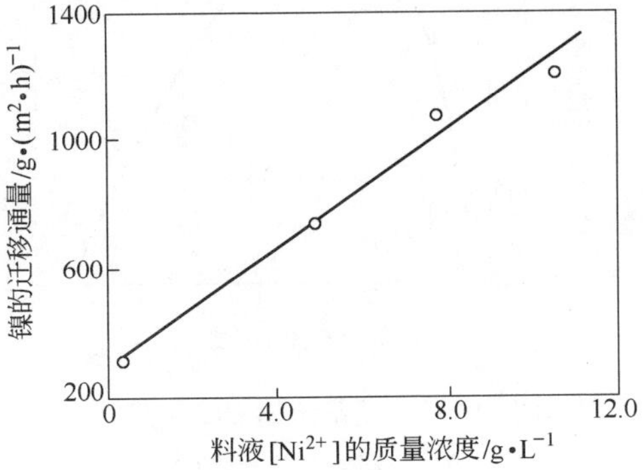

图11-26 料液[Ni^{2+}]对Ni^{2+}迁移通量的影响（条件同图11-24）

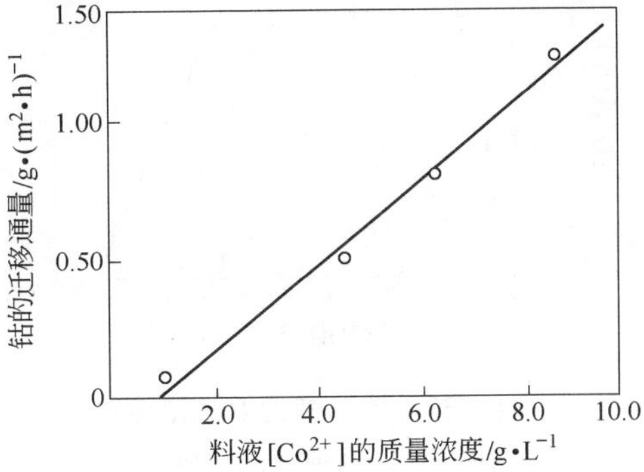

图11-27 料液[Co^{2+}]对Co^{2+}迁移通量的影响

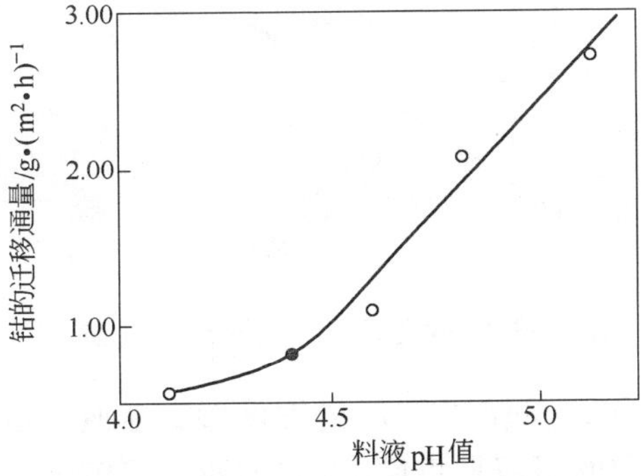

图11-28 料液pH对Co^{2+}迁移通量的影响

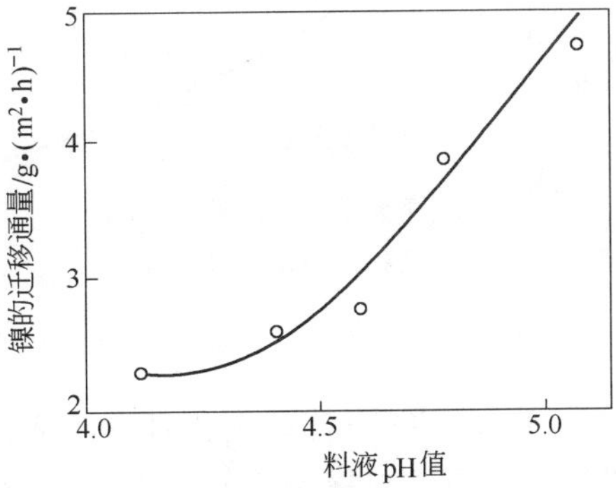

图11-29 料液pH对Ni^{2+}迁移通量的影响（条件同图11-20）

图11-30和图11-31的试验条件是膜液浓度$[\overline{(H_2X_2)}]_0=0.447$ mol/L，料液$[Co^{2+}]_0=1.00$ g/L、$[Ni^{2+}]_0=1.05$ g/L，料液pH=4.8；料液流速0.85 m/s；反萃液流速80 mL/min，料液体积500 mL，反萃液体积250 m/L。研究表明，钴对镍的分离系数随膜相中载体浓度升高而下降，如图11-32所示，这与前面丹尼西的结论是一致的；随料液pH的增大分离系数也上升，如图11-33所示。

金美芳用国产（大连化学物理研究所）的polysulphone（PSP）中空纤维管作支撑体（膜组件由14根中空纤维管组成），D2EHDTPA（P204）作载体，煤油作稀释剂，研究了从含钴（Ⅱ）、镍（Ⅱ）、锰（Ⅱ）和锌（Ⅱ）的溶液中分离镍与钴[73]。

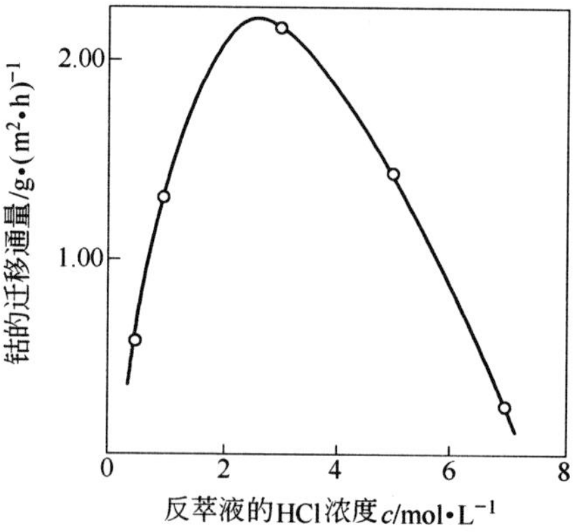

图 11-30 反萃液的 HCl 浓度对 Co^{2+} 迁移通量的影响（条件同图 11-31）

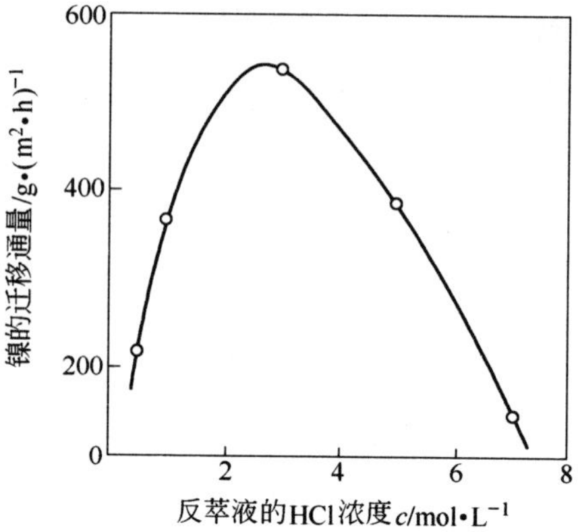

图 11-31 反萃液的 HCl 浓度对 Ni^{2+} 迁移通量的影响

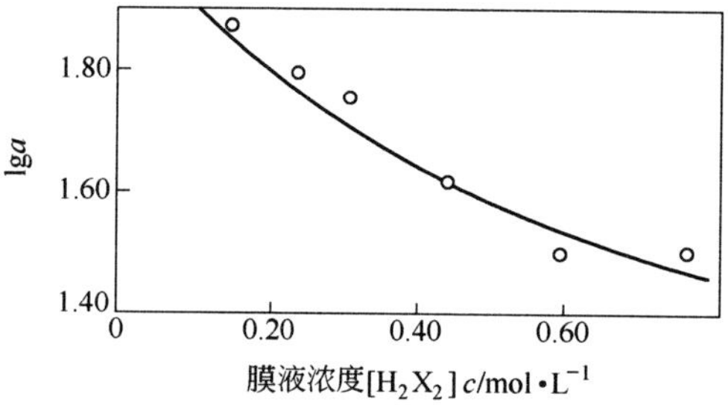

图 11-32 膜浓度对分离系数的影响

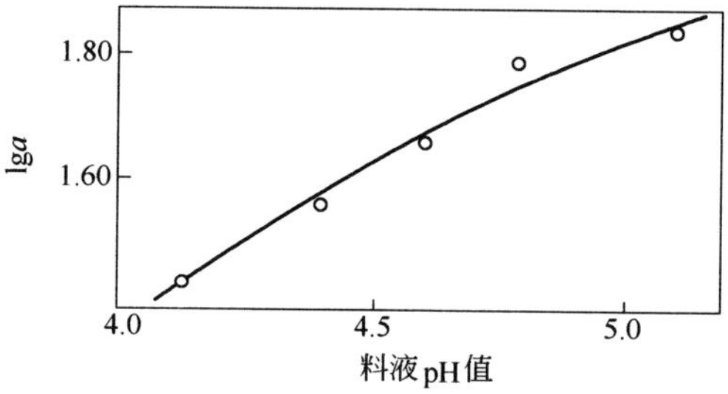

图 11-33 料液 pH 值对分离系数的影响

日本 KYOTO 工学院工业化学系用充注 PC－88A(P507)的螺旋形支撑液膜也进行了分离钴与镍实验研究[61]。该实验所用的料液是将钴、镍的硝酸盐溶解于醋酸—醋酸盐缓冲溶液中制成的，而反萃液是含 H_2SO_4 2 mol/L 的溶液。实验表明，溶液通过一次，其中 99.97% 的钴即被提取，而且反萃液中的钴浓度可高于料液 70000 倍。在一个多月时间的实验中，内膜是稳定的，渗透性无明显下降，而且膜也很容易再造。通过实验建立了三种特殊条件下的渗透速率方程。

（1）当金属浓度较低时，

$$J_{Me} = D_{F,Me}[Me]_F \tag{11-41}$$

$$\frac{[Me]_{F,out}}{[Me]_{F,in}} = \exp\left(\frac{D_{F,MeS}}{U_F}\right) \tag{11-42}$$

式中 J_{Me}——金属离子的扩散通量；

$D_{F,Me}$——金属离子在料液中的扩散系数；

U_F——料液体积流量；

$[Me]_{F,in}$——料液在进口处金属离子浓度；
$[Me]_{F,out}$——料液在出口处金属离子浓度。

(2) 当金属离子浓度较高，且分配率也较高时，在料液—膜界面的载体已全部与金属离子络合，这时载体从反萃液—膜界面至料液—膜界面间的扩散是速度控制步骤。J_{Me}达到最大。

$$J_{Me} = J_{Me,max} \tag{11-43}$$

$$[Me]_{F,out} - [Me]_{F,in} = -J_{Me,max}S/U_F \tag{11-44}$$

J_{max}这个值由金属的种类和浓度，载体以及金属—载体络合物的聚合程度决定，并可由实验测定。现将测定的这些值列于表 11-9。

表 11-9 液膜中载体扩散是速率控制步骤时测得的金属离子的最大通量

金属	载 体	稀释剂	$[\overline{(HL)_2}]$ /mol · L^{-1}	$[Me]_F$/%	pH_F	J_{max} /mol · $(m^2 \cdot s)^{-1}$
钴	PC-88A	正十二烷	0.735	504×10^{-3}	5.96	6.84×10^{-5}
	PC-88A	正十二烷	0.294	463×10^{-3}	6.0	7.22×10^{-5}
	PC-88A	Dispersol	0.735	25×10^{-2}	5.8	7.07×10^{-5}
镍	PC-88A	正十二烷	0.735	527×10^{-3}	5.65	3.66×10^{-5}

(3) 如果金属在料液—膜界面间的分配率较低，络合物在液膜中的扩散是速度控制步骤，渗透速率表述为：

$$J_{Me} = D_{m,Me}[Me]_{Fi} \tag{11-45}$$

$$[Co]_{F,out}/[Co]_{F,in} = \exp(-K^{apD}_{ex,Co}K_{m,Co}[(HX)]^2S/[H^+]^2_F U_F) \tag{11-46}$$

$$K^{apD}_{ex,Co} = K_{ex,Co}/\{1 + \beta_{1,Co}[OA_c^-] + \beta_{2,Co}[OA_c^-]^2\} \tag{11-47}$$

式中 $D_{m,Me}$——金属在液膜中的扩散系数；
$[Me]_{Fi}$——低负载率时金属—载体络合物的浓度。

11.8.5 提金[74]

金美芳等进行了乳化液膜提金的研究，料液为金矿氰化浸出的贵液，膜相由煤油 92%、表面活性剂 3%、载体 5% 组成，载体组成为萃取剂 Ⅰ 3%、萃取剂 Ⅱ 7%、改性剂 90%，膜内相为含 NaOH1.5% ~2.0% 溶液。

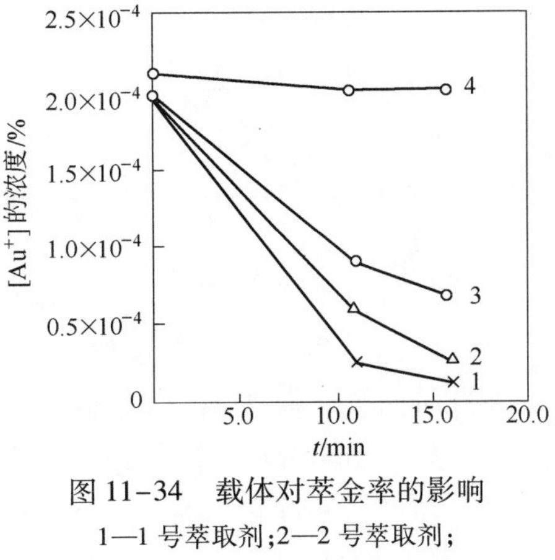

图 11-34 载体对萃金率的影响
1—1 号萃取剂；2—2 号萃取剂；3—3 号萃取剂；4—未改性的 3 号萃取剂

从图 11-34 看出，未改性的载体是

不萃金的，经改性后的载体，因载体种类与结构不同，萃金率及萃金速率也不同，以1号萃取剂的萃取效果最好，经5 min萃取，原料液中 Au^+ 由 $2\times10^{-4}\%$ 降至 $0.25\times10^{-4}\%$，经10 min萃取后降至 $0.1\times10^{-4}\%$。载体浓度以5%为好，低于此值随载体浓度增加萃取率上升，高于此浓度，随载体浓度增加萃取率下降。油内比 $V_{油}/V_{内相}(R_{oi})$ 以在1～0.66间最佳。水乳比（$V_{料液}/V_{乳状液}$）的选择要考虑两方面的因素，从萃取过程动力学角度来看，水乳比愈小，接触面积愈大，对萃取愈有利；但从经济的角度看，所需设备的体积也愈大，试剂消耗量也增大。综合考虑两方面因素，水乳比以30为宜。

从1991年3月起用这种方法进行了日处理10 t溶液的中间试验，料液含金 $1\times10^{-4}\%\sim3\times10^{-4}\%$，氰根离子浓度 $5\times10^{-4}\%\sim2\times10^{-2}\%$，膜相含polimine2%（体积分数）作为表面活性剂，2%改性后的胺作为载体，稀释剂为煤油。采用连续逆流接触萃取塔，尺寸规格为(d/mm)345×(h/mm)1400，塔分成7个小室，每室内有一搅拌桨，由一根转轴带动，转速可以调节。破乳器为高压静电破乳火花器，破乳电压为2000～4000 V。

中间试验结果表明，两级连续逆流液膜萃取可使贵液中的金含量从 $1\times10^{-4}\%\sim3\times10^{-4}\%$ 降至 $0.05\times10^{-4}\%$，金萃取率达98%以上，CN^- 萃取率>99%，萃余液中 CN^- 浓度降至 $0.5\times10^{-4}\%$ 以下（国家排放标准为 $\leq0.5\times10^{-4}\%$）。金在膜内相中的浓度可高达 $1\times10^{-2}\%$，浓缩率在50倍以上。膜相可反复使用30个循环。此种乳状液膜对金有很高的选择性，如表11-10所示。

表11-10 乳状液膜提金的选择性

名称	含量（质量分数）/%			
	Au	Ag	Cu	Fe
料液	1.75×10^{-4}	0.12×10^{-4}	7.65×10^{-4}	4.43×10^{-4}
负载膜内相	110×10^{-4}	2.8×10^{-4}	22.5×10^{-4}	1.67×10^{-4}
名称	含量（质量分数）/%			
	Zn	Pb	CN^-	pH
料液	0.05×10^{-4}	0	150.2×10^{-4}	12.1
负载膜内相	2.5×10^{-4}	0	39×10^{-2}	13.0

每处理1 m^3 贵液的化学试剂耗费为1.73元，日常操作费2.41元（按1991年价），未计所回收的氰化钠效益，如计入回收氰化钠，其经济效益比其他方法好。

Fu. 赞舒（Jianshun）等[75]进行了以TOA作载体的支撑液膜从HCl溶液中提金（Ⅲ）的研究。与萃取一样其主要困难在于反萃，他们研究了HCl，$HClO_4$，HNO_3 与HCl+硫脲四种反萃剂，0.5 mol/L的硫脲+HCl溶液能有效地反萃金（Ⅲ）。

11.8.6 其他金属的提取与分离

以叔胺作载体从硫酸溶液中，或以 TBP 作载体可从硝酸溶液中都能有效地提取铀。人们曾对以胺、Lix63 等为载体的液膜在硝酸盐、硫酸盐以及磷酸盐介质中进行过提铀试验。文献[51]介绍了铀从湿法磷酸中穿过支撑液膜的传递过程。图 11-35 所示为这种试验经过连续操作 9 d 后，铀(Ⅵ)从 5 molH_3PO_4 溶液中通过充注 D_2EHPA(0.5 mol/L)与/TOPO(0.125 mol/L)煤油溶液的聚四氟乙烯膜传递到含有还原剂 $FeSO_4$ 的 10 mol/L H_3PO_4 溶液的情况。从图 11-36 看出，铀的迁移通量与铀浓度呈直线关系。文中还论述了铀的迁移阻力主要是界面阻力。

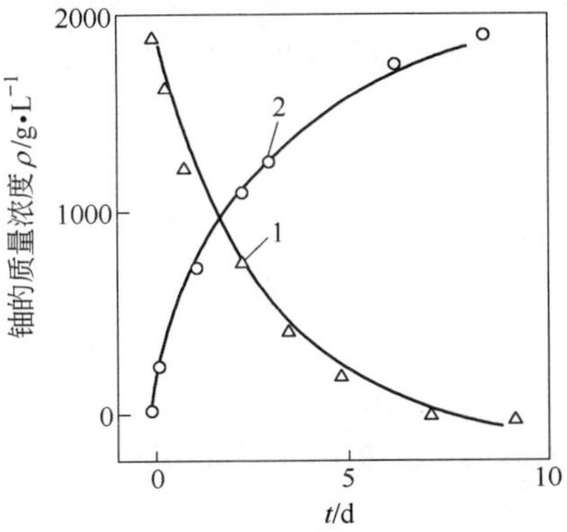

图 11-35 铀(Ⅵ)通过 D_2EHPA 与 TOPO 液膜由 5 mol/L H_3PO_4 溶液向 10 mol/L H_3PO_4 料液传递情况
1—铀(Ⅵ)料液；2—铀(Ⅴ)反萃液

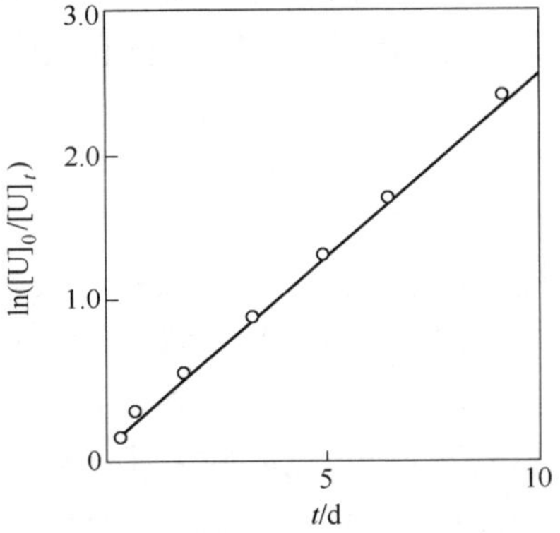

图 11-36 由图 11-35 的数据按方程 $\ln([U]_0/[U]_t)$ 对时间 t 所作的曲线

文献[52]论述了用充注 Lix63－煤油的聚烯烃平面膜作为支撑体使铀(Ⅵ)从氯化物溶液中(醋酸盐作缓冲溶液)穿过液膜迁移的过程。同时，导出

$$\ln \frac{[U]_{F1}}{[U]_{S1}} = -K_{obs}t \quad (11\text{-}48)$$

式中 K_{obs}——迁移速率常数；

t——时间；

$[U]_{F1}$——铀在料液中的浓度；

$[U]_{S1}$——铀在反萃液中的浓度。

并就料液 pH，载体浓度，不同反萃液(H_2SO_4、HNO_3、HCl、$HClO_4$)，料液体积以及料液中铀(Ⅵ)浓度对迁移速率常数 K_{obs} 的影响分别作了论述。

美国本德(Bend)研究公司自 1975 年以来，一直在研究利用耦合迁移膜回收金属的方法[54]。他们研究用硫酸浸取铀矿石得到低浓度铀溶液，以三辛胺作载体的中空纤维支撑液膜组件进行浓缩。还用4台膜面积为9.3 m^2的空心纤维膜组件，在美国怀俄明州一座铀矿进行了一次现场运行实验。将含铀125 $\times 10^{-4}\%$的实际浸出液以3.8 m^3/d的流速进行处理，使其降至5 $\times 10^{-4}\%$以下，得到了约10g/L的浓缩液，铀的迁移通量为9.77 kg/(m^2·a)。该试验表明，有机絮凝剂是引起膜劣化的主要原因。根据这种体系运行的结果，支撑液膜对铀回收运行费用为0.66美元/kg，它与溶剂萃取法(1.1美元/kg)、离子交换法(1.54～2.2美元/kg)等其他方法相比具有很强的竞争力。

R. 久里诺(Guerriero)等人进行了用多孔聚丙烯中空纤维膜和平面膜(Accurel膜)为支撑体，D_2EHPA为载体从工业铜浮渣的硫酸浸出液中分离、回收有价金属铟的研究，并对试验所用的液膜寿命进行了考察[50]。该研究表明，随料液和反萃液组成不同、载体浓度、料液流速等因素的变化，铟的迁移通量有较大变化。正常情况下，铟的迁移通量在2.5～4.4 g/(m^2·h)，In/Cu分离系数达10^4～10^6，铟的浓集因素值达400，并在5000 cm^2膜面积的机组上进行了扩大试验。杨显万等以Accurel中空纤维管为支撑体，以P204、P507作载体，煤油作稀释剂研究从氯化物水溶液中提取铟[80]。试验结果表明，膜相中P204浓度以30%为宜，料液pH值在4左右铟的迁移通量达最大值，其后因生成$In(OH)_n^{3-n}$型络离子而下降。以盐酸作反萃液，含HCl2～3 mol/L的反萃液铟的迁移通量达最大值，进一步增大盐酸浓度，迁移通量维持不变，料液中铟浓度由100 mg/L增加到250 mg/L，铟通量由0.6 g/(m^2·h)增大到1.4 g/(m^2·h)。

其他稀有金属的液膜提取，如铼、钌[63]、钼[80]、钒[64]、锇、钪[65,68,83]、镓[69,78]、锂[71]、钨、铋[77]、汞[79]、铅[81]、铂[82]等均有人做过研究。

11.9 液膜分离技术的优点及存在问题

液膜分离技术具有使物质分离和使物质浓缩的双重功能，特别适宜于从低浓度溶液中分离和提取金属。虽然萃取也具有这些功能，但液膜分离的突出优点是其有机试剂用量少，耗量小。从低浓度溶液中提取金属需处理庞大体积的溶液，由于液膜分离技术需要的有机试剂少，而具有三方面的优点：

(1) 占用的试剂量小，减少了资金的积压；

(2) 试剂消耗(由于溶解和带失)量小，产品的成本低；

(3) 可以选用高选择性但价格较贵的试剂，提高分离和提取的效果，获得质量好的产品。

T. P. 马亭(Martin)[26]将乳状液膜提铜与萃取作比较，得出的结论是乳状液膜的试剂用量比萃取少两个数量级以上。液膜提取的作业成本比常规萃取低这一点已被若干试验所证实。例如黎念之等[55]的试验结果表明，与溶剂萃取相比，液膜设备节省投资40%，包括运转费在内的成本，每公斤铜的溶剂萃取成本为18.3美分，而乳状液膜为12.4美分。用乳状液膜提取稀土和提金的扩大试验均表明，其作业成本比其他方法低。和乳状液膜相比，支撑液膜的试剂耗量又要低得多。因此，就作业成本而言应是萃取>乳状液膜>支撑液膜。

与萃取以及乳状液膜相比较，中空纤维管组件支撑液膜还具有占地面积小、操作简单、对环境污染小等优点，但支撑液膜的设备投资要比萃取大。

乳状液膜还存在膜的溶胀和破乳技术不够完善的问题，但随着性能更好的表面活性剂与有效的破乳方法以及设备的开发，这些问题会得到逐步解决。

由于支撑液膜设备投资大，能否在工业上获得应用的关键是金属的迁移通量大小和膜的寿命。显然，金属迁移通量愈大，在一定的产能下所需液膜的面积愈小，所需支撑材料愈少，设备投资也愈小。D. S. 弗莱特(Flett)[29]对用支撑液膜提取 Cr_2O_3 和提取镍进行过经济核算，核算结果列于表11-11。

表11-11 支撑液膜的经济核算(按1983年12月价)

项　目	提 Cr_2O_3	提　镍
支撑材料	Accurel	Accurel
膜　相	primene JMT20%	DEHPA，稀释剂为90%
	in Escaid350	MSB210 和 10% isodecanol
料　液	铬酸溶液	硫酸镍或 $NiCl_2$ 溶液
反萃液	含 NaOH2.5 mol/L 溶液	H_2SO_4 溶液
金属的迁移通量/$g\cdot(m^2\cdot h)^{-1}$	17	3
年产量 m/t	4(Cr_2O_3)	4
支撑材料总面积 A/m^2	30	167(以年工作8000 h计)
支撑材料总价/英镑	1100	5845
安装费/英镑	275	1461
泵和马达费用/英镑	100	150
管道费用/英镑	100	100
pH 控制设备和附属设备投资/英镑	1600(离子交换)	800
设备总投资/英镑	3175	8356
膜相再生的时间间隔 t/h	500	1000
有机溶剂年消耗总值/英镑	450(每升价为5英镑)	1248(每吨价为5000英镑)
NaOH 费用/英镑	685(3.9 t)	954(5.45 t)
硫酸费用/英镑	705(8.3 t)	652
试剂费总价值/英镑	1838	2854
总管理费(总投资10%)/英镑	318	835
劳动工资/英镑	5000(定员0.5人)	3000(定员0.3人)

续表 11-11

项　目	提 Cr_2O_3	提　镍
产品单价/英镑 · t^{-1}	3500	4000
产品销售总收入/英镑	14000	16000
废水处理收入/英镑	500	

按表中核算，在溶液中金属不计价的情况下，1 年左右可回收投资。

从表 11-14 所列结果可以看出，在同样产能下，由于 Cr_2O_3 的迁移通量比镍大得多，故而膜组件的设备投资仅为提镍的 1/5。

上述提 Cr_2O_3 和提镍的核算要求膜相更新的时间间隔分别为 20 天和 40 天，支撑材料的寿命在一年以上。当然从经济的角度，寿命愈长愈好。

迄今为止，对支撑液膜做过的时间最长的连续试验是 R. 久里诺（Guerriero）等从硫酸溶液中提铟[50]，他们用 Accurel 中空纤维管作支撑材料，P204 作载体，料液含 In0.5 g/L、Cu60 g/L、$H_2SO_4$30 g/L，膜相含 P204 40%（体积分数），反萃液含 HCl5 mol/L、NaCl4.5 mol/L，铟的迁移通量随时间的变化如图 11-37 所示。图上每一点代表 24 h 内铟的平均迁移通量。从图 11-37 看出，在第 43 d 铟的迁移通量明显下降。通过向管中通入膜液浸渍支撑材料后恢复了原来的迁移通量，又操作了 32 d 后，试验被中断。在此后 30 d 内反应器内充满蒸馏水，可能是由于水在膜液中扩散，当反应器再次操作时导致铟的迁移通量减少，并阻碍了液膜的再生。

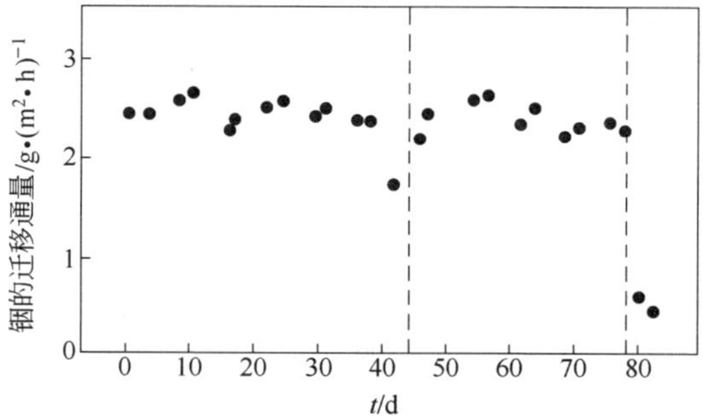

图 11-37　铟的迁移通量随时间的变化情况

P. R. 丹尼西考察了 H^+ 离子从 0.01 mol/L HNO_3 + 1 mol/L $NaNO_3$ 溶液中，经过用 Accurel 支撑体，tridodecylamine 为载体的 SLM 扩散到 0.1 mol/L NaOH + 1 mol/L $NaNO_3$ 溶液中时 H^+ 的迁移通量随时间的变化[18]。试验表明，H^+ 的迁移通量随时间延长而缓慢下降，两个月内下降了 20%。

导致膜失效的原因有下列几个方面：

（1）萃取剂微溶于水或溶剂被流动的水溶液带走；

（2）支撑体的微孔诱导水—油的浸润性，使水进入膜内或有机溶剂容易流失；

（3）膜两侧水压或界面张力差导致膜相流失；

（4）膜表面因吸附污染或发生负反应而失效；

（5）支撑体被溶剂“孔溶”或“溶胀”使孔隙率下降。

以上的试验表明，膜相接近40 d 的寿命是可以达到的，通过改进操作可以使离子的迁移通量的稳定期延长。试验发现支撑材料在长期操作过程中有不可逆转的蚀变现象，与新支撑体比较出现了轻微的变质。对用不同的P204 浓度的膜液试验表明，蚀变随 P204 浓度增大而增加，可以认为 Accurel 支撑材料的蚀变是由 P204 所引起的。支撑材料的蚀变对液膜的牢固性有何影响，能否达到经济上可接受的寿命要求，如何减小或避免蚀变，却需要进一步研究。总之进一步弄清膜失效的原因和机理，探索解决膜失效的方法，延长膜的寿命是支撑液膜走向产业化需要解决的重要课题。

在我国支撑液膜的产业化过程中，还有待优良的支撑材料的国产化。

参考文献

[1] 张瑞华. 液膜分离技术[M]. 南昌：江西人民出版社，1984.

[2] Li N. N. , Shier A. L. Recent Developments in Separation Science. Vol. 1, N. N. Li Ed. Chemical Rubber Co. , Cleveland, 1972: 163 ~ 174.

[3] Norman N. Li. Novel liquid membrane formulations. US Pat. 4259189. 1981.

[4] 张秀娟，张兴泰，范琼嘉，等. 液膜分离钾离子的研究——表面活性剂液膜法的设计[J]. 华南工学院学报，1981，9(2)：40 ~ 43.

[5] 张秀娟，范琼嘉，张兴泰，等. 新型液膜分离工业用表面活性剂 LMS – 2[J]. 精细化工，1987，4(Z1)：128 ~ 131.

[6] 万印华，王向德，冯肇霖，等. 液膜法处理和回收多种废水中高浓度酚的研究[J]. 水处理技术，1991，17(4)：219 ~ 222.

[7] 万印华，王向德，朱斌，等. 新型乳化液膜用表面活性剂 LMA – 1 的性能及其应用[J]. 膜科学技术，1992，12(4)：17 ~ 21.

[8] 张秀玲，L. Meregalli，R. Guerriero. 支承液膜技术在湿法冶金中的应用[J]. 有色金属，1985，(4)：11 ~ 14.

[9] Masaaki Teramoto, Hideto Matsuyama, Hitoshi Takaya, et al. Development of Spiral-Type Supported Liquid Membrane Module for Separation and Concentration of Metal Ions[J]. Separation Science and Technology, 1987, 22 (11): 2175 ~ 2201.

[10] Cahn R. P, Li N. N. Separation of phenol from waste water by liquid membrane technique [J]. Sep. Sci. 1974, 9(6): 505 ~ 519.

[11] E. S. Matulevicius, Norman N. Li. Facilitated Transport Through Liquid Membranes[J]. Separation & Purification Reviews, 1975, 4(1): 73 ~ 96.

[12] W. S. Ho, T. A. Hatton, E. N. Lightfoot Batch extraction with liquid surfactant membranes:

a diffusion controlled model[C]. AICHE, 1982, 28,(4): 662~670.

[13] R. Marr, A. Korr and J. Wilhelmer. Fliissig-Membrane-Permeation nach der Methode bildungen[J]. Ber. Bunsenges. Phys. Chem. 1979(83):1097~1105.

[14] Hatton T. A., et al. The Mathematical Modeling of Liquid Surfactant Membranes, Presented at CIESC/AICHE Jiont Meeting of Chemical Engineering, Beijing, China, 1982:19~21.

[15] 姜长印,郁建涵,等. 用乳状液型液膜提取铕的传质机理研究[J]. 化工学报, 1982,(3):225.

[16] 郁建涵, 王士柱, 姜长印,等. 液膜分离技术的渐进前沿模型[J]. 膜分离科学与技术, 1983,3(4):1~4.

[17] 陈超球,丁梅. DOSO 为载体液膜法提取 Pd(Ⅱ)的传质模型[J]. 膜科学与技术, 1992, 12(4):53~57.

[18] P. R. Danesi. Separation of metal species by supported liquid membranes[J]. Sep. Sci. Technol. 1984~1985, 19: 857~894.

[19] P. R. Danesi. A simplified model for the coupled transport of metal ions through hollow fiber supported liquid membranes[J]. J. Membrane Sci. 1984, 20:231~248.

[20] 严忠, 李思芽, 李明玉. 液膜的电破乳[J]. 膜科学与技术, 1992, 12(4):5~8.

[21] 王向德, 朱斌, 万印华,等. 液膜法生产仲钨酸铵[J]. 稀有金属与硬质合金, 1992,110(3):6.

[22] R. Marr, et al. experiments on liquid membrane permeation in a pilot plant[J]. Ger. Chem. Eng. 1983,6:365~370.

[23] J. Draxler, W. Wrst, R. Marr. Separation of Merals Species by Emulsion Liquid Membrane[C], ISEC86, 1986, 1: 563.

[24] Ruppert, M. Drzxler, J. R. Marr. Liquid-membrane-permeation and its experiences in pilot-plant and industrial scale. Separation Science and Technology, 1988, 23(12, 13):1659~1966.

[25] 王士柱, 姜长印, 张泉荣,等. 乳状液型液膜的工业过程研究[J]. 膜科学与技术,1992, 12(1):8~15.

[26] T. P. Martin. G. A. Davies. The extraction of copper from dilute aqueous solutions using a liquid membrane process[J]. Hydrometallurgy, 1976/77, 2:315.

[27] K. H. Lee, D. F. Evans and E. L. Cussler. Selective copper recovery with two types of liquid membranes[J]. AIChE J., 1978, 24:860~868.

[28] Larmang T., et al. ibid, 1978,3:135.

[29] Flett D. S., et al. Extraction Metallurgy, the institution of mining and metallurgy 85: 5~10.

[30] 范正. 液膜传质模型[J]. 有色金属(冶炼部分),1985(1):27~33.

[31] Makoto Takagi, et al. ISEC'83: 232~235.

[32] Angela Alderman, et al. ICHM'92 Proceeding, 1992:40~47.

[33] 姜长印,等. 用乳状液型液膜提取铕的传质机理研究[J]. 化工学报, 1982, 3:225~233.

[34] 郁建涵,等. 液膜分离技术的渐进前沿模型[J]. 膜分离科学与技术, 1983, 3(4):1~4.

[35] 张瑞华，肖磊．提取稀土的液膜体系的设计[J]．中国稀土学报，1984，(2):30.
[36] 张瑞华,王德先,张仲甫．用液膜技术分离稀土的研究[J]．稀土，1984，(4):6.
[37] 郁建涵,王士柱,姜长印,等．乳状液型液膜法提取稀土[J]．稀土,1987，48 (1):1 ~7.
[38] 张仲甫,张瑞华,王德先．用液膜技术浓缩和分离稀土溶液[J]．膜科学与技术,1986，6 (1):41 ~47.
[39] 刘振芳,张兴泰,范琼嘉．液膜法从离子吸附型稀土矿提取稀土[J]．稀土,1988,55 (2):3 ~8.
[40] 张瑞华,王德先．用乳状液膜从水溶液中提取混合稀土[J]．膜科学与技术,1985，5 (4):70 ~75.
[41] 王向德,陈新棉,万印华．液膜法自低品位稀土矿生产氯化稀土和富铕、富钇氯化物中间试验[J]．稀土，1992，(2):30.
[42] P. R. Danesi and C. Cianetti. Multistage separation of metal ions with a series of composite supported liquid membranes[J]. J. Membrane Sci., 1984, 20(2):215 ~226.
[43] Danesi P R, Horwitz E P, Rickert P G. Transported of Eu2 + through a Bis(2-ethylhexyl) Phosphoric Acid, N-Dodecanol Solid Supported Liquid Membrane [J]. Sep. Sci. Technol., 1982, 17(1/2): 1183 ~1192.
[44] P. R. Danesi, C. Cianetti. Permeation of metal ions through a series of two complementary supported liquid membranes[J]. J. Membrane Sci., 1984, 20(2):201 ~213.
[45] P. R. Danesi, R. Chiarizia, P. Rickert, E. P. Horwitz. Separation of Actinides and Lanthanides From Acidic Nuclear Wastes by Supported Liquid Membranes. Solvent Extraction and Ion-Exchange, 1984, 3(1-2):111 ~147.
[46] Danesi P R. Separation of Metal Species by Supported Liquid Membrane. Sep. Sci. Technol., 1984/1985, 19(11/12): 857 ~894.
[47] Li Biaoguo, et al. ibid, 59 ~61.
[48] Jiang Changyin, et al. ibid, 59 ~61.
[49] 杨显万，刘朗明．用支撑液膜(SLM)提取稀土[J]．中国有色金属学报，1993，(3):30.
[50] R. Guerriero, L. Meregalli, X. Zhang. Indium recovery from sulphuric solutions by supported liquid membranes. Hydrometallurgy, 1988, 20(1):109 ~120.
[51] Sifwiades S., et al. ibid, 1983,2:63.
[52] Flett D. S., et al. ibid, 1984, 1:1.
[53] 邵刚．膜科学与技术,1987,(4):49.
[54] Babcok W. C., et al. Proceeding of ISEC'80(II), 1980:80.
[55] Li N. N., Cahn RP, Naden D, Lai R W M. Liquid membrane processes for copper extraction [J]. Hydrometallurgy, 1983, 9: 277 ~305.
[56] J. Strzelbicki, W. Charewicz. The liquid surfactant membrane separation of copper, cobalt and nickel from multicomponent aqueous solutions[J]. hydrometallurgy, 1980, 5(2 -3):243 ~254.
[57] J. Strzelbicki, W. Charewicz. Separation of Cobalt by Liquid Surfactant Membranes[J]. Separation Science and Technology, 1978, 13(2):141 ~152.

[58] K. H. Lee, D. F. Evans and E. L. Cussler. Selective copper recovery with two types of liquid membranes[J], AIChE J. 1978, 24:860～868.
[59] Cussler, E. L., and D. F. Evans. Liquid Membranes for Separations and Reactions[J]. J. Memb. Sci. 1980, 6:113.
[60] Danesi P R. Separation of Metal Species by Supported Liquid Membrane[J]. Sep. Sci. Technol., 1984/1985, 19(11/12): 857～894.
[61] Masaaki Teramoto et al. Development of Spiral－Type Supported Liquid Membrane Module for Separation and Concentration of Metal Ions[J]. Sep. Sci. Technol., 1987, 22(11):2175～2201.
[62] 李坚,杨显万. 用支撑液膜分离钴镍的研究[J]. 有色金属(季刊),1990,42(2):55～60.
[63] Голубев В. Н. и др. Теор. Основы Хим. Тех., 1979, 13:440.
[64] Голубев В. Н. и др. Ж. Прикл. Химии, 1976, 49(4):910.
[65] 徐铜文. 乳状液膜提钪的研究[J]. 湿法冶金, 1994, 49(1):28～32.
[66] 罗建中, 张秀娟. 液膜法稀土三分组[J]. 膜科学与技术, 1992, 12(3):21～26.
[67] 朱建华, 张秀娟. 氧化还原液膜法分离铕的研究之一:弱酸性还原分离体系[J]. 膜科学与技术, 1994, 14(2):38～43.
[68] Li Yadong, et al. Proceeding of Sino-Japanese Symposium on Liquid Membrance & Ion Exchange & Electrodialysis & Reverse Osmosis & Ultrafiltration(LIERU), Society of Desalination and Water Reuse, China, 1994: 37～41.
[69] Masahide Sato et al. ibid: 42～45.
[70] Li Chenghai. Ibid: 49～52.
[71] Takumi Kinugasa et al. ibid: 61～64.
[72] Zhu Guobin and Li Jie. ibid: 65～68.
[73] Liu Lijun, Jin Meifang. ibid:133～136.
[74] Jing Meifang, et al. ibid: 141～144.
[75] Jianshun Fu, et al. ibid: 96～99.
[76] Valenzuela F, Basualto C. Application of hollow-fiber supported liquid membranes technique to the selective recovery of a low content of copper from a Chilean mine water[J]. J. Member Sci, 1999, 155:163～168.
[77] 李全民,刘奇,等. 乳状液膜迁移分离铋[J]. 分析化学研究学报,2000,28(4):466～469.
[78] 王献科,李玉萍. 液膜分离富集镓[J]. 轻金属,2002,10:31.
[79] 柳畅先,曹春莉. 乳状液膜分离水中汞的研究[J]. 分析科学学报,2003,19(1):72～74.
[80] 赵彩荣,范文元. 乳化液膜法提取钼的研究[J]. 水处理技术,2002,28(6):320～322.
[81] Abdusalam Uheida, Yu Zhang and Mamoun Muhammed. Transport of palladium(II) through hollow fiber supported liquid membrane facilitated by nonylthiourea[J]. Journal of Membrane Science, 2004, 241 (2):289～295.
[82] 刘璐,陈甫华. 乳状液膜法回收铂金属的研究[J]. 南开大学学报,2001,34(2).
[83] 张宏波. N1923 为载体的乳状液膜对钪的富集与分离研究[J]. 吉林化工学院学报, 2001,18(1):15～17.

12 矿浆电解

12.1 矿浆电解的发展过程[1~10,13~14,18]

所谓矿浆电解(slurry electrolysis process)就是将矿石的浸出、部分浸出液净化和电解等过程结合在一个装置中进行的技术。向装置中加入矿石,并直接从这个装置中产出产品。

矿浆电解技术的核心是矿浆电解槽。磨细的矿物经预处理后以矿浆状加入浸出电解槽中,根据不同矿物选择合适的电解液,如黄铜矿矿浆电解通常采用氯化物电解液体系。矿浆电解槽用渗滤性隔膜分为阳极区和阴极区。矿浆加入阳极区,金属在阴极区析出。电解过的矿浆经液固分离后,电解液返回矿浆电解槽,渣可进一步处理回收其他有价组分。

有人将矿浆电解称为悬浮电解,其实两者是有差别的。按照日本学者龟谷博对悬浮电解所下的定义,悬浮电解是指在电解液中有粒子群,电化学反应只在粒子表面进行,而电极表面不进行电化学反应。而矿浆电解一般是指硫化矿在电解槽中以矿浆形式直接电解,不仅矿石颗粒表面发生电化学反应,在插入的电极表面也有电化学反应发生。

矿浆电解技术的历史不长。1971 年美国塞浦路斯(Cyprus)冶金公司 P. R. 克鲁西(Kruesi)申请一项专利,该专利以碱金属或碱土金属氯化物溶液为电解液,加入粒度小于 200 μm 的硫化铅矿粉,在电解液 pH 值低于 3.9、温度 378 K 和阳极电流密度不低于 130 A/m^2 的条件下电解,便可以得到金属铅,并可用此法电解其他一些硫化矿物矿浆制取金属。之后,他还用这种方法电解钼和铼硫化物矿浆,制取金属钼和金属铼。

1974 年澳大利亚英特克(Intec)冶金公司的 P. K. 阿维雷特(Everett)取得了用矿浆电解法生产电池用二氧化锰的专利权。澳大利亚的布罗肯希尔控股公司(Broken Hill Proprietury Company)买下了这项专利,并建立了中间试验厂。它用低品位锰矿做原料,通过矿浆电解直接生产电池用二氧化锰。之后,英特克冶金公司与埃姆得克斯(Amdex)勘探公司联合组成一个新的得克斯特克(Dextec)冶金公司,新公司名称取自于两个公司名称的后半部。联合之后,由得克斯特克冶金公司发展起来的新的矿浆电解工艺统称为 Dextec(得克斯特克)法。

得克斯特克冶金公司于1977年取得了硫化铜精矿矿浆电解的专利权，同年阿维雷特公布了由黄铜矿一步制取铜、氧化铁和元素硫的矿浆电解法，并明确指出这是在一个电解槽中从矿石直接产出金属铜的新方法。

20世纪70～80年代，阿维雷特申报了一系列有关铜矿浆电解的专利，如1975年提出申请黄铜矿矿浆电解的专利，同时提出申请有搅拌的隔膜电解槽专利。他在1981年和1983年的国际会议上分别公布了Dextec炼铜法和Dextec炼铅法。

Dextec法从1L规模小电解槽逐渐扩大，经历了5L、100L、300L直至9 m^3 规模的电解槽试验，取得了一系列有用数据。但由于工程化及其他一些问题还没有解决，时至今日，1992年后Dextec冶金公司已停止了矿浆电解试验。

我国北京矿冶研究总院自1978年以来，率先在国内进行了黄铜矿、方铅矿、多金属硫化矿、含金、银、铜铅矿。铋矿石及废杂铜物料的矿浆电解试验，进行过100L的试验室扩大试验及1 m^3 的半工业试验，取得了良好的试验指标，目前进入工业化生产。本章重点介绍得克斯特克冶金公司和北京矿冶研究总院所进行的有关工作。

12.2 铜矿物的矿浆电解[8～12,15～20]

12.2.1 矿浆电解原理

在铜的硫化物中，黄铜矿属于比较难氧化的一种。一些矿物的氧化顺序如下：

黄铁矿（FeS_2）	最难氧化
辉钼矿（MoS_2）	↓
黄铜矿（$CuFeS_2$）	
镍黄铁矿（$NiFeS_2$）	
辉钴矿（$CoFeS_2$）	
闪锌矿（ZnS）	
辉铜矿（Cu_2S）	
磁黄铁矿（FeS）	↓
方铅矿（PbS）	最易氧化

12.2.1.1 得克斯特克冶金公司的研究工作

得克斯特克冶金公司对铜矿浆电解的机理研究不断深入，大致可分为三个阶段。

A 第一阶段

他们在试验室中通过少量的化学浸出黄铜矿的试验，推断出黄铜矿矿浆直接电解的主要反应是：

$$2CuFeS_2 + 1.5O_2 + 6H^+ \longrightarrow 2Cu^+ + 2Fe^{2+} + 4S + 3H_2O \tag{12-1}$$

$$2Fe^{2+} + 2H^+ + \frac{1}{2}O_2 \longrightarrow 2Fe^{3+} + H_2O \tag{12-2}$$

$$2Fe^{3+} + 3H_2O \longrightarrow Fe_2O_3 + 6H^+ \tag{12-3}$$

式 12-1、式 12-2、式 12-3 可综合写成：

$$2CuFeS_2 + 2H^+ + 2O_2 \longrightarrow 2Cu^+ + Fe_2O_3 + 4S + H_2O \tag{12-4}$$

这个反应是得克斯特克法的理论基础。

浸出液含有较高浓度的氯化物（如氯化钠、氯化钾、氯化铵、氯化钙、氯化镁等），溶液中的 Cu^+ 以 $CuCl_3^{2-}$ 或 $CuCl_4^{3-}$ 等络合物离子形式存在，这不仅减少了电解时消耗电能较多的 Cu^{2+} 的形成，同时有利于分解反应 12-1 向右的方向进行；还有利于过滤性能好的铁的氧化物的形成。

当氧化程度较深时，也可产生如下反应：

$$2CuFeS_2 + 2.5O_2 + 4H^+ \longrightarrow 2Cu^{2+} + Fe_2O_3 + 4S + 2H_2O \tag{12-5}$$

在阳极与阴极之间通以直流电以后，水在阳极产生氢离子和氧气：

$$H_2O \longrightarrow \frac{1}{2}O_2 + 2H^+ + 2e \tag{12-6}$$

溶液中的铜离子则在阴极上被还原析出

$$2Cu^+ \longrightarrow 2Cu^0 - 2e \tag{12-7}$$

结合式 12-4、式 12-6 和式 12-7，矿浆电解槽的总反应可写成：

$$2CuFeS_2 + 1.5O_2 \longrightarrow 2Cu^0 + Fe_2O_3 + 4S^0 \tag{12-8}$$

黄铜矿在常压和适当的温度下可以被 Cu^{2+} 部分分解，最终阶段的分解一般都在一定条件下完成的，如加入 Fe^{3+}，以保证有较高的 Cu^{2+} 与 Cu^+ 之比；或采用加压和通氧。最终阶段那部分黄铜矿分解之所以困难，是由于黄铜矿表面形成了元素硫薄膜，阻止了反应的继续进行。

得克斯特克冶金公司采用避免形成硫膜的工艺条件，显微照相表明反应过程中的黄铜矿表面没有硫膜，硫和氧化铁以颗粒状存在于渣中。这可能是所形成的中间产物如硫化氢等，在生成元素硫和氧化铁沉淀之前就离开了矿物表面。

得克斯特克冶金公司黄铜矿矿浆电解过程中避免了硫膜的生成，阿维雷特的解释如下：

黄铜矿在酸性氯盐介质中分解：

$$2CuFeS_2 + H_2O + 6H^+ \longrightarrow 2Cu^+ + Fe^{2+} + FeO + 4H_2S \tag{12-9}$$

一价铜离子可以进一步氧化：

$$2Cu^+ + \frac{1}{2}O_2 + 2H^+ \longrightarrow 2Cu^{2+} + H_2O \tag{12-10}$$

二价铜离子与 H_2S 反应：

$$2Cu^{2+} + H_2S \xlongequal{} 2Cu^{+} + S + 2H^{+} \quad (12-11)$$

硫以 H_2S 形式从矿石表面离开，再转换成元素硫的微粒，它不同于硫膜。

溶液中的 Cu^{2+} 的浓度必须保持在一个低的容许范围，在此浓度下于硫膜形成之前铜就完全被提取。当溶液中 Cu^{2+} 浓度太高时，也可停止充气，使式 12-10 停止反应。

综上所述，黄铜矿在电解槽中分解主要是由于 H^{+} 及 O_2 存在，而 H^{+} 又由阳极电解水产生，所以黄铜矿的分解主要是化学浸出。

B 第二阶段

随着试验研究从试验室走向半工业试验阶段，得克斯特克冶金公司开始进一步研究浸出的反应机理，他们委托澳大利亚新南威尔士大学冶金系（School of Metallurgy，University of New South Wales）的 P. A. 斯潘塞（Spencer）和 B. 哈利斯（Harris）对该法的机理进行了研究，他们的主要研究方法是：

用测定平衡电位的方法来确定铜（Ⅰ）络合的程度与氯化物离子浓度及温度的关系；

采用电位记录及绘制极化曲线的方法对黄铜矿在氯化物电解液中的氧化进行了研究，以确定阳极氧化反应的机理；

对电解过程中不同阶段取出的样品进行电子扫描和 X 光衍射分析来鉴别各种反应产物。

他们的研究结果如下：

（1）Cu（Ⅰ）-Cl-H_2O 系平衡电位的测定：测定了在 Cu（Ⅰ）水溶液中铜电极的平衡电位与氯化物的活度的关系曲线，曲线的斜率可以帮助辨别 Cu（Ⅰ）氯络合物的稳定区。

在温度 298K、氯化物浓度在 1.0～4.0mol/L 的试验条件下，曲线可分成三个明显的区域：

1）氯化物浓度小于 1.5mol/L 时，铜以 $CuCl_2^-$ 为主；

2）氯化物浓度为 1.5～3.0mol/L 时，以 $CuCl_3^{2-}$ 为主；

3）氯化物浓度为 3.0～4.0mol/L 时，氯化物与铜之比为 1.5，并假定在这个区域内仅仅生成简单的稳定络合物，此时铜则为 $Cu_2Cl_3^-$。

在温度 353K 下：

1）氯化物浓度小于 1.5mol/L 时，铜以 $CuCl_2^-$ 为主；

2）氯化物浓度为 1.5～2.0mol/L 时，铜以 $CuCl_3^{2-}$ 为主；

3）氯化物浓度大于 2.5mol/L 时，铜以 $Cu_2Cl_3^-$ 为主。

（2）固体黄铜矿阳极的电氧化：在 pH = 2 的氯化物溶液中，固体黄铜矿阳极的静电氧化反应失去 3 或 4 个电子，因为这个电位低于把大量 Fe^{2+} 氧化到 Fe^{3+} 的

电位,下列反应式为298K温度时最可能发生的反应:

$$CuFeS_2 \longrightarrow Cu^{2+} + Fe^{2+} + 2S^0 + 4e \tag{12-12}$$

$$CuFeS_2 + 2Cl^- \longrightarrow CuCl_2^- + Fe^{2+} + 2S^0 + 3e \tag{12-13}$$

可能有少量的 Fe^{2+} 发生生成 Fe^{3+} 的电氧化反应,但大量的 Fe^{2+} 会迅速地被空气氧化,因为溶液是暴露在空气中的。

在电解温度高于353K时,在固体黄铜矿阳极存在着一个少于3个电子参加的电氧化反应,此时铁不会进入溶液。这个反应可能为:

$$2CuFeS_2 + 4Cl^- + \frac{3}{2}O_2 \longrightarrow 2CuCl_2^- + Fe_2O_3 + 4S^0 + 2e \tag{12-14}$$

$$2CuFeS_2 + \frac{3}{2}O_2 \longrightarrow 2Cu^{2+} + Fe_2O_3 + 4S^0 + 4e \tag{12-15}$$

(3)在矿浆中黄铜矿的阳极氧化:在温度353 K、矿浆 pH = 3、矿浆含 NaCl 4 mol/L的条件下,在黄铜矿矿浆电解期间矿浆中铜浓度的增加速率与提供给电解槽的电荷呈线性关系,这种关系说明黄铜矿可直接进行电氧化或者电化学浸出。在这种情况下黄铜矿的电化学反应为:

$$CuFeS_2 + \frac{3}{2}O_2 \longrightarrow Cu^+ + \frac{1}{2}Fe_2O_3 + 2S^0 + e \tag{12-16}$$

曾用扫描电子显微镜研究过部分矿浆,发现黄铜矿表面有氧化铁和硫生成。氧化反应产生水溶性 Cu(Cu^+)、氧化铁和元素硫,通过X射线衍射检测,确定三价铁氧化物为 β-FeOOH。

在与电解槽电解相似的条件下,用含 Cu^{2+} 和 Fe^{3+} 的溶液浸出黄铜矿,发现在原来没有 Fe^{3+} 的情况下,铁将优先被浸出。因此,用含 Cu^{2+} 溶液浸出黄铜矿时需要优先浸出铁生成 Fe^{3+},而 Fe^{3+} 可以氧化黄铜矿。因此,P. A. 斯潘塞和 B. 哈利斯认为,对于失去一个电子的氧化反应表达式为:

$$2CuFeS_2 + \frac{3}{2}O_2 + H_2O + 3Cl^- \longrightarrow Cu_2Cl_3^- + 2\beta\text{-}FeOOH + 4S^0 + 2e \tag{12-17}$$

C 第三阶段

随着试验研究工作的不断深入,得克斯特克冶金公司认为他们的这种矿浆电解法在机理上与一般浸出反应机理不同。在矿浆电解中,主要的不是发生化学浸出反应,而是发生于空气泡与矿物颗粒,电解液与阳极表面相互之间的反应。

用含二价铜离子溶液来浸出黄铜矿,当溶液 pH = 3 时,浸出反应是极缓慢的,这是因为在此 pH 值下,溶液中的三价铁离子已经很少。实际上,黄铜矿的浸出主要是三价铁离子起的作用。

得克斯特克冶金公司的矿浆电解通常采用含 Fe^{3+} 低于0.5 g/L、含 Cu^{2+} 低于

2 g/L的电解液，因此，铁离子和铜离子所起的浸出作用是极其有限的。

与用含三价铁或二价铜离子溶液浸出黄铜矿的方法不同，得克斯特克冶金公司的矿浆电解具有如下特点：

（1）不像用三价铁和二价铜离子溶液浸出黄铜矿那样，得克斯特克矿浆电解法不会生成硫膜在整个电解过程中，矿粒表面清洁，这对以后从渣中回收金十分有利。

（2）电解中产生的铁的氧化物不是铁离子从溶液中水解而成，而是在黄铜矿表面的裂缝中直接形成大的氧化铁颗粒，然后从矿物的表面脱落。

（3）P. A. 斯潘塞做了一个在阳极区充入空气的试验，发现在这种情况下黄铜矿的分解不是失去 1 个电子的反应而是失去 3 个电子的反应，即

$$CuFeS_2 \longrightarrow Cu^+ + Fe^{2+} + 2S^0 + 3e \quad (12-18)$$

因此，P. A. 斯潘塞认为，空气泡和矿物两者在电解槽内的合理分布对提高电解效果十分重要。例如，当搅拌机叶桨缓慢的搅拌所产生的离心力把矿物推向电解槽的外壁，而空气泡在槽子的中央，这时矿粒与气泡搅拌混合不好，电解效果变差。因此，设计一个具有良好搅拌作用的矿浆电解槽是至关重要的。

P. A. 斯潘塞经过试验研究确定，在得克斯特克矿浆电解中，铜矿物在阳极区的条件下发生电化学直接氧化溶解。因此，铜矿物颗粒直接碰撞阳极表面是重要的氧化途径。他认为，在这种条件下，黄铜矿几乎不被 Fe^{3+} 或 Cu^{2+} 浸出。从这一结论出发，可以得出矿浆电解槽的阳极面积越大，铜矿物与阳极的碰撞几率也越大，对黄铜矿物的电化学直接氧化溶解越有利的结论。

12.2.1.2 北京矿冶研究总院的研究工作

北京矿冶研究总院邱定蕃等人研究了铜矿浆电解的阳极反应、浸出电解过程中氯离子的作用及黄铜矿浸出电解过程中的物相变化。

A 阳极反应

黄铜矿在水溶液中于常压下当有 H^+ 存在时能被空气氧化，产生的 Fe^{2+} 进一步氧化为 Fe^{3+} 并水解，其反应为：

$$2CuFeS_2 + \frac{3}{2}O_2 + 6H^+ = 2Cu^+ + 2Fe^{2+} + 4S^0 + 3H_2O \quad (12-19)$$

$$2Fe^{2+} + 2H^+ + \frac{1}{2}O_2 = 2Fe^{3+} + H_2O \quad (12-20)$$

$$Fe^{3+} + 2H_2O = FeOOH + 3H^+ \quad (12-21)$$

可将式 12-19、式 12-20、式 12-21 综合写成：

$$2CuFeS_2 + \frac{3}{2}O_2 + 4H^+ = 2Cu^+ + 2FeOOH + 4S^0 + H_2O \quad (12-22)$$

在通常情况下式 12-22 的反应是缓慢的。当氧化气氛较强时，Cu^+ 继续氧化：

$$2Cu^{+} + 2H^{+} + \frac{1}{2}O_2 = 2Cu^{2+} + H_2O \tag{12-23}$$

阳极区空气氧化的结果,使阳极液中 Cu^{2+} 不断升高,而 Cu^{2+} 是黄铜矿良好的氧化剂。

$$CuFeS_2 + 3Cu^{2+} = 4Cu + Fe^{2+} + 2S^0 \tag{12-24}$$

试验证明,含 NaCl 250g/L 的溶液,在 pH = 1.5 ~ 2.0 范围内,Cu^{2+} 可以氧化浸出黄铜矿,即使不通以直流电,浸出反应仍可进行。这种情况说明,当溶液有 Cu^{2+} 存在时,肯定有黄铜矿的化学浸出反应发生。在得克斯特克矿浆电解后期,阳极区溶液中的 Cu^{2+} 占总铜浓度的40%,在这种情况下,P. A. 斯潘塞等人认为阳极区仅仅是黄铜矿的电化学氧化而不会发生化学浸出反应的结论显然是不全面的。

式 12-22 和式 12-24 是阳极区可能发生的化学浸出反应。在阳极与阴极之间通以直流电之后,有可能发生以下阳极反应:

$$H_2O = \frac{1}{2}O_2 + 2H^{+} + 2e \qquad \varphi_0 = 1.229V \tag{12-25}$$

$$Fe^{2+} = Fe^{3+} + e \qquad \varphi_0 = 0.771V \tag{12-26}$$

$$CuCl = Cu^{2+} + Cl^{-} + e \qquad \varphi_0 = 0.556V \tag{12-27}$$

$$Cu^{+} = Cu^{2+} + e \qquad \varphi_0 = 0.167V \tag{12-28}$$

$$CuFeS_2 = Cu^{2+} + Fe^{2+} + 2S^0 + 4e \tag{12-29}$$

$$CuFeS_2 + 2Cl^{-} = CuCl_2^{-} + Fe^{2+} + 3S^0 + 3e \tag{12-30}$$

$$2CuFeS_2 + 4Cl^{-} + \frac{3}{2}O_2 = 2CuCl_2^{-} + Fe_2O_3 + 4S^0 + 2e \tag{12-31}$$

$$2CuFeS_2 + \frac{3}{2}O_2 = 2Cu^{2+} + Fe_2O_3 + 4S^0 + 4e \tag{12-32}$$

$$CuFeS_2 + \frac{3}{4}O_2 = Cu^{+} + \frac{1}{2}Fe_2O_3 + 2S^0 + e \tag{12-33}$$

根据 P. A. 斯潘塞和 B. 哈利斯的研究结果,黄铜矿阳极的静电氧化反应电位比 Fe^{2+} 氧化到 Fe^{3+} 的电位要低。因此,黄铜矿的电氧化反应式 12-29 ~ 式 12-33 是有可能发生的。可以认为,阳极区黄铜矿的浸出是阳极电氧化反应式 12-29 ~ 式 12-33 和化学反应式 12-22 ~ 式 12-24 的共同结果。

B 矿浆电解过程中氯离子的作用

一价铜离子在水中的溶解度很小,为了防止 CuCl 的沉淀,在浸出剂中添加氯盐,由于 Cl^{-} 的存在,引起新的络合反应。

Cu^{+} 在氯化物介质中以 $CuCl_3^{2-}$、$CuCl_4^{3-}$ 络离子形式存在;Cu^{2+} 以 $CuCl_3^{-}$、$CuCl_5^{3-}$ 络离子形式存在,也可以聚合络离子形式存在,如 $Cu_2Cl_3^{-}$ 和 $Cu_5Cl_{16}^{11-}$;或以 Cu(Ⅰ)- Cu(Ⅱ)混合络合物存在。

在溶液中未络合的水合离子与溶液中的络离子存在下述平衡：

$$CuCl_3^{2-} \rightleftharpoons Cu^+ + 3Cl^-, K = \frac{[Cu^+][Cl]^3}{[CuCl_3^{2-}]} = 5.01 \times 10^{-6} \qquad (12-34)$$

$$CuCl_2^- \rightleftharpoons Cu^+ + 2Cl^-, K = \frac{[Cu^+][Cl^-]^2}{[CuCl_2^-]} = 3 \times 10^{-6} \qquad (12-35)$$

由此可见，溶液中简单离子 Cu^+ 的浓度很低，在电解过程中，在电极上放电的不是简单的 Cu^+，而是氯化物的络离子。这些复杂离子的放电过程，要比简单离子复杂得多。

C 矿浆电解过程的物相变化

陈军的研究表明，在矿浆电解槽中，黄铜矿被浸出的过程是浸出液包围矿物并沿裂隙进入黄铜矿颗粒内部进行浸出，浸出液中离子的扩散并被氧化的结果。黄铜矿在浸出过程中其晶体结构由外向内逐渐遭受破坏致使粒度变细，变得残缺不全。黄铜矿在浸出 2 h 后，其粒度变得更细，在其表面上有少量元素硫及针铁矿的单体形成。浸出 4 h 后形成的元素硫及针铁矿单体量更多，并有部分硫包在黄铜矿的外面，局部可见针铁矿在颗粒的最外圈形成薄膜包裹。浸出 6 h 后则有大量的元素硫和针铁矿的包裹物出现。

根据观察到的现象，可以推断反应初期铜的浸出速度是很快的，在浸出 2 h 后已达到 84%。以后的浸出率增长速度是随时间的增加而递减的。这时因为后期元素硫在黄铜矿颗粒外形成了包裹层，而含有氯化铁的浸出渣的水解产物针铁矿则成了最外层的包裹物。

陈军的研究结果有两点与 P. A. 斯潘塞的不同。一是在浸出渣中确有 β-FeOOH 及元素硫存在，这说明，铁并不直接氧化为三氧化二铁，而只是经过溶液水解而生成 β-FeOOH 相。而 P. A. 斯潘塞则认为，铁的氧化物不是铁离子从溶液中水解而形成，而是在黄铜矿表面的裂缝中直接形成大的氧化铁颗粒，然后从矿物的表面脱落。二是 P. A. 斯潘塞认为得克斯特克矿浆电解法没有硫膜形成，在整个反应期间，颗粒表面保持清洁。但陈军的研究表明在浸出过程中虽然会形成包裹黄铜矿的元素硫球粒和 β 针铁矿的薄膜，但它们并不是非常致密的，溶液仍可通过孔隙，使浸出反应继续进行。

12.2.2 得克斯特克矿浆电解技术

12.2.2.1 小型试验、扩大试验及半工业试验

得克斯特克矿浆电解技术从 70 年代开始进行小型试验，经过逐级放大，到 80 年代后期已设计出 15 m^3 的半工业试验电解槽。

A 小型试验

图 12–1 所示为矿浆电解的小型试验装置。

阳极隔膜为矩形，用聚丙烯布制作。阳极区的底是用聚丙烯布作为空气分布器。阳极是带槽的石墨板，这种结构是为了增大阳极表面。阴极是石墨棒。阴极和阳极隔膜都浸在含铜 10 g/L 和含 NaCl 20% 的电解液中。

350 g 铜精矿加入阳极区，充入空气，在 6 h 内通过 12 A 电流，阴极电流密度为 300 A/m^2，阳极电流密度为 50 A/m^2，槽电压 1.0 V，电解结束时从底部收集铜粉。渣呈红色，很容易过滤。公斤铜的电耗为 0.8 kW · h。表 12–1 列出了小型试验的结果。

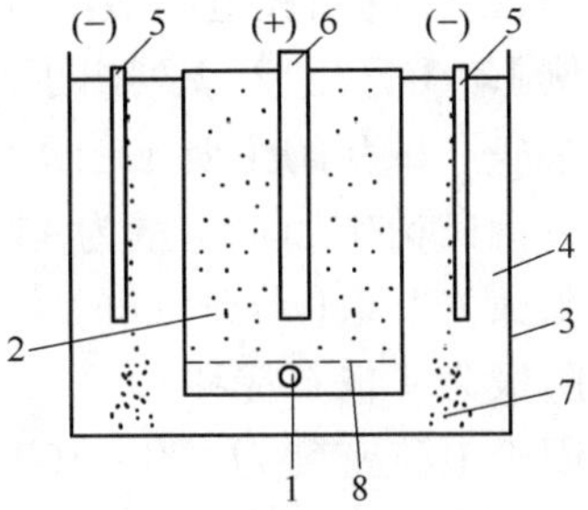

图 12–1 小型试验的矿浆电解槽示意图
1—空气进入口；2—空气 – 矿石 – 电解液体系；3—10 L 的容器；4—电解液；5—阴极；6—阳极；7—在阴极上产生的铜粉并散落在底部；8—多孔分布器

表 12–1 小型试验结果

物料和产物名称	主要组分的含量(质量分数)/%			铜的回收率/%
	Cu	Fe	S	
铜精矿	25.2	27.2	25.2	
渣	2.3	31.5	31.5	
铜 粉	99.8	0.005		92.1

B 扩大试验

在小型试验的基础上，建造了 300 L 的扩大试验电解槽。电解槽的结构示于图 12–2。

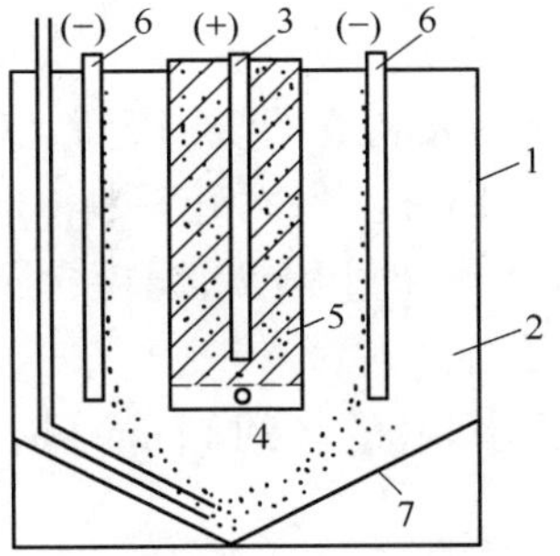

图 12 – 2 300 L 扩大试验电解槽示意图
1—玻璃钢槽；2—电解液；3—阳极；4—多孔气体分布器；5—黄铜精矿；6—阴极；7—锥形槽底

圆筒形的玻璃钢槽，内装电解液。长方形的隔膜袋(h = 0.8 m) × (b = 0.5 m) × (δ = 0.08 mm)，框架为有机玻璃，外面包以聚丙烯滤布。8 根直径(d = 35 mm) × (l = 700 mm)的石墨棒阳极悬挂在阳极区的中央，阳极区底部是由聚丙烯布制成的多孔空气分布器，吹入空气使精矿悬浮在电解液中。每一侧各有 1 根 35 mm × 700 mm的石墨阴极棒，铜粉在其沉积并落入锥形槽底，铜粉定期通过插入管用泵吸出。

把铜精矿加到阳极区中，通过的电流

要适当,以保持阳极电解液的 pH 值在 2.0 左右。

例 12-1 表 12-2 列出了来自帕柯 - 瓦尔森(Peko - Wallsend)黄铜矿精矿的试验结果。试验的主要工艺条件如下:

黄铜矿精矿加料重量为 4 kg;

阳极为 8 根(d = 35 mm) × (l = 700 mm)石墨棒;

阴极为 4 根石墨棒;

阳极电流密度为 100 ~ 160 A/m²;

阴极电流密度为 100 ~ 640 A/m²;

空气分布器用聚丙烯布制造;

隔膜材料为聚丙烯布;

额定电流为 100 ~ 50 A;

电解液含 NaCl 20%。

表 12-2 扩大试验结果

时间 t/h		0	1	3	5	7	9
电流 I/A		100	80	60	50	50	50
槽电压 U/V		2.4	2.1	1.9	1.9	2.0	2.0
阳极液中铜的质量浓度 c/g · L^{-1}	Cu	11.6	13.6	16.0	18.8	18.5	18.0
	Cu^{2+}	2.8	6.4	3.5	6.0	6.6	8.4
阳极液	pH	2.6	2.2	2.3	2.4	2.3	2.0
	T/K	354	354	356	355	355	355
阴极液中铜的质量浓度 c/g · L^{-1}	Cu	10.8	9.2	9.2	9.2	8.8	8.8
	Cu^{2+}	1.8	1.5	1.3	1.1	1.3	1.1
固体中的铜含量(质量分数)/%		21.6		11.2			1.3

扩大试验产出的铜粉纯度大于 99%。

例 12-2 原料为含砷的辉铜矿,这种矿石是由澳大利亚的统一金矿(Consolidated Gold Mine)供给的,含铜 11.6%、铁 29%、砷 1.13%。每次处理料 6 kg,槽电压为 1.8 ~ 2.5 V,在 100 A 电流下,电解 5 h,铜的提取率超过 96%,铜粉含铜 99%,砷基本上留在渣(含砷 1.25%)中,没有污染产品。

采用 4 个 100 L 矿浆电解槽,各槽中间用塑料管串联(管径约 12 mm)呈 45°角,矿浆经管内依次流入下一槽中。

在 4 个 100 L 的浸出电解槽中,开始时如果铜精矿的铜品位为 20% ~ 25%,则加料 5 kg;如果精矿的铜品位为 10% ~ 15%,则加料 7 ~ 10 kg。物料在槽内总的停留时间为 8 h,4 个槽子分批开动,首先开动 4 号槽,2 h 后开动 3 号槽,再过 2 h 时开动 2 号槽,等 2 号槽已开动 2 h 后再开 1 号槽。2 h 后矿浆开始流入 1 号槽,此时 4

号槽中的物料已停留了8 h,开始排料。

排出4号槽的矿浆先进入一个搅拌槽或浓密机,在这里停留2 h,渣中残存的少量铜继续被浸出,然后再进行热滤,电解液返回前部,在那里与精矿混合再加入1号槽。渣进行洗涤,开始用少量含 NaCl 10% 热的溶液洗渣,以避免 Cu^+ 的沉淀,然后再洗涤干净。

由于电解和浸出的铜量相当,电解液中的铜离子能保持一适当的浓度。一般电解液含铜离子20 g/L,含 NaCl 130 g/L。

在4号槽内,由于可与氢离子进行反应的矿物不多,因而矿浆的 pH 值较低,约为1.9~2.1,而1、2、3号槽矿浆的 pH 值约为2.2~2.7,4号槽的 pH 值可以用来作为控制整个过程的基本参数。如果4号槽矿浆的 pH 值低,可以通过降低电解电流或增加矿浆流量使其增加。

试验中曾用过产自北美的铜精矿,连续试验运转了4天,铜的总回收率为98%。

在300 L矿浆电解槽的基础上,曾对槽的结构进行了改进。改进后的电解槽把隔膜袋内变成阴极区,而阳极区在阴极区的周围,他们称之为流态化床矿浆电解槽(Fluid Bed Cell)。矿浆电解槽结构的这种改进可以提高槽子的容积利用率,矿浆的浓度也可以高一些,有可能降低溶液中 Cu^{2+} 与 Cu^+ 的比例,从而提高电流效率。

C 半工业试验

得克斯特克冶金公司在试验室进行了5 L、100 L、300 L的矿浆电解槽的单槽试验,在此基础上于1980年初在离悉尼约100公里的肯贝拉港(Port Kembla)的澳大利亚电解精炼与熔炼公司(The electrolytic Refining and Smelting Company of Australia Ltd.)开始建造9 m^3 矿浆电解槽,三个月后开始运转。半工业试验装置包括:

9 m^3 浸出电解槽1个;

预处理搅拌槽2个;

贮液槽3个;

矿浆过滤器1个;

胶管泵3台;

铜粉收集器1个。

蒸汽、直流电由工厂的铜电解车间供给。

在9 m^3 矿浆电解槽中约有1 t石墨阳极,阳极区可装2.5 m^3 电解液,阴极区可装5.5 m^3 电解液。如操作正常,每天可处理1 t铜精矿。主要工艺条件如下:

每槽投矿量为334 kg;

铜精矿含铜25%;

电解槽温度363K;

浸出电解时间 8 ~ 10 h；

浸出电解阳极液 pH = 1 ~ 2.0；

电流 800 A；

阳极电流密度 100 A/m^2。

半工业试验的矿浆电解槽每天产铜 0.25 t，圆锥形玻璃钢槽直径 2.3 m，深 2 m，阴极顶端与一振打装置相连，每 15 min 振打 5 s，以保证铜粉不会因长大而穿过隔膜。多孔空气分布器沿着每个阳极袋的底部安装，袋与袋之间有连接管相连以使矿浆流动。空气用蒸汽增湿以防止空气分布器被析出的食盐堵塞。

单槽试验采用的试料是柯巴(Cobar)铜精矿

电解槽的有效容积大约为 8000 L。

试验开始时将 300 kg 铜精矿与 500 L 返回的电解液浆化，控制 pH 值大约为 2.5，加热至 363K 后停留 1 h。经浓密后，矿浆加入电解槽阳极袋中。

单槽的试验时间为 8 h，矿浆浓度约为 15%，每小时通过 8000 A 电流，电解接近完成时，电解液 pH 值下降，二价铜离子增多，此时将矿浆泵入一贮槽，在那里渣中的残铜与电解液中的二价铜继续反应而溶解入液。主要技术经济指标如下：

每小时通过电流 8000 A；

平均槽电压 1.15 V；

能耗 78.2 kW · h；

加空气量 212.5 m^3；

开始电解时电解液含铜 165 kg；

电解结束时电解液含铜 160 kg；

料中含铜 76.8 kg；

渣中含铜 2.3 kg；

被浸出的铜 74.5 kg；

电解析出的铜 80 kg；

1 公斤电解铜的能耗 0.98 kW · h。

物料中各主要组分的走向列于表 12-3。

表 12-3 半工业试验中物料各主要组分的走向

原料和产物的名称	组分含量(质量分数)/%					重量 m/kg
	Cu	Fe	Pb	Zn	Ag	
铜精矿						300
电解槽产出的渣	2.1	24.0	0.01	0.01	0.0004	
贮槽产出的渣	0.9	24.2	0.01	0.01	0.0004	250
铜 粉		0.03	0.001	0.003	0.056	80

在经过一年多的半工业试验后，澳大利亚得克斯特克冶金公司对其电解槽作

了两方面的改进。

（1）将阳极区从隔膜袋内移到了隔膜袋外部，隔膜袋内变成了阴极区，便能避免由于矿浆从袋内冒出而污染了铜粉。

（2）在阳极区增加了搅拌器，通过搅拌来防止矿浆沉积。取消了多孔分布器，空气由导管引至搅拌桨下部。

12.2.2.2 辐射状电解槽

得克斯特克法在多次试验的基础上设计出 15 m^3 的辐射状电解槽，并在悉尼的得克斯特克冶金公司的实验室里和瑞典波立顿（Boliden）公司两地进行了试验。图 12-3 所示为悉尼的电解槽。

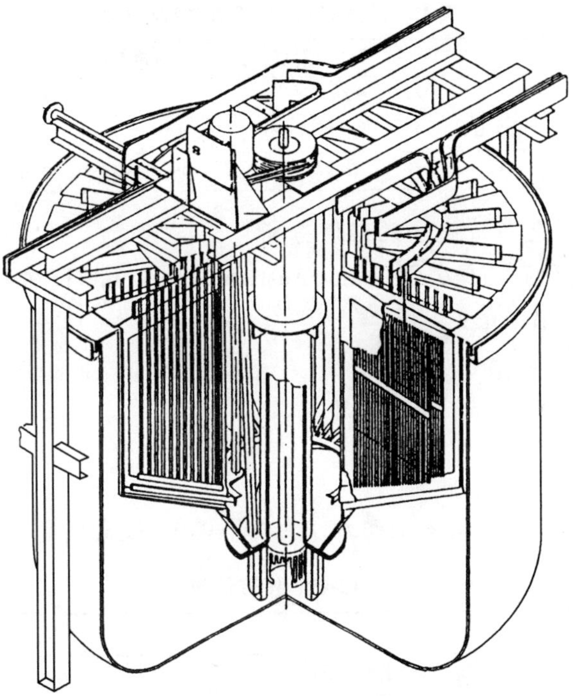

图 12-3 15 m^3 辐射状电解槽

辐射状电解槽为圆锥形，用玻璃纤维制作，直径 3 m，高 3 m。内装搅拌器，通过搅拌使矿物悬浮，提取铅时用轴流型搅拌器，提取铜、锌则用辐射涡流带有定子的搅拌器，因为提取铜、锌时需要把空气泡分布在矿浆中，辐射涡流搅拌器的设计与浮选机中的搅拌器类似，阳极区有 36 个放射状叶片使阴极液与矿浆分离，使用聚丙烯隔膜或使用已获专利权的得克斯特克离子交换膜。

阴极为直径 $d = 15$ mm 的铜管，外面套覆塑料管。在塑料管上有直径 $d = 2$ mm 的孔，铜粉在这些孔中生长。每 15 min 给阴极上端一个轻微振动，使铜粉落至袋底。金属铜粉末以浆状从槽中泵出。

电解液含铜离子 35 g/L(其中含 Cu^{2+} 6 g/L),含 NaCl 250 g/L,将其加热至353 K后加到阳极区。含铜离子 15 g/L(含 Cu^{2+} <1 g/L)的热的还原性电解液作为阴极液,把2.5t 铜精矿加到阳极液中,通过电流为25000A,电流效率约为1.5gCu/(A·h),槽电压2.2~2.4V。

每隔15min,4个阴极导板的振动装置动作5s,使金属铜粉脱落。每隔2~4h,底部耙子和铜粉抽出泵开动一次。约操作24h,渣中铜含量降至2%~3%。断电后,搅拌矿浆,使渣中剩余的铜溶出,直至渣中的含铜量降至0.5%。此后矿浆经浓密,底流送过滤和洗涤,铜粉经洗涤后在氮气保护下储存。试验结果如表12-4所列。

表12-4 辐射状电解槽试验结果

原料和产物名称	主要成分含量(质量分数)/%				
	Cu	Zn	Pb	Fe	Ag
原　料	23.4	6.1	3.0	28.0	15×10^{-3}
浸出渣	0.6	0.1	0.05	33.6	6×10^{-4}

12.2.2.3 得克斯特克法的经济分析

1985年,澳大利亚福禄公司(Fluor Australia Pty. Limited)对得克斯特克法进行了可行性研究。其结果是:

(1) 规模和矿石:

铜产量20000 t/a;

铜精矿含铜15%;

铜回收率98%。

(2) 投资估算。以下均采用澳元作为货币单位,投资估算列于表12-5。

表12-5 投资估算

项　目		投资/万澳元
直接投资	平整土地	6.9
	水　泥	56.6
	结构钢	25.5
	建　筑	84.2
	机器及设备	893.1
	管　道	16.0
	电	224.0
	仪　器	40.0
	油　漆	8.0
	备　件	50.0
	以上总直接投资	1478.3
间接投资	工程和建设管理	251.7
	不可预计投资	270.0
总投资		2000.0

(3) 操作成本(见表12-6)。

表12-6 操作成本

项 目	预算基础	每年成本/万澳元
电解槽电耗	1公斤电解铜能耗1.6kW·h	191.7
设备动力	5.5kW,8322h/a	25.7
食 盐	46kg/t	49.9
絮凝剂	20g/t	0.7
燃料油	145L/h,22000L/a	1.1
维修材料		39.0
锅 炉		7.3
劳动力		133.7
总操作成本		449.1

按照福禄公司的可行性研究,为处理含铜15%的铜精矿,年产铜2万t规模,吨铜的投资费为2000万澳元/20000=1000澳元,吨铜的操作费用为449.1万澳元/20000=224.6澳元。

12.2.2.4 得克斯特克法的优点及其存在的问题

得克斯特克矿浆电解的工艺流程如图12-4所示。

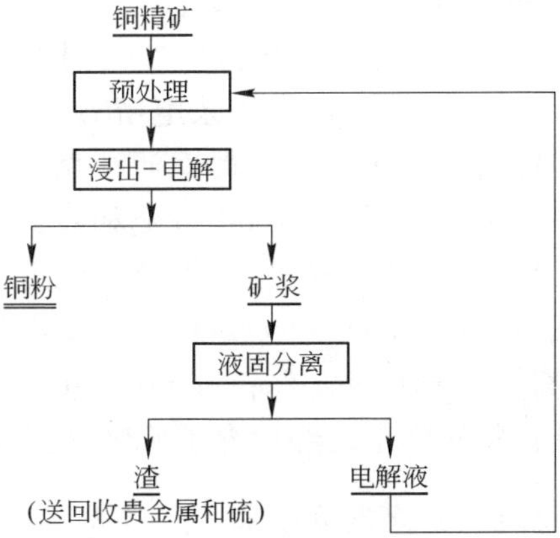

图12-4 得克斯特克法工艺流程

把磨细的铜精矿放入氯化物溶液中,经加热预处理除去浮选药剂后,以浆状形式加入矿浆电解槽的阳极区,并向阳极区通空气进行浸出。同时向矿浆电解槽通直流电,在阴极上析出铜粉。浸出矿浆经液固分离后,电解液返回浸出,浸出渣送进一步处理以回收贵金属和硫。

这种冶炼方法与传统的火法和湿法相比，有以下一些特点：基本消除了污染，过程不排出有毒的气体和微尘；流程短，由于浸出、氧化除铁和电解合在一个装置中完成，因此比一般湿法炼铜流程短、综合利用较好，不但避免了硫酸铜溶液电解时由于电解液中酸的不平衡给电解操作所带来的困难，而且电解过程所产生的酸可全部用于浸出过程，以及黄铜矿中的硫能以元素硫形式回收；电解电耗较低，由于铜在浸出液中主要以一价离子存在，因而将其还原成金属所耗费的电量也少。

得克斯特克法也存在两方面的主要问题。

（1）反应速度慢，热耗高，渣含铜高。在得克斯特克法的工艺流程中，阳极液不断循环至阴极区以补充阴极区铜离子的减少。为了保证阴极液中一价铜离子与总铜离子的比例，需要尽可能减少阳极区空气的用量，在阳极区形成弱氧化条件，从反应动力学的观点来看，势必造成黄铜矿氧化速度慢，反应时间长。例如黄铜矿在澳大利亚得克斯特克冶金公司300 L的矿浆浸出电解槽中浸出8 h后，渣中仍有1% ~2%的铜未反应。可见，得克斯特克法的浸出是比较缓慢的。浸出时间的延长必然带来热损失的增加和单位容积生产能力的下降。

（2）电解过程中阴极液一价铜离子与总铜离子浓度的合适比例不易控制。得克斯特克法的特点之一是一价铜离子被电解还原成铜粉，但阴极区的一价铜离子来自阳极区黄铜矿的氧化（见式12-19）。当空气通入电解槽时，溶液中Cu^{+}部分氧化为Cu^{2+}，其结果使阴极液中二价铜离子升高。实际操作也表明，阴极液中二价铜离子上升较快，已发现在浸出后期阴极液中二价铜离子占40%。

澳大利亚得克斯特克冶金公司在铜的矿浆电解方面进行了大量的工作，在积累了不少经验的同时，也经历了许多挫折。得克斯特克冶金方法的提出者阿维雷特于1992年在澳大利亚卡尔古利市（Kalgoorlie）金和贱金属提取冶金国际会议上宣布了他已转向黄铜矿经二价铜离子浸出，浸出液净化后再电解沉积的新工艺研究，称之为英特克炼铜法（Intec Copper Process）。为此，以他为首建立了一个新的冶金公司——英特克铜有限公司（Intec Copper Pty. Ltd）。目前，得克斯特克冶金公司已经不复存在，阿维雷特实际上已经放弃了矿浆电解的研究。

12.2.3 北京矿冶研究总院的矿浆电解技术

12.2.3.1 铜精矿矿浆电解

A 工艺流程

北京矿冶研究总院提出的工艺流程如图12-5所示。

该流程具有五方面特点。

（1）阳极液在电解过程中不再循环至阴极区，阴极液的一价铜离子由预处理供给,以便于控制在生产过程中阴极液一价铜离子的浓度。

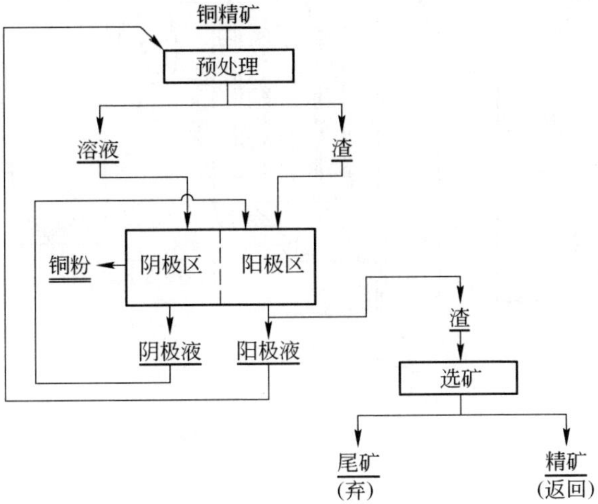

图 12-5 北京矿冶研究总院矿浆电解工艺流程

(2) 由于电解过程中阳极液不再循环至阴极区,因此可以适当增加空气量,强化阳极区的浸出反应。

(3) 在预处理阶段由于黄铜矿部分被浸出,减轻了浸出电解工序的负荷。

(4) 浸出渣的再选,可以保证得到高的铜回收率,也有可能综合回收硫和未被浸出的金。

(5) 强化了铜精矿的浸出过程,含 Cu 22% 的铜精矿经 4 h 浸出电解可降至含铜小于 1%。与得克斯特克法相比,反应速度几乎快了一倍。

自 1978 年以来北京矿冶研究总院按此工艺流程先后完成了小型试验、100 L 电解槽扩大试验及 1 m^3 电解槽的半工业试验,取得了较好的技术经济指标。

B 30 L 矿浆电解槽试验

铜精矿矿浆电解试验经历了探索性试验、电解槽为 1 L 小型试验及电解槽为 30 L 的小型试验,取得了较好的试验结果,与得克斯特克矿浆电解相比,反应速度加快,流程结构更为合理。

小型试验(包括后续的 100 L 矿浆电解槽试验)所用铜精矿成分如下:

主要成分	Cu	Fe	Zn	Pb	CaO	MgO	S
含量(质量分数)/%	21.8	24.15	0.15	0.08	5.31	0.96	22.10

试验设备连接示意图如图 12-6 所示。

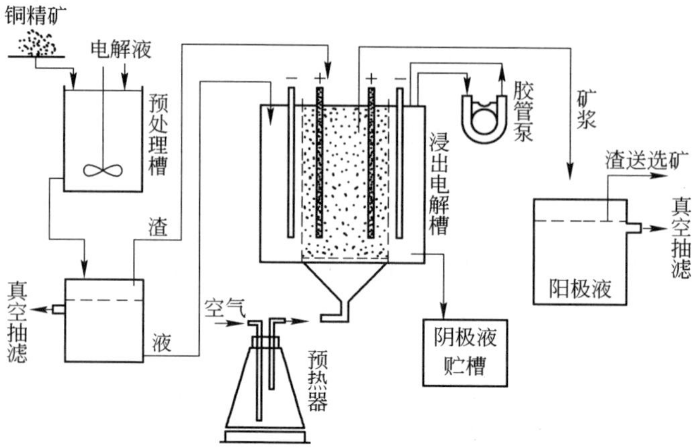

图 12-6 试验设备连接图

经球磨机磨碎的铜精矿与上一次试验得到的阳极液一起加入预处理槽，铜精矿的浮选药剂在预处理过程中遭受破坏，浸出液中二价铜离子大部分转化为一价铜离子。预处理矿浆送过滤，滤液加入浸出电解槽的阴极区，预处理后渣加入阳极区。由空气压缩机产生的空气经预热后进入电解槽底部，通过多孔钛分布板进入阳极区。电解时用胶管泵使阴极液循环以消除浓差极化。直流电通过硒整流器供给，用数学电压表测定槽电压，用雷磁 25 型 pH 计测定电解液的 pH 值。浸出电解结束后分别放出阳极矿浆和阴极液，阳极矿浆经过滤，渣送选矿。阳极液保存作为下次试验预处理前液。

预处理的主要工艺条件和试验结果：

铜精矿石量　400 g；

电解液量　4 L，液∶固 = 10∶1；

预处理温度　363 K；

预处理时间　1 h；

预处理终了的溶液　pH = 1.5 ~ 2.0；

预处理试验结果　渣含铜 16% ~ 18%，预浸后液的 $Cu^+/\sum Cu$ = 75% ~ 80%。

浸出电解的主要工艺条件：

加料量 400 g；

阳极材料　385 mm × 70 mm 的钛涂钌片两块；

阴极材料　364 mm × 40 mm 铜片两块；

阳极电流密度　330 ~ 500 A/m^2；

阴极电流密度　570 ~ 850 A/m^2。

30 L 矿浆电解槽的试验结果列于表 12-7。

表 12-7　30 L 矿浆电解槽的试验结果

时间 t/h		0	1	2	3	4
电流 I/A		15	15	15	15	15
槽电压 U/V		1.06	1.22	1.83	1.87	1.93
空气量/$m^3 \cdot h^{-1}$		0.2	0.2	0.2	0.2	0.2
分布板 Δp/kPa		10.7	10.7	10.7	11.3	10.7
阳极液中铜的质量浓度 $c/g \cdot L^{-1}$	Cu			44.7		48.35
	Cu^+			18.4		10.35
	Cu^{2+}			26.3		38.0
阳极液温度 T/K		385	359	365	361	358
阴极液中铜的质量浓度 $c/g \cdot L^{-1}$	Cu	55.4		47.3		41.0
	Cu^+	42.9		35.4		30.0
	Cu^{2+}	12.5		11.9		11.0
固体中的铜、铁含量(质量分数)/%	Cu	17.9		4.45		0.54
	Fe	21.2		17.6		21.27

铜精矿经 4 ~ 6 h 矿浆电解后，渣含铜可降至 0.5%，每吨铜粉的直流电耗为 1000 ~ 1500 kW · h，铜粉纯度可达 99.8%，铜回收率为 95%。

C　100 L 矿浆电解槽试验

由于使用含氯化物的溶液，设备及管道的材质要耐腐蚀。扩大试验采用了陶瓷、硬聚氯乙烯、金属钛等制的设备和管道。如预处理搅拌槽采用(d = 380 mm) × (h = 460 mm)的耐酸陶瓷缸，其搅拌轴为碳钢外涂环氧树脂制成。真空过滤槽为(d = 500 mm) × (l = 550 mm)由硬聚氯乙烯板制成，过滤面积为 0.2 m^2。除矿浆电解槽外，其他均为一般通用设备。

100 L 矿浆电解槽分为阳极室和阴极室，阳极室为(l = 250 mm) × (b = 345 mm) × (h = 710 mm)，由金属钛制成，阳极室底部有用多孔钛板制造的空气分布板，厚 2.33 mm，最大孔径 54 μm，阴极室为(l = 410 mm) × (b = 280 mm) × (h = 670 mm)，由硬聚氯乙烯制成。阳极为厚 15 mm、90 mm × 700 mm 的石墨板，共 4 块。阴极为厚 2 mm、20 mm × 700 mm 铜板，共 4 块。阳极区与阴极区之间用石棉布隔开。

试验结果与 30L 矿浆电解槽的试验结果基本相符，为了使产出的铜粉符合商业用途，阴极电流密度加大至 1400 ~ 1800 A/m^2，每 3 min 用人工或机械方式刮一次阴极上的铜粉，以使铜粉粒度达到要求。

扩大试验完成后进行的经济效益估算表明，用这种方法从铜精矿直接生产铜粉与传统的从电解铜生产铜粉相比，具有一定的竞争力。

12.2.3.2　铜二次物料矿浆电解

国内一些工厂在铜的熔化、铸造、加工等过程中产出的炉渣、炉灰及工业垃圾经选矿富集后产出的铜精矿一般含铜不高，有的还含有其他有色金属，难以用常规的火法冶炼处理。对这类物料经多方案对比，发现矿浆电解是一种有发展前途的处理方法，在小型试验及扩大试验完成之后，设计并建立了年产铜粉 25 t、硫酸锌 64 t 的半工业试验厂，产出的铜粉纯度为 99.5%，铜粉的粒度及其他物理性质都符合用户要求。

A 原料

某地铜炉渣经重选及浮选产出的铜精矿，其化学成分如下：

主要成分	Cu	Zn	Fe	CaO	MgO	Al_2O_3	SiO_2
含量(质量分数)/%	10.45	6.15	6.64	5.64	1.32	14.45	26.72

精矿经反光显微镜、透光显微镜、X 光衍射分析、差热分析、电子显微镜及激光光谱分析鉴定后，确定其主要成分有石英、玻璃质及橄榄石类硅酸盐炉渣、碳质（包括焦炭）、三氧化二铁、黄铜、紫铜、氧化亚铜及耐火材料（MgO 等），铁（含锰）合金及黏土类物质。精矿经球磨磨细到 -0.075 mm 粒级占 81.6%。

B 1 m^3 矿浆电解槽半工业试验工艺流程及设备

半工业试验工艺流程示于图 12-7。精矿经球磨磨至规定粒度后加入矿浆电解槽，精矿中的铜和锌被浸出进入溶液，与此同时溶液中的铜离子在阴极上被还原以铜粉或铜板形式析出（可选择不同工艺条件生产不同产品）。电解后液经除硅后，用 P204 萃取剂萃取分离铜、锌，反萃液中的 $ZnSO_4$ 可蒸发结晶生产硫酸锌或生产电锌，含 $CuSO_4$ 的萃余液返回到矿浆电解槽。

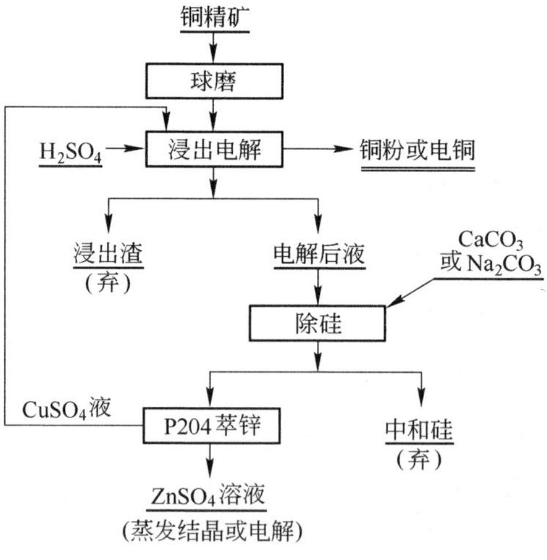

图 12-7 半工业试验流程

1 m^3 矿浆电解槽用环氧玻璃制成，搅拌桨为涡轮式。阳极区 0.35 m^3，阴极区 0.65 m^3。隔膜材质为合成纤维，阳极用铅银合金制造，阴极为铜棒（生产铜粉）或铜片(生产电解铜)。除矿浆电解槽外,一般均为通用设备。

C 浸出-电解

这一类浮选铜精矿中的铜主要是以铜锌合金(并含有铁、铅、锰)状态存在,在通空气用稀硫酸浸出可以得到很高的浸出率。铜的浸出反应为:

$$2Cu + 2H_2SO_4 + O_2 = 2CuSO_4 + 2H_2O \qquad (12\text{-}36)$$

由于锌是以铜锌合金形式存在,因此锌的浸出按下式进行:

$$Zn + H_2SO_4 = ZnSO_4 + H_2 \qquad (12\text{-}37)$$

当充空气浸出时,锌的表面很快地被覆盖上一层氧化锌膜,此时

$$ZnO + H_2SO_4 = ZnSO_4 + H_2O \qquad (12\text{-}38)$$

合金中的铁在稀酸中溶解:

$$Fe + H_2SO_4 = FeSO_4 + H_2 \qquad (12\text{-}39)$$

当溶液中氧化条件较强时,铁也可能氧化成某种价态的氧化物,然后再与酸进行反应。

被浸出的 Fe^{2+} 继续氧化成 Fe^{3+}:

$$2Fe^{2+} + 2H^+ + \frac{1}{2}O_2 = 2Fe^{3+} + H_2O \qquad (12\text{-}40)$$

Fe^{3+} 在一定的 pH 值条件下水解成为铁的氧化物:

$$2Fe^{3+} + 3H_2O = Fe_2O_3 + 6H^+ \qquad (12\text{-}41)$$

精矿中的铝主要以氧化物状态存在,浸出时少量溶解:

$$Al_2O_3 + 3H_2SO_4 = Al_2(SO_4)_3 + 3H_2O \qquad (12\text{-}42)$$

精矿中的二氧化硅有自由状态的 SiO_2 与结合状态的 $MeO \cdot SiO_2$ 两种。自由状态的 SiO_2 浸出时不溶解,而硅酸盐会部分分解:

$$MeO \cdot SiO_2 + H_2SO_4 = MeSO_4 + SiO_2 + H_2O \qquad (12\text{-}43)$$

当阳极与阴极通过直流电时,在阴极发生铜离子被还原金属铜的反应:

$$2Cu^{2+} = Cu^0 - 4e \qquad (12\text{-}44)$$

在阳极则发生水分解成氧和氢的反应:

$$2H_2O = O_2 + 4H^+ + 4e \qquad (12\text{-}45)$$

水在阳极上分解产生的 H^+ 及 O_2 正好供给浸出反应。因此,从理论上来说,铜的浸出不需外加硫酸,但锌和部分钙、镁浸出时要消耗酸。

D 主要工艺条件及试验结果

有关用 P204 萃取分离铜锌的内容在许多资料中都有述及,本书在此从略。下面列出从铜精矿生产电解铜粉的主要工艺条件;当生产铜板时,只要适当降低阴极电流密度即可。

电解铜粉的工艺条件如下:

阳极电流密度 200~230 A/m^2;

阴极电流密度　1600～1800 A/m^2；

槽电压　2.6～3.2 V；

异极距　35～40 mm；

刮粉频率　1 次/10 min。

试验结果：

浸出渣含铜　0.5%～0.6%；

浸出渣含锌　0.2%～0.3%；

铜总回收率　93%～96%；

锌总回收率　96.2%；

1 t 电铜的(直流电)电耗　1800～2400 kW·h；

1 t 铜粉的直流电耗　3400～3800 kW·h；

电铜纯度达到 1 号电铜标准；

铜粉纯度 99.5%，杂质含量达到 1 号电铜标准。

根据半工业试验所做的经济效益分析表明，矿浆电解处理这类含铜物料不管是生产电铜或是铜粉，都能获得一定的经济效益。

12.2.3.3　铋精矿矿浆电解[21]

A　原料

我国湖南省柿竹园有一特大型钨、锡、钼、铋多金属矿床，其铋的储量占全国总量的 74%，具有品位高、易开采等特点，是我国最重要的铋原料基地。柿竹园铋矿是在钨钼选矿过程作为副产品，经分选而产出，因此柿竹园铋矿十分复杂，除主元素铋、铁外，还含有相当数量的 Mo、Cu、Pb、Zn、Sn、W、Ca、Mg、Si、Al 等金属、非金属元素，还有微量的 Au、Ag 等稀有元素。化学成分如下：

主要成分	Bi	Pb	Mo	S	Fe	Ag	SiO_2	CaO	MgO
含量(质量分数)/%	22.70	0.82	1.73	32.99	23.40	110 g/t	8.60	3.08	0.17

扫描电镜观察发现，柿竹园铋矿主要是由辉铋矿、黄铁矿组成，少量辉钼矿及黄铜矿。脉石矿物主要为石英。显微镜观察发现，除上述四种金属矿物外，还含有数量明显的方铅矿、闪锌矿、磁黄铁矿、褐铁矿、磁铁矿、自然铋及少量锡矿、铜蓝、黄锡矿、黝铜矿、砷黝铜矿、黑钨矿、毒砂、辉锑砂、斑铜矿等，脉石矿物有云母、萤石及绿泥石、少量石榴子石。扫描电镜微区分析证实，矿物中有很少量的铜、铋、铅、锑、银的硫酸盐矿物，它们有脆硫铋铅矿、硫铋铜矿、蔷薇黄锡矿、针硫铋铅矿、硫铜银铋矿等。

B　铋精矿矿浆电解的工艺流程

铋精矿矿浆电解的工艺流程如图 12-8 所示。

铋精矿经浆化槽浆化，加入矿浆电解槽的阳极区，精矿中的铋在阳极区被浸出进入溶液，进而穿过隔膜进入阴极区，在阴极还原析出海绵铋。海绵铋经压滤脱水后，进行还原熔炼得到粗铋，再经火法精炼产出精铋。阳极区的矿浆经压滤后，滤液返回浆化槽配矿，浸出渣根据其组成情况，可进一步处理回收元素硫和其他有价金属如钼等。在实际生产中，滤液大部分返回配料，少量开路处理以避免杂质如 Fe、Mg、SO_4^{2-} 等的积累。

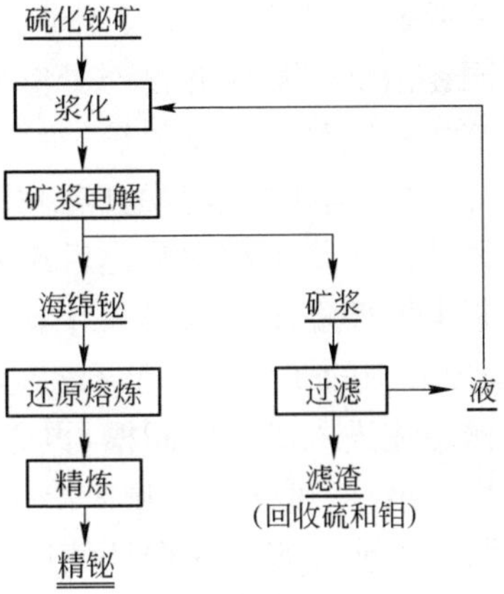

图 12-8 铋精矿矿浆电解工艺流程

电解液为含 Cl^- 的水溶液，在这种氯盐低酸体系中，在阳极区可能发生的反应如下：

$$Bi_2S_3 + 6HCl + (2n-6)Cl^- = 2BiCl_n^{3-n} + 3H_2S(n = 1 \sim 6) \quad (12-46)$$

$$Bi_2S_3 + 6Fe^{3+} = 2Bi^{3+} + 6Fe^{2+} + 3S^0 \quad (12-47)$$

$$2Fe^{3+} + H_2S = 2Fe^{2+} + S^0 + 2H^+ \quad (12-48)$$

$$H_2S - 2e = 2H^+ + S^0 \quad (12-49)$$

$$Fe^{2+} - e = Fe^{3+} \quad (12-50)$$

$$Bi_2S_3 - 6e = 2Bi^{3+} + 3S^0 \quad (12-51)$$

$$2Cl^- - 2e = Cl_2 \quad (12-52)$$

在阴极区，则发生金属的析出：

$$Bi^{3+} + 3e = Bi \quad (12-53)$$

$$Fe^{3+} + e = Fe^{2+} \quad (12-54)$$

由以上的反应机理可以看出，铋的矿浆电解是把铋精矿的阳极氧化浸出、金属铋离子的阴极还原以及浸出剂的氧化再生三个过程有机地结合了起来，使阳极的氧化反应和阴极的还原反应都得以充分利用。

C 铋矿浆电解工厂实践

湖南柿竹园有色金属矿铋冶炼厂是我国最大的铋冶炼厂，建成于 20 世纪 90 年代初，采用传统的反射炉熔炼－火法精炼流程。自投产以来，该厂工艺、设备及操作水平不断提高，形成了精铋 300 t/a 的生产能力，产品质量好。铋冶炼厂所用的原料主要来自柿竹园有色金属矿选厂产出的铋精矿，这种精矿中含有少量的铍、氟，加上矿石中的硫在熔炼时不可避免地进入烟气，对周围环境存在污染，对工人的身心健康存在影响。此外，火法炼铋存在着铋回收率低、对铋精矿的品位要求高、杂质含量要求低、能耗高等不利因素，促使人们研究铋冶炼的新工艺。经过大量的实验研究、扩大试验及工业试验，选择了铋矿浆电解取代反射炉。1997 年在柿竹园铋冶炼厂建成并投产了世界上第一座矿浆电解工业生产厂，铋矿浆电解技术经济指标明显优于反射炉，对周围环境污染大大减轻，工艺畅通，设备运转良好，工厂的建成，为矿浆电解的应用奠定了坚实的基础。

铋精矿在浆化槽中浆化后流入矿浆电解槽阳极区搅拌浸出电解，矿浆从第一个矿浆电解槽溢流流入第二个矿浆电解槽的阳极区。连续经过 6 个矿浆电解槽后，浸出渣中的铋含量降至 1% 左右，此时可以认为浸出结束。矿浆从第 6 个矿浆电解槽溢流进入矿浆中间槽，再通过矿浆泵将矿浆泵入厢式压滤机过滤洗涤，排出的浸出渣堆存，可作为硫精矿出售，也可考虑再选矿回收渣中的钼。过滤后的滤液返回浆化槽作为浆化液循环使用。溶液循环一段时间后，抽出部分溶液开路处理，以防止杂质在溶液中积累。原设计有一萃取除铁工序，抽出部分溶液经萃取后除去溶液中的铁，以保持整个体系铁的平衡，但实际操作中已省去萃取除铁工序。铋粉定时从阴极隔膜口袋中抽取，经板框压滤机压滤，滤液返回电解槽阳极区，电解液循环使阴极区补充了铋离子，防止阴极液贫化。海绵铋经洗涤后压块脱水，再送还原熔炼。精炼工序采用原有的火法精炼设备和操作程序。

所使用的矿浆电解槽为方形结构，中间安置了机械搅拌装置，单槽容积 3 m^3，电解槽尺寸为 1500 mm × 1450 mm × 1450 mm（见图 12-9）。

图 12-9 工业用 3 m^3 矿浆电解槽

D 铋矿浆电解主要技术经济指标

柿竹园铋矿浆电解厂生产规模为铋金属量 200t/a，工业生产的主要技术经济指标如下：

铋浸出率 98%；

铋全流程总回收率 96%；

吨铋总交流电耗 2500 kW · h（其中电解电耗：1830 kW · h）；

吨铋碱耗 121 kg；

吨铋酸耗(HCl 31%) 500 kg。

采用矿浆电解技术处理铋精矿，与现有火法冶炼流程的主要技术经济指标对比见表12-8。

表12-8 矿浆电解处理铋精矿与现有火法冶炼流程的比较

项 目	矿浆电解	火法流程①
铋回收率/%	98	88
环 保	清洁工艺	焙烧产出含 Be、F、SO_2 烟气污染环境
对原料的适应性	对精矿品位适用范围宽，可省去选厂脱硅工序	要求精矿铋品位高，SiO_2 < 5%，选矿厂需增设脱硅工序，铋回收率损失3%
辅助材料		
费用/元·t^{-1}(铋)	2852	4750
其中：纯碱	360	2196
铁屑		1068
大同煤		1400
本地煤	120	
电	2500	300
盐 酸	632	
总能耗/kJ	43961	93198
(或标煤/t)	1.5	3.18

① 取自柿竹园铋冶炼厂原火法冶炼1996年指标。

12.2.3.4 元阳多金属复杂金矿矿浆电解[21,22]

元阳金矿浮选产出的金精矿，属难处理多金属复杂金矿，含 Pb、Cu 分别为 8.65% 与 3.46%，含 S 29.4%，含 Au 53.9g/t，无法单独处理，仅能作为铅冶炼厂配矿使用。由于精矿中铜、铅含量波动较大，也很难作为铅冶炼厂长期稳定的辅助原料。采用直接氰化，因铜、铅含量高，导致氰化物消耗量大，经济上不合理。其他一些湿法冶金工艺，也因流程长，预处理工序多，在经济上难以立足。矿浆电解技术用于复杂金精矿的处理，流程简单，各有价元素回收率高，试剂消耗少，经济效益显著，环境保护好，金属回收率：Au > 99%、Ag > 99%、Pb 96%、Cu 90%，1 t 矿电耗 428 kW·h，工艺流程见图12-10。

12.2.3.5 复杂锑铅矿的矿浆电解[23]

北京矿冶研究总院采用矿浆电解技术对复杂锑铅矿的处理进行了工艺和基础理论研究，通过对工艺方案和浸出体系的选择研究，首次采用具有锑溶解度高，铅溶解度低的 $HCl-NH_4Cl$ 体系处理锑铅矿。在 2.5 m^3 矿浆电解槽上完成了单槽扩

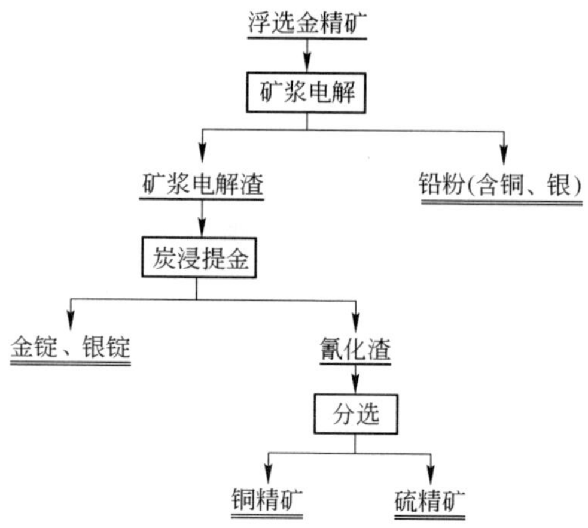

图 12-10 元阳金矿矿浆电解工艺流程

大试验研究。研究证实,采用矿浆电解法处理复杂锑铅矿具有如下的优越性:

(1) 锑、铅的一步分离。

(2) 实现了金属锑的一步提取,在阴极直接得到金属锑板。

(3) 有价金属回收率高,综合利用好。总回收率:Sb 95%、Pb 95%、Ag 80%、S ~60%。

(4) 基本无"三废"排放,是一种对环境友好的清洁生产工艺。

(5) 试剂消耗少,生产成本低。1 t 锑平均电耗 1377 kW · h,1 t 矿酸耗280 kg,锑的综合成本 6577 元/t。

矿浆电解工艺和现有火法流程的对比见表 12-9。

表 12-9 矿浆电解工艺和现有火法生产工艺的对比(以年产 7 万吨锑计)

比较项目	火法生产工艺	矿浆电解工艺
精矿用量/万吨	41	32(节约资源 22%)
SO_2 排放量/万吨	20	没有
金属回收率/%	Sb 74、Pb 85、Ag 60	Sb 95、Pb 95、Ag 80
生产成本/元 · t^{-1}	Sb 7400、Pb 5300	Sb 6577、Pb 4230

注:生产成本取自 1998 年南宁市冶炼厂的指标。

复杂锑铅矿矿浆电解新技术,很好地解决了锑、铅的分离和 SO_2 的污染难题,使得复杂锑铅矿这一优势矿产资源的高效开发成为可能。复杂锑铅矿矿浆电解这一核心技术为国内外首创,技术水平国内外领先,有很强的先导性、实用性和推广实用价值,对其他地区类似矿物的处理有极大的指导意义。

12.2.3.6 大洋多金属结核矿矿浆电解

矿浆电解由于结合了电积过程阴极的还原性和阳极的氧化性,因而可以利用廉价的直流电使多金属结核在阴极还原浸出的同时,使浸出的锰在阳极再重新氧化生成 MnO_2 产品。从宏观上看,在矿浆电解浸出过程中,多金属结核中锰的价态并没有发生改变,只是在电场的作用下发生了 MnO_2 的迁移。从理论上来说,在多金属结核的矿浆电解过程中,阴极浸出 MnO_2 和阳极生成 MnO_2,锰不仅不消耗任何化学药剂(如硫酸),而且也不消耗电能(阳极和阴极互为逆反应,和可溶阳极电解相当),电能只是消耗在克服溶液电阻和电极副反应上。因此,采用矿浆电解处理多金属结核,除具有试剂消耗少、浸出酸度低、有价金属浸出率高的优点外,在阳极还可以直接产出高品质的电解二氧化锰产品,使锰的价值大大提升。具有工艺流程短、试剂消耗少、有价金属回收率高、综合利用好、加工费用低、环境污染小的优点。

大洋多金属结核矿矿浆电解主要由五部分组成:(1)多金属结核的矿浆电解浸出。在阴极区,多金属结核中的铜、钴、镍、锰等有价金属被浸出,在阳极区,锰被氧化生成电解二氧化锰;(2)阴极液处理。阴极液经硫化沉铜－氧化中和除铁－硫化沉淀镍、钴,分别得到高品位的铜硫化物和钴、镍混合硫化物,净化后的锰溶液返回矿浆电解阳极区;(3)铜硫化物火法熔炼生产电解铜;(4)钴、镍混合硫化物的氧压酸浸;(5)钴、镍的萃取分离和回收。

试验表明,矿浆电解过程中,通入锰的0.8倍理论浸出电量,控制酸系数0.8,锰、钴、镍的浸出率为98%,铜的浸出率为97%,银的浸出率约为80%。多金属结核的矿浆电解渣含 $Mn<3\%$、$Co<0.02\%$、$Ni<0.05\%$、$Cu<0.04\%$、$Ag<4\,g/t$。产出的二氧化锰含锰大于59%,钴、镍、铜含量均小于0.005%,含铁小于0.02%。阳极平均电流效率为83.06%,处理每t结核矿的平均直流电耗为764.53 kW·h,平均产出 MnO_2 285 kg。

矿浆电解的阴极浸出液经硫化沉铜－氧化中和除铁－硫化沉淀镍钴,分别得到了高品位的铜硫化物和钴、镍混合硫化物,银被富集在铜的硫化物中;硫化铜渣采用不外加熔剂的直接吹炼的办法,直接生产出了杂质含量很低的阳极铜,经可溶阳极电解,得到了国标1号阴极铜产品;Ni、Co硫化渣采用加压浸出－P204萃取除杂－Cyanex272萃取分离镍、钴,分别产出了符合电解要求的硫酸镍溶液和氯化钴溶液,并产出了物理状态良好、表面光滑、杂质成分小于国标GB6517—86的1号电钴和GB6506—86的1号电镍。

12.2.3.7　钴锰矿矿浆电解

我国钴资源贫多富少,已探明的钴金属储量虽然有58.3万吨(未包括攀枝花钴资源),但多为含钴0.1%～0.2%的黄铁矿,以及与铜镍矿伴生的钴,几乎没有单独的钴矿床,由于含钴黄铁矿几乎不可用,因而实际的钴资源量只有约40000 t。钴原料的供应主要有以下几个途径:(1)钴精矿生产;(2)硫化铜镍矿回收;(3)废钴回收;(4)铜锌冶炼副产品回收。受资源所限,我国钴的分离提取工艺复杂,成本很高，仅依靠国内的钴资源年产钴不到1000 t。而有关统计表明，我国2004 年钴的消费量已达 9000 t 以上，因此中国是一个缺钴国家，每年都要进口大量的金属钴和含钴原料。

钴、锰物料是含钴矿石和工业废料在湿法冶炼中的初级产物，年产量以金属估计大约在 200 t 左右，一般含 Co 10% ~20% , Mn 10% ~30% ，品位高，粒度细。常规的湿法处理工艺存在着流程长，化学试剂消耗多，钴直收率和回收率低，加工成本高，环境污染严重等缺点。因此很有必要开发低处理成本、清洁、高效的钴、锰物料处理工艺。

由于结合了电积过程阴极的还原性和阳极的氧化性，因而矿浆电解可以利用廉价的直流电使钴、锰物料在阴极还原浸出的同时，使浸出的锰在阳极再重新氧化生成 MnO_2，从而实现钴锰的初步分离，大大降低后续钴溶液除锰的负荷和试剂的消耗。

试验表明，采用矿浆电解工艺处理钴锰料，在温度 80℃、1. 25 倍 Co + Mn 的理论浸出电解时间内，钴和锰可以达到 99% 以上的浸出率，阳极 MnO_2 钴含量小于1. 5% ，钴回收率大于 92% 。吨钴直流电耗为 7000 ~14000 kW · h，吨钴酸耗为3 ~3. 5t，阳极平均电流效率约为 72% 。所得到的钴、锰浸出液中，钴锰比由常规的1∶3升高至 4∶3，吨钴的试剂消耗费用较之传统工艺可以降低 1. 0 万元以上。同时由于流程简单，溶液处理量和废水处理量也大大降低，吨钴的处理费用较之传统工艺将可以降低 1. 2 万元左右。

参 考 文 献

[1] 亀谷博 . 懸濁電解法——その秘められた可能性，従来の電解法との違い. 金属，1983，53(1)：15 ~19.

[2] Kruesi, Paul R. Process for the recovery of metals from sulfide ores through electrolytic dissociation of the sulfides. US Pat. 3673061, 1972.

[3] Kruesi, Paul R. Process for the recovery of molybdenum and rhenium from sulfides by electrolytic dissolution. US Pat. 3755104, 1973.

[4] Kruesi, Paul R. Process for the recovery of metals from sulfide ores through electrolytic dissociation of the sulfides. US Pat. 3736238, 1973.

[5] Kruesi, Paul R. Electrolytic process for the recovery of nickel, cobalt and iron from their sulfides. US Pat. 3766026, 1973.

[6] Everett, Peter Kenneth. Production of electrolytic battery active manganese dioxide. US Pat. 3951765, 1976.

[7] Everett, Peter Kenneth. Electrolytic production of copper from ores and concentrates. US Pat. 4061552, 1977.

[8] Everett P. K. The Single Step Conversion of Chalcopyrite to Copper, Iron Oxide and Elemental Sulphur. Extractive Metallurgy Symposium, University of NSW, 8th, Nov. 1977.

[9] Everett P. K. The Dextec Copper Process. Proc. Extractive Metallurgy' 81, IMM, London, 1981: 149 ~ 156.

[10] Everett P. K. The Dextec Lead process, in hydrometallurgy research, development and plant practice. K. Osseo-Asare and J. D. Miller, TMS-AIME, 1982:165 ~ 173.

[11] 陈军．黄铜矿在矿浆直接电解中的行为[J]．有色金属(冶炼部分),1981,6:15 ~ 18.

[12] Spencer P. A. ,Harris B. 5th Australian Electrochemistry conference, University of New South Wales, 1980.

[13] Everett, Peter Kenneth. Recovery of copper from ores and concentrates. US Pat. 4107009, 1978.

[14] 邢启智,王文潜．硫化矿悬浮电解新技术——一步产出金属的无污染冶炼法[J]．有色金属(冶炼部分),1987,5:47 ~ 49.

[15] 邱定蕃．Proceedings of the First International Conference on Hydrometallurgy. ICHM'88, Beijing, China, 1988, 251.

[16] 张寅生,江培海．矿浆电解法处理小秦岭铅金矿新工艺研究[J]．重有色冶炼,1991, 5:11.

[17] 张秀玲．方铅矿矿浆悬浮电解的阳极过程[J]．有色金属(冶炼部分),1981,3:25 ~ 29.

[18] 邱定蕃．铜矿浆电解[J]．有色金属(冶炼部分),1996,4:1.

[19] 邱定蕃．黄铜矿矿浆电解化学过程[J]．有色金属(冶炼部分),1996,5:1.

[20] 邱定蕃．黄铜矿矿浆电解过程中浸出强化与电积节能[J]．有色金属(冶炼部分),1996, 6:1.

[21] 邱定蕃．矿浆电解[M]．北京:冶金工业出版社,1999.

[22] 杨显万,张英杰．矿浆电解原理[M]．北京:冶金工业出版社,2000.

[23] 王成彦．复杂锑铅矿矿浆点解工艺及理论研究[D]．昆明理工大学博士论文,2002.

13 海洋冶金

13.1 导言

随着世界人口的急剧膨胀和文明社会的迅速发展，人类对金属的需求与日俱增。随着陆地金属矿资源日趋枯竭，人类把眼光投向占地球面积约71%的海洋（表面积为$3.6\times10^8\ km^2$、容积为$1.37\times10^{12}\ m^3$）则是大势所趋。浩瀚的海洋拥有极其丰富的有色金属资源。从地理上说，海洋是由海水和两大地域所组成，这两大地域是大陆边缘地域和深海地域，大陆边缘包括大陆架和大陆坡两部分，因而，海洋金属矿资源也分为三类[1]。一类是海水中的金属，它是以金属离子形式存在的，其数量达几十种之多（见表13-1），但大多数金属在海水中的浓度很低，达不到商业提取的价值，在现阶段有商业提取价值的主要有钾、钠、镁、铀等[2]；另一类是大陆边缘的金属矿物，有金砂矿、铬铁矿、钛铁矿、钛砂矿、金刚石、金红石、独居石等等，它们中有的产于海滨沙滩中，有的产于水深几米至数十米的近海内，它们主要是由于风化作用和雨水的侵蚀作用由陆地被河流带入海洋的，其根基在陆地，即所谓的"陆源矿物"，其性质仍属于陆地矿范畴，其冶炼加工方法同陆地矿没有区别；第三类是深海金属矿，它们生长在远离大陆、水深数百米至数千米的深海区，迄今已发现的有多金属结核（原名锰结核）、钴结壳（又名富钴结壳）、热液金属硫化物、多金属软泥等[3]。本章的重点是阐述深海金属矿物，作为一种巨大的潜在金属矿资源或陆地金属矿接替资源，它受各国科学家、政治家以及企业家的高度重视。有人预言开发这种资源有可能成为21世纪人类的一项重要新兴产业，加之世界能源危机的出现和海洋生态环境的恶化，使人们对海洋的关注急剧升温，各国对其自身的海洋权益倍加重视，国家间及其利益集团间的争夺和矛盾日趋表面化，在这种形势下由于多数国家的推动，联合国于1982年4月30日出台了《联合国海洋法公约》[4]（以下简称《公约》），《公约》在联合国内经历了漫长的磋商和谈判，最终于1994年11月16日正式生效。迄今为止包括我国在内的144个联合国成员国签署了该《公约》，成为缔约国，但还有50余个国家仍未签署。在《公约》生效前一切有关国际海域的事务及权益均由"联合国海洋会议"及"联合国国际海底管理局筹备委员会和国际海洋法法庭筹备委员会（二者统称为"海底筹委会"）讨论、制定、表决和行使。《公约》对各国享有海洋权益进行了界定，其中对领海、专属经

表 13-1 海水中各种元素的浓度[2]

元 素	浓度/g·L^{-1}	元 素	浓度/g·L^{-1}
氧 O	3899×10^{-3}	镍 Ni	9×10^{-9}
氢 H	491×10^{-3}	钒 V	9×10^{-9}
氯 Cl	86×10^{-3}	锰 Mn	9×10^{-9}
钠 Na	478×10^{-4}	钛 Ti	5×10^{-9}
镁 Mg	614×10^{-5}	锡 Sn	14×10^{-10}
硫 S	405×10^{-5}	铯 Cs	23×10^{-10}
钙 Ca	18×10^{-4}	锑 Sb	23×10^{-10}
钾 K	173×10^{-5}	硒 Se	18×10^{-10}
溴 Br	296×10^{-6}	钇 Y	14×10^{-10}
碳 C	127×10^{-6}	镉 Cd	5×10^{-10}
锶 Sr	36×10^{-6}	钨 W	5×10^{-10}
硼 B	209×10^{-7}	钴 Co	5×10^{-10}
硅 Si	14×10^{-6}	锗 Ge	27×10^{-11}
氟 F	59×10^{-7}	铬 Cr	23×10^{-11}
氩 Ar	27×10^{-7}	钍 Th	23×10^{-11}
氮 N	23×10^{-7}	银 Ag	18×10^{-11}
锂 Li	77×10^{-8}	钪 Sc	18×10^{-11}
铷 Rb	55×10^{-8}	铅 Pb	14×10^{-11}
磷 P	32×10^{-8}	汞 Hg	14×10^{-11}
碘 I	27×10^{-8}	镓 Ga	14×10^{-11}
钡 Ba	14×10^{-8}	铋 Bi	9×10^{-11}
铟 In	9×10^{-8}	铌 Nb	5×10^{-11}
锌 Zn	5×10^{-8}	镧 La	5×10^{-11}
铁 Fe	5×10^{-8}	铊 Tl	5×10^{-11}
铝 Al	5×10^{-8}	金 Au	18×10^{-12}
钼 Mo	5×10^{-8}	铈 Ce	23×10^{-12}
铜 Cu	14×10^{-9}	稀土元素	$(23\sim137)\times10^{-13}$
砷 As	14×10^{-9}	镤 Pa	9×10^{-8}
铀 U	14×10^{-9}	镭 Ra	5×10^{-7}

济区、大陆架以及国际海域等作了明确的定义和明确划分原则。《公约》规定沿海国可拥有按《公约》原则确定的基线起向外延伸 22.2 km(即 12 海里)宽度的海域为该国领海和从测算领海宽度的基线起向外延伸 370.4 km(即 200 海里)宽度的海域为该国专属经济区(Exclusive Economic Zone)。沿海国对领海与专属经济区享有的主权权利是有区别的,《公约》规定沿海国对其领海享有同领土相同的全部

主权权利；而专属经济区则不然，沿海国在其专属经济区内只有有限的主权权利（称之为专属权），即沿海国在所辖专属经济区内享有勘探、开发、养护和管理其自然资源（包括生物资源和矿产资源）的主权权利以及从事经济性活动的主权权利，但是，任何别的国家都在其区内有船舶航行、飞机飞越、铺设海底电缆和管道的自由及其开展与上述活动有关的其他活动的自由；“公约”规定沿海国可对其陆地领土水下自然延伸200海里以外大陆架的海底资源拥有管辖和开发利用的主权权利；国家管辖以外的广阔海域，其表面积多达 $2.5\times10^8\ km^2$，称之为“国际海域”，该海域为全人类所有，《公约》将这一海域内的海床、洋底及其底土统称为“国际海底区域”（The International Sea-Bed Area），简称“区域”（The Area），《公约》规定“区域”和“区域”内的一切固体、液体、气体等矿物资源都是人类共同继承的财产。显然，在“区域”内迄今发现的多金属结核、钴结壳、热液多金属硫化物等矿物资源都是人类共同继承的财产，是国际性极为鲜明的一类矿物资源。《公约》对在“区域”内开展多金属结核资源勘察活动在1983年1月1日以前（发展中国家可延至1985年1月1日前）、投资超过3000千万美元（以1982年美元定值计算）的国家或国家控制下的经济实体可申请成为“先驱投资者”（A Pioneer Investor），先驱投资者在“区域”内享有申请多金属结核矿区的资格和权益，表明《公约》给了在“区域”内有勘探开发利用资源实力的国家和经济实体一种合法地位，但同时也规定了先驱投资者须履行的义务和责任。

在“区域”内的深海金属矿物中，多金属结核是目前普遍看好、最有商业开发前景的一种资源。多金属结核的发现应追溯到1868年，当时由A. E. 诺登斯金尔德（Nordenskiold）率领瑞典的“索菲娅”号探险船在探险过程中位于北冰洋偶然发现海底这种黑色块状物[5]；随后英国的“挑战者”号考察船于1873年在南太平洋再次发现了它[6]，直到20世纪50年代末，美国科学家J. L. 梅罗（Mero）发表了他对多金属结核的研究成果之后，多金属结核才日益受到许多国家的科学家、工业界及政府的重视，人们把多金属结核视为铜、镍、钴、锰的巨大资源，从而一个调查勘探和研究多金属结核的热潮首先在工业发达国家（如美、英、法、日、前联邦德国、苏联）中展开，在20世纪70年代中期至80年代初形成一个高潮。此间，不但搞清了多金属结核在全球大洋中的分布规律、产出类型、富集区域，而且还发现了钴结壳、热液多金属硫化矿以及多金属软泥等新的深海金属矿物。这些勘探成果的取得促进了深海采矿、海洋冶金的迅速崛起。各个国家所进行的工作起初几乎都集中在多金属结核上，在多金属结核的勘探、采矿、冶金、环境及矿物学等诸方面开展了系统的研究。到80年代初已经取得了一系列研究成果，有的国家在勘探上已完成了普查和详查，选择了矿址，圈定了“矿区”；采矿已研制出深海采矿的样机系统，并开展了实地试采试验；冶炼已提出一些处理的工艺流程，有的还开展了吨级的半工业试验。80年代中期以后，一些发展中国家，包括中国、印度、韩国等，对多金属结核的研究与开发也表现出极大的热情。各国的最终目标是要把多金属结核的开采、加工处理推向商业化。与此同时,他们的眼光已不仅仅局限在多金属结核上,他们的注意力开始扩展到多金属软泥、钴结壳以及热液多金属硫化矿上。到了21世纪初,在开展对这些新发现的深海资源的工作方面,重点放在地质调查勘探、准备在“区域”内申请矿区登记上,在采矿和提取冶金方面依然没有像多金属结核那样开展全面系统的工作。

我国涉足深海金属资源调查始于20世纪70年代中期[7]。我国的“向阳红9号”科学考察船在一次作全球大气试验时,在中太平洋海盆西部首次采集到多金属结核样品;随后于1983年5~7月在中太平洋海盆北部对多金属结核资源开展试探性调查时,获得了可观数量的多金属结核,从此多金属结核的提取冶金研究工作开始在我国启动[8];紧接着于1985~1990年由“向阳红16号”、“海洋四号”两艘科学考察船先后对中太平洋海盆和东太平洋海盆的克拉里翁(Clarion)断裂带和克利帕顿(Clipperton)断裂带之间(简称C-C区)的多金属结核富集区进行多次多金属结核调查勘探,我国在C-C区选定了矿址,圈出30×10^4 km^{2}的矿区;1990年4月中国大洋矿产资源研究与开发协会成立,负责组织协调全国的深海矿产资源研究开发工作以及对外联络工作;1990年8月我国以该协会的名义向联合国国际海底管理局筹委会申请矿区登记,于1991年3月得到联合国批准,至此,我国继印度、苏联、法国、日本之后成为第五个深海采矿先驱投资者。

按《公约》规定先驱投资者须将圈出的30×10^4 km^{2}矿区分成两块估计具有同等商业价值的矿区,每块面积各为15×10^4 km^2,一块命名为“保留区”,另一块命名为“开辟区”。其中的“保留区”交由海底筹委会(或后成立的海底管理局)暂行保管;“开辟区”分配给申请者。规则还要求申请者在其“开辟区”内进一步开展深入细致的勘探详查,拔优弃劣,然后再将其“开辟区”面积的一半(即7.5×10^4 km^2)退回给海底筹委会(或后成立的海底管理局),恢复其“国际海底区域”的地位,仍归属于人类共同继承的财产。退回的具体程序是:申请者自获得“开辟区”之日起三年届满时退回“开辟区”面积的20%;第五年届满时退回10%;第八年届满时再退回20%;总计为50%[9]。我国是在拿到“开辟区”后的第五年届满时合并退回30%的;第八年届满时退回剩下的20%;总计也是退回50%,因此,我国在“区域”内最终获得是一块面积为7.5×10^4 km^{2}具有较好商业开采价值的多金属结核矿区,该矿区的矿址位于北纬7°~13°、西经138°~157°范围内,距离我国东海岸约12000 km,水深在4800~5200 m之间,多金属结核的平均金属品位(Ni+Cu+Co)为2.25%,平均丰度大于5 kg/m^2(湿重),平均覆盖率大于35%,海底坡度小于5°,海底以绵绵起伏的丘陵地形为主,海底表层沉积物以硅质黏土和硅质软泥为主[10],主金属储量粗略估计:镍约510万吨、铜约400万吨、钴约95万吨、锰约1.1亿吨[11]。

进入20世纪90年代自我国拥有了属于自己的矿区之后,一个针对我国自身矿区内深海多金属结核的勘探、开采、冶炼的研发工作全面有序地在全国展开。此时勘探开始转向为未来开采服务的详查;采矿提出了深海开采的样机系统(包括集矿、扬矿、遥测遥控等),开展了相应的基础性研究和水下试采试验;冶金提出了多种提取工艺流程,在完成了基础性研究之后,按小型试验、扩大试验、半工业试验步骤分阶段开展全流程试验。

另外,我国于20世纪90年代中期新建造了一艘大洋科学考察船,命名为"大洋一号",专门执行对全球三大洋"区域"内的钴结壳和热液多金属硫化物进行调查勘探。已于2011年在西南印度洋的"区域"内圈定出一块面积为1×10^4 km^2的热液多金属硫化物矿区,并已获得联合国国际海底管理局的核准;与此同时还正在"区域"内进行钴结壳矿区的选址和圈定以及采冶的科研工作。

海洋冶金是现代冶金与海洋科学相结合的新学科,是刚刚诞生、正处在成长发展中的学科,还没有完整的系统的理论成果和生产实践知识来指导和支撑[12]。关于深海金属矿(这里指多金属结核)提取冶金方面的研究经历了两个时期。20世纪50年代末至70年代中期可称为第一时期,这个时期亦可称之为启蒙时期。在这个时期中,世界各国都倾向于沿用处理陆地金属矿的传统冶炼方法和工艺来处理多金属结核。由于深海多金属结核与陆地的含镍红土矿性质颇为相似,因而一些处理红土矿的方法都被用来处理多金属结核。从20世纪70年代末以后称为第二时期,这是一个创新的时期,人们开始根据深海多金属结核自身的特点探索新的提取冶金工艺,提出许多新的方法。至21世纪初,可以说处理深海金属矿在技术上已不成问题,但从经济和环保上说,如何使深海矿开发取得良好的经济效益和环境效益?怎样才能达到与陆地矿在经济上的竞争力?还有很多研究工作要做。

13.2 深海金属矿物

如前所述,从严格意义上说,真正的海洋金属矿物是指深海金属矿物。迄今为止,人类发现的深海金属矿物有多金属结核、钴结壳、热液金属硫化物、多金属软泥等四种。

13.2.1 深海多金属结核

深海多金属结核是一种赋存于3000~6000 m水深的海底、以含水铁锰的氧化物为主,它广泛分布于世界各大洋的海底区域之中,其中太平洋是多金属结核蕴藏量最大的海域,大西洋蕴藏量最小,印度洋则介于太平洋和大西洋之间。多金属结核按其产状分为埋藏型、半埋型和暴露型三种。埋藏型是指全部埋藏在海底沉积物中一种多金属结核;半埋型是指一部分埋藏在沉积物中,另一部分裸露在海水中的一种多金属结核;全部裸露在海水中的多金属结核则称为暴露型。从环境、经济、技术等因素考虑,埋藏型多金属结核目前人类还难以开发利用。因此,人们在计算多金属结核资源量或储量时只考虑了聚集在海底表面呈单一层状分布(又称二维空间分布)的暴露型和半埋型多金属结核。根据美国学者 J. L. 梅罗的估算[13],整个大洋底表面多金属结核的资源量达3万亿吨,仅太平洋就占1.7万亿吨,其中含镍164亿吨、铜88亿吨、钴58亿吨、锰4000亿吨。同时多金属结核还在不断生长,仅太平洋每年就以新增1000万吨的生长速度产出新的多金属结核。按目前的技术水平评估,其中太平洋C-C区内具有商业开采价值的储量约为700亿吨,这是人类在地球上迄今发现的最大一个有色金属矿床。

13.2.1.1 多金属结核的基本特征[13]

多金属结核呈黑色或黑褐色;多孔隙,孔隙率通常为55%~65%;比表面积高达200 m^2/g 以上;密度2.0~2.1 g/cm^3;硬度较低,摩氏硬度1~4;含水通常高达40%~50%(游离水+结合水);多金属结核的大小变化悬殊,从几微米的微结核到几十厘米的大型结核均有,通常直径为2~4 cm;形状千姿百态,有球形、椭球形、土豆状、菜花状、盘状、柱状、杨梅状以及各种形态的连生体。

多金属结核通常由核心和核心以外的壳层两部分组成。核心多为砾石、黏土、火山碎屑、老结核碎屑、生物残骸(如鱼骨、牙齿、有孔虫壳等);壳层由铁-锰沉积物组成,它是多金属结核的主体,壳层大致有六种类型的构造,即:同心圆构造、多核同心圆构造、纹层构造、斑状构造、柱状构造以及叠层状构造等。

多金属结核根据其外观特征划分为三类,即:粗糙型、光滑型、粗糙-光滑型。多金属结核的外观同成因密切相关,水成成因的多金属结核多为光滑型,成岩成因的多金属结核多为粗糙型。也有的同产状密切相关,裸露于沉积物表面的多金属结核表面光滑,埋在沉积物里的多金属结核表面粗糙,半埋型的多金属结核则上表面光滑,下表面粗糙。不同海区海底表层沉积物的组成不尽相同,大致分为硅质软泥、含钙硅质软泥、硅质黏土、含钙硅质黏土、钙质软泥以及深海黏土等六种类型,其类型与海底地形、水深有关。由于多金属结核的外观特征与多金属结核的成因、产状、生长环境、矿物组成、化学成分有关,因此,熟知的科学工作者,根据其外观特征,便可迅速判定其产于哪个大洋的哪个海区,矿物的组成特点以及主要化学成分的大致含量。

13.2.1.2 多金属结核矿物学[14]

多金属结核以铁锰矿物为主体的含水铁锰氧化物。曾报道过的锰矿物种类很多,但普遍公认的却只有三种,即常见的晶质的10Å水锰矿和非晶质的 $\delta-MnO_2$ 以及少量的7Å水锰矿。10Å水锰矿又称钡镁锰矿,是多金属结核中最主要的锰矿物,它的化学表达式很多,基本上是沿用陆地矿物的表达方式,通常写为:

$$(Na、Ca、K、Ba、Mg、Mn^{2+})Mn_5O_{12}\cdot 3H_2O$$

7Å水锰矿又称钠水锰矿,分子式为:

$$(Ca、Na)(Mn^{2+}、Mn^{4+})_7O_{14}\cdot 3H_2O$$

$\delta-MnO_2$ 又称水羟锰矿,分子式为 MnO_2,水羟锰矿基本上都是非晶质的或隐晶质的。

铁矿物呈氢氧化物或水合氧化物，也属于非晶质或隐晶质的，主要为水针铁矿，分子式为 $FeOOH \cdot xH_2O$。除了铁锰矿物外，还含有一些铝硅酸盐矿物，如钙十字沸石、蒙脱石、黏土矿物等等，常被称为杂质矿物，它们中的多数是由多金属结核核心带入的，也有的是被充填在多金属结核的裂隙中。

由 X 射线衍射分析和电子探针测定多金属结核的各矿物化学组成表明：就矿物之间相比较而言，钡镁锰矿富含锰、镍、铜和镁，同时含铁和钴，但相对较低；水羟锰矿则富含铁、钴和钛，同时含锰、镍和铜，但相对较低；镍、钴、铜等有价金属元素于多金属结核中没有自己独立的矿物，它们均赋存在上述铁锰矿物中。

通常光滑型的多金属结核，以 $\delta-MnO_2$ 矿物为主，含铁、钴相对较高，含锰、镍、铜相对较低；粗糙型的多金属结核，以钡镁锰矿为主，含锰、镍、铜相对较高，含钴、铁相对较低。

13.2.1.3 多金属结核的化学成分

多金属结核的化学成分十分复杂，至 20 世纪 90 年代初已分析出 89 种元素，由于受当前分析水平的限制，还可能有一些元素未被发现。多金属结核主要含有锰、铁、硅、铝等元素，其次有镍、钴、铜、锌、钼、钛等元素，还有微量的稀贵金属、稀土金属和稀散金属。世界各大洋多金属结核各元素的平均含量见表 13-2。

表 13-2 世界各大洋锰结核中元素的平均含量

元素	平均含量（质量分数）/%	元素	平均含量（质量分数）/%
B	0.0277	Sr	0.0825
Na	1.9409	Y	0.031
Mg	1.8234	Zr	0.0648
Al	3.0981	Mo	0.0412
Si	8.624	Pd	0.553×10^{-6}
P	0.2244	Ag	0.0006
K	0.6427	Cd	0.00079
Ca	2.5348	Sn	0.00027
Sc	0.00097	Te	0.0050
Ti	0.6424	Ba	0.2012
V	0.0558	La	0.016
Cr	0.0014	Yb	0.0031
Mn	16.174	W	0.006
Fe	15.608	Ir	0.935×10^{-6}
Co	0.2987	Au	0.248×10^{-6}
Ni	0.4888	Hg	0.50×10^{-4}
Cu	0.2561	Tl	0.0129
Zn	0.0710	Pb	0.0867
Ga	0.001	Bi	0.0008

综合上述矿物学和化学成分分析可见，多金属结核是一种低品位多金属共生复杂氧化矿，从其中提取有价金属难度较大。

13.2.2 其他海洋矿

13.2.2.1 钴结壳

钴结壳也是一种含水铁锰氧化物，但它的钴含量比多金属结核高。由于富含钴，因此，又名富钴结壳。钴结壳是生长在水深800～3000 m之间海山上的沉积型矿物，它牢牢附着在海山的基岩表面。在水深1000～2000 m之间的钴结壳含钴最高，往下含钴明显减少，一般将矿带划在水深800～2400 m之间。钴结壳也主要由锰矿物和铁矿物组成，锰矿物是非晶质的$\delta - MnO_2$，铁矿物是非晶质的水针铁矿（$FeOOH \cdot xH_2O$）。钴、镍、铜等有价金属也以吸附态赋存于铁锰矿物中。脉石矿物主要是石英和长石，这通常是由海山的基岩混入的。钴结壳多数呈现层状或板块状，厚度在0.5～24 cm之间。钴结壳中有价金属含量为Co 0.6%～2.2%、Ni 0.3%～0.8%、Cu 0.08%～0.2%、Mn 17%～27%、Pt 0.3～1.0 g/t。可见，钴结壳不仅是钴的重要资源，也是贵金属铂的重要资源。

13.2.2.2 热液硫化物

热液硫化物又称热液多金属硫化物，产于水深1000～2300 m海盆或海槽区边缘海脊的火山活动地带，多数呈塔尖状、烟囱状以及土丘状，一个个竖立在深海海底。一个矿床或一个矿带是由若干孤立的个体群所组成，个体的直径20～400 m，高约10～50 m，它是由于火山活动的作用，地壳内部高温、酸性的含有铁和重金属硫化物的原始热液从玄武岩的裂隙喷入海水中沉淀析出堆积而成[1]，如图13-1所

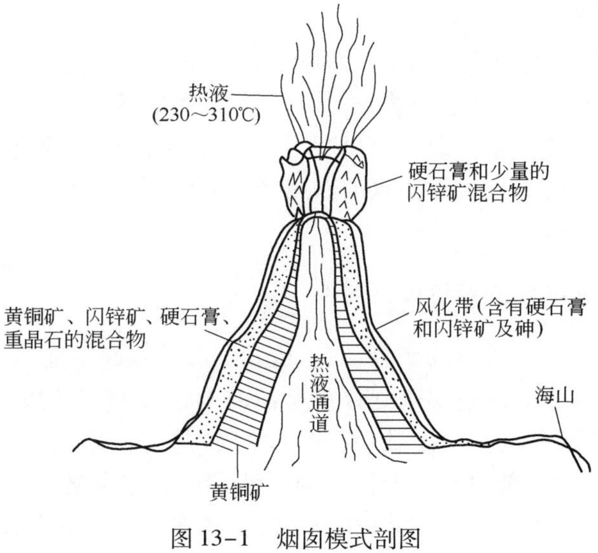

图13-1 烟囱模式剖图

示。这种硫化物通常含有黄铜矿、闪锌矿、方铅矿、黄铁矿、重晶石以及硬石膏等矿物,有时还可发现纯度较高的自然金。至20世纪90年代初以来,全世界已探明的矿床规模都较小,总资源量仅2000万吨左右。

热液硫化物的化学成分,因其产地而异,差别较大,见表13-3。

表13-3 深海热液硫化物矿床的金属品位 (%)

主要金属	胡安·德富卡海脊	“探险者”海脊	瓜伊马斯海盆	
			烟囱状	土丘状
铜	0.43	8.45	0.24	0.09
金/$g \cdot t^{-1}$	4.9	0.7	0.10	0.2
铅	0.35	0.10	0.52	0.16
银	0.2	0.10	<0.10	<0.1
锌	22.70	9.03	1.45	0.32

13.2.2.3 多金属软泥

多金属软泥又称热液多金属硫化物软泥,它同热液硫化物的形成机制和矿物组成是十分相近,因此,人们也把两者划归一类,统称热液多金属硫化物。20世纪60年代,科学家们在红海发现这类矿物,软泥在海底呈层状分布,它是一种含有铁、锰、铜、锌、金、银及稀土元素的金属硫化物。它往往产于深海的海渊之中,目前在红海阿特兰蒂(Atlantis)Ⅱ海渊中发现有一块面积56 km^2的多金属软泥矿床,仅其上部10 m厚的沉积层中含有锌约290万吨、铜约100万吨、铅约80万吨、银约4.5万吨 、金约45吨,是已知发现的最大的深海多金属软泥矿床,是一个具有商业开采价值的工业矿床。

20世纪80年代初以来,人们对深海钴结壳和热液多金属硫化物的兴趣日益增加,勘探与研究活动也日益频繁,这是基于这两种资源的下列优势:

(1) 它们所包含的金属总价值可观,且蕴藏在水深相对较浅的海区内;

(2) 它们广泛分布在许多国家的专属经济区内,所在国可自主开采,不存在国际间的纠纷问题。

13.2.3 海洋金属矿藏的评价体系 [15]

海洋金属矿作为一种新的矿藏,在评价其资源量或储量前,必须建立一套国际公认的统一评价体系。这包括确立评价所需的参数和制定相应的标准,以多金属结核为例,在这里评价的首要参数(即第一参数)是边界品位。所谓边界品位(也称最低平均品位)是指能进行商业回收的最低品位。在定义多金属结核的边界品位之前,首先要弄清多金属结核品位的含义,由于多金属结核含有一种以上具有商业经济价值的金属，多金属结核品位的定义应反映其多金属的属性，因此，通常采用2~3个有价金属在多金属结核中的百分含量之和来表示。有的多金属结核矿床，具有商业价值的金属元素是镍和铜，其品位则用镍+铜（Ni+Cu）含量之和表示；有的多金属结核矿床除镍和铜以外，钴的商业价值也很高，其品位则用镍+铜+钴（Ni+Cu+Co）三者的含量之和表示。例如：在国际上，在现有经济技术条件下，评价的标准是：作为潜在储量的多金属结核边界品位规定是铜+镍为2.25%，作为资源的边界品位规定则是铜+镍为1.8%。

评价的第二个参数是边界丰度。多金属结核的丰度（又称多金属结核的密度或多金属结核的富集度）是指单位海底面积上多金属结核的重量（干重或湿重），通常用 kg/m^2 表示。一般多金属结核含游离水30%左右，故干重丰度相当于湿重丰度的70%左右。边界丰度（也称最低平均丰度）则是指满足商业要求可进行开采的最低丰度。在国际上，在现有经济技术条件下，评价的标准规定视为潜在储量的多金属结核边界丰度为 $10\,kg/m^2$（湿重），规定视为资源的多金属结核边界丰度为 $5\,kg/m^2$（湿重）。

评价的第三个参数是海底坡度。海底地形必须能满足采矿系统的正常作业，国际采矿界通常要求海底坡度不大于5°。

为了描述海底表面被多金属结核覆盖的程度，还引入了评价的第四个参数——覆盖率。覆盖率是指在单位海底面积上被多金属结核覆盖的面积百分数，通常用%表示。勘查结果表明：覆盖率高的海区，金属品位往往低，如中太平洋海盆多金属结核覆盖率高达50%~80%，然而，镍+铜+钴≤1.5%；覆盖率低的海区，金属品位往往高，如太平洋的C-C区，覆盖率仅10%~30%，然而，镍+铜+钴达2%~3%，世界各大洋底多金属结核平均覆盖率为15%左右。

通过海底地质取样一次可获得一个站位上的多金属结核品位、丰度、覆盖率三个参数的数据。其中品位是通过对样品的化学分析取得的；丰度是站位上每次取样的多金属结核质量（kg）除以取样器张口的面积（通常为 $0.2\,m^2$）求得；覆盖率则是将站位上每次取得的多金属结核样品一个挨一个依次铺在一块可读出面积数值的平板上，测出多金属结核覆盖的面积，此面积除以取样器张口的面积的百分数。覆盖率还可通过海底照相与电脑图像分析相结合的手段获得。

运用上述参数及其标准查实资源，确定储量的过程就是矿址的选择过程。矿址是指在一定地质、技术、经济条件下，能独立进行多金属结核开采作业并可持续一定的服务年限的海底矿区。在国际上广泛认为一个矿址应拥有的最低储量是：按年产干多金属结核300万吨计，一个矿址的开采年限（服务年限）至少不小于20年。因此，在一个矿址内至少可回收6000万吨干多金属结核。然而，蕴藏在矿址内的多金属结核不可能全部回收上来，因为采矿系统有一个采收率（亦称回采率）问题，还要剔除矿址内因地形、障碍物存在无法采掘的地段和品位、丰度低于边界值不能开采的地段。大多数学者和工业界人士认为开采的采收率仅有 20% ~ 25%，这意味着一个矿址多金属结核保有储量至少达 2.4 ~ 3.0 亿吨（干量）。如果矿址内多金属结核的平均丰度为 10 kg/m^2（湿重），则一个矿址的面积至少应为 (3.4 ~ 4.3) × 10^4 km^2，勘探面积至少应是预计矿址的两倍、甚至若干倍。

13.3 海洋采矿[16~18]

13.3.1 深海多金属结核采矿

深海多金属结核采矿通常在水深 3000 ~ 6000 m 的海底复杂环境下进行；多金属结核在海底表面呈二维空间单层分布，采矿设备须大面积作业才能形成生产能力；多金属结核周围是比较松软的海底沉积物，采矿设备需考虑沉积物的承重能力和沉积物的扰动对深层水体生态环境的破坏；还需考虑水下采矿设备要承受通常 30 ~ 60 MPa 海水的静压作用、海水的腐蚀以及海底洋流的冲击作用等等，除须考虑上述问题外，还须考虑采矿设备必须满足规模化的生产能力（年开采能力应满足冶炼处理干多金属结核 100 ~ 300 万吨规模的需求）和较高的采收率（力求大于 25%）。

目前具有代表性的主流深海采矿系统基本的作业方式，是使用一种机构以扫掠或虹吸的方式将海底的多金属结核收集到一海底装置内，脱出夹带的沉积物并将大块多金属结核破碎，接着通过管道提升到采矿船上与海水分离，进入船的料仓内，然后转移到运输船上。通常把在深海海底采集结核的装置称为集矿系统或集矿机；把结核自海底集矿机内提升到采矿船上来的装置称为扬矿系统或扬矿装置。

深海采矿研制活动从 20 世纪 60 年代末到现在也已经历了两代革新，至今仍处在试验和改进之中，目前在个别发达国家中已进入深海实地试采阶段，但距离商业性开采还要进行大量研究工作。

代表性的深海采矿系统通常包括五个子系统，即集矿、扬矿、监控、采矿船、运输支持等。集矿子系统是采矿系统在深海海底从事采矿作业的设备群，其功能是将海底多金属结核采集起来，并就地脱除沉积物、将大块的结核加以破碎等初处理并连续向扬矿系统提供多金属结核；扬矿系统是连接在海底集矿机和海面采矿船之间的设备群，其功能是将集矿机采集到的多金属结核提升到采矿船上；监控系统包括水下作业的遥测遥控装置及海底集矿机和海面采矿船的定位装置等，其功能是给采矿系统定位（包括海底集矿系统的定位和海底集矿系统与采矿船之间的相对定位）以及作业控制和监管等；采矿船相当于深海采矿作业的活动平台，其功能是为水下设备提供支撑、动力、存放和维修服务，同时起着贮存和转运多金属结核的作用；运输支持系统的功能是向采矿船输送补给品，并将采矿船上的多金属结核转运到港口，如果采用“船上冶炼”，多金属结核则直接转移到冶炼船上。

根据集矿机在海底的行走方式，可分为拖曳式（牵引式）和自行式两种。拖曳式水下集矿装置是由海面的采矿船拖着（牵引着）行进的；自行式则是靠海面采矿船遥控装置控制水下集矿机自己行进的;自行式的行走机构又有两种形式,一种是履带式,另一种是螺旋桨式。履带式与坦克的履带极为相似,螺旋桨式同船用螺旋推进器相似。

从 20 世纪 60 年代末到 21 世纪初,国际上已研究过的采矿系统,可以归纳为三类:连续索(绳)斗采矿系统;穿梭潜水采矿车系统;流体提升采矿系统。

13.3.1.1　连续索(绳)斗采矿系统

这是日本益田善雄于 1967 年发明的,它实际上是由链斗式挖泥船演变而来,其结构如图 13-2 所示。被命名为连续索(绳)斗采矿系统(Continous Line Bucket Mining System,),简称 CLB 采矿系统。当时是在住友重工等多个财团共同支持下进行研制和海上试采的。其工作原理是用一根长约 20 km 的绳索(绳索由尼龙之类的化学纤维制成),每隔一定间距(25～30 m)装上一个铲斗(挖斗),绳索穿过一艘或两艘采矿船上的滑轮,用摩擦传动方式循环运动,在铲斗掠过海底时,将多金属结核装进铲斗内,由绳索提升到采矿船上。同时,采矿船与绳索运动成直角方向行走,从而,使铲斗能不断触及新的海底。该采矿系统属拖曳式的,可分为单船和双船拖曳(见图 13-3)两种。它的优点是结构简单,投资省,缺点是铲斗在海底采集轨迹几乎无法控制,生产效率和采收率都很低。1973 年日本在深海区开展的试验表明:拖曳式采矿系统的采收率不到 20%,甚至许多铲斗没有采集到多金属结核、整个铲斗装的全是深海沉积物,而且绳索容易相互缠绕,绳索或铲斗也容易被海底岩块钩住,无法运行,说到底就是很难满足规模化生产的要求,曾一度被视为应被淘汰的深海采矿第一代技术,但是后来几经改进,现在又重新受到人们的关注。

图 13-2　单船拖曳连续索斗采矿系统实验装置

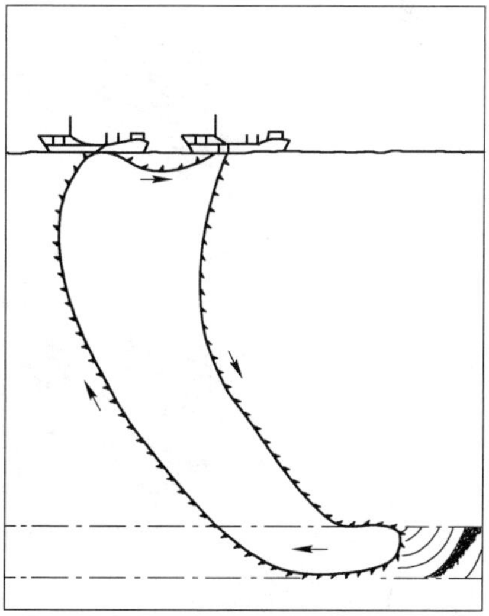

图 13-3　两船拖曳连续索斗采矿系统试验装置

13.3.1.2 穿梭潜水采矿车系统

这是由法国多金属结核调查研究协会主持于1972年开始研制的，是一种融集矿和提升为一体的深潜自行式采矿系统。它通过遥控利用压载物和自重(550 t)作用，潜入海底。在海底行走是靠螺旋推进器实现的。该系统在海底边采集多金属结核、边逐渐排出压载物，当采满多金属结核后，压载物也已经全部排出，浮至半潜平台，将其多金属结核卸到半潜平台料仓内。该装置上的动力靠蓄电池供给，往返于半潜平台和海底之间，见图13-4。该采矿系统的优点是灵活性大，对各种海底地形适应性好；回采损失小；一台采矿车一旦发生故障对整个采矿系统的生产能力影响甚小。缺点是开采规模受限制，难以满足规模化生产要求。改进后的试验表明：一台1∶1比例的商业规模的采矿车24 h仅能采运750 t多金属结核，还需从陆地运送大量压载废石，作业成本费用高，技术难度大，用于商业性开采的前景不甚乐观，因而，于1982年研究工作中止下来。它被人们视为深海采矿的第二代技术。

图13-4 穿梭潜水采矿系统

13.3.1.3 流体提升采矿系统

流体提升采矿系统是根据扬矿系统的特点而命名的一类采矿方法。它是借助流体上升的推动力将海底集矿机采集到的多金属结核提升到海面的采矿船上。按照流体的性质分为水力提升(见图 13-5)、气力提升(见图 13-6)和轻介质提升等采矿系统。该类采矿系统的优点是可配用自行遥控式集矿机,在海底可自行行走,具有较大的灵活性;能达到较高的生产效率和采收率;具有避开海底障碍物和不利地形的能力;可实现规模化开采(该优点对所有资源类的矿业都同样重要)。因此,该采矿系统具有一定商业应用前景。

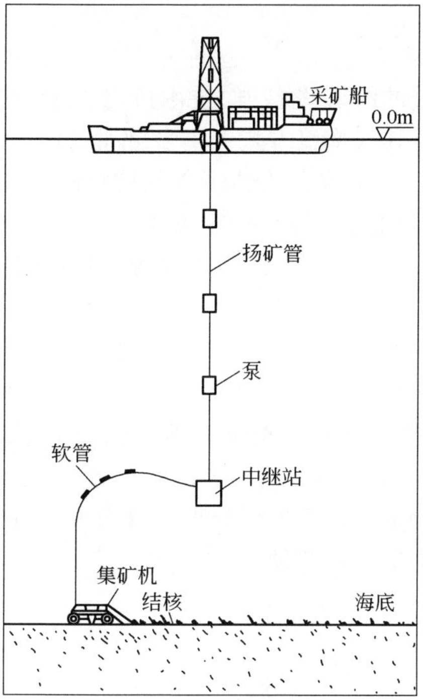

图 13-5 水力提升采矿系统示意图

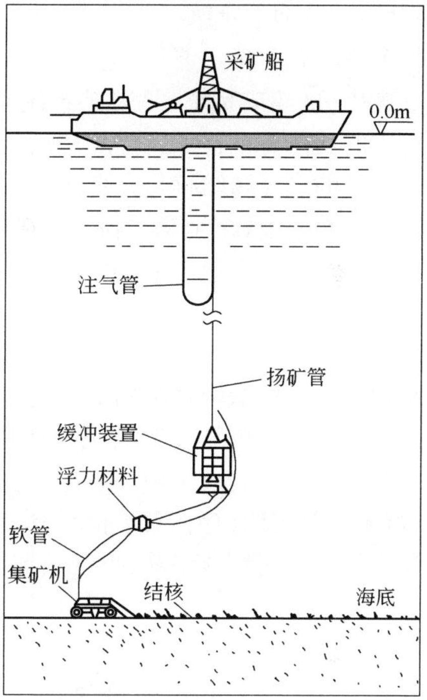

图 13-6 气力提升采矿系统示意图

20 世纪 70 年代,一些国家和国际深海采矿财团先后对流体提升采矿系统进行了一系列试采试验。其中有美国深海探险公司(现属美国海洋采矿协会 OMA)利用旧船改装的"深海采矿号"采矿船,于 1970 年在水深 1000 m 的布莱克海底进行了首次气力提升采矿试验;海洋管理公司(OMI)利用改装的采矿船于 1978 年在太平洋海域成功地进行了五分之一比例的水力和气力提升采矿系统的半工业性试验,使用拖曳式水力集矿机(日本研制),在 40 h 内从 5200 m 深海底采出多金属结核 800 t,设计能力为 30 t/h;同年,OMA 又改装了一条 2 万吨级采矿船,在太平洋海域试验了气力提升采矿系统,使用拖曳式水力集矿机在 22 h 内从海底采集约 500 t 多金属结核,设计能力为 45 t/h;1979 年,海洋矿业公司(OMCO)利用改装的"格洛玛探索者"号采矿船,在太平洋海域试验了水力提升采矿系统,使用阿基米得螺旋自行式水力集矿机采集了 1000 t 多金属结核;肯尼科特公司(KOON)对他们的采矿系统的一些装置也进行了试验,这些试验都证明了这种采矿系统的可行性。因此,20 世纪 70 年代末日本也转向流体采矿系统的研制,80 年代法国和联邦德国提出了使用水力－机械复合履带式自行集矿机的流体提升采矿系统。到 21 世纪初世界各国仍把它当为最佳一类采矿系统加以更加深入的研究,它被人们视为深海采矿的第三代技术,可望成为多金属结核第一代商业性开采的采矿系统。下面将着重介绍这类采矿系统的集矿和扬矿两个子系统,在深海采矿系统中它们是两个关键的、核心的子系统。

A 集矿系统

集矿机(集矿系统)是采矿系统中最关键的海底设备群,技术最为复杂,如前所述它的功能有三:一是在深海海底以自行方式或拖曳方式采集多金属结核;二是将采集到的多金属结核与夹带的沉积物分离;三是将大块的多金属结核破碎成一定颗粒(避免大块多金属结核在扬矿管中造成堵塞)送往扬矿系统。

集矿系统通常包括集矿头、破碎筛分装置(有的不设)、行走装置、着底平衡动力装置、液压、电器系统、监控系统等。

自 20 世纪 70 年代以来,世界各国研制的集矿装置主要有机械式和水力式两种结构形式。所谓两种结构形式主要是就集矿头而言,机械式的集矿头在海底采集多金属结核是依靠装置的机械作用来实现的,现有的机械装置有链耙式、滚耙式、链斗式、轮斗式及滚耙—齿链组合式等,见图 13-7。机械式的结构通常比较复杂,试采试验表明,存在着易损坏、海底沉积物随同多金属结核夹带量太大、集矿口易被大块多金属结核堵塞,很难做到长时间连续运行等缺点。

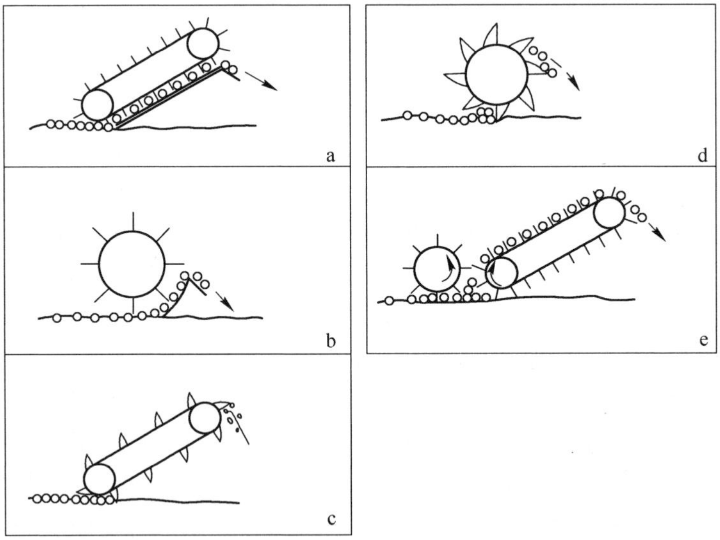

图 13-7 机械式集矿头

a—链耙式; b—滚耙式; c—链斗式; d—轮斗式; e—滚耙－齿链组合式

水力式集矿头其中一种是采用射流原理,运用射流产生负压抽吸多金属结核,另一种是利用泵吸扬多金属结核,主要结构形式有射流式和吸扬式两种,见图13-8。1978年海洋管理公司在太平洋试采时证明:水力式的集矿机适应能力和可行性都比较好。被认为是第一代商业集矿机最主要的结构形式之一,它最大的缺点是在抽吸结核的同时会吸入大量海底沉积物,对海底生态环境会造成较大的破坏,有待改进。

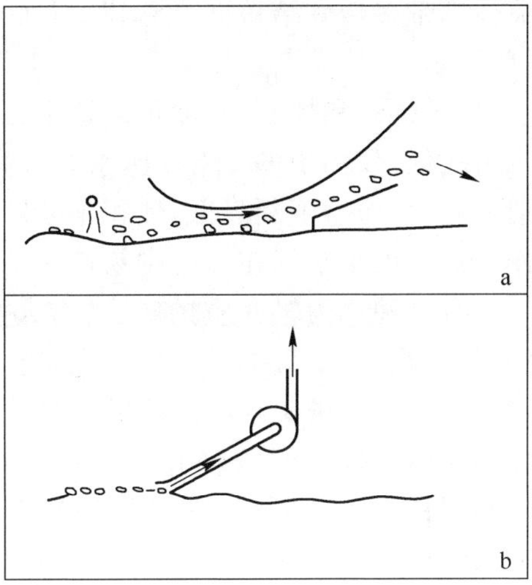

图13-8 水力式集矿头
a—射流式;b—吸扬式

B 扬矿系统

如前所述它的主要功能有二:一是将集矿机采集到的多金属结核提升到海面采矿船上来,同时起着连接海面采矿船和海底集矿机的作用;二是作为水下设备和电缆的结构支撑体。

扬矿系统应满足以下七方面要求:

(1) 扬矿设备应具备高扬程、大流量、能提升粗颗粒多金属结核、寿命长等特点;

(2) 可均匀连续输送多金属结核浆体(即多金属结核与海水的混合体);

(3) 能控制浆体流量,有扬矿管和泵因系统故障、突然中断输送引起堵塞的处理功能;

(4) 能承受自身重量及与之相连的仪器和设备的重量;

(5) 允许集矿机在避开障碍物绕行或侧行时偏离垂直提升管一定距离、而不影响采矿船保持原航线不变;

(6) 海底地形垂直高低起伏变化在一定范围内,不需改变垂直扬矿管长度;

(7) 通过采用浮力结构,能减轻扬矿管重量及其对采矿船支撑架的载荷。

已被世界各国公认有商业应用前景的流体扬矿(提升)方法有两种,一种是水力扬矿法,另一种是气力扬矿法。水力扬矿法是利用在不同深度上串联的潜水泵将集矿机采集到的多金属结核通过扬矿管泵送到采矿船上(见图13-5)。20世纪70年代末国际深海采矿财团在海上进行试验证明这套系统是可行的。在水力扬矿法中,泵是最关键的设备,曾经采用过的泵有离心泵、活塞泵、旋流泵等。多金属结核通过泵体造成的磨损极其严重,因而,无法长时间的运行,这是正在着手解决中的一个技术难题。

气力扬矿法是在水下一定深度处将压缩空气注入垂直提升管内,使管内混合物的密度小于管外海水的密度，由于管内外流体的密度差而形成的压差使提升管内流体携带多金属结核向上运动，从而将多金属结核提升到海面采矿船上（如图13-6所示）。其优点是技术简单，水下作业部件少，空气压缩机等设备可放在采矿船上，易于维修和控制，寿命可高达上万小时。缺点是输送多金属结核的体积浓度比水力法低，仅为10%；能耗比水力法高35%以上；三相流流态难以控制，压气沿管道上升时，压力不断降低，体积不断膨胀，流速不断增加，容易形成炮弹流，极难操作；另外，由于空气在深海中易被压缩和溶解，压气耗损大。

还有一种称为轻介质扬矿法（有人把气力扬矿也划入轻介质扬矿的范畴内），它的工作原理与空气提升一样。它是在垂直扬矿管底将轻介质注入，与海水混合，借助于轻介质在扬矿管内上浮的力量将多金属结核提升到海面采矿船上，在船上分离多金属结核并回收轻介质循环使用。轻介质可以是比海水轻的液体（如煤油）、也可以是固体颗粒（如轻质塑料小球）。该方法虽然动力设备可以装在采矿船上，易于维修、能耗低、介质具有不可压缩性和不溶解性等优点，但成本较高，难以为商业采矿采用。

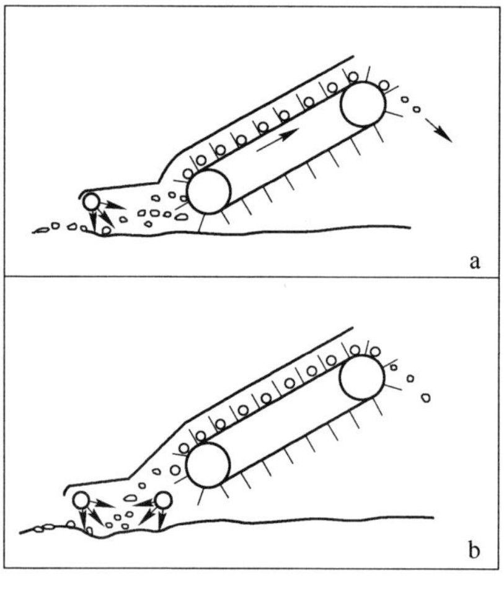

图 13-9 水力—机械复合式集矿头
a—单喷嘴复合式；b—双喷嘴复合式

未来的采矿系统，为了克服在集矿过程中夹带大量海底沉积物的缺点，趋向于选择水力—机械复合式集矿系统。这种复合式集矿系统是利用水力作用将多金属结核周围的沉积物清除掉，并将其托起距海底一定高度，然后用机械装置加以捕收。其方法之一是在距离海底一定高度的位置上设置一排或相向两排喷嘴，向海底喷射水流将多金属结核周围的沉积物冲掉，并用形成的上升水流将多金属结核托起，在集矿装置向前行进的过程中，通过导流罩由机械输送装置将多金属结核收集到集矿装置内，如图13-9所示。

在扬矿上人们趋向于选择水力扬矿系统。它需要解决的主要技术难题是减轻泵的磨损，延长泵的寿命。目前解决的方法之一是用清水泵取代现有的矿浆泵，即被提升的多金属结核不经过泵体，而是由集矿机的给矿装置向清水泵的出口处的扬矿管供矿，从而避免了多金属结核等固体物料对泵体的磨损，这样一来给矿装置的好坏便成为该方法成败的关键。

21世纪初，包括我国在内的少数几个国家（即中国、俄罗斯、美国、法国及日本）已研制成功深海载人潜水器（简称载人深潜器）。我国的载人深潜器在2011

年的海试中下潜深度已达到5188 m,最终目标将达到7000 m,实现这一目标后,可去到“区域”内99.8%的海底作业。载人深潜器的研制成功对深海采矿具有极其重大的意义,如果将载人深潜器与水下智能机器人相结合,那么,深海采矿就可实现变在海面采矿船上的远距离遥测遥控为深海海底近距离的操控、管理和就地实时维修(指一般性故障排除和设备小修)的重大跨越。这对提高开采生产效率、提高采收率、实现开采规模化、降低开采成本等都会发挥重要作用。

13.3.2 钴结壳采矿方法研究状况

由前述可知,钴结壳是紧密附着在海山基岩上的铁锰沉积淀物,基岩一般为玄武岩,它与多金属结核的赋存状态完全不同,因而开采方式也完全不同于多金属结核。开采钴结壳时,首先必须将钴结壳从基岩上剥离(如采用一种切割刀具或气锤锤击)下来,经过破碎,送入一个重选机上进行初步抛废处理,将夹带的基岩一类的杂质尽可能的除掉,然后通过水力提升装置将钴结壳提升到海面的采矿船上。有人曾设计过一台试验样机,长13 m、宽8 m、高6 m、重100 t、安装动力900 kW,如图13-10所示。有关钴结壳采矿方法的研究在20世纪80年代才刚刚起步,研究成果还不多。多金属结核的采矿系统的研究成果无疑会对其提供有益的借鉴。

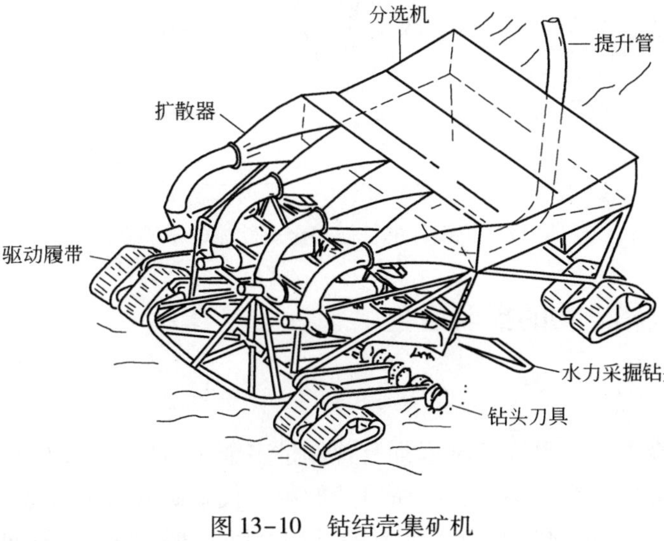

图13-10 钴结壳集矿机

13.3.3 深海多金属软泥的采矿方法研究状况

深海多金属软泥目前发现仅产于红海的海渊中,一般通过抽吸的方法将软泥提升到采矿船上,方法比较简单。最具商业开采价值的红海阿特兰蒂斯Ⅱ海渊软泥，它是处在沙特阿拉伯和苏丹两国的专属经济区内，1974 年两国签定了一项条约，由两国共同研究与开发，并成立了沙特－苏丹红海委员会共同管理。该委员会与德国的普罗伊萨格（Preussag）股份有限公司签约，由该公司负责研制用于开采软泥的采矿系统。该公司提出的采矿系统如图 13-11 所示，这是一套以钻采和抽吸相结合的采矿系统，即用钻头掘进、制浆，用泵抽吸。

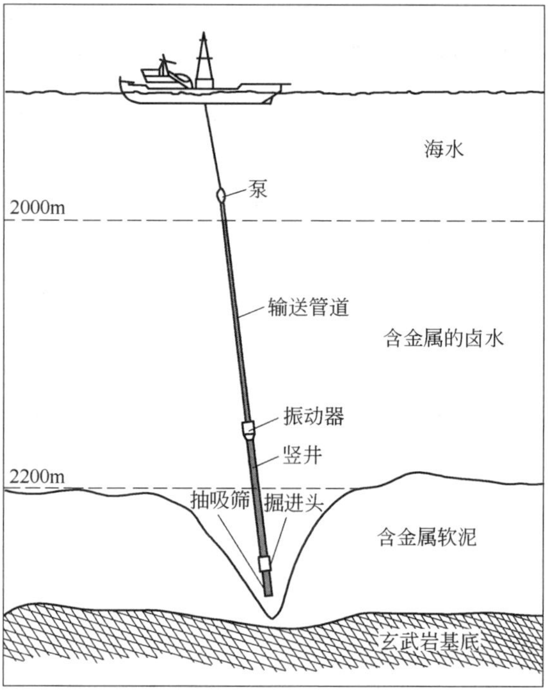

图 13-11　拟设计的红海多金属软泥的采矿系统

13.4　海洋金属矿物的提取冶金

13.4.1　概述

包括中国在内的世界许多国家都有曾作过多金属结核开发的经济模型[17]，所有模型均采用开发多金属结核资源所研发的第一代采矿方法和冶炼方法的经济技术指标，以年处理规模 300 万吨多金属结核（以干重计）为基础，在进行投资和成本的估算时得出的结果分别是：在多金属结核开发的三大作业（开采、运输、冶炼）中，在基建投资方面：开采占 7.8% ～32.0%，运输占 2.1% ～21.9%，冶炼占 50.0% ～87.9%；在作业成本方面：开采占 5.9% ～22.4%，运输占 3.7% ～21.0%，冶炼占 60.5% ～90.4%。尽管各国选择的开采和冶炼方法不同、运距不同、各国之间的国情不同、计算依据存在一定差别，但各国得出的结论一致是：无论在基建投资方面还是作业成本方面，冶炼所占百分比最大，这种充分的一致性表明该结论有着无可置疑的可信性。多金属结核开发最大的问题是开发的经济性，显然，冶炼是多金属结核开发经济性的制约因素，因此，冶炼工艺的改进对提高多金属结核开发的整体经济效益起着至关重要的作用。

由于冶金在深海多金属结核的开发上如此重要，因此自20世纪50年代末至21世纪初，研究过的处理多金属结核的方法与工艺之多、思路之广，是处理任何一个陆地矿所不及的，新的探索仍在继续。

第一代冶炼技术大约形成于20世纪50年代末至70年代期间。当时人们从多金属结核的矿物学研究中发现，多金属结核十分类似于陆地上的含镍红土矿，它们同属于低品位难选复杂氧化矿的范畴。因此，世界各国倾向于沿用处理陆地含镍红土的技术来处理多金属结核。其典型方法有还原焙烧－氨浸法、高温高压硫酸浸出法、熔炼－浸出法等。这些方法的特点是：技术成熟，并有工业生产厂的实践经验可借鉴，因而比较易于产业化。然而，由于多金属结核存在孔隙率高达55%～65%、含水（包括游离水＋化学结合水）高达40%～50%和有价金属品位低且选矿无法富集等特点，采用高温火法处理能耗大，从而会大幅度提高冶炼作业的成本。

到20世纪80年代，人们开始重视多金属结核冶炼的经济性，寻求经济而有效的冶炼方法成为进一步研究的目标。从多金属结核的矿物学研究成果中得到：多金属结核中的镍、铜、钴等有价金属是以离子吸附的形式或以杂质取代的形式赋存于铁锰矿物中，主要赋存于锰矿物中，很难直接溶解于常规的浸出剂中，为了有效而迅速地使镍、铜、钴等有价金属溶解，必须首先解离锰矿物，在其解离的过程中，使镍、铜、钴从束缚中游离出来。在研究中发现解离锰矿物最有效和简便的途径是改变锰的价态，通常在多金属结核中锰的价态呈四价，是一种氧化态，浸出时通过向浸出液中添加还原剂，使多金属结核中的Mn^{4+}还原成Mn^{2+}，在锰的价态和锰矿物的结构转变的同时，镍、铜、钴从锰矿物的基体中被释放出来。此时，浸出剂与其作用，生成金属的可溶盐而转入溶液。这种还原剂与浸出剂的巧妙结合，使得多金属结核中有价金属得到快速有效地浸出，这是研究第二代多金属结核冶炼技术的突出成果。

可以作为还原剂的主要有二氧化硫、一氧化碳、亚硫酸盐、硫代硫酸盐、亚铁和亚锰离子、黄铁矿、金属硫化物、葡萄糖和其他碳水化合物以及某些有机还原剂。根据浸出剂种类的不同，目前推出的有硫酸还原浸出法、盐酸还原浸出法、亚硫酸还原浸出法、亚铜离子氨浸法和氨溶液还原浸出法（如NH_3-FeSO_4体系、$NH_3-(NH_3)_2SO_3$体系），等等。

已公布的方法大体可归纳如下：

- 全湿法（直接浸出法）
  - 选择性浸出法
    - 水溶液还原氨浸法
      - 亚铜离子氨浸法
      - 氨－亚硫酸铵浸出法
    - 高温高压硫酸浸出法
  - 非选择性浸出法
    - 水溶液还原酸浸出
      - 常温常压活化硫酸浸出法
      - 还原盐酸浸出法
      - 二氧化硫浸出法
    - 盐酸浸出法

- 火法–湿法（联合法）
  - 熔炼–浸出法
    - 熔炼硫化–浸出法
    - 熔炼合金–浸出法
  - 焙烧–浸出法
    - 还原焙烧–氨浸法
    - 硫酸化焙烧–水浸法
    - 氯化焙烧–水浸法

人们在进行多金属结核处理的研究中，充分吸收和发展处理陆地矿的先进技术和成功经验，已公布的所有方法都没有离开陆地矿处理的模式。在湿法冶金中虽然方法千差万别，但迄今为止已形成了一个基本模式，即浸出－萃取－电解沉积（简称电积），在已公布湿法处理多金属结核的工艺中几乎都采用这一基本模式。同时：作为一个好的多金属结核处理方法，应该满足如下条件[19]：

（1）可在常温常压条件下处理；

（2）浸出试剂价格低廉，或者试剂可以再生循环使用；

（3）能量消耗低；

（4）有价金属回收率高；

（5）能够直接处理含原水（即海水）的多金属结核；

（6）设备的材质问题容易解决；

（7）浸出试剂的毒性小，对环境的污染程度轻。

13.4.2 氨浸法

氨浸法是三金属法（即以镍、钴、铜等三金属为提取对象的方法）中最具代表性的一类处理多金属结核的方法，其优点是：对镍、钴、铜等有价金属的选择性浸出好；溶液易净化；氨易于再生和回收循环利用；且氨的腐蚀性小，设备的材质问题容易解决等，因此，在经济技术上比较有优势。

已公布处理多金属结核的氨浸工艺较多，主要有还原焙烧－氨浸法、亚铜离子氨浸法和其他水溶液还原氨浸法。

13.4.2.1 还原焙烧－氨浸法[20~22]

深海多金属结核还原焙烧－氨浸法，与处理陆地含镍红土矿的还原焙烧－氨浸法基本相同，所不同的只是在后者的基础上融入了溶剂萃取－电积技术，最终得到的不是氧化镍、氧化钴或它们的烧结物等中间粗产品，而是镍、钴、铜的高纯金属产品。人们称该方法为尼卡罗(Nicaro)改进法，其工艺流程分别见图 13-12 和图 13-13。

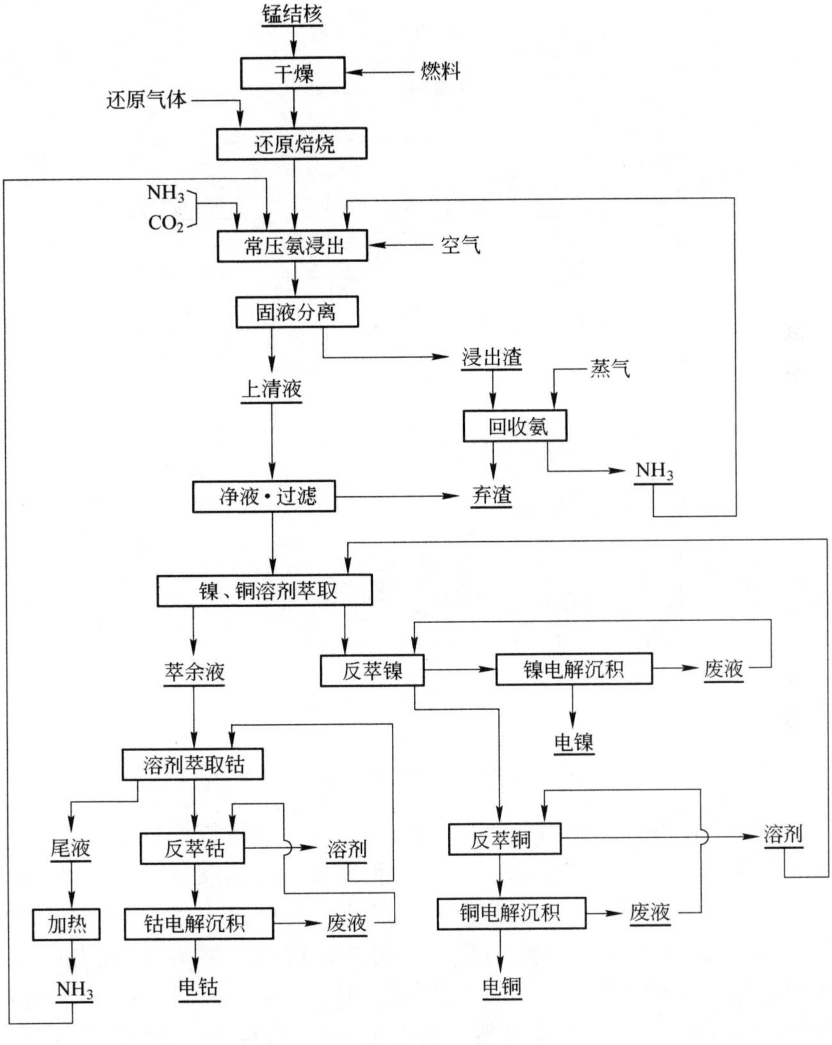

图 13-12 还原焙烧-氨浸法流程(1)

多金属结核首先经过破碎、干燥、磨细后，用煤气或天然气为还原剂在焙烧炉内进行还原焙烧，使赋存于多金属结核锰矿物中镍钴铜的金属氧化物还原为金属态，其目的是使之从多金属结核的锰矿物中游离出来。产出的焙砂采用含 NH_3 50～100 g/L 和含 CO_2 30～60 g/L 的 $NH_3-CO_2-H_2O$ 系溶液进行浸出，并把空气或氧通入浸出槽中，经过对多金属结核中呈金属态的镍、钴、铜的氧化和氨与金属离

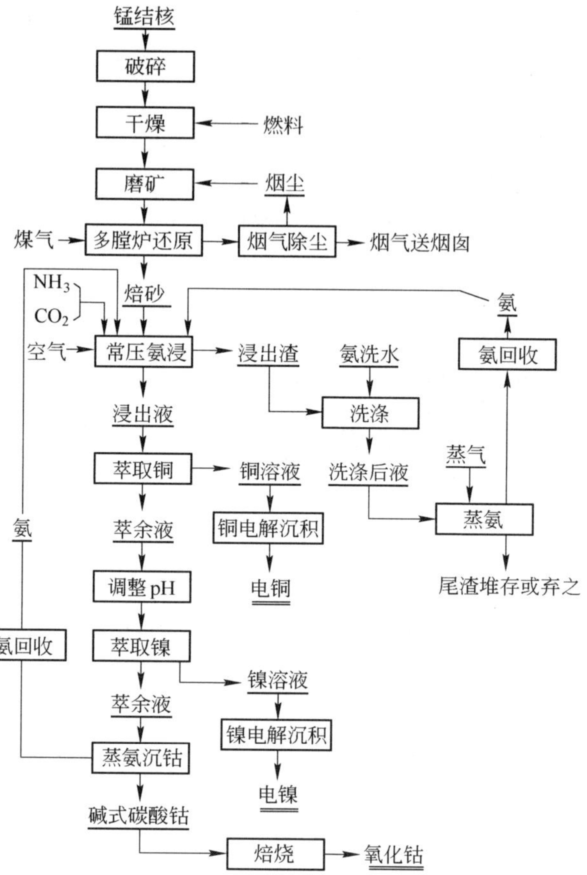

图 13-13 还原焙烧-氨浸法工艺流程(2)

子的络合反应,使有价金属镍、钴、铜以氨络合物选择性地被浸出、进入溶液中。浸出终了的矿浆被送入固液分离系统和氨洗涤系统分离出浸出成品液和含氨的浸渣。浸渣用矿浆蒸氨塔蒸氨,以回收氨和二氧化碳返回浸出系统循环利用;浸出成品液用溶剂萃取法分离镍、钴、铜,分别得到纯净的镍、钴、铜溶液,或者送去电解沉积产出高纯金属,或者制成高纯金属化合物,如图 13-12 和图 13-13 所示。两工艺流程的差别是:前者采用镍铜共萃(如用 Lix64、Lix84 等),然后选择性先反萃镍、后反萃铜,再从镍铜萃余液中萃取(如胺类萃取剂)钴,钴的萃余液送去蒸氨,回收 NH_3 和 CO_2、亦返回浸出系统循环使用,得到的纯净镍、铜、钴溶液分别送去电解沉积,产出镍、铜、钴等金属产品;后者则是采用通过调整溶液的 pH 值先选择性萃取铜、后萃取镍,其反萃取液分别送去电解沉积,产出金属铜和镍,萃余液送去蒸氨沉钴,产出氢氧化钴或碱式碳酸钴、经煅烧最终得到氧化钴产品,在蒸氨过程中同时回收 NH_3 和 CO_2、返回浸出系统循环使用。

许多国家都先后研究过该氨浸工艺。还原焙烧-氨浸法的魅力不仅在于氨浸法本身的优点,更重要的是此工艺相当成熟,有古巴尼加罗厂及其他生产厂(如斯洛伐克谢列德(Sered)厂)的实践经验可借鉴,因此,比较容易实现产业化。

13.4.2.2 亚铜离子-氨浸法[23~25]

该方法是美国肯尼柯特(Kennecott)公司首先提出的,但工艺流程因未全部打通而被自动放弃。北京矿冶研究总院(BGRIMM)也对该方法进行了较长时间的研究并对该方法进行了许多改进和创新,最终打通了全流程。该法其原理是在 $NH_3-CO_2-H_2O$ 系中用一氧化碳气体作还原剂、亚铜离子作催化剂、在常压和约 323 K 温度下浸出,工艺流程示于图 13-14。首先由一氧化碳将溶液中的二价铜离子还原为一价亚铜离子,然后用亚铜离子把多金属结核中 Mn^{4+} 还原成 Mn^{2+},导致多金属结核中的锰矿物被解离,从而把包含在锰矿物晶格中的镍、钴和铜等有价金属分离出来,并与氨络合生成金属氨络离子而转入溶液。在浸出液中的 CO_3^{2-} 与 Mn^{2+} 作用生成 $MnCO_3$ 沉淀析出、以一种不溶的新相重新返回浸出渣中。多金

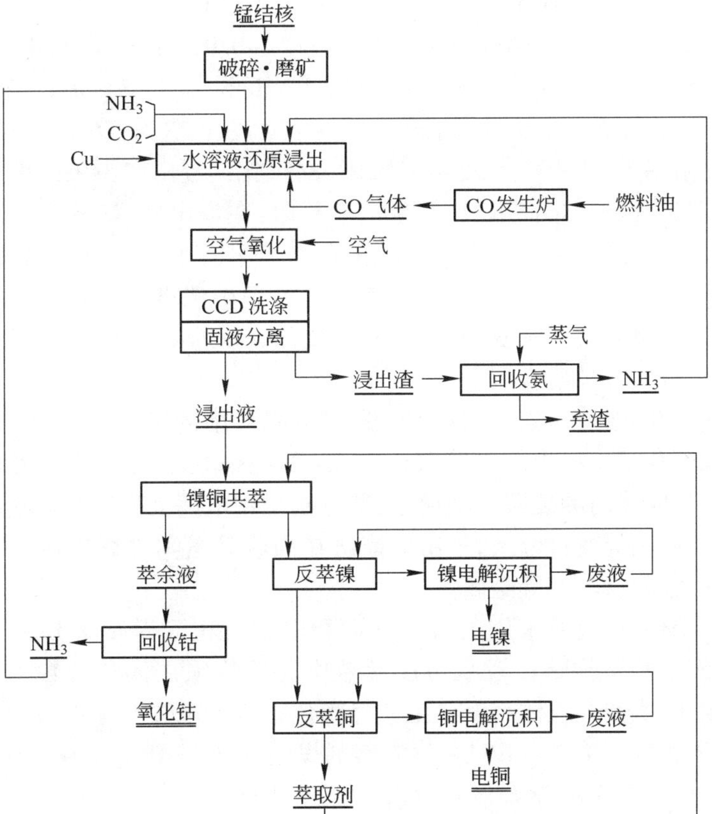

图 13-14 亚铜离子-氨浸法流程

属结核中的铁均以Fe^{3+}形式存在，在该条件下Fe^{3+}还原成Fe^{2+}的机会很少，因此，铁难以进入溶液，同还原焙烧－氨浸法一样，该方法同样可实现对镍、钴和铜选择性浸出。浸出其主要的化学反应如下：

$$2Cu(NH_3)_4^{2+} + CO + 2OH^- \longrightarrow 2Cu(NH_3)_2^+ + 2NH_3 + (NH_4)_2CO_3 \quad (13-1)$$

$$MnO_2 + 2Cu(NH_3)_2^+ + 2NH_3 + (NH_4)_2CO_3 \longrightarrow MnCO_3 + 2Cu(NH_3)_4^{2+} + 2OH^- \quad (13-2)$$

$$MeO + (n-2)NH_3 + (NH_4)_2CO_3 \longrightarrow Me(NH_3)_n^{2+} + CO_3^{2-} + H_2O \quad (13-3)$$

式中，$Me = Ni^{2+}$、Co^{2+}、Cu^{2+}；$n = 2 \sim 6$。

Mn 最终以$MnCO_3$的形式沉淀析出，其总反应可用下式表示：

$$MnO_2 + CO \longrightarrow MnCO_3 \downarrow \quad (13-4)$$

该法的主要工艺过程及其试验结果是：含水的湿多金属结核经破碎、磨细后，用氨－碳酸铵溶液制浆泵入密闭的搅拌浸出装置内，维持浸出体系足够的铜浓度，通入一氧化碳，维持温度在323 K左右，浸出时间1.5～2.0 h，便可获得令人满意的金属浸出率。北京矿冶研究院采用金属品位Mn 21.8%、Fe 11.6%、Ni 0.9%、Co 0.26%、Cu 0.57%的多金属结核、磨矿粒度－0.074 mm占90.4%为原料，在$[Cu]_{始} = 0.16$ mol/L、$[CO_2]_{始} = 0.34$ mol/L、$[NH_3]_{总} = 5.88$ mol/L、在常压、温度323 K条件下浸出2.0 h，平均的浸出结果：镍浸出率为97.1%、钴浸出率为93.7%、铜浸出率为90.4%、锌浸出率为93.8%、钼的浸出率为98.3%。为了有利于后续的萃取过程铜的选择萃取、避免钴被萃取，在浸出后，接着在浸出矿浆中通入空气将Co^{2+}氧化为Co^{3+}，并可同时除去存在于溶液中的少量铁和锰，达到除杂质的作用，然后进行矿浆固－液分离和多级逆流倾析洗涤，产出浸出渣和浸出液，浸出渣采用矿浆蒸氨装置蒸氨，回收氨和二氧化碳以返回浸出系统循环使用，浸出液采用溶剂萃取法分离各金属。

同前面介绍的焙烧－氨浸法相似，溶剂萃取采用的工艺是：选用目前常用的Lix系列萃取剂从浸出液中同时萃取铜和镍（即镍铜共萃），然后用稀硫酸选择性反萃镍，再用浓度较高的硫酸反萃铜，接着分别采用电解沉积法制取金属。留在萃余液中的钴、锌、钼等有价金属，采用蒸馏法在回收其氨和二氧化碳的同时以化学沉淀的形式回收钴、锌、钼等金属。

北京矿冶研究总院所采用的溶剂萃取和电解沉积流程如图13－15所示。该流程从浸出液中共萃铜镍以及从镍反萃液中脱铜均采用体积分数12% Lix84＋88%溶剂煤油的溶剂萃取体系。该工艺过程包括八个步骤：

（1）用体积分数12% Lix84＋88%溶剂煤油共萃铜、镍。采用三级逆流萃取，铜、镍萃取率接近100%，萃余液含铜（镍）小于0.001 g/L；

（2）以水或稀酸作洗涤剂，洗涤负载铜镍的有机相，除去由于共萃作用或机械夹带作用进入有机相的氨。因为氨随镍进入反萃液中，不仅增加氨的损失，而且在

镍电解沉积系统中积累,影响电镍的质量;

(3) 选择性反萃镍。基于镍萃合物不如铜萃合物稳定,先用低酸度溶液反萃镍,然后用较高酸度的溶液反萃铜,以实现镍铜分离。用含 H_2SO_4 2 g/L 的稀酸溶液或镍电解沉积废液,在起始 pH = 1.46、水相对有机相相比 1/2、温度 293 K 的条件下,经 6 级逆流反萃,镍反萃率平均达 99.81%,铜的反萃率平均仅 3.35%;

(4) 镍反萃液除铜。为了满足镍电解沉积的要求,须进一步除去镍反萃液中夹带的铜。仍采用体积分数 12% Lix84,在水相对有机相相比 2/1、溶液 pH = 1.87 条件下,通过 3 级萃取,则把镍反萃液含铜由 0.17 g/L 降低至 0.001 g/L 以下,而未发现镍被萃取;

(5) 铜的反萃取。负载铜的有机相采用含 H_2SO_4 140 g/L 溶液或铜电解沉积废液作反萃取剂,在水相对有机相相比 1/6 条件下,经 3 级逆流反萃,铜反萃率平均达 99.36%;

(6) 镍电解沉积。阳极为铅锑合金板,阴极为不锈钢板,在电流密度 200 A/m^2、槽电压 2.7 ~ 2.8 V 条件下电解沉积,电流效率为 85% ~ 90%,吨镍的电能消耗为 2900 ~ 3000 kW·h,产出的电积镍达到国颁标准 0 号,镍回收率平均为 99.8%;

(7) 铜电解沉积。阳极为铅银合金板,阴极为不锈钢板,在电流密度 200 A/m^2、槽电压 2.0 ~ 2.1 V 条件下电解沉积,电流效率为 88% ~ 90%,吨铜的电能消耗为 1800 ~ 2100 kW·h,电积铜质量达到国颁标准 0 号,铜回收率平均为 99.9%;

(8) 蒸氨沉淀钴。氨和二氧化碳回收率在 96% 以上,钴回收率达 96% ~ 98%。

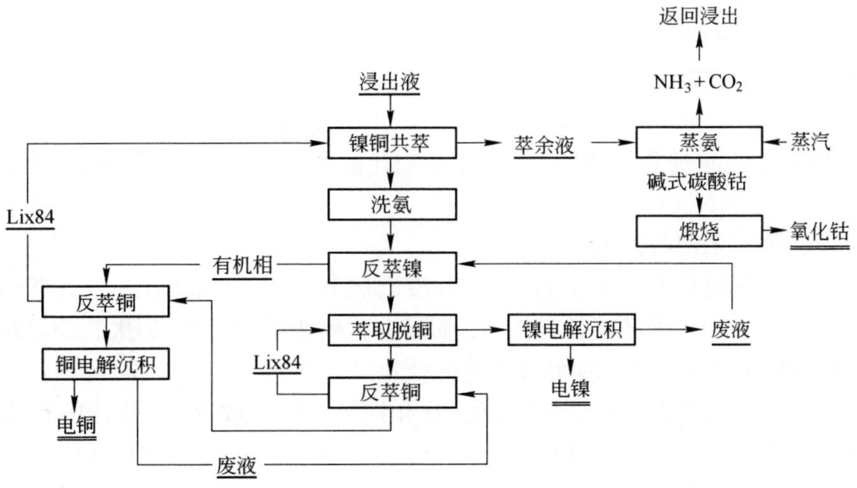

图 13-15 萃取 - 电解沉积流程

此方法除了具有一般氨浸法的优点外，还实现了变高温火法还原为低温水溶液还原，并将还原与浸出两个单元操作合并为一个，从而降低了能耗，简化了流程，具有良好的商业应用前景。锰以 $MnCO_3$ 形式赋存于渣中。北京矿冶研究总院提出了一个从浸出渣中回收锰的工艺流程，见图 13-16。

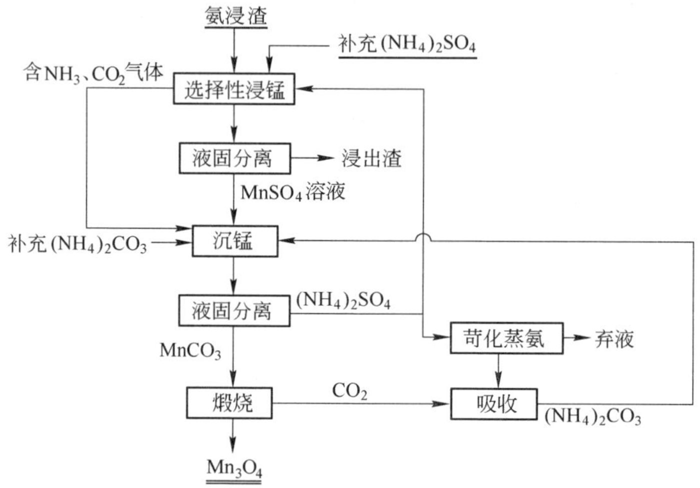

图 13-16 从氨浸渣中回收锰的工艺流程

该流程采用 $(NH_4)_2SO_4$ 溶液从浸出渣中选择性地提取锰，其主要反应为：

$$(NH_4)_2SO_4 + MnCO_3 = MnSO_4 + NH_3\uparrow + CO_2\uparrow \quad (13\text{-}5)$$

在加热条件下，由于分解出的氨和二氧化碳转入气相，使反应向右进行，硫酸锰的生成反应便成为一个不可逆流反应。在液固比 2/1、温度不低于 363 K 条件下，用含 $(NH_4)_2SO_4$ 3.4 mol/L 的溶液进行浸出，锰的回收率可达 75% ~80%，然后用碳酸铵从浸出液中沉淀锰，其反应为：

$$MnSO_4 + (NH_4)_2CO_3 = MnCO_3\downarrow + (NH_4)_2SO_4 \quad (13\text{-}6)$$

获得的碳酸锰产品纯度为 86% ~87%，含有硫酸铵的沉淀后液返回浸出循环使用。

采用这种工艺回收锰的优点有：

(1) 它同主流程的氨浸工艺相匹配，浸出试剂同属于铵盐，工厂易于管理；

(2) 浸出剂起一种载体的作用，在流程中循环使用，无化学损失，仅有发生跑、冒、滴、漏引起的机械损失，因而试剂消耗低；

(3) 浸出选择性好，铁几乎不浸出，锰和铁可得到有效分离，浸出液无须净化，可直接从中得到工业纯的锰盐产品。这样，可将氨浸渣视为一种可获得商业利用的锰资源，可根据市场的需求状况决定是否从中回收锰或回收多少，具有相当灵活性。

13.4.3 硫酸浸出法

在常规条件下，硫酸浸出属非选择性浸出，浸出液组成复杂，这常常给溶液净化与金属分离带来一定困难。然而，采用高温高压硫酸浸出法，除了能提高浸出过程的反应速度外，还可在大量铁、锰氧化物存在的条件下实现对镍、钴、铜的选择性浸出，将铁、锰抑制在浸出渣中。因而，虽然高温高压硫酸浸出法的投资费用高，操作的技术难度大，但在湿法冶金中仍有相当大的竞争能力。

硫酸浸出体系十分简单，其主要化学反应为：

$$MeO + H_2SO_4 \xlongequal{} Me^{2+} + SO_4^{2-} + H_2O \tag{13-7}$$

式中，Me = Ni、Co、Cu、Fe、Zn、Mo、Mn 等。多金属结核高温高压硫酸浸出工艺流程如图 13-17 所示。此法与古巴毛阿弯（MoaBay）处理红土矿的高温高压硫酸浸出法工艺较为相似。

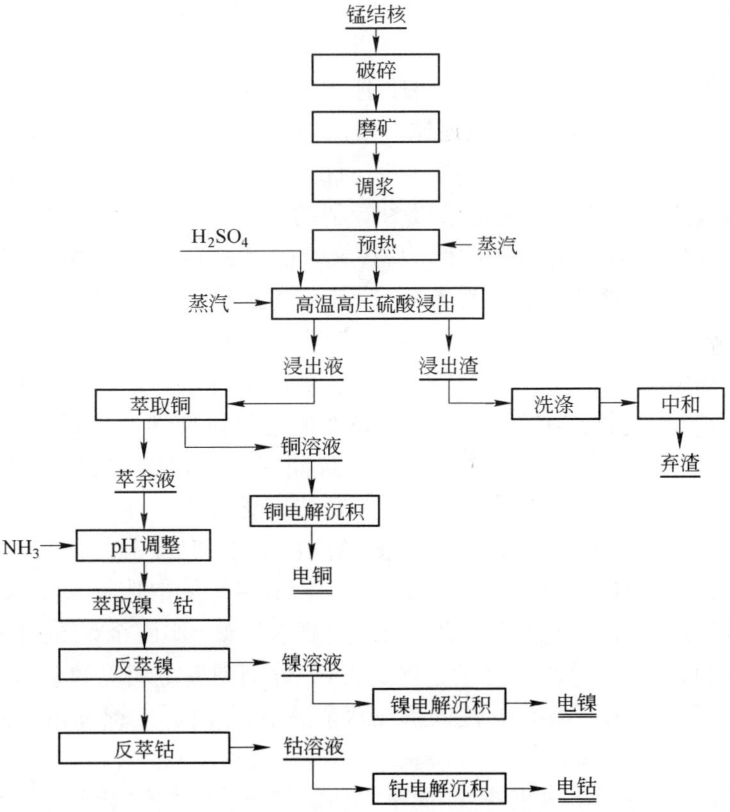

图 13-17 高温高压酸浸流程

所不同的是此法不是采用传统的浸出 - 硫化沉淀 - 精炼工艺，而是采用浸出 - 溶剂萃取 - 电解沉积工艺。含水的湿结核经破碎细磨、调浆、预热后送入压煮器中，在温度 518 K、压力 3.5 ~ 4.2 MPa 的条件下用硫酸浸出 2 h，金属浸出率分别为 Ni≥90%、Cu≥90%、Co≥70%、Mn≤5%、Fe≤2%，锰和铁基本上被抑制在浸出渣中，从而达到选择性浸出。

北京矿冶研究总院于 1984 年初，在自主研发的基础上，在国内首个提出以易被制取的二氧化硫为还原剂，以湿法冶金常用的硫酸为浸出剂，组合为“$SO_2-H_2SO_4-H_2O$”系水溶液还原－浸出体系，命名为“常温常压活化硫酸浸出法”，浸出过程的主要化学反应为：

$$MnO_2 + SO_2 \longrightarrow Mn^{2+} + SO_4^{2-} \tag{13-8}$$

$$MeO + H_2SO_4 \longrightarrow Me^{2+} + SO_4^{2-} + H_2O \tag{13-9}$$

式中，Me = Ni、Cu、Co、Zn、Mo、Fe。

金属平均浸出率分别为 Ni 97.3%、Cu 95.4%、Co 98.4%、Mn 98.3%、Fe 55.7%。该方法的最大特点是反应速度快，在常温常压下浸出过程仅需 3 ~ 5 min 时间即可完成，较上述的高温高压硫酸法的浸出时间缩短了数十倍之多。这是源于该还原－浸出体系动力学条件的改善，其原因如下：

（1）在该体系中 SO_2 是一种强还原剂，H_2SO_4 是一种强浸出剂，将二者结合形成的是一个强－强组合的水溶液还原－浸出体系；

（2）多金属结核具有孔隙率高、比表面积特别大以及含水高等三大特点。

上述两大因素给该体系创造了极为有利的内部条件和外部条件，大大地强化了该还原－浸出体系的动力学过程，尤其关键的是决定反应速率的控制步骤，即“锰矿物的解离”步骤得到显著改善，致使其解离速度获得显著提升，与此紧密关联的锰的溶解也显著加快，并迅速转入溶液，在上述两个化学过程的共同作用下，原本被紧紧束缚在锰矿物中的有价金属迅速被游离释放，并迅速同浸出剂反应进入溶液，酷似“链式反应”，最终带来整个体系的化学反应速率大幅提升，从宏观角度看上述三个化学反应过程似乎是同时于瞬间完成的，这被视为湿法冶金“强化冶金技术”的一个典型范例，受到国内外同行的广泛关注。

该浸出矿浆送去液－固分离，浸出渣经洗涤及中和处理后弃之或作为一种资源再利用，得到的浸出溶液先用体积分数 15% Lix64N 从中选择性萃取铜，铜的反萃液送去电解沉积，产出电积铜，萃铜余液用氨水调整 pH 值至 6，接着仍用 Lix64N 同时萃取镍和钴，镍钴反萃液分别送电解沉积，分别制取金属镍和金属钴。还研究了用 Cyanex272 选择性萃取钴，使镍留在萃余液中，分离后的镍和钴溶液分别送去电解沉积。

该法的优点是：浸出过程快速、简单、高效；二氧化硫同时具有还原剂和浸出剂的双重功能（见式 13-8），使浸出剂的消耗显著降低，试验结果表明每吨干结核的硫酸耗量低于 0.14 t；还原剂和浸出剂均不给体系带入新的杂质，不会给后面的溶剂萃取带来新的麻烦。

该法的缺点是:浸出液杂质含量较高温高压硫酸浸出法多。

13.4.4 多金属结核熔炼-浸出法

此方法的工艺流程如图 13-18 所示。它与国际镍公司(INCO)在印度尼西亚所进行的红土矿处理工艺十分相似,多金属结核经破碎后首先在回转窑中干燥和预还原,预还原后的多金属结核与还原剂炭一起进入电炉,在电炉中进行还原熔炼,锰以氧化锰进入炉渣中形成富锰渣,镍、钴、铜与铁形成粗合金,从而制得富锰渣和合金两种产品。国际镍公司的工艺是在合金处于熔融状态时,把硫磺或黄铁

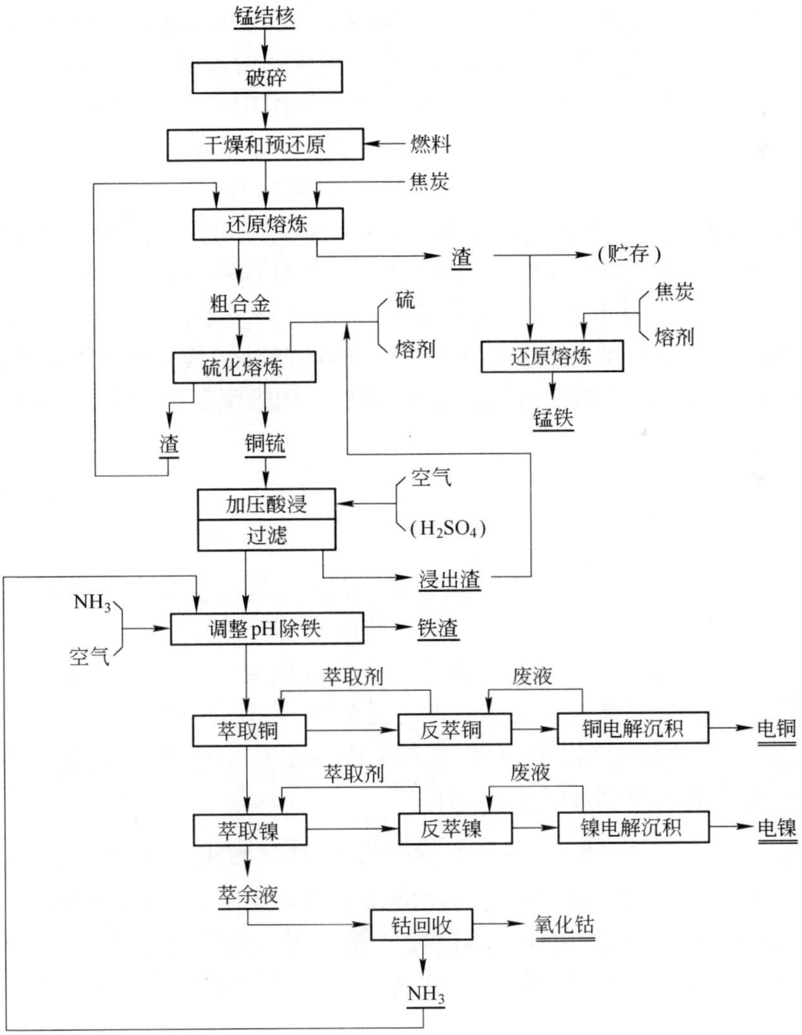

图 13-18 熔炼硫化-浸出工艺流程

矿等硫化剂和溶剂一起加入转炉，进一步进行硫化熔炼，再用空气吹炼。此时，大部分铁被氧化造渣进入渣中，镍、钴、铜则富集成金属锍，得到的金属锍经水淬磨细后，用类似于现行处理镍钴混合硫化矿的方法来处理。

在该工艺中首先将金属锍粉浆化制成矿浆，在压煮器中用压缩空气或氧在温度 453 K、压力 5 MPa、时间 2 h 下进行硫酸加压浸出。在浸出过程中金属硫化物被氧化为可溶性的硫酸盐：

$$MeS + 2O_2 \longrightarrow MeSO_4 \tag{13-10}$$

式中，Me 为 Ni、Co、Cu。

氧化反应所产生的热量，可以维持浸出所需的温度，实现自热浸出。由压煮器排出的矿浆，经过滤洗涤，产出的渣返回还原熔炼，以回收残留在渣中的有价金属，浸出液用氨调整 pH 值，使铁水解以 $Fe(OH)_3$的形式沉淀析出。随后用萃取剂（如 Lix84）从溶液中选择性萃取铜，用硫酸溶液或电解沉积废液反萃铜，得到富含铜的反萃取液送去电解沉积生产金属铜。铜的萃余液用萃取剂 Lix84 或 P507 或 CYANEX272 萃取分离镍和钴，然后分别从镍钴的纯溶液中回收镍钴。

长沙矿冶研究院（CRIMM）提出“熔炼 - 锈蚀法”作为上述“熔炼 - 浸出法”的改进法，该法采用电炉熔炼处理多金属结核，产出富锰渣和合金，接着用喷吹雾化的方法将熔炼产出的熔融态合金制成粉末，然后将合金粉置于稀盐酸、或硫酸、或铁盐溶液中，在常压条件下搅拌并鼓入空气，使铁“锈蚀”成氧化铁沉淀析出，镍钴铜进入溶液，从而实现铜钴镍与铁的分离，最后采用溶剂萃取法从溶液中分离回收镍钴铜。

13.4.5 盐酸浸出法

深海探险公司研究了常压盐酸直接浸出法[26]，其工艺流程如图 13-19 所示。长沙矿冶研究院也对这个方法进行过较长时间的研究，并作了不少改进。

常压盐酸直接浸出法也是一个典型的非选择性浸出方法，镍、钴、铜、锰、铁的浸出率都比较高，均在 95% 以上。值得一提的是，在该法的浸出反应中只有约一半的盐酸被用于浸出金属，另约有一半的盐酸是被用于还原多金属结核中的 MnO_2，HCl 则被氧化为 Cl_2，即

$$MnO_2 + 4HCl \longrightarrow MnCl_2 + 2H_2O + Cl_2 \uparrow \tag{13-11}$$

所生成的 Cl_2若要转化为盐酸并返回浸出系统循环使用，则必须另外建造一套氢气生产装置和 H_2与 Cl_2合成 HCl 的装置才能实现。为了克服这一缺点，有人用稀盐酸加还原剂（如黄铁矿）进行浸出，把用于还原 MnO_2的盐酸改用黄铁矿来替代。

该法的溶液净化和金属分离方法与前面硫酸法的流程基本相同（见图 13-18）。

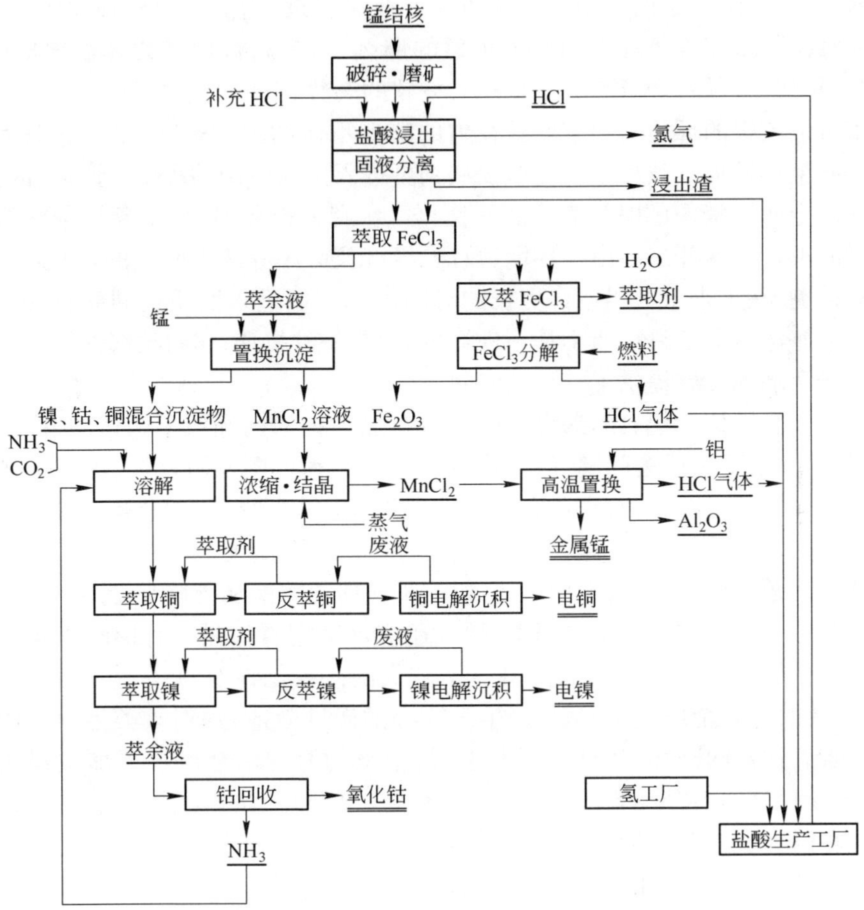

图 13-19 盐酸浸出法流程

13.4.6 其他还原浸出方法

还原浸出法,即由还原剂和浸出剂组合的浸出体系从多金属结核中提取有价金属的一类方法。属于这类方法除了前面已介绍的外,还有孙传尧等人提出的以抗坏血酸或苯胺、苯酚等有机物作还原剂,以硫酸作浸出剂的方法[27];陈晓洪等人提出的以镍锍或硫化锌精矿作还原剂,以盐酸或硫酸作浸出剂的方法[28];美国矿务局开展研究的二氧化硫浸出法[29];日本开展研究的碳酸铵和亚硫酸混合浸出法[30];印度开展研究的以硫酸亚铁作还原剂的还原氨浸法等[31]。

13.5 海洋冶金的展望

深海金属矿作为日益枯竭的陆地金属矿的接替资源是大势所趋,开发深海金属矿必将成为21世纪的一项重要的新兴产业。但是,当前由于种种原因:如陆地金属矿资源枯竭速度不像人们原来想象的那么快;金属替代品的日益增多;从20世纪90年代初开始,金属市场呈现相对疲软的态势,全球冶金行业不景气;包括深海开采可能产生的环境与生态问题在内的喋喋不休的国际争吵;以及深海采矿技术和深海金属矿加工技术本身均未发展到可进入商业应用的程度,等等。因而,使开发深海金属矿资源的时间表往后一拖再拖。有人曾预测,2010年以前深海金属矿不可能进入商业开采。由于环境、政治、经济及市场等诸多问题的存在[32],就目前形势推测,在未来十五年或许更长的时间内都难以进入实质性的商业开采。这对新兴的海洋冶金学科可能不是一件坏事,而是一种机遇,这将给海洋冶金更加深入的科研活动和发展提供了充足的时间。

以多金属结核为代表的深海金属矿冶金加工技术已经历了两代的发展,可以说,在技术上已不再成为问题,但是要在经济上有利可图,并且对人类愈来愈关心的生态环境不造成破坏,看来还有许多工作要做。众所周知,冶金是能源消耗最大的产业之一,随着人类对自然环境变迁认识的逐步深化,尤其是对全球气温变暖一系列环境问题认识的深化,人们已经懂得:工业能耗不能从传统观念出发仅仅把它作为一种影响加工成本的重要因素,同时还应该把它看作是一种影响生态环境的重要因素。能耗大,意味着由工厂排入大气层的二氧化碳多,使全球大气层二氧化碳浓度增加,导致全球气温变暖,产生一连串的温度效应,这对人类生存环境可能是一种难以估量的破坏,从这个意义上看,未来的海洋冶金应该更加重视能耗指标,无疑能耗低的冶金工艺将会取得更大优势,已经问世的多金属结核直接湿法冶金工艺将因其能耗低会更受青睐。在第二代直接湿法冶金工艺中,人们根据多金属结核的特性发展起来的还原浸出技术,可使浸出的化学反应速度数十倍地提高,采用该技术可使多金属结核中的有价金属得到快速高效地浸出,可以说这是迄今为止在多金属结核冶金中人们找到的最好的一种强化冶金技术,该技术不仅适于处理多金属结核,而且适于处理钴结壳。不言而喻,还原浸出技术的发展可能会给海洋冶金技术带来一次重大变革。海洋冶金未来发展所关注的一个重要问题将是寻找一种理想的还原剂以及还原剂与浸出剂的最佳组合,人们将更加重视其基础理论研究和应用研究的结合,用基础理论研究成果推动新还原—浸出体系的建立和应用。一种理想的还原剂除了应该具有高效性和廉价性以外,还应该易于再生循环利用。在未来,再生循环利用其意义也已超越了传统的观念,它已不仅仅是作为一条减少试剂消耗、降低加工成本的重要途径,而且也是作为一项减少对环境污染的重要手段。试剂的再生循环利用,将有利于在工艺流程中实现水的循环利用,把生产中的废水排放量降低到最小,把废水污染环境的程度控制到最小、甚至零。在传统的湿法冶金中,人们普遍感到棘手的另一个问题是废渣(主要是浸出渣)处理,海洋冶金理所当然地应该为废渣处理找到一种可行的方案,最佳方案是寻求废渣的综合利用,使其变废为宝,成为人类可利用的资源。在加工过程中,废气处理较废水、废渣处理容易,采用良好的密封措施和先进的现代化吸收装置相结合,可把废气的污染减到最小乃至全部消除,实现零污染。三废问题的解决,可使海洋冶金技术成为一种人类在未来可以接受的“清洁技术”。在上述所有技术取得突破之后,可将深海金属矿资源开发存在于冶金环节中的经济潜力和环境潜力得到充分挖掘,从而会给深海金属矿资源的开发带来巨大的经济效益和环境效益。

从多金属结核开发的经济模型中还可看出,运输是另一个具有可观经济潜力和环境潜力的环节[17]。由于深海金属矿产于远离大陆的国际海域中,运距长,加上矿石的金属品位低,含水高,在运输中所支付的高额运费,可以说大部分都花在运输无用的废料上,如果在陆地处理其废渣,找不到可行的综合利用途径的话,则需要在陆地上建造大型尾矿库来堆存这些废渣,这除了要占用陆地土地外,还会对陆地环境构成污染。陆地是人类赖以栖息的地方,陆地同海洋相比,陆地更靠近人类,从环境保护的角度出发,在船上建立活动冶炼厂(即船上活动冶炼厂)进行冶炼加工可能是处理深海金属矿的一种更有利可图的方案[33,34],所谓“船上活动冶炼厂”,即把深海金属矿从深海采集到采矿船上,输送到船上冶炼厂就地加工,就地产出高质量的镍、钴、铜及锰精矿或金属产品运回陆地;或者送进陆地冶炼厂进一步深加工,生产高纯金属及高纯金属化合物;或者直接向世界市场销售。弃渣、废水经过严格而简单的处理、达到国际允许的排放标准后就地注入海底或水体的深部。这样既可把运输成本大幅度降下来,又保护了陆地土地免受蚕食和环境生态免受破坏。未来海洋冶金发展的突出成果很可能是推出一种可供商业应用的、强化的、直接湿法冶炼工艺(如还原浸出)同“船上冶炼”相结合的方法,该方法将最大限度地改善深海金属矿资源开发的经济效益和环境效益,推动全球深海金属矿开发向前发展,加快其产业化和商业化的进程。

从以上论述人们已经看到,“船上冶炼”是人类开发深海矿产资源极具魅力、前景十分看好的方案,但是目前仅仅是一种构想,要把构想变成可供商业开发应用的现实,需要做很多试验研究工作,要将一整套冶金工艺和设备由有坚实基础的陆地搬到漂浮不定的船上,这是一大跨越。海洋的水文气象存在的变数比陆地大(诸如洋流、涌浪、热带风暴以及海啸等)这些变数会对“船上冶炼”的工艺过程、工艺参数以及设备运行产生什么影响?影响程度有多大?为应对这些影响,对“船上冶炼”的工艺和设备有什么要求?同时需要制定什么样的生产操作规程?应对突然事故采用什么处理方法和预防措施等等,所有一切都得通过试验研究找到答案和解决办法,按照传统模式去深海海区实地开展试验研究,虽然是一条可行的途径,但是,需要耗费大量人力、物力、财力、时间以及应对试验中难以预见的种种随机性的风险。这对“船上冶炼”来说是一种少、慢、差、费的科研模式,同今天的信息时代极不相称,因此,在试验研究“船上冶炼”工作上必须革新现有的传统研究模式和试验手段。信息技术中的虚拟现实(Virtual Reality)技术(简称VR技术)的诞生与发展为这种革新提供了机遇和路径。现今VR技术已在军事、工程设计与制造、工程科学和技术、医学、文化教育等诸多领域中获得应用[35~37],而且在某些产品开发上也已获得成功的应用[38,39],其优越性不言而喻,甚至超出人们的想象。在VR技术的基础上建立"虚拟实验室"进行虚拟实验也得到迅速发展[40~43],目前一些领域利用VR技术便可成功地生成实验环境、相关仪器、设备、实验对象以及实验信息资源等,人们只要利用从真实实验室的实验中获得一些必要的基础性数据和信息资源,就能在虚拟实验室的虚拟试验中获得与真实的试验一样的成果和数据,甚至在某些情况下还可获得在真实实验条件无法获得的信息与数据。特别像风险较大较多的海上试验对研究者的生命和健康常常带来威胁和危害,在虚拟试验中则可完全避免和消除。可以预见运用信息领域中的VR技术,不但可消除风险,还可大大加快试验研究进程,加速解决"船上冶炼"在技术层面上遇到的上述种种难题,可争取"船上冶炼"为多金属结核第一代商业性开发所采用,并将带动相关技术(诸如大功率的船用核电技术、成本低廉的海水淡化技术、简单易行的三废无害化处理技术等等)的进步与发展。

参考文献

[1] C. F. 埃尔尼. 海洋矿产资源[M]. 翟国谦等译. 北京:海洋出版社,1991.

[2] K. S. Stowe. Ocean Science[M]. New York:John Wiley,1979.

[3] 尹才硚, 蒋训雄, 周冰毅,等. 大洋多金属结核活化硫酸浸出[J]. 有色金属(季刊),1997, 49(1):62~69.

[4] 联合国总部. 联合国海洋公约[S]. 中国大洋协会办公室、国家海洋局信息中心合译,北京:海洋出版社,1992.

[5] 地质矿产部广州海洋地质调查局. 太平洋地质科学调查[G]. 北京:地质出版社,1990.

[6] Menard, H. W. Marine geology of the Pacific: New York, McGraw-Hill Book Co. , 1964, 271.

[7] 国家海洋局. 中太平洋北部锰结核调查综合研究报告[G]. 北京:海洋出版社,1986.

[8] 杨显万. 近两年国内湿法冶金的科技成就[J]. 有色金属(冶炼部分),1990,(1):26.

[9] 中国大洋协会. 深海采矿政策研讨会议论文集[C]. 北京:海洋出版社,1991:7.

[10] 中国大洋协会办公室、国家海洋信息中心. 关于先驱投资者申请矿区登记[G]. 北京:海洋出版社,1998:188.

[11] 中国高科技产业化研究会. 深水技术产业发展国际研讨会论文集[C]. 郑州,2008:87.

[12] J. L. Mero. The Mineral Resources of the Sea. New York: Elserier Pub. Co,1965:312.

[13] 梁德华,等. 太平洋中部多金属结核研究文集[C]. 北京:地质出版社,1992.

[14] 郭世勤,等. 太平洋中部多金属结核矿物学[M]. 北京:海洋出版社,1992.

[15] 联合国海洋经济技术处. 锰结核矿址的圈定与评价[M]. 北京:海洋出版社,1989.

[16] A. R. Bath. Deep Sea Mining Technology: Recent Developments and Future Projects[J].

Mining Engineering(Colorado), 1991, 43, 125 ~ 128.

[17] 中国大洋矿产资源研究开发协会. 深海采矿政策研讨会论文集[C]. 北京:海洋出版社,1991.

[18] 中国大洋矿产资源研究开发协会. '96 大洋矿产资源研究开发学术讨论会论文集[C]. 北京:海洋出版社,1991.

[19] S. Acharya, S. Anand, S. C. Das, et al. Ammonia Leaching of Ocean Nodules Using Various Reductants[J]. Erzmetall., 1989, 42, 66 ~ 73.

[20] M. H. Caron. Treating Nickel and Cobalt Ores[P]. US Patent No. 1487145, 1924.

[21] V. Kumar, B. D. Pandey, D. D. Akerkar. Electrowinning of nickel in the processing of polymetallic sea nodules[J]. Hydrometallurgy, 1990, 24(2):189 ~ 201.

[22] B. D. Pandey, V. Kumar. Extraction of copper and nickel from ammoniacal leach liquor of Indian Ocean sea nodules[J]. Hydrometallurgy, 1991, 26(1):35 ~ 45.

[23] L. J. Szabo. Recovery of metal values from manganese deep sea nodules using com mercialcuprous leach solutions[P]. US Patent No. 3983017,1976.

[24] H. E. Barner, R. N. Kust. Elevated pressure operation in the cuprion process[P]. US Patent No. 3988416, 1976.

[25] 蒋训雄, 尹才硚. 大洋多金属结核催化还原氨浸提取镍钴铜[J]. 有色金属(季刊), 1997,49(2):46 ~ 53.

[26] S. B. Kanungo, P. K. Jena. Studies on the dissolution of metal values in manganese nodules of Indian Ocean origin in dilute hydrochloric acid[J]. Hydrometallurgy, 1988, 21(1):23 ~ 39.

[27] 孙传尧, 张亚辉, 王淀佐. 大洋多金属结核抗坏血酸还原酸浸研究[J]. 有色金属(季刊),1997,49(2):36.

[28] 陈晓洪, 傅崇说. 海洋多金属结核处理研究现状及发展趋势. 有色金属:冶炼部分, 1994, (3):39.

[29] Pahlman, John E. Selective recovery of nickel, cobalt, manganese from sea nodules with sulfurous acid[P]. U. S. Patent No. 4138465,1079.

[30] 六川 暢了. 炭酸アンモニウムと亜硫酸アンモニウム混合溶液によるマンガン団塊からのニッケル,コバルトおよび銅の抽出[J]. Journal of the Mining and Materials Processing Institute of Japan, 1990,106(4):205 - 209.

[31] S. Anand, S. C. Das, R. P. Das, et al. Leaching of manganese nodules in ammoniacal medium using ferrous sulfate as the reductant[J]. Metall. Trans. B ,1988, 19B,331 ~ 334.

[32] 尹才硚. 对深海矿产资源开发的思考[C]. 深水技术产业发展国际研讨会论文集. 郑州. 2008:97.

[33] 斯特·伯格,等. 深海海底采冶环境影响问题与管理[M]. 中国大洋协会办公室译. 北京:海洋出版社,1992:22.

[34] 伯迪. 虚拟现实技术[M]. 北京:电子工业出版社,2005.

[35] 张茂军. 虚拟现实系统[M]. 北京:科学出版社,2002.

[36] 邹湘军,等. 虚拟现实技术的演变发展与展望[J]. 系统仿真学报. 2004,16(9):1905.

[37] 陈为．虚拟现实技术在工业设计中的应用[J]．机电产品开发与创新．2006,19(5):122.
[38] 黄斌,等．虚拟产品开发技术及其建模方法的研究[J]．计算机集成制造系统．2002,(4):259.
[39] 闫石,等．工科高校工程力学虚拟实验室的开发和应用[J]．中国现代教育装备．2009,73(3):99.
[40] 范永开．网上虚拟实验室的建设方案与实现[J]．工程学报．2001,(4):15.
[41] 单美贤．虚拟实验原理与教学应用[M]．北京:教育科学出版社,2005.
[42] 李跃麟,等．虚拟实验的研究现状及其发展前景[J]．陇东学院学报.2009,20(2):118.

冶金工业出版社部分图书推荐